수매씽 개념 # 개념정리

I 유리수와 순환소수

1. 유리수와 순환소수

(1) 유리수 : 분수 $\dfrac{a}{b}$ (a, b는 정수, $b \neq 0$) 꼴로 나타낼 수 있는 수

(2) 소수의 분류
  ① 유한소수 : 소수점 아래에 0이 아닌 숫자가 유한 번 나타나는 소수
  ② 무한소수 : 소수점 아래에 0이 아닌 숫자가 무한 번 나타나는 소수

(3) 유한소수로 나타낼 수 있는 분수
  ① 모든 유한소수는 분모가 10의 거듭제곱 꼴인 분수로 나타낼 수 있다.
  ② 유한소수를 기약분수로 나타내면 분모의 소인수는 2 또는 5 뿐이다.
  예 $0.9 = \dfrac{9}{10} = \dfrac{3^2}{2 \times 5}$

  $0.38 = \dfrac{38}{100} = \dfrac{2 \times 19}{2^2 \times 5^2} = \dfrac{19}{2 \times 5^2}$

(4) 유한소수와 무한소수의 판별
  정수가 아닌 유리수를 기약분수로 나타낸 후 그 분모를 소인수분해 했을 때
  ① 분모의 소인수가 2 또는 5뿐이면 그 분수는 유한소수로 나타낼 수 있다.

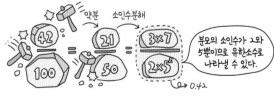
약분 소인수분해
분모의 소인수가 2와 5뿐이므로 유한소수로 나타낼 수 있다.

  ② 분모의 소인수 중에 2 또는 5 이외의 소인수가 있으면 그 분수는 유한소수로 나타낼 수 없다. 즉, 무한소수로 나타내어진다.

(5) 순환소수
  ① 순환소수 : 소수점 아래의 어떤 자리에서부터 한 숫자 또는 몇 개의 숫자의 배열이 끝없이 되풀이되는 무한소수
  ② 순환마디 : 순환소수의 소수점 아래에서 숫자의 배열이 일정하게 되풀이되는 한 부분
  ③ 순환소수의 표현 : 순환마디의 양 끝의 숫자 위에 점을 찍어 간단히 나타낸다.
    예 $0.555\cdots$의 순환마디는 5 → $0.\dot{5}$
    $1.702702702\cdots$의 순환마디는 702 → $1.\dot{7}0\dot{2}$

(6) 순환소수를 분수로 나타내기
  ❶ 주어진 순환소수를 x로 놓는다.
  ❷ ❶의 양변에 10의 거듭제곱을 곱하여 소수점 아래의 부분이 같은 두 식을 만든다.
  ❸ ❷의 두 식을 변끼리 빼서 x의 값을 구한다.
  예 순환소수 $0.\dot{1}\dot{3}$을 분수로 나타내어 보자.
    순환소수 $0.\dot{1}\dot{3}$을 x라 하면
    $x = 0.131313\cdots$
    소수점 아래 부분을 같게!

$$\begin{array}{r} 100x = 13.131313\cdots \\ -) \quad x = 0.131313\cdots \\ \hline 99x = 13 \end{array}$$

    → $x = \dfrac{13}{99}$

(7) 유리수와 소수의 관계
  ① 정수가 아닌 유리수는 유한소수 또는 순환소수로 나타낼 수 있다.
  ② 유한소수와 순환소수는 모두 유리수이다.

소수 $\begin{cases} \text{유한소수} \\ \text{무한소수} \begin{cases} \text{순환소수} \\ \text{순환소수가 아닌 무한소수} \end{cases} \end{cases}$ 유리수 / 유리수 아님.

Ⅳ 일차함수와 그래프

1. 일차함수와 그래프

(1) 함수와 함숫값

① 함수 : 두 변수 x, y에 대하여 x의 값이 변함에 따라 y의 값이 하나씩 정해지는 대응 관계가 있을 때, y를 x의 함수라 한다. **기호** $y=f(x)$

② 함숫값 : 함수 $y=f(x)$에서 x의 값이 정해질 때 그에 따라 정해지는 y의 값, 즉 $f(x)$의 값을 x에서의 함숫값이라 한다.

(2) 일차함수

① 일차함수 : 함수 $y=f(x)$에서 y가 x에 대한 일차식 $y=ax+b$ (a, b는 상수, $a\neq0$)와 같이 나타날 때, 이 함수를 x에 대한 일차함수라 한다.

② 평행이동 : 한 도형을 일정한 방향으로 일정한 거리만큼 옮기는 것

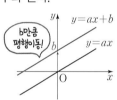

③ x절편, y절편, 기울기

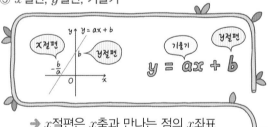

→ x절편은 x축과 만나는 점의 x좌표

→ y절편은 y축과 만나는 점의 y좌표

→ (기울기)$=\dfrac{(y\text{의 값의 증가량})}{(x\text{의 값의 증가량})}=a$

(3) 일차함수의 그래프의 성질 : $y=ax+b$의 그래프에서

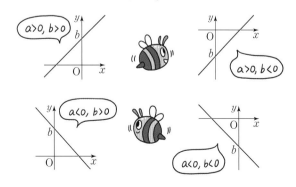

(4) 일차함수의 그래프의 평행과 일치

① 기울기가 같고 y절편이 다르면 두 일차함수의 그래프는 서로 평행하다.

② 기울기가 같고 y절편도 같으면 두 일차함수의 그래프는 일치한다.

2. 일차함수와 일차방정식의 관계

(1) **직선의 방정식** : x, y의 값의 범위가 수 전체일 때, 일차방정식

$$ax+by+c=0 \ (a, b, c\text{는 상수}, a\neq0 \text{ 또는 } b\neq0)$$

을 직선의 방정식이라 한다.

(2) 일차방정식과 일차함수의 그래프

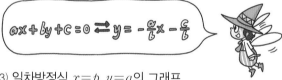

(3) 일차방정식 $x=p$, $y=q$의 그래프

① 방정식 $x=p$의 그래프 (p는 상수, $p\neq0$) : 점 $(p, 0)$을 지나고, y축에 평행한 직선

② 방정식 $y=q$의 그래프 (q는 상수, $q\neq0$) : 점 $(0, q)$를 지나고, x축에 평행한 직선

(4) 연립방정식의 해와 일차함수의 그래프

① 연립방정식

$$\begin{cases}ax+by+c=0\\a'x+b'y+c'=0\end{cases}$$

의 해가 $x=p$, $y=q$이면 두 일차함수의 그래프의 교점의 좌표는 (p, q)이다.

② 연립방정식의 해의 개수와 두 그래프의 위치 관계

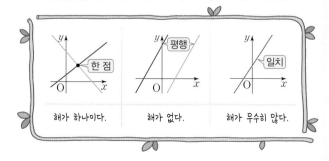

2. 연립일차방정식

(1) 미지수가 2개인 일차방정식

① 미지수가 2개인 일차방정식

$$ax+by+c=0 \ (a, b, c는 \ 상수, \ a\neq0, \ b\neq0)$$

② 미지수가 2개인 일차방정식의 해(근) : 미지수가 x, y인 일차방정식을 참이 되게 하는 x, y의 값 또는 그 순서쌍 (x, y)

(2) 미지수가 2개인 연립일차방정식

① 미지수가 2개인 연립일차방정식(**연립방정식**)
   : 미지수가 2개인 두 일차방정식을 한 쌍으로 묶어 나타낸 것

   예 $\begin{cases} x-y=1 \\ 2x+y=5 \end{cases}$

② 연립방정식의 해(근) : 연립방정식에서 두 일차방정식을 동시에 참이 되게 하는 x, y의 값 또는 그 순서쌍 (x, y)

(3) 연립방정식의 풀이

① 대입법 : 한 일차방정식을 다른 일차방정식에 대입하여 해를 구하는 방법

연립방정식 $\begin{cases} y=-x+1 \\ 2x+y=0 \end{cases}$ 풀기

$y=-x+1$을 $2x+y=0$에 대입 ➡ $x=-1$

$x=-1$을 $y=-x+1$에 대입 ➡ $y=2$

② 가감법 : 두 일차방정식을 변끼리 더하거나 빼어서 해를 구하는 방법

연립방정식 $\begin{cases} 2x+y=0 \\ x+y=1 \end{cases}$ 풀기

$$\begin{array}{r} 2x+y=0 \\ -) \ \ x+y=1 \\ \hline x \quad \ \ =-1 \end{array}$$

$x=-1$을 $x+y=1$에 대입 ➡ $y=2$

(4) 복잡한 연립방정식의 풀이

① 괄호가 있는 경우 : 분배법칙을 이용하여 괄호를 푼다.

② 계수가 소수인 경우 : 양변에 10의 거듭제곱 중에서 적당한 수를 곱하여 계수를 정수로 바꾸어 푼다.

③ 계수가 분수인 경우 : 양변에 분모의 최소공배수를 곱하여 계수를 정수로 바꾸어 푼다.

④ $A=B=C$ 꼴의 방정식

$$\begin{cases} A=B \\ A=C \end{cases}, \quad \begin{cases} A=B \\ B=C \end{cases}, \quad \begin{cases} A=C \\ B=C \end{cases}$$

중 하나의 꼴로 고쳐서 푼다.

(5) 연립방정식의 활용

❶ 미지수 정하기 : 문제 상황을 이해하고, 구하려는 값을 미지수 x, y로 놓는다.

❷ 연립방정식 세우기 : 문제 상황에 맞게 x, y에 대한 연립방정식을 세운다.

❸ 연립방정식 풀기 : 연립방정식의 해를 구한다.

❹ 확인하기 : 구한 해가 문제 상황에 적합한지 확인한다.

교과서에 나오는
용어와 기호를
모두 담았습니다.

Ⅱ 식의 계산

1. 단항식과 다항식

(1) **지수법칙** : m, n이 자연수일 때
① $a^m \times a^n = a^{m+n}$
② $(a^m)^n = a^{mn}$
③ $m > n$이면 $a^m \div a^n = a^{m-n}$
$m = n$이면 $a^m \div a^n = 1$
$m < n$이면 $a^m \div a^n = \dfrac{1}{a^{n-m}}$ (단, $a \neq 0$)
④ $(ab)^m = a^m b^m$, $\left(\dfrac{a}{b}\right)^m = \dfrac{a^m}{b^m}$ (단, $b \neq 0$)

(2) **단항식의 곱셈**
① 계수는 계수끼리, 문자는 문자끼리 곱하여 계산한다.
② 같은 문자끼리의 곱셈은 지수법칙을 이용하여 간단히 한다.

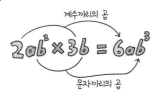

계수끼리의 곱
$2ab^2 \times 3b = 6ab^3$
문자끼리의 곱

(3) **단항식의 나눗셈**
방법1 분수 꼴로 바꾸어 계수는 계수끼리, 문자는 문자끼리 계산한다.

분수 꼴로 바꾸기~

→ $A \div B = \dfrac{A}{B}$

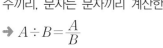 예 $12a^2b \div 6a = \dfrac{12a^2b}{6a} = 2ab$

방법2 역수를 이용하여 나눗셈을 곱셈으로 바꾸어 계수는 계수끼리, 문자는 문자끼리 계산한다.

역수를 이용하여 나눗셈을 곱셈으로!

→ $A \div B = A \times \dfrac{1}{B} = \dfrac{A}{B}$

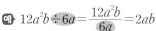 예 $12a^2b \div 6a = 12a^2b \times \dfrac{1}{6a} = 2ab$

(4) **다항식의 덧셈과 뺄셈** : 분배법칙을 이용하여 괄호를 풀고, 동류항끼리 모아서 계산한다.

(5) **전개** : 단항식과 다항식의 곱을 분배법칙을 이용하여 하나의 다항식으로 나타내는 것

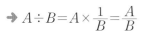

전개
$4a(3a + 2b) = 12a^2 + 8ab$
전개식

Ⅲ 부등식과 연립방정식

1. 일차부등식

(1) **부등식** : 부등호 $>$, $<$, $\geq$, $\leq$를 사용하여 수 또는 식의 대소 관계를 나타낸 식

(2) **부등식의 해** : 부등식을 참이 되게 하는 미지수의 값

(3) **부등식을 푼다** : 부등식의 해를 모두 구하는 것

(4) **부등식의 성질**

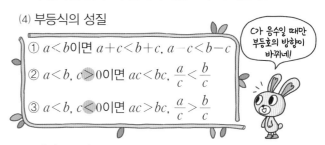

c가 음수일 때만 부등호의 방향이 바뀌네!

① $a < b$이면 $a + c < b + c$, $a - c < b - c$
② $a < b$, $c > 0$이면 $ac < bc$, $\dfrac{a}{c} < \dfrac{b}{c}$
③ $a < b$, $c < 0$이면 $ac > bc$, $\dfrac{a}{c} > \dfrac{b}{c}$

(5) **일차부등식**
① **일차부등식** : 부등식에서 우변에 있는 모든 항을 좌변으로 이항하여 정리한 식이
(일차식) > 0, (일차식) < 0, (일차식) ≥ 0, (일차식) ≤ 0
중 어느 하나의 꼴로 나타나는 부등식
② 부등식의 해를 수직선 위에 나타내기

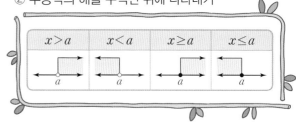

$x > a$	$x < a$	$x \geq a$	$x \leq a$

(6) **일차부등식의 풀이**
❶ 미지수 x를 포함한 항은 좌변으로, 상수항은 우변으로 이항한다.
❷ 양변을 정리하여 $ax > b$, $ax < b$, $ax \geq b$, $ax \leq b$ $(a \neq 0)$ 중 어느 하나의 꼴로 고친다.
❸ 양변을 x의 계수 a로 나눈다. 이때 $a < 0$이면 부등호의 방향이 바뀐다.

(7) **복잡한 일차부등식의 풀이**
① 괄호가 있는 경우 : 분배법칙을 이용하여 괄호를 푼다.
② 계수가 소수인 경우 : 양변에 10의 거듭제곱 중에서 적당한 수를 곱하여 계수를 정수로 바꾸어 푼다.
③ 계수가 분수인 경우 : 양변에 분모의 최소공배수를 곱하여 계수를 정수로 바꾸어 푼다.

수

MATHING

개념

중학 수학

2·1

개념북

개념북

한눈에 볼 수 있는 상세한 개념 설명과 세분화된 개념 설명(기초, 개념, 집중)을 통해 개념을 쉽게 이해할 수 있습니다. 또, 개념 확인 문제부터 단계적으로 제시한 문제들을 통해 실력을 한 단계 높일 수 있습니다.

확실한 개념 이해

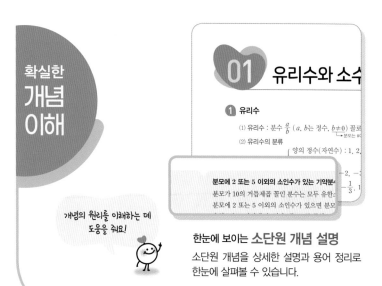

▲ 기초 : 이전 학년 개념

▲ 개념 : 본 학년 핵심 개념

▲ 집중 : 집중·심화 개념

자기 주도 학습이 가능해요!

개념의 원리를 이해하는 데 도움을 줘요!

한눈에 보이는 소단원 개념 설명
소단원 개념을 상세한 설명과 용어 정리로 한눈에 살펴볼 수 있습니다.

기본을 다지는 문제 적용

교과서 대표 문제로 개념 완성하기
교과서에서 다루는 대표 문제를 모아 대표 유형으로 구성하였습니다.

문제 해결, 추론으로 교과 역량을 키워요!

필수 유형 문제로 실력 확인하기
학교 시험에 잘 나오는 문제를 선별하였습니다. 또, 〈한걸음 더〉를 통해 사고력을 향상시킬 수 있습니다.

실력을 다지는 마무리 점검

실전에 대비하는 서술형 문제
학교 시험에 잘 나오는 서술형 문제로 구성하여 서술형 내신 대비를 할 수 있습니다.

배운 내용을 확인하는
실전! 중단원 마무리
학교 시험에 대비할 수 있도록 중단원 대표 문제로 구성하여 실전 연습을 할 수 있습니다.

시험 출제 빈도가 높은
교과서에서 쏙 빼온 문제
교과서 속 특이 문제들을 재구성한 문제로 학교 시험에 대비할 수 있습니다.

구성과
특징

워크북

개념북의 각 코너와 1 : 1로 매칭시킨 문제들을 통해 앞에서 공부한 내용을 다시 한번 확인하고, 스스로 실력을 다질 수 있습니다.

한번 더 개념 확인문제

개념북에서 학습한 개념에 대한 기초 문제를 다시 한번 복습하여 기초 개념을 다질 수 있습니다.

한번 더 개념 완성하기

〈개념 완성하기〉에서 풀어 본 문제를 다시 한번 연습하여 유형 학습의 집중도를 높일 수 있습니다.

한번 더 실력 확인하기

〈실력 확인하기〉에서 풀어 본 문제를 다시 한번 연습하여 기본 실력을 완성할 수 있습니다.

한번 더 실전! 중단원 마무리

〈실전! 중단원 마무리〉에서 풀어 본 문제를 다시 한번 연습하여 자신의 실력을 확인할 수 있습니다.

한번 더 교과서에서 쏙 빼온 문제

〈교과서에서 쏙 빼온 문제〉외의 다양한 교과서 특이 문제를 한번 더 경험하며 실력을 한 단계 높일 수 있습니다.

차례

I

유리수와 순환소수

1. 유리수와 순환소수

이 단원을 배우면 순환소수의 뜻을 알고, 유리수와 순환소수의
관계를 알 수 있어요.

01 유리수와 소수

1 유리수

(1) 유리수 : 분수 $\frac{a}{b}$ (a, b는 정수, $b \neq 0$) 꼴로 나타낼 수 있는 수
                                  └→ 분모는 0이 될 수 없다.

(2) 유리수의 분류

$$\text{유리수} \begin{cases} \text{정수} \begin{cases} \text{양의 정수(자연수)} : 1, 2, 3, \ldots \\ 0 \\ \text{음의 정수} : -1, -2, -3, \ldots \end{cases} \\ \text{정수가 아닌 유리수} : \frac{2}{5}, -\frac{1}{3}, 1.2, -2.7, \ldots \end{cases}$$

2 소수의 분류

$\text{소수} \begin{cases} \text{유한소수} \\ \text{무한소수} \end{cases}$

(1) **유한소수** : 소수점 아래에 0이 아닌 숫자가 유한 번 나타나는 소수

  예 0.1, 2.45, -3.167

(2) **무한소수** : 소수점 아래에 0이 아닌 숫자가 무한 번 나타나는 소수

  예 0.222⋯, -1.232323⋯, 3.1415926535⋯

참고 기약분수 $\frac{a}{b}$는 분자 a를 분모 b로 나누면 소수로 나타낼 수 있다.

○━ 용어
• **유한**(있을 有, 끝 限)
  소수
  끝(한계)이 있는 소수
• **무한**(없을 無, 끝 限)
  소수
  끝(한계)이 없는 소수

3 유한소수로 나타낼 수 있는 분수

(1) 유한소수의 분수 표현

  ① 모든 유한소수는 분모가 10의 거듭제곱 꼴인 분수로 나타낼 수 있다.

  ② 유한소수를 기약분수로 나타내면 분모의 소인수는 2 또는 5뿐이다.

    예 $0.5 = \frac{5}{10} = \frac{1}{2}$, $4.08 = \frac{408}{100} = \frac{102}{25} = \frac{102}{5^2}$

(2) 유한소수와 무한소수의 판별

  정수가 아닌 유리수를 기약분수로 나타낸 후 그 분모를 소인수분해 했을 때

  ① 분모의 소인수가 2 또는 5뿐이면 그 분수는 유한소수로 나타낼 수 있다.

    예 $\frac{6}{8} = \frac{3}{4} = \frac{3}{2^2}$ → 분모의 소인수가 2뿐이므로 $\frac{6}{8}$은 유한소수로 나타낼 수 있다. → $\frac{6}{8} = 0.75$

  ② 분모의 소인수 중에 2 또는 5 이외의 소인수가 있으면 그 분수는 유한소수로 나타낼 수 <u>없다.</u> →무한소수로 나타내어진다.

    예 $\frac{10}{24} = \frac{5}{12} = \frac{5}{2^2 \times 3}$

    → 분모의 소인수 중에 2 또는 5 이외의 3이 있으므로 $\frac{10}{24}$은 유한소수로 나타낼 수 없다.

  주의 반드시 기약분수로 나타낸 후 분모의 소인수를 조사한다. →0.41666⋯

○━ 중1
• **소인수** : 어떤 자연수
  의 소수인 인수
• **소인수분해** : 1보다
  큰 자연수를 소인수
  들만의 곱으로 나타
  내는 것

분모에 2 또는 5 이외의 소인수가 있는 기약분수들은 왜 모두 무한소수로 나타내어질까?

분모가 10의 거듭제곱 꼴인 분수는 모두 유한소수로 나타낼 수 있다.

분모에 2 또는 5 이외의 소인수가 있으면 분모에 어떤 자연수를 곱해도 10의 거듭제곱 꼴로 나타낼 수 없으므로 유한소수로 나타낼 수 없다. 즉, 모두 무한소수로 나타내어진다.

기초 **1** 중1
유리수는 어떻게 분류하는지 복습해 볼까?

유리수 ← $\dfrac{(정수)}{(0이\ 아닌\ 정수)}$ 꼴로 나타낼 수 있는 수

양의 유리수 — 0 — 음의 유리수

$1, \dfrac{1}{2}, \dfrac{5}{6}, \cdots$　　　$-2, -\dfrac{3}{2}, -\dfrac{4}{5}, \cdots$

양의 정수 — 정수가 아닌 양의 유리수　음의 정수 — 정수가 아닌 음의 유리수
(자연수)

> 유리수 $\begin{cases} 정수 \begin{cases} 양의\ 정수\,(자연수) \\ 0 \\ 음의\ 정수 \end{cases} \\ 정수가\ 아닌\ 유리수 \end{cases}$

참고 정수는 $2 = \dfrac{2}{1} = \dfrac{4}{2} = \cdots$, $0 = \dfrac{0}{1} = \dfrac{0}{2} = \cdots$, $-3 = \dfrac{-3}{1} = \dfrac{-6}{2} = \cdots$과 같이 분수로 나타낼 수 있으므로 유리수이다.

1 다음 수를 **보기**에서 모두 고르시오.

> 보기
> $-6, \quad 0.2, \quad 0, \quad +\dfrac{12}{4}, \quad -\dfrac{2}{5}, \quad \dfrac{7}{6}, \quad -2.5$

(1) 양의 정수

(2) 정수

(3) 음의 유리수

1-1 다음 수를 **보기**에서 모두 고르시오.

> 보기
> $5, \quad 0, \quad +1.3, \quad -1, \quad -\dfrac{10}{5}, \quad -0.8, \quad \dfrac{2}{4}$

(1) 음의 정수

(2) 양수

(3) 정수가 아닌 유리수

개념 **2**
유한소수와 무한소수는 어떻게 구분할까?

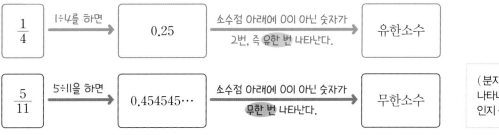

$\dfrac{1}{4}$ — 1÷4를 하면 → 0.25 → 소수점 아래에 0이 아닌 숫자가 2번, 즉 유한 번 나타난다. → 유한소수

$\dfrac{5}{11}$ — 5÷11을 하면 → 0.454545··· → 소수점 아래에 0이 아닌 숫자가 무한 번 나타난다. → 무한소수

> (분자)÷(분모)를 하여 소수로 나타내면 유한소수인지 무한소수인지 구분할 수 있다.

2 다음 분수를 소수로 나타내고, 유한소수와 무한소수로 구분하시오.

(1) $\dfrac{3}{5}$　　　　(2) $\dfrac{1}{3}$

(3) $\dfrac{7}{4}$　　　　(4) $\dfrac{10}{9}$

2-1 다음 분수를 소수로 나타내고, 유한소수와 무한소수로 구분하시오.

(1) $\dfrac{2}{3}$　　　　(2) $\dfrac{9}{5}$

(3) $\dfrac{4}{9}$　　　　(4) $\dfrac{3}{8}$

개념 3 유한소수를 분수로 나타내면 어떤 특징이 있을까?

$$유한소수 \xrightarrow[10의 거듭제곱으로]{분모를} 분수 \xrightarrow{약분} 기약분수 \xrightarrow[소인수분해]{분모를} \boxed{분모의 소인수가 2 또는 5뿐이다.}$$

$$0.06 \quad = \quad \frac{6}{100} \quad = \quad \frac{3}{50} \quad = \quad \frac{3}{2 \times 5^2}$$

또한, 분모의 소인수가 2 또는 5뿐인 기약분수는 유한소수로 나타낼 수 있다.

$$\rightarrow \frac{3}{50} = \frac{3}{2 \times 5^2} = \frac{3 \times 2}{2 \times 5^2 \times 2} = \frac{6}{2^2 \times 5^2} = \frac{6}{100} = 0.06$$

분모를 소인수분해   분모와 분자에 각각 2를 곱하여 분모의 2와 5의 지수를 같게 만든다.

> 모든 유한소수는 분모가 10의 거듭제곱 꼴인 분수로 나타낼 수 있다.

---

3 다음은 10의 거듭제곱을 이용하여 분수를 유한소수로 나타내는 과정이다. □ 안에 알맞은 수를 써넣으시오.

(1) $\dfrac{1}{4} = \dfrac{1}{2^2} = \dfrac{1 \times \boxed{}^2}{2^2 \times \boxed{}^2} = \dfrac{\boxed{}}{100} = \boxed{}$

(2) $\dfrac{3}{20} = \dfrac{3}{\boxed{}^2 \times 5} = \dfrac{3 \times \boxed{}}{2^2 \times 5^2} = \dfrac{\boxed{}}{100} = \boxed{}$

3-1 다음은 분수 $\dfrac{7}{50}$ 을 유한소수로 나타내는 과정이다. □ 안에 알맞은 수를 써넣으시오.

$$\frac{7}{50} = \frac{7}{2 \times 5^2} = \frac{7 \times \boxed{}}{2 \times 5^2 \times \boxed{}} = \frac{14}{\boxed{}} = \boxed{}$$

개념 4 유한소수로 나타낼 수 있는 분수인지 어떻게 알 수 있을까?

$$분수 \xrightarrow{약분} 기약분수 \xrightarrow[소인수분해]{분모를} \boxed{분모의 소인수가 2 또는 5뿐인가?} \begin{array}{c} \xrightarrow{예} \enclose{roundedbox}{유한소수} \\ \xrightarrow{아니요} \enclose{roundedbox}{무한소수} \end{array}$$

$$\frac{14}{40} \quad = \quad \frac{7}{20} \quad = \quad \frac{7}{2^2 \times 5} = 0.35 \quad \rightarrow 유한소수$$

$$\frac{20}{24} \quad = \quad \frac{5}{6} \quad = \quad \frac{5}{2 \times 3} = 0.8333\cdots \quad \rightarrow 무한소수$$

---

4 다음 □ 안에 알맞은 것을 써넣으시오.

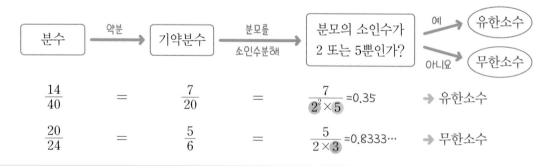

(1) $\dfrac{9}{30} \xrightarrow{약분} \boxed{} \xrightarrow[소인수분해]{분모를} \boxed{}$

$\longrightarrow \boxed{}$ 소수로 나타낼 수 있다.

(2) $\dfrac{45}{70} \xrightarrow{약분} \boxed{} \xrightarrow[소인수분해]{분모를} \boxed{}$

$\longrightarrow \boxed{}$ 소수로 나타낼 수 있다.

4-1 다음 분수 중 유한소수로 나타낼 수 있는 것에는 ○표, 나타낼 수 없는 것에는 ×표를 하시오.

(1) $\dfrac{5}{2 \times 5^2}$ (   )   (2) $\dfrac{18}{2^2 \times 3 \times 5}$ (   )

(3) $\dfrac{7}{16}$ (   )   (4) $\dfrac{6}{84}$ (   )

개념 완성하기

10의 거듭제곱을 이용하여 분수를 유한소수로 나타내기

01 다음은 분수 $\dfrac{4}{25}$를 유한소수로 나타내는 과정이다. (가), (나), (다)에 알맞은 수를 각각 구하시오.

$$\dfrac{4}{25}=\dfrac{4}{5^2}=\dfrac{4\times\boxed{(가)}}{5^2\times\boxed{(가)}}=\dfrac{16}{\boxed{(나)}}=\boxed{(다)}$$

02 다음은 분수 $\dfrac{3}{40}$을 유한소수로 나타내는 과정이다. $A,\ B,\ C,\ D$의 값을 각각 구하시오.

$$\dfrac{3}{40}=\dfrac{3}{2^A\times5}=\dfrac{3\times B}{2^A\times5\times B}=\dfrac{C}{1000}=D$$

유한소수로 나타낼 수 있는 분수 중요☆

03 다음 분수 중 유한소수로 나타낼 수 있는 것은?

① $\dfrac{1}{3}$ ② $\dfrac{2}{7}$ ③ $\dfrac{7}{8}$

④ $\dfrac{2}{9}$ ⑤ $\dfrac{5}{12}$

04 다음 **보기**의 분수 중 유한소수로 나타낼 수 <u>없는</u> 것을 모두 고르시오.

• 보기 •

ㄱ. $\dfrac{6}{2^3\times3}$ ㄴ. $\dfrac{7}{2^3\times5^2}$ ㄷ. $\dfrac{9}{3\times5^2}$

ㄹ. $\dfrac{15}{2^3\times3^2\times5}$ ㅁ. $\dfrac{24}{2^2\times3^2\times5}$ ㅂ. $\dfrac{42}{3\times5^2\times7}$

유한소수가 되도록 하는 미지수의 값 구하기 (1) 중요☆

05 $\dfrac{15}{210}\times a$를 소수로 나타내면 유한소수가 될 때, a의 값이 될 수 있는 한 자리의 자연수를 구하시오.

◀ 코칭 Plus ▶

❶ 주어진 분수를 기약분수로 나타낸 후, 분모를 소인수분해한다.
❷ 분모의 소인수가 2 또는 5만 남도록 하는 a의 값을 구한다.
→ a의 값은 분모의 소인수 중 2 또는 5를 제외한 소인수들의 곱의 배수이어야 한다.

06 $\dfrac{10}{2^2\times3^2}\times a$를 소수로 나타내면 유한소수가 될 때, a의 값이 될 수 있는 가장 작은 자연수는?

① 3 ② 5 ③ 9

④ 12 ⑤ 18

유한소수가 되도록 하는 미지수의 값 구하기 (2)

07 분수 $\dfrac{6}{20\times x}$을 소수로 나타내면 유한소수가 될 때, 다음 중 x의 값이 될 수 <u>없는</u> 것은?

① 2 ② 3 ③ 4

④ 6 ⑤ 9

08 분수 $\dfrac{7}{2\times5\times a}$을 소수로 나타내면 유한소수가 될 때, a의 값이 될 수 있는 15 이하의 자연수는 모두 몇 개인지 구하시오.

 **02 유리수와 순환소수**

① 순환소수

(1) **순환소수** : 소수점 아래의 어떤 자리에서부터 한 숫자 또는 몇 개의 숫자의 배열이 끝없이 되풀이되는 무한소수

$$0.1252525\cdots = 0.1\dot{2}\dot{5}$$
순환마디   순환소수의 표현

> **참고** 원주율 $\pi=3.141592\cdots$, $1.414213\cdots$과 같이 순환소수가 아닌 무한소수도 있다.

(2) **순환마디** : 순환소수의 소수점 아래에서 숫자의 배열이 일정하게 되풀이되는 한 부분
(3) **순환소수의 표현** : 순환마디의 양 끝의 숫자 위에 점을 찍어 간단히 나타낸다.

> **예** $0.333\cdots=0.\dot{3}$, $2.010101\cdots=2.\dot{0}\dot{1}$, $3.2541541541\cdots=3.2\dot{5}4\dot{1}$

> **주의** 순환마디는 소수점 아래에서 숫자의 배열이 가장 먼저 반복되는 부분이다.
> • $1.333\cdots \rightarrow 1.\dot{3}(○)$, $1.3\dot{3}(×)$ • $2.121212\cdots \rightarrow 2.\dot{1}\dot{2}(○)$, $\dot{2}.\dot{1}2(×)$, $2.12\dot{1}\dot{2}(×)$

용어
순환(돌 循, 고리 環)
소수
동일한 구간(숫자)을 계속 반복하는 소수

순환마디를 읽을 때는 숫자를 끊어서 읽는다. 즉, $2.\dot{0}\dot{1}$에서 순환마디는 01(영일)이라고 읽는다.

② 순환소수를 분수로 나타내기

방법1 10의 거듭제곱 이용하기

❶ 주어진 순환소수를 x로 놓는다.

❷ ❶의 양변에 10의 거듭제곱을 곱하여 소수점 아래의 부분이 같은 두 식을 만든다.

❸ ❷의 두 식을 변끼리 빼서 x의 값을 구한다.
└→ 순환하는 부분을 없앤다.

> **예** 순환소수 $0.\dot{1}\dot{3}$을 x라 하면 $x=0.131313\cdots$
> $\begin{aligned} 100x &= 13.131313\cdots \\ -)\quad x &= 0.131313\cdots \\ \hline 99x &= 13 \end{aligned}$ $\therefore x=\dfrac{13}{99}$

방법2 공식 이용하기

① 분모 : 순환마디를 이루는 숫자의 개수만큼 9를 쓰고, 그 뒤에 소수점 아래에서 순환마디에 포함되지 않는 숫자의 개수만큼 0을 쓴다.
② 분자 : (소수점을 무시한 순환마디를 포함한 전체의 수) − (순환하지 않는 부분의 수)

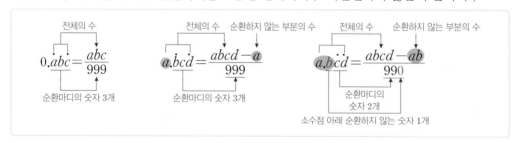

③ 유리수와 소수의 관계

(1) 정수가 아닌 유리수는 유한소수 또는 순환소수로 나타낼 수 있다.
(2) 유한소수와 순환소수는 모두 유리수이다.

> **참고**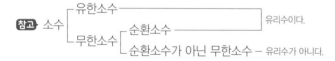

모든 순환소수는 분수로 나타낼 수 있으므로 순환소수는 유리수이다.

유한소수와 순환소수는 모두 분수 $\dfrac{a}{b}$ (a, b는 정수, $b \neq 0$) 꼴로 나타낼 수 있으므로 유리수이다.

순환소수가 아닌 무한소수는 왜 유리수가 아닐까?

무한소수 중에 순환소수는 분수로 나타낼 수 있으므로 유리수이지만 순환소수가 아닌 무한소수는 분수로 나타낼 수 없으므로 유리수가 아니다.

개념 1 소수점 아래에서 되풀이되는 숫자를 어떻게 간단히 나타낼 수 있을까?

(1) 순환소수 : 소수점 아래의 어떤 자리에서부터 한 숫자 또는 몇 개의 숫자의 배열이 끝없이 되풀이되는 무한소수

(2) 순환마디 : 순환소수의 소수점 아래에서 숫자의 배열이 일정하게 되풀이되는 한 부분

순환소수		순환마디		순환소수의 표현
$0.111\cdots$	→	1	→	$0.\dot{1}$
$2.123123123\cdots$	→	123	→	$2.\dot{1}2\dot{3}$
$1.3454545\cdots$	→	45	→	$1.3\dot{4}\dot{5}$

순환마디는 반드시 소수점 아래에서 찾고, 순환마디의 양 끝의 숫자 위에만 점을 찍어 나타낸다.

1 다음 순환소수의 순환마디를 구하고, 순환마디에 점을 찍어 간단히 나타내시오.

(1) $0.222\cdots$

(2) $2.1555\cdots$

(3) $1.323232\cdots$

(4) $0.5676767\cdots$

(5) $9.219219219\cdots$

1-1 다음 순환소수의 순환마디를 구하고, 순환마디에 점을 찍어 간단히 나타내시오.

(1) $0.777\cdots$

(2) $3.1666\cdots$

(3) $0.121212\cdots$

(4) $0.3141414\cdots$

(5) $1.132132132\cdots$

2 다음 분수를 소수로 고친 후, 순환마디에 점을 찍어 간단히 나타내시오.

(1) $\dfrac{5}{9}$

(2) $\dfrac{1}{6}$

(3) $\dfrac{10}{11}$

(4) $\dfrac{7}{12}$

(5) $\dfrac{2}{27}$

2-1 다음 분수를 소수로 고친 후, 순환마디에 점을 찍어 간단히 나타내시오.

(1) $\dfrac{2}{9}$

(2) $\dfrac{5}{18}$

(3) $\dfrac{7}{11}$

(4) $\dfrac{10}{27}$

(5) $\dfrac{14}{55}$

개념 **2** **10의 거듭제곱을 이용하여 순환소수를 분수로 어떻게 나타낼까?**

(1) 소수점 아래 바로 순환마디가 오는 경우

$x=0.\dot{1}\dot{2}$라 하면

① $x=0.\underset{\text{순환마디의 숫자 2개}}{\underline{12}\,\underline{12}\,\underline{12}}\cdots$

② $\begin{array}{r} 100x=12.121212\cdots \\ -)\ \ \ \ x=\ \ 0.121212\cdots \\ \hline 99x=12 \end{array}$ ← 소수점 아래의 부분이 같은 두 식 만들기

정수

$\therefore x=\dfrac{12}{99}=\dfrac{4}{33}$

(2) 소수점 아래 바로 순환마디가 오지 않는 경우

$x=0.1\dot{2}$라 하면

① $x=0.1\underset{\substack{\text{순환하지}\\\text{않는 숫자 1개}}}{2}\underset{\text{순환마디의 숫자 1개}}{2}\,2\cdots$

② $\begin{array}{r} 100x=12.222\cdots \\ -)\ \ \ 10x=\ \ 1.222\cdots \\ \hline 90x=11 \end{array}$ ← 소수점 아래의 부분이 같은 두 식 만들기

정수

$\therefore x=\dfrac{11}{90}$

---

3 다음은 순환소수를 기약분수로 나타내는 과정이다. □ 안에 알맞은 수를 써넣으시오.

(1) $0.\dot{8}$

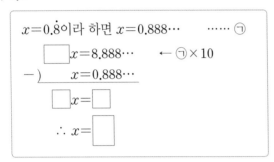

(2) $0.2\dot{5}$

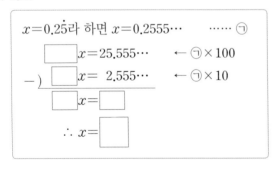

3-1 다음은 순환소수를 기약분수로 나타내는 과정이다. □ 안에 알맞은 수를 써넣으시오.

(1) $2.\dot{0}\dot{4}$

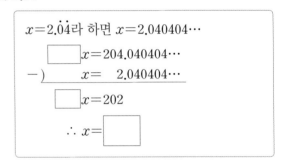

(2) $1.4\dot{6}$

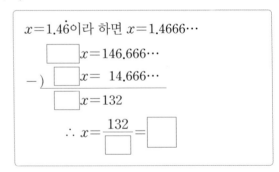

---

4 다음 순환소수를 분수로 나타낼 때, 이용할 수 있는 가장 편리한 식을 **보기**에서 고르시오.

━ 보기 ━
ㄱ. $10x-x$ ㄴ. $100x-x$
ㄷ. $100x-10x$ ㄹ. $1000x-10x$

(1) $x=0.\dot{7}$ (2) $x=3.2\dot{1}$ (3) $x=1.4\dot{2}\dot{8}$

4-1 다음 순환소수를 분수로 나타낼 때, 이용할 수 있는 가장 편리한 식을 **보기**에서 고르시오.

━ 보기 ━
ㄱ. $10x-x$ ㄴ. $100x-x$
ㄷ. $100x-10x$ ㄹ. $1000x-100x$

(1) $x=2.\dot{3}$ (2) $x=0.7\dot{4}$ (3) $x=2.6\dot{5}\dot{1}$

집중 3 공식을 이용하여 순환소수를 분수로 어떻게 나타낼까?

(1) 소수점 아래 바로 순환마디가 오는 경우

전체의 수

$$0.\dot{3}\dot{1} = \frac{31}{99}$$

순환마디의 숫자 2개

(2) 소수점 아래 바로 순환마디가 오지 않는 경우

전체의 수   순환하지 않는 부분의 수

$$1.2\dot{3}\dot{4} = \frac{1234-12}{990} = \frac{1222}{990} = \frac{611}{495}$$

순환마디의 숫자 2개

소수점 아래 순환하지 않는 숫자 1개

---

0 또는 한 자리의 자연수 a, b, c, d에 대하여

$$0.\dot{a} = \frac{a}{9}, \quad a.\dot{b} = \frac{ab-a}{9}, \quad 0.a\dot{b} = \frac{ab-a}{90}, \quad a.b\dot{c}\dot{d} = \frac{abcd-ab}{990}, \quad a.bc\dot{d} = \frac{abcd-abc}{900}$$

---

5 다음은 순환소수를 기약분수로 나타내는 과정이다. ☐ 안에 알맞은 수를 써넣으시오.

(1) $3.\dot{2} = \dfrac{\boxed{} - 3}{9} = \boxed{}$

(2) $1.\dot{3}4\dot{5} = \dfrac{1345 - \boxed{}}{\boxed{}} = \boxed{}$

(3) $0.11\dot{2} = \dfrac{\boxed{} - 11}{\boxed{}} = \boxed{}$

(4) $1.1\dot{4} = \dfrac{114 - \boxed{}}{\boxed{}} = \boxed{}$

5-1 다음 순환소수를 기약분수로 나타내시오.

(1) $0.\dot{4}$

(2) $1.\dot{2}4\dot{3}$

(3) $0.5\dot{7}\dot{4}$

(4) $1.6\dot{5}$

개념 4 유리수와 소수는 어떤 관계가 있을까?

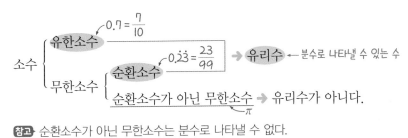

참고 순환소수가 아닌 무한소수는 분수로 나타낼 수 없다.

---

6 다음 **보기**에서 유리수인 것을 모두 고르시오.

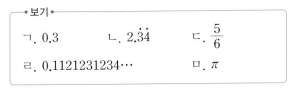

┌ 보기 ┐
ㄱ. 0.3 ㄴ. $2.\dot{3}\dot{4}$ ㄷ. $\dfrac{5}{6}$

ㄹ. $0.1121231234\cdots$ ㅁ. π

6-1 다음 **보기**에서 유리수가 <u>아닌</u> 것을 고르시오.

┌ 보기 ┐
ㄱ. $0.\dot{8}$ ㄴ. $\dfrac{3}{14}$ ㄷ. $0.565656\cdots$

ㄹ. 0.1 ㅁ. $1.010010001\cdots$

순환소수의 표현

01 다음 중 순환소수의 표현으로 옳은 것은?

① $3.0222\cdots=3.0\dot{2}\dot{2}$

② $1.232323\cdots=\dot{1}.2\dot{3}$

③ $0.3161616\cdots=0.3\dot{1}\dot{6}$

④ $0.451451451\cdots=0.4\dot{5}\dot{1}$

⑤ $2.012012012\cdots=2.0\dot{1}2\dot{0}$

02 다음 중 순환소수의 표현으로 옳은 것을 모두 고르면? (정답 2개)

① $7.272727\cdots=\dot{7}.\dot{2}$

② $2.6111\cdots=2.6\dot{1}$

③ $0.4535353\cdots=0.4\dot{5}3\dot{5}$

④ $3.145145145\cdots=3.\dot{1}4\dot{5}$

⑤ $0.582582582\cdots=0.\dot{5}8\dot{2}$

순환마디 구하기

03 다음 중 분수를 소수로 나타낼 때, 순환마디를 이루는 숫자의 개수가 가장 많은 것은?

① $\dfrac{7}{6}$ ② $\dfrac{8}{9}$ ③ $\dfrac{3}{11}$

④ $\dfrac{5}{27}$ ⑤ $\dfrac{2}{33}$

04 다음 중 분수를 소수로 나타낼 때, 순환마디가 나머지 넷과 다른 하나는?

① $\dfrac{1}{15}$ ② $\dfrac{1}{6}$ ③ $\dfrac{2}{3}$

④ $\dfrac{5}{12}$ ⑤ $\dfrac{16}{9}$

순환소수의 소수점 아래 n번째 자리의 숫자 구하기 중요✧

05 분수 $\dfrac{3}{7}$ 을 소수로 나타낼 때, 다음 물음에 답하시오.

(1) 순환마디를 이루는 숫자의 개수를 구하시오.

(2) 소수점 아래 100번째 자리의 숫자를 구하시오.

┌ 코칭 Plus ┐

소수점 아래 n번째 자리의 숫자 구하기
❶ 순환마디를 이루는 숫자의 개수를 구한다.
❷ $n \div$ (순환마디를 이루는 숫자의 개수)를 하여 나머지를 구한다.
❸ ❷를 이용하여 순환마디가 소수점 아래 n번째 자리까지 몇 번 반복되는지 구한다. 이때 나머지가 0인 경우에는 소수점 아래 n번째 자리의 숫자는 순환마디의 맨 끝 자리의 숫자와 같다.

06 분수 $\dfrac{2}{13}$ 를 소수로 나타낼 때, 소수점 아래 50번째 자리의 숫자는?

① 1 ② 3 ③ 4

④ 5 ⑤ 8

순환소수가 되도록 하는 미지수의 값 구하기

07 분수 $\dfrac{15}{2 \times 5^2 \times a}$ 를 소수로 나타내면 순환소수가 될 때, a의 값이 될 수 있는 가장 작은 자연수를 구하시오.

 Plus

순환소수가 되려면 주어진 분수를 기약분수로 나타내었을 때, 분모에 2 또는 5 이외의 소인수가 있어야 한다.

08 분수 $\dfrac{14}{40 \times a}$ 를 소수로 나타내면 순환소수가 될 때, 다음 중 a의 값이 될 수 없는 것은?

① 6   ② 7   ③ 9
④ 11   ⑤ 12

순환소수를 분수로 나타내기 – 10의 거듭제곱 이용 중요☆

09 다음은 순환소수 $0.4\dot{7}$을 기약분수로 나타내는 과정이다. □ 안에 들어갈 수로 옳지 <u>않은</u> 것은?

$x = 0.4\dot{7}$이라 하면 $x = 0.4777\cdots$ $\cdots\cdots$ ㉠
㉠의 양변에 ① , ② 을 각각 곱하면
① $x = 47.777\cdots$ $\cdots\cdots$ ㉡
② $x = 4.777\cdots$ $\cdots\cdots$ ㉢
㉡ − ㉢을 하면
③ $x =$ ④ $\quad \therefore x =$ ⑤

① 100   ② 10   ③ 99
④ 43   ⑤ $\dfrac{43}{90}$

10 순환소수 $x = 0.6\dot{1}\dot{8}$을 분수로 나타낼 때, 다음 중 이용할 수 있는 가장 편리한 식은?

① $10x - x$ ② $100x - x$
③ $100x - 10x$ ④ $1000x - x$
⑤ $1000x - 10x$

순환소수를 분수로 나타내기 – 공식 이용 중요☆

11 다음 중 순환소수를 분수로 나타내는 과정으로 옳지 <u>않은</u> 것은?

① $0.\dot{2}\dot{6} = \dfrac{26}{99}$ ② $1.\dot{3} = \dfrac{13 - 1}{90}$
③ $0.7\dot{8}\dot{9} = \dfrac{789 - 7}{990}$ ④ $5.4\dot{7} = \dfrac{547 - 54}{90}$
⑤ $4.\dot{1}\dot{2} = \dfrac{412 - 4}{99}$

12 다음 중 순환소수를 분수로 나타낸 것으로 옳은 것은?

① $1.\dot{2}\dot{3} = \dfrac{41}{33}$ ② $2.0\dot{5} = \dfrac{203}{90}$
③ $2.1\dot{3} = \dfrac{106}{45}$ ④ $0.3\dot{4}\dot{5} = \dfrac{31}{90}$
⑤ $0.6\dot{1}\dot{8} = \dfrac{34}{55}$

순환소수를 포함한 식의 계산 (1)

13 $0.\dot{1}\dot{5}=15\times\square$일 때, $\square$ 안에 알맞은 수를 순환소수로 나타내면?

① $0.\dot{1}$ ② $0.0\dot{1}$ ③ $0.\dot{0}\dot{1}$

④ $0.00\dot{1}$ ⑤ $0.\dot{0}0\dot{1}$

> ◀ 코칭 Plus
>
> 순환소수를 포함한 식을 계산할 때는 순환소수를 모두 분수로 나타낸 후 계산한다.

14 $0.\dot{3}0\dot{1}=301\times a$일 때, a의 값을 순환소수로 나타내면?

① $0.\dot{0}0\dot{1}$ ② $0.00\dot{1}$ ③ $0.00\dot{1}$

④ $0.\dot{1}\dot{0}$ ⑤ $0.\dot{1}0\dot{1}$

순환소수를 포함한 식의 계산 (2) 중요☆

15 $\dfrac{17}{30}=a+0.\dot{4}$일 때, a의 값을 기약분수로 나타내시오.

16 $\dfrac{8}{11}=a+0.\dot{6}$일 때, a의 값을 순환소수로 나타내시오.

유리수와 소수 사이의 관계

17 다음 설명 중 옳지 않은 것은?

① 모든 유한소수는 유리수이다.
② 모든 순환소수는 유리수이다.
③ 모든 무한소수는 순환소수이다.
④ 순환소수가 아닌 무한소수는 유리수가 아니다.
⑤ 정수가 아닌 유리수는 유한소수 또는 순환소수로 나타낼 수 있다.

18 다음 **보기**에서 옳지 않은 것을 고르시오.

> ─ 보기 ─
> ㄱ. 모든 순환소수는 무한소수이다.
> ㄴ. 모든 순환소수는 분수로 나타낼 수 있다.
> ㄷ. 순환소수 중에는 유리수가 아닌 것도 있다.
> ㄹ. 기약분수의 분모의 소인수가 2 또는 5뿐이면 그 분수는 유한소수로 나타낼 수 있다.

01

다음 중 옳지 <u>않은</u> 것은?

① -2는 유리수이다.

② 1.27은 유한소수이다.

③ 0은 분수로 나타낼 수 있다.

④ $0.241241\cdots$은 무한소수이다.

⑤ $\dfrac{15}{6}$는 유한소수로 나타낼 수 없다.

02

다음은 분수 $\dfrac{3}{125}$을 유한소수로 나타내는 과정이다. 이때 $a+b+c+d$의 값을 구하시오.

$$\frac{3}{125}=\frac{3}{5^a}=\frac{3\times b}{5^3\times b}=\frac{c}{1000}=d$$

03

다음 분수 중 유한소수로 나타낼 수 있는 것은?

① $\dfrac{14}{30}$　　② $\dfrac{9}{72}$　　③ $\dfrac{15}{2\times3\times7}$

④ $\dfrac{5}{120}$　　⑤ $\dfrac{35}{2^2\times3\times5^2}$

04

분수 $\dfrac{a}{56}$를 소수로 나타내면 유한소수가 될 때, a의 값이 될 수 있는 두 자리의 자연수 중 가장 큰 수를 구하시오.

05

분수 $\dfrac{33}{110\times a}$을 소수로 나타내면 유한소수가 될 때, 다음 중 a의 값이 될 수 <u>없는</u> 것은?

① 6　　　　② 18　　　　③ 24

④ 30　　　　⑤ 60

06

다음 순환소수 중 소수점 아래 25번째 자리의 숫자를 나타낸 것으로 옳지 <u>않은</u> 것은?

① $0.\dot{2}$ ➜ 2　　　　② $0.3\dot{4}$ ➜ 3

③ $1.5\dot{7}\dot{6}$ ➜ 6　　　　④ $2.\dot{1}65\dot{2}$ ➜ 1

⑤ $4.9\dot{8}1\dot{5}$ ➜ 5

07

분수 $\dfrac{3}{11}$을 소수로 나타낼 때, 소수점 아래 n번째 자리의 숫자를 a_n이라 하자. 이때 $a_1+a_2+\cdots+a_{20}$의 값을 구하시오.

08

분수 $\dfrac{a}{180}$를 소수로 나타내면 순환소수가 될 때, 10보다 작은 자연수 중 a의 값이 될 수 <u>없는</u> 수를 구하시오.

09

다음 중 순환소수를 분수로 나타낸 것으로 옳은 것은?

① $2.\dot{8}=\dfrac{28}{9}$

② $0.7\dot{2}=\dfrac{8}{11}$

③ $3.0\dot{7}=\dfrac{152}{45}$

④ $0.3\dot{8}\dot{1}=\dfrac{21}{55}$

⑤ $1.\dot{5}2\dot{3}=\dfrac{761}{495}$

10

$0.16+0.006+0.0006+0.00006+0.000006+\cdots$ 을 계산하여 기약분수로 나타내시오.

11

순환소수 $2.\dot{4}$에 자연수 a를 곱하면 자연수가 될 때, 다음 중 a의 값이 될 수 <u>없는</u> 것은?

① 9   ② 18   ③ 24

④ 27   ⑤ 36

12

다음 중 옳은 것을 모두 고르면? (정답 2개)

① 모든 무한소수는 유리수가 아니다.

② 무한소수 중에는 순환소수가 아닌 것도 있다.

③ 유한소수 중에는 유리수가 아닌 것도 있다.

④ 모든 순환소수는 $\dfrac{(정수)}{(0이\ 아닌\ 정수)}$ 꼴로 나타낼 수 있다.

⑤ 유리수 중에는 분수로 나타낼 수 없는 것도 있다.

한걸음 더

13 추론 💬

두 분수 $\dfrac{5}{14}$와 $\dfrac{26}{48}$에 어떤 자연수 a를 각각 곱하면 모두 유한소수로 나타낼 수 있다고 할 때, a의 값이 될 수 있는 가장 작은 자연수를 구하시오.

14 추론 💬

분수 $\dfrac{x}{300}$를 소수로 나타내면 유한소수가 되고, 기약분수로 나타내면 $\dfrac{11}{y}$이 된다. x가 60보다 크고 80보다 작은 자연수일 때, $x-y$의 값을 구하시오.

15 문제 해결 🔒

어떤 자연수에 $0.\dot{3}$을 곱해야 할 것을 잘못하여 0.3을 곱하였더니 그 계산 결과가 바르게 계산한 결과보다 1만큼 작게 나왔다고 한다. 이때 어떤 자연수를 구하시오.

1

분수 $\dfrac{4}{13}$ 를 소수로 나타낼 때, 소수점 아래 55번째 자리의 숫자를 a, 소수점 아래 80번째 자리의 숫자를 b라 하자. 이때 $a+b$의 값을 구하시오. [7점]

채점 기준 1 순환마디를 이루는 숫자의 개수 구하기 … 2점

채점 기준 2 a의 값 구하기 … 2점

채점 기준 3 b의 값 구하기 … 2점

채점 기준 4 $a+b$의 값 구하기 … 1점

답

한번더!

1-1

분수 $\dfrac{8}{27}$ 을 소수로 나타낼 때, 소수점 아래 20번째 자리의 숫자를 a, 소수점 아래 42번째 자리의 숫자를 b라 하자. 이때 $a-b$의 값을 구하시오. [7점]

채점 기준 1 순환마디를 이루는 숫자의 개수 구하기 … 2점

채점 기준 2 a의 값 구하기 … 2점

채점 기준 3 b의 값 구하기 … 2점

채점 기준 4 $a-b$의 값 구하기 … 1점

답

2

$\dfrac{6}{130} \times a$ 를 소수로 나타내면 유한소수가 될 때, a의 값이 될 수 있는 두 자리의 자연수 중 70보다 큰 수를 모두 구하시오. [5점]

답

3

두 분수 $\dfrac{1}{7}$ 과 $\dfrac{3}{4}$ 사이에 있는 분모가 28이고 분자가 자연수인 분수 중 유한소수로 나타낼 수 있는 분수는 모두 몇 개인지 구하시오. [6점]

답

4

어떤 기약분수를 소수로 나타내는데 준영이는 분모를 잘못 보아 $0.5\dot{8}$로 나타내고, 우진이는 분자를 잘못 보아 $1.3\dot{6}$으로 나타내었다. 처음 기약분수를 순환소수로 나타내시오. [7점]

채점 기준 1 준영이가 구한 순환소수에서 바르게 본 분자 구하기 … 2점

채점 기준 2 우진이가 구한 순환소수에서 바르게 본 분모 구하기 … 2점

채점 기준 3 처음 기약분수를 순환소수로 나타내기 … 3점

답

한번 더!
4-1

어떤 기약분수를 소수로 나타내는데 진만이는 분모를 잘못 보아 $0.3\dot{2}$로 나타내고, 지안이는 분자를 잘못 보아 $0.\dot{8}\dot{1}$로 나타내었다. 처음 기약분수를 순환소수로 나타내시오. [7점]

풀이

채점 기준 1 진만이가 구한 순환소수에서 바르게 본 분자 구하기 … 2점

채점 기준 2 지안이가 구한 순환소수에서 바르게 본 분모 구하기 … 2점

채점 기준 3 처음 기약분수를 순환소수로 나타내기 … 3점

답

5

순환소수 $0.\dot{a}\dot{b}$를 기약분수로 나타내면 $\dfrac{13}{33}$일 때, 순환소수 $0.\dot{b}\dot{a}$를 기약분수로 나타내시오.
(단, a, b는 0 또는 한 자리의 자연수) [5점]

풀이

답

6

순환소수 $0.40\dot{6}$에 어떤 자연수를 곱하여 유한소수가 되게 하려고 한다. 이때 곱할 수 있는 두 자리의 자연수 중 가장 큰 수를 구하시오. [6점]

답

01

다음 **보기**에서 유리수인 것을 모두 고르시오.

┌─ 보기 ─────────────────────────────┐
ㄱ. $\dfrac{1}{3}$ ㄴ. $0.\dot{6}$ ㄷ. $0.12012301\cdots$

ㄹ. 1.27 ㅁ. $4.51326\cdots$ ㅂ. $2.525252\cdots$
└──────────────────────────────────┘

02

다음은 분수 $\dfrac{5}{8}$ 를 유한소수로 나타내는 과정이다. □ 안에 들어갈 수로 옳지 <u>않은</u> 것은?

$$\frac{5}{8}=\frac{5}{2^3}=\frac{5\times\boxed{①}}{2^3\times5^{\boxed{②}}}=\frac{\boxed{③}}{10^{\boxed{④}}}=\boxed{⑤}$$

① 5^3 ② 3 ③ 625
④ 4 ⑤ 0.625

03

분수 $\dfrac{12}{80}$ 를 $\dfrac{a}{10^n}$ 꼴로 고쳐서 유한소수로 나타낼 때, $a+n$의 값 중 가장 작은 수를 구하시오.

(단, a, n은 자연수)

04 중요♡

다음 분수 중 유한소수로 나타낼 수 <u>없는</u> 것을 모두 고르면? (정답 2개)

① $\dfrac{4}{2^2\times5^4}$ ② $\dfrac{14}{875}$ ③ $\dfrac{22}{2^4\times3^3\times11}$

④ $\dfrac{9}{2^5\times3^3\times5}$ ⑤ $\dfrac{51}{85}$

05

다음 중 분수 $\dfrac{38}{2^2\times5}$에 대한 설명으로 옳지 <u>않은</u> 것은?

① $\dfrac{19}{2\times5}$와 같다.

② 소수로 나타내면 1.9이다.

③ 분모가 10의 거듭제곱 꼴인 분수로 나타낼 수 있다.

④ 분자의 소인수가 19이므로 무한소수로 나타내어진다.

⑤ 분모의 소인수가 2 또는 5뿐이므로 유한소수로 나타낼 수 있다.

06 중요♡

$\dfrac{3}{52}\times x$를 소수로 나타내면 유한소수가 될 때, 다음 중 x의 값이 될 수 있는 것은?

① 9 ② 10 ③ 11
④ 12 ⑤ 13

07

다음 조건을 만족시키는 자연수 A는 모두 몇 개인지 구하시오.

┌──────────────────────────────────┐
㈎ 분수 $\dfrac{A}{220}$는 유한소수로 나타낼 수 있다.

㈏ A는 7의 배수이다.

㈐ A는 300보다 작은 자연수이다.
└──────────────────────────────────┘

08 중요♡

분수 $\dfrac{a}{60}$를 소수로 나타내면 유한소수가 되고, 기약분수로 나타내면 $\dfrac{1}{b}$이 된다. a가 가장 작은 자연수일 때, $a+b$의 값을 구하시오.

09

다음 중 순환소수 $14.3146146146\cdots$의 순환마디와 그 표현이 옳은 것은?

	순환마디	순환소수의 표현
①	14	$14.3\dot{1}4\dot{6}$
②	46	$14.3\dot{1}4\dot{6}$
③	146	$14.3\dot{1}4\dot{6}$
④	461	$14.3\dot{1}46\dot{1}$
⑤	3146	14.3146

10

다음 중 분수를 소수로 나타낼 때, 순환마디를 이루는 숫자의 개수가 가장 많은 것은?

① $\dfrac{2}{3}$ ② $\dfrac{5}{6}$ ③ $\dfrac{4}{7}$

④ $\dfrac{7}{9}$ ⑤ $\dfrac{6}{11}$

11

분수 $\dfrac{3}{x}$을 소수로 나타내면 순환소수가 될 때, 다음 중 x의 값이 될 수 있는 것은?

① 5   ② 6   ③ 15

④ 21   ⑤ 24

12

분수 $\dfrac{54}{2^2 \times 3 \times a}$를 소수로 나타내면 순환소수가 될 때, 15 이하의 자연수 a는 모두 몇 개인가?

① 1개   ② 2개   ③ 3개
④ 4개   ⑤ 5개

13

순환소수 $x=1.4\dot{8}$을 분수로 나타낼 때, 다음 중 이용할 수 있는 가장 편리한 식은?

① $100x-x$ ② $100x-10x$
③ $1000x-x$ ④ $1000x-10x$
⑤ $10000x-100x$

14 중요♡

다음은 순환소수 $0.2\dot{3}\dot{4}$를 기약분수로 나타내는 과정이다. □ 안에 들어갈 수로 옳지 않은 것은?

> $x=0.2\dot{3}\dot{4}$라 하면 $x=0.2343434\cdots$ ⋯⋯ ㉠
>
> ㉠의 양변에 □①□ 을 곱하면
>
> □①□ $x=234.343434\cdots$ ⋯⋯ ㉡
>
> ㉠의 양변에 □②□ 을 곱하면
>
> □②□ $x=2.343434\cdots$ ⋯⋯ ㉢
>
> ㉡-㉢을 하면
>
> □③□ $x=$ □④□
>
> $\therefore x=$ □⑤□

① 1000   ② 100   ③ 990
④ 232   ⑤ $\dfrac{116}{495}$

15 중요♧

다음 중 순환소수 $x=2.0575757\cdots$에 대한 설명으로 옳지 <u>않은</u> 것은?

① $x=2.0\dot{5}\dot{7}$로 나타낼 수 있다.

② 순환마디를 이루는 숫자의 개수는 2이다.

③ $1000x-100x$를 이용하여 분수로 나타낼 수 있다.

④ 분수로 나타내면 $x=\dfrac{679}{330}$이다.

⑤ 소수점 아래 10번째 자리의 숫자는 5이다.

16

다음 중 순환소수를 분수로 나타낸 것으로 옳지 <u>않은</u> 것은?

① $1.\dot{7}=\dfrac{16}{9}$

② $0.\dot{4}\dot{1}=\dfrac{41}{99}$

③ $0.1\dot{5}=\dfrac{7}{45}$

④ $1.5\dot{3}=\dfrac{76}{45}$

⑤ $1.2\dot{5}=\dfrac{113}{90}$

17

기약분수 $\dfrac{x}{12}$를 소수로 나타내면 $0.58333\cdots$일 때, 자연수 x의 값을 구하시오.

18

순환소수 $0.2\dot{6}$의 역수를 a라 할 때, $8a$의 값을 구하시오.

19

다음 **보기**의 수를 작은 것부터 차례로 나열하시오.

━• 보기 •━

ㄱ. $1.248\dot{5}$ ㄴ. $1.24\dot{8}\dot{5}$

ㄷ. 1.2485 ㄹ. $1.\dot{2}48\dot{5}$

20 중요♧

$0.\dot{6}2\dot{5}=a\times625$일 때, a의 값을 순환소수로 나타내면?

① $0.00\dot{1}$ ② $0.0\dot{1}$ ③ $0.\dot{1}$

④ $0.\dot{1}0\dot{1}$ ⑤ $0.\dot{6}2\dot{5}$

21

다음 중 옳은 것을 모두 고르면? (정답 2개)

① $0.383838\cdots$은 유리수이다.

② 2는 분수로 나타낼 수 없다.

③ 유리수는 모두 유한소수로 나타낼 수 있다.

④ 모든 무한소수는 분수로 나타낼 수 있다.

⑤ 모든 유한소수는 분모가 10의 거듭제곱 꼴인 분수로 나타낼 수 있다.

교과서에서 쏙 빼온 문제

1

다음 글을 읽고, 색칠한 수를 각각 소수로 나타내시오.

> 물은 우리 몸무게의 약 $\dfrac{2}{3}$ 를 차지하는데, 이 중 $\dfrac{1}{50}$ 만 부족해도 갈증을 느낀다. 또, $\dfrac{1}{10}$ 이상 부족하게 되면 생명이 위험할 수 있다고 한다.

2

다음 그림은 각 음계에 숫자를 대응시켜 나타낸 것이다.

이를 이용하여 $\dfrac{5}{33}=0.\dot{1}\dot{5}$ 를 오선지 위에 나타내면

과 같고, 이를 연주하면 '레라'의 음을 반복한다고 한다. 이와 같은 방법으로 분수 $\dfrac{32}{99}$ 를 오선지 위에 나타내시오.

3

야구에서 선수의 타율은

$$(\text{타율})=\frac{(\text{안타 수})}{(\text{타수})}$$

로 계산한다. 다음 세 선수 A, B, C의 타율을 소수로 나타내었을 때 소수점 아래 50번째 자리의 숫자가 가장 큰 선수를 구하시오.

	타수	안타 수
A	9	3
B	15	4
C	13	2

4

다음 조건을 만족시키는 분수는 모두 몇 개인지 구하시오.

> (개) 분모는 30이고 분자는 자연수이다.
> (내) 소수로 나타내면 순환소수이다.
> (대) $\dfrac{2}{5}$ 보다 크고 $\dfrac{5}{6}$ 보다 작다.

워크북 78쪽~79쪽에서 한번 더 연습해 보세요.

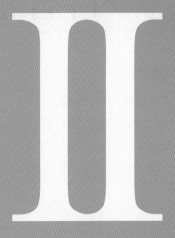

Ⅱ

식의 계산

1. 단항식과 다항식

이 단원을 배우면 지수법칙을 이해하고, 이를 이용하여 식을 간단히 할 수 있어요. 또, 다항식의 덧셈과 뺄셈의 원리를 이해하고, 그 계산을 할 수 있어요.

지수법칙

1 지수법칙

(1) **지수법칙 – 지수의 합**

m, n이 자연수일 때, $a^m \times a^n = a^{m+n}$ ← 지수끼리 더한다.

주의 $a^m \times a^n \neq a^{mn}$, $a^m + a^n \neq a^{m+n}$, $a^m \times b^n \neq a^{m+n}$

참고 a는 a^1으로 생각한다. 즉, $a \times a^2 = a^{1+2} = a^3$

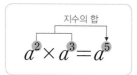

(2) **지수법칙 – 지수의 곱**

m, n이 자연수일 때, $(a^m)^n = a^{mn}$ ← 지수끼리 곱한다.

주의 $(a^m)^n \neq a^{m+n}$, $(a^m)^n \neq a^{m^n}$

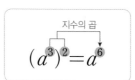

(3) **지수법칙 – 지수의 차**

$a \neq 0$이고, m, n이 자연수일 때

① $m > n$이면 $a^m \div a^n = a^{m-n}$ ← 지수끼리 뺀다.

② $m = n$이면 $a^m \div a^n = 1$

③ $m < n$이면 $a^m \div a^n = \dfrac{1}{a^{n-m}}$

주의 $a^m \div a^n \neq a^{m \div n}$, $a^m \div a^m \neq 0$

참고 $a^m \div a^n$을 계산할 때는 먼저 m과 n의 대소를 비교한다.

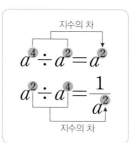

(4) **지수법칙 – 지수의 분배**

m이 자연수일 때

① $(ab)^m = a^m b^m$

② $\left(\dfrac{a}{b}\right)^m = \dfrac{a^m}{b^m}$ (단, $b \neq 0$)

주의 $(ab)^m \neq ab^m$, $\left(\dfrac{a}{b}\right)^m \neq \dfrac{a^m}{b}$, $(3ab)^m \neq 3a^m b^m$

참고 $a > 0$일 때, $(-a)^n = \{(-1) \times a\}^n = (-1)^n a^n$이므로

$$(-a)^n = \begin{cases} a^n & (n\text{이 짝수}) \\ -a^n & (n\text{이 홀수}) \end{cases}$$

참고 셋 이상의 지수에 대해서도 지수법칙이 성립한다.

l, m, n이 자연수일 때,

$a^l \times a^m \times a^n = a^{l+m+n}$, $\{(a^l)^m\}^n = a^{lmn}$, $(a^m b^n)^l = a^{ml} b^{nl}$, $\left(\dfrac{a^m}{b^n}\right)^l = \dfrac{a^{ml}}{b^{nl}}$ (단, $b \neq 0$)

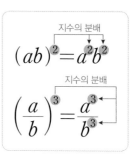

중 1

- **거듭제곱** : 같은 수를 여러 번 곱할 때, 곱하는 수와 곱하는 횟수를 이용하여 간단히 나타낸 것
- **밑** : 거듭제곱에서 거듭하여 곱한 수
- **지수** : 거듭하여 곱한 횟수

$$2 \times 2 \times 2 \times 2 = 2^{4}$$
(지수 ↗, 밑 ↘)

세 수 이상의 곱셈에서 곱의 부호는 음수의 개수가 짝수이면 +, 홀수이면 −이다.

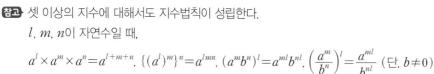

$4^3 \times 4^3$과 $4^3 + 4^3$은 같은 값일까?

같은 수의 계산에서 곱셈은 지수끼리 더하므로 $4^3 \times 4^3 = 4^{3+3} = 4^6 = 4096$이고, 덧셈은 더한 개수만큼 곱하므로 $4^3 + 4^3 = 2 \times 4^3 = 128$이 되어 서로 다른 값이다.

개념 1 m, n이 자연수일 때, $a^m \times a^n$은 어떻게 간단히 할까?

$$a^3 \times a^4 = (a \times a \times a) \times (a \times a \times a \times a)$$

a가 3개, a가 4개

$$= a \times a \times a \times a \times a \times a \times a$$

a가 3+4=7(개)

$$= a^7$$

지수의 합

$$\rightarrow \quad a^3 \times a^4 = a^{3+4} = a^7 \leftarrow$$ 밑이 같은 거듭제곱의 곱셈은 지수끼리 더한다.

참고 $a = a^1$으로 생각한다.

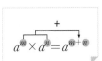

$$a^m \times a^n = a^{m+n}$$

1 다음 식을 간단히 하시오.

(1) $2^5 \times 2^3$

(2) $a^3 \times a^2$

(3) $x \times x^4 \times x^2$

(4) $a^3 \times b^2 \times a^6$

(5) $a^2 \times b^4 \times a \times b^6$

1-1 다음 식을 간단히 하시오.

(1) $3^2 \times 3^6$

(2) $x^{10} \times x^7$

(3) $a^2 \times a \times a^3$

(4) $x^6 \times y^4 \times x^5$

(5) $x^5 \times y^3 \times x^7 \times y^6$

개념 2 m, n이 자연수일 때, $(a^m)^n$은 어떻게 간단히 할까?

$$(a^3)^4 = a^3 \times a^3 \times a^3 \times a^3$$

a^3이 4개

$$= a^{3+3+3+3}$$

4개

$$= a^{3 \times 4} = a^{12}$$

지수의 곱

$$\rightarrow \quad (a^3)^4 = a^{3 \times 4} = a^{12} \leftarrow$$ 거듭제곱의 거듭제곱은 지수끼리 곱한다.

참고 $(a^m)^n = (a^n)^m$

$$(a^m)^n = a^{m \times n}$$

2 다음 식을 간단히 하시오.

(1) $(2^4)^3$

(2) $(a^2)^3$

(3) $(x^3)^5 \times x^2$

(4) $(x^4)^3 \times (y^5)^2$

(5) $(a^2)^7 \times (b^2)^2 \times (a^3)^3$

2-1 다음 식을 간단히 하시오.

(1) $(3^2)^5$

(2) $(x^4)^6$

(3) $a^3 \times (a^4)^2$

(4) $(x^3)^3 \times (x^6)^2$

(5) $\{(x^2)^4\}^3$

개념 3 m, n이 자연수일 때, $a^m \div a^n\,(a \neq 0)$은 어떻게 간단히 할까?

(1) $a^5 \div a^3 = \dfrac{a^5}{a^3} = \dfrac{\cancel{a} \times \cancel{a} \times \cancel{a} \times a \times a}{\cancel{a} \times \cancel{a} \times \cancel{a}} = a \times a = a^2$

→ 지수의 차
$a^5 \div a^3 = a^{5-3} = a^2$ ← 밑이 같은 거듭제곱의 나눗셈은 지수가 큰 수에서 작은 수를 뺀다.

(2) $a^3 \div a^3 = \dfrac{a^3}{a^3} = \dfrac{\cancel{a} \times \cancel{a} \times \cancel{a}}{\cancel{a} \times \cancel{a} \times \cancel{a}} = 1$

→ 지수가 같다.
$a^3 \div a^3 = 1$

(3) $a^3 \div a^5 = \dfrac{a^3}{a^5} = \dfrac{\cancel{a} \times \cancel{a} \times \cancel{a}}{\cancel{a} \times \cancel{a} \times \cancel{a} \times a \times a} = \dfrac{1}{a \times a} = \dfrac{1}{a^2}$

→ 지수의 차
$a^3 \div a^5 = \dfrac{1}{a^{5-3}} = \dfrac{1}{a^2}$

$$a^m \div a^n = \begin{cases} a^{m-n} & (m>n) \\ 1 & (m=n) \\ \dfrac{1}{a^{n-m}} & (m<n) \end{cases}$$

---

3 다음 식을 간단히 하시오.

(1) $3^7 \div 3^4$

(2) $a^5 \div a^5$

(3) $a^4 \div a^9$

(4) $x^{10} \div x^4 \div x^2$

(5) $(y^2)^4 \div y^3$

(6) $(b^5)^3 \div (b^4)^4$

3-1 다음 식을 간단히 하시오.

(1) $x^9 \div x^3$

(2) $y^8 \div y^{12}$

(3) $2^8 \div 2^4 \div 2^3$

(4) $x^7 \div x^2 \div x^8$

(5) $(a^3)^5 \div (a^5)^3$

(6) $(y^6)^2 \div (y^3)^3$

개념 4 m이 자연수일 때, $(ab)^m$, $\left(\dfrac{a}{b}\right)^m\,(b \neq 0)$은 어떻게 간단히 할까?

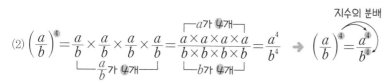

(1) $(ab)^3 = ab \times ab \times ab = a \times b \times a \times b \times a \times b$
└ab가 3개┘

$= (a \times a \times a) \times (b \times b \times b) = a^3 b^3$
└a가 3개┘ └b가 3개┘

→ 지수의 분배
$(ab)^3 = a^3 b^3$

(2) $\left(\dfrac{a}{b}\right)^4 = \dfrac{a}{b} \times \dfrac{a}{b} \times \dfrac{a}{b} \times \dfrac{a}{b} = \dfrac{a \times a \times a \times a}{b \times b \times b \times b} = \dfrac{a^4}{b^4}$
└$\dfrac{a}{b}$가 4개┘ ┌a가 4개┐ └b가 4개┘

→ 지수의 분배
$\left(\dfrac{a}{b}\right)^4 = \dfrac{a^4}{b^4}$

주의 부호가 있는 경우에는 부호를 포함하여 거듭제곱해야 한다.

$$(ab)^m = a^m b^m$$
$$\left(\dfrac{a}{b}\right)^m = \dfrac{a^m}{b^m}$$

---

4 다음 식을 간단히 하시오.

(1) $(ab)^4$

(2) $\left(\dfrac{a}{b^2}\right)^3$

(3) $(2x^2)^3$

(4) $(xy^3)^5$

(5) $\left(\dfrac{x^3}{y^2}\right)^4$

(6) $\left(-\dfrac{a^4}{b^3}\right)^5$

4-1 다음 식을 간단히 하시오.

(1) $(3a)^3$

(2) $\left(\dfrac{y}{2}\right)^6$

(3) $(-x)^7$

(4) $(-x^4 y^3)^4$

(5) $\left(\dfrac{2a^3}{b^5}\right)^2$

(6) $\left(\dfrac{xy^2}{z^3}\right)^3$

지수법칙 　중요 ☆

01 다음 중 옳지 <u>않은</u> 것은?

① $a^8 \times a^2 = a^{10}$ 　　② $(x^5)^3 = x^{15}$

③ $a^7 \div a^8 = \dfrac{1}{a}$ 　　④ $(x^4 y^2)^3 = x^{12} y^6$

⑤ $\left(\dfrac{2x^2}{y}\right)^5 = \dfrac{10x^{10}}{y^5}$

02 다음 중 옳은 것을 모두 고르면? (정답 2개)

① $a^3 \times a \times a^4 = a^7$ 　　② $(7^2)^3 \times 7^4 = 7^{10}$

③ $a^6 \div a^2 \div a = a^2$ 　　④ $a^2 \times (ab^3)^5 = a^7 b^{15}$

⑤ $\left(-\dfrac{3a^3}{b^2}\right)^3 = -\dfrac{27a^9}{b^2}$

□ 안에 알맞은 수 구하기

03 다음 □ 안에 알맞은 수가 가장 큰 것은?

① $x^5 \times x^{\square} = x^{12}$ 　　② $x^{\square} \div x^6 = 1$

③ $x^7 \times x^{\square} \div x = x^9$ 　　④ $(y^{\square})^2 \div y^{10} = \dfrac{1}{y^2}$

⑤ $\left(-\dfrac{y}{3x^{\square}}\right)^2 = \dfrac{y^2}{9x^4}$

04 다음 □ 안에 알맞은 수가 가장 작은 것은?

① $a^{\square} \times a^9 = a^{13}$ 　　② $a^3 \div a^{\square} = \dfrac{1}{a^2}$

③ $a^3 \times (a^{\square})^2 = a^9$ 　　④ $a^{\square} \times a^2 \div a^4 = a^7$

⑤ $\left(\dfrac{b^{\square}}{4a}\right)^2 = \dfrac{b^4}{16a^2}$

거듭제곱 꼴로 나타내기

05 $9^4 \times 9^4 \times 9^4 = 3^x$을 만족시키는 자연수 x의 값은?

① 12 　　② 18 　　③ 24

④ 30 　　⑤ 36

06 $8^5 \div 16^3 = 2^{\square}$일 때, □ 안에 알맞은 자연수를 구하시오.

미지수 구하기 (1)

07 $3^x \times 3^4 = 9^3$일 때, 자연수 x의 값은?

① 2 　　② 3 　　③ 4

④ 5 　　⑤ 6

08 $2^{10} \div 2^x \div 2 = 16$일 때, 자연수 x의 값은?

① 3 　　② 4 　　③ 5

④ 6 　　⑤ 7

교과서 대표 문제로
완성하기

미지수 구하기 (2)

09 $(-3x^a)^4=bx^{24}$일 때, 자연수 a, b에 대하여 $a+b$의 값은?

① 75 　② 78 　③ 80
④ 83 　⑤ 87

10 $\left(\dfrac{3x^a}{y}\right)^2=\dfrac{bx^8}{y^c}$일 때, 자연수 a, b, c에 대하여 $a+b+c$의 값을 구하시오.

같은 수의 덧셈식

11 $3^2+3^2+3^2=3^a$일 때, 자연수 a의 값을 구하시오.

코칭 Plus

같은 수의 덧셈은 다음과 같이 곱셈으로 바꾸어 나타낸 후 간단히 한다.

➔ $\underbrace{a^n+a^n+a^n+\cdots+a^n}_{a개}=a\times a^n=a^{n+1}$

12 $4^2+4^2=2^x$일 때, 자연수 x의 값은?

① 2 　② 3 　③ 4
④ 5 　⑤ 6

문자를 사용하여 나타내기 　중요✡

13 $2^3=a$라 할 때, 32^3을 a를 사용하여 나타내면?

① a^4 　② a^5 　③ a^6
④ a^7 　⑤ a^8

코칭 Plus

$a^n=A$이면
① $a^{mn}=(a^n)^m=A^m$
② $a^{m+n}=a^ma^n=a^mA$

14 $2^4=A$라 할 때, 4^{12}을 A를 사용하여 나타내면?

① A^4 　② A^5 　③ A^6
④ A^7 　⑤ A^8

01

다음 중 계산 결과가 나머지 넷과 <u>다른</u> 하나는?

① $x^2 \times x^3 \times x$ ② $(x^2)^2 \times x^2$

③ $x^{12} \div x^4 \div x^2$ ④ $x^{14} \div (x^2)^5$

⑤ $x^{10} \div (x^6 \div x^2)$

02

$x+y=4$이고, $A=3^x$, $B=3^y$일 때, AB의 값은?

(단, x, y는 자연수)

① 16   ② 27   ③ 32

④ 64   ⑤ 81

03

$9^n \times 27^n = 3^{20}$일 때, 자연수 n의 값을 구하시오.

04

$54^a = 2^6 \times 3^b$, $\left(\dfrac{25}{8}\right)^c = \dfrac{5^6}{2^9}$일 때, 자연수 a, b, c에 대하여 $a+b+c$의 값을 구하시오.

05

$5^3 + 5^3 + 5^3 + 5^3 + 5^3 = 5^k$일 때, 자연수 k의 값을 구하시오.

한걸음 더

06 문제해결🔓

다음 표는 컴퓨터가 처리하는 정보의 양을 나타내는 단위 사이의 관계를 나타낸 것이다.

1 B	1 KiB	1 MiB	1 GiB
2^3 Bit	2^{10} B	2^{10} KiB	2^{10} MiB

용량이 256 MiB인 동영상 8편의 전체 용량은 몇 GiB 인지 구하시오.

07 추론💬

$2^2 = a$, $3^2 = b$라 할 때, 18^4을 a, b를 사용하여 나타내면?

① $a^2 b^2$ ② $a^2 b^3$ ③ $a^2 b^4$

④ $a^3 b^2$ ⑤ $a^3 b^3$

08 문제해결🔓

$2^8 \times 5^6$이 n자리의 자연수일 때, n의 값을 구하시오.

단항식의 곱셈과 나눗셈

1 단항식의 곱셈

(1) 계수는 계수끼리, 문자는 문자끼리 곱하여 계산한다.

(2) 같은 문자끼리의 곱셈은 지수법칙을 이용하여 간단히 한다.

예 $3ab \times 2b = (3 \times 2) \times (ab \times b) = 6ab^2$

참고 • 단항식에서는 수를 문자 앞에 쓰고, 문자는 알파벳 순서로 쓴다.
  • 단항식의 곱셈에서 부호는 계수끼리의 곱에서 결정된다.

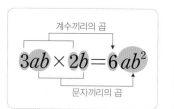

중1
• **단항식** : 다항식 중에서 하나의 항으로만 이루어진 식
• **계수** : 수와 문자의 곱으로 이루어진 항에서 문자에 곱한 수

2 단항식의 나눗셈

방법1 분수 꼴로 바꾸어 계수는 계수끼리, 문자는 문자끼리 계산한다.

→ $A \div B = \dfrac{A}{B}$

예 $6a^2b \div 3a = \dfrac{6a^2b}{3a} = 2ab$

방법2 역수를 이용하여 나눗셈을 곱셈으로 바꾸어 계수는 계수끼리, 문자는 문자끼리 계산한다.

→ $A \div B = A \times \dfrac{1}{B} = \dfrac{A}{B}$

예 $6a^2b \div 3a = 6a^2b \times \dfrac{1}{3a} = 2ab$

주의 역수를 구할 때, 부호를 바꾸지 않도록 주의한다.

즉, $-\dfrac{1}{2}a = -\dfrac{a}{2}$의 역수는 $-\dfrac{2}{a}$이고, 이때 부호는 그대로이다.

참고 다음의 경우에는 **방법2** 를 이용하는 것이 편리하다.

(1) 나누는 식이 분수 꼴인 경우 → $A \div \dfrac{C}{B} = A \times \dfrac{B}{C} = \dfrac{AB}{C}$

(2) 나눗셈이 2개 이상인 경우 → $A \div B \div C = A \times \dfrac{1}{B} \times \dfrac{1}{C} = \dfrac{A}{BC}$

중1

역수(거꾸로 逆 셈 數) 어떤 두 수의 곱이 1이 될 때, 한 수를 다른 수의 역수라 한다.

3 단항식의 곱셈과 나눗셈의 혼합 계산

❶ 괄호가 있는 거듭제곱은 지수법칙을 이용하여 괄호를 먼저 푼다.

❷ 나눗셈은 역수를 이용하여 곱셈으로 바꾸거나 분수 꼴로 바꾸어 계산한다.

❸ 계수는 계수끼리, 문자는 문자끼리 계산한다.

주의 곱셈과 나눗셈의 혼합 계산은 반드시 앞에서부터 차례로 계산한다.

$6x^3 \div 2x^2 \times 3x = \dfrac{6x^3}{2x^2} \times 3x = 3x \times 3x = 9x^2 \ (\bigcirc)$

$6x^3 \div 2x^2 \times 3x = 6x^3 \div (2x^2 \times 3x) = 6x^3 \div 6x^3 = 1 \ (\times)$

$\dfrac{2}{3}x$의 역수는 $\dfrac{3}{2}x$일까?

역수를 구할 때는 문자까지 포함하여 분모와 분자를 먼저 구분한 후 그 위치를 서로 바꾸어야 하므로

$\dfrac{2}{3}x = \dfrac{2x}{3}$의 역수는 $\dfrac{3}{2x}$이다.

개념 1 단항식의 곱셈은 어떻게 할까?

$$4a^3 \times 2ab^2 = (4 \times a^3) \times (2 \times ab^2)$$
$$= 4 \times a^3 \times 2 \times ab^2$$ ⎫ 곱셈의 교환법칙
$$= 4 \times 2 \times a^3 \times ab^2$$ ⎭
$$= (4 \times 2) \times (a^3 \times ab^2)$$ ⎫ 곱셈의 결합법칙
$$= 8a^4b^2 \;\leftarrow 계수끼리\; \leftarrow 문자끼리$$ ⎭

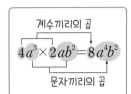

계수끼리의 곱
$$4a^3 \times 2ab^2 = 8a^4b^2$$
문자끼리의 곱

참고 단항식의 곱셈에서의 부호는 ⎡ ─가 짝수 개이면 ➡ +
⎣ ─가 홀수 개이면 ➡ −

---

1 다음을 계산하시오.

(1) $3x \times 6x^2$

(2) $(-2a) \times 7b$

(3) $4x \times (-3xy)$

(4) $(-2a^4b) \times \left(-\dfrac{1}{2}a^2\right)$

(5) $3a^2b^3 \times 2ab^2$

(6) $(-xy) \times 2x \times 3xy^3$

1-1 다음을 계산하시오.

(1) $5a \times 7a^3$

(2) $4x \times (-2y^2)$

(3) $(-5ab) \times (-4b)$

(4) $6x^3 \times \dfrac{1}{3}xy^2$

(5) $6xy^3 \times (-2x^2y^4)$

(6) $4a^2 \times (-5ab^2) \times \left(-\dfrac{1}{2}b^3\right)$

---

2 다음을 계산하시오.

(1) $(-x)^3 \times 3x^2$

(2) $(-2a)^2 \times (-a^2b)$

(3) $(-xy^2)^3 \times (-4x^2)$

(4) $16a^4b^2 \times \left(-\dfrac{b}{4a}\right)^3$

(5) $(3x^2y)^2 \times \left(-\dfrac{4}{9}xy^3\right) \times \left(-\dfrac{1}{2xy}\right)$

2-1 다음을 계산하시오.

(1) $(-3a^4) \times (2a)^3$

(2) $(2x^2)^2 \times (-7xy)$

(3) $(-5b^2) \times (2a^3b)^3$

(4) $(-a^2b^3)^3 \times (2ab)^2$

(5) $8xy^2 \times \left(-\dfrac{1}{2}x\right)^3 \times 3x^2y$

개념 2 단항식의 나눗셈은 어떻게 할까?

방법1 분수 꼴로 바꾸기

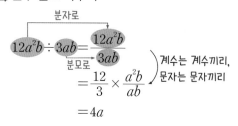

$$12a^2b \div 3ab = \frac{12a^2b}{3ab}$$

분자로 / 분모로

$$= \frac{12}{3} \times \frac{a^2b}{ab}$$

$$= 4a$$

> 계수는 계수끼리,
> 문자는 문자끼리

방법2 나눗셈을 곱셈으로 바꾸기

곱셈으로

$$12a^2b \div 3ab = 12a^2b \times \frac{1}{3ab}$$

역수로

$$= \left(12 \times \frac{1}{3}\right) \times \left(a^2b \times \frac{1}{ab}\right)$$

$$= 4a$$

> 계수는 계수끼리,
> 문자는 문자끼리

참고 단항식의 나눗셈을 할 때 ┌ 분수 꼴인 항이 없으면 → **방법1** 을 ┐ 이용하는 것이 편리하다.
└ 분수 꼴인 항이 있으면 → **방법2** 를 ┘

주의 역수를 구할 때, 부호는 그대로 두고 분자와 분모를 서로 바꾼다. 이때 문자의 위치에 주의한다.

예 $\frac{3}{4}x$의 역수 → $\frac{4}{3x}$, $-\frac{1}{5}x$의 역수 → $-\frac{5}{x}$

---

3 다음을 계산하시오.

(1) $15a^4 \div 5a^2$

(2) $(-18x^3) \div 6x^2y$

(3) $24x^2y^3 \div 6x^3y^2$

(4) $\frac{3}{7}ab^2 \div \left(-\frac{1}{14}a^2b^2\right)$

(5) $15x^2y^3 \div 5x \div (-y)$

3-1 다음을 계산하시오.

(1) $4x \div (-6x^2)$

(2) $9ab^3 \div 3b$

(3) $(-16a^3b^2) \div (-4ab)$

(4) $10x^2y^4 \div \frac{1}{2}xy^2$

(5) $7x^3y^4 \div (-x^2y) \div \left(-\frac{1}{3}x^2\right)$

4 다음을 계산하시오.

(1) $(-2ab^3)^2 \div 8a^3b$

(2) $3x^3y^5 \div \left(\frac{1}{2}xy^2\right)^2$

(3) $(-4ab^4)^2 \div (2ab^2)^4$

(4) $(-18x^5y^3) \div (3x^2)^3 \div y$

4-1 다음을 계산하시오.

(1) $(ab)^3 \div (-3a^2b)$

(2) $(-24x^4y^6) \div (2xy^2)^3$

(3) $\left(\frac{9}{2}a^3b\right)^2 \div (-3ab^2)^2$

(4) $6x^2y^5 \div (-xy^2)^2 \div \frac{3x}{y}$

개념 3 단항식의 곱셈과 나눗셈의 혼합 계산은 어떻게 할까?

음수가 홀수 개
$(-ab^2)^3 \div 2a^2b \times (-6a^3b^2)$

$= (-a^3b^6) \div 2a^2b \times (-6a^3b^2)$ ⟩ 지수법칙을 이용하여 괄호 먼저 풀기

$= (-a^3b^6) \times \dfrac{1}{2a^2b} \times (-6a^3b^2)$ ⟩ 역수의 곱셈으로 바꾸기

음수가 짝수 개
$= +\left(\dfrac{1}{2} \times 6\right) \times \left(a^3b^6 \times \dfrac{1}{a^2b} \times a^3b^2\right)$ ⟩ 계수는 계수끼리, 문자는 문자끼리

$= 3a^4b^7$

참고 곱셈과 나눗셈의 혼합 계산은 앞에서부터 차례로 계산한다.

> 괄호 풀기
> ↓
> 나눗셈을 곱셈으로 바꾸기
> ↓
> 계수는 계수끼리, 문자는 문자끼리 계산하기

---

5 다음 □ 안에 알맞은 것을 써넣으시오.

$18x^5y^2 \div (-3x^2)^2 \times 6xy$

$= 18x^5y^2 \div \boxed{} \times 6xy$

$= 18x^5y^2 \times \dfrac{1}{\boxed{}} \times 6xy$

$= \left(18 \times \dfrac{1}{\boxed{}} \times 6\right) \times \left(x^5y^2 \times \dfrac{1}{x^4} \times \boxed{}\right)$

$= \boxed{}\, x^{\boxed{}}\, y^{\boxed{}}$

5-1 다음 □ 안에 알맞은 것을 써넣으시오.

$5x^3y^2 \times (6xy^2)^2 \div (-12xy^2)$

$= 5x^3y^2 \times \boxed{} \div (-12xy^2)$

$= 5x^3y^2 \times \boxed{} \times \left(-\dfrac{1}{\boxed{}}\right)$

$= -\left(5 \times 36 \times \dfrac{1}{\boxed{}}\right) \times \left(x^3y^2 \times \boxed{} \times \dfrac{1}{xy^2}\right)$

$= \boxed{}\, x^{\boxed{}}\, y^{\boxed{}}$

---

6 다음을 계산하시오.

(1) $6a \times 2b \div (-a)$

(2) $(-4a^2b) \div 2a \times a^2b^2$

(3) $3xy^2 \div \dfrac{1}{2}xy \times (2x^3y)^2$

(4) $(-3x^2)^2 \times \dfrac{1}{3}xy \div x^3y^2$

(5) $\left(\dfrac{y^2}{x^3}\right)^2 \div (xy)^2 \times (-2x^2y^4)$

6-1 다음을 계산하시오.

(1) $9a^2b \times b \div 3a$

(2) $a^4b^2 \times (-ab) \div 2a^2b$

(3) $(-4x^2y)^3 \div 32x^5y \times (-2x)^3$

(4) $(-xy^2)^2 \div \left(\dfrac{x}{2y}\right)^3 \times (-4xy)$

(5) $(-3x^2y^2)^3 \times \dfrac{y^3}{9x} \div \dfrac{6x}{y}$

단항식의 곱셈과 나눗셈

01 $(a^4b^3)^2 \times 2ab^2 \times \left(\dfrac{3a}{b^4}\right)^2$을 계산하면?

① $6a^{10}$ ② $6a^{10}b$ ③ $18a^{10}b$

④ $18a^{11}$ ⑤ $18a^{11}b$

02 $(-2x^3y^2)^3 \div 4xy^2 \div \dfrac{1}{2}x$를 계산하면?

① $-4x^7y^4$ ② $-4x^7y^3$ ③ $-x^7y^4$

④ x^7y^3 ⑤ $4x^8y^4$

단항식의 곱셈 또는 나눗셈에서 미지수 구하기

03 $(-xy^3)^2 \times 5x^4y^5 = ax^by^c$일 때, 상수 a, b, c에 대하여 $a+b+c$의 값은?

① 20 ② 21 ③ 22

④ 23 ⑤ 24

04 $(-3a^4b^2)^2 \div 18a^3b = pa^qb^r$일 때, 상수 p, q, r에 대하여 $p+q-r$의 값을 구하시오.

단항식의 곱셈과 나눗셈의 혼합 계산 중요♥

05 다음 중 옳은 것은?

① $(-3a^2) \times 2ab = -6a^2b$

② $9a^4b \div \dfrac{1}{3}ab = 27a^5b^2$

③ $(-ab) \times (2a^2b)^2 \times (-3b^3) = 6a^5b^6$

④ $\dfrac{x}{2y} \div \dfrac{4y}{x^3} \times x^5y^2 = 2x^9y^2$

⑤ $15x^2y \div (-3x^3y) \times \dfrac{1}{2}xy^2 = -\dfrac{5}{2}y^2$

06 다음 중 옳지 <u>않은</u> 것은?

① $6ab \times 3ab^2 = 18a^2b^3$

② $20a^5b^2 \div 15ab^3 = \dfrac{4a^4}{3b}$

③ $\dfrac{1}{2}xy^2 \times 6x^2y \div 3xy^2 = x^2y$

④ $(-3x)^4 \div \left(-\dfrac{9x}{2y}\right)^2 \times \dfrac{y}{x^2} = 4xy^3$

⑤ $(-xy^2)^3 \div \dfrac{4}{3}x^2 \times \left(-\dfrac{1}{2}x^3y\right)^2 = -\dfrac{3}{16}x^7y^8$

단항식의 혼합 계산에서 미지수 구하기

07 $(-4x^2y^3)^2 \times ax^5y \div (-8xy) = -2x^by^c$일 때, 상수 a, b, c의 값을 각각 구하시오.

08 $\dfrac{1}{8}x^2y \div (xy^2)^a \times (-2xy^2)^2 = \dfrac{x}{2y}$일 때, 자연수 a의 값은?

① 1 ② 2 ③ 3

④ 4 ⑤ 5

식의 값 구하기

09 $a=2$, $b=-1$일 때, $15ab^3 \div 5a^2 \times 2a^3b$의 값을 구하시오.

10 $a=-3$, $b=1$일 때, $4a^4b^3 \times (-ab) \div \dfrac{2}{3}a^3b^2$의 값을 구하시오.

□ 안에 알맞은 단항식 구하기 중요 ☆

11 다음 □ 안에 알맞은 식은?

$$\boxed{} \times 10ab^2 = 2a^4b^2$$

① $\dfrac{a^3}{5}$ ② a^3 ③ $5a^3$

④ $\dfrac{a^2b}{5}$ ⑤ $5a^2b$

> ◀ 코칭 Plus ▶
> (1) □ × A = B ➡ □ = B ÷ A
> (2) □ ÷ A = B ➡ □ = B × A
> (3) A ÷ □ = B ➡ □ = A ÷ B

12 다음 □ 안에 알맞은 식은?

$$\boxed{} \div (-2xy)^2 = 6x^2y$$

① $12x^2y^4$ ② $24x^3y^3$ ③ $24x^4y^3$
④ $12x^5y^3$ ⑤ $24x^5y^3$

도형에서의 활용 중요 ☆

13 오른쪽 그림과 같이 가로의 길이가 $4a^2b$인 직사각형의 넓이가 $8a^3b^4$일 때, 이 직사각형의 세로의 길이를 구하시오.

14 오른쪽 그림과 같이 밑면의 가로의 길이가 $3ab$, 세로의 길이가 $2a^2b$인 직육면체의 부피가 $12a^6b^3$일 때, 이 직육면체의 높이를 구하시오.

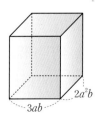

03 다항식의 계산

1 다항식의 덧셈과 뺄셈

분배법칙을 이용하여 괄호를 풀고, 동류항끼리 모아서 계산한다.

주의 괄호를 풀 때, 괄호 앞의 부호에 주의한다.

　　· $A+(B-C)=A+B-C$ 　　　　　· $A-(B-C)=A-B+C$

참고 여러 가지 괄호가 있는 다항식의 덧셈과 뺄셈은 일반적으로 소괄호 ( ), 중괄호 { }, 대괄호 [ ]
　　의 순서로 괄호를 풀어서 계산한다.

> **중 1**
> · **다항식** : 하나 이상의 항의 합으로 이루어진 식
> · **동류항** : 문자와 그 문자에 대한 차수가 같은 항

2 이차식의 덧셈과 뺄셈

(1) **이차식** : 다항식의 각 항의 차수 중에서 가장 큰 차수가 2인 다항식

　　예 $3x^2$, $4y^2-y+3$, $-x^2+4$

(2) **이차식의 덧셈과 뺄셈** : 분배법칙을 이용하여 괄호를 풀고, 동류항끼리 모아서 계산한다.
　　　　　　　　　　　　　　　　　다항식의 덧셈과 뺄셈의 방법과 동일하다. ◀

> **중 1**
> **차수** : 문자를 포함한 항에서 문자가 곱해진 개수
> 　$3x^2$ ◀ 차수

3 단항식과 다항식의 곱셈과 나눗셈

(1) **단항식과 다항식의 곱셈** : 분배법칙을 이용하여 단항식을 다항식의 각 항에 곱한다.

(2) **전개** : 단항식과 다항식의 곱을 분배법칙을 이용하여 하나의 다항식으로 나타내는 것

$$4a(3a+2b)\overset{전개}{=}\underset{전개식}{12a^2+8ab}$$

> **용어**
> **전개**(펼칠 展, 열 開)
> 괄호를 열어서 펼치는 것

　　참고 전개식 : 전개하여 얻은 다항식

(3) **다항식과 단항식의 나눗셈**

방법1 분수 꼴로 바꾼 후, 다항식의 각 항을 단항식으로 나누어 계산한다.

　　➜ $(A+B)\div C=\dfrac{A+B}{C}=\dfrac{A}{C}+\dfrac{B}{C}$

방법2 역수를 이용하여 나눗셈을 곱셈으로 바꾼 후, 분배법칙을 이용하여 계산한다.

　　➜ $(A+B)\div C=(A+B)\times\dfrac{1}{C}=A\times\dfrac{1}{C}+B\times\dfrac{1}{C}=\dfrac{A}{C}+\dfrac{B}{C}$

4 단항식과 다항식의 혼합 계산

❶ 거듭제곱이 있으면 지수법칙을 이용하여 거듭제곱을 먼저 계산한다.

❷ 괄호는 소괄호 ( ), 중괄호 { }, 대괄호 [ ]의 순서로 푼다.

❸ 분배법칙을 이용하여 곱셈, 나눗셈을 한다.

❹ 동류항끼리 덧셈, 뺄셈을 한다.

5 식의 대입

(1) **식의 대입** : 주어진 식의 문자에 그 문자를 나타내는 다른 식을 대신 넣는 것

(2) 어떤 식의 문자에 식을 대입하는 순서

　　❶ 주어진 식을 간단히 한 후, 대입하는 식을 괄호로 묶어 대입한다.
　　　　　　　　　　　　　　　　　　　　　　└▸식을 대입할 때는 반드시 괄호를 사용한다.
　　❷ 괄호를 풀고 동류항끼리 모아서 식을 간단히 정리한다.

> **중 1**
> **대입**
> (대신할 代, 넣을 入)
> 문자를 사용한 식에서 문자 대신 어떤 수로 바꾸어 넣는 것

기초 1 ^{중1} **일차식의 덧셈과 뺄셈을 복습해 볼까?**

(1) 일차식의 덧셈

$$2(2a+1)+(3a-4)$$
$$=4a+2+3a-4$$ ⟩ 괄호 풀기
$$=\boxed{4a+3a}+\boxed{2-4}$$ ⟩ 동류항끼리 모으기
$$=7a-2$$ ⟩ 계산하기

(2) 일차식의 뺄셈

$$(4a+5)-(a-1)$$ ⟩ 빼는 식의 각 항의 부호를
$$=4a+5-a+1$$ ⟩ 바꾸어 괄호 풀기
$$=\boxed{4a-a}+\boxed{5+1}$$ ⟩ 동류항끼리 모으기
$$=3a+6$$ ⟩ 계산하기

1 다음을 계산하시오.

(1) $(3b-2)+2(b-1)$

(2) $4(-x+3)-2(x+1)$

1-1 다음을 계산하시오.

(1) $2(a-3)+3(a-2)$

(2) $\dfrac{1}{4}(3x+2)-\dfrac{1}{2}(x-1)$

개념 2 **다항식의 덧셈과 뺄셈은 어떻게 할까?**

(1) 다항식의 덧셈

$$(3a+4b)+2(2a-b)$$
$$=3a+4b+4a-2b$$ ⟩ 괄호 풀기
$$=\boxed{3a+4a}+\boxed{4b-2b}$$ ⟩ 동류항끼리 모으기
$$=7a+2b$$ ⟩ 계산하기

(2) 다항식의 뺄셈

$$(2a+b)-3(a-3b)$$ ⟩ 빼는 식의 각 항의 부호를
$$=2a+b-3a+9b$$ ⟩ 바꾸어 괄호 풀기
$$=\boxed{2a-3a}+\boxed{b+9b}$$ ⟩ 동류항끼리 모으기
$$=-a+10b$$ ⟩ 계산하기

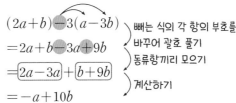

참고 여러 가지 괄호가 있는 경우에는 ( ), { }, [ ]의 순서로 괄호를 푼다.

예 $3x-\{2x-(x+y)\}=3x-(2x-x-y)=3x-(x-y)=3x-x+y=2x+y$

2 다음을 계산하시오.

(1) $(3x+2y)+(5x+3y)$

(2) $(4a+2b-3)-(-5a+3b-4)$

(3) $2(-x+5y+1)+(6x-7y)$

(4) $\dfrac{a+2b}{3}-\dfrac{2a-b}{2}$

(5) $2x+\{5y-(x+3y)\}$

2-1 다음을 계산하시오.

(1) $(8x-4y)+(x-y)$

(2) $(5a-3b+1)-(2a+8b-3)$

(3) $(-3x+2y)-2(-x+3y-4)$

(4) $\dfrac{3x-2y}{2}+\dfrac{2x-y}{4}$

(5) $4a-[2b+\{3a-(a-b)\}]$

개념 3 이차식은 무엇이고, 이차식의 덧셈과 뺄셈은 어떻게 할까?

(1) 이차식 : 다항식의 각 항의 차수 중에서 가장 큰 차수가 2인 다항식

예 $3x^2-4x+1$, y^2+5y

$$3x^2-4x+1$$
2차항 1차항 상수항

(2) 이차식의 덧셈과 뺄셈 → 다항식의 덧셈, 뺄셈과 같은 방법으로 한다.

• $(3x^2+2x+1)+(x^2-4x+3)$ ⎫ 괄호 풀기
  $=3x^2+2x+1+x^2-4x+3$ ⎬ 동류항끼리 모으기
  $=3x^2+x^2+2x-4x+1+3$ ⎭ 계산하기
  $=4x^2-2x+4$

• $(x^2+2x+1)-(2x^2-3x-2)$ ⎫ 빼는 식의 각 항의 부호를 바꾸어 괄호 풀기
  $=x^2+2x+1-2x^2+3x+2$ ⎬ 동류항끼리 모으기
  $=x^2-2x^2+2x+3x+1+2$ ⎭ 계산하기
  $=-x^2+5x+3$

---

3 다음 중 이차식인 것에는 ○표, 이차식이 아닌 것에는 ×표를 하시오.

(1) $2x-3$ ( )

(2) $-a^2+2a+1$ ( )

(3) $2a-3b+4$ ( )

(4) $x(x-1)-x^2-2$ ( )

3-1 다음 **보기** 중 이차식을 모두 고르시오.

┌ 보기 ┐
ㄱ. $3x+y-4$ ㄴ. $5b^2-2$
ㄷ. $\dfrac{2}{x^2}+x$ ㄹ. $a-4a^2+1$
ㅁ. x^2+3x-x^2 ㅂ. $(y^2+2)-(y^2-3)$
└─────────┘

---

4 다음을 계산하시오.

(1) $(a^2+3a-1)+(6a^2-a+4)$

(2) $(-x^2+5x-2)+(4x^2-x+1)$

(3) $(4b^2+5b-2)-(b^2-2b+1)$

(4) $(-2y^2+7y-3)-(-y^2+2y-5)$

(5) $2(x^2+x-4)+3(x^2-x+2)$

(6) $4(-x^2-x+1)-2(x^2-5x-2)$

4-1 다음을 계산하시오.

(1) $(3a^2+4a+2)+(a^2+2a-3)$

(2) $(7b^2-b+3)+(-8b^2+4b-2)$

(3) $(6x^2+4x-3)-(2x^2-x+7)$

(4) $(-3y^2+y-3)-(-2y^2+4y-1)$

(5) $-2(2x^2+3x+1)+(-5x^2-4x+1)$

(6) $3(x^2+2x-1)-2(x^2-2x+5)$

개념 4 단항식과 다항식의 곱셈은 어떻게 할까?

분배법칙을 이용하여 단항식을 다항식의 각 항에 곱한다.

$$\underset{\text{전개}}{\underbrace{4a(3a+2b)}}=\underset{①}{\underbrace{4a\times 3a}}+\underset{②}{\underbrace{4a\times 2b}}=\underset{\text{전개식}}{12a^2+8ab}$$

분배법칙
- $A(B+C)=\underset{①}{AB}+\underset{②}{AC}$
- $(A+B)C=\underset{①}{AC}+\underset{②}{BC}$

5 다음을 계산하시오.

(1) $3a(b+2)$

(2) $\dfrac{3}{2}a(4a+6)$

(3) $-b(3a+2b-1)$

(4) $(6x+y-2)\times(-2y)$

5-1 다음을 계산하시오.

(1) $-5x(2y-3)$

(2) $-\dfrac{1}{3}x(6x-3y)$

(3) $2a(-a+2b-4)$

(4) $(5x-10y+15)\times\dfrac{2}{5}x$

개념 5 다항식과 단항식의 나눗셈은 어떻게 할까?

방법1 분수 꼴로 바꾸기

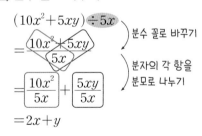

분수 꼴로 바꾸기

분자의 각 항을
분모로 나누기

$=2x+y$

방법2 나눗셈을 곱셈으로 바꾸기

$$(10x^2+5xy)\div 5x$$
$$=(10x^2+5xy)\times\dfrac{1}{5x}$$
$$=10x^2\times\dfrac{1}{5x}+5xy\times\dfrac{1}{5x}$$
$$=2x+y$$

역수의 곱셈으로
바꾸기

분배법칙을 이용하여
전개하기

6 다음을 계산하시오.

(1) $(8a^2-4a)\div 2a$

(2) $(-3a^2b+6ab)\div(-3ab)$

(3) $(-xy^2+2x^2y)\div\dfrac{1}{2}xy$

(4) $(9y-18y^2+12y^3)\div\dfrac{3}{2}y$

6-1 다음을 계산하시오.

(1) $(2a^2+10a)\div 4a$

(2) $(-6ab^2-12a^2b)\div(-3a)$

(3) $(7x^2-2xy+3x)\div\dfrac{1}{2}x$

(4) $(20x^2+10xy^2-15x)\div\dfrac{5}{2}x$

개념 6 단항식과 다항식의 혼합 계산은 어떻게 할까?

$$3x(x+1)+(x^6y^2-6x^5y^2)\div(x^2y)^2$$
$$=3x(x+1)+(x^6y^2-6x^5y^2)\div x^4y^2$$ ⎫ 거듭제곱 계산하기
$$=3x(x+1)+\frac{x^6y^2-6x^5y^2}{x^4y^2}$$ ⎫ 괄호를 풀고, ×, ÷ 계산하기
$$=3x^2+3x+x^2-6x$$ ⎫ 동류항끼리 모아서 +, − 계산하기
$$=4x^2-3x$$

거듭제곱 계산하기
↓
괄호 풀기
↓
×, ÷ 계산하기
↓
+, − 계산하기

---

7 다음을 계산하시오.

(1) $2a(a+3)+3a(2a-5)$

(2) $\dfrac{12x^2-9x}{3x}-\dfrac{8x-10x^2}{2x}$

(3) $(a^3b+2a^2b)\div ab+(2a^3-10a^2)\div(-2a)$

(4) $4x(3x-1)-(5x^2y+10xy)\div5y$

7-1 다음을 계산하시오.

(1) $a(5a-2b)-2a(3a+b)$

(2) $\dfrac{4x^2-6xy}{2x}+\dfrac{4xy+10y^2}{2y}$

(3) $(-2a^2+3a)\div\left(-\dfrac{1}{3}a\right)-(28a^2-14a)\div7a$

(4) $\dfrac{2x^3y+4x^2y}{2xy}-x(3x-4)$

집중 7 주어진 식을 어떻게 변형할 수 있을까?

집중 1

$y=2x-1$일 때, $4x(x-y)$를 x에 대한
식으로 나타내어 보자.
$$4x(x-y)=4x\{x-(2x-1)\}$$
_{y 대신 2x−1 대입하기}
$$=4x(-x+1)$$
$$=-4x^2+4x$$
_{x에 대한 식}

집중 2

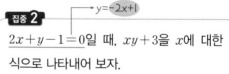

$2x+y-1=0$일 때, $xy+3$을 x에 대한
식으로 나타내어 보자.
$$xy+3=x(-2x+1)+3$$
_{y 대신 −2x+1 대입하기}
$$=-2x^2+x+3$$
_{x에 대한 식}

x에 대한 식으로 나타낸
결과에는 x 이외의 다른
문자가 없어야 해.

주의 식을 대입할 때는 반드시 괄호를 사용한다.

---

8 $x-y+2=0$일 때, 다음 물음에 답하시오.

(1) $-xy-2$를 x에 대한 식으로 나타내시오.

(2) $-xy-2$를 y에 대한 식으로 나타내시오.

8-1 다음 물음에 답하시오.

(1) $y=-3x+2$일 때, $xy-1$을 x에 대한 식으로
나타내시오.

(2) $x=2y+1$일 때, $4x+3y$를 y에 대한 식으로
나타내시오.

개념 완성하기

> **다항식의 덧셈과 뺄셈**

01 $\left(\dfrac{1}{2}x + \dfrac{2}{3}y\right) + \left(\dfrac{3}{4}x - \dfrac{5}{6}y\right) = ax + by$일 때, 상수 a, b에 대하여 $2a + 3b$의 값을 구하시오.

> **코칭 Plus**
> 계수가 분수일 때는 동류항끼리 모은 후, 분모의 최소공배수로 통분하여 계산한다.

02 $\dfrac{5x - 3y}{2} - \dfrac{2x + 5y}{3} = ax + by$일 때, 상수 a, b에 대하여 $a - b$의 값을 구하시오.

> **여러 가지 괄호가 있는 식의 계산**

03 $5x + 2y - \{3(x + 2y) - (5x - y)\}$를 계산하였을 때, x의 계수를 a, y의 계수를 b라 하자. 이때 $a - b$의 값을 구하시오.

04 $8x - 3y + 2[-y - \{3x - 2(x + 1)\}]$을 계산하였을 때, x의 계수를 a, y의 계수를 b, 상수항을 c라 하자. 이때 $a + b + c$의 값을 구하시오.

> **이차식의 덧셈과 뺄셈**

05 $2(3x^2 + 5x - 4) - (x^2 - x + 6)$을 계산하였을 때, x^2의 계수와 x의 계수의 합을 구하시오.

06 $\dfrac{2x^2 - 5x + 3}{2} + \dfrac{3x^2 - x + 2}{4} = ax^2 + bx + c$일 때, 상수 a, b, c에 대하여 $a + b + c$의 값을 구하시오.

> **□ 안에 알맞은 식 구하기**   중요☆

07 $2(5x - 2y + 1) - (\boxed{}) = 4x + y - 3$일 때, □ 안에 알맞은 식은?

① $4x - 4y + 5$ ② $5x - 3y + 2$
③ $5x - 2y + 4$ ④ $6x - 4y + 3$
⑤ $6x - 5y + 5$

> **코칭 Plus**
> (1) $\square + A = B \Rightarrow \square = B - A$
> (2) $\square - A = B \Rightarrow \square = B + A$
> (3) $A - \square = B \Rightarrow \square = A - B$

08 어떤 식에서 $4x^2 + 3x - 2$를 뺐더니 $-2x^2 + x - 3$이 되었을 때, 어떤 식은?

① $-2x^2 - 4x + 3$ ② $-2x^2 + 4x - 5$
③ $2x^2 - 4x - 3$ ④ $2x^2 + 4x - 5$
⑤ $2x^2 + 4x + 6$

개념 완성하기

단항식과 다항식의 곱셈과 나눗셈 중요☆

09 다음 중 옳은 것은?

① $-5a(a-2)=-5a^2-10a$

② $x(6x-2y+3)=6x^2-2xy+3$

③ $(4b+2)\times(-a)=-4ab-2a$

④ $(3y^2+6xy-9y)\div 3y=2x+3y-3$

⑤ $(-2x^2y+3xy-4x)\div\left(-\dfrac{x}{3}\right)=\dfrac{2}{3}xy-y+\dfrac{4}{3}$

10 다음 중 옳지 <u>않은</u> 것은?

① $4x(x+3y-2)=4x^2+12xy-8x$

② $(3x-6y+9)\times\dfrac{x}{3}=x^2-2xy+3x$

③ $(12xy-8x)\div(-4x)=-3y+2$

④ $(2a^2+3ab)\div\dfrac{a}{6}=12a+18b$

⑤ $(15b^3-12b^2+9b)\div\left(-\dfrac{1}{3}b\right)=5b^2+4b-3$

사칙계산이 혼합된 식의 계산

11 다음을 계산하시오.

$$\frac{3}{4}a\left(2a-\frac{8}{3}\right)+(-a^2+2a)\div\frac{a}{2}$$

12 $x(2x+3)-(6x^2y-4xy^2)\div 2y$ 를 계산하시오.

도형에서의 활용 중요☆

13 오른쪽 그림과 같이 밑면의 반지름의 길이가 $3xy$, 높이가 $x+2y$ 인 원기둥의 부피를 구하시오.

14 오른쪽 그림과 같이 밑면의 가로의 길이가 $4x$, 세로의 길이가 $2x+3$, 높이가 $3x$인 직육면체의 겉넓이를 구하시오.

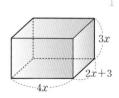

식의 대입

15 $A=3x+y$, $B=-x+4y$일 때, $-2(A-B)+A$ 를 x, y에 대한 식으로 나타내시오.

┌ 코칭 Plus ┐

❶ 괄호를 풀어 A, B에 대한 식을 간단히 정리한다.

❷ A, B에 각각 주어진 식을 괄호로 묶어 대입한다.

❸ 동류항끼리 모아서 식을 간단히 정리한다.

16 $A=-2x+3y$, $B=x-2y$일 때, $4A-3B-2(A+B)$를 x, y에 대한 식으로 나타내시오.

01

다음 **보기**에서 옳은 것을 모두 고른 것은?

- 보기 -
ㄱ. $5ab \times 2a^2b = 10a^3b^2$
ㄴ. $-21x^5y^4 \div 7x^3y = -3x^2y^4$
ㄷ. $(2xy^2)^2 \times \dfrac{3}{4}x^3y \times \dfrac{1}{6}x = \dfrac{3}{2}x^6y^5$
ㄹ. $3a^2b \div \dfrac{1}{2}ab^2 \div 2ab = \dfrac{3}{b^2}$

① ㄱ, ㄴ   ② ㄱ, ㄷ   ③ ㄱ, ㄹ
④ ㄴ, ㄷ   ⑤ ㄷ, ㄹ

02

$2xy \times (5x^ay)^2 \div 10xy^b = cx^4$일 때, 자연수 a, b, c에 대하여 $(2x^ay^b)^c \div \dfrac{8x^2}{y}$을 계산하시오.

03

다음 등식을 만족시키는 두 단항식 A, B에 대하여 $A \times B$를 계산하시오.

$$20x^3y^2 \times A = (-2x^2y)^2, \quad 25x^2y^4 \div B = 15xy^2$$

04

다음 그림에서 평행사변형의 넓이와 삼각형의 넓이가 서로 같을 때, 삼각형의 높이를 구하시오.

 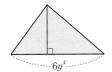

05

$4x - \left\{ \dfrac{3}{2}x - 5y + 2\left(\dfrac{1}{4}x - 3y + \dfrac{5}{2} \right) \right\} = ax + by + c$일 때, 상수 a, b, c에 대하여 $a - b - c$의 값은?

① -4 ② -3 ③ -2
④ 1 ⑤ 2

06

다음 중 이차식이 **아닌** 것을 모두 고르면? (정답 2개)

① $8 + 5a^2$ ② $2x^2 + 3x - 7 - x^2$
③ $\dfrac{1}{x^2} - 3x$ ④ $(x^2 + 4x) - (x^2 - x)$
⑤ $6b - 4 + b^2 - 2b$

07

$\dfrac{5x^2 + 4x + 2}{3} - \left(\boxed{} \right) = \dfrac{-2x^2 + 2x - 5}{6}$일 때, ☐ 안에 알맞은 식을 구하시오.

08

$-\dfrac{2}{3}x(6x + 3y - 9)$를 전개한 식의 x^2의 계수를 a, $(3x^3 - 2x^2) \div \left(-\dfrac{x}{5} \right)$를 계산한 식의 x의 계수를 b라 할 때, $a + b$의 값은?

① 4 ② 5 ③ 6
④ 7 ⑤ 8

09

$(4x^2-6x) \div \dfrac{1}{2}x + \boxed{} = x^2+x-6$일 때, □ 안에

알맞은 식은?

① $-x^2-5x+4$ ② $-x^2+6x+3$

③ x^2-7x+6 ④ x^2-6x+5

⑤ x^2+4x-1

10

오른쪽 그림과 같은 직사각형 모양의 상담실 안에 직사각형 모양의 휴게실을 만들려고 한다. 이때 휴게실을 제외한 상담실의 넓이는? (단, 벽의 두께는 무시한다.)

① $14x^2+8xy$ ② $14x^2+9xy$ ③ $14x^2+10xy$

④ $18x^2+8xy$ ⑤ $18x^2+9xy$

11

$A=\dfrac{5x+2y}{2}$, $B=\dfrac{2x-y}{3}$일 때,

$6A-B-2(2A+4B)$를 x, y에 대한 식으로 나타내시오.

12

$2x-5y=0$일 때, $\dfrac{10x+2y}{4x-y}$의 값은? (단, $x\neq0$, $y\neq0$)

① 1   ② 2   ③ 3

④ 4   ⑤ 5

한걸음 더

13 추론💬

다음 □ 안에 알맞은 식을 구하시오.

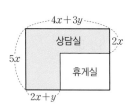

$$xy^2 \div \boxed{} \times 3x^2y^7 = xy^6$$

14 문제해결🔒

$(-3a^2b)^2$을 어떤 단항식 A로 나누어야 할 것을 잘못하여 곱했더니 $18a^5b^2$이 되었다. 이때 바르게 계산한 식을 구하시오.

15 문제해결🔒

어떤 식에서 $-x^2+5x+3$을 빼야 할 것을 잘못하여 더했더니 $6x^2+4x-2$가 되었다. 이때 바르게 계산한 식을 구하시오.

1

어떤 식에 $\frac{1}{4}ab^2$을 곱해야 할 것을 잘못하여 나누었더니 $2a^2b$가 되었다. 이때 바르게 계산한 식을 구하시오.

[5점]

채점 기준 1   어떤 식을 구하는 식 세우기 … 1점

채점 기준 2   어떤 식 구하기 … 2점

채점 기준 3   바르게 계산한 식 구하기 … 2점

답

1-1

어떤 식을 $-\frac{3}{2}ab$로 나누어야 할 것을 잘못하여 곱했더니 $6a^3b^2$이 되었다. 이때 바르게 계산한 식을 구하시오. [5점]

채점 기준 1   어떤 식을 구하는 식 세우기 … 1점

채점 기준 2   어떤 식 구하기 … 2점

채점 기준 3   바르게 계산한 식 구하기 … 2점

답

2

$72 \times 150 = 2^a \times 3^b \times 5^c$일 때, 자연수 a, b, c의 값을 각각 구하시오. [5점]

풀이

답

3

다음 그림과 같은 직사각형의 넓이와 삼각형의 넓이가 서로 같을 때, 삼각형의 밑변의 길이를 구하시오. [6점]

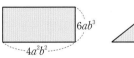

풀이

답

4

$-4x^2+2x-1$에 다항식 A를 더하면 $2x^2+x$이고, $5x^2-3x+2$에서 다항식 B를 빼면 x^2+x+1이다. 이때 $A-3B$를 계산하시오. [7점]

채점 기준 1   다항식 A 구하기 … 2점

채점 기준 2   다항식 B 구하기 … 2점

채점 기준 3 $A-3B$ 계산하기 … 3점

답

한번 더!

4-1

$-6x^2+8x+2$에서 다항식 A를 빼면 x^2+7x+3이고, $3x^2-4x+1$에 다항식 B를 더하면 $-x^2+x+4$이다. 이때 $2A-B$를 계산하시오. [7점]

채점 기준 1   다항식 A 구하기 … 2점

채점 기준 2   다항식 B 구하기 … 2점

채점 기준 3 $2A-B$ 계산하기 … 3점

답

5

$x=-2$, $y=3$일 때, $x(3x-2y)-\dfrac{x^3y-3x^2y^2}{xy}$의 값을 구하시오. [5점]

풀이

답

6

오른쪽 그림과 같이 가로의 길이가 $6x$, 세로의 길이가 $2x+4$인 직사각형에서 색칠한 부분의 넓이를 구하시오. [6점]

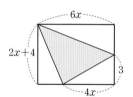

풀이

답

01
다음 중 옳은 것은?

① $x^6 \times x^4 = x^{24}$ 　　　② $(-x^3)^5 = -x^{15}$
③ $x^{10} \div x^{10} = 0$ 　　　④ $x^{18} \div x^2 \div x^3 = x^3$
⑤ $(2x^4y^6)^3 = 6x^{12}y^{18}$

02
$3^5 \times (3^3)^\square = 3^{14}$일 때, $\square$ 안에 알맞은 자연수는?

① 2 　　　② 3 　　　③ 4
④ 5 　　　⑤ 6

03 중요✿
다음 $\square$ 안에 들어갈 수가 나머지 넷과 다른 하나는?

① $a^4 \times a^\square \times a^2 = a^{12}$ 　　② $(a^\square)^3 \times a^2 = a^8$

③ $a^\square \div (a^2)^4 = \dfrac{1}{a^6}$ 　　④ $a^{13} \div a^\square \times a^4 = a^{15}$

⑤ $(a^\square)^4 \div a^9 = \dfrac{1}{a}$

04
다음 식을 만족시키는 자연수 a, b에 대하여 $a+b$의 값을 구하시오.

$$25^4 \div 125^2 = 5^a, \quad 2^b = 8^3 \times 8^3 \times 8^3$$

05
$27^{x+3} = 81^6$을 만족시키는 자연수 x의 값은?

① 3 　　　② 4 　　　③ 5
④ 6 　　　⑤ 7

06
$(x^3y^a)^4 \div y^2 = x^b y^{10}$을 만족시키는 자연수 a, b의 값은?

① $a=3$, $b=10$ 　　② $a=3$, $b=11$
③ $a=3$, $b=12$ 　　④ $a=4$, $b=11$
⑤ $a=4$, $b=12$

07
$3^4 = A$라 할 때, 27^4을 A를 사용하여 나타내면?

① $3A$ 　　　② $4A$ 　　　③ A^2
④ $3A^2$ 　　　⑤ A^3

08
$24^4 \times 5^{12}$이 n자리의 자연수일 때, n의 값을 구하시오.

09

다음 **보기**에서 옳은 것을 고르시오.

• 보기 •
ㄱ. $3x^2 \times 2xy^2 = 6x^2y^2$

ㄴ. $(-3xy)^3 \div 9xy^2 = -\frac{1}{3}x^2y$

ㄷ. $4x^3y^2 \div \frac{xy}{2} = \frac{1}{2}x^2y$

ㄹ. $\left(-\frac{y}{x^2}\right)^4 \times \left(\frac{3x}{y^2}\right)^2 = \frac{9}{x^6}$

10

$(-6x^4y^2)^2 \div \left(\frac{3x}{y}\right)^3 = ax^5y^b$일 때, 상수 a, b에 대하여 $3ab$의 값을 구하시오.

11

$A = (2x)^2 \times (-3xy^3)$, $B = 5x^5y^3 \div \frac{x^7y^2}{2}$일 때, $A \div B$를 계산하시오.

12

다음 계산 과정에서 (가)에 $3y$를 넣었을 때, (다)에 알맞은 식은?

$$\boxed{\text{(가)}} \xrightarrow{\times(-2x^4y)^3} \boxed{\text{(나)}} \xrightarrow{\div 12x^2y^3} \boxed{\text{(다)}}$$

① $-\frac{1}{2}x^{10}y^2$ ② $-\frac{1}{2}x^{10}y$ ③ $-2x^{10}y^2$

④ $-2x^{10}y$ ⑤ $-4x^{10}y$

13

$6a^3b \div 12ab^2 \times \boxed{} = 2a^3b$일 때, ☐ 안에 알맞은 식을 구하시오.

14

밑면의 반지름의 길이가 $\frac{2}{3}a^2b$이고, 높이가 $\frac{1}{2}ab^2$인 원기둥의 부피는?

① $\frac{2}{9}\pi a^4b^4$ ② $\frac{2}{9}\pi a^4b^5$ ③ $\frac{2}{9}\pi a^5b^4$

④ $\frac{1}{3}\pi a^5b^4$ ⑤ $\frac{4}{9}\pi a^5b^4$

15 중요♡

오른쪽 그림과 같이 밑면이 직사각형이고 밑면의 가로의 길이가 $3a$, 세로의 길이가 $2ab$인 사각뿔이 있다. 이 사각뿔의 부피가 $8a^4b^3$일 때, 높이를 구하시오.

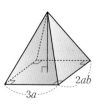

16

$2(x-3y) - \{3x+5y-(x-2y)\}$를 계산하면?

① $-15y$ ② $-13y$ ③ $x-15y$

④ $x-13y$ ⑤ $2x-13y$

17

다음 **보기**에서 x에 대한 이차식인 것을 모두 고르시오.

> **보기**
>
> ㄱ. $3x^2-8$ ㄴ. x^3-x^2
>
> ㄷ. $x(2x-1)$ ㄹ. $4x^3+2x^2-4x^3$
>
> ㅁ. $xy(-y+2)$ ㅂ. $\dfrac{x+2}{x^2}$

18 중요♡

어떤 식 A에서 $x^2+3xy-y^2$을 빼야 할 것을 잘못하여 더했더니 $2x^2-xy+5y^2$이 되었다. 바르게 계산한 식을 B라 할 때, $A+B$를 계산하면?

① $x^2-10xy+12y^2$ ② $x^2-11xy+13y^2$

③ $x^2-12xy+15y^2$ ④ $2x^2-10xy+14y^2$

⑤ $2x^2-11xy+13y^2$

19

다음 그림과 같은 전개도로 만들어지는 직육면체에서 마주 보는 면에 적혀 있는 두 다항식의 합이 모두 같을 때, A에 알맞은 식을 구하시오.

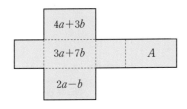

20

다음 중 옳지 <u>않은</u> 것은?

① $(x^2+3x)-(2x^2-x)=-x^2+4x$

② $3(x^2+2x)+2(-x^2+5x+2)=x^2+16x+4$

③ $-2x(3x+2)=-6x^2-4x$

④ $(12x^2-8x)\div(-4x)=-3x-2$

⑤ $(2x+4)\times(-x)+(10x^2-6x)\div2x=-2x^2+x-3$

21

$(20x^3y-16x^2y^2)\div4xy-x(x-2y)=ax^2+bxy$일 때, 상수 a, b에 대하여 $a-b$의 값은?

① 2   ② 3   ③ 4

④ 5   ⑤ 6

22

$A=4x-y+2$, $B=-x+6y-4$일 때, $A+2B$를 x, y에 대한 식으로 나타내면?

① $2x+10y-6$ ② $2x+11y-6$

③ $2x+12y-4$ ④ $3x+10y-4$

⑤ $3x+11y-6$

23

$x-4y=2$일 때, $(2x+y)-3(x+5y)$를 y에 대한 식으로 나타내면?

① $-20y-4$ ② $-20y-3$ ③ $-18y-2$

④ $-18y-1$ ⑤ $-16y-2$

1

1광년은 빛이 초속 3×10^5 km로 1년 동안 간 거리라 한다. 1년을 3×10^7초로 계산할 때, 지구로부터 100 광년 떨어진 행성과 지구 사이의 거리는 몇 km인지 10의 거듭제곱을 이용하여 간단히 나타내시오.

2

다음 그림에서 곱셈 또는 나눗셈을 하여 A, B, C, D, E에 알맞은 식을 각각 구하시오.

$$8x^2y \xrightarrow{\div(-4xy)} A \xrightarrow{\times 3xy^2} B$$

$$\uparrow \times 2x$$

$$C \xrightarrow{\times \frac{1}{2}xy^2} D \xrightarrow{\div(-2)} E$$

3

다음 그림과 같은 직사각형에서 다항식 P, Q를 각각 구하시오.

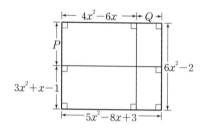

4

예원이와 도현이는 $(9a^2b^3 - 6a^3b^2) \div (-3ab)$를 다음과 같이 계산하였다. 잘못된 부분을 찾아 바르게 고치시오.

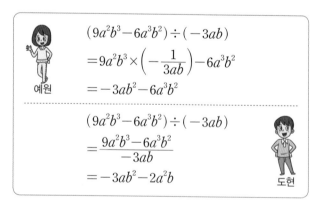

예원

$$(9a^2b^3 - 6a^3b^2) \div (-3ab)$$
$$= 9a^2b^3 \times \left(-\frac{1}{3ab}\right) - 6a^3b^2$$
$$= -3ab^2 - 6a^3b^2$$

도현

$$(9a^2b^3 - 6a^3b^2) \div (-3ab)$$
$$= \frac{9a^2b^3 - 6a^3b^2}{-3ab}$$
$$= -3ab^2 - 2a^2b$$

워크북 80쪽~81쪽에서 한번 더 연습해 보세요.

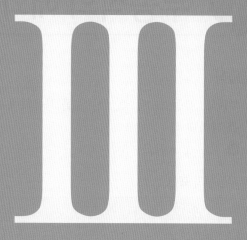

III

부등식과 연립방정식

1. 일차부등식
2. 연립일차방정식

이 단원을 배우면 부등식과 그 해의 뜻을 알고, 부등식의 성질을 설명할 수 있어요. 또, 일차부등식과 연립일차방정식을 풀고, 이를 이용하여 활용 문제를 해결할 수 있어요.

01 부등식의 해와 성질

1 부등식

(1) **부등식** : 부등호 $>$, $<$, $\geq$, $\leq$를 사용하여 수 또는 식의 대소 관계를 나타낸 식

예 $3>-1$, $x\leq2$, $x+5<-3$, $3x-2\geq x-4$

(2) **부등식의 표현**

$a>b$	$a<b$	$a\geq b$	$a\leq b$
a는 b보다 크다.	a는 b보다 작다.	a는 b보다 크거나 같다.	a는 b보다 작거나 같다.
a는 b 초과이다.	a는 b 미만이다.	a는 b보다 작지 않다.	a는 b보다 크지 않다.
		a는 b 이상이다.	a는 b 이하이다.

참고 $a\geq b$는 '$a>b$ 또는 $a=b$', $a\leq b$는 '$a<b$ 또는 $a=b$'임을 의미한다.

(3) **부등식의 해** : 부등식을 참이 되게 하는 미지수의 값

참고 부등식에서 좌변과 우변의 값의 대소 관계가 주어진 부등호의 방향과
 ┌ 일치할 때 ➡ 참인 부등식
 └ 일치하지 않을 때 ➡ 거짓인 부등식

주의 부등식의 해는 여러 개이거나 없을 수도 있다.

(4) **부등식을 푼다** : 부등식의 해를 모두 구하는 것

2 부등식의 성질

(1) 부등식의 양변에 같은 수를 더하거나 양변에서 같은 수를 빼어도 부등호의 방향은 바뀌지 않는다.
 ➡ $a<b$이면 $a+c<b+c$, $a-c<b-c$
 예 $a<b$이면 $a+5<b+5$, $a-5<b-5$

(2) 부등식의 양변에 같은 **양수**를 곱하거나 양변을 같은 **양수**로 나누어도 부등호의 방향은 바뀌지 않는다.
 ➡ $a<b$, $c>0$이면 $ac<bc$, $\dfrac{a}{c}<\dfrac{b}{c}$
 예 $a<b$이면 $5a<5b$, $\dfrac{a}{5}<\dfrac{b}{5}$

(3) 부등식의 양변에 같은 **음수**를 곱하거나 양변을 같은 **음수**로 나누면 부등호의 방향은 바뀐다.
 ➡ $a<b$, $c<0$이면 $ac>bc$, $\dfrac{a}{c}>\dfrac{b}{c}$
 예 $a<b$이면 $-5a>-5b$, $-\dfrac{a}{5}>-\dfrac{b}{5}$

참고 부등식의 성질은 $<$를 $\leq$로, $>$를 $\geq$로 바꾸어도 성립한다.

중 1
등식 : 등호를 사용하여 두 수 또는 두 식이 같음을 나타낸 식

0으로 나누는 경우는 생각하지 않는다.

부등식의 성질을 이용할 때 주의할 점은?

부등식의 성질을 이용할 때는 부등호의 방향에 주의한다. 부등식은 양변에 음수를 곱하거나 양변을 음수로 나눌 때만 부등호의 방향이 바뀌고, 그 외에는 부등호의 방향이 바뀌지 않는다.

개념 1 부등호를 사용하여 문장을 식으로 어떻게 나타낼까?

a는 b 초과이다. ➔ $a > b$ = (보다 크다.)	a는 b 미만이다. ➔ $a < b$ = (보다 작다.)
a는 b 이상이다. ➔ $a \geq b$ = (보다 크거나 같다.) = (보다 작지 않다.)	a는 b 이하이다. ➔ $a \leq b$ = (보다 작거나 같다.) = (보다 크지 않다.)

1 다음 중 부등식인 것에는 ○표, 부등식이 아닌 것에는 ×표를 하시오.

(1) $5 \geq -1$ (   )

(2) $5x + 1 = 5$ (   )

(3) $4x + 3$ (   )

(4) $2x < 6 - x$ (   )

1-1 다음 문장을 부등식으로 나타낼 때, ◯ 안에 알맞은 부등호를 써넣으시오.

(1) x는 3보다 크다. ➔ $x \bigcirc 3$

(2) x는 -2 미만이다. ➔ $x \bigcirc -2$

(3) x는 -5 이상이다. ➔ $x \bigcirc -5$

(4) x는 1보다 크지 않다. ➔ $x \bigcirc 1$

개념 2 부등식의 해인지 어떻게 확인할까?

x의 값이 1, 2, 3, 4일 때, 부등식 $2x - 1 > 3$을 참이 되게 하는 x의 값을 구해 보자.

x의 값	좌변의 값	부등호	우변의 값	참/거짓
1	$2 \times 1 - 1 = 1$	$<$	3	거짓
2	$2 \times 2 - 1 = 3$	$=$	3	거짓
3	$2 \times 3 - 1 = 5$	$>$	3	참
4	$2 \times 4 - 1 = 7$	$>$	3	참

➔ 부등식 $2x - 1 > 3$의 해는 3, 4이다.

주어진 부등식에 x의 값을 대입하여 참이 되는 것을 찾아보자.

2 다음은 x의 값이 -1, 0, 1, 2일 때, 부등식 $2x + 3 \leq 5$를 푸는 과정이다. 표를 완성하고, 부등식의 해를 구하시오.

x의 값	좌변의 값	부등호	우변의 값	참/거짓
-1	1		5	참
0	3		5	
1			5	
2				

2-1 x의 값이 1, 2, 3, 4일 때, 다음 부등식을 푸시오.

(1) $x + 5 \leq 8$

(2) $3x - 1 \geq 8$

(3) $-2x + 5 < -1$

개념 3 부등식의 성질은 무엇일까?

(1) 부등식의 양변에 같은 수를 더하거나 양변에서 같은 수를 빼어도 부등호의 방향은 바뀌지 않는다.

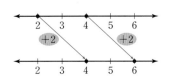  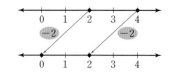

/학년 때 배운 등식의 성질과 비슷하네?

(2) 부등식의 양변에 같은 양수를 곱하거나 양변을 같은 양수로 나누어도 부등호의 방향은 바뀌지 않는다.

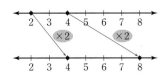 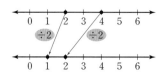

(3) 부등식의 양변에 같은 음수를 곱하거나 양변을 같은 음수로 나누면 부등호의 방향은 바뀐다.

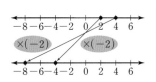  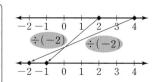

$a < b$일 때
(1) $a+c < b+c, a-c < b-c$
(2) $c > 0$이면
$$ac < bc, \frac{a}{c} < \frac{b}{c}$$
(3) $c < 0$이면
$$ac > bc, \frac{a}{c} > \frac{b}{c}$$

---

3 $a > b$일 때, 다음 ◯ 안에 알맞은 부등호를 써넣으시오.

(1) $a+2 \bigcirc b+2$ 　　(2) $a-3 \bigcirc b-3$

(3) $3a \bigcirc 3b$ 　　(4) $-\dfrac{a}{2} \bigcirc -\dfrac{b}{2}$

3-1 $x \leq y$일 때, 다음 ◯ 안에 알맞은 부등호를 써넣으시오.

(1) $x-5 \bigcirc y-5$ 　　(2) $x+7 \bigcirc y+7$

(3) $-2x \bigcirc -2y$ 　　(4) $\dfrac{x}{5} \bigcirc \dfrac{y}{5}$

---

4 다음 ◯ 안에 알맞은 부등호를 써넣으시오.

$a < b$이면 $-2a+1 \bigcirc -2b+1$

➜ $a < b$의 양변에 -2를 곱하면 $-2a \bigcirc -2b$

　양변에 1을 더하면 $-2a+1 \bigcirc -2b+1$

4-1 다음 ◯ 안에 알맞은 부등호를 써넣으시오.

$x \geq y$이면 $\dfrac{2}{3}x-6 \bigcirc \dfrac{2}{3}y-6$

➜ $x \geq y$의 양변에 $\dfrac{2}{3}$를 곱하면 $\dfrac{2}{3}x \bigcirc \dfrac{2}{3}y$

　양변에서 6을 빼면 $\dfrac{2}{3}x-6 \bigcirc \dfrac{2}{3}y-6$

부등식으로 나타내기

01 다음 문장을 부등식으로 나타내시오.

(1) x의 5배는 20보다 작거나 같다.

(2) x에 3을 더한 수의 2배는 12 초과이다.

(3) 어떤 놀이 기구에 탑승할 수 있는 사람의 키 a cm는 110 cm 이상이다.

02 다음 문장을 부등식으로 나타내시오.

(1) x의 4배에 2를 더한 수는 15보다 작다.

(2) x에서 1을 뺀 수의 3배는 8보다 작지 않다.

(3) 한 개에 600원인 사탕 a개의 가격은 4000원 이하이다.

부등식의 해

03 다음 부등식 중 $x=-1$이 해가 되는 것은?

① $2x>4$ ② $x+3<2$
③ $3x+2>0$ ④ $-x+2<3$
⑤ $-2x+3\geq4$

04 다음 중 [ ] 안의 수가 부등식의 해가 <u>아닌</u> 것은?

① $2x-3>2$ $[3]$ ② $-3x-2\leq-4$ $[2]$
③ $2x<x+3$ $[-1]$ ④ $-2x<x+5$ $[-2]$
⑤ $3x+1\leq4x-1$ $[5]$

부등식의 성질   중요 ☆

05 $a\geq b$일 때, 다음 중 옳은 것을 모두 고르면?

(정답 2개)

① $a+1\geq b+1$ ② $a-7\leq b-7$
③ $-5a\geq-5b$ ④ $6-a\geq6-b$
⑤ $\frac{1}{3}a-5\geq\frac{1}{3}b-5$

06 $a<b$일 때, 다음 중 ○ 안에 알맞은 부등호의 방향 이 나머지 넷과 <u>다른</u> 하나는?

① $a-5\bigcirc b-5$ ② $3a\bigcirc 3b$
③ $2a+3\bigcirc 2b+3$ ④ $5-4a\bigcirc 5-4b$
⑤ $\frac{1}{2}a-1\bigcirc\frac{1}{2}b-1$

식의 값의 범위 구하기

07 $1<x\leq3$일 때, 다음 식의 값의 범위를 구하시오.

(1) $2x-1$ (2) $3-x$

┌─ **코칭 Plus** ─────────────────────┐
│ $a<b<c$일 때
│ (1) $a+2<b+2<c+2$ (2) $a-2<b-2<c-2$
│ (3) $2a<2b<2c$ (4) $-2a>-2b>-2c$
└──────────────────────────────┘

08 $-1<a<2$일 때, 다음 식의 값의 범위를 구하시오.

(1) $3a+2$ (2) $5-2a$

02 일차부등식의 뜻과 풀이

1 일차부등식

부등식에서 우변에 있는 모든 항을 좌변으로 이항하여 정리한 식이

→ 이항할 때, 부등호의 방향은 바뀌지 않는다.

$$(일차식)>0, \ (일차식)<0, \ (일차식)\geq0, \ (일차식)\leq0$$

중 어느 하나의 꼴로 나타나는 부등식을 **일차부등식**이라 한다.

예 $x>0$, $3x<-1$, $\frac{1}{2}x+5\geq0$ ➡ 일차부등식이다.

$x^2+2x-1<0$, $5>0$ ➡ 일차부등식이 아니다.

> **중1**
> • **일차식** : 차수가 1인 다항식
> • **이항** : 등식의 성질을 이용하여 등식의 어느 한 변에 있는 항을 부호를 바꾸어 다른 변으로 옮기는 것

2 일차부등식의 해와 수직선

(1) 일차부등식의 해

일차부등식의 해는 이항과 부등식의 성질을 이용하여 주어진 부등식을

$$x>(수), \ x<(수), \ x\geq(수), \ x\leq(수)$$

중 어느 하나의 꼴로 고쳐서 구한다.

(2) 부등식의 해를 수직선 위에 나타내기

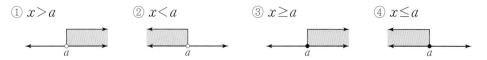

① $x>a$ ② $x<a$ ③ $x\geq a$ ④ $x\leq a$

> $a>b$일 때, a, b를 수직선 위에 나타내면 a는 b의 오른쪽에 있다.

참고 수직선 위에서 ●에 대응하는 수는 부등식의 해에 포함되고, ○에 대응하는 수는 부등식의 해에 포함되지 않는다.

3 일차부등식의 풀이

❶ 미지수 x를 포함한 항은 좌변으로, 상수항은 우변으로 이항한다.

❷ 양변을 정리하여 $ax>b$, $ax<b$, $ax\geq b$, $ax\leq b$ $(a\neq0)$ 중 어느 하나의 꼴로 고친다.

❸ 양변을 x의 계수 a로 나눈다. ← $a<0$이면 부등호의 방향이 바뀐다.

4 복잡한 일차부등식의 풀이

(1) 괄호가 있는 경우 : 분배법칙을 이용하여 괄호를 풀고, 동류항끼리 정리하여 푼다.

(2) 계수가 소수인 경우 : 양변에 10의 거듭제곱(10, 100, 1000, ...) 중에서 적당한 수를 곱하여 계수를 정수로 바꾸어 푼다.

(3) 계수가 분수인 경우 : 양변에 분모의 최소공배수를 곱하여 계수를 정수로 바꾸어 푼다.

참고 계수에 소수와 분수가 함께 있으면 소수를 분수로 바꾼 후에 푸는 것이 편리하다.

주의 부등식의 양변에 수를 곱할 때는 모든 항에 빠짐없이 곱해야 한다.

> **중1**
> **분배법칙**
> $a(b+c)=ab+ac$
> $(a+b)c=ac+bc$

일차부등식에서 이항할 때 바뀌는 것과 바뀌지 않는 것은?

일차부등식에서 이항을 하면 이항하는 항의 부호는 바뀌지만 부등호의 방향은 바뀌지 않는다. 부등호의 방향은 x의 계수와 관계가 있음에 주의한다.

개념 1 일차부등식인 것과 일차부등식이 아닌 것을 어떻게 구분할까?

$$3x-2<1$$
⟩ 모든 항을 좌변으로 이항하기
$$3x-2-1<0$$
⟩ 동류항끼리 계산하기
$$\boxed{3x-3<0}$$

➡ (x에 대한 일차식) <0 꼴이므로
 일차부등식이다.

$$2x^2+x\geq1-x$$
⟩ 모든 항을 좌변으로 이항하기
$$2x^2+x+x-1\geq0$$
⟩ 동류항끼리 계산하기
$$\boxed{2x^2+2x-1\geq0}$$

➡ 좌변이 일차식이 아니므로
 일차부등식이 아니다.

---

1 다음 중 일차부등식인 것에는 ○표, 일차부등식이 아닌 것에는 ×표를 하시오.

(1) $x+1<x+2$ (   )

(2) $2x-3\leq x+4$ (   )

(3) $x^2+x-5<0$ (   )

(4) $x^2+1\geq x^2+x+3$ (   )

1-1 다음 중 일차부등식인 것에는 ○표, 일차부등식이 아닌 것에는 ×표를 하시오.

(1) $\frac{1}{3}x-6<0$ (   )

(2) $2x^2+3x+4>0$ (   )

(3) $x^2-1\leq x^2+2x-5$ (   )

(4) $x(x+1)\geq x^2$ (   )

개념 2 일차부등식은 어떻게 풀까?

부등식 $2x+1\leq5$를 풀어 보자.

$$2x+1\leq5$$
⟩ 이항하기
$$2x\leq5-1$$
⟩ ax≤b(a≠0) 꼴로 정리하기
$$2x\leq4$$
⟩ x≤(수) 꼴로 정리하기
$$\therefore\ x\leq2$$

➡ 부등식의 풀이는 이항과 부등식의 성질을 이용한다.

---

2 부등식의 성질을 이용하여 다음 부등식을 푸시오.

(1) $x-2<5$

(2) $2x+3\geq5$

2-1 부등식의 성질을 이용하여 다음 부등식을 푸시오.

(1) $4x-6\leq-2$

(2) $5x-3<7$

개념 **3** 일차부등식의 해를 수직선 위에 어떻게 나타낼까?

(1) $x > a$

(2) $x < a$

(3) $x \geq a$

(4) $x \leq a$

부등호가 $>$, $<$일 때 ➡ ○
부등호가 $\geq$, $\leq$일 때 ➡ ●

---

3 다음 부등식의 해를 수직선 위에 나타내시오.

(1) $x > -2$

(2) $x \geq 3$

(3) $x \leq -1$

(4) $x < 4$

3-1 다음 부등식의 해를 수직선 위에 나타내시오.

(1) $x \leq 2$

(2) $x \geq -3$

(3) $x > 5$

(4) $x < 0$

개념 **4** 일차부등식의 해는 어떻게 구할까?

일차부등식 $x - 1 < 3x + 5$를 풀고, 그 해를 수직선 위에 나타내어 보자.

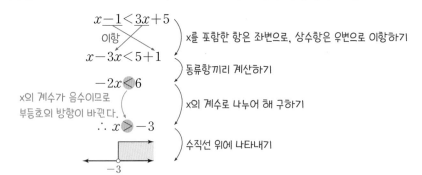

x를 포함한 항은 좌변으로, 상수항은 우변으로 이항하기

동류항끼리 계산하기

x의 계수로 나누어 해 구하기

수직선 위에 나타내기

x의 계수가 음수이므로 부등호의 방향이 바뀐다.

일차부등식의 풀이 순서
❶ 미지수 x를 포함한 항은 좌변으로, 상수항은 우변으로 이항한다.
❷ 양변을 정리하여 $ax > b$, $ax < b$, $ax \geq b$, $ax \leq b$ ($a \neq 0$) 중 어느 하나의 꼴로 고친다.
❸ 양변을 x의 계수 a로 나눈다. 이때 $a < 0$이면 부등호의 방향이 바뀐다.

---

4 다음 일차부등식을 풀고, 그 해를 수직선 위에 나타내시오.

(1) $2x + 1 > x + 3$

(2) $x + 5 \leq 3x - 1$

(3) $x + 1 < 2x - 4$

(4) $x + 3 \geq 3x + 5$

4-1 다음 일차부등식을 풀고, 그 해를 수직선 위에 나타내시오.

(1) $3x - 1 > 2x - 3$

(2) $4x - 2 \leq 8 - x$

(3) $2x - 1 < 3x + 4$

(4) $2x - 4 \geq 5x + 5$

개념 5 복잡한 일차부등식은 어떻게 풀까?

(1) 괄호가 있는 경우 : 분배법칙을 이용하여 괄호 풀기

$$2(x-3)+4>8 \xrightarrow{\text{괄호 풀기}} 2x-6+4>8 \xrightarrow{ax>b \text{ 꼴로 정리하기}} 2x>10 \xrightarrow{\text{해 구하기}} x>5$$

(2) 계수가 소수인 경우 : 양변에 10의 거듭제곱 중에서 적당한 수 곱하기

$$0.2x+1\leq0.6 \xrightarrow{\text{양변에 10 곱하기}} 2x+10\leq6 \xrightarrow{ax\leq b \text{ 꼴로 정리하기}} 2x\leq-4 \xrightarrow{\text{해 구하기}} x\leq-2$$

(3) 계수가 분수인 경우 : 양변에 분모의 최소공배수 곱하기

$$\frac{x}{2}-\frac{1}{3}<\frac{7}{6} \xrightarrow{\text{양변에 6 곱하기}} 3x-2<7 \xrightarrow{ax<b \text{ 꼴로 정리하기}} 3x<9 \xrightarrow{\text{해 구하기}} x<3$$

5 다음 일차부등식을 푸시오.

(1) $3(x+2)+5<14$

(2) $5x-11\geq3(x-7)$

(3) $2(x+2)-3<5x+4$

5-1 다음 일차부등식을 푸시오.

(1) $2(x-3)\geq-2$

(2) $3(2x-1)\leq4x+7$

(3) $3(x+1)-6<x+5$

6 다음 일차부등식을 푸시오.

(1) $0.6x-3.5\geq0.2x+1.3$

(2) $1.4x-2>0.8x+3.4$

(3) $0.2x+0.62>-0.4x+0.02$

6-1 다음 일차부등식을 푸시오.

(1) $0.3x-0.5\leq0.4x+0.2$

(2) $0.5x-2<0.3x-0.4$

(3) $-0.3x+0.12\leq0.02x+0.44$

7 다음 일차부등식을 푸시오.

(1) $\dfrac{x}{4}-\dfrac{3}{2}\leq-\dfrac{x}{2}$

(2) $\dfrac{x}{3}-\dfrac{x-5}{2}>4$

(3) $\dfrac{1}{4}x+3\leq-\dfrac{1}{3}x-4$

7-1 다음 일차부등식을 푸시오.

(1) $\dfrac{2}{3}x>\dfrac{3}{4}x+\dfrac{1}{2}$

(2) $\dfrac{3}{5}x-2<\dfrac{x-3}{2}$

(3) $\dfrac{x-2}{2}\leq\dfrac{4-x}{6}-1$

일차부등식의 풀이 중요 ☆

01 다음 일차부등식 중 해가 $x < 2$인 것은?

① $6 - 2x < -4$ ② $x < 12 - 3x$

③ $6x - 5 > 3x + 1$ ④ $3x - 1 < -x + 7$

⑤ $5x - 3 > 8x + 3$

02 다음 일차부등식 중 해가 나머지 넷과 <u>다른</u> 하나는?

① $2x + 1 > 7$ ② $3x - 5 > 4$

③ $-2x - 9 < -15$ ④ $2x > 4x - 6$

⑤ $12 - 5x < 3 - 2x$

일차부등식의 해를 수직선 위에 나타내기

03 다음 중 일차부등식 $x + 7 \leq -5 - 2x$의 해를 수직선 위에 바르게 나타낸 것은?

①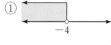
   ②

③

④

⑤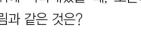

04 다음 일차부등식 중 해를 수직선 위에 나타내었을 때, 오른쪽 그림과 같은 것은?

① $3x + 2 < -4$ ② $2x - 3 > 5$

③ $-x + 6 > 3x - 2$ ④ $13 - 4x < x - 12$

⑤ $5x + 2 > 14 - x$

복잡한 일차부등식의 풀이 (1) 중요 ☆

05 일차부등식 $0.7x + 2 < \dfrac{1}{2}x + 3$을 풀면?

① $x < -5$ ② $x > -5$ ③ $x < 3$

④ $x < 5$ ⑤ $x > 5$

> **코칭 Plus**
>
> 계수에 소수와 분수가 함께 있으면
> ❶ 소수를 기약분수로 바꾼다.
> ❷ 양변에 분모의 최소공배수를 곱한다.

06 일차부등식 $0.3x + \dfrac{6}{5} < -\dfrac{1}{2}x - 0.4$를 풀면?

① $x < -4$ ② $x < -3$ ③ $x > -3$

④ $x < -2$ ⑤ $x > -2$

복잡한 일차부등식의 풀이 (2)

07 일차부등식 $\dfrac{1}{2}\left(x + \dfrac{2}{5}\right) + 0.3 \geq 5$를 만족시키는 x의 값 중 가장 작은 자연수를 구하시오.

08 일차부등식 $\dfrac{1}{4}x + 0.2\left(x + \dfrac{1}{2}\right) \geq \dfrac{x}{2}$를 만족시키는 x의 값 중 자연수의 개수를 구하시오.

x의 계수가 문자인 일차부등식의 풀이

09 $a<0$일 때, x에 대한 일차부등식 $2-ax<3$의 해는?

① $x<-a$ ② $x>-a$ ③ $x<-\dfrac{1}{a}$

④ $x>-\dfrac{1}{a}$ ⑤ $x<a$

코칭 Plus

주어진 부등식을 $ax<b$ 꼴로 정리하였을 때

(1) $a>0$이면 $x<\dfrac{b}{a}$

(2) $a<0$이면 $x>\dfrac{b}{a}$

10 $a>0$일 때, x에 대한 일차부등식 $-ax>5a$의 해는?

① $x<-5$ ② $x>-5$ ③ $x<-\dfrac{1}{5}$

④ $x>-\dfrac{1}{5}$ ⑤ $x<5$

일차부등식의 해가 주어질 때, 미지수 구하기 중요🌟

11 일차부등식 $x-5a>-4x+10$의 해가 $x>3$일 때, 상수 a의 값을 구하시오.

12 일차부등식 $2x-5<3a$의 해가 $x<10$일 때, 상수 a의 값을 구하시오.

두 일차부등식의 해가 같을 때, 미지수 구하기

13 두 일차부등식 $3x+2\le a$와 $x-4\ge2(x-3)$의 해가 서로 같을 때, 상수 a의 값을 구하시오.

코칭 Plus

두 일차부등식의 해가 서로 같다.
➜ 미지수가 없는 부등식의 해를 먼저 구하고, 구한 해를 이용하여 미지수를 구한다.

14 두 일차부등식 $2x-2\le x+3$과 $2(x-1)+a\ge3(x+2)$의 해가 서로 같을 때, 상수 a의 값을 구하시오.

01

다음 문장을 부등식으로 나타내시오.

오리 x마리와 고양이 3마리의 전체 다리 수는 30보다 많다.

02

다음 부등식 중 $x=3$일 때 참인 것은?

① $5-x<0$ ② $5(x-3)\geq-2$

③ $-2x+5>1$ ④ $3x-1\leq5$

⑤ $\dfrac{x}{2}+1>3$

03

x의 값이 자연수일 때, 부등식 $6x-2\leq2x+10$의 해의 개수를 구하시오.

04

다음 ◯ 안에 알맞은 부등호를 써넣으시오.

(1) $5-2a>5-2b$이면 a ◯ b

(2) $\dfrac{a}{3}+1\leq\dfrac{b}{3}+1$이면 a ◯ b

05

$-1<2x+5\leq7$일 때, x의 값의 범위를 구하시오.

06

다음 중 일차부등식이 아닌 것은?

① $2x-1>5$ ② $0.1x+0.2<0.3$

③ $x+\dfrac{1}{2}\leq\dfrac{1}{2}-x$ ④ $-x(x+5)\geq1-x^2$

⑤ $x^2+6x-1<\dfrac{1}{2}(4-2x)$

07

다음 일차부등식 중 해를 수직선 위에 나타내었을 때, 오른쪽 그림과 같은 것은?

① $x-2\geq2x+4$ ② $4x-1\geq3x+5$

③ $2x-6\leq6x+4$ ④ $x+3\leq2x+8$

⑤ $2x+6\leq5x-9$

08

일차부등식 $4(2x-8)<-(x+5)$의 해는?

① $x<-4$ ② $x>-3$ ③ $x<3$

④ $x>3$ ⑤ $x<4$

09

다음 중 일차부등식 $3(0.2x-0.1)>0.4x$를 만족시키는 x의 값이 될 수 있는 것은?

① 0 　　② $\dfrac{1}{2}$ 　　③ 1

④ $\dfrac{3}{2}$ 　　⑤ 2

10

일차부등식 $1-\dfrac{2x+1}{3}\geq\dfrac{3-x}{2}$를 만족시키는 x의 값 중 가장 큰 정수를 구하시오.

11

일차부등식 $2(x+a)-3\leq4x+a$의 해가 $x\geq4$일 때, 상수 a의 값은?

① -10 　　② -2 　　③ 3

④ 9 　　⑤ 11

12

두 일차부등식 $0.3x+1.5>0.6(x-1)$과
$x+2>3(x-a)$의 해가 서로 같을 때, 상수 a의 값을 구하시오.

한걸음 더

13 문제 해결 🔒

$-3a+4<-3b+4$일 때, 다음 중 옳은 것은?

① $a+1<b+1$ 　　② $-2a>-2b$

③ $\dfrac{a}{5}>\dfrac{b}{5}$ 　　④ $2a-3<2b-3$

⑤ $2-\dfrac{a}{3}>2-\dfrac{b}{3}$

14 추론 💬

$a<0$일 때, x에 대한 일차부등식 $ax+2a\leq5a$의 해를 구하시오.

15 문제 해결 🔒

일차부등식 $4x-a\leq2x+5$를 만족시키는 자연수 x가 2개일 때, 상수 a의 값의 범위를 구하시오.

03 일차부등식의 활용

1 일차부등식의 활용 문제 풀이

❶ 미지수 정하기 : 문제 상황을 이해하고, 구하려는 값을 미지수 x로 놓는다.

❷ 일차부등식 세우기 : 문제 상황에 맞게 x에 대한 일차부등식을 세운다.

❸ 일차부등식 풀기 : 일차부등식의 해를 구한다.

❹ 확인하기 : 구한 해가 문제 상황에 적합한지 확인한다.

예 선희는 용돈 7000원으로 편의점에서 800원짜리 초콜릿과 600원짜리 사탕을 합하여 10개를 사려고 한다. 초콜릿을 최대 몇 개까지 살 수 있는지 구해 보자.

❶ 미지수 정하기 : 초콜릿의 수를 x라 하면 사탕의 수는 $10-x$이다.

❷ 일차부등식 세우기 : $800x+600(10-x) \leq 7000$

❸ 일차부등식 풀기 : $800x+6000-600x \leq 7000$, $200x \leq 1000$ ∴ $x \leq 5$

즉, 초콜릿은 최대 5개까지 살 수 있다.

❹ 확인하기 : 초콜릿을 5개 살 때의 전체 금액은 $800 \times 5 + 600 \times 5 = 7000$(원)

초콜릿을 6개 살 때의 전체 금액은 $800 \times 6 + 600 \times 4 = 7200$(원)

따라서 ❸에서 구한 해가 문제 상황에 적합하다.

> 물건의 개수, 사람 수, 횟수 등을 미지수 x로 놓았을 때는 구한 해 중에서 자연수만을 답으로 한다.

2 일차부등식의 활용 문제

(1) 가격, 개수에 대한 문제

(물건의 총 가격) = (한 개당 가격) × (물건의 개수)

(2) 예금액에 대한 문제

다음 달부터 매달 일정 금액을 예금할 때, x개월 후의 예금액

➔ (현재 예금액) + (매달 예금액) × x

예 현재 통장에 10만 원이 예금되어 있고, 매달 3만 원씩 5개월 동안 예금할 때, x개월 후의 예금액은

$10 + 3 \times 5 = 25$(만 원)

(3) 수에 대한 문제

① 연속하는 두 정수 ➔ x, $x+1$ (또는 $x-1$, x)로 놓는다.

② 연속하는 세 정수 ➔ $x-1$, x, $x+1$ (또는 x, $x+1$, $x+2$)로 놓는다.

③ 연속하는 두 짝수(홀수) ➔ x, $x+2$ (또는 $x-2$, x)로 놓는다.

④ 차가 a인 두 수 ➔ x, $x-a$ 또는 x, $x+a$로 놓는다.

예 연속하는 세 자연수의 합이 21보다 클 때, 이와 같은 수 중에서 가장 작은 세 자연수를 구해 보자.

연속하는 세 자연수를 $x-1$, x, $x+1$이라 하면

$(x-1)+x+(x+1)>21$, $3x>21$ ∴ $x>7$

이때 가장 작은 자연수 x는 8이므로 구하는 세 자연수는 7, 8, 9이다.

(4) 거리, 속력, 시간에 대한 문제

$$(거리) = (속력) \times (시간), \quad (속력) = \frac{(거리)}{(시간)}, \quad (시간) = \frac{(거리)}{(속력)}$$

> 거리, 속력, 시간에 대한 문제에서는 단위를 통일해야 한다.
> **예** 1 km=1000 m,
> 1시간=60분,
> 1분=$\frac{1}{60}$시간

개념 **1** 가격, 개수에 대한 활용 문제는 어떻게 풀까?

한 송이에 900원인 장미 몇 송이를 사는데 포장비는 2000원이다. 전체 금액이 20000원 이하가 되도록 하려면
① ②
장미는 최대 몇 송이까지 살 수 있는지 구해 보자.
①

미지수 정하기 장미를 x송이 산다고 하면

일차부등식 세우기 $\underset{①}{900x} + \underset{②}{2000} \leq 20000$

일차부등식 풀기 $900x \leq 18000$ ∴ $x \leq 20$
따라서 장미는 최대 20송이까지 살 수 있다.

확인하기 $x=20$, $x=21$일 때의 금액을 구해 구한 해가 문제 상황에 적합한지 확인한다.

1 500원짜리 볼펜과 300원짜리 연필을 합하여 20자루를 사려고 한다. 전체 금액이 8000원을 넘지 않게 하려고 할 때, 다음 물음에 답하시오.

(1) 볼펜을 x자루 산다고 할 때, 표를 완성하고, 일차부등식을 세우시오.

	볼펜	연필
개수(자루)	x	
금액(원)		

(2) 볼펜은 최대 몇 자루까지 살 수 있는지 구하시오.

1-1 한 장에 900원인 엽서와 한 장에 300원인 우표를 합하여 모두 16장을 사는 데 9000원 미만으로 지출하려고 한다. 다음 물음에 답하시오.

(1) 엽서를 x장 산다고 할 때, 표를 완성하고, 일차부등식을 세우시오.

	엽서	우표
장수(장)	x	
금액(원)		

(2) 엽서는 최대 몇 장까지 살 수 있는지 구하시오.

개념 **2** 예금액에 대한 활용 문제는 어떻게 풀까?

현재 건아의 예금액은 20000원, 신이의 예금액은 15000원이다. 다음 주부터 매주 건아는 2000원씩, 신이는 3000원씩
① ② ① ②
예금한다면 신이의 예금액이 건아의 예금액보다 많아지는 것은 몇 주 후부터인지 구해 보자.
(단, 이자는 생각하지 않는다.)

미지수 정하기 x주 후부터 신이의 예금액이 건아의 예금액보다 많아진다고 하면

일차부등식 세우기 $\underset{①}{20000+2000x} < \underset{②}{15000+3000x}$

일차부등식 풀기 $-1000x < -5000$ ∴ $x > 5$
따라서 신이의 예금액이 건아의 예금액보다 많아지는 것은 6주 후부터이다.

확인하기 $x=5$, $x=6$일 때의 예금액을 구해 구한 해가 문제 상황에 적합한지 확인한다.

2 민아와 승주는 현재 각각 25000원, 12000원을 예금하였고, 다음 달부터 매달 민아는 3000원씩, 승주는 5000원씩 예금하기로 하였다. 승주의 예금액이 민아의 예금액보다 많아지는 것은 몇 개월 후부터인지 구하시오. (단, 이자는 생각하지 않는다.)

2-1 새롬이와 아롬이는 현재 각각 35000원, 53000원을 예금하였고, 다음 달부터 매달 새롬이는 7000원씩, 아롬이는 3000원씩 예금하기로 하였다. 새롬이의 예금액이 아롬이의 예금액보다 많아지는 것은 몇 개월 후부터인지 구하시오. (단, 이자는 생각하지 않는다.)

개념 3 거리, 속력, 시간에 대한 활용 문제는 어떻게 풀까?

등산을 하는데 올라갈 때는 시속 3 km로, 내려올 때는 같은 길을 시속 4 km로 걸어서 3시간 30분 이내에 등산을 마치려고 한다. 이때 최대 몇 km 지점까지 올라갔다 올 수 있는지 구해 보자.

미지수 정하기 x km 지점까지 올라갔다 온다고 하면

일차부등식 세우기

$$(\text{올라갈 때 걸린 시간}) = \frac{x}{3}\text{시간}$$
$$(\text{내려올 때 걸린 시간}) = \frac{x}{4}\text{시간}$$
$$(\text{총 시간}) = 3\text{시간 }30\text{분} = 3\frac{1}{2}\text{시간}$$

$\rightarrow$ $\boxed{\dfrac{x}{3} + \dfrac{x}{4} \leq 3\dfrac{1}{2}}$

> 부등식을 세우기 전에 단위를 확인해서 통일해야 해!

일차부등식 풀기 위의 부등식의 양변에 12를 곱하면
$$4x + 3x \leq 42, \quad 7x \leq 42 \quad \therefore x \leq 6$$
따라서 최대 6 km 지점까지 올라갔다 올 수 있다.

확인하기 $x=6$일 때의 시간을 구해 구한 해가 문제 상황에 적합한지 확인한다.

3 등산을 하는데 올라갈 때는 시속 2 km로, 내려올 때는 같은 길을 시속 3 km로 걸어서 전체 걸리는 시간을 2시간 이하로 하려고 할 때, 다음 물음에 답하시오.

(1) 올라갈 때의 거리를 x km라 할 때, 표를 완성하고, 부등식을 세우시오.

	올라갈 때	내려올 때
거리(km)	x	
속력(km/h)		
시간(시간)		

(2) 최대 몇 km 지점까지 올라갔다 올 수 있는지 구하시오.

3-1 산책을 하는데 갈 때는 시속 3 km로, 돌아올 때는 같은 길을 시속 5 km로 걸어서 4시간 이내에 돌아오려고 할 때, 다음 물음에 답하시오.

(1) 산책을 갈 때의 거리를 x km라 할 때, 표를 완성하고, 부등식을 세우시오.

	갈 때	올 때
거리(km)	x	
속력(km/h)		
시간(시간)		

(2) 최대 몇 km 떨어진 곳까지 갔다 올 수 있는지 구하시오.

4 민재네 가족은 기차가 출발하기 전까지 1시간의 여유가 있어 상점에 가서 물건을 사오려고 한다. 물건을 사는 데 10분이 걸리고 시속 4 km로 걷는다고 할 때, 기차역에서 최대 몇 km 떨어진 상점까지 갔다 올 수 있는지 구하시오.

4-1 승아는 부모님과 함께 등산을 하려고 한다. 올라갈 때는 시속 3 km로, 내려올 때는 같은 길을 시속 4 km로 걸어서 쉬는 시간 40분을 포함하여 3시간 이내에 등산을 마치려고 한다. 승아는 최대 몇 km 지점까지 올라갔다 올 수 있는지 구하시오.

개념 완성하기
교과서 대표 문제로

수에 대한 문제

01 어떤 정수를 4배 하여 8을 뺀 값이 처음 정수에 5를 더한 값의 2배보다 크지 않다고 한다. 이를 만족시키는 가장 큰 정수를 구하시오.

02 연속하는 세 자연수의 합이 57보다 크다고 한다. 이와 같은 수 중에서 가장 작은 세 자연수를 구하시오.

여러 가지 수량에 대한 문제

03 한 번에 500 kg까지 운반할 수 있는 승강기가 있다. 몸무게가 50 kg인 사람이 1개의 무게가 25 kg인 상자를 여러 개 실어 운반하려고 한다. 승강기를 이용하여 한 번에 운반할 수 있는 상자는 최대 몇 개인지 구하시오.

04 종이컵 수거함에 종이컵이 한 개 더 쌓일 때마다 종이컵의 전체 높이는 0.2 cm씩 높아진다고 한다. 현재 종이컵 수거함에 쌓인 종이컵의 전체 높이가 20 cm이고 종이컵을 60 cm까지 쌓을 수 있다고 할 때, 종이컵은 최대 몇 개 더 쌓을 수 있는지 구하시오.

도형에 대한 문제

05 윗변의 길이가 4 cm, 아랫변의 길이가 x cm, 높이가 6 cm인 사다리꼴의 넓이가 36 cm² 이상일 때, x의 값의 범위를 구하시오.

06 밑변의 길이가 8 cm이고 높이가 x cm인 삼각형의 넓이가 20 cm² 이상일 때, x의 값의 범위를 구하시오.

유리한 방법에 대한 문제 중요☆

07 장미 한 송이의 가격이 집 앞 꽃집에서는 1500원, 꽃 도매 시장에서는 1000원이다. 도매 시장에 다녀오는 데 드는 왕복 교통비가 2200원일 때, 장미를 몇 송이 이상 살 경우 도매 시장에서 사는 것이 유리한지 구하시오.

08 집 앞 편의점에서 한 개에 1800원에 판매하는 음료수를 대형 마트에서는 1250원에 판매한다. 대형 마트에 다녀오는 데 드는 왕복 교통비가 2000원일 때, 음료수를 몇 개 이상 살 경우 대형 마트에서 사는 것이 유리한지 구하시오.

> **코칭 Plus**
>
> 유리한 방법을 선택하는 일차부등식의 활용 문제는
> ❶ 두 가지 방법에 대하여 각각의 가격 또는 비용을 계산한다.
> ❷ 문제의 뜻에 맞는 일차부등식을 세워서 푼다.
> → 이때 가격 또는 비용이 적은 쪽이 유리한 방법이다.

01

어떤 홀수의 4배에서 9를 빼면 어떤 홀수의 2배보다 작을 때, 이 홀수가 될 수 있는 수를 모두 구한 것은?

① 1, 3   ② 1, 5   ③ 1, 7
④ 3, 5   ⑤ 3, 7

02

현재 호준이의 통장에는 30000원, 성범이의 통장에는 72000원이 들어 있다. 다음 달부터 매달 호준이는 7000원씩, 성범이는 4000원씩 예금한다면 성범이의 예금액이 호준이의 예금액보다 적어지는 것은 몇 개월 후부터인지 구하시오. (단, 이자는 생각하지 않는다.)

03

다율이는 음악을 내려받을 수 있는 사이트에 회원으로 가입하려고 한다. 금액이 다음 표와 같을 때, 한 달 동안 내려받는 음악이 몇 곡 이상이면 VIP 회원이 일반 회원보다 유리한지 구하시오.

	일반 회원	VIP 회원
음악 1곡을 내려받는 금액	300원	무료
한 달 회원비	5000원	20000원

04

가로의 길이가 세로의 길이보다 4 m 긴 직사각형 모양의 화단이 있다. 화단의 둘레의 길이가 24 m 이상일 때, 가로의 길이는 몇 m 이상이어야 하는지 구하시오.

05

수민이는 터미널에서 버스 출발 시각까지 20분의 여유가 있어서 상점에 가서 물건을 사오려고 한다. 분속 60 m로 걷고 10분 동안 물건을 산다고 할 때, 터미널에서 몇 m 이내의 상점을 이용할 수 있는지 구하시오.

한걸음 더

06 문제해결🔒

어느 놀이공원 입장료는 10000원이고, 20명 이상의 단체인 경우에는 입장료의 10 %를 할인해 준다고 한다. 20명 미만의 단체가 입장하려고 할 때, 몇 명 이상부터 20명의 단체 입장권을 사는 것이 유리한지 구하시오.

07 추론💬

어느 주차장의 주차 요금은 30분까지는 2000원이고, 30분이 지나면 1분마다 100원씩 요금이 추가된다고 한다. 주차 요금이 10000원을 넘지 않으려면 최대 몇 분 동안 주차할 수 있는지 구하시오.

1

일차부등식 $6x-5<3x+8$을 만족시키는 자연수 x의 개수를 구하시오. [5점]

 풀이

채점 기준 1   일차부등식 풀기 ⋯ 3점

채점 기준 2   조건을 만족시키는 x의 개수 구하기 ⋯ 2점

🅐 답

 한번 더!

1-1

x가 절댓값이 3 이하인 정수일 때, 일차부등식 $3x-4>-2x+5$를 참이 되게 하는 정수 x의 개수를 구하시오. [5점]

풀이

채점 기준 1   일차부등식 풀기 ⋯ 2점

채점 기준 2   조건을 만족시키는 x의 개수 구하기 ⋯ 3점

🅐 답

2

$-1 \leq x < 5$이고 $A=-3x+2$일 때, 다음 물음에 답하시오. [6점]

⑴ A의 값의 범위를 구하시오. [3점]

⑵ 정수 A의 값 중 가장 큰 수와 가장 작은 수의 합을 구하시오. [3점]

 풀이

🅐 답

3

일차부등식 $\dfrac{3x-1}{2} \geq a$의 해 중 가장 작은 수가 2일 때, 상수 a의 값을 구하시오. [6점]

 풀이

🅐 답

4

어느 박물관의 입장료는 한 사람당 3000원이고, 30명 이상의 단체인 경우에는 입장료의 20 %를 할인해 준다고 한다. 30명 미만의 단체가 입장하려고 할 때, 몇 명 이상부터 30명의 단체 입장권을 사는 것이 유리한지 구하시오. [7점]

채점 기준 1   일차부등식 세우기 … 3점

채점 기준 2   일차부등식 풀기 … 2점

채점 기준 3   몇 명 이상부터 단체 입장권을 사는 것이 유리한지 구하기 … 2점

답

한번 더!
4-1

어느 워터파크의 입장료는 한 사람당 20000원이고, 40명 이상의 단체인 경우에는 입장료의 25 %를 할인해 준다고 한다. 40명 미만의 단체가 입장하려고 할 때, 몇 명 이상부터 40명의 단체 입장권을 사는 것이 유리한지 구하시오. [7점]

채점 기준 1   일차부등식 세우기 … 3점

채점 기준 2   일차부등식 풀기 … 2점

채점 기준 3   몇 명 이상부터 단체 입장권을 사는 것이 유리한지 구하기 … 2점

답

5

연속하는 세 자연수의 합이 42보다 작을 때, 이와 같은 수 중에서 가장 큰 세 자연수를 구하시오. [7점]

답

6

민재가 집에서 15 km 떨어진 할머니 댁에 가는데 처음에는 자전거를 타고 시속 12 km로 달리다가 도중에 시속 3 km로 걸어서 2시간 이내에 도착하였다. 자전거를 타고 간 거리는 최소 몇 km인지 구하시오. [7점]

답

01

다음 중 문장을 부등식으로 나타낸 것으로 옳지 <u>않은</u> 것을 모두 고르면? (정답 2개)

① x의 3배에서 5를 뺀 수는 10보다 크다.
 ➡ $3x-5>10$

② x에서 2를 뺀 수는 x의 4배보다 작지 않다.
 ➡ $x-2\leq4x$

③ 민호의 몸무게인 x kg의 2배는 100 kg을 넘지 않는다. ➡ $2x\leq100$

④ x원짜리 연필 25자루의 가격은 5000원 이하이다.
 ➡ $25x\leq5000$

⑤ 가로의 길이가 10 cm, 세로의 길이가 x cm인 직사각형의 둘레의 길이는 30 cm 이상이다.
 ➡ $2(10+x)>30$

02

다음 부등식 중 $x=-2$를 해로 갖는 것은?

① $2-3x<1$ ② $4x-3\geq-1$

③ $2(x-1)\leq-3$ ④ $5-x<7$

⑤ $-\dfrac{x}{3}\geq4$

03

x의 값이 -2, -1, 0, 1, 2일 때, 부등식 $1-2x\geq-2$를 참이 되게 하는 x의 값의 개수를 구하시오.

04

$a>b$일 때, 다음 중 옳은 것은?

① $a-3<b-3$ ② $3-a>3-b$

③ $\dfrac{a}{2}+1>\dfrac{b}{2}+1$ ④ $-\dfrac{2}{3}a+1>-\dfrac{2}{3}b+1$

⑤ $-0.7a+3>-0.7b+3$

05 중요✡

다음 중 ◯ 안에 들어갈 부등호의 방향이 나머지 넷과 <u>다른</u> 하나는?

① $a+2<b+2$이면 a ◯ b

② $-a+\dfrac{2}{3}>-b+\dfrac{2}{3}$이면 a ◯ b

③ $4a-3<4b-3$이면 a ◯ b

④ $\dfrac{a}{2}-1<\dfrac{b}{2}-1$이면 a ◯ b

⑤ $-3a+5<-3b+5$이면 a ◯ b

06

$-3\leq x<1$일 때, $2x+3$의 값의 범위를 구하시오.

07

다음 **보기**에서 일차부등식인 것을 모두 고르시오.

> • 보기 •
> ㄱ. $3x+4<5x-1$ ㄴ. $x-1\geq x+3$
> ㄷ. $x(x-1)\leq x^2+5$ ㄹ. $4x+3\geq3(x-3)$
> ㅁ. $\dfrac{x+4}{2}>\dfrac{1}{3}x$ ㅂ. $2(x+5)=4x+7$

08 중요♥

다음 일차부등식 중 해가 나머지 넷과 <u>다른</u> 하나는?

① $2x+1 < x+2$ ② $3x+6 > 5x+4$

③ $3x+1 < 2x+3$ ④ $7x-16 < 2x-11$

⑤ $10 > x+9$

09

다음 중 일차부등식 $x+2 \geq 3x-2$의 해를 수직선 위에 바르게 나타낸 것은?

①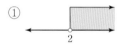
②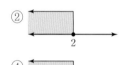

③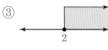
④

⑤

10

일차부등식 $0.4x-1 \leq 0.3(x+1)-0.2$를 푸시오.

11 중요♥

일차부등식 $0.2(3x+5) < \dfrac{1}{5}(x-1)+3$을 만족시키는 자연수 x의 개수를 구하시오.

12

일차방정식 $3x-5=1$의 해가 $x=a$일 때, 일차부등식 $2x+4 \leq (a-4)x+5$의 해는?

① $x \geq -4$ ② $x \geq -\dfrac{1}{4}$ ③ $x \leq -\dfrac{1}{4}$

④ $x \leq \dfrac{1}{4}$ ⑤ $x \geq 4$

13 중요♥

일차부등식 $ax-6 < 0$의 해가 $x > -2$일 때, 상수 a의 값은?

① -3 ② -2 ③ -1

④ 1 ⑤ 2

14

두 일차부등식 $3x-1 < 8$과 $x+1 > 3(x-a)$의 해가 서로 같을 때, 상수 a의 값은?

① $\dfrac{1}{3}$ ② $\dfrac{2}{3}$ ③ 1

④ $\dfrac{4}{3}$ ⑤ $\dfrac{5}{3}$

15

$a<1$일 때, x에 대한 일차부등식 $(a+1)x+1>2x+a$ 의 해는?

① $x>1$ ② $x<1$ ③ $x<-1$

④ $x>-1$ ⑤ $x<a-1$

16

일차부등식 $4x+a \geq 5x-2$를 만족시키는 자연수 x가 3개일 때, 상수 a의 값의 범위는?

① $-1<a\leq2$ ② $-1\leq a<2$

③ $-1\leq a\leq3$ ④ $1<a<2$

⑤ $1\leq a<2$

17

한 개에 2000원 하는 사과와 한 개에 1500원 하는 오렌지를 합하여 10개를 사려고 한다. 총 금액이 18000원 이하가 되게 하려면 사과는 최대 몇 개까지 살 수 있는지 구하시오.

18

윗변의 길이가 6 cm, 아랫변의 길이가 10 cm인 사다리꼴의 넓이가 48 cm² 이하일 때, 이 사다리꼴의 높이는 몇 cm 이하인가?

① 6 cm   ② 7 cm   ③ 8 cm

④ 9 cm   ⑤ 10 cm

19 중요♧

어느 축구 경기 입장료는 2만 원이고, 30명 이상의 단체인 경우에는 입장료의 15 %를 할인해 준다고 한다. 30명 미만의 단체가 입장하려고 할 때, 몇 명 이상부터 30명의 단체 입장권을 사는 것이 유리한지 구하시오.

20

현우는 아버지와 등산을 하려고 한다. 올라갈 때는 시속 3 km로, 내려올 때는 같은 길을 시속 5 km로 걸어서 3시간 이내에 등산을 마치려면 최대 몇 km 지점까지 올라갔다 올 수 있는지 구하시오.

21

어느 지방 자치단체에서 쓰레기 종량제를 실시하는 조례를 제정하려고 한다. 이 자치단체에서는 다음 달부터 매달 120톤의 쓰레기만 받아 매립지에 묻으려고 하는데 이 매립지에 묻을 수 있는 최대 쓰레기의 양은 30000톤이며, 현재 5000톤의 쓰레기가 묻혀 있다. 매립지에 묻힌 쓰레기의 양이 묻을 수 있는 최대량을 넘기는 것은 몇 개월 후부터인지 구하시오.

1

$a>b$일 때, 다음 ⬜ 안에 주어진 두 식의 대소를 비교하여 왼쪽의 식이 크면 왼쪽 화살표를, 오른쪽의 식이 크면 오른쪽 화살표를 따라가 보자. 현우가 도착하게 되는 나라는 어디인지 구하시오.

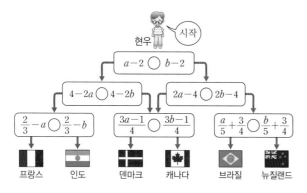

2

다음은 희윤이와 소진이가 각각 일차부등식 $1-\dfrac{x}{3}\ge\dfrac{x}{4}$ 를 푸는 과정이다. 잘못된 부분을 찾고, 풀이 과정을 바르게 고치시오.

희윤	소진
$1-\dfrac{x}{3}\ge\dfrac{x}{4}$ 에서	$1-\dfrac{x}{3}\ge\dfrac{x}{4}$ 에서
$1-4x\ge3x$	$12-4x\ge3x$
$-7x\ge-1$	$-x\ge-12$
$\therefore\ x\le\dfrac{1}{7}$	$\therefore\ x\le12$

3

어느 환경 단체에서 종이컵 사용을 줄이기 위한 운동으로 머그컵 20000개를 만들어 매일 600개씩 선물로 나누어 주고 있다. 오늘까지 2400개를 나누어 주었고, 내일부터 x일 동안 남은 컵을 나누어 주려고 할 때, 다음 물음에 답하시오.

⑴ 내일부터 x일 동안 나누어 줄 때, 남는 컵의 개수를 x를 사용하여 나타내시오.

⑵ 나누어 주고 남는 컵이 2000개 이하가 되게 하려면 내일부터 컵을 최소 며칠 이상 나누어 주어야 하는지 구하시오.

4

A 마트와 B 마트에서 판매하는 어느 아이스크림 1개의 가격은 1000원으로 같고, 행사 기간에 다음과 같은 쿠폰을 각각 발행하여 이 아이스크림을 판매하고 있다.

A 마트	B 마트
아이스크림을 구매하면 그 개수와 상관없이 1개를 덤으로 더 드려요.	아이스크림 전체 구매 가격의 10 %를 할인해 드려요.

각 마트의 쿠폰이 1장씩 있고, A, B 마트 중 어느 한 곳에서만 이 아이스크림을 살 수 있다. 아이스크림을 몇 개 이상 살 때, B 마트에서 사는 것이 유리한지 구하시오.

워크북 82쪽~83쪽에서 한번 더 연습해 보세요.

연립방정식과 그 해

1 미지수가 2개인 일차방정식

(1) **미지수가 2개인 일차방정식** : 미지수가 2개이고, 그 차수가 모두 1인 방정식

(2) 미지수가 x, y의 2개인 일차방정식은

$$\underbrace{ax+by+c=0}_{\text{미지수 } x, y\text{의 차수가 모두 1이다.}} \ (a, b, c \text{는 상수}, a\neq0, b\neq0)$$

과 같이 나타낼 수 있다.

예 $3x+y-2=0$, $x+2y=5$ ➡ 미지수가 2개인 일차방정식이다.

$\underset{\text{미지수가 1개}}{2x-3=0}$, $\underset{\text{미지수가 1개}}{x+y-2=x}$, $\underset{\text{차수가 1이 아니다.}}{x^2-3y=2}$ ➡ 미지수가 2개인 일차방정식이 아니다.

(3) **미지수가 2개인 일차방정식의 해(근)** : 미지수가 x, y의 2개인 일차방정식을 참이 되게 하는 x, y의 값 또는 그 순서쌍 (x, y)

예 일차방정식 $2x+y=3$에 대하여

① $x=1$, $y=1$을 대입하면 $2\times1+1=3$ ➡ $x=1$, $y=1$은 해이다.

② $x=2$, $y=1$을 대입하면 $2\times2+1=5\neq3$ ➡ $x=2$, $y=1$은 해가 아니다.

(4) **미지수가 2개인 일차방정식을 푼다** : 일차방정식의 해를 모두 구하는 것

예 x, y가 자연수일 때, 일차방정식 $x+2y=7$을 풀어 보자.

x가 자연수이므로 x에 1, 2, 3, ...을 차례로 대입하면

x	1	2	3	4	5	6	7	8	...
y	3	$\frac{5}{2}$	2	$\frac{3}{2}$	1	$\frac{1}{2}$	0	$-\frac{1}{2}$	...

따라서 x, y가 자연수일 때, 일차방정식 $x+2y=7$의 해를 순서쌍으로 나타내면 $(1, 3)$, $(3, 2)$, $(5, 1)$이다.

> **중1**
> **방정식** : 문자의 값에 따라 참이 되기도 하고, 거짓이 되기도 하는 등식

> x, y가 자연수가 아니라 유리수이면 해가 무수히 많다.

2 미지수가 2개인 연립일차방정식(연립방정식)

(1) **미지수가 2개인 연립일차방정식(연립방정식)** : 미지수가 2개인 두 일차방정식을 한 쌍으로 묶어 나타낸 것

예 $\begin{cases} x+y=1 \\ 2x-y=3 \end{cases}$, $\begin{cases} \frac{1}{2}x-\frac{2}{3}y=\frac{1}{2} \\ 3x+2y=2 \end{cases}$

(2) **연립방정식의 해(근)** : 연립방정식에서 두 일차방정식을 동시에 참이 되게 하는 x, y의 값 또는 그 순서쌍 (x, y)

(3) **연립방정식을 푼다** : 연립방정식의 해를 구하는 것

> **용어**
> **연립**(나란히 할 聯, 설 立)**방정식**
> 방정식을 나란히 세워 놓은 것
>
> 연립방정식의 해는 두 일차방정식을 동시에 만족시키므로 두 일차방정식에 해를 각각 대입하면 모두 참이 된다.

미지수가 2개인 일차방정식인지 알아볼 때 확인해야 하는 것은?

(1) 등식인지 확인한다.

(2) 모든 항을 좌변으로 이항하여 정리하였을 때, 미지수가 2개인지 확인한다.

(3) 미지수의 차수가 모두 1인지 확인한다.

기초 1 중1 일차방정식은 무엇인지 복습해 볼까?

$3x-1=5$ ⟩ 모든 항을 좌변으로
$3x-6=0$ ⟩ 이항하여 정리하기
→ (x에 대한 일차식)$=0$ 꼴이므로
일차방정식이다.
미지수가 1개인 일차방정식

$6x+2=6x$ ⟩ 모든 항을 좌변으로
$2=0$ ⟩ 이항하여 정리하기
→ (x에 대한 일차식)$=0$ 꼴이
아니므로 일차방정식이 아
니다.

> x에 대한 일차방정식
> → $ax+b=0$
> (a, b는 상수, $a \neq 0$)

---

1 다음 중 일차방정식인 것에는 ○표, 일차방정식이 아닌 것에는 ×표를 하시오.

(1) $2x-1=2x$ (   )

(2) $x^2+5x-2=x^2$ (   )

(3) $2(x-3)=-6+8x$ (   )

1-1 다음 중 일차방정식인 것에는 ○표, 일차방정식이 아닌 것에는 ×표를 하시오.

(1) $2x-3=7$ (   )

(2) $x^2-2x=3$ (   )

(3) $2(x+1)=2x+2$ (   )

개념 2 미지수가 2개인 일차방정식은 무엇일까?

• $\underline{x+5y}=0$, $x-3y=2$에서 $\underline{x-3y-2}=0$
미지수가 2개이고,   미지수가 2개이고,
차수가 모두 1   차수가 모두 1

• $2x+y=3x+5$에서 $-x+y-5=0$
미지수가 2개이고,
차수가 모두 1

→ 미지수가 2개인 일차방정식이다.

• $2x+3=0$
└ 미지수가 1개
• $x^2+2y=1$
└ x의 차수가 2
• $2x+y=y+4$에서 $2x-4=0$
└ 미지수가 1개

→ 미지수가 2개인 일차방정식이 아니다.

> 미지수가 2개인 일차방정식
> → $ax+by+c=0$
> (a, b, c는 상수, $a \neq 0$, $b \neq 0$)

---

2 다음 중 미지수가 2개인 일차방정식인 것에는 ○표, 미지수가 2개인 일차방정식이 아닌 것에는 ×표를 하시오.

(1) $2x-3y+5$ (   )

(2) $x+2y=0$ (   )

(3) $x+\dfrac{1}{2}=4$ (   )

(4) $5x-2=3y+7$ (   )

2-1 다음 중 미지수가 2개인 일차방정식인 것에는 ○표, 미지수가 2개인 일차방정식이 아닌 것에는 ×표를 하시오.

(1) $x+2y-3=0$ (   )

(2) $\dfrac{1}{x}+3y=-1$ (   )

(3) $x^2-y=2$ (   )

(4) $2(x+y)=-2x+y$ (   )

개념 3 미지수가 2개인 일차방정식의 해는 어떻게 구할까?

x, y가 자연수일 때, 일차방정식 $3x+y=8$의 해를 구해 보자.

x	1	2	3	$\cdots$
y	5	2	-1	$\cdots$

→ $3x+y=8$의 해는 $x=1$, $y=5$ 또는 $x=2$, $y=2$
순서쌍 (x, y)로 나타내면 $(1, 5)$, $(2, 2)$

y의 값이 자연수가 아니므로 해가 아니다.

3 다음 일차방정식에 대하여 표를 완성하고, x, y가 자연수일 때 일차방정식의 해를 순서쌍 (x, y)로 나타내시오.

(1) $2x+y=10$

x	1	2	3	4	5	$\cdots$
y						$\cdots$

(2) $2x+y-6=0$

x	1	2	3	$\cdots$
y				$\cdots$

3-1 다음 일차방정식에 대하여 표를 완성하고, x, y가 자연수일 때 일차방정식의 해를 순서쌍 (x, y)로 나타내시오.

(1) $3x+y=12$

x	1	2	3	4	$\cdots$
y					$\cdots$

(2) $2x+y-9=0$

x	1	2	3	4	5	$\cdots$
y						$\cdots$

개념 4 연립방정식은 무엇이고, 또 그 해는 어떻게 구할까?

x, y가 자연수일 때, 연립방정식 $\begin{cases} x+y=5 \\ 2x+y=8 \end{cases}$의 해를 구해 보자.

$\begin{cases} x+y=5 \\ \\ 2x+y=8 \end{cases}$

$x+y=5$ 해 구하기 →

x	1	2	3	4
y	4	3	2	1

$2x+y=8$ 해 구하기 →

x	1	2	3
y	6	4	2

→ 두 일차방정식을 동시에 참이 되게 하는 것을 찾으면 $x=3$, $y=2$
연립방정식의 해 : $x=3$, $y=2$
순서쌍 (x, y)로 나타내면 $(3, 2)$

4 x, y가 자연수일 때, 연립방정식 $\begin{cases} x+y=4 & \cdots\cdots ㉠ \\ x+3y=8 & \cdots\cdots ㉡ \end{cases}$에 대하여 다음 표를 완성하고, 연립방정식을 푸시오.

㉠ $x+y=4$의 해

x	1	2	3
y			

㉡ $x+3y=8$의 해

x		
y	1	2

4-1 x, y가 자연수일 때, 연립방정식 $\begin{cases} x+y=6 & \cdots\cdots ㉠ \\ 2x+y=10 & \cdots\cdots ㉡ \end{cases}$에 대하여 다음 표를 완성하고, 연립방정식을 푸시오.

㉠ $x+y=6$의 해

x	1	2	3	4	5
y					

㉡ $2x+y=10$의 해

x	1	2	3	4
y				

미지수가 2개인 일차방정식의 해

01 다음 일차방정식 중 순서쌍 $(-1, 2)$를 해로 갖는 것을 모두 고르면? (정답 2개)

① $x-y=1$　　　　② $2x+y=0$

③ $-3x+y=6$　　④ $5x=2y-1$

⑤ $3x-4y+11=0$

▶ 코칭 **Plus** ┃

순서쌍 (p, q)가 일차방정식 $ax+by+c=0$의 해
➡ $x=p$, $y=q$를 대입하면 등식이 성립한다.
➡ $ap+bq+c=0$

02 다음 중 일차방정식 $3x-2y=5$의 해가 <u>아닌</u> 것은?

① $(-5, -10)$　　② $(-1, -4)$

③ $\left(0, -\dfrac{5}{2}\right)$　　④ $(3, -1)$

⑤ $\left(4, \dfrac{7}{2}\right)$

일차방정식의 해가 주어질 때, 미지수 구하기　　중요♡

03 일차방정식 $4x+ay=-2$의 한 해가 $(1, 3)$일 때, 상수 a의 값을 구하시오.

04 일차방정식 $3x-2y=-5$의 한 해가 $x=3$, $y=a$일 때, a의 값을 구하시오.

연립방정식의 해

05 다음 연립방정식 중 순서쌍 $(1, -2)$를 해로 갖는 것은?

① $\begin{cases} x+y=-1 \\ 2x+y=1 \end{cases}$　　② $\begin{cases} x-y=-3 \\ x+2y=-3 \end{cases}$

③ $\begin{cases} 3x+4y=-5 \\ -x+4y=10 \end{cases}$　　④ $\begin{cases} x+4y=-7 \\ 5x-2y=9 \end{cases}$

⑤ $\begin{cases} 2x+3y=-4 \\ 3x+2y=0 \end{cases}$

06 다음 **보기**의 연립방정식 중 $x=-2$, $y=1$을 해로 갖는 것을 모두 고르시오.

┃ • 보기 • ┃

ㄱ. $\begin{cases} x+y=3 \\ x-y=-3 \end{cases}$　　ㄴ. $\begin{cases} x-3y=-5 \\ x-2y=4 \end{cases}$

ㄷ. $\begin{cases} 2x+y=-3 \\ 3x+2y=-4 \end{cases}$　　ㄹ. $\begin{cases} 2x-y=-5 \\ x-4y=-6 \end{cases}$

연립방정식의 해가 주어질 때, 미지수 구하기　　중요♡

07 연립방정식 $\begin{cases} 2x+ay=7 \\ bx-y=-1 \end{cases}$의 해가 $(2, -1)$일 때, 상수 a, b에 대하여 $a+b$의 값을 구하시오.

08 연립방정식 $\begin{cases} 3x-2y=-1 \\ ax-3y=6 \end{cases}$의 해가 $x=-3$, $y=b$일 때, $a-b$의 값을 구하시오. (단, a는 상수)

 **연립방정식의 풀이**

1 **대입법을 이용한 연립방정식의 풀이**

(1) **대입법** : 한 일차방정식을 다른 일차방정식에 대입하여 연립방정식의 해를 구하는 방법

(2) **대입법을 이용한 연립방정식의 풀이 순서**

❶ 두 일차방정식 중 한 일차방정식을 한 미지수에 대한 식으로 나타낸다.

❷ ❶의 식을 다른 일차방정식에 대입하여 방정식을 푼다.

❸ ❷에서 구한 해를 ❶의 식에 대입하여 다른 미지수의 값을 구한다.

참고 연립방정식을 풀기 위하여 미지수 하나를 없애는 것을 그 미지수를 소거한다고 한다.

예 연립방정식 $\begin{cases} x+y=1 & \cdots\cdots \bigcirc \\ 2x+y=0 & \cdots\cdots \bigcirc \end{cases}$ 을 대입법을 이용하여 풀어 보자.

㉠에서 y를 x에 대한 식으로 나타내면

$\qquad y=1-x \qquad\qquad \cdots\cdots \boxdot$

㉢을 ㉡에 대입하면

$\qquad 2x+(1-x)=0 \qquad \therefore x=-1$

$x=-1$을 ㉢에 대입하면

$\qquad y=1-(-1)=2$

따라서 연립방정식의 해는 $x=-1$, $y=2$이다.

$$y=1-x$$
$$\downarrow \text{대입}$$
$$2x+y=0$$
$$2x+(1-x)=0$$

2 **가감법을 이용한 연립방정식의 풀이**

(1) **가감법** : 두 일차방정식을 변끼리 더하거나 빼어서 연립방정식의 해를 구하는 방법

(2) **가감법을 이용한 연립방정식의 풀이 순서**

❶ 각 방정식의 양변에 적당한 수를 곱하여 없애려는 미지수의 계수의 절댓값을 같게 만든다.

❷ ❶의 두 식을 변끼리 더하거나 빼어서 한 미지수를 없앤 후, 방정식을 푼다.

❸ ❷에서 구한 해를 한 일차방정식에 대입하여 다른 미지수의 값을 구한다.

└▸ 두 일차방정식 중 더 간단한 식에 대입하면 편리하다.

예 연립방정식 $\begin{cases} x+2y=4 & \cdots\cdots \bigcirc \\ 2x+y=2 & \cdots\cdots \bigcirc \end{cases}$ 를 가감법을 이용하여 풀어 보자.

㉠×2를 하면

$\qquad 2x+4y=8 \qquad\qquad \cdots\cdots \boxdot$

x의 계수가 같으므로 ㉢−㉡을 하면

$\qquad 3y=6 \qquad \therefore y=2$

$y=2$를 ㉠에 대입하면

$\qquad x+4=4 \qquad \therefore x=0$

따라서 연립방정식의 해는 $x=0$, $y=2$이다.

$$\begin{array}{r} 2x+4y=8 \\ -)\,2x+\ y=2 \\ \hline 3y=6 \end{array}$$

대입법과 가감법은 각각 언제 이용하면 좋을까?

대입법과 가감법 중 어떤 방법을 이용하여도 연립방정식의 해는 같으므로 주어진 연립방정식에 따라 편리한 방법을 선택하면 된다.

한 방정식이 $x=(y$에 대한 식) 또는 $y=(x$에 대한 식) 꼴인 경우이거나 한 방정식의 x 또는 y의 계수가 1 또는 -1인 경우에는 대입법이 편리하고, 그 외에는 가감법이 편리하다.

02 연립방정식의 풀이

3 복잡한 연립방정식의 풀이

(1) 괄호가 있는 경우 : 분배법칙을 이용하여 괄호를 풀고, 동류항끼리 정리하여 푼다.

(2) 계수가 소수인 경우 : 양변에 10의 거듭제곱(10, 100, 1000, …) 중에서 적당한 수를 곱하여 계수를 정수로 바꾸어 푼다.

(3) 계수가 분수인 경우 : 양변에 분모의 최소공배수를 곱하여 계수를 정수로 바꾸어 푼다.

주의 양변에 같은 수를 곱할 때는 모든 항에 빠짐없이 곱해야 한다.

> **중 1**
> **분배법칙**
> $a(b+c)=ab+ac$
> $(a+b)c=ac+bc$

4 $A=B=C$ 꼴의 방정식의 풀이

$A=B=C$ 꼴의 방정식은 다음의 세 경우 중 하나로 고쳐서 푼다.

$$\begin{cases} A=B \\ A=C \end{cases} \quad \begin{cases} A=B \\ B=C \end{cases} \quad \begin{cases} A=C \\ B=C \end{cases}$$

참고 세 연립방정식 중 어떤 것을 풀어도 그 해는 모두 같다.

예 방정식 $2x+y=x+3y=5$에서 세 연립방정식

$$\begin{cases} 2x+y=x+3y \\ 2x+y=5 \end{cases} \quad \begin{cases} 2x+y=x+3y \\ x+3y=5 \end{cases} \quad \begin{cases} 2x+y=5 \\ x+3y=5 \end{cases}$$

의 해는 모두 같으므로 가장 간단한 것을 선택하여 푼다.

> C가 상수일 때는
> $\begin{cases} A=C \\ B=C \end{cases}$ 를 푸는 것이
> 가장 간단하다.

5 해가 특수한 연립방정식의 풀이

한 개의 해를 갖는 연립방정식 이외에 해가 무수히 많거나 해가 없는 연립방정식도 있다.

(1) 해가 무수히 많은 연립방정식

두 일차방정식에서 x의 계수, y의 계수, 상수항 중 어느 하나가 같아지도록 변형하였을 때, 두 일차방정식이 일치하면 연립방정식의 해는 무수히 많다.

(2) 해가 없는 연립방정식 └→ x, y의 계수, 상수항이 각각 같다.

두 일차방정식에서 x의 계수, y의 계수 중 어느 하나가 같아지도록 변형하였을 때, 두 일차방정식의 x, y의 계수는 각각 같고, 상수항은 다르면 연립방정식의 해는 없다.

참고 연립방정식 $\begin{cases} ax+by=c \\ a'x+b'y=c' \end{cases}$ 에서 x, y의 계수 중 하나를 같게 만들 때

두 일차방정식이 일치하는 경우	x, y의 계수는 각각 같고, 상수항은 다른 경우
$\dfrac{a}{a'}=\dfrac{b}{b'}=\dfrac{c}{c'}$	$\dfrac{a}{a'}=\dfrac{b}{b'}\neq\dfrac{c}{c'}$
➡ 해가 무수히 많다.	➡ 해가 없다.

> x, y의 계수 중 하나를 같게 만들 때, 나머지 미지수의 계수가 서로 다른 경우, 즉 $\dfrac{a}{a'}\neq\dfrac{b}{b'}$ 이면 하나의 해를 갖는다.

개념 1 대입법을 이용하여 연립방정식을 어떻게 풀까?

연립방정식 $\begin{cases} x-y=3 & \cdots\cdots ㉠ \\ 2x+3y=1 & \cdots\cdots ㉡ \end{cases}$ 을 대입법을 이용하여 풀어 보자.

❶ 한 일차방정식을 한 미지수에 대한 식으로 나타내기 ➡ ❷ ❶의 식을 다른 일차방정식에 대입하여 방정식 풀기 ➡ ❸ 다른 미지수의 값을 구하여 연립방정식의 해 구하기

㉠에서 y를 x에 대한 식으로 나타내면
$$y=x-3 \quad \cdots\cdots ㉢$$

➡ ㉢을 ㉡에 대입하면
$$2x+3(x-3)=1$$
$$5x=10$$
$$\therefore x=2$$

➡ $x=2$를 ㉢에 대입하면
$$y=2-3=-1$$
따라서 연립방정식의 해는
$$x=2, \ y=-1$$

1 다음은 연립방정식 $\begin{cases} y=2x & \cdots\cdots ㉠ \\ 3x+y=10 & \cdots\cdots ㉡ \end{cases}$ 을 대입법을 이용하여 푸는 과정이다. ☐ 안에 알맞은 것을 써넣으시오.

㉠을 ㉡에 대입하면
$$3x+\boxed{}=10, \ \boxed{}x=10 \quad \therefore \ x=\boxed{}$$
$$x=\boxed{} 를 ㉠에 대입하면$$
$$y=\boxed{}$$

1-1 다음 연립방정식을 대입법을 이용하여 푸시오.

(1) $\begin{cases} x=-y \\ x+4y=9 \end{cases}$

(2) $\begin{cases} y=x+3 \\ 3x-y=5 \end{cases}$

2 다음 연립방정식을 대입법을 이용하여 푸시오.

(1) $\begin{cases} x=-2y-5 \\ x=y+4 \end{cases}$

(2) $\begin{cases} 2x-y=3 \\ 3x+2y=1 \end{cases}$

(3) $\begin{cases} x+y=3 \\ 2x+3y=8 \end{cases}$

2-1 다음 연립방정식을 대입법을 이용하여 푸시오.

(1) $\begin{cases} 3y=2x-8 \\ y=-3x+1 \end{cases}$

(2) $\begin{cases} x-2y=5 \\ 2x+y=-10 \end{cases}$

(3) $\begin{cases} 2x+y=3 \\ 3x+2y=5 \end{cases}$

개념 2 가감법을 이용하여 연립방정식을 어떻게 풀까?

연립방정식 $\begin{cases} 2x+y=3 & \cdots\cdots ㉠ \\ x-2y=4 & \cdots\cdots ㉡ \end{cases}$ 를 가감법을 이용하여 풀어 보자.

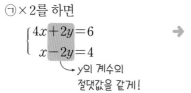

❶ 없애려는 미지수의 계수의 절댓값을 같게 만들기 → ❷ 변끼리 더하거나 빼어서 한 미지수를 없앤 후 방정식 풀기 → ❸ 다른 미지수의 값을 구하여 연립방정식의 해 구하기

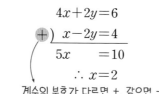

㉠×2를 하면

$\begin{cases} 4x+2y=6 \\ x-2y=4 \end{cases}$

↳ y의 계수의 절댓값을 같게!

→

$\begin{array}{r} 4x+2y=6 \\ (+)\quad x-2y=4 \\ \hline 5x\quad\quad=10 \\ \therefore x=2 \end{array}$

계수의 부호가 다르면 +, 같으면 −

→

$x=2$를 ㉠에 대입하면

$4+y=3$

$\therefore y=-1$

따라서 연립방정식의 해는

$x=2, y=-1$

---

3 다음은 연립방정식 $\begin{cases} 2x+y=7 & \cdots\cdots ㉠ \\ 3x-y=3 & \cdots\cdots ㉡ \end{cases}$ 을 가감법을 이용하여 푸는 과정이다. ☐ 안에 알맞은 것을 써넣으시오.

두 일차방정식을 변끼리 더하면

$2x+y=7$

$\boxed{})\,3x-y=3$

$\boxed{}x\quad=10 \quad \therefore x=\boxed{}$

$x=\boxed{}$ 를 ㉠에 대입하면

$\boxed{}+y=7 \quad \therefore y=\boxed{}$

3-1 다음 연립방정식을 가감법을 이용하여 푸시오.

(1) $\begin{cases} x-5y=-7 \\ -x+3y=5 \end{cases}$

(2) $\begin{cases} 3x-2y=4 \\ 3x-y=5 \end{cases}$

---

4 다음 연립방정식을 가감법을 이용하여 푸시오.

(1) $\begin{cases} x+y=4 \\ 3x+2y=9 \end{cases}$

(2) $\begin{cases} 5x+3y=7 \\ 2x+y=3 \end{cases}$

(3) $\begin{cases} 4x-3y=-1 \\ 3x-5y=-9 \end{cases}$

4-1 다음 연립방정식을 가감법을 이용하여 푸시오.

(1) $\begin{cases} 2x+y=10 \\ 3x-2y=-6 \end{cases}$

(2) $\begin{cases} 5x-4y=-3 \\ 3x+2y=7 \end{cases}$

(3) $\begin{cases} 4x+5y=14 \\ 5x+2y=9 \end{cases}$

개념 3 복잡한 연립방정식은 어떻게 풀까?

(1) 괄호가 있는 경우 : 분배법칙을 이용하여 괄호 풀기

$$\begin{cases} 2x-3(x+y)=5 \\ 5(x-y)-4x=11 \end{cases}$$
→ 괄호 풀기 →
$$\begin{cases} 2x-3x-3y=5 \\ 5x-5y-4x=11 \end{cases}$$
→ 동류항 정리하기 →
$$\begin{cases} -x-3y=5 \\ x-5y=11 \end{cases}$$
→ 해 구하기 → $x=1,\ y=-2$

(2) 계수가 소수인 경우 : 양변에 10의 거듭제곱 중에서 적당한 수 곱하기

$$\begin{cases} 0.2x+0.1y=0.5 & \cdots\cdots ㉠ \\ 0.05x-0.03y=0.07 & \cdots\cdots ㉡ \end{cases}$$
㉠×10, ㉡×100 →
$$\begin{cases} 2x+y=5 \\ 5x-3y=7 \end{cases}$$
→ 해 구하기 → $x=2,\ y=1$

(3) 계수가 분수인 경우 : 양변에 분모의 최소공배수 곱하기

$$\begin{cases} \dfrac{x}{2}+\dfrac{y}{3}=4 & \cdots\cdots ㉠ \\ \dfrac{x}{5}+\dfrac{y}{2}=\dfrac{1}{2} & \cdots\cdots ㉡ \end{cases}$$
㉠×6 (2와 3의 최소공배수), ㉡×10 (5와 2의 최소공배수) →
$$\begin{cases} 3x+2y=24 \\ 2x+5y=5 \end{cases}$$
→ 해 구하기 → $x=10,\ y=-3$

---

5 다음 연립방정식을 푸시오.

(1) $$\begin{cases} 2(x+y)+3y=3 \\ 5x-4(x-y)=6 \end{cases}$$

(2) $$\begin{cases} 0.2x+0.3y=0.2 \\ 0.02x+0.1y=0.16 \end{cases}$$

(3) $$\begin{cases} \dfrac{x}{12}+\dfrac{y}{9}=1 \\ \dfrac{7}{4}x-\dfrac{1}{2}y=4 \end{cases}$$

(4) $$\begin{cases} x-6(x-y)=-7 \\ \dfrac{x}{6}-\dfrac{y}{4}=\dfrac{1}{12} \end{cases}$$

5-1 다음 연립방정식을 푸시오.

(1) $$\begin{cases} 5(x-2y)+7y=19 \\ 2x+3(x-4y)=46 \end{cases}$$

(2) $$\begin{cases} 0.1x+0.09y=-0.08 \\ 0.1x+0.2y=-0.3 \end{cases}$$

(3) $$\begin{cases} \dfrac{x}{3}+\dfrac{y}{4}=\dfrac{7}{6} \\ \dfrac{x}{2}-\dfrac{y}{3}=\dfrac{1}{3} \end{cases}$$

(4) $$\begin{cases} 3x-4(2x+y)=7 \\ 0.3x+0.4y=-0.1 \end{cases}$$

개념 **4** $A=B=C$ 꼴의 방정식은 어떻게 풀까?

$$3x+2y=2x+y=2$$

$$\Rightarrow \begin{cases} 3x+2y=2x+y \\ 3x+2y=2 \end{cases} 또는 \begin{cases} 3x+2y=2x+y \\ 2x+y=2 \end{cases} 또는 \boxed{\begin{cases} 3x+2y=2 \\ 2x+y=2 \end{cases}} \rightarrow 가장 간단하다.$$

$$\Rightarrow \begin{cases} 3x+2y=2 \\ 2x+y=2 \end{cases} \Rightarrow 연립방정식의 해는 \\ x=2,\ y=-2$$

세 연립방정식 중 계산이 가장 간단한 것을 선택하여 풀어.

6 다음 방정식을 푸시오.

(1) $2x+3y=x+y=1$

(2) $3x+y=2x-y=x+6$

6-1 다음 방정식을 푸시오.

(1) $2x-y=x+2y=5$

(2) $x-2y+1=3x+y=2x-y+2$

집중 **5** 어떤 경우에 연립방정식의 해가 무수히 많거나 해가 없을까?

집중 **1** 해가 무수히 많은 경우

두 일차방정식을 변형하였을 때, 미지수의 계수와 상수항이 각각 같다.

$$\begin{cases} x+y=3 & \cdots\cdots ㉠ \\ 2x+2y=6 & \cdots\cdots ㉡ \end{cases} \xrightarrow{㉠\times2} \begin{cases} 2x+2y=6 \\ 2x+2y=6 \end{cases} \text{두 일차방정식이 일치!}$$

집중 **2** 해가 없는 경우

두 일차방정식을 변형하였을 때, 미지수의 계수는 각각 같고, 상수항은 다르다.

$$\begin{cases} x-2y=3 & \cdots\cdots ㉠ \\ 2x-4y=5 & \cdots\cdots ㉡ \end{cases} \xrightarrow{㉠\times2} \begin{cases} 2x-4y=6 \\ 2x-4y=5 \end{cases} \text{x, y의 계수는 각각 같고, 상수항은 다르다.}$$

연립방정식
$$\begin{cases} ax+by=c \\ a'x+b'y=c' \end{cases}에서$$
(1) 해가 무수히 많은 경우
$$\rightarrow \frac{a}{a'}=\frac{b}{b'}=\frac{c}{c'}$$
(2) 해가 없는 경우
$$\rightarrow \frac{a}{a'}=\frac{b}{b'}\neq\frac{c}{c'}$$

7 다음 연립방정식을 푸시오.

(1) $\begin{cases} 2x+y=3 \\ 4x+2y=6 \end{cases}$

(2) $\begin{cases} 6x-3y=9 \\ 2x-y=2 \end{cases}$

7-1 다음 연립방정식을 푸시오.

(1) $\begin{cases} 9x-6y=12 \\ 3x-2y=4 \end{cases}$

(2) $\begin{cases} x-y=2 \\ 4x-4y=9 \end{cases}$

대입법을 이용한 연립방정식의 풀이

01 연립방정식 $\begin{cases} 3x-2y=5 \\ y=2x-1 \end{cases}$의 해가 $x=a$, $y=b$일 때, $a-b$의 값을 구하시오.

02 연립방정식 $\begin{cases} y=3x-1 & \cdots\cdots \text{㉠} \\ x+2y=5 & \cdots\cdots \text{㉡} \end{cases}$에서 ㉠을 ㉡에 대입하여 y를 없앴더니 $kx=7$이 되었을 때, 상수 k의 값을 구하시오.

가감법을 이용한 연립방정식의 풀이

03 연립방정식 $\begin{cases} 4x+3y=11 & \cdots\cdots \text{㉠} \\ 3x+2y=8 & \cdots\cdots \text{㉡} \end{cases}$을 가감법을 이용하여 풀 때, y를 없애기 위해 필요한 식은?

① ㉠$\times 3 -$ ㉡$\times 2$　　② ㉠$\times 2 +$ ㉡$\times 3$

③ ㉠$\times 2 -$ ㉡$\times 3$　　④ ㉠$\times 3 +$ ㉡$\times 4$

⑤ ㉠$\times 3 -$ ㉡$\times 4$

04 연립방정식 $\begin{cases} x+2y=6 \\ x-3y=-4 \end{cases}$의 해가 $x=a$, $y=b$일 때, $a+b$의 값을 구하시오.

괄호가 있는 연립방정식의 풀이

05 연립방정식 $\begin{cases} x+2(x-2y)=7 \\ 4y+3(x-y)=2 \end{cases}$의 해가 $x=a$, $y=b$일 때, $a+b$의 값을 구하시오.

06 연립방정식 $\begin{cases} 2(x+3)=11-(y-x) \\ x=3(y-1) \end{cases}$을 푸시오.

계수가 소수 또는 분수인 연립방정식의 풀이　　중요♡

07 연립방정식 $\begin{cases} 0.3x+0.4y=3.2 \\ \dfrac{3}{4}x-\dfrac{2}{5}y=1 \end{cases}$을 푸시오.

08 연립방정식 $\begin{cases} x-\dfrac{2}{3}y=\dfrac{5}{2} \\ 0.6x+0.3y=0.1 \end{cases}$의 해를 (p, q)라 할 때, pq의 값을 구하시오.

연립방정식의 해가 주어질 때, 미지수 구하기 중요✩

09 연립방정식 $\begin{cases} ax+by=3 \\ ax-by=9 \end{cases}$의 해가 $(3,\ 2)$일 때, 상수 a, b에 대하여 ab의 값을 구하시오.

10 연립방정식 $\begin{cases} mx+3y=n \\ 3x+(m-n)y=2 \end{cases}$의 해가 $(2,\ 4)$일 때, 상수 m, n에 대하여 $m+n$의 값을 구하시오.

연립방정식의 해의 조건이 주어질 때, 미지수 구하기 중요✩

11 연립방정식 $\begin{cases} 2x-3y=-1 \\ ax-4y=5 \end{cases}$의 해가 일차방정식 $x+5y=-7$을 만족시킬 때, 상수 a의 값을 구하시오.

> **코칭 Plus**
>
> 연립방정식의 해를 하나의 해로 갖는 일차방정식이 주어질 때
> ➜ 세 일차방정식 중 미지수가 없는 두 일차방정식으로 연립방정식을 세워 해를 구한 후, 구한 해를 나머지 일차방정식에 대입하여 미지수를 구한다.

12 연립방정식 $\begin{cases} x-y=2 \\ 2x-y=1-k \end{cases}$를 만족시키는 x의 값이 y의 값의 2배일 때, 상수 k의 값은?

① -8 ② -7 ③ -6

④ -5 ⑤ -4

$A=B=C$ 꼴의 방정식

13 다음 방정식을 푸시오.

$$5x-4y-10=3(x-2)+2y=2x+y$$

14 방정식 $\dfrac{3x+y}{5}=\dfrac{x+1}{2}=\dfrac{3x-y}{4}$의 해가 $x=a$, $y=b$일 때, $a+b$의 값을 구하시오.

해가 특수한 연립방정식

15 연립방정식 $\begin{cases} x+ay=5 \\ 2x-4y=b \end{cases}$의 해가 무수히 많을 때, 상수 a, b의 값을 각각 구하시오.

16 연립방정식 $\begin{cases} 2x-3y=2 \\ ax+6y=-6 \end{cases}$의 해가 없을 때, 상수 a의 값을 구하시오.

01

다음 중 문장을 미지수가 2개인 일차방정식으로 나타 낸 것으로 옳지 <u>않은</u> 것은?

① 800원짜리 귤 x개와 3000원짜리 사과 y개를 사고 그 가격으로 5400원을 지불하였다.
  ➡ $800x+3000y=5400$

② 농구 시합에서 2점 슛을 x번 성공시키고, 1점짜리 자유투를 y번 성공시켜 모두 10점을 얻었다.
  ➡ $2x+y=10$

③ 1인분에 2000원인 떡볶이 x인분과 1인분에 3000 원인 순대 y인분을 먹고 7000원을 지불하였다.
  ➡ $2000x+3000y=7000$

④ 어떤 양궁 선수가 10점짜리 과녁을 x회 맞히고, 8 점짜리 과녁을 y회 맞혀 98점을 얻었다.
  ➡ $10x-8y=98$

⑤ 세발자전거 x대와 네발자전거 y대의 바퀴 수의 합 은 23개이다. ➡ $3x+4y=23$

02

$2x+(a-4)y+3=3x+2y-6$이 미지수가 2개인 일 차방정식일 때, 다음 중 상수 a의 값이 될 수 <u>없는</u> 것 은?

① 5   ② 6   ③ 7
④ 8   ⑤ 9

03

x, y가 자연수일 때, 일차방정식 $2x+3y=18$을 만족 시키는 순서쌍 (x, y)는 모두 몇 개인지 구하시오.

04

연립방정식 $\begin{cases} 2(x-y)=x+4 \\ 3x+ay=2 \end{cases}$의 해가 $(2, b)$일 때, $a+b$의 값을 구하시오. (단, a는 상수)

05

연립방정식 $\begin{cases} 2x-3y=7 & \cdots\cdots ㉠ \\ 3x+5y=1 & \cdots\cdots ㉡ \end{cases}$을 가감법을 이용하 여 풀 때, x를 없애기 위해 필요한 식은?

① ㉠×3+㉡×2   ② ㉠×5+㉡×3
③ ㉠×3-㉡×2   ④ ㉠×5-㉡×3
⑤ ㉠×2-㉡×3

06

연립방정식 $\begin{cases} 0.6x+0.5y=2.8 \\ \dfrac{1}{3}x+\dfrac{1}{2}y=2 \end{cases}$ 를 푸시오.

07

연립방정식 $\begin{cases} ax+by=4 \\ bx-ay=8 \end{cases}$의 해가 $x=3$, $y=-1$일 때, 상수 a, b에 대하여 $a-b$의 값을 구하시오.

08

다음 두 연립방정식의 해가 서로 같을 때, 상수 a, b에 대하여 $a+b$의 값을 구하시오.

$$\begin{cases} x+y=1 \\ ax-3y=b \end{cases} \begin{cases} x-y=3 \\ 3x+y=a \end{cases}$$

09

방정식 $\dfrac{x-2y}{3}=\dfrac{ax-4y}{7}=k$의 해가 $(1, -4)$일 때, 상수 a, k에 대하여 $a+k$의 값은?

① 6   ② 7   ③ 8
④ 9   ⑤ 10

10

다음 연립방정식 중 해가 없는 것은?

① $\begin{cases} x-y=3 \\ -2x+2y=-6 \end{cases}$ ② $\begin{cases} x+4y=0 \\ 4x+y=0 \end{cases}$

③ $\begin{cases} -x+2y=-2 \\ 4x-8y=4 \end{cases}$ ④ $\begin{cases} 2x+6y=-8 \\ -x-3y=4 \end{cases}$

⑤ $\begin{cases} 3x-5y=8 \\ 3x+5y=-2 \end{cases}$

한걸음 더

11 문제해결🔒

일차방정식 $2(x+3y)=3x+7$과 비례식 $4x:5y=2:1$을 모두 만족시키는 x, y에 대하여 $x-y$의 값을 구하시오.

12 문제해결🔒

연립방정식 $\begin{cases} 2x+y=a \\ bx+2y=x-10 \end{cases}$의 해가 무수히 많을 때, 상수 a, b에 대하여 $a+b$의 값을 구하시오.

13 추론💬

연립방정식 $\begin{cases} 5x-3y=7 \\ 4x+3y=10 \end{cases}$을 푸는데 $4x+3y=10$의 3을 다른 수로 잘못 보고 풀어서 $x=2$를 얻었다. 이때 3을 어떤 수로 잘못 보았는지 구하시오.

03 연립방정식의 활용

① 연립방정식의 활용 문제 풀이

❶ 미지수 정하기 : 문제 상황을 이해하고, 구하려는 값을 미지수 x, y로 놓는다.

❷ 연립방정식 세우기 : 문제 상황에 맞게 x, y에 대한 연립방정식을 세운다.

❸ 연립방정식 풀기 : 연립방정식의 해를 구한다.

❹ 확인하기 : 구한 해가 문제 상황에 적합한지 확인한다.

예 두 자연수의 합이 25이고, 차가 9일 때, 이를 만족시키는 두 자연수를 구해 보자.

❶ 미지수 정하기 : 큰 수를 x, 작은 수를 y라 하자.

❷ 연립방정식 세우기 : $\begin{cases} x+y=25 \\ x-y=9 \end{cases}$

❸ 연립방정식 풀기 : 연립하여 풀면 $x=17$, $y=8$이므로 큰 수는 17이고, 작은 수는 8이다.

❹ 확인하기 : $17+8=25$, $17-8=9$이므로 ❸에서 구한 해가 문제 상황에 적합하다.

> 개수, 사람 수, 횟수, 나이 등은 자연수이고, 길이, 거리 등은 양수이어야 한다.

② 연립방정식의 활용 문제

(1) 가격, 개수에 대한 문제

  ① (물건의 총 가격) = (한 개당 가격) × (물건의 개수)

  ② (거스름돈) = (지불한 금액) − (물건 값)

(2) 수에 대한 문제

  십의 자리의 숫자가 x, 일의 자리의 숫자가 y인 두 자리의 자연수

  ① 처음 수 : $10x+y$

  ② 십의 자리의 숫자와 일의 자리의 숫자를 바꾼 수 : $10y+x$

(3) 나이에 대한 문제

  현재의 나이가 x세일 때, $\begin{cases} a년 \text{ 전의 나이} : (x-a)세 \\ b년 \text{ 후의 나이} : (x+b)세 \end{cases}$

(4) 일에 대한 문제

  ❶ 전체 일의 양을 1로 놓는다.

  ❷ 일정 시간(1일, 1시간 등) 동안 할 수 있는 일의 양을 각각 미지수 x, y로 놓고 연립방정식을 세운다.

  예 A와 B가 5일 동안 함께 작업하여 일을 끝냈다.

  ➡ A와 B가 하루에 할 수 있는 일의 양을 각각 x, y라 하면

  $5(x+y)=\underset{\uparrow}{1}$

  └ 전체 일의 양

(5) 거리, 속력, 시간에 대한 문제

  $(거리)=(속력)\times(시간)$, $(속력)=\dfrac{(거리)}{(시간)}$, $(시간)=\dfrac{(거리)}{(속력)}$

> 거리, 속력, 시간에 대한 문제에서는 단위를 통일해야 한다.
> 예 $1\,\text{km}=1000\,\text{m}$, $1시간=60분$, $1분=\dfrac{1}{60}시간$

개념 1 가격, 개수에 대한 활용 문제는 어떻게 풀까?

분식점에서 1개에 500원인 김말이와 1개에 700원인 오징어 튀김을 합하여 6개를 샀더니 총 금액이 3400원이었다.
①   ②
김말이와 오징어 튀김을 각각 몇 개씩 샀는지 구해 보자.

미지수 정하기	김말이의 개수 : x, 오징어 튀김의 개수 : y
연립방정식 세우기	$\begin{cases} x+y=6 & ① \\ 500x+700y=3400 & ② \end{cases}$
연립방정식 풀기	연립하여 풀면 $x=4$, $y=2$ ➡ 김말이의 개수 : 4, 오징어 튀김의 개수 : 2
확인하기	$x=4$, $y=2$를 연립방정식에 대입하여 등식이 성립하는지 확인한다.

1 한 개에 500원인 막대사탕과 한 개에 1500원인 초콜릿을 합하여 8개를 사고, 7000원을 지불하였다. 구입한 막대사탕이 x개, 초콜릿이 y개라 할 때, 다음 물음에 답하시오.

(1) 연립방정식을 세우시오.

(2) 구입한 막대사탕은 몇 개인지 구하시오.

1-1 입장료가 성인은 3000원, 청소년은 2000원인 어느 박물관에 성인과 청소년을 합하여 7명이 18000원을 내고 입장하였다. 입장한 성인을 x명, 청소년을 y명이라 할 때, 다음 물음에 답하시오.

(1) 연립방정식을 세우시오.

(2) 입장한 성인은 몇 명인지 구하시오.

개념 2 수에 대한 활용 문제는 어떻게 풀까?

두 자연수가 있다. 큰 수의 2배에서 작은 수를 빼면 29이고, 작은 수의 3배에서 큰 수를 빼면 23이다. 두 수를 각각
①   ②
구해 보자.

미지수 정하기	큰 수 : x, 작은 수 : y
연립방정식 세우기	$\begin{cases} 2x-y=29 & ① \\ 3y-x=23 & ② \end{cases}$
연립방정식 풀기	연립하여 풀면 $x=22$, $y=15$ ➡ 큰 수 : 22, 작은 수 : 15
확인하기	$x=22$, $y=15$를 연립방정식에 대입하여 등식이 성립하는지 확인한다.

2 두 수의 합은 28이고, 작은 수의 3배에서 큰 수를 빼면 20이다. 큰 수를 x, 작은 수를 y라 할 때, 다음 물음에 답하시오.

(1) 연립방정식을 세우시오.

(2) 두 수 중 큰 수를 구하시오.

2-1 두 자연수가 있다. 큰 수에서 작은 수를 빼면 5이고, 작은 수의 2배에서 큰 수를 빼면 15이다. 큰 수를 x, 작은 수를 y라 할 때, 다음 물음에 답하시오.

(1) 연립방정식을 세우시오.

(2) 두 수 중 작은 수를 구하시오.

개념 3 거리, 속력, 시간에 대한 활용 문제는 어떻게 풀까?

집에서 5 km 떨어진 도서관에 가는데 시속 4 km로 걷다가 도중에 시속 6 km로 뛰어갔더니 총 1시간이 걸렸다.
①   ②
걸어간 거리와 뛰어간 거리를 각각 구해 보자.

| 미지수 정하기 | 걸어간 거리 : x km, 뛰어간 거리 : y km |

| 연립방정식 세우기 | $\begin{cases} x+y=5 & ① \\ \dfrac{x}{4}+\dfrac{y}{6}=1 & ② \end{cases}$ |

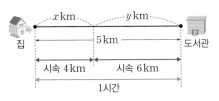

| 연립방정식 풀기 | 연립하여 풀면 $x=2$, $y=3$
 ➡ 걸어간 거리 : 2 km, 뛰어간 거리 : 3 km |

| 확인하기 | $x=2$, $y=3$을 연립방정식에 대입하여 등식이 성립하는지 확인한다. |

- (거리) = (속력) × (시간)
- (속력) = $\dfrac{(거리)}{(시간)}$
- (시간) = $\dfrac{(거리)}{(속력)}$

---

3 등산을 하는데 올라갈 때는 시속 2 km로 걷고, 내려올 때는 다른 길을 시속 5 km로 걸었더니 총 3시간이 걸렸다. 산을 올라갔다가 내려오는 데 총 9 km를 걸었다고 할 때, 다음 물음에 답하시오.

(1) 올라간 거리를 x km, 내려온 거리를 y km라 할 때, 표를 완성하고, 연립방정식을 세우시오.

	올라갈 때	내려올 때
거리(km)	x	y
속력(km/h)	2	5
시간(시간)		

(2) 올라간 거리는 몇 km인지 구하시오.

3-1 현규가 집에서 52 km 떨어진 할머니 댁까지 가는데 처음에는 시속 60 km로 달리는 버스를 타고 가다가 도중에 버스에서 내려서 시속 3 km로 걸었더니 총 1시간 30분이 걸렸다. 다음 물음에 답하시오.

(1) 버스를 타고 간 거리를 x km, 걸어간 거리를 y km라 할 때, 표를 완성하고, 연립방정식을 세우시오.

	버스를 탈 때	걸어갈 때
거리(km)	x	y
속력(km/h)		
시간(시간)		

(2) 버스를 타고 간 거리는 몇 km인지 구하시오.

---

4 어느 공원의 산책로의 입구에서 A가 출발한 지 5분 후에 B가 출발하여 A를 뒤따라가다가 어느 지점에서 만났다. A는 분속 100 m로, B는 분속 200 m로 걸었다고 할 때, 다음 물음에 답하시오.

(1) A의 이동 시간을 x분, B의 이동 시간을 y분이라 할 때, 연립방정식을 세우시오.

(2) 두 사람이 만나는 것은 A가 출발한 지 몇 분 후인지 구하시오.

4-1 형이 집을 출발하여 학교를 향해 분속 50 m로 걸어간 지 12분 후에 동생이 집을 출발하여 학교를 향해 분속 200 m로 자전거를 타고 달려서 두 사람이 학교 정문에 동시에 도착하였다. 다음 물음에 답하시오.

(1) 형의 이동 시간을 x분, 동생의 이동 시간을 y분이라 할 때, 연립방정식을 세우시오.

(2) 집에서 학교 정문까지의 거리는 몇 m인지 구하시오.

개념 완성하기

교과서 대표 문제로

수에 대한 문제   중요 ♡

01 두 자리의 자연수에서 십의 자리의 숫자와 일의 자리의 숫자의 합은 10이고, 십의 자리의 숫자와 일의 자리의 숫자를 바꾼 수는 처음 수의 2배보다 1만큼 작을 때, 처음 자연수를 구하시오.

> **코칭 Plus**
>
> 십의 자리의 숫자가 x, 일의 자리의 숫자가 y인 두 자리의 자연수에서
> ① 처음 수 ➔ $10x+y$
> ② 십의 자리의 숫자와 일의 자리의 숫자를 바꾼 수
>   ➔ $10y+x$

02 각 자리의 숫자의 합이 12인 두 자리의 자연수에서 십의 자리의 숫자와 일의 자리의 숫자를 바꾼 수는 처음 수보다 36만큼 작을 때, 처음 자연수는?

① 48   ② 57   ③ 75

④ 84   ⑤ 93

다리 수에 대한 문제

03 들판에 양과 오리를 모두 합하여 15마리가 있다. 양과 오리의 다리가 총 50개일 때, 양과 오리는 각각 몇 마리인지 구하시오.

> **코칭 Plus**
>
> 다리 수가 a인 동물이 x마리, 다리 수가 b인 동물이 y마리 있을 때, 다리 수의 합은 ➔ $ax+by$

04 어느 농장에 개와 닭을 모두 합하여 10마리가 있다. 개와 닭의 다리가 총 28개일 때, 개와 닭은 각각 몇 마리인지 구하시오.

나이에 대한 문제

05 현재 어머니와 아들의 나이의 차는 26세이고, 3년 전에 어머니의 나이는 아들의 나이의 3배였다고 한다. 현재 어머니의 나이를 구하시오.

> **코칭 Plus**
>
> 현재 x세인 사람의 $\begin{cases} a년 \ 전의 \ 나이 ➔ (x-a)세 \\ b년 \ 후의 \ 나이 ➔ (x+b)세 \end{cases}$

06 현재 아버지와 딸의 나이의 합은 55세이고, 16년 후에 아버지의 나이가 딸의 나이의 2배가 된다고 한다. 현재 딸의 나이는?

① 12세   ② 13세   ③ 14세

④ 15세   ⑤ 16세

도형에 대한 문제

07 가로의 길이가 세로의 길이보다 4 cm만큼 긴 직사각형이 있다. 이 직사각형의 둘레의 길이가 32 cm일 때, 가로의 길이를 구하시오.

> **코칭 Plus**
> (1) (직사각형의 둘레의 길이)
>   =$2 \times \{$(가로의 길이)$+$(세로의 길이)$\}$
> (2) (사다리꼴의 넓이)
>   =$\frac{1}{2} \times \{$(윗변의 길이)$+$(아랫변의 길이)$\} \times$(높이)

08 아랫변의 길이가 윗변의 길이보다 2 cm만큼 길고, 높이가 6 cm인 사다리꼴이 있다. 이 사다리꼴의 넓이가 42 cm²일 때, 윗변의 길이는?

① 2 cm   ② 3 cm   ③ 4 cm
④ 5 cm   ⑤ 6 cm

일에 대한 문제   중요☆

09 도경이와 현지가 함께 하면 6일 걸리는 일을 도경이가 8일 동안 한 후 나머지를 현지가 3일 동안 해서 끝냈다. 이 일을 도경이가 혼자서 끝내려면 며칠이 걸리는지 구하시오.

> **코칭 Plus**
> 전체 일의 양을 1로 놓고, 한 사람이 일정 시간 동안 할 수 있는 일의 양을 각각 미지수 x, y로 놓는다.

10 희윤이와 병주가 함께 하면 4일 걸리는 일을 희윤이가 2일 동안 한 후 나머지를 병주가 8일 동안 해서 끝냈다. 이 일을 병주가 혼자서 끝내려면 며칠이 걸리는지 구하시오.

계단에 대한 문제

11 다율이와 신이가 계단에서 가위바위보를 하여 이긴 사람은 2계단씩 올라가고, 진 사람은 1계단씩 내려가기로 하였다. 얼마 후 다율이는 처음 위치보다 13계단을 올라가고, 신이는 처음 위치보다 4계단을 올라갔을 때, 다율이가 이긴 횟수를 구하시오.
(단, 비기는 경우는 없다.)

> **코칭 Plus**
> (1) 계단을 올라가는 것을 $+$, 내려가는 것을 $-$로 생각한다.
> (2) A, B 두 사람이 가위바위보를 할 때, A가 이긴 횟수를 x회, 진 횟수를 y회라 하고, 비기는 경우가 없으면
>   ➡ B가 이긴 횟수는 y회, 진 횟수는 x회

12 병욱이와 서연이가 계단에서 가위바위보를 하여 이긴 사람은 3계단씩 올라가고, 진 사람은 2계단씩 내려가기로 하였다. 얼마 후 병욱이는 처음 위치보다 18계단을 올라가고, 서연이는 처음 위치보다 3계단을 올라갔을 때, 두 사람이 가위바위보를 한 횟수는?
(단, 비기는 경우는 없다.)

① 19회   ② 20회   ③ 21회
④ 22회   ⑤ 23회

01

샤프 2자루와 볼펜 3자루의 가격은 12000원이다. 샤프 3자루와 볼펜 2자루의 가격은 13000원일 때, 샤프 한 자루의 가격을 구하시오.

02

어느 강당에 4인용 의자와 5인용 의자를 합하여 모두 15개가 있다. 빈자리 없이 모든 의자에 앉으면 모두 67명이 앉을 수 있다고 할 때, 4인용 의자와 5인용 의자는 각각 몇 개 있는지 구하시오.

03

우람이의 돼지 저금통에는 100원짜리와 500원짜리 동전을 합하여 20개가 들어 있다. 총 금액은 7600원일 때, 100원짜리 동전은 몇 개가 들어 있는가?

① 6개   ② 8개   ③ 10개
④ 12개   ⑤ 14개

04

둘레의 길이가 60 cm인 직사각형이 있다. 가로의 길이가 세로의 길이의 2배일 때, 직사각형의 넓이를 구하시오.

05

예진이와 철희가 깃발 먼저 들기 게임을 하고 있다. 먼저 깃발을 든 사람은 5점을 얻고, 나중에 깃발을 든 사람은 2점을 잃는다고 한다. 게임이 모두 끝난 후 예진이의 점수가 50점, 철희의 점수가 22점이었을 때, 예진이가 깃발을 먼저 든 횟수는?

(단, 깃발을 동시에 들거나 들지 않는 경우는 없다.)

① 10회   ② 14회   ③ 18회
④ 24회   ⑤ 30회

06

둘레의 길이가 1.2 km인 호수의 둘레를 나래와 도연이가 같은 지점에서 동시에 출발하여 일정한 속력으로 걸을 때, 두 사람이 같은 방향으로 돌면 1시간 후에 처음 만나고, 반대 방향으로 돌면 20분 후에 처음 만난다고 한다. 나래가 도연이보다 걷는 속력이 빠를 때, 나래와 도연이의 속력은 각각 분속 몇 m인지 구하시오.

한걸음 더

07 문제 해결🔒

어느 학교의 작년의 전체 학생은 840명이었다. 올해는 작년에 비해 남학생 수는 8 % 감소하고, 여학생 수는 5 % 증가하여 전체 학생은 10명이 감소하였다고 한다. 이 학교의 올해의 남학생은 몇 명인지 구하시오.

정답 및 풀이 ⊙ 34쪽

2. 연립일차방정식

1

다음 두 연립방정식의 해가 서로 같을 때, 상수 a, b에 대하여 $a-b$의 값을 구하시오. [6점]

$$\begin{cases} 2x+y=3 \\ x+3y=a \end{cases}, \quad \begin{cases} x=2y-b \\ y-3x=-7 \end{cases}$$

 풀이

채점 기준 1   미지수가 없는 연립방정식을 만들어 풀기 ⋯ 3점

채점 기준 2 a, b의 값 각각 구하기 ⋯ 2점

채점 기준 3 $a-b$의 값 구하기 ⋯ 1점

 답

 한번 더!

1-1

두 연립방정식 $\begin{cases} 3x-2y=8 \\ 2ax-by=9 \end{cases}, \begin{cases} ax+3by=1 \\ 5x+4y=6 \end{cases}$ 의 해가

서로 같을 때, 상수 a, b에 대하여 $a+b$의 값을 구하시오. [6점]

 풀이

채점 기준 1   미지수가 없는 연립방정식을 만들어 풀기 ⋯ 3점

채점 기준 2 a, b에 대한 연립방정식 세우기 ⋯ 1점

채점 기준 3 $a+b$의 값 구하기 ⋯ 2점

답

2

연립방정식 $\begin{cases} 3x-7y=1 \\ 7x-3y=a+5 \end{cases}$ 를 만족시키는 y의 값이

x의 값보다 1만큼 클 때, 상수 a의 값을 구하시오. [5점]

 풀이

답

3

연립방정식 $\begin{cases} ax+by=1 \\ bx+ay=-5 \end{cases}$ 에서 잘못하여 a와 b를 서

로 바꾸어 놓고 풀었더니 해가 $x=3$, $y=1$이었다.

이때 상수 a, b에 대하여 $b-a$의 값을 구하시오. [6점]

 풀이

답

4

아영이가 집을 출발하여 도서관을 향해 분속 60 m로 걸어간 지 20분 후에 동생이 집을 출발하여 자전거를 타고 분속 300 m로 아영이를 뒤따라갔다. 아영이가 집을 출발한 지 몇 분 후에 동생과 만나는지 구하시오. [6점]

풀이

채점 기준 1 연립방정식 세우기 … 3점

채점 기준 2 연립방정식 풀기 … 2점

채점 기준 3 아영이가 몇 분 후에 동생과 만나는지 구하기 … 1점

답

4-1

학교에서 서점을 향해 경수가 출발한 지 6분 후에 우빈이가 학교를 출발하여 경수를 뒤따라가다 중간 지점에서 만났다. 경수는 분속 50 m로, 우빈이는 분속 80 m로 걸었을 때, 학교에서 두 사람이 만난 곳까지의 거리는 몇 m인지 구하시오. [6점]

풀이

채점 기준 1 연립방정식 세우기 … 3점

채점 기준 2 연립방정식 풀기 … 2점

채점 기준 3 학교에서 두 사람이 만난 곳까지의 거리 구하기 … 1점

답

5

둘레의 길이가 같은 정삼각형과 정사각형이 있다. 이 정삼각형의 한 변의 길이는 정사각형의 한 변의 길이의 2배보다 6 cm만큼 짧을 때, 정삼각형의 한 변의 길이를 구하시오. [6점]

풀이

답

6

현우가 3일 동안 일한 다음 세호가 8일 동안 일하여 완성할 수 있는 일을 현우가 6일 동안 일한 다음 세호가 4일 동안 일하여 완성하였다. 이 일을 현우가 혼자서 완성하려면 며칠이 걸리는지 구하시오. [7점]

풀이

답

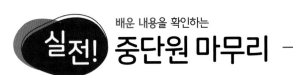

01

다음 중 미지수가 2개인 일차방정식은?

① $3x-5y=3x-4$ ② $-y=0$

③ $5x+y=y$ ④ $6x-3=3+3x$

⑤ $6x+y=7$

02

x, y가 자연수일 때, 일차방정식 $3x+2y=20$의 해를
순서쌍 (x, y)로 나타내시오.

03   중요☆

두 순서쌍 $(a, -1)$, $(9, b)$가 모두 일차방정식
$x-2y=5$의 해일 때, $a-b$의 값을 구하시오.

04

다음 연립방정식 중 해가 $x=2$, $y=-1$인 것은?

① $\begin{cases} 2x+y=3 \\ x+y=3 \end{cases}$ ② $\begin{cases} 2x-y=3 \\ x+y=1 \end{cases}$

③ $\begin{cases} x-2y=4 \\ 2x-y=2 \end{cases}$ ④ $\begin{cases} 2x+y=6 \\ 3x-y=7 \end{cases}$

⑤ $\begin{cases} 5x-2y=12 \\ 2x+3y=1 \end{cases}$

05

x, y가 자연수일 때, 연립방정식 $\begin{cases} 2x+y=7 \\ x+2y=11 \end{cases}$의 해를
구하시오.

06   중요☆

연립방정식 $\begin{cases} 2x-ay=-1 \\ bx+y=9 \end{cases}$의 해가 $(2, 5)$일 때, 상수
a, b에 대하여 $a+b$의 값을 구하시오.

07

연립방정식 $\begin{cases} 4x-3y=-2 & \cdots\cdots ㉠ \\ 3x+5y=6 & \cdots\cdots ㉡ \end{cases}$을 가감법을 이
용하여 풀 때 x를 없애기 위해 필요한 식은?

① ㉠×3−㉡×4   ② ㉠×4−㉡×3

③ ㉠×5+㉡×3   ④ ㉠×5−㉡×3

⑤ ㉠×6−㉡×4

08

연립방정식 $\begin{cases} 3(x-y)+2=x \\ 4x+3(2y-x)=14 \end{cases}$의 해를 $x=a$, $y=b$
라 할 때, $a+b$의 값은?

① 1   ② 4   ③ 5

④ 8   ⑤ 16

09

연립방정식 $\begin{cases} 0.3x+0.4y=1.7 \\ \dfrac{2}{3}x+\dfrac{1}{2}y=3 \end{cases}$ 의 해가 (a, b)일 때,

$a+b$의 값은?

① 2   ② 3   ③ 4

④ 5   ⑤ 6

10 중요♡

연립방정식 $\begin{cases} y=x+2 \\ ax+3y=7 \end{cases}$ 의 해가 일차방정식

$2x-y=-1$을 만족시킬 때, 상수 a의 값을 구하시오.

11 중요♡

두 연립방정식 $\begin{cases} x-y=5 \\ x-2y=2a \end{cases}$ 와 $\begin{cases} 2x+y=7 \\ bx+2y=6 \end{cases}$ 의 해가

서로 같을 때, $a-b$의 값은? (단, a, b는 상수)

① -2 ② -1 ③ 0

④ 1   ⑤ 2

12

방정식 $x-\dfrac{y}{2}=\dfrac{2x+3}{5}=\dfrac{x+y}{3}$ 를 풀면?

① $x=2$, $y=3$ ② $x=2$, $y=5$

③ $x=\dfrac{12}{5}$, $y=3$ ④ $x=3$, $y=\dfrac{5}{3}$

⑤ $x=3$, $y=\dfrac{12}{5}$

13

방정식 $3x+4y+10=2x-3y+k=4x+3$을 만족시키는 y의 값이 -1일 때, 상수 k의 값을 구하시오.

14

다음 연립방정식 중 해가 무수히 많은 것은?

① $\begin{cases} x+y=3 \\ 2x-2y=6 \end{cases}$ ② $\begin{cases} x+2y=1 \\ x+4y=4 \end{cases}$

③ $\begin{cases} 3x+y=8 \\ x+3y=8 \end{cases}$ ④ $\begin{cases} 2x-4y=-6 \\ x-2y=-3 \end{cases}$

⑤ $\begin{cases} x-y=-7 \\ 2x-2y=1 \end{cases}$

15

연립방정식 $\begin{cases} 3x-2y=-12 \\ -\dfrac{x}{2}+\dfrac{y}{3}=k \end{cases}$ 의 해가 없을 때, 다음 중

상수 k의 값이 될 수 <u>없는</u> 것은?

① -2 ② -1 ③ 0

④ 1   ⑤ 2

16

서로 다른 두 자연수가 있다. 두 수의 합은 27이고, 차가 5일 때, 두 수 중 큰 수를 구하시오.

17 중요♡

십의 자리의 숫자가 일의 자리의 숫자보다 3만큼 큰 두 자리의 자연수가 있다. 이 자연수가 각 자리의 숫자의 합의 6배보다 8만큼 크다고 할 때, 두 자리의 자연수를 구하시오.

18

13명의 학생들이 공원에서 자전거를 빌려 타려고 한다. 빌릴 수 있는 자전거는 1인용과 2인용 두 가지가 있고, 1인용과 2인용 자전거를 합하여 9대를 빌린다고 할 때, 1인용 자전거와 2인용 자전거를 각각 몇 대씩 빌려야 하는지 구하시오. (단, 2인용에는 2인이 타고, 학생들은 모두 자전거를 탄다.)

19

현재 아버지와 아들의 나이의 합은 55세이고, 10년 후에는 아버지의 나이가 아들의 나이의 2배가 된다고 한다. 현재 아들의 나이를 구하시오.

20

채연이와 승민이가 계단에서 가위바위보를 하여 이긴 사람은 2계단씩 올라가고, 진 사람은 1계단씩 내려가기로 하였다. 가위바위보를 한 결과 채연이는 처음 위치보다 30계단을 올라가고, 승민이는 처음 위치보다 12계단을 올라가 있었다. 이때 채연이가 이긴 횟수는? (단, 비기는 경우는 없다.)

① 12회   ② 18회   ③ 20회
④ 24회   ⑤ 28회

21 중요♡

등산을 하는데 A 코스로 올라갈 때는 시속 3 km로 걷고, B 코스로 내려올 때는 시속 4 km로 걸어서 총 5시간이 걸렸다. 산을 올라갔다가 내려오는 데 총 18 km를 걸었다고 할 때, B 코스의 거리는 몇 km인지 구하시오.

22

호두 1개에는 단백질 2 g과 지방 6 g이 들어 있고, 검은콩 1개에는 단백질 4 g과 지방 2 g이 들어 있다고 한다. 하루 동안 호두와 검은콩을 통해 단백질 32 g과 지방 26 g을 섭취하려면 호두와 검은콩을 각각 몇 개씩 먹어야 하는지 구하시오.

1

다음과 같이 일차방정식이 적혀 있는 3장의 카드가 있다. 이 중 두 장의 카드를 뽑아 연립방정식을 만들어 해를 구하였더니 그 해가 $x=2$, $y=5$가 되었다. 뽑은 두 장의 카드를 구하시오.

$x+y=7$	$2x+y=10$	$3x+2y=16$
(가)	(나)	(다)

2

야구 경기에서의 승률은 이긴 경기 수를 총 경기 수로 나누어서 구한다. 무승부 경기에서 이긴 경기 수를 0.5로 생각할 때, 19승 6무 11패의 승률은 $(19+0.5 \times 6) \div (19+6+11)$과 같이 계산한다. 어떤 야구 구단의 성적이 40경기에서 x승 y무 16패이고 승률은 0.55일 때, x, y의 값을 각각 구하시오.

3

어느 마트에서 구입한 여러 가지 물품 중에서 몇 개의 볼펜이 불량품이었다. 불량품인 볼펜을 교환하기 위하여 필요한 영수증을 가방에서 꺼냈더니 다음과 같이 얼룩이 져서 알아보기가 힘든 상태였다. 이 얼룩진 영수증에서 구입한 볼펜은 몇 개인지 구하시오.

영 수 증			귀하
품목	단가(원)	수량(개)	금액(원)
연필	500		1500
볼펜	800		
딱풀		2	2000
지우개	300		
합계		11	7300
위 금액을 정히 영수함.			

4

양로원 봉사 활동에 지원한 44명의 학생 중 남학생의 10 %, 여학생의 $\frac{1}{8}$이 불참하여 모두 39명이 참여하였다. 봉사 활동에 지원한 남학생과 여학생은 각각 몇 명인지 구하시오.

워크북 84쪽~85쪽에서 한번 더 연습해 보세요.

IV

일차함수와 그래프

1. 일차함수와 그 그래프 (1)
2. 일차함수와 그 그래프 (2)
3. 일차함수와 일차방정식의 관계

이 단원을 배우면 일차함수의 뜻을 알고, 그 그래프를 그릴 수 있어요. 또, 일차함수의 그래프의 성질을 이해하고, 두 일차함수의 그래프와 연립일차방정식의 관계를 알 수 있어요.

01 함수와 함숫값

1 함수

(1) **함수** : 두 변수 x, y에 대하여 x의 값이 변함에 따라 y의 값이 하나씩 정해지는 대응 관계가 있을 때, y를 x의 함수라 한다.

(2) **대표적인 함수의 예**

① 두 변수 x, y가 정비례 관계인 경우 ➡ $y=ax\,(a\neq0)$ 꼴

예 $y=2x$

x	1	2	3	...
y	2	4	6	...

（2배, 3배 / 2배, 3배）

② 두 변수 x, y가 반비례 관계인 경우 ➡ $y=\dfrac{a}{x}\,(a\neq0)$ 꼴

예 $y=\dfrac{30}{x}$

x	1	2	3	...
y	30	15	10	...

（2배, 3배 / $\frac{1}{2}$배, $\frac{1}{3}$배）

③ 두 변수 x, y가 $y=(x$에 대한 일차식)인 경우 ➡ $y=ax+b\,(a\neq0)$ 꼴

예 $y=x+3$

x	1	2	3	...
y	4	5	6	...

용어

함수(상자 函, 셈 數)
어떤 수가 상자 안에 들어가서 계산되어 그 값이 결정되는 관계

중1

변수 : 변하는 값을 나타내는 문자

상수 : 일정한 값을 나타내는 수나 문자

2 함숫값

(1) **함수의 기호 표현** : 두 변수 x, y에서 y가 x의 함수일 때, 기호로 $y=f(x)$와 같이 나타낸다.

(2) **함숫값** : 함수 $y=f(x)$에서 x의 값이 정해질 때 그에 따라 정해지는 y의 값, 즉 $f(x)$의 값을 x에서의 함숫값이라 한다.

예 함수 $f(x)=2x$에서

x 대신 -1을 대입

$x=-1$일 때의 함숫값은 ➡ $f(-1)=2\times(-1)=-2$

$x=3$일 때의 함숫값은 ➡ $f(3)=2\times3=6$

x 대신 3을 대입

참고 함수 $y=f(x)$에서

$f(a)$의 값 ➡ $x=a$일 때의 함숫값

➡ $x=a$일 때, y의 값

➡ $f(x)$에 x 대신 a를 대입하여 얻은 값

용어

함숫값(value of function)
함수 $y=f(x)$에서 f는 영어로 함수를 의미하는 function의 첫 글자이다.

함수인지 아닌지 어떻게 알 수 있을까?

x의 값 하나에 y의 값이 정해지지 않거나 2개 이상 정해지면 y는 x의 함수가 아니다.

예를 들어 자연수 x의 소인수 y, 자연수 x의 배수 y, 절댓값이 x인 수 y 등은 x의 값 하나에 y의 값이 하나씩 정해지지 않으므로 y는 x의 함수가 아니다.

기초 1 중 1
정비례 관계와 반비례 관계는 무엇인지 복습해 볼까?

(1) 정비례 관계

두 변수 x, y에 대하여 x의 값이 2배, 3배, 4배, …로 변함에 따라 y의 값도 2배, 3배, 4배, …로 변할 때, y는 x에 정비례한다고 한다.

$a>0$일 때	$a<0$일 때
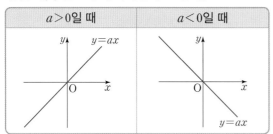

예 ▶ 두발자전거 x대의 바퀴의 개수를 y라 할 때, 다음 표를 완성해 보자.

➡ y는 x에 정비례

➡ $y=2x$

(2) 반비례 관계

두 변수 x, y에 대하여 x의 값이 2배, 3배, 4배, …로 변함에 따라 y의 값은 $\frac{1}{2}$배, $\frac{1}{3}$배, $\frac{1}{4}$배, …로 변할 때, y는 x에 반비례한다고 한다.

$a>0$일 때	$a<0$일 때
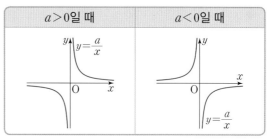

예 ▶ 사탕 12개를 x명이 y개씩 똑같이 나누어 먹을 때, 다음 표를 완성해 보자.

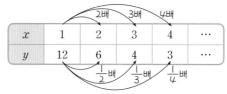

➡ y는 x에 반비례

➡ $y=\dfrac{12}{x}$

---

1 한 개의 무게가 100 g인 사과 x개의 무게를 y g이라 할 때, 다음 물음에 답하시오.

(1) 표를 완성하시오.

x	1	2	3	4	…
y	100				…

(2) x와 y 사이의 관계를 식으로 나타내시오.

1-1 한 변의 길이가 x cm인 정삼각형의 둘레의 길이를 y cm라 할 때, 다음 물음에 답하시오.

(1) 표를 완성하시오.

x	1	2	3	4	…
y	3				…

(2) x와 y 사이의 관계를 식으로 나타내시오.

---

2 연필 60자루를 x명이 똑같이 나누어 가질 때, 한 사람이 갖는 연필을 y자루라 하자. 다음 물음에 답하시오.

(1) 표를 완성하시오.

x	1	2	3	4	…
y					…

(2) x와 y 사이의 관계를 식으로 나타내시오.

2-1 넓이가 24 cm²인 직사각형의 가로의 길이를 x cm, 세로의 길이를 y cm라 할 때, 다음 물음에 답하시오.

(1) 표를 완성하시오.

x	1	2	3	4	…
y					…

(2) x와 y 사이의 관계를 식으로 나타내시오.

개념 **2** 함수인 경우와 함수가 아닌 경우를 어떻게 구분할까?

• 자연수 x의 약수 y

x	1	2	3	4	$\cdots$
y	1	1, 2	1, 3	1, 2, 4	$\cdots$

y의 값이 여러 개

➡ x의 값이 변함에 따라 y의 값이 하나씩 정해지지 않으므로 y는 x의 함수가 아니다.

• 자연수 x의 약수의 개수 y

x	1	2	3	4	$\cdots$
y	1	2	2	3	$\cdots$

➡ x의 값이 변함에 따라 y의 값이 하나씩 정해지므로 y는 x의 함수이다.

> x의 값이 하나 정해질 때 y의 값이
> ① 하나로 정해지면 ➡ 함수이다.
> ② 정해지지 않으면 ⎫
>   여러 개로 정해지면 ⎬ ➡ 함수가 아니다.

---

3 자연수 x보다 작은 자연수를 y라 할 때, 다음 물음에 답하시오.

(1) 표를 완성하시오.

x	1	2	3	4	$\cdots$
y					$\cdots$

(2) x의 값이 정해지면 y의 값이 하나씩 정해지는지 쓰시오.

(3) y가 x의 함수인지 구하시오.

3-1 한 자루에 500원 하는 연필 x자루를 샀을 때, 지불해야 하는 금액을 y원이라 하자. 다음 물음에 답하시오.

(1) 표를 완성하시오.

x	1	2	3	4	$\cdots$
y					$\cdots$

(2) x의 값이 정해지면 y의 값이 하나씩 정해지는지 쓰시오.

(3) y가 x의 함수인지 구하시오.

---

4 다음 중 y가 x의 함수인 것에는 ○표, 함수가 아닌 것에는 ×표를 하시오.

(1) 시속 3 km로 x시간 동안 걸어간 거리 y km ( )

(2) 120개의 구슬을 x명이 똑같이 나누어 가질 때, 한 사람이 갖는 구슬의 개수 y ( )

(3) 자연수 x보다 1만큼 작은 자연수 y ( )

(4) 자연수 x의 역수 y ( )

4-1 다음 중 y가 x의 함수인 것에는 ○표, 함수가 아닌 것에는 ×표를 하시오.

(1) 1개에 1500원 하는 빵 x개의 가격 y원 ( )

(2) 600 m의 거리를 분속 x m로 이동한 시간 y분 ( )

(3) 절댓값이 x인 수 y ( )

(4) 자연수 x와 5의 최대공약수 y ( )

개념 3 함숫값은 어떻게 구할까?

함수 $f(x) = 5x$에서

$x = 3$일 때의 함숫값 $\xrightarrow{\ x\ \text{대신}\ 3을\ \text{대입}\ }$ $f(3) = 5 \times 3 = 15$

$x = -2$일 때의 함숫값 $\xrightarrow{\ x\ \text{대신}\ -2를\ \text{대입}\ }$ $f(-2) = 5 \times (-2) = -10$

> 함수 $y = f(x)$에서 $x = a$일 때의 함숫값
> ➡ $f(a)$

5 빈통에 물을 채우는데 물의 높이가 1분에 4 cm씩 높아진다고 한다. x분 후의 물의 높이를 y cm라 할 때, 다음 물음에 답하시오.

(1) $y = f(x)$일 때, $f(x)$를 구하시오.

(2) $x = 7$일 때의 함숫값을 구하시오.

5-1 소희가 집에서 20 km 떨어진 공원에 자전거를 타고 가려고 한다. 시속 x km로 달리면 y시간이 걸린다고 할 때, 다음 물음에 답하시오.

(1) $y = f(x)$일 때, $f(x)$를 구하시오.

(2) $x = 10$일 때의 함숫값을 구하시오.

6 함수 $f(x) = 4x$에 대하여 다음을 구하시오.

(1) $x = 2$일 때의 함숫값

(2) $x = -1$일 때의 함숫값

(3) $f\left(\dfrac{1}{2}\right)$의 값

(4) $f(-3)$의 값

6-1 함수 $f(x) = \dfrac{3}{x}$에 대하여 다음을 구하시오.

(1) $x = 3$일 때의 함숫값

(2) $x = -2$일 때의 함숫값

(3) $f(6)$의 값

(4) $f(-1)$의 값

7 함수 $f(x) = $ (자연수 x를 5로 나눈 나머지)에 대하여 다음 함숫값을 구하시오.

(1) $f(6)$

(2) $f(10)$

(3) $f(27)$

7-1 함수 $f(x) = $ (자연수 x보다 작은 홀수의 개수)에 대하여 다음 함숫값을 구하시오.

(1) $f(2)$

(2) $f(7)$

(3) $f(12)$

--- **함수의 뜻** ---

01 다음 중 y가 x의 함수가 <u>아닌</u> 것을 모두 고르면?

(정답 2개)

① 합이 30인 두 정수 x와 y
② 자연수 x의 배수 y
③ 키가 x cm인 사람의 몸무게 y kg
④ 1 L에 1800원인 휘발유 x L의 가격 y원
⑤ 넓이가 50 cm²인 평행사변형의 밑변의 길이가 x cm일 때, 높이 y cm

02 다음 **보기**에서 y가 x의 함수인 것을 모두 고르시오.

▪보기▪
ㄱ. 자연수 x와 서로소인 자연수 y
ㄴ. 자연수 x보다 작은 소수 y
ㄷ. 밑변의 길이가 6 cm, 높이가 x cm인 삼각형의 넓이 y cm²
ㄹ. 자연수 x를 4로 나누었을 때의 나머지 y
ㅁ. 한 자루에 600원인 볼펜 x자루의 가격 y원

--- **함숫값** ---

03 함수 $f(x)=-5x$에 대하여 $f(-1)+f(2)$의 값을 구하시오.

04 함수 $f(x)=\dfrac{12}{x}$에 대하여 $f(-6)+f(3)$의 값을 구하시오.

--- **함숫값이 주어질 때, 미지수 구하기** 중요☆ ---

05 함수 $f(x)=ax$에 대하여 $f(2)=6$일 때, 다음 물음에 답하시오.

(1) 상수 a의 값을 구하시오.

(2) $f(-3)$의 값을 구하시오.

 코칭 Plus

함수 $y=f(x)$에 대하여 $f(a)=b$이다.
➡ $y=f(x)$에 x 대신 a를 대입했을 때의 y의 값은 b이다.

06 함수 $f(x)=\dfrac{a}{x}$에 대하여 $f(-2)=3$일 때, 다음 물음에 답하시오.

(1) 상수 a의 값을 구하시오.

(2) $f(3)$의 값을 구하시오.

02 일차함수와 그 그래프

1 일차함수

함수 $y=f(x)$에서 y가 x에 대한 일차식
$$y=ax+b \ (a, \ b는 \ 상수, \ a\neq0)$$
와 같이 나타날 때, 이 함수를 x에 대한 **일차함수**라 한다.

예 $y=3x$, $y=-2x+1$, $y=-\dfrac{1}{2}x+3$은 일차함수이다.

$y=5$, $y=\dfrac{2}{x}$, $y=-4x^2+1$은 5, $\dfrac{2}{x}$, $-4x^2+1$이 일차식이 아니므로 일차함수가 아니다.

> a, b가 상수이고, $a\neq0$ 일 때, x에 대한
> • **일차식** : $ax+b$
> • **일차방정식** : $ax+b=0$
> • **일차부등식** : $ax+b>0$
> • **일차함수** : $y=ax+b$

2 일차함수 $y=ax+b$의 그래프

(1) **함수의 그래프** : 함수 $y=f(x)$에서 x의 값에 따라 정해지는 y의 값의 순서쌍 $(x, \ y)$를 좌표로 하는 점을 좌표평면 위에 모두 나타낸 것

(2) **평행이동** : 한 도형을 일정한 방향으로 일정한 거리만큼 옮기는 것

(3) 일차함수 $y=ax+b$의 그래프

일차함수 $y=ax+b$의 그래프는 일차함수 $y=ax$의 그래프를 y축의 방향으로 b만큼 평행이동한 직선이다.

① $b>0$이면 ➡ 일차함수 $y=ax$의 그래프를 y축을 따라 위로 평행이동한 것이다.

② $b<0$이면 ➡ 일차함수 $y=ax$의 그래프를 y축을 따라 아래로 평행이동한 것이다.

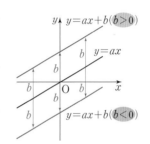

예 $y=2x \xrightarrow[\text{5만큼 평행이동}]{\text{y축의 방향으로}} y=2x+5$

> **중1**
> **그래프** : 한 변수와 그에 대응하는 다른 변수 사이의 관계를 좌표평면 위에 점, 직선, 곡선 등으로 나타낸 그림

(4) 평행이동을 이용하여 일차함수 $y=ax+b$의 그래프 그리기

❶ 일차함수 $y=ax$의 그래프를 그린다.

❷ 점 $(0, \ b)$를 지나면서 ❶의 그래프와 평행한 직선을 그린다.

예 평행이동을 이용하여 일차함수 $y=2x+4$의 그래프를 그려 보자.

❶ 일차함수 $y=2x$의 그래프를 그린다.

❷ 점 $(0, \ 4)$를 지나면서 ❶의 그래프와 평행한 직선을 그린다.

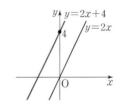

3 일차함수의 그래프의 x절편과 y절편

(1) x**절편** : 일차함수의 그래프가 x축과 만나는 점의 x좌표
➡ $y=0$일 때, x의 값

(2) y**절편** : 일차함수의 그래프가 y축과 만나는 점의 y좌표
➡ $x=0$일 때, y의 값

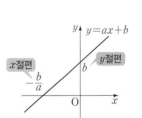

참고 ① x절편이 m이다. ➡ x축과 만나는 점의 x좌표가 m이다.
➡ 점 $(m, \ 0)$을 지난다.
➡ $y=0$일 때, x의 값이 m이다.

② y절편이 n이다. ➡ y축과 만나는 점의 y좌표가 n이다.
➡ 점 $(0, \ n)$을 지난다.
➡ $x=0$일 때, y의 값이 n이다.

> **용어**
> **절편**(끊을 截, 조각 片)
> 그래프가 축에 의하여 끊겨서 생기는 부분, 즉 그래프가 축과 만나는 부분

02 일차함수와 그 그래프

(3) 일차함수 $y=ax+b$의 그래프에서 x절편은 $-\dfrac{b}{a}$, y절편은 b이다.

> **주의** x절편을 $x=-\dfrac{b}{a}$ 또는 $\left(-\dfrac{b}{a},\ 0\right)$, y절편을 $y=b$ 또는 $(0,\ b)$로 표현하지 않도록 주의한다.

(4) x절편과 y절편을 이용하여 일차함수의 그래프 그리기

❶ x절편과 y절편을 각각 구한다.

❷ 두 점 $(x절편,\ 0)$, $(0,\ y절편)$을 좌표평면 위에 나타낸 후, 두 점을 직선으로 연결한다.

예 x절편과 y절편을 이용하여 일차함수 $y=2x+4$의 그래프를 그려 보자.

❶ $y=2x+4$에서 $y=0$일 때 $x=-2$이므로 x절편은 -2이다.
또, $x=0$일 때 $y=4$이므로 y절편은 4이다.

❷ 두 점 $(-2,\ 0)$, $(0,\ 4)$를 좌표평면 위에 나타낸 후, 두 점을 직선으로 연결한다.

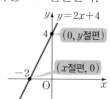

> $y=ax+b$에서
> ① $y=0$일 때 $x=-\dfrac{b}{a}$
>   ➡ x절편 : $-\dfrac{b}{a}$
> ② $x=0$일 때 $y=b$
>   ➡ y절편 : b

❹ 일차함수의 그래프의 기울기

(1) 일차함수 $y=ax+b$에서 x의 값의 증가량에 대한 y의 값의 증가량의 비율은 항상 일정하며, 그 비율은 x의 계수 a와 같다. 이 증가량의 비율 a를 일차함수 $y=ax+b$의 그래프의 **기울기**라 한다.

$$(기울기)=\frac{(y의\ 값의\ 증가량)}{(x의\ 값의\ 증가량)}=a$$

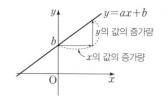

> **용어**
> **기울기**(slope)
> 직선의 기울어진 정도를 수로 나타낸 것

(2) 기울기와 y절편을 이용하여 일차함수의 그래프 그리기

❶ 점 $(0,\ y절편)$을 좌표평면 위에 나타낸다.

❷ 기울기를 이용하여 그래프가 지나는 다른 한 점을 찾아 좌표평면 위에 나타낸 후, 두 점을 직선으로 연결한다.

예 기울기와 y절편을 이용하여 일차함수 $y=2x+4$의 그래프를 그려 보자.

❶ y절편이 4이므로 점 $(0,\ 4)$를 좌표평면 위에 나타낸다.

❷ 기울기가 2이므로 점 $(0,\ 4)$에서 x의 값이 1만큼 증가할 때, y의 값이 2만큼 증가한 점 $(1,\ 6)$을 좌표평면 위에 나타낸 후, 두 점을 직선으로 연결한다.

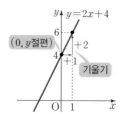

두 점을 지나는 일차함수의 그래프의 기울기는 어떻게 구할까?

$(기울기)=\dfrac{(y의\ 값의\ 증가량)}{(x의\ 값의\ 증가량)}$이므로 서로 다른 두 점 $(a,\ b)$, $(c,\ d)$를 지나는 일차함수의 그래프의 기울기는

$\dfrac{d-b}{c-a}$ 또는 $\dfrac{b-d}{a-c}$로 구할 수 있다. 이때 기울기를 $\dfrac{d-b}{a-c}$와 같이 구하지 않도록 주의한다.

개념 **1** 일차함수인 것과 일차함수가 아닌 것을 어떻게 구분할까?

- $y = 2x$
- $y = -x + 3$
- $3x + y = 5$에서 $y = -3x + 5$

➡ $y = ax + b \, (a \neq 0)$ 꼴로 나타내어지므로
y는 x에 대한 일차함수이다.

- $y = \dfrac{1}{x}$ ← 분모에 미지수
- $y = x^2 + 4x - 1$ ← 최고차항의 차수 : 2
- $y + 2x = 8 + 2x$에서 $y = 8$ ← 상수

➡ $y = ax + b \, (a \neq 0)$ 꼴로 나타낼 수 없으므로
y는 x에 대한 일차함수가 아니다.

1 다음 중 y가 x에 대한 일차함수인 것에는 ○표, 일차함수가 아닌 것에는 ×표를 하시오.

(1) $y = \dfrac{1}{3}x$　　　　　　　　(　)

(2) $y = -\dfrac{5}{x}$　　　　　　　　(　)

(3) $y = 5 - 2x$　　　　　　　　(　)

(4) $5x^2 = y + 2$　　　　　　　　(　)

(5) $y = 2(4 - x) + x$　　　　　　(　)

1-1 다음에서 y를 x에 대한 식으로 나타내고, y가 x에 대한 일차함수인지 아닌지 구하시오.

(1) 올해 15세인 지수의 x년 후의 나이는 y세이다.

(2) 시속 x km로 y시간 동안 걸은 거리는 6 km이다.

(3) 반지름의 길이가 x cm인 원의 넓이는 y cm²이다.

(4) 2000원으로 300원짜리 사탕을 x개 사고 남은 돈은 y원이다.

개념 **2** 일차함수의 함숫값은 어떻게 구할까?

일차함수 $f(x) = 3x - 1$에서

$x = 2$일 때의 함숫값　→ (x 대신 2를 대입) →　$f(2) = 3 \times 2 - 1 = 5$

$x = -\dfrac{1}{3}$일 때의 함숫값　→ (x 대신 $-\dfrac{1}{3}$을 대입) →　$f\left(-\dfrac{1}{3}\right) = 3 \times \left(-\dfrac{1}{3}\right) - 1 = -2$

일차함수 $f(x) = ax + b$에서
$x = k$일 때의 함숫값
➡ $f(k) = a \times k + b$

2 일차함수 $f(x) = 4x - 5$에 대하여 다음 함숫값을 구하시오.

(1) $f(2)$

(2) $f\left(-\dfrac{3}{4}\right)$

(3) $f(0) + f(3)$

2-1 일차함수 $f(x) = -2x - 3$에 대하여 다음 함숫값을 구하시오.

(1) $f(-2)$

(2) $f\left(-\dfrac{3}{2}\right)$

(3) $f(0) - f(-4)$

3 일차함수 $y=ax+b$의 그래프는 어떻게 그릴까?

일차함수 $y=2x-1$의 그래프를 그려 보자.

일차함수 $y=2x-1$에서 x의 값이 정수일 때, x의 값에 따라 정해지는 y의 값을 각각 구하여 표로 나타내면

x	$\cdots$	-2	-1	0	1	2	3	$\cdots$
y	$\cdots$	-5	-3	-1	1	3	5	$\cdots$

➡ 순서쌍 : $\cdots$, $(-2, -5)$, $(-1, -3)$, $(0, -1)$, $(1, 1)$, $(2, 3)$, $(3, 5)$, $\cdots$

x의 값의 범위에 따라 일차함수 $y=2x-1$의 그래프를 그리면 다음과 같다.

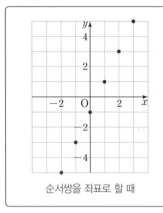
순서쌍을 좌표로 할 때

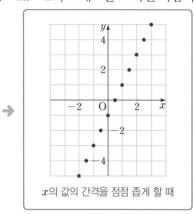
x의 값의 간격을 점점 좁게 할 때

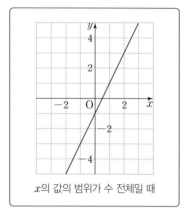
x의 값의 범위가 수 전체일 때

➡ x의 값의 범위가 수 전체일 때, 일차함수 $y=2x-1$의 그래프는 직선이 된다.

참고 두 점을 이용하여 일차함수의 그래프 그리기

❶ 일차함수를 만족시키는 두 점의 좌표를 찾는다.

❷ 두 점을 좌표평면 위에 나타내고 직선으로 연결한다.

➡ 일차함수의 그래프는 직선이고, 서로 다른 두 점을 지나는 직선은 오직 하나뿐이므로 일차함수의 그래프 위의 서로 다른 두 점을 알면 그 그래프를 그릴 수 있다.

일차함수 $y=ax+b$에서 x의 값의 범위가 특별히 주어지지 않으면 x의 값의 범위는 수 전체로 생각해.

---

3 다음 표를 완성하고 x의 값의 범위가 수 전체일 때, 일차함수 $y=2x+1$의 그래프를 그리시오.

x	$\cdots$	-2	-1	0	1	2	$\cdots$
y	$\cdots$						$\cdots$

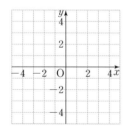

3-1 다음 일차함수의 그래프를 그리시오.

(1) $y=-x+2$

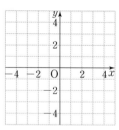

(2) $y=\dfrac{1}{2}x-2$

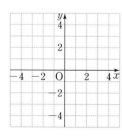

개념 4 평행이동을 이용하여 일차함수의 그래프를 어떻게 그릴까?

일차함수 $y=2x$의 그래프를 이용하여 일차함수 $y=2x+3$의 그래프를 그려 보자.

두 일차함수 $y=2x$와 $y=2x+3$에서 x의 값이 정수일 때, x의 값에 따라 정해지는 y의 값을 각각 구하여 표로 나타내면

x	$\cdots$	-2	-1	0	1	2	$\cdots$
$y=2x$	$\cdots$	-4	-2	0	2	4	$\cdots$
$y=2x+3$	$\cdots$	-1	1	3	5	7	$\cdots$

$+3$

↳같은 x의 값에서 일차함수 $y=2x+3$에서의 y의 값이 일차함수 $y=2x$에서의 y의 값보다 항상 **3**만큼 크다.

➡ 오른쪽 그림과 같이 일차함수 $y=2x+3$의 그래프는 일차함수 $y=2x$의 그래프를 y축의 방향으로 **3**만큼 평행이동한 것과 같다.

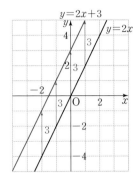

> 일차함수 $y=ax+b$의 그래프 ➡ 일차함수 $y=ax$의 그래프를 y축의 방향으로 b만큼 평행이동한 직선

4 오른쪽 그림과 같은 일차함수 $y=3x$의 그래프를 이용하여 일차함수 $y=3x-4$의 그래프를 그리시오.

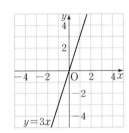

4-1 오른쪽 그림과 같은 일차함수 $y=-\dfrac{2}{3}x$의 그래프를 이용하여 일차함수 $y=-\dfrac{2}{3}x+2$의 그래프를 그리시오.

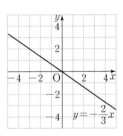

5 다음 일차함수의 그래프는 일차함수 $y=4x$의 그래프를 y축의 방향으로 얼마만큼 평행이동한 것인지 구하시오.

(1) $y=4x+4$

(2) $y=4x-2$

(3) $y=4x-\dfrac{1}{3}$

(4) $y=4x+\dfrac{1}{2}$

5-1 다음 일차함수의 그래프는 일차함수 $y=-2x$의 그래프를 y축의 방향으로 얼마만큼 평행이동한 것인지 구하시오.

(1) $y=-2x-\dfrac{5}{2}$

(2) $y=-2x+3$

(3) $y=-2x-1$

(4) $y=-2x+\dfrac{7}{4}$

개념 5 일차함수의 그래프를 평행이동한 그래프의 식은 어떻게 구할까?

일차함수 $y=\dfrac{2}{3}x$의 그래프를 평행이동하면

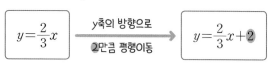

$$y=\dfrac{2}{3}x \xrightarrow[\text{2만큼 평행이동}]{y축의 방향으로} y=\dfrac{2}{3}x+2$$

$$y=\dfrac{2}{3}x \xrightarrow[\text{-2만큼 평행이동}]{y축의 방향으로} y=\dfrac{2}{3}x-2$$

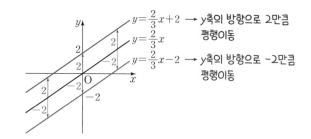

$y=\dfrac{2}{3}x+2 \rightarrow$ y축의 방향으로 2만큼 평행이동

$y=\dfrac{2}{3}x$

$y=\dfrac{2}{3}x-2 \rightarrow$ y축의 방향으로 -2만큼 평행이동

6 다음 일차함수의 그래프를 y축의 방향으로 [ ] 안의 수만큼 평행이동한 그래프가 나타내는 일차함수의 식을 구하시오.

(1) $y=\dfrac{1}{2}x$ [3]　　　(2) $y=-2x$ [-4]

(3) $y=5x$ $\left[-\dfrac{1}{2}\right]$　　(4) $y=-3x$ $\left[\dfrac{1}{3}\right]$

6-1 다음 일차함수의 그래프를 y축의 방향으로 [ ] 안의 수만큼 평행이동한 그래프가 나타내는 일차함수의 식을 구하시오.

(1) $y=3x$ [-1]　　　(2) $y=-x$ [5]

(3) $y=-\dfrac{7}{5}x$ [-3]　　(4) $y=5x$ [7]

개념 6 일차함수의 그래프 위의 점은 어떤 특징이 있을까?

일차함수 $y=2x+4$의 그래프에 대하여

점 $(-1, 2)$ $\xrightarrow[y=2x+4에 대입하면]{x=-1, y=2를}$ $2=2\times(-1)+4$ $\xrightarrow{등식이 성립하므로}$ 점 $(-1, 2)$는 일차함수 $y=2x+4$의 그래프 위의 점이다.

점 $(-1, 1)$ $\xrightarrow[y=2x+4에 대입하면]{x=-1, y=1을}$ $1\neq2\times(-1)+4$ $\xrightarrow{등식이 성립하지 않으므로}$ 점 $(-1, 1)$은 일차함수 $y=2x+4$의 그래프 위의 점이 아니다.

> 점 (p, q)가 일차함수 $y=ax+b$의 그래프 위의 점이다.
> ➔ $y=ax+b$에 $x=p$, $y=q$를 대입하면 등식이 성립한다.

7 다음 중 일차함수 $y=3x-1$의 그래프 위의 점인 것에는 ○표, 그래프 위의 점이 아닌 것에는 ×표를 하시오.

(1) $(1, 2)$ 　　　　　　　　　(　　)

(2) $(-1, -3)$ 　　　　　　　(　　)

7-1 다음 일차함수의 그래프가 주어진 점을 지날 때, a의 값을 구하시오.

(1) $y=-x+4$　$(a, 5)$

(2) $y=\dfrac{2}{3}x+8$　$(3, a)$

개념 7 x절편과 y절편은 무엇일까?

일차함수 $y=2x+4$의 그래프의 x절편과 y절편을 각각 구해 보자.

• x절편 ➡ $y=0$일 때, x의 값
    ➡ $0=2x+4$에서 $x=-2$ ∴ x절편 : -2
• y절편 ➡ $x=0$일 때, y의 값
    ➡ $y=2\times0+4=4$ ∴ y절편 : 4

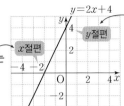

x축과 만나는 점의 x좌표

y축과 만나는 점의 y좌표

일차함수 $y=ax+b$의 그래프에서
➡ x절편 : $-\dfrac{b}{a}$, y절편 : b

---

8 오른쪽 일차함수의 그래프에 대하여 다음을 구하시오.

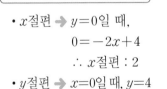

(1) x축과 만나는 점의 좌표

(2) x절편

(3) y축과 만나는 점의 좌표

(4) y절편

8-1 다음 일차함수의 그래프의 x절편과 y절편을 각각 구하시오.

(1) $y=2x+8$

(2) $y=-\dfrac{1}{5}x-2$

(3) $y=-3x+6$

개념 8 x절편과 y절편을 이용하여 일차함수의 그래프를 어떻게 그릴까?

일차함수 $y=-2x+4$의 그래프를 그려 보자.

❶ x절편과 y절편 구하기 ➡ ❷ 두 점 $(x$절편, $0)$, $(0, y$절편$)$ 나타내기 ➡ ❸ 두 점을 직선으로 연결하기

• x절편 ➡ $y=0$일 때,
    $0=-2x+4$
    ∴ x절편 : 2
• y절편 ➡ $x=0$일 때, $y=4$
    ∴ y절편 : 4

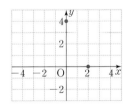

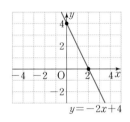

$y=-2x+4$

---

9 일차함수 $y=\dfrac{1}{2}x-2$의 그래프에 대하여 다음 물음에 답하시오.

(1) x절편과 y절편을 각각 구하시오.

(2) 일차함수 $y=\dfrac{1}{2}x-2$의 그래프를 그리시오.

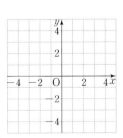

9-1 x절편과 y절편을 이용하여 다음 일차함수의 그래프를 그리시오.

(1) $y=2x-2$

(2) $y=-\dfrac{1}{3}x+1$

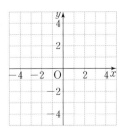

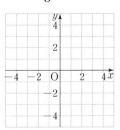

개념 9 일차함수의 그래프의 기울기는 어떻게 구할까?

일차함수 $y=2x+3$의 그래프의 기울기를 구해 보자.

x	...	-2	-1	0	1	2	...
y	...	-1	1	3	5	7	...

→ x의 값이 1만큼 증가할 때 y의 값은 2만큼 증가하고,
x의 값이 2만큼 증가할 때 y의 값은 4만큼 증가한다.

→ $(기울기)=\dfrac{(y의\ 값의\ 증가량)}{(x의\ 값의\ 증가량)}=\dfrac{2}{1}=\dfrac{4}{2}=\cdots=2$

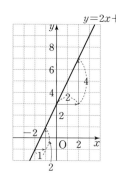

두 점 (a, b), (c, d)를 지나는 일차함수의 그래프에서
→ $(기울기)=\dfrac{d-b}{c-a}=\dfrac{b-d}{a-c}$
(단, $a \neq c$)

---

10 다음 일차함수의 그래프의 기울기를 구하시오.

(1) 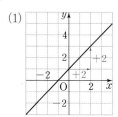 (2)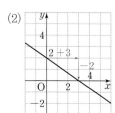

10-1 다음 일차함수의 그래프의 기울기를 구하시오.

(1) $y=3x-4$

(2) $y=-4x+7$

(3) $y=\dfrac{1}{5}x+3$

---

11 일차함수 $y=\dfrac{2}{3}x-1$의 그래프에서 x의 값이 0에서 6까지 증가할 때, 다음을 구하시오.

(1) 기울기

(2) x의 값의 증가량

(3) y의 값의 증가량

11-1 일차함수 $y=-\dfrac{1}{2}x+3$의 그래프에서 x의 값이 -2에서 0까지 증가할 때, 다음을 구하시오.

(1) 기울기

(2) x의 값의 증가량

(3) y의 값의 증가량

---

12 두 점 $(0, 2)$, $(3, 8)$을 지나는 일차함수의 그래프의 기울기를 구하려고 한다. ☐ 안에 알맞은 수를 써넣으시오.

$$(기울기)=\dfrac{8-\boxed{}}{\boxed{}-0}=\boxed{}$$

12-1 두 점 $(-2, -1)$, $(2, 3)$을 지나는 일차함수의 그래프의 기울기를 구하시오.

개념 10 기울기와 y절편을 이용하여 일차함수의 그래프를 어떻게 그릴까?

일차함수 $y=-3x+4$의 그래프를 그려 보자.

❶ 점 $(0, y$절편$)$ 나타내기 → ❷ 기울기를 이용하여 그래프가 지나는 다른 한 점 찾기 → ❸ 두 점을 직선으로 연결하기

y절편이 4이므로

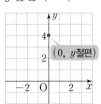

$(0, y$절편$)$

기울기가 -3이므로

$$\frac{(y의\ 값의\ 증가량)}{(x의\ 값의\ 증가량)}=\frac{-3}{+1}$$

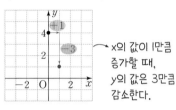

x의 값이 1만큼 증가할 때, y의 값은 3만큼 감소한다.

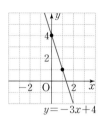

$y=-3x+4$

참고 기울기를 이용하여 다른 한 점을 찾을 때, x, y의 값의 증가량을 모두 정수로 나타낸다.

예 $(기울기)=3=\dfrac{+3}{+1}=\dfrac{(y의\ 값의\ 증가량)}{(x의\ 값의\ 증가량)}$, $(기울기)=-\dfrac{3}{2}=\dfrac{-3}{+2}=\dfrac{(y의\ 값의\ 증가량)}{(x의\ 값의\ 증가량)}$

---

13 일차함수 $y=4x-2$의 그래프에 대하여 다음 물음에 답하시오.

(1) 기울기와 y절편을 각각 구하시오.

(2) 일차함수 $y=4x-2$의 그래프를 그리시오.

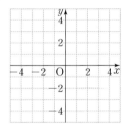

13-1 기울기와 y절편을 이용하여 다음 일차함수의 그래프를 그리시오.

(1) $y=2x-1$ (2) $y=-4x+1$

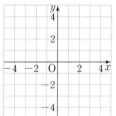
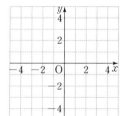

---

14 기울기와 y절편을 이용하여 일차함수 $y=\dfrac{3}{2}x-3$의 그래프를 그리시오.

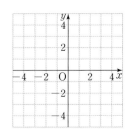

14-1 기울기와 y절편을 이용하여 일차함수 $y=-\dfrac{3}{4}x+1$의 그래프를 그리시오.

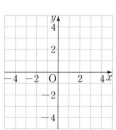

01 다음 중 y가 x에 대한 일차함수인 것은?

① $y=-\dfrac{1}{x^2}$ 　　② $y=3x+1$

③ $y=-x(x-3)$ 　　④ $y=x-(4+x)$

⑤ $y=10$

02 다음 중 y가 x에 대한 일차함수가 <u>아닌</u> 것은?

① $y=x$ 　　② $y=\dfrac{x}{2}-3$

③ $y=\dfrac{1}{x}+7$ 　　④ $10x+\dfrac{y}{3}=1$

⑤ $y=x^2-(5x+x^2)$

03 일차함수 $f(x)=ax+1$에 대하여 $f(1)=3$일 때, $f(2)$의 값은? (단, a는 상수)

① -3　　② -2　　③ 1

④ 3　　⑤ 5

04 일차함수 $f(x)=2x+a$에 대하여 $f(-1)=2$일 때, $f(4)-f(0)$의 값은? (단, a는 상수)

① -10　　② -8　　③ -6

④ 6　　⑤ 8

05 일차함수 $y=-2x+a$의 그래프가 두 점 $(1, 2)$, $(b, 6)$을 지날 때, $a-b$의 값은? (단, a는 상수)

① -3　　② -1　　③ 3

④ 5　　⑤ 7

06 일차함수 $y=ax-2$의 그래프가 두 점 $(2, 2)$, $(b, -4)$를 지날 때, $a+b$의 값은? (단, a는 상수)

① -2　　② -1　　③ 1

④ 2　　⑤ 3

07 다음 일차함수의 그래프 중 일차함수 $y=3x+8$의 그래프를 y축의 방향으로 -4만큼 평행이동한 것은?

① $y=-x+8$ 　　② $y=-4(3x+8)$

③ $y=3x-4$ 　　④ $y=3x+4$

⑤ $y=3x+12$

> **코칭 Plus**
>
> 일차함수 $y=ax+b$의 그래프를 y축의 방향으로 p만큼 평행이동하면 ➔ $y=ax+b+p$

08 일차함수 $y=4x-3$의 그래프를 y축의 방향으로 6만큼 평행이동하면 일차함수 $y=ax+b$의 그래프가 된다. 상수 a, b에 대하여 $a+b$의 값은?

① 6　　② 7　　③ 8

④ 9　　⑤ 10

평행이동한 그래프 위의 점 중요✩

09 일차함수 $y=-3x$의 그래프를 y축의 방향으로 5만큼 평행이동한 그래프가 점 $(2, k)$를 지날 때, k의 값을 구하시오.

10 일차함수 $y=ax$의 그래프를 y축의 방향으로 -2만큼 평행이동한 그래프가 점 $(-1, -4)$를 지날 때, 상수 a의 값을 구하시오.

일차함수의 그래프의 x절편과 y절편

11 일차함수 $y=-3x-6$의 그래프의 x절편을 a, y절편을 b라 할 때, $a+b$의 값을 구하시오.

12 일차함수 $y=\dfrac{1}{2}x$의 그래프를 y축의 방향으로 2만큼 평행이동한 그래프의 x절편과 y절편을 각각 구하시오.

---

x절편과 y절편을 이용하여 미지수 구하기 중요✩

13 일차함수 $y=\dfrac{1}{3}x+k$의 그래프의 y절편이 2일 때, x절편은? (단, k는 상수)

① -6 ② -3 ③ $\dfrac{3}{2}$

④ 3 ⑤ 6

14 일차함수 $y=2x-k$의 그래프의 x절편이 -3일 때, y절편은? (단, k는 상수)

① -6 ② -3 ③ 2

④ 3 ⑤ 6

일차함수의 그래프의 기울기 (1)

15 다음 일차함수의 그래프 중 x의 값이 5만큼 증가할 때, y의 값이 2만큼 감소하는 것은?

① $y=-\dfrac{5}{2}x+2$ ② $y=-2x+5$

③ $y=-\dfrac{2}{5}x-2$ ④ $y=\dfrac{2}{5}x+2$

⑤ $y=\dfrac{5}{2}x-5$

16 일차함수 $y=-3x+4$의 그래프에서 x의 값이 3만큼 증가할 때, y의 값은 5에서 k까지 감소한다. 이때 k의 값을 구하시오.

일차함수의 그래프의 기울기 (2)

17 일차함수 $y=ax-1$의 그래프에서 x의 값이 -1에서 3까지 증가할 때, y의 값의 증가량은 8이다. 이때 상수 a의 값은?

① -4 ② -2 ③ 1
④ 2 ⑤ 4

18 일차함수 $y=ax+2$의 그래프에서 x의 값이 6만큼 증가할 때, y의 값은 3만큼 감소한다. 이때 상수 a의 값을 구하시오.

두 점을 지나는 일차함수의 그래프의 기울기

19 두 점 $(1, a)$, $(2, -3)$을 지나는 일차함수의 그래프의 기울기가 -2일 때, a의 값은?

① -2 ② -1 ③ 0
④ 1 ⑤ 2

> **코칭 Plus**
> 두 점 (a, b), (c, d)를 지나는 일차함수의 그래프에서
> $(기울기)=\dfrac{d-b}{c-a}=\dfrac{b-d}{a-c}$ (단, $a \neq c$)

20 x절편이 -2이고, y절편이 6인 일차함수의 그래프의 기울기는?

① -6 ② -3 ③ 2
④ 3 ⑤ 6

일차함수의 그래프 그리기   중요✩

21 다음 중 일차함수 $y=\dfrac{3}{2}x+3$의 그래프는?

①   ②

③   ④

⑤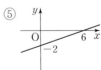

22 다음 중 일차함수 $y=-\dfrac{1}{3}x-2$의 그래프는?

①   ②

③ 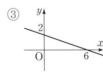   ④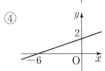

⑤

01

함수 $f(x) =$ (자연수 x를 7로 나눈 나머지)에 대하여 다음 중 옳은 것을 모두 고르면? (정답 2개)

① $f(7) = 1$ ② $f(25) = 3$

③ $f(14) = f(21)$ ④ $f(20) = f(30)$

⑤ $f(2) + f(10) + f(17) = 8$

02

다음 중 y가 x에 대한 일차함수가 <u>아닌</u> 것은?

① 윗변의 길이가 3 cm, 아랫변의 길이가 x cm이고 높이가 8 cm인 사다리꼴의 넓이 y cm²

② 시속 50 km로 x시간 동안 간 거리 y km

③ 15 ℃인 물의 온도가 1분에 5 ℃씩 올라갈 때, x분 후의 물의 온도 y ℃

④ 사탕 30개를 x명의 학생에게 똑같이 나누어 줄 때, 한 학생이 받는 사탕의 개수 y

⑤ 한 변의 길이가 x cm인 정오각형의 둘레의 길이 y cm

03

일차함수 $f(x) = -2x + 3$에 대하여 $f(-1) = a$, $f(b) = 5$일 때, $a + b$의 값을 구하시오.

04

일차함수 $y = 3x - 1$의 그래프를 y축의 방향으로 a만큼 평행이동하였더니 일차함수 $y = bx + 2$의 그래프가 되었다. 이때 $a + b$의 값은? (단, b는 상수)

① -4 ② -1 ③ 0

④ 2   ⑤ 6

05

일차함수 $y = 4x - 8$의 그래프의 x절편과 일차함수 $y = -\dfrac{2}{3}x + a$의 그래프의 y절편이 서로 같을 때, 상수 a의 값을 구하시오.

06

오른쪽 그림과 같은 일차함수의 그래프에서 x절편을 a, y절편을 b, 기울기를 c라 할 때, abc의 값을 구하시오.

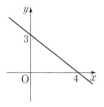

07

일차함수 $y = -\dfrac{2}{3}x + 4$의 그래프와 x축, y축으로 둘러싸인 도형의 넓이를 구하시오.

한걸음 더

08   문제 해결 🔒

서로 다른 세 점 $(-1, 1)$, $(2, 7)$, $(m, m+1)$이 한 직선 위에 있을 때, m의 값을 구하시오.

1

일차함수 $y=2x-5$의 그래프를 y축의 방향으로 k만큼 평행이동한 그래프가 점 $(-2, 3)$을 지날 때, k의 값을 구하시오. [5점]

 풀이

채점 기준 **1** 평행이동한 그래프가 나타내는 식 구하기 … 2점

채점 기준 **2** k의 값 구하기 … 3점

답

 한번더!

1-1

일차함수 $y=-4x+b$의 그래프를 y축의 방향으로 -3만큼 평행이동한 그래프가 점 $(2, -6)$을 지날 때, 상수 b의 값을 구하시오. [5점]

풀이

채점 기준 **1** 평행이동한 그래프가 나타내는 식 구하기 … 2점

채점 기준 **2** b의 값 구하기 … 3점

답

2

일차함수 $f(x)=ax-3$에 대하여 $f(2)=5$일 때, $f(3)-2f(-1)$의 값을 구하시오. (단, a는 상수) [6점]

 풀이

답

3

오른쪽 그림과 같은 두 일차함수 $y=f(x)$, $y=g(x)$의 그래프의 기울기를 각각 m, n이라 할 때, $m+n$의 값을 구하시오. [7점]

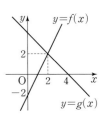

 풀이

답

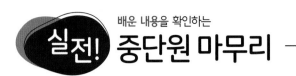
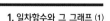
01

다음 중 y가 x의 함수가 <u>아닌</u> 것은?

① 자연수 x를 10으로 나누었을 때의 나머지 y
② 자연수 x와 30의 최소공배수 y
③ 자연수 x의 2배보다 작은 자연수 y
④ 한 개에 180 g인 사과 x개의 무게 y g
⑤ 반지름의 길이가 x cm인 원의 둘레의 길이 y cm

02

자연수 x와 18의 최대공약수를 y라 하고 $y=f(x)$로 나타낼 때, $f(12)+f(21)$의 값은?

① 9   ② 12   ③ 15
④ 18   ⑤ 21

03

다음 **보기**에서 y가 x에 대한 일차함수인 것을 모두 고른 것은?

```
┌─ 보기 ────────────────────────────────┐
│ ㄱ. y = 3/(x+2)        ㄴ. x²-y=x²+x-2 │
│ ㄷ. 2x+y-4            ㄹ. x+y=x-y+1   │
└────────────────────────────────────────┘
```

① ㄱ   ② ㄴ   ③ ㄷ
④ ㄴ, ㄷ   ⑤ ㄷ, ㄹ

04

$y=6x+3-2ax$가 x에 대한 일차함수가 되도록 하는 상수 a의 조건을 구하시오.

05 중요♡

일차함수 $f(x)=ax+5$에서 $f(2)=1$, $f(1)=b$일 때, $a+b$의 값은? (단, a는 상수)

① -3 ② 0   ③ 1
④ 2   ⑤ 3

06

점 $(2k, -k)$가 일차함수 $y=-2x+9$의 그래프 위에 있을 때, k의 값을 구하시오.

07 중요♡

일차함수 $y=3x+6$의 그래프를 y축의 방향으로 a만큼 평행이동하면 두 점 $(-2, -4)$, $(1, b)$를 지난다. 이때 $a+b$의 값은?

① -3 ② -2 ③ -1
④ 1   ⑤ 2

08

다음 일차함수의 그래프 중 x절편이 나머지 넷과 <u>다른</u> 하나는?

① $y=-2x-1$ ② $y=-x-\dfrac{1}{2}$

③ $y=-\dfrac{1}{2}x-2$ ④ $y=2x+1$

⑤ $y=4x+2$

09

일차함수 $y=ax+3$의 그래프는 점 $(-4, -1)$을 지나고 일차함수 $y=-5x+b$의 그래프와 y축 위에서 만난다. 상수 a, b에 대하여 ab의 값을 구하시오.

10

일차함수 $y=\dfrac{a}{3}x+4$의 그래프는 x의 값이 -3에서 6까지 증가할 때, y의 값은 2에서 8까지 증가한다. 이때 상수 a의 값은?

① -2 ② 1   ③ 2

④ 4   ⑤ 5

11

두 점 $(-3, 6)$, $(4, k)$를 지나는 일차함수의 그래프의 기울기가 -2일 때, k의 값은?

① -9 ② -8 ③ -7

④ -6 ⑤ -5

12

일차함수 $y=-\dfrac{5}{4}x+2$의 그래프의 y절편을 a, 일차함수 $y=4x-8$의 그래프의 기울기를 b라 할 때, 일차함수 $y=ax+b$의 그래프의 x절편은?

① -4 ② -2 ③ -1

④ 2   ⑤ 4

13 중요♡

다음 중 일차함수 $y=\dfrac{1}{2}x-4$의 그래프는?

① 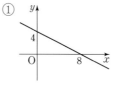   ②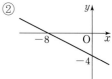

③ 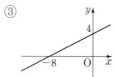   ④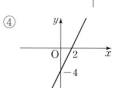

⑤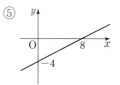

14

다음 일차함수의 그래프 중 제1사분면을 지나지 <u>않는</u> 것은?

① $y=3x-1$ ② $y=\dfrac{1}{2}x+2$

③ $y=-2x+4$ ④ $y=-x-5$

⑤ $y=5x+7$

교과서에서 쏙 빼온 문제

1

톱니가 각각 30개, 48개인 두 톱니바퀴 A, B가 서로 맞물려 돌고 있다. 톱니바퀴 A가 x회 회전할 때, 톱니바퀴 B는 y회 회전한다고 하자. 다음 물음에 답하시오.

(1) $y=f(x)$라 할 때, $f(x)$를 구하시오.

(2) $y=f(x)$에서 $x=64$일 때의 함숫값을 구하시오.

2

아래 그림과 같이 성냥개비를 사용하여 정사각형을 일렬로 이어 붙이려고 한다. 정사각형을 x개 만드는 데 필요한 성냥개비를 y개라 할 때, 다음 물음에 답하시오.

(1) 표를 완성하시오.

x	1	2	3	4	⋯
y					⋯

(2) x와 y 사이의 관계를 식으로 나타내고, y가 x에 대한 일차함수인지 아닌지 구하시오.

3

일차함수 $y=ax+3$의 그래프에서 x의 값이 3만큼 증가할 때, y의 값은 2만큼 감소한다. 이 함수의 그래프가 점 $(b, 1)$을 지날 때, ab의 값을 구하시오.

(단, a는 상수)

4

다음 그림과 같이 합동인 정사각형 65개로 이루어진 큰 직사각형에서 같은 색의 두 도형은 각각 합동이다. 이때 세 점 A, B, C를 지나는 빨간색 선을 경계로 큰 직사각형이 이등분되는 것처럼 보이지만 작은 정사각형 ■가 한 개 남아 실제로는 이등분되지 않는다. 그 이유를 설명하시오.

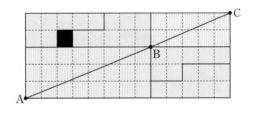

워크북 86쪽~87쪽에서 한번 더 연습해 보세요.

1 일차함수 $y=ax+b$의 그래프의 성질

(1) 기울기 a의 부호 : 그래프의 방향을 결정한다.
  ① $a>0$이면 x의 값이 증가할 때 y의 값도 증가한다.
    ➜ 오른쪽 위로 향하는 직선
  ② $a<0$이면 x의 값이 증가할 때 y의 값은 감소한다.
    ➜ 오른쪽 아래로 향하는 직선
  참고 a의 절댓값이 클수록 그래프는 y축에 가깝다.

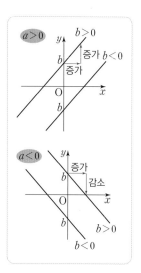

(2) y절편 b의 부호 : 그래프가 y축과 만나는 부분을 결정한다.
  ① $b>0$이면 y절편이 양수이다.
    ➜ y축과 양의 부분에서 만난다.
  ② $b<0$이면 y절편이 음수이다.
    ➜ y축과 음의 부분에서 만난다.
  참고 $b=0$이면 그래프는 원점을 지나는 직선이다.

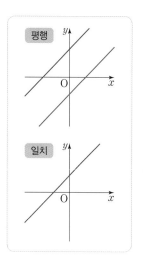

2 일차함수의 그래프의 평행과 일치

(1) 기울기가 같은 두 일차함수의 그래프는 서로 평행하거나 일치한다.
  ① 기울기가 같고 y절편이 다르면 두 그래프는 서로 평행하다.
  ② 기울기가 같고 y절편도 같으면 두 그래프는 일치한다.
  예 두 일차함수 $y=2x+1$, $y=2x+3$의 그래프
    ➜ 기울기가 같고 y절편이 다르므로 두 그래프는 서로 평행하다.
  참고 두 일차함수의 그래프에서 기울기가 서로 다르면 두 그래프는 한 점에서 만난다.
(2) 서로 평행한 두 일차함수의 그래프의 기울기는 서로 같다.

두 일차함수
$y=ax+b$, $y=cx+d$
의 그래프에 대하여
① $a=c$, $b\neq d$이면 평행하다.
② $a=c$, $b=d$이면 일치한다.

일차함수 $y=ax+b$의 그래프가 지나는 사분면을 a와 b의 부호만 보고 알 수 있을까?

원점을 지나지 않는 일차함수의 그래프는 기울기와 y절편에 따라 그래프가 지나는 사분면이 결정되며 다음과 같이 4가지 형태로 그려짐을 알 수 있다.

① $a>0$, $b>0$ ② $a>0$, $b<0$ ③ $a<0$, $b>0$ ④ $a<0$, $b<0$

개념 1 일차함수의 그래프의 성질을 알아볼까?

① (기울기)＞0, (y절편)＞0

　예 일차함수 $y=2x+1$의 그래프

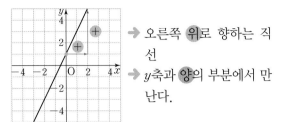

➡ 오른쪽 **위**로 향하는 직선

➡ y축과 **양**의 부분에서 만난다.

② (기울기)＞0, (y절편)＜0

　예 일차함수 $y=2x-1$의 그래프

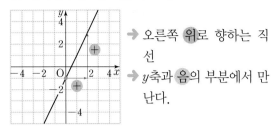

➡ 오른쪽 **위**로 향하는 직선

➡ y축과 **음**의 부분에서 만난다.

③ (기울기)＜0, (y절편)＞0

　예 일차함수 $y=-2x+1$의 그래프

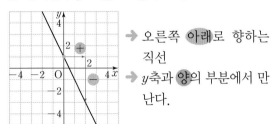

➡ 오른쪽 **아래**로 향하는 직선

➡ y축과 **양**의 부분에서 만난다.

④ (기울기)＜0, (y절편)＜0

　예 일차함수 $y=-2x-1$의 그래프

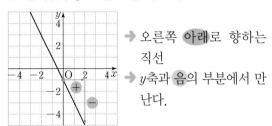

➡ 오른쪽 **아래**로 향하는 직선

➡ y축과 **음**의 부분에서 만난다.

1 다음을 만족시키는 직선을 그래프로 하는 일차함수의 식을 **보기**에서 모두 고르시오.

┌─ 보기 ─────────────────────────┐
ㄱ. $y=\dfrac{1}{2}x+3$　　　ㄴ. $y=-5x-2$

ㄷ. $y=3x+1$　　　ㄹ. $y=-8x$
└────────────────────────────────┘

(1) 오른쪽 아래로 향하는 직선

(2) x의 값이 증가할 때, y의 값도 증가하는 직선

1-1 다음을 만족시키는 직선을 그래프로 하는 일차함수의 식을 **보기**에서 모두 고르시오.

┌─ 보기 ─────────────────────────┐
ㄱ. $y=4x-1$　　　ㄴ. $y=-4x+3$

ㄷ. $y=\dfrac{1}{6}x+2$　　　ㄹ. $y=-\dfrac{1}{5}x-2$
└────────────────────────────────┘

(1) 오른쪽 위로 향하는 직선

(2) x의 값이 증가할 때, y의 값은 감소하는 직선

2 다음 중 일차함수 $y=-6x+5$의 그래프에 대한 설명으로 옳은 것에는 ○표, 옳지 않은 것에는 ×표를 하시오.

(1) 기울기는 6이다. 　　　　　(　　　)

(2) 점 $(-2, 17)$을 지난다. 　　(　　　)

(3) 오른쪽 아래로 향하는 직선이다. (　　　)

(4) y축과 음의 부분에서 만난다. (　　　)

2-1 다음 중 일차함수 $y=\dfrac{4}{3}x-2$의 그래프에 대한 설명으로 옳은 것에는 ○표, 옳지 않은 것에는 ×표를 하시오.

(1) x절편은 $\dfrac{3}{4}$, y절편은 -2이다. (　　　)

(2) 제2사분면과 제4사분면을 지난다. (　　　)

(3) x의 값이 증가할 때, y의 값도 증가한다. (　　　)

개념 2 기울기와 y절편은 두 일차함수의 그래프의 평행 또는 일치와 어떤 관계가 있을까?

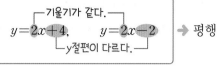

→ 평행

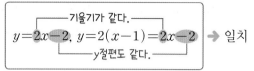

→ 일치

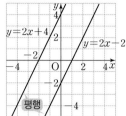

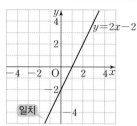

두 일차함수 $y=ax+b$,
$y=cx+d$의 그래프에서
(1) $a=c$, $b \neq d$이면 평행
(2) $a=c$, $b=d$이면 일치

참고 기울기가 서로 다른 두 일차함수의 그래프는 한 점에서 만난다.

---

3 아래 **보기**의 일차함수의 그래프에 대하여 다음 물음에 답하시오.

┌─ **보기** ─────────────────────┐
ㄱ. $y=2x-3$ ㄴ. $y=-3x+5$

ㄷ. $y=-x+2$ ㄹ. $y=2x+5$

ㅁ. $y=-\dfrac{1}{3}x-2$ ㅂ. $y=-(x-2)$
└────────────────────────────┘

(1) 서로 평행한 것끼리 짝 지으시오.

(2) 일치하는 것끼리 짝 지으시오.

3-1 아래 **보기**의 일차함수의 그래프에 대하여 다음 물음에 답하시오.

┌─ **보기** ─────────────────────┐
ㄱ. $y=3x+5$ ㄴ. $y=-\dfrac{1}{2}x+3$

ㄷ. $y=-3x+2$ ㄹ. $y=3(x-1)$

ㅁ. $y=-\dfrac{1}{2}(x-6)$ ㅂ. $y=-\dfrac{1}{3}x$
└────────────────────────────┘

(1) 서로 평행한 것끼리 짝 지으시오.

(2) 일치하는 것끼리 짝 지으시오.

---

4 다음 두 일차함수의 그래프가 서로 평행할 때, 상수 a의 값을 구하시오.

(1) $y=ax-1$, $y=3x+2$

(2) $y=-4x-7$, $y=-2ax+3$

4-1 다음 두 일차함수의 그래프가 서로 평행할 때, 상수 a의 값을 구하시오.

(1) $y=-\dfrac{3}{2}x-5$, $y=ax+4$

(2) $y=\dfrac{a}{2}x-6$, $y=-\dfrac{1}{6}x+1$

---

5 다음 두 일차함수의 그래프가 일치할 때, 상수 a, b의 값을 각각 구하시오.

(1) $y=ax+b$, $y=x-3$

(2) $y=2ax+5$, $y=6x+b$

5-1 다음 두 일차함수의 그래프가 일치할 때, 상수 a, b의 값을 각각 구하시오.

(1) $y=ax+2$, $y=-\dfrac{1}{3}x+b$

(2) $y=-2x+\dfrac{b}{3}$, $y=ax-4$

일차함수 $y=ax+b$의 그래프의 성질

01 다음 중 일차함수 $y=-2x+2$의 그래프에 대한 설명으로 옳지 <u>않은</u> 것은?

① 기울기는 -2이다.
② x절편은 1, y절편은 2이다.
③ 제2사분면을 지나지 않는다.
④ 오른쪽 아래로 향하는 직선이다.
⑤ x의 값이 증가할 때, y의 값은 감소한다.

02 다음 중 일차함수 $y=\dfrac{1}{3}x-1$의 그래프에 대한 설명으로 옳은 것은?

① 오른쪽 아래로 향하는 직선이다.
② x절편은 -3이다.
③ 제1, 2, 4사분면을 지난다.
④ x의 값이 증가할 때, y의 값도 증가한다.
⑤ 일차함수 $y=\dfrac{1}{3}x$의 그래프를 y축의 방향으로 1만큼 평행이동한 직선이다.

일차함수 $y=ax+b$의 그래프에서 a, b의 부호 (1) 중요✓

03 $a>0$, $b<0$일 때, 일차함수 $y=ax-b$의 그래프가 지나지 <u>않는</u> 사분면은?

① 제1사분면 ② 제2사분면 ③ 제3사분면
④ 제4사분면 ⑤ 제2, 4사분면

04 $a<0$, $b<0$일 때, 일차함수 $y=ax+ab$의 그래프가 지나지 <u>않는</u> 사분면은?

① 제1사분면 ② 제2사분면 ③ 제3사분면
④ 제4사분면 ⑤ 제1, 3사분면

일차함수 $y=ax+b$의 그래프에서 a, b의 부호 (2)

05 일차함수 $y=-ax+b$의 그래프가 오른쪽 그림과 같을 때, 상수 a, b의 부호를 각각 정하시오.

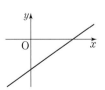

코칭 Plus

일차함수 $y=ax+b$의 그래프가
(1) 오른쪽 위로 향하면 $a>0$
　　오른쪽 아래로 향하면 $a<0$
(2) y축과 양의 부분에서 만나면 $b>0$
　　y축과 음의 부분에서 만나면 $b<0$

06 일차함수 $y=-ax-b$의 그래프가 오른쪽 그림과 같을 때, 다음 중 상수 a, b의 부호로 알맞은 것은?

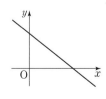

① $a>0$, $b>0$
② $a>0$, $b=0$
③ $a>0$, $b<0$
④ $a<0$, $b>0$
⑤ $a<0$, $b<0$

개념 완성하기

교과서 대표 문제로

• 일차함수의 그래프의 평행 (1)   중요✩

07 두 일차함수 $y=(2a+1)x-1$과 $y=ax+3$의 그래프가 서로 평행할 때, 상수 a의 값은?

① -2　　　② -1　　　③ 1

④ 2　　　⑤ 3

08 두 일차함수 $y=ax+4$와 $y=-3x+b$의 그래프가 만나지 않기 위한 상수 a, b의 조건을 각각 구하시오.

• 일차함수의 그래프의 평행 (2)

09 다음 **보기**의 일차함수 중 그 그래프가 오른쪽 그림의 그래프와 평행한 것을 모두 고르시오.

┌─ 보기 ─────────────────────┐
ㄱ. $y=-\dfrac{4}{3}x+1$　　ㄴ. $y=\dfrac{3}{4}x+2$

ㄷ. $y=\dfrac{3}{4}x+5$　　ㄹ. $y=\dfrac{4}{3}x-2$
└────────────────────────────┘

10 오른쪽 그림의 그래프와 일차함수 $y=ax+1$의 그래프가 서로 평행할 때, 상수 a의 값은?

① -5　　　② $-\dfrac{5}{2}$

③ -2　　　④ $-\dfrac{2}{5}$

⑤ $\dfrac{2}{5}$

• 일차함수의 그래프의 일치

11 두 일차함수 $y=2ax+7$과 $y=-2x+2b-a$의 그래프가 일치할 때, 상수 a, b에 대하여 $a+b$의 값은?

① 0　　　② 1　　　③ 2

④ 3　　　⑤ 4

12 일차함수 $y=ax+1$의 그래프를 y축의 방향으로 -4만큼 평행이동하면 일차함수 $y=-4x+b$의 그래프와 일치한다. 이때 상수 a, b에 대하여 $a+b$의 값은?

① -7　　　② -5　　　③ -3

④ -1　　　⑤ 1

02 일차함수의 식과 활용

1 일차함수의 식 구하기

(1) 기울기와 y절편을 알 때

기울기가 a이고, y절편이 b인 직선을 그래프로 하는 일차함수의 식은 $y=ax+b$이다.

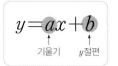

예 기울기가 3이고, y절편이 2인 직선을 그래프로 하는 일차함수의 식은 $y=3x+2$이다.

(2) 기울기와 한 점의 좌표를 알 때

기울기가 a이고, 점 (x_1, y_1)을 지나는 직선을 그래프로 하는 일차함수의 식을 구하는 방법은 다음과 같다.

❶ 일차함수의 식을 $y=ax+b$로 놓는다.

❷ $y=ax+b$에 $x=x_1$, $y=y_1$을 대입하여 b의 값을 구한다.

(3) 서로 다른 두 점의 좌표를 알 때

서로 다른 두 점 (x_1, y_1), (x_2, y_2)를 지나는 직선을 그래프로 하는 일차함수의 식을 구하는 방법은 다음과 같다.

❶ 기울기 a를 구한다.

➔ $a=\dfrac{y_2-y_1}{x_2-x_1}=\dfrac{y_1-y_2}{x_1-x_2}$ (단, $x_1 \ne x_2$)

❷ 일차함수의 식을 $y=ax+b$로 놓고, 한 점의 좌표를 대입하여 b의 값을 구한다.

참고 두 점을 지나는 그래프에서 $\dfrac{(y\text{의 값의 증가량})}{(x\text{의 값의 증가량})}$으로 기울기를 구할 수도 있다.

(4) x절편과 y절편을 알 때

x절편이 m, y절편이 n인 직선을 그래프로 하는 일차함수의 식을 구하는 방법은 다음과 같다.

❶ 두 점 $(m, 0)$, $(0, n)$을 지나는 그래프의 기울기 a를 구한다.

➔ $a=\dfrac{n-0}{0-m}=-\dfrac{n}{m}$ ← $(\text{기울기})=-\dfrac{(y\text{절편})}{(x\text{절편})}$

❷ y절편이 n이므로 일차함수의 식은 $y=-\dfrac{n}{m}x+n$이다.

2 일차함수의 활용 문제

❶ 변수 정하기 : 관계를 나타내려는 두 변수를 x, y로 놓는다.

❷ 일차함수의 식 구하기 : 문제 상황에 맞게 일차함수의 식을 세운다.

❸ 함숫값 구하기 : 일차함수의 식이나 그래프를 이용하여 함숫값을 구한다.

❹ 확인하기 : 구한 값이 문제 상황에 적합한지 확인한다.

일차함수의 그래프의 기울기는 다음의 각 경우에도 구할 수 있다.

(i) x의 값의 증가량에 대한 y의 값의 증가량이 주어진 경우

(ii) 평행한 직선이 주어진 경우

서로 다른 두 점의 좌표를 알 때, 다음 방법으로 구할 수도 있다.

❶ 일차함수의 식을 $y=ax+b$로 놓고 두 점의 좌표를 각각 대입한다.

❷ ❶에서 얻은 두 일차방정식을 연립하여 풀어 a, b의 값을 각각 구한다.

x절편이 m, y절편이 n임을 알 때, 다음 방법으로 구할 수도 있다.

❶ 일차함수의 식을 $y=ax+n$으로 놓는다.

❷ ❶의 식에 점 $(m, 0)$의 좌표를 대입하여 a의 값을 구한다.

일차함수의 활용 문제에서 변수 x, y를 정하는 방법은?

일차함수의 활용 문제에서 x, y가 주어지지 않은 경우에는 먼저 변하는 양을 x로 놓고, x의 값에 따라 변하는 양을 y로 놓아 식을 세운다.

예를 들어 시간이 지남에 따라 온도가 변할 때, 시간을 x로, 온도를 y로 놓을 수 있다.

개념 1 기울기와 y절편이 주어진 일차함수의 식은 어떻게 구할까?

기울기가 3이고, y절편이 5인 직선을 그래프로 하는 일차함수의 식을 구해 보자.

| 일차함수의 식을 $y=ax+b$로 놓기 | → | 기울기가 3이므로 $y=3x+b$ | → | y절편이 5이므로 $y=3x+5$ |

> 기울기가 ●이고, y절편이 ▲인 직선을 그래프로 하는 일차함수의 식은
> $y=$●$x+$▲

1 다음과 같은 직선을 그래프로 하는 일차함수의 식을 구하시오.

(1) 기울기가 -2이고, y절편이 5인 직선

(2) 기울기가 $\dfrac{1}{2}$이고, 점 $(0, 1)$을 지나는 직선

(3) 일차함수 $y=3x-4$의 그래프와 평행하고, y절편이 -2인 직선

(4) x의 값이 2만큼 증가할 때 y의 값은 8만큼 증가하고, 점 $(0, -3)$을 지나는 직선

1-1 다음과 같은 직선을 그래프로 하는 일차함수의 식을 구하시오.

(1) 기울기가 3이고, y절편이 -4인 직선

(2) 기울기가 -5이고, 점 $(0, 3)$을 지나는 직선

(3) 일차함수 $y=-2x+5$의 그래프와 평행하고, y절편이 -6인 직선

(4) x의 값이 4만큼 증가할 때 y의 값은 2만큼 감소하고, 점 $(0, 2)$를 지나는 직선

개념 2 기울기와 한 점의 좌표가 주어진 일차함수의 식은 어떻게 구할까?

기울기가 2이고, 점 $(-1, -5)$를 지나는 직선을 그래프로 하는 일차함수의 식을 구해 보자.

| 일차함수의 식을 $y=ax+b$로 놓기 | → | 기울기가 2이므로 $y=2x+b$ | → | 점 $(-1, -5)$를 지나므로 $x=-1$, $y=-5$를 대입하면 $-5=-2+b$ ∴ $b=-3$ | → | $y=2x-3$ |

2 다음과 같은 직선을 그래프로 하는 일차함수의 식을 구하시오.

(1) 기울기가 -1이고, 점 $(2, -3)$을 지나는 직선

(2) 일차함수 $y=-3x+5$의 그래프와 평행하고, 점 $(1, 4)$를 지나는 직선

(3) x의 값이 3만큼 증가할 때 y의 값은 1만큼 감소하고, 점 $(-3, 3)$을 지나는 직선

2-1 다음과 같은 직선을 그래프로 하는 일차함수의 식을 구하시오.

(1) 기울기가 3이고, 점 $(-1, 5)$를 지나는 직선

(2) 일차함수 $y=-\dfrac{1}{2}x-3$의 그래프와 평행하고, 점 $(-2, 3)$을 지나는 직선

(3) x의 값이 2만큼 증가할 때 y의 값은 4만큼 증가하고, 점 $(1, -2)$를 지나는 직선

개념 3 서로 다른 두 점의 좌표가 주어진 일차함수의 식은 어떻게 구할까?

두 점 $(1, 1)$, $(3, 7)$을 지나는 직선을 그래프로 하는 일차함수의 식을 구해 보자.

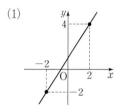

| 일차함수의 식을 $y=ax+b$로 놓기 | → | $(기울기)=\dfrac{7-1}{3-1}=3$이므로 $y=3x+b$ | → | $x=1$, $y=1$을 대입하면 $1=3+b$ ∴ $b=-2$ | → | $y=3x-2$ |

$x=3$, $y=7$을 대입해도 b의 값은 같다.

3 다음 두 점을 지나는 직선을 그래프로 하는 일차함수의 식을 구하시오.

(1) $(1, 2)$, $(3, 4)$

(2) $(-2, 1)$, $(1, 2)$

(3) $(2, 4)$, $(5, -2)$

3-1 다음 그림과 같은 직선을 그래프로 하는 일차함수의 식을 구하시오.

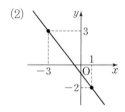

(1)

(2)

개념 4 x절편과 y절편이 주어진 일차함수의 식은 어떻게 구할까?

x절편이 2, y절편이 -4인 직선을 그래프로 하는 일차함수의 식을 구해 보자.

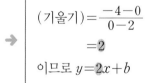

| 일차함수의 식을 $y=ax+b$로 놓기 | → | x절편이 2이다. → 점 $(2, 0)$을 지난다. y절편이 -4이다. → 점 $(0, -4)$를 지난다. | → | $(기울기)=\dfrac{-4-0}{0-2}$ $=2$ 이므로 $y=2x+b$ | → | y절편이 -4이므로 $y=2x-4$ |

4 다음과 같은 직선을 그래프로 하는 일차함수의 식을 구하시오.

(1) x절편이 1, y절편이 5인 직선

(2) x절편이 -2, y절편이 8인 직선

(3) x절편이 4, y절편이 -6인 직선

4-1 다음 그림과 같은 직선을 그래프로 하는 일차함수의 식을 구하시오.

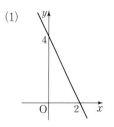

(1)

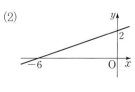

(2)

개념 5 일차함수의 활용 문제는 어떻게 풀까?

<u>40 L의 물이 들어 있는 물통</u>에 <u>1분에 15 L씩 일정한 속력으로 물을 넣을 때,</u> 6분 후에 물통에 들어 있는 물의 양을 구해 보자.

변수 정하기	x분 후에 물통에 들어 있는 물의 양을 y L라 하자.
일차함수의 식 구하기	1분에 15 L씩 물을 넣으므로 x분 동안 넣은 물의 양은 $15x$ L이다. 처음 물의 양이 40 L이었으므로 x와 y 사이의 관계를 식으로 나타내면 $y=15x+40$
함숫값 구하기	6분 후의 물의 양은 $x=6$일 때 y의 값이므로 $y=15x+40$에 $x=6$을 대입하면 $y=15\times 6+40=130$ 따라서 6분 후에 물통에 들어 있는 물의 양은 130 L이다.
확인하기	구한 값이 문제 상황에 적합한지 확인한다.

5 길이가 12 cm인 용수철에 10 g의 추를 매달 때마다 용수철의 길이가 2 cm씩 일정하게 늘어난다고 한다. 이 용수철에 x g의 추를 매달았을 때의 용수철의 길이를 y cm라 할 때, 다음 물음에 답하시오.

(1) x와 y 사이의 관계를 식으로 나타내시오.

(2) 80 g의 추를 매달았을 때의 용수철의 길이는 몇 cm인지 구하시오.

(3) 용수철의 길이가 24 cm일 때, 매달은 추의 무게는 몇 g인지 구하시오.

5-1 온도가 10 ℃인 물을 가열하면 물의 온도가 4분마다 20 ℃씩 일정하게 올라간다고 한다. 가열한 지 x분 후의 물의 온도를 y ℃라 할 때, 다음 물음에 답하시오.

(1) x와 y 사이의 관계를 식으로 나타내시오.

(2) 가열한 지 7분 후의 물의 온도는 몇 ℃인지 구하시오.

(3) 가열한 지 몇 분 후에 물의 온도가 85 ℃가 되는지 구하시오.

6 기차가 A 역을 출발하여 420 km 떨어진 B 역까지 시속 120 km로 달리고 있다. A 역을 출발한 지 x시간 후에 B 역까지 남은 거리를 y km라 할 때, 다음 물음에 답하시오.

(1) x와 y 사이의 관계를 식으로 나타내시오.

(2) A 역을 출발한 지 2시간 후에 B 역까지 남은 거리는 몇 km인지 구하시오.

(3) B 역까지 남은 거리가 60 km가 되는 것은 출발한 지 몇 시간 후인지 구하시오.

6-1 어느 환자가 800 mL의 수액을 10분에 60 mL씩 일정한 속력으로 맞고 있다. 수액을 맞기 시작한 지 x분 후에 남아 있는 수액의 양을 y mL라 할 때, 다음 물음에 답하시오.

(1) x와 y 사이의 관계를 식으로 나타내시오.

(2) 수액을 맞기 시작한 지 40분 후에 남아 있는 수액의 양은 몇 mL인지 구하시오.

(3) 수액을 맞기 시작한 지 몇 분 후에 남아 있는 수액의 양이 380 mL가 되는지 구하시오.

◆ 일차함수의 식 구하기 – 기울기와 y절편을 알 때 ◆

01 x의 값이 2만큼 증가할 때 y의 값은 3만큼 감소하고, 일차함수 $y=x+3$의 그래프와 y축 위에서 만나는 직선을 그래프로 하는 일차함수의 식은?

① $y=-\dfrac{3}{2}x-3$ ② $y=-\dfrac{3}{2}x+3$

③ $y=\dfrac{3}{2}x-3$ ④ $y=\dfrac{3}{2}x+3$

⑤ $y=2x+3$

02 오른쪽 그림과 같은 직선과 평행하고, y절편이 5인 직선을 그래프로 하는 일차함수의 식을 구하시오.

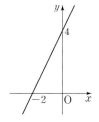

◆ 일차함수의 식 구하기 – 기울기와 한 점의 좌표를 알 때 중요☆ ◆

03 점 $(-1, 5)$를 지나고, 일차함수 $y=-2x+1$의 그래프와 평행한 직선을 그래프로 하는 일차함수의 식을 구하시오.

04 기울기가 $\dfrac{1}{3}$이고, x절편이 6인 직선을 그래프로 하는 일차함수의 식을 구하시오.

◆ 일차함수의 식 구하기 – 서로 다른 두 점의 좌표를 알 때 중요☆ ◆

05 두 점 $(1, 2)$, $(-3, -2)$를 지나는 일차함수의 그래프가 점 $(5, k)$를 지날 때, k의 값을 구하시오.

06 오른쪽 그림과 같은 직선을 그래프로 하는 일차함수의 식을 $y=ax+b$라 할 때, 상수 a, b에 대하여 $a+b$의 값을 구하시오.

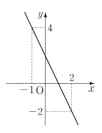

◆ 일차함수의 식 구하기 – x절편과 y절편을 알 때 ◆

07 x절편이 3이고, y절편이 -3인 직선이 점 $(6, k)$를 지날 때, k의 값을 구하시오.

08 일차함수 $y=2x-8$의 그래프와 x축 위에서 만나고, y절편이 -2인 직선을 그래프로 하는 일차함수의 식을 구하시오.

일차함수의 활용 (1) 중요♡

09 휘발유 1 L로 20 km를 달릴 수 있는 자동차에 50 L의 휘발유가 들어 있다. 이 자동차로 x km를 달린 후에 남아 있는 휘발유의 양을 y L라 할 때, 다음 물음에 답하시오.

(1) x와 y 사이의 관계를 식으로 나타내시오.

(2) 300 km를 달린 후에 남아 있는 휘발유의 양은 몇 L인지 구하시오.

10 110 L의 물을 넣을 수 있는 욕조에 20 L의 물이 들어 있다. 이 욕조에 3분에 9 L씩 일정한 속력으로 물을 넣을 때, 물을 넣기 시작한 지 몇 분 후에 욕조에 물이 가득 차는지 구하시오.

일차함수의 활용 (2)

11 오른쪽 그래프는 어느 택배 회사에서 무게가 x kg인 물건의 배송 가격을 y원이라 할 때, x와 y 사이의 관계를 나타낸 것이다. 다음 물음에 답하시오.

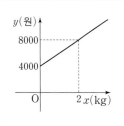

(1) x와 y 사이의 관계를 식으로 나타내시오.

(2) 무게가 5 kg인 물건의 배송 가격을 구하시오.

12 오른쪽 그래프는 길이가 40 cm인 양초에 불을 붙인 지 x시간 후에 남은 양초의 길이를 y cm라 할 때, x와 y 사이의 관계를 나타낸 것이다. 불을 붙인 지 몇 시간 후에 남은 양초의 길이가 15 cm가 되는지 구하시오.

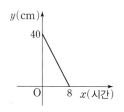

일차함수의 활용 (3)

13 오른쪽 그림과 같은 직각삼각형 ABC에서 점 P가 점 B를 출발하여 변 BC를 따라 점 C까지 1초에 3 cm씩 움직이고 있다.
점 P가 점 B를 출발한 지 x초 후의 삼각형 ABP의 넓이를 y cm²라 할 때, 다음 물음에 답하시오.

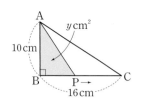

(1) x와 y 사이의 관계를 식으로 나타내시오.

(2) 점 P가 점 B를 출발한 지 5초 후의 삼각형 ABP의 넓이를 구하시오.

14 오른쪽 그림과 같은 직사각형 ABCD에서 점 P가 점 B를 출발하여 변 BC를 따라 점 C까지 1초에 2 cm씩 움직이고 있다. 점 P가 점 B를 출발한 지 x초 후의 사다리꼴 APCD의 넓이를 y cm²라 할 때, 다음 물음에 답하시오.

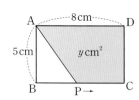

(1) x와 y 사이의 관계를 식으로 나타내시오.

(2) 사다리꼴 APCD의 넓이가 25 cm²가 되는 것은 점 P가 점 B를 출발한 지 몇 초 후인지 구하시오.

01

다음 중 일차함수 $y=-\dfrac{1}{2}x+1$의 그래프에 대한 설명으로 옳지 <u>않은</u> 것은?

① 오른쪽 아래로 향하는 직선이다.
② x절편은 2이고, y절편은 1이다.
③ 점 $(-2, 2)$를 지난다.
④ 제1, 2, 3사분면을 지난다.
⑤ 일차함수 $y=-\dfrac{1}{3}x+1$의 그래프보다 y축에 더 가깝다.

02

일차함수 $y=ax+3$의 그래프는 점 $(1, b)$를 지나고, 일차함수 $y=-6x+2$의 그래프와 만나지 않는다. 이때 $a+b$의 값은? (단, a는 상수)

① -9 ② -6 ③ -3
④ 3 ⑤ 6

03

x의 값이 5만큼 증가할 때 y의 값은 3만큼 증가하고, y절편이 -1인 직선이 점 $(p, -2)$를 지날 때, p의 값은?

① -2 ② $-\dfrac{5}{3}$ ③ $-\dfrac{3}{2}$
④ $-\dfrac{4}{3}$ ⑤ -1

04

일차함수 $y=-3x+5$의 그래프와 평행하고, 점 $(2, -10)$을 지나는 직선이 y축과 만나는 점의 좌표를 구하시오.

05

오른쪽 그림과 같은 일차함수의 그래프의 x절편을 구하시오.

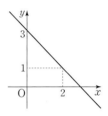

06

두 점 $(-2, 6)$, $(4, -3)$을 지나는 일차함수의 그래프가 점 $(k, -k)$를 지날 때, k의 값은?

① 1 ② 3 ③ 5
④ 6 ⑤ 8

07

일차함수 $y=x-4$의 그래프와 x축 위에서 만나고, 일차함수 $y=-\dfrac{1}{4}x+3$의 그래프와 y축 위에서 만나는 직선을 그래프로 하는 일차함수의 식을 구하시오.

08

길이가 30 cm인 향초에 불을 붙이면 향초의 길이가 3분마다 1 cm씩 일정하게 짧아진다고 한다. 이 향초에 불을 붙인 지 24분 후에 남은 향초의 길이는?

① 20 cm   ② 21 cm   ③ 22 cm

④ 23 cm   ⑤ 24 cm

09

공기 중에서 소리의 속력은 기온이 0 ℃일 때 초속 331 m이고, 기온이 1 ℃ 올라갈 때마다 초속 0.6 m씩 일정하게 증가한다고 한다. 소리의 속력이 초속 343 m일 때의 기온은?

① 18 ℃   ② 20 ℃   ③ 22 ℃

④ 24 ℃   ⑤ 26 ℃

10

150 L의 물이 남아 있는 수영장을 청소하기 위해 4분에 20 L씩 일정한 속력으로 물을 빼고 있다. 물을 빼기 시작한 지 몇 분 후에 수영장의 물이 모두 빠지는가?

① 26분 후   ② 27분 후   ③ 28분 후

④ 29분 후   ⑤ 30분 후

한걸음 더

11 추론 💬

일차함수 $y = -ax - b$의 그래프가 오른쪽 그림과 같을 때, 일차함수 $y = bx - a$의 그래프가 지나지 <u>않는</u> 사분면은? (단, a, b는 상수)

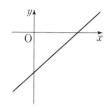

① 제1사분면   ② 제2사분면

③ 제3사분면   ④ 제4사분면

⑤ 제1, 3사분면

12 문제 해결 🔒

두 점 $(1, 3-k)$, $(-2, 3k)$를 지나는 직선이 일차함수 $y = -\frac{5}{3}x + 4$의 그래프와 평행할 때, 이 두 점을 지나는 직선을 그래프로 하는 일차함수의 식을 구하시오.

13 문제 해결 🔒

섭씨온도(℃)는 물의 어는점을 0 ℃, 끓는점을 100 ℃로 하여 그 사이를 100등분한 온도이고, 화씨온도(℉)는 물의 어는점을 32 ℉, 끓는점을 212 ℉로 하여 그 사이를 180등분한 온도이다. 위의 그래프는 섭씨온도를 x ℃, 화씨온도를 y ℉라 할 때, x와 y 사이의 관계를 나타낸 것이다. 화씨온도가 86 ℉일 때, 섭씨온도는 몇 ℃인지 구하시오.

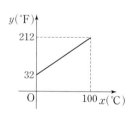

1

두 점 $(-4, 3)$, $(2, 0)$을 지나는 직선과 평행하고, 점 $(2, 3)$을 지나는 직선을 그래프로 하는 일차함수의 식을 구하시오. [6점]

 풀이

채점 기준 1   구하는 일차함수의 그래프의 기울기 구하기 … 3점

채점 기준 2   일차함수의 식 구하기 … 3점

답

1-1

x절편이 -3, y절편이 -5인 직선과 평행하고, 점 $(-3, 2)$를 지나는 직선을 그래프로 하는 일차함수의 식을 구하시오. [6점]

 풀이

채점 기준 1   구하는 일차함수의 그래프의 기울기 구하기 … 3점

채점 기준 2   일차함수의 식 구하기 … 3점

답

2

일차함수 $y=ax+b$의 그래프가 오른쪽 그림과 같을 때, 일차함수 $y=bx+8a$의 그래프의 x절편을 구하시오. (단, a, b는 상수) [5점]

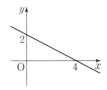

풀이

답

3

오른쪽 그림과 같은 직사각형 ABCD에서 점 P가 점 B를 출발하여 변 BC를 따라 점 C까지 1초에 4 cm씩 움직이고 있다. 점 P가 점 B를 출발한 지 x초 후의 사다리꼴 APCD의 넓이를 y cm²라 할 때, 사다리꼴 APCD의 넓이가 1360 cm²가 되는 것은 점 P가 점 B를 출발한 지 몇 초 후인지 구하시오. [6점]

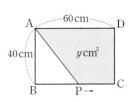

풀이

답

01

다음 일차함수 중 그 그래프가 오른쪽 아래로 향하는 것을 모두 고르면? (정답 2개)

① $y=2x+1$
② $y=-\dfrac{1}{3}x+3$
③ $y=-\dfrac{1}{4}x-5$
④ $y=\dfrac{1}{8}x-1$
⑤ $y=7x-\dfrac{1}{2}$

02

다음 중 일차함수 $y=3x$의 그래프를 y축의 방향으로 -6만큼 평행이동한 그래프에 대한 설명으로 옳지 <u>않은</u> 것은?

① y절편은 -6이다.
② 제2, 3, 4사분면을 지난다.
③ x축과 만나는 점의 좌표는 $(2, 0)$이다.
④ x의 값이 2만큼 증가할 때, y의 값은 6만큼 증가한다.
⑤ 일차함수 $y=3x-2$의 그래프를 y축의 방향으로 -4만큼 평행이동한 것이다.

03 중요♡

$a<0$, $b>0$일 때, 일차함수 $y=abx-a$의 그래프가 지나지 <u>않는</u> 사분면은?

① 제1사분면
② 제2사분면
③ 제3사분면
④ 제4사분면
⑤ 제1, 3사분면

04

일차함수 $y=ax+6$의 그래프와 x축, y축으로 둘러싸인 도형의 넓이가 9일 때, 양수 a의 값을 구하시오.

05

다음 일차함수 중 그 그래프가 일차함수 $y=2x-3$의 그래프와 만나지 <u>않는</u> 것은?

① $y=3x-2$
② $y=x-3$
③ $y=2x+1$
④ $y=\dfrac{1}{2}x-3$
⑤ $y=-2x+3$

06 중요♡

일차함수 $y=ax+3$의 그래프가 오른쪽 그림의 그래프와 서로 평행하고, 점 $(-2, b)$를 지날 때, ab의 값을 구하시오. (단, a는 상수)

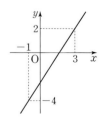

07 중요♥

일차함수 $y=-5x+3$의 그래프와 평행하고, 일차함수 $y=\dfrac{1}{3}x-2$의 그래프와 y축 위에서 만나는 직선을 그래프로 하는 일차함수의 식은?

① $y=-5x-2$ ② $y=-5x+1$
③ $y=-5x+3$ ④ $y=5x-2$
⑤ $y=5x+3$

08

다음 중 기울기가 $\dfrac{1}{2}$이고, 점 $(4, 3)$을 지나는 일차함수의 그래프는?

① 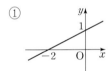   ②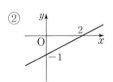

③ 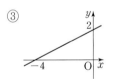   ④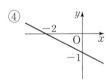

⑤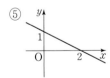

09

두 점 $(-2, 3)$, $(3, -1)$을 지나는 일차함수의 그래프의 y절편을 구하시오.

10

다음 **보기**에서 서로 평행한 직선을 바르게 짝 지은 것은?

┌─ 보기 ─
ㄱ. x절편이 3이고, y절편이 2인 직선
ㄴ. 두 점 $(3, 1)$, $(5, 4)$를 지나는 직선
ㄷ. x절편이 2이고, 점 $(5, 2)$를 지나는 직선
ㄹ. x의 값이 3만큼 증가할 때 y의 값은 2만큼 감소하고, 원점을 지나는 직선
└──

① ㄱ과 ㄴ   ② ㄱ과 ㄹ   ③ ㄴ과 ㄷ
④ ㄴ과 ㄹ   ⑤ ㄷ과 ㄹ

11

비커에 담긴 물을 가열하면서 1분마다 물의 온도를 재었더니 일정하게 온도가 올라갔다. 다음 표는 비커에 담긴 물을 가열한 지 x분 후의 물의 온도 y ℃를 나타낸 것이다. 가열한 지 12분 후의 물의 온도는?

x	0	1	2	3	4	5
y	5	9	13	17	21	25

① 46 ℃   ② 48 ℃   ③ 50 ℃
④ 53 ℃   ⑤ 55 ℃

12 중요♥

성주가 버스를 타고 집에서 200 km 떨어진 할머니 댁에 가려고 한다. 버스가 시속 80 km로 달릴 때, 할머니 댁까지 남은 거리가 40 km가 되는 것은 출발한 지 몇 시간 후인지 구하시오.

1

좌표평면 위에 아래와 같이 정오각형, 정육각형을 이루는 직선을 그렸을 때, 11개의 직선 a, b, c, d, e, f, g, h, i, j, k에 대하여 다음을 모두 구하시오.

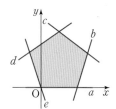 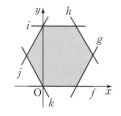

(1) 정오각형에서 기울기가 가장 큰 직선

(2) 정육각형에서 기울기가 가장 작은 직선

(3) 정오각형에서 y절편이 가장 큰 직선

(4) 정육각형에서 x절편이 가장 작은 직선

2

주은이와 주영이는 에탄올의 끓는점을 알아보기 위해 비커에 에탄올을 넣고 가열하였다. 25 ℃인 에탄올의 온도가 1분에 6 ℃씩 일정하게 올라갔을 때, 가열한 지 8분 후의 에탄올의 온도를 구하시오.

3

아래 그래프는 맑은 날 열기구를 타고 지상으로부터 x m 상승했을 때 측정한 기온 y ℃의 관계를 나타낸 것이다. 다음 물음에 답하시오.

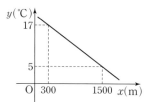

(1) x와 y 사이의 관계를 식으로 나타내시오.

(2) 기온이 10 ℃인 곳은 지상으로부터 몇 m 높이인지 구하시오.

4

다음 그림과 같이 도형이 규칙성을 가지고 변화할 때, 도형을 이루는 작은 정사각형의 개수를 나타내는 규칙을 찾아 100단계에 해당하는 도형은 몇 개의 작은 정사각형으로 이루어져 있는지 구하시오.

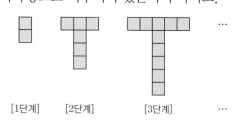

[1단계]　　[2단계]　　　[3단계]　　　…

워크북 **88쪽**에서
한번 더 연습해 보세요

01 일차함수와 일차방정식의 관계

1 일차함수와 일차방정식

(1) 미지수가 2개인 일차방정식의 그래프

미지수가 2개인 일차방정식의 해의 순서쌍 (x, y)를 좌표로 하는 모든 점을 좌표평면 위에 나타낸 것

(2) **직선의 방정식** : x, y의 값의 범위가 수 전체일 때, 일차방정식

$$ax+by+c=0 \ (a, b, c는 상수, a \neq 0 \ 또는 \ b \neq 0)$$

을 직선의 방정식이라 한다.

(3) 일차방정식과 일차함수의 그래프

일차방정식 $ax+by+c=0$ (a, b, c는 상수, $\underline{a \neq 0, \ b \neq 0}$)의 그래프는 일차함수

$\quad \longrightarrow a \neq 0$이고, $b \neq 0$

$y = -\dfrac{a}{b}x - \dfrac{c}{b}$의 그래프와 같다.

> 일차방정식의 해가 유한 개이면 그래프도 유한 개의 점으로 나타나고, 해가 무수히 많으면 그래프가 직선으로 나타난다.

> 일차방정식 $ax+by+c=0$에서 $a=0$이면 $y=-\dfrac{c}{b}$, $b=0$이면 $x=-\dfrac{c}{a}$가 되므로 일차함수가 아니다.

2 일차방정식 $x=p$, $y=q$의 그래프

(1) 방정식 $x=p$ (p는 상수, $p \neq 0$)의 그래프 : 점 $(p, 0)$을 지나고, y축에 평행한 직선

(2) 방정식 $y=q$ (q는 상수, $q \neq 0$)의 그래프 : 점 $(0, q)$를 지나고, x축에 평행한 직선

$\quad \longrightarrow y$축에 수직

참고 방정식 $x=0$의 그래프는 y축을, 방정식 $y=0$의 그래프는 x축을 나타낸다.

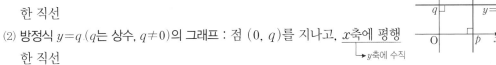

> 방정식 $x=p$는 x의 값 하나에 대응하는 y의 값이 무수히 많으므로 함수가 아니다.
> 또, 방정식 $y=q$는 x의 값 하나에 대응하는 y의 값이 하나이므로 함수이지만 일차함수는 아니다.

3 연립방정식의 해와 일차함수의 그래프

(1) 연립방정식의 해와 일차함수의 그래프

연립방정식 $\begin{cases} ax+by+c=0 \\ a'x+b'y+c'=0 \end{cases}$ 의 해가 $x=p$, $y=q$이면 두 일차함수

$y = -\dfrac{a}{b}x - \dfrac{c}{b}$, $y = -\dfrac{a'}{b'}x - \dfrac{c'}{b'}$의 그래프의 교점의 좌표는 (p, q)이다.

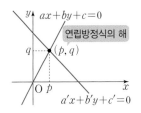

연립방정식의 해 $x=p$, $y=q$	$\Longleftrightarrow$	두 그래프의 교점의 좌표 (p, q)

(2) 연립방정식의 해의 개수와 두 그래프의 위치 관계

연립방정식 $\begin{cases} ax+by+c=0 \\ a'x+b'y+c'=0 \end{cases}$ 의 해의 개수는 두 일차방정식의 그래프의 교점의 개수와 같다.

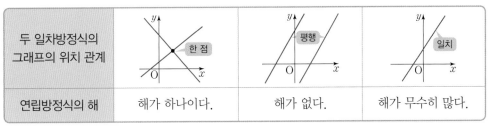

두 일차방정식의 그래프의 위치 관계	한 점	평행	일치
연립방정식의 해	해가 하나이다.	해가 없다.	해가 무수히 많다.

> 연립방정식 $\begin{cases} ax+by+c=0 \\ a'x+b'y+c'=0 \end{cases}$ 에서
> ① $\dfrac{a}{a'} \neq \dfrac{b}{b'}$
> ➡ 해가 하나이다.
> ② $\dfrac{a}{a'} = \dfrac{b}{b'} \neq \dfrac{c}{c'}$
> ➡ 해가 없다.
> ③ $\dfrac{a}{a'} = \dfrac{b}{b'} = \dfrac{c}{c'}$
> ➡ 해가 무수히 많다.

개념 1 일차함수와 미지수가 2개인 일차방정식은 어떤 관계가 있을까?

일차방정식 $2x-y-3=0$의 해 (x, y)를 좌표로 하는 점을 x, y의 값의 범위에 따라 그려 보면

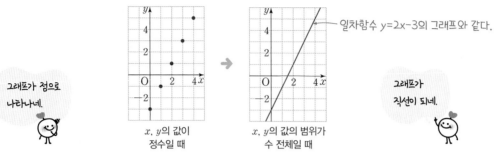

그래프가 점으로 나타나네.

x, y의 값이 정수일 때

일차함수 $y=2x-3$의 그래프와 같다.

x, y의 값의 범위가 수 전체일 때

그래프가 직선이 되네.

일차방정식 $2x-y-3=0$	그래프 ⇌ 직선의 방정식	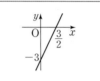	그래프 ⇌ 일차함수의 식	일차함수 $y=2x-3$

참고 $2x-y-3=0$에서 y를 x에 대한 식으로 나타내면 $y=2x-3$이다.
➡ 일차방정식 $2x-y-3=0$의 그래프는 일차함수 $y=2x-3$의 그래프와 같다.

---

1 다음 일차방정식과 그 그래프가 같은 일차함수의 식을 **보기**에서 고르시오.

┌─ 보기 ─
│ ㄱ. $y=x+\dfrac{3}{4}$ 　　 ㄴ. $y=-2x+6$
│ ㄷ. $y=\dfrac{2}{5}x-\dfrac{2}{5}$ 　 ㄹ. $y=-\dfrac{1}{2}x-2$
└

(1) $x+2y+4=0$ 　　(2) $2x+y-6=0$

(3) $2x-5y-2=0$ 　　(4) $4x-4y+3=0$

1-1 다음 일차방정식을 일차함수 $y=ax+b$ 꼴로 나타내시오.

(1) $-x+3y+1=0$

(2) $3x+6y-1=0$

(3) $4x-2y-5=0$

(4) $-6x-8y+4=0$

---

2 다음 일차방정식을 일차함수 $y=ax+b$ 꼴로 나타내고, 그 그래프를 좌표평면 위에 그리시오.

(1) $2x-y+4=0$

(2) $6x+3y+9=0$

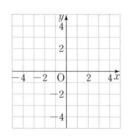

2-1 다음 일차방정식의 그래프를 좌표평면 위에 그리시오.

(1) $3x-y-2=0$

(2) $4x+3y-12=0$

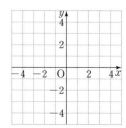

개념 2 두 일차방정식 $x=p$, $y=q$의 그래프는 어떤 모양일까?

• 방정식 $x=2$의 그래프

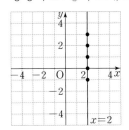

→ ..., $(2, -1)$, $(2, 0)$, $(2, 1)$, $(2, 2)$, $(2, 3)$, ...을 지나는 직선
→ y의 값에 관계없이 x의 값은 항상 2이다.
→ 점 $(2, 0)$을 지나고, y축에 평행한(x축에 수직인) 직선이다.

• 방정식 $y=3$의 그래프

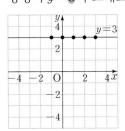

→ ..., $(-1, 3)$, $(0, 3)$, $(1, 3)$, $(2, 3)$, $(3, 3)$, ...을 지나는 직선
→ x의 값에 관계없이 y의 값은 항상 3이다.
→ 점 $(0, 3)$을 지나고, x축에 평행한(y축에 수직인) 직선이다.

참고 x축은 $y=0$, y축은 $x=0$으로 나타낼 수 있다.

3 다음 일차방정식의 그래프를 좌표평면 위에 그리시오.

(1) $x=4$

(2) $y=-2$

(3) $3x+6=0$

(4) $2y-6=0$

3-1 오른쪽 그림에서 두 직선 ㉠, ㉡의 방정식은 각각 $x=m$, $y=n$이다. 이때 상수 m, n의 값을 각각 구하시오.

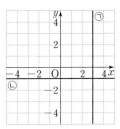

4 다음 조건을 만족시키는 직선의 방정식을 구하시오.

(1) 점 $(2, 5)$를 지나고, x축에 평행한 직선

(2) 점 $(1, -3)$을 지나고, y축에 평행한 직선

(3) 점 $(-1, 4)$를 지나고, x축에 수직인 직선

(4) 두 점 $(3, -2)$, $(3, 2)$를 지나는 직선

4-1 다음 조건을 만족시키는 직선의 방정식을 구하시오.

(1) 점 $(5, -3)$을 지나고, y축에 평행한 직선

(2) 점 $(-4, 2)$를 지나고, x축에 수직인 직선

(3) 점 $(-3, -6)$을 지나고, y축에 수직인 직선

(4) 두 점 $(2, 4)$, $(3, 4)$를 지나는 직선

개념 3 일차함수의 그래프를 이용하여 연립방정식의 해를 어떻게 구할까?

연립방정식 $\begin{cases} x+y=1 \\ 2x-y=-4 \end{cases}$ 의 해는 $x=-1$, $y=2$이고, 이때 점 $(-1, 2)$는 두 일차

함수 $y=-x+1$, $y=2x+4$의 그래프의 교점이다.

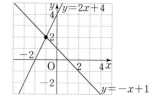

| 연립방정식 $\begin{cases} x+y=1 \\ 2x-y=-4 \end{cases}$ 의 해 $\rightarrow x=-1$, $y=2$ | $\Longleftrightarrow$ | 두 일차함수 $y=-x+1$, $y=2x+4$ 의 그래프의 교점의 좌표 $\rightarrow (-1, 2)$ |

연립방정식 $\begin{cases} ax+by+c=0 \\ a'x+b'y+c'=0 \end{cases}$ 의 해는 두 일차방정식 $ax+by+c=0$, $a'x+b'y+c'=0$의 그래프,

즉 두 일차함수 $y=-\dfrac{a}{b}x-\dfrac{c}{b}$, $y=-\dfrac{a'}{b'}x-\dfrac{c'}{b'}$의 그래프의 교점의 좌표와 같다.

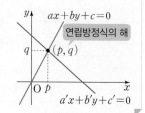

연립방정식의 해

---

5 x, y에 대한 두 일차방정식 $ax+by+c=0$, $a'x+b'y+c'=0$의 그래프가 다음 그림과 같을 때, 연립방정식 $\begin{cases} ax+by+c=0 \\ a'x+b'y+c'=0 \end{cases}$ 의 해를 구하시오.

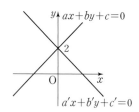

5-1 x, y에 대한 두 일차방정식 $ax+by+c=0$, $a'x+b'y+c'=0$의 그래프가 다음 그림과 같을 때, 연립방정식 $\begin{cases} ax+by+c=0 \\ a'x+b'y+c'=0 \end{cases}$ 의 해를 구하시오.

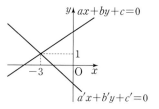

---

6 오른쪽 그림은 두 일차방정식 $3x+2y=4$, $x-2y=4$의 그래프이다. 다음 물음에 답하시오.

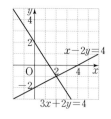

(1) 두 그래프의 교점의 좌표를 구하시오.

(2) 그래프를 이용하여 연립방정식 $\begin{cases} 3x+2y=4 \\ x-2y=4 \end{cases}$ 를 푸시오.

6-1 다음 물음에 답하시오.

(1) 두 일차방정식 $x-y=-2$, $2x-y=-5$의 그래프를 오른쪽 좌표평면 위에 그리시오.

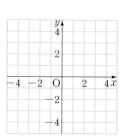

(2) (1)의 그래프를 이용하여 연립방정식 $\begin{cases} x-y=-2 \\ 2x-y=-5 \end{cases}$ 를 푸시오.

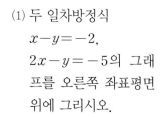

개념 4 연립방정식의 해의 개수와 두 일차방정식의 그래프의 교점의 개수 사이에는 어떤 관계가 있을까?

연립방정식	$\begin{cases} x+y=-4 \\ 4x-y=-1 \end{cases}$	$\begin{cases} x+y=5 \\ 2x+2y=4 \end{cases}$	$\begin{cases} x+y=2 \\ 2x+2y=4 \end{cases}$
연립방정식의 해	$x=-1$, $y=-3$	해가 없다.	해가 무수히 많다.
두 일차방정식의 그래프의 위치 관계	→ 한 점에서 만난다.	→ 평행하다.	→ 일치한다.
기울기와 y절편	기울기가 다르다.	기울기는 같고, y절편은 다르다.	기울기와 y절편이 각각 같다.

참고 연립방정식 $\begin{cases} ax+by+c=0 \\ a'x+b'y+c'=0 \end{cases}$ 의 해의 개수는 다음과 같이 두 일차방정식의 계수의 비를 이용하여 구할 수도 있다.

① $\dfrac{a}{a'} \neq \dfrac{b}{b'}$ → 해가 하나이다.   ② $\dfrac{a}{a'} = \dfrac{b}{b'} \neq \dfrac{c}{c'}$ → 해가 없다.   ③ $\dfrac{a}{a'} = \dfrac{b}{b'} = \dfrac{c}{c'}$ → 해가 무수히 많다.

7 다음 물음에 답하시오.

(1) 두 일차방정식
$x+2y=4$, $x+2y=2$
의 그래프를 오른쪽 좌
표평면 위에 그리시오.

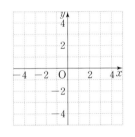

(2) (1)의 그래프를 이용하여 연립방정식 $\begin{cases} x+2y=4 \\ x+2y=2 \end{cases}$
를 푸시오.

7-1 다음 물음에 답하시오.

(1) 두 일차방정식
$2x-y=2$, $4x-2y=4$
의 그래프를 오른쪽 좌
표평면 위에 그리시오.

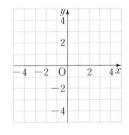

(2) (1)의 그래프를 이용하여 연립방정식 $\begin{cases} 2x-y=2 \\ 4x-2y=4 \end{cases}$
를 푸시오.

8 아래 **보기**의 연립방정식 중 그 그래프의 교점의 개수
가 다음과 같은 것을 모두 고르시오.

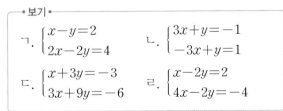

ㄱ. $\begin{cases} x-y=2 \\ 2x-2y=4 \end{cases}$ ㄴ. $\begin{cases} 3x+y=-1 \\ -3x+y=1 \end{cases}$

ㄷ. $\begin{cases} x+3y=-3 \\ 3x+9y=-6 \end{cases}$ ㄹ. $\begin{cases} x-2y=2 \\ 4x-2y=-4 \end{cases}$

(1) 교점이 한 개인 것

(2) 교점이 없는 것

(3) 교점이 무수히 많은 것

8-1 아래 **보기**의 연립방정식의 해가 다음과 같은 것을 모
두 고르시오.

ㄱ. $\begin{cases} x+2y-5=0 \\ 2x+4y+10=0 \end{cases}$ ㄴ. $\begin{cases} x-3y+1=0 \\ -2x+6y-2=0 \end{cases}$

ㄷ. $\begin{cases} x-y+4=0 \\ 4x-2y+4=0 \end{cases}$ ㄹ. $\begin{cases} -x+\dfrac{1}{3}y-1=0 \\ 3x-y-3=0 \end{cases}$

(1) 해가 하나인 것

(2) 해가 없는 것

(3) 해가 무수히 많은 것

일차방정식의 그래프

01 다음 중 일차방정식 $3x-y+6=0$의 그래프는?

02 다음 중 일차방정식 $2x+3y+12=0$의 그래프는?

일차함수와 일차방정식 · 중요☆

03 일차방정식 $3x-5y+6=0$의 그래프의 기울기를 a, x절편을 b라 할 때, $a+b$의 값은?

① -2　　② $-\dfrac{7}{5}$　　③ -1

④ $-\dfrac{2}{5}$　　⑤ $\dfrac{4}{5}$

04 일차방정식 $2x-3y-a=0$의 그래프와 일차함수 $y=bx-2$의 그래프가 일치할 때, 상수 a, b에 대하여 $a-b$의 값은?

① $\dfrac{8}{3}$　　② 5　　③ $\dfrac{16}{3}$

④ $\dfrac{20}{3}$　　⑤ 9

일차방정식의 그래프 위의 점

05 일차방정식 $2x+y-5=0$의 그래프가 점 $(a, a-1)$을 지날 때, a의 값을 구하시오.

06 일차방정식 $x-2y+6=0$의 그래프가 오른쪽 그림과 같을 때, a의 값을 구하시오.

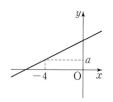

일차방정식에서 미지수 구하기

07 일차방정식 $4x+ay+8=0$의 그래프가 점 $(-3,-2)$를 지날 때, 상수 a의 값을 구하시오.

08 일차방정식 $ax+by=4$의 그래프가 오른쪽 그림과 같을 때, 상수 a, b에 대하여 $a+b$의 값을 구하시오.

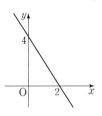

일차방정식 $x=p$, $y=q$의 그래프 중요★

09 세 점 $A\left(2, \dfrac{1}{2}\right)$, $B(2, -3)$, $C\left(-\dfrac{2}{3}, -3\right)$에 대하여 두 점 A, B를 지나는 직선의 방정식을 $x=p$, 두 점 B, C를 지나는 직선의 방정식을 $y=q$라 할 때, $p-q$의 값을 구하시오.

10 일차방정식 $ax+by=-2$의 그래프가 오른쪽 그림과 같을 때, 상수 a, b에 대하여 $a+b$의 값을 구하시오.

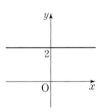

좌표축에 평행한 직선에서 미지수 구하기

11 두 점 $(-1, k-2)$, $(6, 4k-8)$을 지나는 직선이 x축에 평행할 때, k의 값을 구하시오.

┌ 교청 Plus ┐

(1) 그래프가 x축에 평행 ➡ $y=q$ (q는 상수) 꼴
　　　　　　　　　　➡ 모든 점의 y좌표가 같다.
(2) 그래프가 y축에 평행 ➡ $x=p$ (p는 상수) 꼴
　　　　　　　　　　➡ 모든 점의 x좌표가 같다.

12 두 점 $(a, -3)$, $(-2a-6, 3)$을 지나는 직선이 y축에 평행할 때, a의 값은?

① -2　　　② -1　　　③ 1
④ 2　　　⑤ 3

연립방정식의 해와 그래프

13 두 일차방정식 $3x-y-6=0$, $x+2y+5=0$의 그래프의 교점의 좌표를 구하시오.

┌ 교청 Plus ┐

두 일차방정식의 그래프의 교점의 좌표는 연립방정식의 해이다.

14 두 일차방정식 $2x-3y=-1$, $-x+y=1$의 그래프의 교점의 좌표가 (a, b)일 때, $a+b$의 값은?

① -3　　　② -1　　　③ 0
④ 1　　　⑤ 2

두 직선의 교점의 좌표를 이용하여 미지수 구하기 중요⭐

15 오른쪽 그림은 연립방정식 $\begin{cases} x+y=a \\ bx+y=-3 \end{cases}$ 의 해를 구하기 위해 두 일차방정식의 그래프를 그린 것이다. 이때 상수 a, b에 대하여 ab의 값을 구하시오.

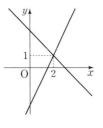

16 두 일차방정식 $x-2y-11=0$, $ax+3y-1=0$의 그래프의 교점의 좌표가 $(5, b)$일 때, $a-b$의 값은?

(단, a는 상수)

① -2　　② -1　　③ 2

④ 4　　⑤ 5

두 직선의 교점을 지나는 직선의 방정식

17 두 직선 $x-y+2=0$, $4x+3y-6=0$의 교점을 지나고, 직선 $3x+y+1=0$과 평행한 직선의 방정식은?

① $y=-3x-6$　　② $y=-3x-2$

③ $y=-3x+2$　　④ $y=3x-2$

⑤ $y=3x+2$

18 두 직선 $2x-3y-1=0$, $3x-y-5=0$의 교점을 지나고, y절편이 4인 직선의 방정식을 $y=ax+b$ 꼴로 나타내시오. (단, a, b는 상수)

연립방정식의 해의 개수와 그래프

19 연립방정식 $\begin{cases} ax-y=3 \\ 2x-y=b \end{cases}$ 에 대하여 다음을 만족시키는 상수 a, b의 조건을 구하시오.

(1) 해가 하나이다.

(2) 해가 없다.

(3) 해가 무수히 많다.

┤ 코칭 Plus ├

연립방정식에서

(i) 해가 없다. ➔ 두 그래프가 서로 평행하다.
　　　　　　　➔ 기울기는 같고, y절편이 다르다.
(ii) 해가 무수히 많다. ➔ 두 그래프가 일치한다.
　　　　　　　　　➔ 기울기와 y절편이 각각 같다.

20 연립방정식 $\begin{cases} 2x-y=b \\ 4x-ay=4 \end{cases}$ 에 대하여 다음을 만족시키는 상수 a, b의 조건을 구하시오.

(1) 해가 없다.

(2) 해가 무수히 많다.

01

일차방정식 $ax+2y-4=0$의 그래프의 기울기가 -2일 때, 다음 중 이 그래프 위의 점이 <u>아닌</u> 것은?

(단, a는 상수)

① $(-3, 8)$　　② $(-1, 4)$　　③ $(1, 2)$

④ $(2, -2)$　　⑤ $(4, -6)$

02

일차방정식 $3x+y+a=0$의 그래프를 y축의 방향으로 -4만큼 평행이동한 그래프가 점 $(-6, a)$를 지날 때, 상수 a의 값은?

① 2　　　　② 3　　　　③ 4

④ 6　　　　⑤ 7

03

점 (a, b)가 제4사분면 위의 점일 때, 일차방정식 $ax+5y+b=0$의 그래프가 지나지 <u>않는</u> 사분면은?

① 제1사분면　　② 제2사분면　　③ 제3사분면

④ 제4사분면　　⑤ 제2, 4사분면

04

일차방정식 $x-4y-8=0$의 그래프와 y축 위에서 만나고, x축에 평행한 직선의 방정식은?

① $x=2$　　　② $x=-2$　　　③ $y=2$

④ $y=-2$　　⑤ $x+y=-2$

05

일차방정식 $ax-by+2=0$의 그래프가 x축에 수직이고 제1사분면과 제4사분면만을 지나도록 하는 상수 a, b의 조건은?

① $a=0$, $b>0$　　　　② $a=0$, $b<0$

③ $a>0$, $b=0$　　　　④ $a>0$, $b<0$

⑤ $a<0$, $b=0$

06

다음 네 직선으로 둘러싸인 도형의 넓이는?

$$y=2, \quad x=1, \quad 2x+6=0, \quad y+4=0$$

① 20　　　　② 24　　　　③ 28

④ 32　　　　⑤ 36

필수 유형 문제로

실력 **확인하기**

07

연립방정식 $\begin{cases} ax+3y+3=0 \\ x+by-6=0 \end{cases}$ 의 해

를 구하려고 두 일차방정식의 그래프를 그렸더니 오른쪽 그림과 같았다. 이때 상수 a, b에 대하여 $a-b$의 값은?

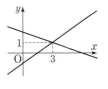

① -5 ② -3 ③ -1

④ 3 ⑤ 5

08

다음 연립방정식 중 해가 없는 것은?

① $\begin{cases} 2x-2y=1 \\ 4x-2y=-2 \end{cases}$ ② $\begin{cases} x+2y=-5 \\ 2x+y=-5 \end{cases}$

③ $\begin{cases} x+y=0 \\ x-y=0 \end{cases}$ ④ $\begin{cases} -3x+y=-1 \\ 6x-2y=2 \end{cases}$

⑤ $\begin{cases} -x+3y=-4 \\ 2x-6y=4 \end{cases}$

09

연립방정식 $\begin{cases} 2x-3y=-27 \\ ax+2y=18 \end{cases}$ 의 해가 무수히 많을 때,

상수 a의 값을 구하시오.

한걸음 더

10 문제 해결🔒

오른쪽 그림과 같이 두 일차방정식 $x-y+2=0$, $2x+y-8=0$ 의 그래프와 x축으로 둘러싸인 도형의 넓이를 구하시오.

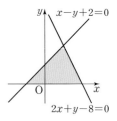

11 문제 해결🔒

다음 세 직선이 한 점에서 만날 때, 상수 a의 값을 구하시오.

$2x+y=8$, $x-y=1$, $(a-2)x+y=5$

12 추론💬

다음 조건을 만족시키는 상수 a, b의 값을 각각 구하시오.

(개) 연립방정식 $\begin{cases} ax-2y=5 \\ 4x+y=-3 \end{cases}$ 의 해가 없다.

(내) 연립방정식 $\begin{cases} 3x-y+a=0 \\ 6x-2y-4b=0 \end{cases}$ 의 해가 무수히 많다.

1

두 점 $(-2, 5)$, $(1, -7)$을 지나는 직선과 평행하고, 점 $(3, -4)$를 지나는 직선의 방정식이 $ax+by-8=0$일 때, 상수 a, b에 대하여 $a+b$의 값을 구하시오. [6점]

채점 기준 1   기울기 구하기 ⋯ 2점

채점 기준 2   직선의 방정식 구하기 ⋯ 3점

채점 기준 3 $a+b$의 값 구하기 ⋯ 1점

답

한번 더!

1-1

일차방정식 $2x-y+4=0$의 그래프와 평행하고, 일차방정식 $3x+2y+1=0$의 그래프와 x축 위에서 만나는 직선의 방정식이 $ax+by+2=0$일 때, 상수 a, b에 대하여 $a-b$의 값을 구하시오. [6점]

풀이

채점 기준 1   기울기 구하기 ⋯ 2점

채점 기준 2   직선의 방정식 구하기 ⋯ 3점

채점 기준 3 $a-b$의 값 구하기 ⋯ 1점

답

2

일차방정식 $3x+2y=6$의 그래프와 x축, y축으로 둘러싸인 도형의 넓이를 구하시오. [5점]

답

3

일차방정식 $2x+ay-5=0$의 그래프가 세 점 $(1, -3)$, $(2, b)$, $(c, 3)$을 지날 때, a, b, c의 값을 각각 구하시오. (단, a는 상수) [6점]

풀이

답

4

두 일차방정식 $y=ax+b$, $x+my-4=0$의 그래프가 오른쪽 그림과 같을 때, 상수 m의 값을 구하시오. (단, a, b는 상수) [6점]

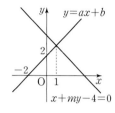

채점 기준 1 $y=ax+b$의 식 구하기 ⋯ 2점

채점 기준 2   두 그래프의 교점의 좌표 구하기 ⋯ 2점

채점 기준 3 m의 값 구하기 ⋯ 2점

답

한번 더!

4-1

두 일차방정식 $ax-y+b=0$, $2x+y+5=0$의 그래프가 오른쪽 그림과 같을 때, ab의 값을 구하시오. (단, a, b는 상수) [7점]

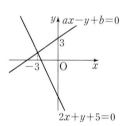

채점 기준 1   두 그래프의 교점의 좌표 구하기 ⋯ 2점

채점 기준 2 a, b의 값 각각 구하기 ⋯ 4점

채점 기준 3 ab의 값 구하기 ⋯ 1점

답

5

오른쪽 그림과 같이 두 직선 $x+y-1=0$, $x-2y-4=0$과 y축으로 둘러싸인 도형의 넓이를 구하시오. [6점]

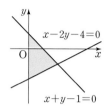

답

6

연립방정식 $\begin{cases} ax+2y=b \\ x-y=-3 \end{cases}$의 해가 무수히 많을 때, 다음 물음에 답하시오. (단, a, b는 상수) [6점]

(1) a, b의 값을 각각 구하시오. [4점]

(2) 일차함수 $y=ax+b$의 그래프가 지나지 않는 사분면을 구하시오. [2점]

답

01

일차함수 $y=ax-3$의 그래프와 일차방정식 $4x-2y-b=0$의 그래프가 일치할 때, 상수 a, b에 대하여 $a+b$의 값은?

① 2   ② 4   ③ 6

④ 8   ⑤ 10

02 중요♡

일차방정식 $2x+3y-9=0$의 그래프의 기울기를 a, y절편을 b라 할 때, $a+b$의 값은?

① $\dfrac{5}{3}$ ② $\dfrac{7}{3}$ ③ $\dfrac{5}{2}$

④ $\dfrac{8}{3}$ ⑤ $\dfrac{7}{2}$

03

다음 중 일차방정식 $3x-y+4=0$의 그래프에 대한 설명으로 옳은 것을 모두 고르면? (정답 2개)

① 일차함수 $y=3x-4$의 그래프와 일치한다.
② 일차함수 $y=3x$의 그래프와 평행하다.
③ y절편은 -4이다.
④ x의 값이 증가할 때, y의 값도 증가한다.
⑤ 제1, 3, 4사분면을 지난다.

04 중요♡

일차방정식 $2x-y+3=0$의 그래프를 y축의 방향으로 2만큼 평행이동한 그래프가 점 $(m, 3)$을 지날 때, m의 값을 구하시오.

05

점 $(1, 2)$를 지나고, 일차방정식 $3x-2y+4=0$의 그래프와 평행한 직선의 방정식은?

① $3x+2y-1=0$ ② $3x+2y-7=0$

③ $3x-2y+1=0$ ④ $3x-2y-1=0$

⑤ $2x-3y-4=0$

06

다음 중 x축에 수직인 직선의 방정식은?

① $x+y=8$ ② $x-2y=0$ ③ $y-3=0$

④ $x+5=0$ ⑤ $x-y=0$

07

두 점 $(a, a-4)$, $(-2, 3a+2)$를 지나는 직선이 x축에 평행할 때, a의 값은?

① -5 ② -4 ③ -3

④ -2 ⑤ -1

08

일차방정식 $ax+by=4$의 그래프가 점 $(4, -3)$을 지나고, y축에 평행한 직선일 때, 상수 a, b에 대하여 $a+b$의 값은?

① -1 ② 0 ③ 1

④ 2 ⑤ 3

09

일차방정식 $ax+by+2=0$의 그래프가 오른쪽 그림과 같을 때, 다음 중 상수 a, b의 부호로 알맞은 것은?

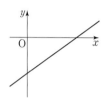

① $a<0, b<0$ ② $a<0, b=0$

③ $a<0, b>0$ ④ $a>0, b<0$

⑤ $a>0, b>0$

10 중요♡

연립방정식 $\begin{cases} 2x+y=7 \\ bx-y=5 \end{cases}$의 해를 구하려고 두 일차방정식의 그래프를 그렸더니 오른쪽 그림과 같았다. 이때 ab의 값은? (단, b는 상수)

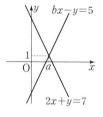

① 5 ② $\dfrac{16}{3}$ ③ $\dfrac{17}{3}$

④ 6 ⑤ $\dfrac{19}{3}$

11 중요♡

두 일차방정식 $2x-3y+6=0$, $2x+2y-9=0$의 그래프의 교점이 직선 $y=ax+6$ 위의 점일 때, 상수 a의 값은?

① -2 ② -1 ③ 1

④ 2 ⑤ 3

12

두 직선 $2x-y=3$, $3x+y=2$의 교점을 지나고, x축에 평행한 직선의 방정식은?

① $x=-1$ ② $x=1$ ③ $y=-1$

④ $y=1$ ⑤ $x+y=-2$

13

두 일차방정식 $2x-3y=-4$, $5x+y=7$의 그래프의 교점을 지나고, 직선 $y=-3x+2$와 평행한 직선의 x절편은?

① -3 ② $-\dfrac{5}{3}$ ③ $\dfrac{5}{3}$

④ 3 ⑤ 5

14

다음 세 직선이 한 점에서 만날 때, 상수 a의 값을 구하시오.

$$x+2y=-3,\ ax+y=-4,\ 2x-y=-1$$

15

오른쪽 그림과 같이 세 직선 $y=x$, $x=4$, $y=-2$로 둘러싸인 도형의 넓이를 구하시오.

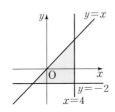

16

다음 일차방정식 중 그 그래프가 일차방정식 $3x-y-6=0$의 그래프와 한 점에서 만나는 것은?

① $6x-2y-6=0$ ② $-3x+y+6=0$

③ $x-\dfrac{1}{3}y-2=0$ ④ $9x-3y+12=0$

⑤ $x-3y+2=0$

17 중요♻

두 일차방정식 $6x+ay-1=0$, $y=3x-2$의 그래프가 만나지 않을 때, 상수 a의 값은?

① 3 ② 1 ③ -1

④ -2 ⑤ -3

18

연립방정식 $\begin{cases} 3x-y=b \\ ax-2y=-2 \end{cases}$의 해가 무수히 많을 때, 상수 a, b에 대하여 $a+b$의 값은?

① 2 ② 3 ③ 4

④ 5 ⑤ 6

19

연립방정식 $\begin{cases} 2x-ay=6 \\ bx-4y=3 \end{cases}$에 대한 다음 **보기**의 설명 중 옳은 것을 모두 고른 것은?

┌─ 보기 ┐

ㄱ. $a=4$, $b=2$이면 해가 무수히 많다.

ㄴ. $a=8$, $b=1$이면 해가 무수히 많다.

ㄷ. $ab=8$이면 해가 없다.

└─────┘

① ㄱ ② ㄴ ③ ㄷ

④ ㄱ, ㄴ ⑤ ㄴ, ㄷ

교과서에서 쏙 빼온 문제

1

일차함수 $y=abx+b$의 그래프가 오른쪽 그림과 같을 때, 다음 **보기** 에서 제2사분면을 지나지 <u>않는</u> 직 선의 방정식을 고르시오.

(단, a, b는 상수)

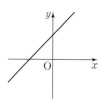

보기

ㄱ. $ax+y+b=0$ ㄴ. $ax+y-b=0$

ㄷ. $ax-y+b=0$ ㄹ. $ax-y-b=0$

2

다음 그림과 같이 두 일차함수 $y=ax-1$, $y=ax-5$ 의 그래프는 두 일차방정식 $y=1$, $y=3$의 그래프와 만나 두 직선의 교점을 꼭짓점으로 하는 평행사변형을 이룬다. 이 평행사변형의 넓이가 8일 때, 상수 a의 값 을 구하시오. (단, $a>0$)

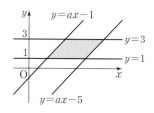

3

세 직선 $2x-y+2=0$, $3x+y+3=0$, $y=ax+1$에 의해 삼각형이 만들어지지 않도록 하는 상수 a의 값 을 모두 구하시오.

4

아래는 두 통신사 A, B의 휴대 전화 요금제를 나타낸 것이다. 기본 요금과 통화료 이외의 다른 사용 요금은 없다고 할 때, 각 요금제로 x초 통화할 때의 총 사용 요금을 y원이라 하자. 다음 물음에 답하시오. (단, 기 본 요금에 무료 통화는 포함되지 않는다.)

A 통신사
통신 요금 초특가
기본 요금 12000원
통화료: 1초당 1.8원

B 통신사
통신 요금 파격할인
기본 요금 15000원
통화료: 1초당 1.4원

(1) 두 통신사에 대하여 x와 y 사이의 관계식을 각각 구하 고, x와 y 사이의 관계를 나 타낸 오른쪽 그림의 그래프 에서 빈칸에 알맞은 수를 써 넣으시오.

(2) 몇 초 통화했을 때, 두 통신사의 총 사용 요금이 같아지는지 구하시오.

워크북 89쪽~90쪽에서 한번 더 연습해 보세요.

MEMO

MEMO

내신과 등업을 위한 강력한 한 권!
2022 개정 교육과정 완벽 반영
수매씽 시리즈

중학 수학	개념 연산서	1~3학년 1·2학기
	개념 기본서	
	유형 기본서	

| 고등 수학 | 개념 기본서 | 공통수학1, 공통수학2, 대수, 미적분Ⅰ, 확률과 통계, 미적분Ⅱ, 기하 |
| | 유형 기본서 | 공통수학1, 공통수학2, 대수, 미적분Ⅰ, 확률과 통계, 미적분Ⅱ |

수매씽 개념 중학 수학 2·1

내신과 등업을 위한 강력한 한 권!

개념연산서 **수매씽 개념연산**
중등 : 1~3학년 1·2학기

개념기본서 **수매씽 개념**
중등 : 1~3학년 1·2학기
고등(22개정) : 공통수학1, 공통수학2, 대수, 미적분Ⅰ,
확률과 통계, 미적분Ⅱ, 기하

유형기본서 **수매씽 유형**
중등 : 1~3학년 1·2학기
고등(15개정) : 수학Ⅰ, 수학Ⅱ, 확률과 통계, 미적분
고등(22개정) : 공통수학1, 공통수학2, 대수, 미적분Ⅰ,
확률과 통계, 미적분Ⅱ

동아출판

📞 **Telephone** 1644-0600
🏠 **Homepage** www.bookdonga.com
✉ **Address** 서울시 영등포구 은행로 30 (우 07242)

• 정답 및 풀이는 동아출판 홈페이지 내 학습자료실에서 내려받을 수 있습니다.
• 교재에서 발견된 오류는 동아출판 홈페이지 내 정오표에서 확인 가능하며, 잘못 만들어진 책은 구입처에서 교환해 드립니다.
• 학습 상담, 제안 사항, 오류 신고 등 어떠한 이야기라도 들려주세요.

2022 개정
교육과정
2026년 중2부터 적용

수

매씽

MATHING

개념

중학 수학

2·1

워크북

동아출판

기본이 탄탄해지는 **개념 기본서**
수매씽 개념

▶ 개념북과 워크북으로 개념 완성

수매씽 개념 중학 수학 2·1

발행일	2024년 7월 20일
인쇄일	2024년 7월 10일
펴낸곳	동아출판㈜
펴낸이	이욱상
등록번호	제300–1951–4호(1951. 9. 19.)
개발총괄	김영지
개발책임	이상민
개발	김인영, 권혜진, 윤찬미, 이현아, 김다은, 양지은
디자인책임	목진성
디자인	송현아
대표번호	1644–0600
주소	서울시 영등포구 은행로 30 (우 07242)

수

매씨

MATHING

개념

ㅇ

중학 수학
2·1

워크북

01 유리수와 소수

한번 더 개념 확인문제

개념북 ⊖ 7쪽~8쪽 | 정답 및 풀이 ⊖ 57쪽

01 다음 분수를 소수로 나타내고, 유한소수와 무한소수로 구분하시오.

(1) $\dfrac{1}{6}$　　　　(2) $\dfrac{3}{4}$

(3) $\dfrac{6}{5}$　　　　(4) $\dfrac{5}{8}$

(5) $\dfrac{20}{9}$　　　　(6) $\dfrac{7}{12}$

(7) $\dfrac{21}{16}$　　　　(8) $\dfrac{15}{22}$

02 다음은 10의 거듭제곱을 이용하여 분수를 유한소수로 나타내는 과정이다. □ 안에 알맞은 수를 써넣으시오.

(1) $\dfrac{5}{2} = \dfrac{5 \times \square}{2 \times \square} = \dfrac{\square}{10} = \square$

(2) $\dfrac{3}{5} = \dfrac{3 \times \square}{5 \times \square} = \dfrac{\square}{10} = \square$

(3) $\dfrac{1}{8} = \dfrac{1}{2^3} = \dfrac{1 \times \square^3}{2^3 \times \square^3} = \dfrac{\square}{1000} = \square$

(4) $\dfrac{9}{20} = \dfrac{9}{2^2 \times 5} = \dfrac{9 \times \square}{2^2 \times 5 \times \square} = \dfrac{\square}{100} = \square$

(5) $\dfrac{27}{50} = \dfrac{27}{2 \times 5^2} = \dfrac{27 \times \square}{2 \times 5^2 \times \square} = \dfrac{\square}{100} = \square$

(6) $\dfrac{11}{200} = \dfrac{11}{2^3 \times 5^2} = \dfrac{11 \times \square}{2^3 \times 5^2 \times \square} = \dfrac{\square}{1000}$
$= \square$

03 다음 분수 중 유한소수로 나타낼 수 있는 것에는 '유', 무한소수로 나타낼 수 있는 것에는 '무'를 ( ) 안에 써넣으시오.

(1) $\dfrac{3}{2^2 \times 5}$ (　　) (2) $\dfrac{21}{3 \times 5^2}$ (　　)

(3) $\dfrac{6}{2 \times 3^2 \times 5}$ (　　) (4) $\dfrac{18}{3^2 \times 5^2}$ (　　)

(5) $\dfrac{27}{5^3 \times 7}$ (　　) (6) $\dfrac{35}{2^2 \times 3 \times 7}$ (　　)

(7) $\dfrac{6}{28}$ (　　) (8) $\dfrac{15}{33}$ (　　)

(9) $\dfrac{10}{75}$ (　　) (10) $\dfrac{39}{240}$ (　　)

04 다음 분수가 유한소수로 나타내어질 때, □ 안에 알맞은 가장 작은 자연수를 써넣으시오.

(1) $\dfrac{\square}{3 \times 5}$　　(2) $\dfrac{\square}{2^2 \times 3 \times 5}$

(3) $\dfrac{\square}{2 \times 5^2 \times 7}$　　(4) $\dfrac{\square}{2 \times 3 \times 11}$

(5) $\dfrac{\square}{2 \times 5^2 \times 7^2}$　　(6) $\dfrac{\square}{3^2 \times 5 \times 7}$

(7) $\dfrac{\square}{90}$　　(8) $\dfrac{\square}{140}$

(9) $\dfrac{\square}{165}$　　(10) $\dfrac{\square}{360}$

완성하기

10의 거듭제곱을 이용하여 분수를 유한소수로 나타내기

01 다음은 분수 $\dfrac{7}{20}$ 을 유한소수로 나타내는 과정이다. a, b, c의 값을 각각 구하시오.

$$\frac{7}{20}=\frac{7}{2^2\times5}=\frac{7\times a}{2^2\times5\times a}=\frac{b}{100}=c$$

02 다음은 분수 $\dfrac{2}{25}$ 를 유한소수로 나타내는 과정이다. □ 안에 들어갈 수로 옳은 것은?

$$\frac{2}{25}=\frac{2}{5^2}=\frac{2\times\boxed{②}}{5^2\times2^{\boxed{①}}}=\frac{\boxed{④}}{\boxed{③}}=\boxed{⑤}$$

① 4   ② 2^3 ③ 1000
④ 8   ⑤ 0.008

유한소수로 나타낼 수 있는 분수

03 다음 분수 중 유한소수로 나타낼 수 <u>없는</u> 것을 모두 고르면? (정답 2개)

① $\dfrac{3}{15}$ ② $\dfrac{21}{18}$ ③ $\dfrac{7}{28}$

④ $\dfrac{5}{36}$ ⑤ $\dfrac{9}{75}$

04 다음 **보기**의 분수 중 유한소수로 나타낼 수 있는 것을 모두 고르시오.

┌─ 보기 ─────────────────────┐

ㄱ. $\dfrac{3}{7}$ ㄴ. $\dfrac{7}{12}$

ㄷ. $\dfrac{12}{18}$ ㄹ. $\dfrac{28}{5\times7^2}$

ㅁ. $\dfrac{44}{2\times5^2\times11}$ ㅂ. $\dfrac{35}{2^2\times5^3\times7}$

└──────────────────────────┘

유한소수가 되도록 하는 미지수의 값 구하기 (1)

05 $\dfrac{10}{5^2\times7}\times a$ 를 소수로 나타내면 유한소수가 될 때, a의 값이 될 수 있는 두 자리의 자연수 중 가장 작은 수를 구하시오.

06 $\dfrac{21}{270}\times a$ 를 소수로 나타내면 유한소수가 될 때, a의 값이 될 수 있는 가장 작은 자연수를 구하시오.

유한소수가 되도록 하는 미지수의 값 구하기 (2)

07 분수 $\dfrac{21}{2\times5^2\times a}$ 을 소수로 나타내면 유한소수가 될 때, 다음 중 a의 값이 될 수 <u>없는</u> 것은?

① 6   ② 12   ③ 14
④ 16   ⑤ 18

08 분수 $\dfrac{1}{2\times a}$ 을 소수로 나타내면 유한소수가 될 때, a의 값이 될 수 있는 한 자리의 자연수는 모두 몇 개인가?

① 3개   ② 4개   ③ 5개
④ 6개   ⑤ 7개

02 유리수와 순환소수

1. 유리수와 순환소수

한번 더 **개념 확인문제**

개념북 11쪽~13쪽 | 정답 및 풀이 58쪽

01 다음 순환소수의 순환마디를 구하고, 순환마디에 점을 찍어 간단히 나타내시오.

(1) $0.444\cdots$ (2) $0.2555\cdots$

(3) $1.2333\cdots$ (4) $0.636363\cdots$

(5) $3.2747474\cdots$ (6) $4.561561561\cdots$

(7) $0.4532532532\cdots$ (8) $2.754175417541\cdots$

02 다음 분수를 소수로 고친 후, 순환마디에 점을 찍어 간단히 나타내시오.

(1) $\dfrac{1}{9}$ (2) $\dfrac{5}{6}$

(3) $\dfrac{7}{18}$ (4) $\dfrac{19}{11}$

(5) $\dfrac{4}{27}$ (6) $\dfrac{12}{55}$

03 다음은 순환소수를 기약분수로 나타내는 과정이다. ㈎, ㈏, ㈐에 알맞은 수를 각각 구하시오.

(1) $x=0.\dot{7}\dot{8}$

$$
\begin{array}{r}
\boxed{㈎}\ x=78.787878\cdots \\
-)\quad\quad x=\ 0.787878\cdots \\
\hline
\boxed{㈏}\ x=78 \qquad \therefore\ x=\boxed{㈐}
\end{array}
$$

(2) $x=2.\dot{2}1\dot{5}$

$$
\begin{array}{r}
\boxed{㈎}\ x=2215.215215215\cdots \\
-)\quad\quad x=\ \ \ 2.215215215\cdots \\
\hline
\boxed{㈏}\ x=2213 \qquad \therefore\ x=\boxed{㈐}
\end{array}
$$

(3) $x=0.1\dot{2}\dot{3}$

$$
\begin{array}{r}
\boxed{㈎}\ x=123.232323\cdots \\
-)\quad\quad 10x=\ \ \ 1.232323\cdots \\
\hline
\boxed{㈏}\ x=122 \qquad \therefore\ x=\boxed{㈐}
\end{array}
$$

04 다음 순환소수를 분수로 나타낼 때, 이용할 수 있는 가장 편리한 식을 **보기**에서 고르시오.

• 보기 •
ㄱ. $10x-x$ ㄴ. $100x-x$
ㄷ. $100x-10x$ ㄹ. $1000x-x$
ㅁ. $1000x-10x$ ㅂ. $1000x-100x$

(1) $x=0.\dot{1}$ (   )   (2) $x=3.\dot{2}\dot{7}$ (   )

(3) $x=2.1\dot{8}$ (   )   (4) $x=5.2\dot{3}\dot{8}$ (   )

(5) $x=3.41\dot{7}$ (   )   (6) $x=0.\dot{3}5\dot{1}$ (   )

05 다음은 순환소수를 기약분수로 나타내는 과정이다. ☐ 안에 알맞은 수를 써넣으시오.

(1) $0.\dot{6}=\dfrac{\boxed{}}{9}=\boxed{}$

(2) $1.\dot{0}\dot{5}=\dfrac{105-\boxed{}}{\boxed{}}=\boxed{}$

(3) $4.20\dot{3}=\dfrac{4203-\boxed{}}{\boxed{}}=\boxed{}$

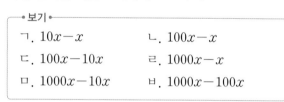

순환소수의 표현

01 다음 중 순환소수의 표현으로 옳은 것은?

① $1.4333\cdots=1.\dot{4}\dot{3}$

② $0.353535\cdots=0.3\dot{5}$

③ $3.213213213\cdots=\dot{3}.2\dot{1}$

④ $0.052052052\cdots=0.0\dot{5}2\dot{0}$

⑤ $0.56222\cdots=0.\dot{5}6\dot{2}$

02 다음 중 순환소수의 표현으로 옳지 <u>않은</u> 것을 모두 고르면? (정답 2개)

① $1.818181\cdots=\dot{1}.\dot{8}$

② $0.7555\cdots=0.7\dot{5}$

③ $0.606060\cdots=0.6\dot{0}$

④ $1.243243243\cdots=1.\dot{2}4\dot{3}$

⑤ $2.1372372372\cdots=2.1\dot{3}7\dot{2}$

순환마디 구하기

03 다음 중 순환소수와 순환마디가 바르게 연결되지 <u>않은</u> 것은?

① $0.417417417\cdots \rightarrow 417$

② $0.585858\cdots \rightarrow 58$

③ $2.32111\cdots \rightarrow 1$

④ $4.545454\cdots \rightarrow 45$

⑤ $1.4606060\cdots \rightarrow 60$

04 두 분수 $\dfrac{3}{22}$과 $\dfrac{8}{27}$을 소수로 나타낼 때, 순환마디를 이루는 숫자의 개수를 각각 x, y라 하자. 이때 $y-x$의 값을 구하시오.

05 다음 중 분수를 소수로 나타낼 때, 순환마디가 나머지 넷과 <u>다른</u> 하나는?

① $\dfrac{7}{30}$ ② $\dfrac{1}{3}$ ③ $\dfrac{8}{15}$

④ $\dfrac{7}{12}$ ⑤ $\dfrac{13}{9}$

순환소수의 소수점 아래 n번째 자리의 숫자 구하기

06 순환소수 $0.2\dot{5}\dot{4}$의 소수점 아래 28번째 자리의 숫자를 구하시오.

07 분수 $\dfrac{38}{11}$을 소수로 나타낼 때, 소수점 아래 50번째 자리의 숫자를 구하시오.

08 순환소수 $2.1\dot{5}384\dot{6}$에 대하여 다음을 구하시오.

(1) 소수점 아래 100번째 자리의 숫자

(2) 소수점 아래 200번째 자리의 숫자

순환소수가 되도록 하는 미지수의 값 구하기

09 분수 $\dfrac{6}{25 \times a}$을 소수로 나타내면 순환소수가 될 때, 다음 중 a의 값이 될 수 있는 것은?

① 9   ② 10   ③ 12

④ 15   ⑤ 16

10 분수 $\dfrac{35}{2^2 \times 5^2 \times a}$를 소수로 나타내면 순환소수가 될 때, 10 이하의 자연수 중 a의 값이 될 수 있는 수를 모두 구하시오.

순환소수를 분수로 나타내기 – 10의 거듭제곱 이용

11 다음은 순환소수 $0.7\dot{2}$를 기약분수로 나타내는 과정이다. ☐ 안에 알맞은 수를 써넣으시오.

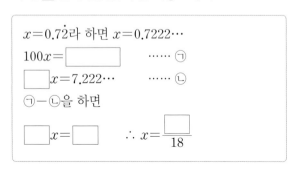

$x = 0.7\dot{2}$라 하면 $x = 0.7222\cdots$

$100x = $ ☐   ······ ㉠

☐ $x = 7.222\cdots$ ······ ㉡

㉠ - ㉡을 하면

☐ $x = $ ☐ $\therefore x = \dfrac{\boxed{}}{18}$

---

12 다음은 순환소수 $0.1\dot{4}\dot{5}$를 기약분수로 나타내는 과정이다. ☐ 안에 들어갈 수로 옳지 <u>않은</u> 것은?

$x = 0.1\dot{4}\dot{5}$라 하면 $x = 0.1454545\cdots$

① $x = 145.454545\cdots$ ······ ㉠

② $x = 1.454545\cdots$ ······ ㉡

㉠ - ㉡을 하면

③ $x = $ ④ $\therefore x = $ ⑤

① 1000   ② 10   ③ 999

④ 144   ⑤ $\dfrac{8}{55}$

---

13 순환소수 $x = 1.02\dot{4}$를 분수로 나타낼 때, 다음 중 이용할 수 있는 가장 편리한 식은?

① $10x - x$ ② $100x - x$ ③ $100x - 10x$

④ $1000x - x$ ⑤ $1000x - 100x$

순환소수를 분수로 나타내기 – 공식 이용

14 다음 중 순환소수를 분수로 나타내는 과정으로 옳은 것을 모두 고르면? (정답 2개)

① $0.\dot{4}\dot{3} = \dfrac{43}{99}$ ② $1.\dot{8} = \dfrac{18-1}{90}$

③ $0.4\dot{5}\dot{3} = \dfrac{453-5}{99}$ ④ $2.0\dot{1}\dot{7} = \dfrac{2017-2}{990}$

⑤ $3.\dot{5}7 = \dfrac{357-35}{90}$

---

15 순환소수 $0.27555\cdots$를 분수로 바르게 나타낸 것은?

① $\dfrac{59}{225}$ ② $\dfrac{62}{225}$ ③ $\dfrac{133}{450}$

④ $\dfrac{122}{495}$ ⑤ $\dfrac{247}{900}$

16 다음 중 순환소수를 분수로 나타낸 것으로 옳지 <u>않은</u> 것은?

① $2.\dot{6}=\dfrac{8}{3}$ ② $0.\dot{5}\dot{1}=\dfrac{17}{33}$

③ $2.7\dot{4}=\dfrac{247}{90}$ ④ $1.5\dot{3}\dot{1}=\dfrac{256}{165}$

⑤ $4.\dot{7}2\dot{3}=\dfrac{1573}{333}$

순환소수를 포함한 식의 계산 (1)

17 $0.\dot{2}1\dot{7}=217\times\square$일 때, $\square$ 안에 알맞은 수를 순환소수로 나타내면?

① $0.\dot{0}\dot{1}$ ② $0.0\dot{0}\dot{1}$ ③ $0.\dot{0}0\dot{1}$

④ $0.\dot{1}0\dot{1}$ ⑤ $0.\dot{1}1\dot{0}$

18 $0.3\dot{2}\dot{4}=a\times0.0\dot{0}\dot{1}$일 때, a의 값을 구하시오.

19 서로소인 두 자연수 a, b에 대하여 $0.2\dot{7}\times\dfrac{b}{a}=0.\dot{3}$일 때, $a+b$의 값을 구하시오.

순환소수를 포함한 식의 계산 (2)

20 $0.\dot{6}$보다 $1.\dot{4}$만큼 큰 수는?

① $2.\dot{1}$ ② $2.1\dot{5}$ ③ $2.\dot{2}$

④ $2.2\dot{5}$ ⑤ $2.\dot{3}$

21 $\dfrac{16}{3}=a+0.\dot{2}$일 때, a의 값을 순환소수로 나타내시오.

유리수와 소수 사이의 관계

22 다음 중 옳지 <u>않은</u> 것을 모두 고르면? (정답 2개)

① 순환소수는 모두 유한소수이다.
② 0.5232323…은 유리수이다.
③ 무한소수 중에는 유리수가 아닌 것도 있다.
④ 0은 유리수가 아니다.
⑤ 기약분수의 분모에 2 또는 5 이외의 다른 소인수가 있으면 무한소수로 나타낼 수 있다.

23 다음 **보기**에서 옳은 것을 모두 고른 것은?

보기
ㄱ. 모든 무한소수는 유리수가 아니다.
ㄴ. 무한소수 중에는 순환소수가 아닌 것도 있다.
ㄷ. 정수가 아닌 유리수는 모두 유한소수로 나타낼 수 있다.
ㄹ. 모든 유한소수는 분모가 10의 거듭제곱 꼴인 분수로 나타낼 수 있다.

① ㄴ   ② ㄹ   ③ ㄱ, ㄴ
④ ㄴ, ㄹ   ⑤ ㄷ, ㄹ

01

다음 **보기**의 수 중 무한소수는 모두 몇 개인지 구하시오.

┌─ • 보기 •─────────────────────────┐
ㄱ. 1.3   ㄴ. 3.14159   ㄷ. 0.333···
ㄹ. 0.8   ㅁ. 9.878787···
└────────────────────────────────┘

02

다음은 분수 $\dfrac{3}{80}$ 을 유한소수로 나타내는 과정이다. □ 안에 들어갈 수로 옳은 것은?

$$\frac{3}{80}=\frac{3}{2^{①}\times 5}=\frac{3\times \boxed{②}}{2^4\times 5\times \boxed{③}}=\frac{375}{\boxed{④}}=\boxed{⑤}$$

① 3   ② 5^2 ③ 5^3
④ 1000   ⑤ 0.375

03

$\dfrac{15}{2^3\times 3^2\times 7}\times A$ 를 소수로 나타내면 유한소수가 될 때, A 의 값이 될 수 있는 가장 작은 자연수는?

① 3   ② 7   ③ 9
④ 21   ⑤ 63

04

분수 $\dfrac{a}{24}$ 를 소수로 나타내면 유한소수가 되고, 기약분수로 나타내면 $\dfrac{1}{b}$ 이 된다. a 가 가장 작은 자연수일 때, $a+b$ 의 값을 구하시오.

05

분수 $\dfrac{5}{37}$ 를 소수로 나타낼 때, 소수점 아래 100번째 자리의 숫자를 구하시오.

06

다음은 순환소수 $0.1\dot{2}\dot{6}$ 을 기약분수로 나타내는 과정의 일부이다. 이 과정에 대한 설명으로 옳지 <u>않은</u> 것은?

┌────────────────────────────────┐
$x=0.1\dot{2}\dot{6}$ 이라 하면 $x=0.1262626\cdots$
$\boxed{(가)}=126.262626\cdots$ ······ ㉠
$10x=\boxed{(나)}$ ······ ㉡
                  ⋮
└────────────────────────────────┘

① $0.1\dot{2}\dot{6}$ 의 순환마디는 26이다.
② ㈎에 들어갈 식은 $100x$ 이다.
③ ㈏에 들어갈 수는 $1.262626\cdots$ 이다.
④ ㉠－㉡을 계산하여 x 의 값을 구한다.
⑤ $x=\dfrac{25}{198}$ 이다.

07

$0.\dot{2}=2\times a$, $0.1\dot{5}=7\times b$ 를 만족시키는 a, b 에 대하여 $a+b$ 의 값을 순환소수로 나타내시오.

08

다음 중 옳지 <u>않은</u> 것을 모두 고르면? (정답 2개)

① 모든 순환소수는 무한소수이다.
② 모든 순환소수는 분수로 나타낼 수 있다.
③ 유리수가 아닌 순환소수도 있다.
④ 유리수는 정수 또는 유한소수로만 나타낼 수 있다.
⑤ 순환소수가 아닌 무한소수는 유리수가 아니다.

01

다음 중 분수를 소수로 나타내었을 때, 무한소수가 <u>아닌</u> 것은?

① $\dfrac{2}{3}$ ② $\dfrac{8}{7}$ ③ $\dfrac{7}{12}$

④ $\dfrac{11}{16}$ ⑤ $\dfrac{4}{21}$

02

다음 분수 중 유한소수로 나타낼 수 있는 것은?

① $\dfrac{4}{15}$ ② $\dfrac{6}{56}$ ③ $\dfrac{10}{2^3 \times 7}$

④ $\dfrac{18}{2 \times 3^2 \times 5}$ ⑤ $\dfrac{45}{3^2 \times 5^2 \times 7}$

03

분수 $\dfrac{27}{48 \times x}$을 소수로 나타내면 유한소수가 될 때, 다음 중 x의 값이 될 수 <u>없는</u> 것은?

① 6 ② 18 ③ 24

④ 36 ⑤ 54

04

다음 중 순환소수와 순환마디가 바르게 연결된 것은?

① $0.505050\cdots$ → 5

② $0.1939393\cdots$ → 193

③ $2.42242424\cdots$ → 24

④ $5.365365365\cdots$ → 536

⑤ $6.14222\cdots$ → 142

05

분수 $\dfrac{5}{12}$를 소수로 나타낼 때, 순환마디는?

① 1 ② 4 ③ 6

④ 16 ⑤ 416

06

분수 $\dfrac{7}{22}$을 소수로 나타낼 때, 소수점 아래 20번째 자리의 숫자를 구하시오.

07

분수 $\dfrac{9}{2^5 \times 3 \times x}$를 소수로 나타내면 순환소수가 될 때, x의 값이 될 수 있는 한 자리의 자연수는 모두 몇 개인지 구하시오.

08

다음 순환소수를 분수로 나타낼 때, 이용할 수 있는 가장 편리한 식을 <u>잘못</u> 연결한 것은?

① $x = 1.\dot{2}$ → $10x - x$

② $x = 2.25$ → $100x - 10x$

③ $x = 0.\dot{4}\dot{7}$ → $100x - x$

④ $x = 1.3\dot{8}\dot{2}$ → $1000x - 100x$

⑤ $x = 4.\dot{7}5\dot{6}$ → $1000x - 10x$

09

다음 중 순환소수를 분수로 나타낸 것으로 옳은 것은?

① $0.1\dot{4} = \dfrac{7}{50}$

② $0.2\dot{8} = \dfrac{26}{99}$

③ $1.\dot{3}\dot{2} = \dfrac{131}{999}$

④ $0.\dot{3}6\dot{3} = \dfrac{121}{303}$

⑤ $1.02\dot{7} = \dfrac{37}{36}$

10

순환소수 $0.\dot{5}$의 역수를 a, $0.2\dot{3}$의 역수를 b라 할 때, ab의 값을 구하시오.

11

순환소수 $3.\dot{6}$에 자연수 a를 곱하면 자연수가 된다고 할 때, 가장 작은 자연수 a의 값을 구하시오.

12

다음 중 옳은 것을 모두 고르면? (정답 2개)

① 모든 유한소수는 유리수이다.

② 모든 무한소수는 순환소수이다.

③ 모든 기약분수는 유한소수로 나타낼 수 있다.

④ 분모가 6인 모든 분수는 유한소수로 나타낼 수 있다.

⑤ 유한소수로 나타낼 수 없는 기약분수는 모두 순환소수로 나타낼 수 있다.

┤ 서술형 문제 ├

13

두 분수 $\dfrac{n}{24}$과 $\dfrac{n}{35}$을 소수로 나타내면 모두 유한소수가 된다고 할 때, n의 값이 될 수 있는 두 자리의 자연수 중 가장 큰 수를 구하시오. [7점]

 풀이

답

14

어떤 자연수에 $0.\dot{2}$를 곱해야 할 것을 잘못하여 0.2를 곱하였더니 그 계산 결과가 바르게 계산한 결과보다 $0.\dot{4}$만큼 작게 나왔다고 한다. 이때 어떤 자연수를 구하시오. [7점]

 풀이

답

01 지수법칙

개념북 27쪽~28쪽 | 정답 및 풀이 61쪽

한번 더 개념 **확인문제**

01 다음 식을 간단히 하시오.

(1) $5^9 \times 5^8$

(2) $3^7 \times 3^5$

(3) $a^6 \times a^8$

(4) $x^9 \times x^2$

02 다음 식을 간단히 하시오.

(1) $3^2 \times 3^3 \times 3^6$

(2) $7^3 \times 7^9 \times 7^3$

(3) $a^7 \times a^4 \times a^5$

(4) $x^4 \times x^8 \times x$

03 다음 식을 간단히 하시오.

(1) $a^3 \times b^2 \times a^5 \times b^4$

(2) $x^5 \times y^5 \times x^6 \times y^9$

(3) $a^{10} \times b^2 \times a^3 \times b^8$

(4) $x^2 \times y^{11} \times x^7 \times y^5$

04 다음 식을 간단히 하시오.

(1) $(3^4)^7$ (2) $(a^3)^5$

(3) $(b^2)^6$ (4) $(x^8)^4$

05 다음 식을 간단히 하시오.

(1) $(a^4)^3 \times a^2$

(2) $x^7 \times (x^6)^2$

(3) $(x^5)^6 \times (x^9)^2$

(4) $(y^2)^3 \times (y^4)^5$

06 다음 □ 안에 알맞은 수를 써넣으시오.

(1) $2^7 \times 2^{\square} = 2^{11}$

(2) $x^{\square} \times x^5 = x^{15}$

(3) $(a^5)^{\square} = a^{15}$

(4) $(x^{\square})^4 \times x^3 = x^{15}$

(5) $(x^7)^3 \times x^{\square} = x^{26}$

(6) $(b^{\square})^4 \times (b^3)^3 = b^{17}$

07 다음 식을 간단히 하시오.

(1) $2^{10} \div 2^4$

(2) $3^6 \div 3^9$

(3) $a^{11} \div a^5$

(4) $b^{14} \div b^{14}$

(5) $x^3 \div x^8$

(6) $y^5 \div y^5$

08 다음 식을 간단히 하시오.

(1) $a^9 \div a^2 \div a^3$

(2) $x^{12} \div x^2 \div x^5$

(3) $x^6 \div x^5 \div x$

(4) $y^8 \div y^6 \div y^5$

09 다음 식을 간단히 하시오.

(1) $a^3 \times a^7 \div a^6$

(2) $x^2 \times x^3 \div x^8$

(3) $(a^3)^3 \div a^2 \times a$

(4) $x^8 \div x^4 \div (x^4)^2$

10 다음 식을 간단히 하시오.

(1) $(ab)^2$ (2) $(4x)^3$

(3) $(-3x^5)^4$ (4) $(a^2b^3)^4$

(5) $(-x^2y)^5$ (6) $(2a^3b^2)^6$

(7) $(ab^2c^5)^7$ (8) $(-x^2y^3z)^3$

11 다음 식을 간단히 하시오.

(1) $\{(a^3)^2\}^5$ (2) $\{(x^2)^4\}^2$

(3) $\{(ab^2)^3\}^3$ (4) $\{(x^2y^3)^4\}^3$

12 다음 식을 간단히 하시오.

(1) $\left(\dfrac{b}{a}\right)^2$

(2) $\left(\dfrac{y}{3}\right)^3$

(3) $\left(-\dfrac{2}{x^2}\right)^4$

(4) $\left(\dfrac{a^2}{b^3}\right)^4$

(5) $\left(-\dfrac{x^3}{y^2}\right)^5$

(6) $\left(\dfrac{2a}{3b}\right)^3$

(7) $\left(\dfrac{x^2y}{z^3}\right)^6$

(8) $\left(-\dfrac{x}{y^2z^4}\right)^5$

13 다음 ☐ 안에 알맞은 수를 써넣으시오.

(1) $a^{\square} \div a^7 = \dfrac{1}{a^2}$

(2) $(x^2)^3 \div x^{\square} = 1$

(3) $(x^{\square}y^4)^4 = x^{12}y^{\square}$

(4) $\left(\dfrac{a^2}{b^{\square}}\right)^5 = \dfrac{a^{\square}}{b^{15}}$

완성하기

지수법칙

01 다음 중 옳은 것은?

① $x^5 \times x^4 \times x = x^9$

② $(x^6)^2 = x^8$

③ $(a^3)^2 \times a^3 = a^9$

④ $y^{10} \div y^4 \div y^6 = \dfrac{1}{y}$

⑤ $\left(-\dfrac{a^5}{b^2}\right)^2 = \dfrac{a^7}{b^4}$

02 다음 중 옳은 것을 모두 고르면? (정답 2개)

① $a + a + a = a^3$

② $5^7 \times 5^5 = 5^{35}$

③ $a^2 \times (b^3)^4 \times a^3 = a^5 b^{12}$

④ $x^7 \div x^5 \div x^2 = 0$

⑤ $\left(-\dfrac{2x}{y^2}\right)^4 = \dfrac{16x^4}{y^8}$

□ 안에 알맞은 수 구하기

03 다음 중 □ 안에 알맞은 수가 나머지 넷과 <u>다른</u> 하나는?

① $a^5 \times a^{\square} = a^9$

② $a^8 \div a^{\square} = a^4$

③ $(a^{\square})^2 \times a^3 = a^{11}$

④ $a^4 \div (a^{\square})^3 = \dfrac{1}{a^5}$

⑤ $\left(-\dfrac{a^3}{b^{\square}}\right)^4 = \dfrac{a^{12}}{b^{16}}$

04 다음 □ 안에 알맞은 수가 가장 작은 것은?

① $(a^2)^{\square} \div a^3 = a^5$

② $(xy^{\square})^3 = x^3 y^6$

③ $(a^2)^3 \times (a^{\square})^2 = a^{16}$

④ $\left(\dfrac{y^{\square}}{x^4}\right)^2 = \dfrac{y^6}{x^8}$

⑤ $a^{\square} \times b^5 \times (a^2)^2 = a^7 b^5$

거듭제곱 꼴로 나타내기

05 $4^3 \times 4^3 \times 4^3 \times 4^3 = 2^a$을 만족시키는 자연수 a의 값은?

① 12   ② 16   ③ 24

④ 36   ⑤ 81

06 $3^6 \times 9^5 = 3^x$일 때, 자연수 x의 값을 구하시오.

07 $32 \times 4^6 \div 8^4 = 2^{\square}$일 때, □ 안에 알맞은 자연수를 구하시오.

미지수 구하기 (1)

08 $2^2 \times 2^x = 64$를 만족시키는 자연수 x의 값은?

① 2   ② 3   ③ 4

④ 5   ⑤ 6

09 $2^3 \div 2^a = \dfrac{1}{4}$, $3^6 \times 3^b \div 3^5 = 81$일 때, 자연수 a, b에 대하여 $a+b$의 값을 구하시오.

미지수 구하기 (2)

10 $(2x^a y^4)^5 = bx^{15}y^{20}$일 때, 자연수 a, b의 값을 각각 구하시오.

11 $\left(-\dfrac{2x^a}{y}\right)^b = \dfrac{cx^8}{y^4}$일 때, 자연수 a, b, c에 대하여 $a+b-c$의 값을 구하시오.

같은 수의 덧셈식

12 $2^5 + 2^5 + 2^5 + 2^5$을 2의 거듭제곱으로 나타내면?

① 2^6 ② 2^7 ③ 2^8

④ 2^9 ⑤ 2^{10}

---

13 $9^4 + 9^4 + 9^4 = 3^x$일 때, 자연수 x의 값을 구하시오.

문자를 사용하여 나타내기

14 $3^4 = a$라 할 때, 9^4을 a를 사용하여 나타내면?

① $3a$ ② $9a$ ③ a^2

④ $3a^2$ ⑤ a^3

15 $2^8 = A$라 할 때, $\left(\dfrac{1}{16}\right)^4$을 A를 사용하여 나타내면?

① $\dfrac{1}{A^2}$ ② $\dfrac{1}{A}$ ③ A

④ A^2 ⑤ A^3

16 $A = 3^x$일 때, $3^x + 3^{x+1}$을 A를 사용하여 나타내면?

① $2A$ ② $3A$ ③ $4A$

④ $5A$ ⑤ $6A$

01

다음 식을 간단히 하였을 때, a의 지수가 가장 큰 것은?

① $a^3 \times (a^4)^2$ ② $a^5 \times a^2 \times a^3$
③ $a^{18} \div a^5 \div a^4$ ④ $(a^3)^4 \times a^4 \div a^8$
⑤ $a^{12} \times (a^9 \div a^6)$

02

$x-y=2$이고, $a=8^x$, $b=8^y$일 때, $a \div b$의 값은?

(단, x, y는 자연수)

① 8 ② 16 ③ 32
④ 64 ⑤ 128

03

두 자연수 m, n에 대하여 $(x^6)^3 \times (x^2)^m = x^{26}$,
$(y^n)^3 \div y^2 = y^{13}$일 때, $(x^2 y^m)^n$을 간단히 하시오.

04

$1 \times 2 \times 3 \times 4 \times 5 \times 6 \times 7 \times 8 \times 9 \times 10 = 2^a \times 3^b \times 5^c \times 7^d$
을 만족시키는 자연수 a, b, c, d의 값을 각각 구하시오.

05

$(2x^2 y^a)^b = 16x^c y^{12}$일 때, 자연수 a, b, c에 대하여
$a+b+c$의 값을 구하시오.

06

$3^6 + 3^6 + 3^6 = 3^a$, $9 \times 9 \times 9 = 3^b$일 때, 자연수 a, b에 대하여 $a-b$의 값은?

① -1 ② 0 ③ 1
④ 2 ⑤ 3

07

$2^x = A$, $3^x = B$라 할 때, 72^x을 A, B를 사용하여 나타내면?

① $A^2 B$ ② $A^2 B^2$ ③ $A^2 B^3$
④ $A^3 B^2$ ⑤ $A^3 B^3$

08

$2^7 \times 3^2 \times 5^9$이 n자리의 자연수일 때, n의 값을 구하시오.

01 다음을 계산하시오.

(1) $4a^2 \times 3b$

(2) $5x \times (-6x^3)$

(3) $(-2ab) \times 8a^3b^2$

(4) $3x^2y \times 6x^2y^2$

(5) $18a^4b^3 \times \dfrac{1}{9}ab^2$

(6) $(-2x)^3 \times 3xy$

(7) $5ab^2 \times (-a^2b^3)^4$

(8) $(-4x)^2 \times \dfrac{3}{8}x^2y$

02 다음을 계산하시오.

(1) $2xy \times (x^2y)^2 \times (-3xy^2)$

(2) $(-2x^2y)^3 \times 3xy \times \left(-\dfrac{1}{6x^2y^2}\right)$

(3) $12x^4y^2 \times \left(-\dfrac{2}{3}x^2y^3\right) \times \left(\dfrac{1}{2x^2y^2}\right)^2$

(4) $\left(\dfrac{b}{2a}\right)^3 \times \left(-\dfrac{a^2}{b^3}\right)^2 \times \left(-\dfrac{4}{a^2b^2}\right)$

03 다음을 계산하시오.

(1) $8ab \div 4a$

(2) $(-16xy) \div (-4y^2)$

(3) $3a^2b \div 6ab^3$

(4) $25x^5y^8 \div (-5x^2y^3)$

04 다음을 계산하시오.

(1) $(-4a^5b^2) \div \dfrac{a^2b}{2}$

(2) $10x^6y^8 \div \dfrac{5}{2}x^2y^2$

(3) $8a^4b^3 \div \left(-\dfrac{2b}{a}\right)^2$

(4) $x^7y^3 \div (3xy^2)^2 \div \dfrac{x}{18}$

05 다음을 계산하시오.

(1) $10a^2 \times (-2a) \div (-5a^4)$

(2) $12x^2y^4 \div 9x^5y^2 \times (6x)^2$

(3) $9a^3b^2 \div 18a^5b^6 \times (-2ab)^2$

(4) $(-3a^2b^4)^2 \times \left(-\dfrac{b^2}{a}\right)^3 \div \dfrac{6}{ab^8}$

완성하기

01 $\left(-\dfrac{1}{3}x^2y\right)^3 \times 18xy^4 \times 6x^2y$를 계산하시오.

02 $A = 15x^2y^3 \div (-5xy)$, $B = \dfrac{2}{9}x^5y^4 \div (-2xy^2)^2$일 때, $A \div B$를 계산하시오.

03 $(3x^3y^2)^2 \times \left(-\dfrac{2}{3}x^2y\right) = ax^by^c$일 때, 상수 a, b, c에 대하여 $a+b+c$의 값을 구하시오.

04 $(3x^3y^4)^2 \div (-9xy^2) \div \dfrac{2}{3}x^2 = ax^by^c$일 때, 상수 a, b, c에 대하여 abc의 값을 구하시오.

05 $16a^5b^8 \times (-2ab^3)^2 \div \dfrac{8}{5}a^4b^{10}$을 계산하면?

① $20a^3b^4$　　② $40a^3b^4$　　③ $40a^4b^3$

④ $60a^4b^3$　　⑤ $60a^3b^5$

06 다음 중 옳은 것은?

① $3x^3 \times (-2x^2)^2 = 6x^7$

② $(-8x^3)^2 \div 4x^4 = -2x$

③ $(-x^2y^4)^2 \times 3xy \div x^2y = 3x^3y^8$

④ $14x^5y^2 \div 7x^6y \times (2x^2y)^3 = 16x^5y^3$

⑤ $\dfrac{3}{4}x^2y \div \dfrac{3}{8}xy^2 \times \left(-\dfrac{1}{2}x^3\right) = -x^4y$

07 $8x^9y^7 \div Axy^3 \times x^By = 4x^{10}y^C$일 때, 자연수 A, B, C에 대하여 $A+B-C$의 값은?

① -4　　　② -3　　　③ -1

④ 2　　　⑤ 3

08 $5xy^2 \times (6x^2y^a)^2 \div 20x^by^2 = cx^3y^2$일 때, 자연수 a, b, c에 대하여 $a-b+c$의 값을 구하시오.

09 $9x^a y^8 \div \left\{ \frac{3}{4} x^2 y^b \times (-2x^2 y)^2 \right\} = cx^2 y^3$일 때, 자연수 a, b, c에 대하여 $a+b+c$의 값은?

① 10　　　② 12　　　③ 14

④ 16　　　⑤ 18

식의 값 구하기

10 $x=4$, $y=-1$일 때, $6x^3 y^4 \div 3x^4 y^2 \times (-2xy)^2$의 값을 구하시오.

11 $x=\frac{1}{2}$, $y=3$일 때, 다음 식의 값을 구하시오.

$$(-15x^2 y) \times 2y^3 \div (-3xy^2)$$

□ 안에 알맞은 단항식 구하기

12 다음 □ 안에 알맞은 식을 구하시오.

$$(-xy^2)^3 \div (\boxed{}) = 3x$$

---

13 채윤이는 어떤 식 A에 $4a^4 b^3$을 곱하고, 지홍이는 채윤이가 계산한 결과를 $2ab$로 나누었더니 $6a^5 b^6$이 되었다. 이때 어떤 식 A를 구하시오.

14 다음 **보기**에서 □ 안에 들어갈 식이 같은 것끼리 짝지은 것은?

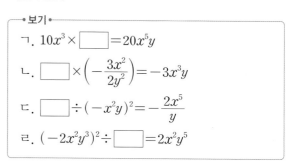
┌─ 보기 ─
ㄱ. $10x^3 \times \boxed{} = 20x^5 y$

ㄴ. $\boxed{} \times \left(-\frac{3x^2}{2y^2} \right) = -3x^3 y$

ㄷ. $\boxed{} \div (-x^2 y)^2 = -\frac{2x^5}{y}$

ㄹ. $(-2x^2 y^3)^2 \div \boxed{} = 2x^2 y^5$

① ㄱ과 ㄴ　　② ㄱ과 ㄷ　　③ ㄱ과 ㄹ

④ ㄴ과 ㄷ　　⑤ ㄷ과 ㄹ

도형에서의 활용

15 오른쪽 그림과 같이 밑변의 길이가 $4ab^2$인 삼각형의 넓이가 $6a^3 b^4$일 때, 이 삼각형의 높이를 구하시오.

$4ab^2$

16 오른쪽 그림과 같이 밑면의 반지름의 길이가 $3a^2 b$이고, 높이가 $2ab^3$인 원뿔의 부피를 구하시오.

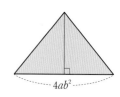
$2ab^3$
$3a^2 b$

한번 더 개념 확인문제

개념북 ➔ 39쪽~42쪽 | 정답 및 풀이 ➔ 64쪽

01 다음을 계산하시오.

(1) $(4x+2y)+(3x+y)$

(2) $(2x-7y)+(-5x+2y)$

(3) $(-6a+b)+(8a-6b)$

(4) $(3a-8b)-(a+2b)$

(5) $(-6x+2y)-(5x-3y)$

(6) $(7x-9y)-(-2x+3y)$

02 다음을 계산하시오.

(1) $3(a+2b)+4(2a-3b)$

(2) $7(2x-y)-2(-x+5y)$

(3) $\dfrac{2}{5}(-10x-15y)+\dfrac{3}{4}(8x-12y)$

(4) $\dfrac{2a+b}{3}-\dfrac{a-3b}{4}$

03 다음을 계산하시오.

(1) $(-x+2y+3)+(4x-6y-7)$

(2) $(6x-3y-9)-(-2x+5y+4)$

(3) $3(2x-4y+3)-4(3x+y-5)$

(4) $-2(-5x+3y-2)+3(2x-y+6)$

04 다음을 계산하시오.

(1) $7x+2y-\{4x-2(3x+2y)\}$

(2) $x-3y+[-3x-5-\{2x-(y+3)\}]$

(3) $-y-2[4y-\{5x+2y-(3x+5y)\}]$

05 다음 중 이차식인 것에는 ○표, 이차식이 아닌 것에는 ×표를 하시오.

(1) $5x-4y+1$ ( )

(2) $\dfrac{1}{x^2}+2$ ( )

(3) $3-a-4a^2$ ( )

(4) $\dfrac{x^2}{4}-\dfrac{x}{3}$ ( )

(5) $a^2-a(a-1)+4$ ( )

(6) b^2-3b+5 ( )

06 다음을 계산하시오.

(1) $(6x^2+2x-1)+(-3x^2-2x-5)$

(2) $(4x^2-2x+6)-(x^2+5x-7)$

(3) $(3a^2+2a+7)+(-5a^2-6a+3)$

(4) $(-6a^2-3a+8)-(2a^2-4a+4)$

07 다음을 계산하시오.

(1) $2(4a^2-3a+1)+3(a^2+5a-2)$

(2) $3(2x^2-5x+2)-4(3x^2-2x-5)$

(3) $-5(a^2-2a-3)+2(2a^2-4a+3)$

(4) $4(-3x^2+2x-1)-2(x^2-6x-1)$

08 다음을 계산하시오.

(1) $-2a(a-5)$

(2) $\dfrac{1}{2}x(6x+4y)$

(3) $5x(3x-2y+5)$

(4) $-2b(2a+3b-7)$

(5) $\dfrac{2}{3}x(9x-18y+3)$

(6) $(-12a+16b+8)\times\left(-\dfrac{3}{4}a\right)$

09 다음을 계산하시오.

(1) $(6a^2-9a)\div(-3a)$

(2) $(8ab+16a)\div\dfrac{4}{3}a$

(3) $(-10x^2y+15xy^2)\div(-5xy)$

(4) $(14x^4-21x^3+35x^2)\div7x^2$

(5) $(-15x^2y^2+12xy)\div\dfrac{3}{2}x$

(6) $(4a^3b-6a^2)\div\left(-\dfrac{2}{5}a\right)$

10 다음을 계산하시오.

(1) $a(3a-2)+2a(a+6)$

(2) $3x(-x+1)+x(2x-4)$

(3) $2a(4a+1)-3a(-a+2)$

(4) $-2x(3x-y)+5x(2x-3y)$

(5) $4x(2x+y)-2y(3x-2y)$

(6) $a(3a-4)+3(a^2-5a+2)$

11 다음을 계산하시오.

(1) $\dfrac{6a^2-8a}{-2a}+\dfrac{-12a^2+8a}{4a}$

(2) $(10x^3-15x)\div5x-(28x^4-14x^2)\div7x^2$

(3) $(9x^2-18x)\div(-3x)-(4x^2-2x)\div\dfrac{1}{2}x$

(4) $(-4a^2+8a)\div(-2a)+(6a^2-9a)\div\dfrac{3}{2}a$

12 다음 물음에 답하시오.

(1) $y=2x+1$일 때, $3x-2y$를 x에 대한 식으로 나타내시오.

(2) $x=3y-1$일 때, $xy+2y$를 y에 대한 식으로 나타내시오.

(3) $x-y-3=0$일 때, y를 x에 대한 식으로 나타내시오.

(4) $x+y+5=0$일 때, $3x+2y$를 x에 대한 식으로 나타내시오.

(5) $x+2y=5$일 때, $xy-3$을 y에 대한 식으로 나타내시오.

다항식의 덧셈과 뺄셈

01 $\dfrac{x+2y}{3}-\dfrac{5x-3y}{4}=ax+by$일 때, 상수 a, b에 대하여 $a+b$의 값을 구하시오.

02 $\left(\dfrac{2}{3}x-\dfrac{3}{4}y\right)-\left(\dfrac{1}{2}x+\dfrac{5}{8}y\right)=ax+by$일 때, 상수 a, b에 대하여 $6a+8b$의 값을 구하시오.

여러 가지 괄호가 있는 식의 계산

03 다음은 $5x-2\{(-x+3y)-2(x-y)\}$를 계산하는 과정이다. 다항식 A, B, C를 각각 구하시오.

$$
\begin{aligned}
&5x-2\{(-x+3y)-2(x-y)\}\\
&=5x-2(-x+3y+A)\\
&=5x-2B\\
&=C
\end{aligned}
$$

04 $-x-[2y-\{5x-2(3y-2)+4\}]$를 계산하였을 때, x의 계수를 a, y의 계수를 b, 상수항을 c라 하자. 이때 $a+b-c$의 값을 구하시오.

이차식의 덧셈과 뺄셈

05 $2(5x^2-5x+3)-(5x^2-7x-3)=ax^2+bx+c$일 때, 상수 a, b, c에 대하여 $a+b+c$의 값을 구하시오.

06 $\dfrac{2}{3}(6x^2-12x+15)-\dfrac{3}{4}(8x^2-4x+12)$를 계산하였을 때, x^2의 계수를 a, 상수항을 b라 하자. 이때 ab의 값을 구하시오.

□ 안에 알맞은 식 구하기

07 다음 □ 안에 알맞은 식을 구하시오.

$$\boxed{}+3(2x^2-5x+4)=-x^2+10x-3$$

08 $x+3y-2$에 어떤 다항식을 더하면 $-2x+y$이다. 이때 어떤 다항식을 구하시오.

단항식과 다항식의 곱셈과 나눗셈

09 다음 **보기**에서 옳은 것을 모두 고르시오.

> • 보기 •
> ㄱ. $3x(x-3y+2)=3x^2-9xy+6x$
> ㄴ. $(15a^2-10a)÷5a=3a-2$
> ㄷ. $(4x^2-8x)÷(-x)=-4x-8$
> ㄹ. $(3a^2b+6ab)÷\left(-\dfrac{1}{3}ab\right)=-a-2$

10 $(4x^2y-16xy^2)÷\dfrac{4}{3}xy=ax+by$일 때, 상수 a, b에 대하여 $a+b$의 값을 구하시오.

사칙계산이 혼합된 식의 계산

11 다음을 계산하시오.

$$-6a\left(\dfrac{2}{3}a-\dfrac{1}{2}\right)+(7a^2-14a)÷\dfrac{7}{2}a$$

12 $\left(\dfrac{7}{4}x^2-\dfrac{5}{12}x^3\right)÷\dfrac{1}{16}x+\dfrac{1}{2}x\left(\dfrac{4}{3}x-8\right)$을 계산하시오.

도형에서의 활용

13 오른쪽 그림과 같이 가로의 길이가 $6a+5b+1$이고, 둘레의 길이가 $18a+14b-8$인 직사각형 모양의 화단이 있다. 이 화단의 세로의 길이를 구하시오.

$6a+5b+1$

14 오른쪽 그림과 같이 밑면의 가로의 길이가 $3ab$, 세로의 길이가 $2b$인 직육면체의 부피가 $24a^2b^3-12a^3b^2$일 때, 이 직육면체의 높이를 구하시오.

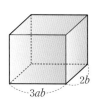

$3ab$ $2b$

식의 대입

15 $A=-2x+y$, $B=4x+2y$일 때, $3(A-B)+2B$를 x, y에 대한 식으로 나타내시오.

16 $A=\dfrac{x+y}{2}$, $B=\dfrac{-x+2y-4}{3}$일 때, $A-3B-3(A+B)$를 x, y에 대한 식으로 나타내면?

① $x-5y-4$ ② $x-5y+8$
③ $x-3y-4$ ④ $3x-5y-8$
⑤ $3x+5y+8$

01

다음 중 옳지 <u>않은</u> 것은?

① $5ab \times (-2a)^2 = 20a^3b$

② $9x^4y^8 \div 3x^2y^3 = 3x^2y^5$

③ $(-2ab^2)^2 \div 8a^2b = \dfrac{1}{2}b^3$

④ $8x^3y^5 \div \dfrac{2x^2}{3y^3} = 12xy^8$

⑤ $(-3x^3y^2)^2 \div \left(-\dfrac{1}{2}xy\right) = 6x^5y^3$

02

밑면의 가로의 길이가 $8x^2y$, 세로의 길이가 $2xy^3$이고 높이가 $\dfrac{3}{4}xy$인 직육면체의 부피를 ax^by^c이라 할 때, 상수 a, b, c에 대하여 $\dfrac{ac}{b}$의 값은?

① 12   ② 15   ③ 16

④ 18   ⑤ 20

03

다음 □ 안에 알맞은 식을 구하시오.

$$18x^6y^3 \div (-4x^3y) \times (\boxed{}) = (3xy^2)^2$$

04

다음 그림에서 두 직사각형 A, B의 넓이가 서로 같을 때, 직사각형 B의 가로의 길이를 구하시오.

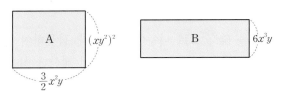

05

다음 중 이차식인 것은?

① $\dfrac{4}{3}x - 5$ ② $3x^3 - 2x$

③ $\dfrac{3}{2}x^2 + 5x - 2$ ④ $6x^2 - 4x - 6x^2 + 2$

⑤ $4x^2 - 10x - 2(2x^2 + 5)$

06

다음 식을 계산하였을 때, x의 계수가 가장 작은 것은?

① $2(-4x + 3y) - (-6x + y)$

② $3(x^2 - 5x) + 2(-x^2 + 8x - 2)$

③ $\dfrac{2x^2 + 5x}{3} - \dfrac{x - 7}{2}$

④ $4x\left(-x + \dfrac{3}{2}\right) - x(2x - 3)$

⑤ $(14x^2 - 21x) \div 7x - x(2x - 1)$

07

오른쪽 그림과 같이 높이가 $3ab$인 원뿔의 부피가 $4\pi a^3b + 4\pi a^2b^2$일 때, 이 원뿔의 밑넓이를 구하시오.

08

다음 조건을 만족시키는 두 다항식 A, B에 대하여 $A + B$를 계산하시오.

㈎ 다항식 A를 $\dfrac{2}{5}x$로 나누면 $10x + 20$이다.

㈏ 다항식 B에서 다항식 A를 빼면 $3x^2 - 7x + 2$이다.

01

$(x^2)^3 \div (-x)^2 \times x^3 = x^a$을 만족시키는 자연수 a의 값은?

① 3   ② 4   ③ 5

④ 6   ⑤ 7

02

$(2^6)^2 \times (2^3)^n \div 2^4 = 2^{20}$을 만족시키는 자연수 n의 값은?

① 2   ② 3   ③ 4

④ 5   ⑤ 6

03

$\left(\dfrac{3x^a}{y^4}\right)^3 = \dfrac{cx^{15}}{y^b}$일 때, 자연수 a, b, c에 대하여 $a+b-c$의 값을 구하시오.

04

$2^4 + 2^4 + 2^4 + 2^4 = 2^a$이고 $3^5 + 3^5 + 3^5 = 3^b$일 때, 자연수 a, b에 대하여 $a-b$의 값을 구하시오.

05

$\left(\dfrac{3b^3}{a}\right)^4 \times \left(-\dfrac{a^2}{9b^3}\right)^2 \times ab^2$을 계산하면?

① $\dfrac{b}{3a^2}$ ② $\dfrac{ab^2}{9}$ ③ ab^4

④ $\dfrac{ab^6}{3}$ ⑤ ab^8

06

다음 중 옳지 <u>않은</u> 것은?

① $2xy \times (-3x^2) = -6x^3y$

② $4ab \div \dfrac{1}{2}b = 8a$

③ $10a^3 \times (-a^2)^2 \div 5a^4 = 2a^3$

④ $4x^2y \div \dfrac{1}{3}xy^2 \div \left(-\dfrac{x}{2y}\right) = -24x$

⑤ $3ab^2 \div \left(-\dfrac{1}{2}ab^3\right)^2 \times (-a^2b^3)^2 = 12a^3b^2$

07

$8ab^2 \div (\boxed{}) \times (-2a^2b^3) = 4a^2b^4$일 때, □ 안에 알맞은 식을 구하시오.

08

어떤 식을 $6x^2y^2$으로 나누어야 하는데 잘못하여 곱했더니 $-12x^5y^8$이 되었다. 이때 바르게 계산한 식을 구하시오.

09

$2(3x^2-x+2)+(-5x^2+7x-2)$를 계산하였을 때, x의 계수와 상수항의 합을 구하시오.

10

다음 중 옳은 것은?

① $5a(4+3b)=20a+3ab$

② $(3x+9y-2)\times\left(-\dfrac{2}{3}x\right)=-2x^2-6x+\dfrac{4}{3}$

③ $(x^2-3x)\div\dfrac{1}{2}x=2x^3-6x^2$

④ $\dfrac{6x^2y^4+10x^2y^2}{-2xy^2}=-3xy^2-5$

⑤ $(12a^2b^3-8ab^2)\div(-4ab)=-3ab^2+2b$

11

$a=-2$, $b=\dfrac{1}{2}$일 때, 다음 식의 값을 구하시오.

$$(9a^3b^4-18a^3b^5)\div(-3ab)^2-\dfrac{1}{5}b(5ab+10ab^2)$$

12

오른쪽 그림과 같이 밑면의 반지름의 길이가 $2xy^2$인 원기둥의 부피가 $12\pi x^3y^5+20\pi x^4y^7$일 때, 이 원기둥의 높이를 구하시오.

$2xy^2$

─── 서술형 **문제** ───

13

$2^5\times5^7$을 $a\times10^n$ 꼴로 나타내었을 때, 다음 물음에 답하시오. [6점]

(1) 자연수 a, n의 값을 각각 구하시오.
   (단, a는 두 자리의 자연수) [4점]

(2) $2^5\times5^7$은 몇 자리의 자연수인지 구하시오. [2점]

 풀이

 답

14

다음 표의 가로, 세로, 대각선에 있는 세 다항식의 합이 모두 같을 때, $A-2B$를 계산하시오. [7점]

$2x+7y$		B
	$x+4y$	A
$4x+3y$		y

 풀이

 답

01 부등식의 해와 성질

01 다음 중 부등식인 것에는 ○표, 부등식이 아닌 것에는 ×표를 하시오.

(1) $7 \geq 3$ (   )

(2) $3x+1=0$ (   )

(3) $x+7$ (   )

(4) $2x-1<0$ (   )

(5) $4-2x \leq x$ (   )

02 다음 문장을 부등식으로 나타낼 때, ○ 안에 알맞은 부등호를 써넣으시오.

(1) x는 -3보다 작다. → $x \bigcirc -3$

(2) x는 10 초과이다. → $x \bigcirc 10$

(3) x는 1보다 작거나 같다. → $x \bigcirc 1$

(4) x는 3 이하이다. → $x \bigcirc 3$

(5) x는 10보다 작지 않다. → $x \bigcirc 10$

03 x의 값이 $-2, -1, 0, 1, 2$일 때, 다음 부등식을 푸시오.

(1) $3x+1>-2$

(2) $2x-3 \leq x-2$

(3) $3 \geq 1-5x$

04 $a<b$일 때, 다음 ○ 안에 알맞은 부등호를 써넣으시오.

(1) $a+4 \bigcirc b+4$

(2) $a-7 \bigcirc b-7$

(3) $\dfrac{a}{3} \bigcirc \dfrac{b}{3}$

(4) $-6a \bigcirc -6b$

(5) $8a-3 \bigcirc 8b-3$

(6) $5-\dfrac{a}{2} \bigcirc 5-\dfrac{b}{2}$

05 $a \geq b$일 때, 다음 ○ 안에 알맞은 부등호를 써넣으시오.

(1) $a-2 \bigcirc b-2$

(2) $a+5 \bigcirc b+5$

(3) $-2a \bigcirc -2b$

(4) $1-5a \bigcirc 1-5b$

(5) $7a-\dfrac{1}{2} \bigcirc 7b-\dfrac{1}{2}$

(6) $\dfrac{a}{4}-3 \bigcirc \dfrac{b}{4}-3$

부등식으로 나타내기

01 다음 문장을 부등식으로 나타내시오.

(1) 어떤 수 x의 4배에서 5를 뺀 값은 7보다 작다.

(2) 길이가 x m인 줄을 끝에서 1 m만큼 잘라 내면 남은 줄의 길이는 2 m보다 길다.

(3) 7000원짜리 수박 x통과 900원짜리 배 5개의 가격의 합은 30000원 이상이다.

02 다음 **보기**에서 문장을 부등식으로 나타낸 것으로 옳은 것을 모두 고르시오.

┌─ 보기 ─────────────────────────────┐
ㄱ. 어떤 수 x의 3배에 2를 더한 값은 7보다 크다.
　➔ $3x+2 \geq 7$
ㄴ. 4명이 각각 x원씩 내면 총액이 20000원을 넘지 않는다. ➔ $4x > 20000$
ㄷ. 무게가 2 kg인 상자에 5 kg짜리 물건을 x개 넣으면 전체 무게는 30 kg 이하이다.
　➔ $2+5x \leq 30$
└─────────────────────────────────┘

부등식의 해

03 다음 중 [ ] 안의 수가 부등식의 해인 것은?

① $x+2>3$ [1] 　　② $3x-1 \leq 4$ [0]
③ $2x \leq 3x$ [-2] 　　④ $2x < x+1$ [2]
⑤ $3x < x+2$ [1]

04 다음 중 부등식 $-2x+3 \geq -4$의 해가 될 수 없는 것을 모두 고르면? (정답 2개)

① 1 　　　② 2 　　　③ 3
④ 4 　　　⑤ 5

부등식의 성질

05 $a>b$일 때, 다음 **보기**에서 옳은 것을 모두 고르시오.

┌─ 보기 ─────────────────────────────┐
ㄱ. $a+5<b+5$ 　　ㄴ. $a-3>b-3$
ㄷ. $-2a>-2b$ 　　ㄹ. $-\dfrac{a}{4}<-\dfrac{b}{4}$
└─────────────────────────────────┘

06 $a \leq b$일 때, 다음 중 옳은 것을 모두 고르면?
(정답 2개)

① $a-1 \geq b-1$ 　　② $-a \leq -b$
③ $a+2 \leq b+2$ 　　④ $\dfrac{a}{5}+1 \geq \dfrac{b}{5}+1$
⑤ $5-3a \geq 5-3b$

식의 값의 범위 구하기

07 다음 물음에 답하시오.

(1) $-1<x \leq 2$일 때, $3x-5$의 값의 범위를 구하시오.

(2) $2<x \leq 4$일 때, $-2x+1$의 값의 범위를 구하시오.

08 $-3<-2x+3<2$일 때, x의 값의 범위를 구하시오.

01 다음 중 일차부등식인 것에는 ○표, 일차부등식이 아닌 것에는 ×표를 하시오.

(1) $4-2x \leq 5-3x$ ( )

(2) $3-x > 5-x$ ( )

(3) $x(x-1) \geq 3x+2$ ( )

(4) $\dfrac{x}{2}+3 < \dfrac{x}{3}-1$ ( )

(5) $x^2+x > x^2-x$ ( )

02 다음 수직선 위에 나타내어진 x의 값의 범위를 부등식으로 나타내시오.

(1)
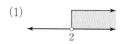

(2)

(3)
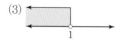

(4)

03 다음 부등식의 해를 수직선 위에 나타내시오.

(1) $x > -3$

(2) $x \leq 4$

(3) $x \geq 1$

(4) $x < -2$

04 다음 일차부등식을 풀고, 그 해를 수직선 위에 나타내시오.

(1) $x-4 > -3$
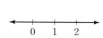

(2) $x+1 < 3$

(3) $-2x \geq 12$

(4) $x+5 \leq 2x$
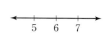

(5) $3x+2 \leq x-2$

(6) $2x-1 < 3x-3$

05 다음 일차부등식을 푸시오.

(1) $3(x-2)>6+x$

(2) $3x+2(1-x)\geq 4$

(3) $5-(x+1)<x$

(4) $3(-x+4)+1>2x-2$

(5) $-2(x-3)\leq 4+2(x-5)$

06 다음 일차부등식을 푸시오.

(1) $0.5x+0.2>0.7$

(2) $0.4+0.3x\leq 1.3-0.1x$

(3) $1.2x+0.7\leq 0.5x+4.2$

(4) $0.3x+0.01>0.2x+0.21$

07 다음 일차부등식을 푸시오.

(1) $\dfrac{1}{2}x+\dfrac{2}{3}\geq \dfrac{1}{3}x+\dfrac{1}{2}$

(2) $\dfrac{x-1}{4}<\dfrac{x+1}{3}$

(3) $\dfrac{1}{2}x-\dfrac{4}{3}\leq -\dfrac{1}{6}x$

(4) $\dfrac{x-5}{2}>\dfrac{x}{4}-3$

08 다음 일차부등식을 푸시오.

(1) $\dfrac{1}{5}x-1>0.1x+5$

(2) $0.6x+\dfrac{4}{5}\leq \dfrac{1}{2}x-1.3$

(3) $0.01(2x+3)>\dfrac{1}{5}x$

(4) $0.2x-\dfrac{2}{5}(x-1)\leq 0.4$

(5) $\dfrac{x+7}{4}-0.3(x+1)\geq \dfrac{7}{5}$

일차부등식의 풀이

01 다음 일차부등식 중 해가 나머지 넷과 다른 하나는?

① $2x \leq -4$　　② $2x - 5x \geq 6$

③ $-3x \geq 2x + 10$　　④ $-x + 4 \leq x + 8$

⑤ $2x - 7 \geq 6x + 1$

02 일차부등식 $-x + 2 > 2x - 4$를 만족시키는 x의 값 중 가장 큰 정수를 구하시오.

03 일차부등식 $4x + 1 \geq x - 8$을 만족시키는 x의 값 중 가장 작은 정수를 구하시오.

일차부등식의 해를 수직선 위에 나타내기

04 다음 중 일차부등식 $2x - 1 \leq 4x + 5$의 해를 수직선 위에 바르게 나타낸 것은?

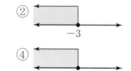

05 일차부등식 $3x + 9 > 7x - 11$을 풀고, 그 해를 수직선 위에 나타내시오.

06 다음 중 일차부등식의 해를 수직선 위에 바르게 나타낸 것은?

① $x - 2 \geq 2 - x$ →

② $3 - 3x < -6$ →

③ $5x + 8 \geq 38$ →

④ $3x + 4 < 2x + 2$ →

⑤ $4x - 2 > 5x - 6$ →

복잡한 일차부등식의 풀이 (1)

07 일차부등식 $-\dfrac{1}{3}x + 1 \leq \dfrac{1}{2}x - 4$의 해를 $x \geq a$, 일차부등식 $x - 1.6 < 0.5x + 0.4$의 해를 $x < b$라 할 때, $a + b$의 값을 구하시오.

08 일차부등식 $0.3x - 1 > \dfrac{2}{5}x + 2$를 풀면?

① $x > -30$　② $x < -30$　③ $x > -3$

④ $x < -3$　⑤ $x > 30$

복잡한 일차부등식의 풀이 (2)

09 일차부등식 $\dfrac{4}{5}x+2<0.3\left(x-\dfrac{5}{3}\right)$를 만족시키는 x의 값 중 가장 큰 정수를 구하시오.

10 일차부등식 $0.5\left(x-\dfrac{1}{2}\right)>\dfrac{x-7}{5}+\dfrac{5}{4}$를 만족시키는 x의 값 중 가장 작은 정수를 구하시오.

x의 계수가 문자인 일차부등식의 풀이

11 $a<0$일 때, x에 대한 일차부등식 $ax\le9-2ax$의 해는?

① $x\le-\dfrac{3}{a}$ ② $x\ge\dfrac{3}{a}$ ③ $x\le\dfrac{3}{a}$

④ $x\ge\dfrac{9}{a}$ ⑤ $x\le\dfrac{9}{a}$

12 $a<2$일 때, x에 대한 일차부등식 $(a-2)x+2>a$의 해를 구하시오.

일차부등식의 해가 주어질 때, 미지수 구하기

13 일차부등식 $2x+3\le a$의 해가 $x\le2$일 때, 상수 a의 값을 구하시오.

14 일차부등식 $3x+a\ge13$의 해를 수직선 위에 나타내면 오른쪽 그림과 같을 때, 상수 a의 값을 구하시오.

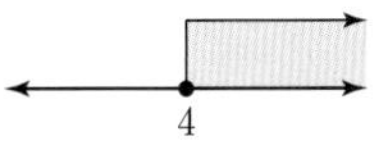

두 일차부등식의 해가 같을 때, 미지수 구하기

15 두 일차부등식 $3x-1<8$과 $x+1>3(x-a)$의 해가 서로 같을 때, 상수 a의 값을 구하시오.

16 두 일차부등식 $5x+a>2(x-2)$와 $2(x+1)-6>3(2-x)$의 해가 서로 같을 때, 상수 a의 값을 구하시오.

01

다음 부등식 중 $x=-2$일 때 참인 것은?

① $5-2x<0$
② $3(x-3)\geq-2$
③ $-3x+5>-1$
④ $4x-1>5$
⑤ $\dfrac{x}{3}+1\geq3$

02

$a<b$일 때, 다음 중 옳지 않은 것은?

① $a+3<b+3$
② $4-a>4-b$
③ $\dfrac{a}{2}+1<\dfrac{b}{2}+1$
④ $\dfrac{3}{2}a-1>\dfrac{3}{2}b-1$
⑤ $-\dfrac{a+1}{3}>-\dfrac{b+1}{3}$

03

$-7<-2x-1\leq1$일 때, 다음 중 x의 값이 될 수 없는 것은?

① -1
② 0
③ 1
④ 2
⑤ 3

04

다음 일차부등식 중 해를 수직선 위에 나타내었을 때, 오른쪽 그림과 같은 것은?

① $6x-4x\leq8$
② $-x+2\leq x+6$
③ $-4+3x\geq2$
④ $4x-1\geq2x+7$
⑤ $-3x+1\leq-x+5$

05

일차부등식 $\dfrac{x-3}{2}-\dfrac{4-5x}{3}\geq0$을 만족시키는 x의 값 중 가장 작은 정수는?

① 1
② 2
③ 3
④ 4
⑤ 5

06

일차부등식 $3(x+a)-4>2x+a$의 해가 $x>-6$일 때, 상수 a의 값을 구하시오.

07

두 일차부등식 $0.25x-0.5>0.4x-0.2$와
$x+a<-x-6$의 해가 서로 같을 때, 상수 a의 값을 구하시오.

08

일차부등식 $x+3>\dfrac{5x-1}{2}-a$를 만족시키는 자연수 x가 3개일 때, 상수 a의 값의 범위를 구하시오.

03 일차부등식의 활용

01 한 개에 500원 하는 초콜릿과 한 개에 300원 하는 막대사탕을 섞어서 12개를 사려고 한다. 전체 금액이 5000원 이하가 되게 하려고 할 때, 다음 물음에 답하시오.

(1) 초콜릿을 x개 산다고 할 때, 표를 완성하시오.

	초콜릿	막대사탕
개수(개)	x	
금액(원)		

(2) 일차부등식을 세우시오.

(3) (2)에서 세운 일차부등식을 푸시오.

(4) 초콜릿을 최대 몇 개까지 살 수 있는지 구하시오.

02 연우와 현지의 저금통에 현재 각각 3000원, 2000원이 들어 있다. 내일부터 매일 연우는 300원씩, 현지는 500원씩 저금한다고 할 때, 현지의 저금액이 연우의 저금액보다 많아지는 것은 며칠 후부터인지 구하려고 한다. 다음 물음에 답하시오.

(1) x일 후부터 현지의 저금액이 연우의 저금액보다 많아진다고 할 때, 표를 완성하시오.

	연우	현지
현재 저금액(원)	3000	2000
x일 후 저금액(원)		

(2) 일차부등식을 세우시오.

(3) (2)에서 세운 일차부등식을 푸시오.

(4) 현지의 저금액이 연우의 저금액보다 많아지는 것은 며칠 후부터인지 구하시오.

03 등산을 하는데 올라갈 때는 시속 5 km로, 내려올 때는 같은 길을 시속 3 km로 걸어서 4시간 이내에 돌아오려고 할 때, 다음 물음에 답하시오.

(1) 올라갈 때의 거리를 x km라 할 때, 표를 완성하시오.

	올라갈 때	내려올 때
거리(km)	x	
속력(km/h)	5	3
시간(시간)		

(2) 일차부등식을 세우시오.

(3) (2)에서 세운 일차부등식을 푸시오.

(4) 최대 몇 km 지점까지 올라갔다 올 수 있는지 구하시오.

04 찬성이가 집에서 4 km 떨어진 공원까지 가는데 처음에는 시속 3 km로 걷다가 도중에 시속 6 km로 뛰어서 1시간 이내에 도착하려고 할 때, 다음 물음에 답하시오.

(1) 시속 3 km로 걸어간 거리를 x km라 할 때, 표를 완성하시오.

	걸어갈 때	뛰어갈 때
거리(km)	x	
속력(km/h)	3	
시간(시간)		

(2) 일차부등식을 세우시오.

(3) (2)에서 세운 일차부등식을 푸시오.

(4) 시속 3 km로 걸어간 거리는 최대 몇 km인지 구하시오.

한번 더!

개념 완성하기

교과서 대표 문제로

개념북 ➡ 69쪽 | 정답 및 풀이 ➡ 73쪽

수에 대한 문제

01 어떤 홀수에 5를 더한 수의 3배는 36보다 크다고 한다. 이를 만족시키는 가장 작은 홀수를 구하시오.

02 연속하는 두 짝수가 있다. 작은 수의 4배에서 18을 빼면 큰 수의 2배보다 작지 않을 때, 이를 만족시키는 가장 작은 두 짝수의 합을 구하시오.

여러 가지 수량에 대한 문제

03 한 번에 1000 kg까지 운반할 수 있는 승강기를 이용하여 1개에 90 kg인 상자 여러 개를 몸무게가 각자 60 kg인 두 사람이 함께 운반하려고 한다. 한 번에 운반할 수 있는 상자는 최대 몇 개인지 구하시오.

04 다음과 같이 수진이의 배드민턴 수행 평가 기록표가 지워졌다. 수행 평가 점수가 40점 이상이어야만 A등급을 받을 수 있다고 할 때, 수진이가 하이 클리어를 몇 개 이상 성공했을지 구하시오.

수행 평가 기록표

평가 항목	개당 점수	성공한 개수
서브	3점	7개
하이 클리어	2점	
등급		A등급

도형에 대한 문제

05 밑변의 길이가 6 cm인 삼각형의 넓이가 24 cm² 이상이 되려면 삼각형의 높이는 몇 cm 이상이어야 하는지 구하시오.

06 아랫변의 길이가 10 cm, 높이가 6 cm인 사다리꼴의 넓이가 45 cm² 이상이 되려면 윗변의 길이는 몇 cm 이상이어야 하는지 구하시오.

유리한 방법에 대한 문제

07 집 근처 가게에서 한 자루에 2000원인 펜을 할인 매장에서는 1700원에 판매한다. 할인 매장에 다녀오는 데 드는 왕복 교통비가 2000원일 때, 펜을 몇 자루 이상 살 경우 할인 매장에서 사는 것이 유리한지 구하시오.

08 성인 1인당 식비가 27000원인 뷔페 식당이 있다. 성인 30명 이상의 단체 손님인 경우에는 식비의 20 %를 할인해 준다고 할 때, 성인 30명 미만인 단체는 몇 명 이상부터 30명의 단체 할인권을 사는 것이 유리한지 구하시오.

01

연속하는 세 자연수의 합이 66보다 작다고 한다. 이와 같은 수 중 가장 큰 세 자연수를 구하시오.

02

현재 세용이와 현우의 통장에는 각각 30000원, 20000원이 들어 있다. 다음 달부터 매달 세용이와 현우가 각각 2000원, 3000원씩 예금한다고 할 때, 현우의 예금액이 세용이의 예금액보다 많아지는 것은 몇 개월 후부터인가? (단, 이자는 생각하지 않는다.)

① 9개월 후   ② 10개월 후   ③ 11개월 후
④ 12개월 후   ⑤ 13개월 후

03

밑면이 직사각형 모양인 수영장을 만드는데 가로의 길이가 50 m이고 둘레의 길이는 240 m 이하가 되게 하려고 한다. 이 수영장의 밑면의 세로의 길이는 최대 몇 m가 될 수 있는지 구하시오.

04

어느 공연의 입장료는 한 사람당 4000원이고, 30명 이상의 단체인 경우에는 입장료의 25 %를 할인해 준다고 한다. 30명 미만의 단체가 입장하려고 할 때, 몇 명 이상이면 30명의 단체 할인권을 사는 것이 유리한지 구하시오.

05

관악산을 등산하는데 올라갈 때는 시속 3 km로, 내려올 때는 같은 길을 시속 4 km로 걸어서 쉬는 시간 1시간을 포함하여 8시간 이내에 등산을 마치려고 한다. 최대 몇 km 지점까지 올라갔다 올 수 있는지 구하시오.

06

상현이는 친구와의 약속 장소에 도착하였는데 약속 시각까지 20분이 남아 편의점에 가서 음료수를 사오려고 한다. 상현이의 걷는 속력은 분속 50 m이고 음료수를 사는 데 걸리는 시간은 4분이다. 지금 상현이의 위치에서 각 편의점까지의 거리가 다음과 같을 때, 약속 시각에 늦지 않으려면 편의점 A, B, C, D, E 중 갈 수 있는 편의점은 몇 개인지 구하시오.

편의점	A	B	C	D	E
거리	120 m	250 m	400 m	460 m	510 m

01

다음 **보기** 중 부등식은 모두 몇 개인가?

┌─ • 보기 •
│ ㄱ. $x-3 \geq 2x$ ㄴ. $-x+1=3(x-1)$
│ ㄷ. $x=3$ ㄹ. $4x-5$
│ ㅁ. $2+2x < 2x+3$ ㅂ. $5>3$
└─

① 1개   ② 2개   ③ 3개
④ 4개   ⑤ 5개

02

$-a+3 < -b+3$일 때, 다음 중 옳은 것은?

① $a < b$
② $3a+2 < 3b+2$
③ $1-a < 1-b$
④ $a-3 < b-3$
⑤ $0.3a < 0.3b$

03

다음 일차부등식 중 해가 나머지 넷과 <u>다른</u> 하나는?

① $2x < 2$
② $3x+1 > 4x$
③ $3x-2 < 2x-1$
④ $5x-2 < 3x+2$
⑤ $6-2x > 2x+2$

04

다음 일차부등식 중 해를 수직선 위에 나타내었을 때, 오른쪽 그림과 같은 것은?

① $2x+5 < x+4$
② $2x-1 \leq x+1$
③ $x \geq 8-3x$
④ $-x+3 < 2x-6$
⑤ $x \geq 9-2x$

05

일차부등식 $\dfrac{x-3}{4} < \dfrac{1-x}{2}+1$을 풀면?

① $x < -3$ ② $x > -3$ ③ $x < 3$
④ $x > 3$ ⑤ $x > 5$

06

일차부등식 $x-4a > 6-x$의 해가 $x>1$일 때, 상수 a의 값을 구하시오.

07

두 일차부등식 $x+1 \leq 3(x-5)$와 $3x+2 \geq x+a$의 해가 서로 같을 때, 상수 a의 값은?

① -18 ② -16 ③ 16
④ 18 ⑤ 20

08

강인이는 세 번의 국어 시험에서 95점, 91점, 85점을 받았다. 네 번에 걸친 국어 시험의 평균 점수가 91점 이상이 되려면 네 번째 국어 시험에서 몇 점 이상을 받아야 하는가?

① 92점   ② 93점   ③ 94점
④ 95점   ⑤ 96점

09

한 다발에 3000원 하는 안개꽃 한 다발과 한 송이에 800원 하는 장미를 섞어서 꽃다발을 만들려고 한다. 포장비가 2000원일 때, 전체 비용이 10000원 이하가 되게 하려면 장미는 최대 몇 송이까지 넣을 수 있는지 구하시오.

10

한 번에 600 kg까지 운반할 수 있는 승강기가 있다. 몸무게가 80 kg인 사람이 1개의 무게가 30 kg인 상자를 여러 개 실어 운반하려고 한다. 승강기를 이용하여 한 번에 운반할 수 있는 상자는 최대 몇 개인가?

① 14개   ② 15개   ③ 16개
④ 17개   ⑤ 18개

11

오른쪽 그림과 같은 사다리꼴의 넓이가 70 cm² 이상일 때, 사다리꼴의 높이는 최소 몇 cm인지 구하시오.

8 cm
12 cm

12

$-3<x<3$이고 $A=-2x+1$일 때, 다음 물음에 답하시오. [6점]

⑴ A의 값의 범위를 구하시오. [3점]

⑵ 정수 A의 값 중 가장 큰 수와 가장 작은 수의 합을 구하시오. [3점]

13

등산을 하는데 올라갈 때는 시속 4 km로, 내려올 때는 올라갈 때보다 2 km 먼 길을 시속 6 km로 걸어서 2시간 이내에 등산을 마치려고 한다. 총 걸은 거리는 몇 km 이하이어야 하는지 구하시오. [7점]

01 연립방정식과 그 해

한번 더 개념 **확인문제**

개념북 ➡ 78쪽~79쪽 | 정답 및 풀이 ➡ 75쪽

01 다음 중 미지수가 2개인 일차방정식인 것에는 ○표, 미지수가 2개인 일차방정식이 아닌 것에는 ×표를 하시오.

(1) $3x - \dfrac{5}{2}y = 0$ (   )

(2) $x = y$ (   )

(3) $x^2 - 3y = x + 6$ (   )

(4) $x(y-1) = xy + 3y$ (   )

02 다음 중 주어진 순서쌍이 일차방정식의 해인 것에는 ○표, 일차방정식의 해가 아닌 것에는 ×표를 하시오.

(1) $x - 2y = 5$ $(2, -1)$ (   )

(2) $3x + y = 6$ $(-1, 9)$ (   )

(3) $3x - y = 1$ $(1, 2)$ (   )

(4) $5x + y = 8$ $(1, -3)$ (   )

03 다음 일차방정식에 대하여 표를 완성하고, x, y가 자연수일 때 일차방정식의 해를 순서쌍 (x, y)로 나타내시오.

(1) $2x + y = 11$

x	1	2	3	4	5	6	...
y							...

(2) $x + 2y - 8 = 0$

x					...
y	1	2	3	4	...

04 x, y가 자연수일 때, 연립방정식 $\begin{cases} x+y=5 & \cdots\cdots \text{㉠} \\ 2x+y=7 & \cdots\cdots \text{㉡} \end{cases}$ 에 대하여 다음 표를 완성하고, 연립방정식을 푸시오.

㉠ $x + y = 5$의 해

x	1	2	3	4
y				

㉡ $2x + y = 7$의 해

x	1	2	3
y			

05 x, y가 자연수일 때, 연립방정식 $\begin{cases} 3x-y=1 & \cdots\cdots \text{㉠} \\ x-y=-1 & \cdots\cdots \text{㉡} \end{cases}$ 에 대하여 다음 표를 완성하고, 연립방정식을 푸시오.

㉠ $3x - y = 1$의 해

x	1	2	3	4	...
y					...

㉡ $x - y = -1$의 해

x	1	2	3	4	...
y					...

미지수가 2개인 일차방정식의 해

01 다음 일차방정식 중 $x=3$, $y=2$를 해로 갖는 것은?

① $x-3y=9$ 　　② $2x-y=1$

③ $2x+3y=10$ 　④ $4x-y=7$

⑤ $3x-2y=5$

02 다음 중 일차방정식 $2x+y=7$의 해인 것을 모두 고르면? (정답 2개)

① $(-3, 13)$ 　② $(-2, 10)$ 　③ $(-1, 8)$

④ $(1, 6)$ 　　⑤ $(2, 3)$

일차방정식의 해가 주어질 때, 미지수 구하기

03 순서쌍 $(3, -2)$가 일차방정식 $4x+ky=2$의 해일 때, 상수 k의 값은?

① 1 　　② 2 　　③ 3

④ 4 　　⑤ 5

04 일차방정식 $2x-3y=2$의 한 해가 $x=a+1$, $y=a$ 일 때, a의 값은?

① -2 　　② -1 　　③ 0

④ 1 　　⑤ 2

연립방정식의 해

05 다음 연립방정식 중 $x=-2$, $y=5$를 해로 갖는 것은?

① $\begin{cases} x+2y=1 \\ -2x+y=9 \end{cases}$ 　② $\begin{cases} x-y=-7 \\ 2x+3y=4 \end{cases}$

③ $\begin{cases} 4x+y=-3 \\ 3x-2y=-16 \end{cases}$ 　④ $\begin{cases} x+4y=18 \\ 6x+2y=1 \end{cases}$

⑤ $\begin{cases} x+y=3 \\ 5x-y=-10 \end{cases}$

06 다음 **보기**의 연립방정식 중 순서쌍 $(1, 2)$를 해로 갖는 것을 모두 고르시오.

┌ 보기 ┐

ㄱ. $\begin{cases} x-y=-1 \\ 3x+y=6 \end{cases}$ 　ㄴ. $\begin{cases} x+y=3 \\ 2x-y=1 \end{cases}$

ㄷ. $\begin{cases} x+2y=5 \\ 2x-3y=-4 \end{cases}$ 　ㄹ. $\begin{cases} 2x+y=4 \\ 5x-2y=1 \end{cases}$

연립방정식의 해가 주어질 때, 미지수 구하기

07 연립방정식 $\begin{cases} ax+y=5 \\ x+3y=b \end{cases}$의 해가 $(4, 1)$일 때, 상수 a, b에 대하여 $a+b$의 값을 구하시오.

08 연립방정식 $\begin{cases} 3y=-x+6 \\ 3x+ay=1 \end{cases}$을 만족시키는 x의 값이 3 일 때, 상수 a의 값은?

① -8 　　② -5 　　③ -3

④ 3 　　⑤ 5

01 다음 연립방정식을 대입법을 이용하여 푸시오.

(1) $\begin{cases} 3x+y=16 \\ x=3y+2 \end{cases}$

(2) $\begin{cases} y=2x-3 \\ 3x+2y=8 \end{cases}$

(3) $\begin{cases} x=2y-8 \\ 3x+4y=6 \end{cases}$

(4) $\begin{cases} y=2x-5 \\ 3x+4y-2=0 \end{cases}$

(5) $\begin{cases} y=5x+2 \\ y=-4x-7 \end{cases}$

(6) $\begin{cases} 2x+y=-1 \\ 5x+4y=2 \end{cases}$

(7) $\begin{cases} x+2y=4 \\ 2x-3y=-13 \end{cases}$

02 다음 연립방정식을 가감법을 이용하여 푸시오.

(1) $\begin{cases} x+y=5 \\ x-y=7 \end{cases}$

(2) $\begin{cases} x+2y=7 \\ x+y=5 \end{cases}$

(3) $\begin{cases} 2x+3y=4 \\ 4x-3y=-10 \end{cases}$

(4) $\begin{cases} 2x-y=1 \\ x+2y=3 \end{cases}$

(5) $\begin{cases} 3x+5y=2 \\ -2x+3y=5 \end{cases}$

(6) $\begin{cases} 5x-2y=6 \\ 4x-3y=-12 \end{cases}$

(7) $\begin{cases} 5x-3y=8 \\ 3x+2y=1 \end{cases}$

03 다음 연립방정식을 푸시오.

(1) $\begin{cases} 2(x+y)-5x=13 \\ 7x-4(x-y)=-1 \end{cases}$

(2) $\begin{cases} 2x-(x+y)=3 \\ 3(x-y)+2y=7 \end{cases}$

(3) $\begin{cases} \dfrac{x}{2}-\dfrac{y}{3}=2 \\ \dfrac{x}{4}+\dfrac{y}{6}=3 \end{cases}$

(4) $\begin{cases} 0.1x-0.2y=1 \\ 0.03x+0.04y=0.6 \end{cases}$

(5) $\begin{cases} 0.2x-0.3y=2.6 \\ 0.03x+0.1y=-0.48 \end{cases}$

(6) $\begin{cases} \dfrac{1}{2}x+\dfrac{3}{4}y=1 \\ \dfrac{2}{3}x-\dfrac{1}{6}y=\dfrac{1}{6} \end{cases}$

(7) $\begin{cases} 0.2x+0.5y=0.9 \\ \dfrac{x}{8}+\dfrac{y}{2}=\dfrac{3}{4} \end{cases}$

04 다음 방정식을 푸시오.

(1) $3x-y=2x+3y=11$

(2) $2x-y=x-1=-x+y$

(3) $x-\dfrac{y}{2}=\dfrac{8x-3}{6}=\dfrac{5x+y}{4}$

05 다음 연립방정식을 푸시오.

(1) $\begin{cases} x-y=1 \\ 2x-2y=2 \end{cases}$

(2) $\begin{cases} x+2y=-1 \\ 2x+4y=2 \end{cases}$

(3) $\begin{cases} \dfrac{x}{2}-y=\dfrac{3}{4} \\ 2x-4y=3 \end{cases}$

교과서 대표 문제로

개념 완성하기

대입법을 이용한 연립방정식의 풀이

01 연립방정식 $\begin{cases} 4x-3y=3x+3 & \cdots\cdots \text{㉠} \\ 3x-2y=7 & \cdots\cdots \text{㉡} \end{cases}$ 에서 ㉠을 ㉡에 대입하여 x를 없애면 $7y=k$이다. 이때 상수 k의 값을 구하시오.

02 연립방정식 $\begin{cases} y=-2x+5 \\ 3x+2y=4 \end{cases}$ 의 해가 $x=a$, $y=b$일 때, $a+b$의 값은?

① -13 ② -1 ③ 1
④ 3 ⑤ 13

가감법을 이용한 연립방정식의 풀이

03 연립방정식 $\begin{cases} x-4y=6 & \cdots\cdots \text{㉠} \\ 3x+y=11 & \cdots\cdots \text{㉡} \end{cases}$ 을 가감법을 이용하여 풀 때, x를 없애기 위해 필요한 식은?

① ㉠$\times 3+$㉡ ② ㉠$+$㉡$\times 4$
③ ㉠$\times 3-$㉡ ④ ㉠$-$㉡$\times 4$
⑤ ㉠$-$㉡$\times 3$

04 연립방정식 $\begin{cases} 4x-5y=9 & \cdots\cdots \text{㉠} \\ 5x+2y=3 & \cdots\cdots \text{㉡} \end{cases}$ 을 가감법을 이용하여 풀 때, 필요한 식을 **보기**에서 모두 고르시오.

> ── 보기 ──
> ㄱ. ㉠$\times 5+$㉡$\times 4$ ㄴ. ㉠$\times 5-$㉡$\times 4$
> ㄷ. ㉠$\times 2+$㉡$\times 5$ ㄹ. ㉠$\times 2-$㉡$\times 5$
> ㅁ. ㉠$-$㉡$\times 3$ ㅂ. ㉠$+$㉡$\times 3$

괄호가 있는 연립방정식의 풀이

05 연립방정식 $\begin{cases} 4(x+y)-3y=-7 \\ 3x-2(x+y)=5 \end{cases}$ 를 푸시오.

06 연립방정식 $\begin{cases} 2(x-y)+3y=1 \\ x-2y=3 \end{cases}$ 의 해를 (a, b)라 할 때, $a+b$의 값을 구하시오.

계수가 소수 또는 분수인 연립방정식의 풀이

07 연립방정식 $\begin{cases} 1.5x-0.2y=3.5 \\ \dfrac{1}{2}x+\dfrac{1}{6}y=\dfrac{7}{3} \end{cases}$ 을 풀면?

① $x=3$, $y=1$ ② $x=3$, $y=3$
③ $x=3$, $y=5$ ④ $x=5$, $y=1$
⑤ $x=5$, $y=2$

08 연립방정식 $\begin{cases} \dfrac{1}{2}x-0.6y=1.3 \\ 0.3x+\dfrac{1}{5}y=0.5 \end{cases}$ 의 해를 $x=p$, $y=q$라 할 때, pq의 값을 구하시오.

연립방정식의 해가 주어질 때, 미지수 구하기

09 연립방정식 $\begin{cases} ax+by=6 \\ 2ax-3by=-8 \end{cases}$ 의 해가 $x=2$, $y=4$일 때, 상수 a, b에 대하여 $a+b$의 값을 구하시오.

10 연립방정식 $\begin{cases} ax-by=-x-17 \\ bx+ay=-1 \end{cases}$ 의 해가 $(-4, 1)$일 때, 상수 a, b에 대하여 $a+b$의 값을 구하시오.

연립방정식의 해의 조건이 주어질 때, 미지수 구하기

11 연립방정식 $\begin{cases} ax-3y=-1 \\ 5x-y=7 \end{cases}$ 의 해가 일차방정식 $3x+y=9$를 만족시킬 때, 상수 a의 값을 구하시오.

12 연립방정식 $\begin{cases} 2x+4y=7 \\ 3x-y+a=5 \end{cases}$ 를 만족시키는 x의 값이 y의 값보다 2만큼 클 때, 상수 a의 값을 구하시오.

$A=B=C$ 꼴의 방정식

13 방정식 $2x+y=x=4x-5y+4$의 해가 $x=a$, $y=b$일 때, $a-b$의 값을 구하시오.

14 다음 방정식을 푸시오.

$$\frac{2y-7}{3} = \frac{3x-4y+7}{2} = \frac{3x+2y-2}{5}$$

해가 특수한 연립방정식

15 연립방정식 $\begin{cases} 2x+3y=3a \\ 6bx+9y=-18 \end{cases}$ 의 해가 무수히 많을 때, 상수 a, b에 대하여 $a+b$의 값을 구하시오.

16 연립방정식 $\begin{cases} x-\dfrac{1}{2}y=2a \\ 2(x-y)=2-y \end{cases}$ 의 해가 없을 때, 다음 중 상수 a의 값이 될 수 없는 것은?

① $-\dfrac{1}{2}$ ② 0 ③ $\dfrac{1}{2}$

④ 1 ⑤ 2

01
두 순서쌍 $(4, -1)$, $(0, b)$가 모두 일차방정식 $2x+y=a$의 해일 때, $a+b$의 값을 구하시오.

(단, a는 상수)

02
연립방정식 $\begin{cases} 0.1x+0.4y=0.7 \\ \dfrac{x}{5}-\dfrac{y}{15}=-\dfrac{1}{3} \end{cases}$ 의 해를 (a, b)라 할 때,

$a-b$의 값은?

① -3　　　② -2　　　③ -1

④ 0　　　⑤ 1

03
연립방정식 $\begin{cases} ax-by=-1 \\ bx+ay=3 \end{cases}$ 의 해가 $(2, -1)$일 때, 상수 a, b에 대하여 $a+b$의 값을 구하시오.

04
연립방정식 $\begin{cases} x-y=2a \\ 3x+2y=30+a \end{cases}$ 를 만족시키는 x, y에 대하여 $x:y=2:1$일 때, 상수 a의 값은?

① 1　　　② 2　　　③ 3

④ 4　　　⑤ 5

05
두 연립방정식 $\begin{cases} 3x-4y=-5 \\ ax-by=13 \end{cases}$, $\begin{cases} 2x+3y=8 \\ 3ax+5by=-41 \end{cases}$ 의 해가 서로 같을 때, 상수 a, b에 대하여 $a-b$의 값을 구하시오.

06
방정식 $-2x+y=-x+3y+3=4$의 해가 일차방정식 $5x-10y-k=0$을 만족시킬 때, 상수 k의 값은?

① -11　　　② -9　　　③ -7

④ 7　　　⑤ 9

07
연립방정식 $\begin{cases} -4x+3y=b \\ ax+9y=12 \end{cases}$ 의 해가 무수히 많을 때, 상수 a, b의 값을 각각 구하시오.

03 연립방정식의 활용

한번 더 개념 **확인문제**

개념북 92쪽~93쪽 | 정답 및 풀이 80쪽

01 500원짜리 과자와 800원짜리 아이스크림을 합하여 20개를 사고, 11500원을 지불하였다. 구입한 과자를 x개, 아이스크림을 y개라 할 때, 다음 물음에 답하시오.

(1) 연립방정식을 세우시오.

(2) (1)에서 세운 연립방정식을 풀고, 구입한 아이스크림은 몇 개인지 구하시오.

02 기념품 상점에서 한 개에 3000원 하는 열쇠고리와 한 개에 4500원 하는 인형을 합하여 12개를 사고, 42000원을 지불하였다. 구입한 열쇠고리를 x개, 인형을 y개라 할 때, 다음 물음에 답하시오.

(1) 연립방정식을 세우시오.

(2) (1)에서 세운 연립방정식을 풀고, 구입한 인형은 몇 개인지 구하시오.

03 서로 다른 두 수가 있다. 두 수의 차는 14이고, 큰 수를 작은 수로 나누면 몫은 5이고 나머지는 2이다. 큰 수를 x, 작은 수를 y라 할 때, 다음 물음에 답하시오.

(1) 연립방정식을 세우시오.

(2) (1)에서 세운 연립방정식을 풀고, 두 수 중 큰 수를 구하시오.

04 둘레길을 걷는데 올라갈 때는 시속 3 km로 걷고, 내려올 때는 다른 길을 시속 4 km로 걸었더니 총 2시간이 걸렸다. 둘레길을 올라갔다가 내려오는 데 총 7 km를 걸었다고 할 때, 다음 물음에 답하시오.

(1) 올라간 거리를 x km, 내려온 거리를 y km라 할 때, 표를 완성하고, 연립방정식을 세우시오.

	올라갈 때	내려올 때
거리(km)		
속력(km/h)		
시간(시간)		

→ 연립방정식 : _____

(2) (1)에서 세운 연립방정식을 풀고, 올라간 거리를 구하시오.

05 등산을 하는데 올라갈 때는 시속 3 km로 걷고, 내려올 때는 다른 길을 시속 5 km로 걸었더니 총 3시간이 걸렸다. 산을 올라갔다가 내려오는 데 총 11 km를 걸었다고 할 때, 다음 물음에 답하시오.

(1) 올라간 거리를 x km, 내려온 거리를 y km라 할 때, 표를 완성하고, 연립방정식을 세우시오.

	올라갈 때	내려올 때
거리(km)		
속력(km/h)		
시간(시간)		

→ 연립방정식 : _____

(2) (1)에서 세운 연립방정식을 풀고, 올라간 거리를 구하시오.

수에 대한 문제

01 각 자리의 숫자의 합이 9인 두 자리의 자연수가 있다. 십의 자리의 숫자와 일의 자리의 숫자를 바꾼 수는 처음 수보다 27만큼 크다고 할 때, 처음 수를 구하시오.

02 두 자리의 자연수가 있다. 일의 자리의 숫자는 십의 자리의 숫자의 2배이고, 일의 자리의 숫자와 십의 자리의 숫자를 바꾼 수는 처음 수의 2배보다 12만큼 작다고 할 때, 처음 수를 구하시오.

다리 수에 대한 문제

03 오리와 소를 기르는 농장이 있다. 오리는 소보다 23마리 더 많고, 오리와 소의 다리가 총 76개이다. 이 농장에서 기르는 오리와 소는 각각 몇 마리인지 구하시오.

04 어느 동물원에서 타조와 토끼를 합하여 25마리를 기르고 있다. 타조와 토끼의 다리가 총 64개라 할 때, 토끼는 몇 마리인가?

① 7마리 ② 9마리 ③ 11마리
④ 16마리 ⑤ 18마리

나이에 대한 문제

05 형과 동생의 나이의 합은 40세이고 형은 동생보다 8세 많다. 이때 형의 나이는?

① 20세 ② 21세 ③ 22세
④ 23세 ⑤ 24세

06 현재 어머니와 아들의 나이의 차는 25세이고, 3년 후에 어머니의 나이가 아들의 나이의 2배가 된다고 한다. 현재 어머니와 아들의 나이를 각각 구하시오.

도형에 대한 문제

07 세로의 길이가 가로의 길이보다 5 cm만큼 긴 직사각형이 있다. 이 직사각형의 둘레의 길이가 50 cm일 때, 직사각형의 넓이는?

① 120 cm^2 ② 130 cm^2 ③ 140 cm^2

④ 150 cm^2 ⑤ 160 cm^2

08 아랫변의 길이가 윗변의 길이보다 4 cm만큼 길고 높이가 8 cm인 사다리꼴이 있다. 이 사다리꼴의 넓이가 80 cm^{2}일 때, 사다리꼴의 아랫변의 길이는?

① 9 cm   ② 10 cm   ③ 11 cm

④ 12 cm   ⑤ 13 cm

일에 대한 문제

09 유진이와 현수가 함께 하면 4일 걸리는 일을 유진이가 3일 동안 한 후 나머지를 현수가 6일 동안 해서 끝냈다. 이 일을 유진이가 혼자서 끝내려면 며칠이 걸리는지 구하시오.

10 예지와 찬혁이가 함께 하면 6일 걸리는 일을 예지가 2일 동안 한 후 나머지를 찬혁이가 12일 동안 해서 끝냈다. 이 일을 찬혁이가 혼자서 끝내려면 며칠이 걸리는지 구하시오.

계단에 대한 문제

11 A, B 두 사람이 가위바위보를 하여 이긴 사람은 3계단씩 올라가고, 진 사람은 1계단씩 올라가기로 하였다. 얼마 후 A는 처음 위치보다 17계단을 올라가고, B는 처음 위치보다 11계단을 올라갔을 때, A가 이긴 횟수는? (단, 비기는 경우는 없다.)

① 3회   ② 4회   ③ 5회

④ 6회   ⑤ 7회

12 지수와 성주가 가위바위보를 하여 이긴 사람은 2계단씩 올라가고, 진 사람은 1계단씩 내려가기로 하였다. 가위바위보를 총 30번 하여 성주가 처음 위치보다 12계단을 올라갔을 때, 성주가 이긴 횟수는 몇 회인지 구하시오. (단, 비기는 경우는 없다.)

01

어느 박물관의 입장료가 어른은 800원, 학생은 400원이다. 어른과 학생을 합하여 15명이 입장하였는데 입장료의 합계는 7600원이었다. 박물관에 입장한 학생은 어른보다 몇 명 더 많은지 구하시오.

02

1593년 정대위(程大位)가 지은 《산법통종(算法統宗)》은 17권짜리 수학책으로, 이 책에는 다음과 같은 문제가 실려 있다. 문제를 보고, 구미호와 붕조는 각각 몇 마리인지 구하시오.

> 구미호는 머리가 하나에 꼬리가 아홉 개 달려 있다. 붕조는 머리가 아홉 개에 꼬리가 한 개 있다. 이 두 동물을 우리 안에 넣었더니 머리가 72개, 꼬리가 88개였다고 한다. 구미호와 붕조는 각각 몇 마리 있는가?

03

둘레의 길이가 28 cm인 직사각형이 있다. 이 직사각형의 가로의 길이를 2배로 늘이고, 세로의 길이를 5 cm 늘였더니 둘레의 길이가 56 cm가 되었다. 처음 직사각형의 넓이를 구하시오.

04

어떤 일을 형이 혼자 하면 12일이 걸리고 동생이 혼자 하면 16일이 걸린다고 한다. 이 일을 형이 혼자 하다가 도중에 동생이 교대하여 모두 14일 만에 끝냈을 때, 동생이 일한 날은 며칠인지 구하시오.

05

진아와 주영이가 달리기를 하는데 진아는 출발 지점에서 초속 8 m로, 주영이는 진아보다 12 m 앞에서 초속 5 m로 동시에 같은 방향으로 출발하였다. 두 사람이 처음 만나는 것은 출발한 지 몇 초 후인지 구하시오.

06

어느 중학교의 작년의 전체 학생은 850명이었다. 올해는 작년에 비해 남학생 수는 10 % 감소하고 여학생 수는 20 % 증가하여 전체 학생은 50명이 증가했다고 할 때, 이 학교의 올해의 남학생은 몇 명인지 구하시오.

01

다음 중 미지수가 2개인 일차방정식을 모두 고르면?

(정답 2개)

① $3x-10=y$

② $2(x-2)+2y=2x-4$

③ $3x-y=x^2+2y$

④ $xy-2x=5$

⑤ $2x^2-3x+2=2(x^2-y)+4$

02

일차방정식 $5x-2y=3$의 한 해가 $(a, 2a)$일 때, a의 값은?

① 1   ② 2   ③ 3

④ 4   ⑤ 5

03

연립방정식 $\begin{cases} x+by=3 \\ 3x-2y=a \end{cases}$ 의 해가 $(1, 2)$일 때, 상수 a, b에 대하여 $a+b$의 값을 구하시오.

04

연립방정식 $\begin{cases} 3x+2y=14 & \cdots\cdots \ \text{㉠} \\ 4x-3y=-4 & \cdots\cdots \ \text{㉡} \end{cases}$ 를 가감법을 이용하여 풀 때 x를 없애기 위해 필요한 식은?

① ㉠$\times 4+$㉡$\times 3$ ② ㉠$\times 4-$㉡$\times 3$

③ ㉠$\times 3+$㉡$\times 2$ ④ ㉠$\times 3-$㉡$\times 2$

⑤ ㉠$\times 2-$㉡$\times 3$

05

연립방정식 $\begin{cases} x-\dfrac{1}{2}y=4 \\ 3x-y=6 \end{cases}$ 의 해가 $x=a$, $y=b$일 때, $a-b$의 값은?

① -10 ② -5 ③ 0

④ 5   ⑤ 10

06

연립방정식 $\begin{cases} ax+by=0 \\ bx-ay=-20 \end{cases}$ 의 해가 $(-2, 4)$일 때, 상수 a, b에 대하여 a^2-b^2의 값은?

① 3   ② 5   ③ 12

④ 16   ⑤ 24

07

연립방정식 $\begin{cases} 5x+ay=-1 \\ 2x-3y=-7 \end{cases}$ 을 만족시키는 x와 y의 값의 비가 $1:3$일 때, 상수 a의 값을 구하시오.

08

다음 연립방정식 중 해가 무수히 많은 것은?

① $\begin{cases} x-2y=3 \\ 2x-4y=5 \end{cases}$ ② $\begin{cases} x=y+10 \\ x+y=14 \end{cases}$

③ $\begin{cases} 3x+4y=34 \\ 6x+3y=48 \end{cases}$ ④ $\begin{cases} 3x-y=1 \\ 3y-9x=-3 \end{cases}$

⑤ $\begin{cases} x-y=14 \\ 3y-x=8 \end{cases}$

09

어떤 두 자리의 자연수에서 십의 자리의 숫자의 2배는 일의 자리의 숫자보다 5만큼 작고, 십의 자리의 숫자와 일의 자리의 숫자를 바꾼 수는 처음 수보다 63만큼 크다고 한다. 이때 처음 수를 구하시오.

10

민호가 정답을 맞히면 한 문제당 100점을 얻고 틀리면 50점이 감점되는 퀴즈 프로그램에 참가하여 10문제를 풀었더니 최종 점수가 400점이었다. 이때 민호가 맞힌 문제는 몇 개인가?

① 4개   ② 5개   ③ 6개
④ 7개   ⑤ 8개

11

민지네 반 전체 학생 30명 중 남학생의 $\frac{1}{3}$과 여학생의 $\frac{1}{4}$이 코딩 동아리에 가입하였다. 코딩 동아리에 가입한 학생이 전체 학생의 30 %일 때, 민지네 반 남학생은 몇 명인가?

① 10명   ② 12명   ③ 14명
④ 16명   ⑤ 18명

⊢ 서술형 문제 ⊣

12

다음 두 연립방정식의 해가 서로 같을 때, 상수 a, b에 대하여 $a+b$의 값을 구하시오. [6점]

$$\begin{cases} 3x+y=3 \\ 2x+ay=-11 \end{cases}, \quad \begin{cases} bx+4y=2 \\ x-2y=8 \end{cases}$$

 풀이

답

13

21 km 떨어진 산책로의 두 지점 A, B에서 준희와 서희가 동시에 마주 보고 출발하여 도중에 만났다. 준희는 시속 4 km로, 서희는 시속 3 km로 걸었다고 할 때, 두 사람이 각 지점을 출발하여 만날 때까지 걸린 시간을 구하시오. [6점]

 풀이

답

01 함수와 함숫값

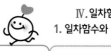

한번 더 개념 확인문제

개념북 105쪽~107쪽 | 정답 및 풀이 83쪽

01 가로의 길이가 5 cm, 세로의 길이가 x cm인 직사각형의 넓이가 y cm²일 때, 다음 물음에 답하시오.

(1) 표를 완성하시오.

x	1	2	3	4	5	⋯
y						⋯

(2) y가 x의 함수인지 구하시오.

(3) x와 y 사이의 관계를 식으로 나타내시오.

02 길이가 30 cm인 끈을 똑같은 길이의 끈 x개로 자르려고 한다. 잘린 끈 1개의 길이가 y cm일 때, 다음 물음에 답하시오.

(1) 표를 완성하시오.

x	1	2	3	4	5	⋯
y						⋯

(2) y가 x의 함수인지 구하시오.

(3) x와 y 사이의 관계를 식으로 나타내시오.

03 다음 중 y가 x의 함수인 것에는 ○표, 함수가 아닌 것에는 ×표를 하시오.

(1) 하루 중 낮의 길이가 x시간일 때, 밤의 길이 y시간 ( )

(2) 자연수 x의 소인수 y ( )

(3) 자연수 x보다 큰 홀수 y ( )

(4) 한 자루에 x원인 연필 10자루의 가격 y원 ( )

04 넓이가 45 cm²인 평행사변형의 밑변의 길이를 x cm, 높이를 y cm라 할 때, 다음 물음에 답하시오.

(1) $y=f(x)$일 때, $f(x)$를 구하시오.

(2) $x=5$일 때의 함숫값을 구하시오.

(3) $f(15)$의 값을 구하시오.

05 함수 $f(x)=2x$에 대하여 다음을 구하시오.

(1) $x=1$일 때의 함숫값

(2) $x=-4$일 때의 함숫값

(3) $f(3)$의 값

(4) $f(-2)$의 값

06 함수 $f(x)=\dfrac{6}{x}$에 대하여 다음을 구하시오.

(1) $x=-1$일 때의 함숫값

(2) $x=3$일 때의 함숫값

(3) $f(-2)$의 값

(4) $f(6)$의 값

함수의 뜻

01 다음 **보기**에서 y가 x의 함수인 것을 모두 고른 것은?

> • 보기 •
> ㄱ. 자연수 x보다 작은 짝수 y
> ㄴ. 자연수 x를 7로 나누었을 때의 나머지 y
> ㄷ. 시속 x km로 4시간 동안 이동한 거리 y km
> ㄹ. 둘레의 길이가 x cm인 정사각형의 한 변의 길이 y cm
> ㅁ. 1개에 900원 하는 물건을 x개 샀을 때, 지불해야 하는 금액 y원

① ㄱ, ㄴ, ㄷ   ② ㄱ, ㄷ, ㄹ
③ ㄴ, ㄷ, ㅁ   ④ ㄴ, ㄹ, ㅁ
⑤ ㄴ, ㄷ, ㄹ, ㅁ

함숫값

02 함수 $f(x) = \dfrac{36}{x}$에 대하여 다음 중 옳은 것은?

① $f(-6) = 6$ ② $f(-4) = -8$
③ $f(-3) = -15$ ④ $f(2) = -18$
⑤ $f(9) = 4$

03 함수 $f(x) = 8x$에 대하여 $f(-1) + f(2)$의 값을 구하시오.

04 함수 $f(x) = (x$ 이하의 소수의 개수)에 대하여 $f(7) + f(12)$의 값을 구하시오.

05 함수 $f(x) = -\dfrac{10}{x}$에 대하여 $f(-2) = a$일 때, $f(a)$의 값을 구하시오.

함숫값이 주어질 때, 미지수 구하기

06 함수 $f(x) = 2ax$에 대하여 $f(-1) = 4$일 때, 상수 a의 값은?

① $-\dfrac{5}{2}$ ② -2 ③ $-\dfrac{1}{2}$
④ 1 ⑤ $\dfrac{3}{2}$

07 함수 $f(x) = -\dfrac{a}{x}$에 대하여 $f(2) = -6$일 때, $f(-4)$의 값을 구하시오. (단, a는 상수)

한번 더 개념 **확인문제**

개념북 ➡ 111쪽~117쪽 | 정답 및 풀이 ➡ 83쪽

01 다음 중 y가 x에 대한 일차함수인 것에는 ○표, 일차함수가 아닌 것에는 ×표를 하시오.

(1) $y=-7x$ (   )

(2) $y=2+5x$ (   )

(3) $y=\dfrac{1}{x}+1$ (   )

(4) $y=-x(5x+2)$ (   )

02 일차함수 $f(x)=-3x+2$에 대하여 다음 함숫값을 구하시오.

(1) $f(-1)$　　　　(2) $f(1)$

03 오른쪽 그림과 같은 일차함수 $y=-\dfrac{1}{2}x$의 그래프를 이용하여 다음 일차함수의 그래프를 그리시오.

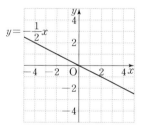

(1) $y=-\dfrac{1}{2}x-3$

(2) $y=-\dfrac{1}{2}x+2$

04 다음 일차함수의 그래프를 y축의 방향으로 [　] 안의 수만큼 평행이동한 그래프가 나타내는 일차함수의 식을 구하시오.

(1) $y=4x$ [-2]　　　　(2) $y=-3x$ [5]

(3) $y=2x$ $\left[\dfrac{1}{3}\right]$　　　　(4) $y=-\dfrac{3}{5}x$ $\left[-\dfrac{1}{4}\right]$

05 다음 일차함수의 그래프의 x절편과 y절편을 각각 구하시오.

(1) $y=3x-9$　　　　(2) $y=-4x+\dfrac{1}{2}$

(3) $y=-\dfrac{1}{2}x-3$　　　　(4) $y=-\dfrac{2}{3}x+2$

06 x절편과 y절편을 이용하여 다음 일차함수의 그래프를 그리시오.

(1) $y=-x+3$　　　　(2) $y=2x-4$

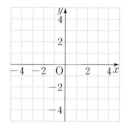 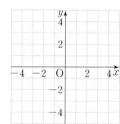

07 다음 일차함수의 그래프에서 x의 값이 -1에서 3까지 증가할 때, y의 값의 증가량을 구하시오.

(1) $y=2x+2$　　　　(2) $y=-\dfrac{5}{2}x-1$

08 기울기와 y절편을 이용하여 다음 일차함수의 그래프를 그리시오.

(1) $y=2x-2$　　　　(2) $y=-\dfrac{3}{2}x+1$

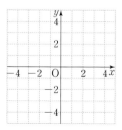 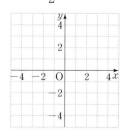

일차함수의 뜻

01 다음 중 y가 x에 대한 일차함수가 <u>아닌</u> 것을 모두 고르면? (정답 2개)

① $y=-3$ ② $y=\dfrac{x-3}{2}$

③ $y=-3x+7$ ④ $\dfrac{1}{x}+y=2$

⑤ $\dfrac{y}{3}=x+1$

02 $y=(a+1)x+3x$가 x에 대한 일차함수가 되도록 하는 상수 a의 조건은?

① $a=-4$ ② $a\neq-4$ ③ $a=-3$
④ $a\neq-3$ ⑤ $a\neq-1$

일차함수의 함숫값

03 일차함수 $f(x)=3x+a$에 대하여 $f(-2)=1$일 때, $f(0)$의 값은? (단, a는 상수)

① -2 ② 1 ③ 3
④ 6 ⑤ 7

04 일차함수 $f(x)=ax+2$에 대하여 $f(2)=6$, $f(b)=-2$일 때, $a+b$의 값을 구하시오.
(단, a는 상수)

일차함수의 그래프 위의 점

05 다음 중 일차함수 $y=-2x-1$의 그래프 위의 점인 것은?

① $(-2,\ -5)$ ② $(-1,\ -4)$ ③ $(0,\ -3)$
④ $(1,\ 0)$ ⑤ $(2,\ -5)$

06 일차함수 $y=ax+4$의 그래프가 두 점 $(-4,2)$, $(b,7)$을 지날 때, $2a+b$의 값을 구하시오.
(단, a는 상수)

일차함수의 그래프의 평행이동

07 다음 일차함수의 그래프 중 일차함수 $y=\dfrac{3}{2}x$의 그래프를 y축의 방향으로 평행이동했을 때, 겹쳐지는 것을 모두 고르면? (정답 2개)

① $y=3x+2$ ② $y=\dfrac{3}{2}x-4$

③ $y=-\dfrac{3}{2}x+2$ ④ $y=\dfrac{2}{3}x+3$

⑤ $y=\dfrac{3}{2}x+5$

08 일차함수 $y=2x+5$의 그래프를 y축의 방향으로 b만큼 평행이동하면 일차함수 $y=ax-2$의 그래프가 된다. 이때 $a-b$의 값을 구하시오. (단, a는 상수)

평행이동한 그래프 위의 점

09 일차함수 $y=3x$의 그래프를 y축의 방향으로 -2만 큼 평행이동한 그래프가 점 $(-1, k)$를 지날 때, k의 값을 구하시오.

10 일차함수 $y=-2x$의 그래프를 y축의 방향으로 a만 큼 평행이동한 그래프가 점 $(3, -2)$를 지날 때, a의 값을 구하시오.

일차함수의 그래프의 x절편과 y절편

11 일차함수 $y=\dfrac{2}{3}x-2$의 그래프가 오른쪽 그림과 같을 때, $m-n$의 값은?

① 1 　　　② 2 　　　③ 3
④ 4 　　　⑤ 5

12 일차함수 $y=2x$의 그래프를 y축의 방향으로 2만큼 평행이동한 그래프의 x절편을 a, y절편을 b라 할 때, $a+b$의 값은?

① 0 　　　② 1 　　　③ 2
④ 3 　　　⑤ 4

13 다음 일차함수의 그래프 중 일차함수 $y=x-3$의 그 래프와 x절편이 같은 것은?

① $y=-2x-6$ 　　　② $y=\dfrac{1}{2}x-2$
③ $y=\dfrac{1}{4}x+\dfrac{3}{4}$ 　　　④ $y=-\dfrac{1}{3}x+1$
⑤ $y=3x-6$

x절편과 y절편을 이용하여 미지수 구하기

14 일차함수 $y=ax-3$의 그래프의 x절편이 $\dfrac{1}{2}$일 때, 상수 a의 값은?

① -6 　　　② -3 　　　③ 1
④ 3 　　　⑤ 6

15 일차함수 $y=\dfrac{2}{5}x+k$의 그래프의 y절편이 -4일 때, x절편은? (단, k는 상수)

① -5 　　　② 1 　　　③ 5
④ 10 　　　⑤ 15

일차함수의 그래프의 기울기 (1)

16 다음 일차함수의 그래프 중 x의 값이 4만큼 증가할 때, y의 값은 6만큼 감소하는 것은?

① $y=2x-2$ 　　　② $y=3x-1$
③ $y=-2x+5$ 　　　④ $y=-\dfrac{2}{3}x+4$
⑤ $y=-\dfrac{3}{2}x+1$

17 일차함수 $y=-4x+1$의 그래프에서 x의 값이 8만큼 증가할 때, y의 값은 21에서 k까지 감소한다. 이때 k의 값을 구하시오.

일차함수의 그래프의 기울기 (2)

18 일차함수 $y=ax-3$의 그래프에서 x의 값이 -5에서 10까지 증가할 때, y의 값은 6만큼 감소한다. 이때 상수 a의 값을 구하시오.

19 일차함수 $y=ax+5$의 그래프에서 x의 값이 3만큼 증가할 때, y의 값은 -2에서 -11까지 감소한다. 이때 상수 a의 값은?

① -5 ② -4 ③ -3

④ -2 ⑤ -1

두 점을 지나는 일차함수의 그래프의 기울기

20 두 점 $(2a, -3)$, $(-a+6, 0)$을 지나는 일차함수의 그래프의 기울기가 1일 때, a의 값을 구하시오.

21 점 $(0, 3)$을 지나고, x절편이 -2인 일차함수의 그래프의 기울기를 구하시오.

일차함수의 그래프 그리기

22 다음 중 일차함수 $y=-\dfrac{1}{2}x+3$의 그래프는?

① 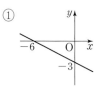   ②

③ 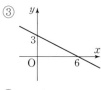   ④

⑤

23 일차함수 $y=-\dfrac{3}{4}x+6$의 그래프가 지나지 <u>않는</u> 사분면은?

① 제 1 사분면   ② 제 2 사분면

③ 제 3 사분면   ④ 제 4 사분면

⑤ 제 2, 4 사분면

01

함수 $f(x)=\dfrac{a}{x}$ 에 대하여 $f(2a)=\dfrac{a}{10}$ 일 때, $f(-5)$의 값을 구하시오. (단, a는 0이 아닌 상수)

02

일차함수 $f(x)=-ax+b$ 에 대하여 $f(-1)=-1$, $f(2)=-4$일 때, $f(-5)$의 값은? (단, a, b는 상수)

① -1 ② 1 ③ 2

④ 3 ⑤ 4

03

일차함수 $y=-2x+8$의 그래프를 y축의 방향으로 a만큼 평행이동하였더니 일차함수 $y=bx-1$의 그래프가 되었다. 이때 $b-a$의 값은? (단, b는 상수)

① 3 ② 4 ③ 5

④ 6 ⑤ 7

04

일차함수 $y=ax-3$의 그래프는 일차함수 $y=\dfrac{1}{2}x+3$의 그래프와 x축 위에서 만날 때, 상수 a의 값은?

① $-\dfrac{3}{2}$ ② -1 ③ $-\dfrac{1}{2}$

④ $\dfrac{1}{2}$ ⑤ 1

05

일차함수 $y=-\dfrac{2}{3}x-2$의 그래프에서 기울기를 a, x절편을 b, y절편을 c라 할 때, abc의 값을 구하시오.

06

두 일차함수 $y=f(x)$, $y=g(x)$의 그래프가 오른쪽 그림과 같을 때, 두 그래프의 기울기의 곱을 구하시오.

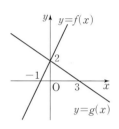

07

서로 다른 두 점 $(-2, -2)$, $(m+1, 2m+1)$을 지나는 직선 위에 점 $(2, 0)$이 있을 때, m의 값을 구하시오.

08

일차함수 $y=2x+4$의 그래프와 x축, y축으로 둘러싸인 도형의 넓이를 구하시오.

01

정가가 x원인 물건을 40 % 할인한 가격을 y원이라 하자. $y=f(x)$라 할 때, $f(8000)$의 값은?

① 3200　　　② 3600　　　③ 4000
④ 4400　　　⑤ 4800

02

다음 중 y가 x에 대한 일차함수인 것을 모두 고르면?

(정답 2개)

① $xy=4$　　　　② $2x-1=3$
③ $y=x-3$　　　④ $2x^2+y=5$
⑤ $y=2x^2-x(2x-3)$

03

다음 중 y가 x에 대한 일차함수가 <u>아닌</u> 것은?

① 가로의 길이가 x cm, 세로의 길이가 5 cm인 직사각형의 둘레의 길이 y cm
② 한 권에 x원인 공책 4권의 가격 y원
③ x세인 동생보다 7세 더 많은 형의 나이 y세
④ 한 개에 200원인 젤리 x개를 사고 5000원을 냈을 때의 거스름돈 y원
⑤ 15 km를 시속 x km로 달릴 때 걸리는 시간 y시간

04

일차함수 $f(x)=-2x+a$에 대하여 $f(1)=3$일 때, $f(-5)$의 값은? (단, a는 상수)

① -15　　　② -9　　　③ 9
④ 15　　　　⑤ 18

05

두 일차함수 $y=ax+3$, $y=5x-1$의 그래프가 모두 점 $(2,\ b)$를 지날 때, $a+b$의 값은? (단, a는 상수)

① 12　　　　② 13　　　　③ 14
④ 15　　　　⑤ 16

06

다음 중 일차함수 $y=-3x+5$의 그래프를 y축의 방향으로 -3만큼 평행이동한 그래프 위의 점인 것은?

① $(-2,\ -4)$　　② $(-1,\ 8)$　　③ $(0,\ -3)$
④ $(1,\ 1)$　　　　⑤ $(2,\ -4)$

07

일차함수 $y=-\dfrac{3}{5}x+b$의 그래프의 x절편이 5일 때, 이 그래프의 y절편을 구하시오. (단, b는 상수)

08

다음 일차함수의 그래프 중 일차함수 $y=-\dfrac{1}{4}x+1$의

그래프와 x축에서 만나는 것은?

① $y=-2x+4$

② $y=-x+\dfrac{1}{4}$

③ $y=x+4$

④ $y=2x-8$

⑤ $y=4x-4$

09

일차함수 $y=f(x)$에 대하여 $f(x)=\dfrac{5}{2}x-1$일 때,

$\dfrac{f(8)-f(3)}{8-3}$의 값은?

① $-\dfrac{8}{3}$

② $-\dfrac{5}{2}$

③ -1

④ $\dfrac{5}{2}$

⑤ $\dfrac{8}{3}$

10

두 점 $(-1, 3)$, $(4, 1)$을 지나는 일차함수의 그래프
의 기울기를 구하시오.

11

다음 일차함수의 그래프 중 제4사분면을 지나지 <u>않는</u>
것은?

① $y=-2x-7$

② $y=-\dfrac{1}{2}x+3$

③ $y=\dfrac{2}{3}x-1$

④ $y=2x-4$

⑤ $y=4x+4$

┤ 서술형 문제 ├

12

일차함수 $f(x)=ax-1$에 대하여 $f(-1)=-5$,
$f(2)=b$일 때, 다음 물음에 답하시오. (단, a는 상수)
[6점]

(1) a, b의 값을 각각 구하시오. [4점]

(2) 일차함수 $g(x)=bx+a$에 대하여 $g(1)$의 값을 구
하시오. [2점]

풀이

답

13

오른쪽 그림과 같은 일차함수의 그
래프에서 x의 값이 -3에서 7까지
증가할 때, y의 값의 증가량을 구하
시오. [6점]

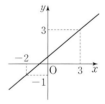

풀이

답

한번 더 개념 **확인문제**

개념북 ➡ 127쪽~128쪽 | 정답 및 풀이 ➡ 87쪽

01 다음을 만족시키는 직선을 그래프로 하는 일차함수의 식을 **보기**에서 모두 고르시오.

보기
ㄱ. $y=3x-3$ ㄴ. $y=-3x+6$
ㄷ. $y=\dfrac{1}{5}x+3$ ㄹ. $y=-\dfrac{4}{3}x-4$
ㅁ. $y=-6x$ ㅂ. $y=x-\dfrac{1}{2}$

(1) 오른쪽 위로 향하는 직선

(2) 오른쪽 아래로 향하는 직선

(3) x의 값이 증가할 때, y의 값도 증가하는 직선

(4) x의 값이 증가할 때, y의 값은 감소하는 직선

(5) y축과 양의 부분에서 만나는 직선

(6) y축과 음의 부분에서 만나는 직선

02 다음 중 일차함수 $y=-\dfrac{3}{5}x-7$의 그래프에 대한 설명으로 옳은 것에는 ○표, 옳지 않은 것에는 ×표를 하시오.

(1) 기울기는 $-\dfrac{3}{5}$, y절편은 -7이다. (   )

(2) 점 $(-5, -10)$을 지난다. (   )

(3) 오른쪽 위로 향하는 직선이다. (   )

(4) x의 값이 증가할 때, y의 값은 감소한다. (   )

(5) 제1, 3, 4사분면을 지난다. (   )

03 아래 **보기**의 일차함수의 그래프에 대하여 다음 물음에 답하시오.

보기
ㄱ. $y=-2x-3$ ㄴ. $y=4x+2$
ㄷ. $y=3x+1$ ㄹ. $y=-3x+1$
ㅁ. $y=-2x-\dfrac{1}{2}$ ㅂ. $y=2(2x+1)$

(1) 서로 평행한 것끼리 짝 지으시오.

(2) 일치하는 것끼리 짝 지으시오.

04 다음 두 일차함수의 그래프가 서로 평행할 때, 상수 a의 값을 구하시오.

(1) $y=ax+2$, $y=-3x$

(2) $y=\dfrac{4}{3}x-1$, $y=ax+5$

(3) $y=3ax-2$, $y=9x-6$

05 다음 두 일차함수의 그래프가 일치할 때, 상수 a, b의 값을 각각 구하시오.

(1) $y=5x+4$, $y=ax+b$

(2) $y=ax+7$, $y=-\dfrac{5}{2}x-b$

(3) $y=\dfrac{a}{3}x-1$, $y=2x+b$

일차함수 $y=ax+b$의 그래프의 성질

01 다음 일차함수의 그래프 중 x의 값이 증가할 때, y의 값은 감소하는 것을 모두 고르면? (정답 2개)

① $y=-4x+3$ ② $y=x-7$

③ $y=\dfrac{1}{5}x+2$ ④ $y=-\dfrac{5}{2}x-2$

⑤ $y=-\dfrac{1}{3}(2-x)$

02 다음 중 일차함수 $y=-4x-6$의 그래프에 대한 설명으로 옳지 <u>않은</u> 것은?

① 일차함수 $y=-4x$의 그래프를 y축의 방향으로 -6만큼 평행이동한 직선이다.

② 오른쪽 아래로 향하는 직선이다.

③ x절편은 $-\dfrac{3}{2}$, y절편은 -6이다.

④ x의 값이 증가할 때, y의 값도 증가한다.

⑤ 제1사분면을 지나지 않는다.

일차함수 $y=ax+b$의 그래프에서 a, b의 부호 (1)

03 $a>b$, $ab<0$일 때, 일차함수 $y=ax+b$의 그래프가 지나지 <u>않는</u> 사분면은?

① 제1사분면   ② 제2사분면

③ 제3사분면   ④ 제4사분면

⑤ 모든 사분면을 지난다.

04 일차함수 $y=ax+b$의 그래프가 오른쪽 그림과 같을 때, 일차함수 $y=bx+a$의 그래프가 지나지 <u>않는</u> 사분면을 구하시오.
(단, a, b는 상수)

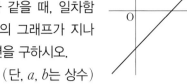

일차함수 $y=ax+b$의 그래프에서 a, b의 부호 (2)

05 일차함수 $y=ax-b$의 그래프가 오른쪽 그림과 같을 때, 상수 a, b의 부호를 각각 정하시오.

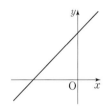

06 일차함수 $y=ax+ab$의 그래프가 오른쪽 그림과 같을 때, 다음 중 상수 a, b의 부호로 알맞은 것은?

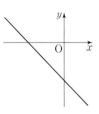

① $a>0$, $b>0$

② $a>0$, $b<0$

③ $a<0$, $b>0$

④ $a<0$, $b=0$

⑤ $a<0$, $b<0$

일차함수의 그래프의 평행 (1)

07 다음 **보기**의 일차함수의 그래프 중 일차함수 $y=-\dfrac{1}{3}x+4$의 그래프와 만나지 <u>않는</u> 것을 고르시오.

> • 보기 •
>
> ㄱ. $y=\dfrac{1}{3}x-3$ ㄴ. $y=-\dfrac{1}{3}x+1$
>
> ㄷ. $y=3x-\dfrac{1}{3}$ ㄹ. $y=-\dfrac{1}{3}(x-12)$

08 두 일차함수 $y=(a+1)x+3$과 $y=(3-a)x-1$의 그래프가 서로 평행할 때, 상수 a의 값은?

① -3 ② -2 ③ 0
④ 1 ⑤ 2

일차함수의 그래프의 평행 (2)

09 다음 일차함수 중 그 그래프가 오른쪽 그림의 그래프와 서로 평행한 것은?

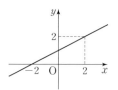

① $y=-4x+2$
② $y=-2x+1$
③ $y=\dfrac{1}{2}x-1$
④ $y=x+2$
⑤ $y=2x-3$

10 오른쪽 그림의 그래프와 일차함수 $y=ax-2$의 그래프가 서로 평행할 때, 상수 a의 값을 구하시오.

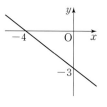

11 일차함수 $y=-ax+6$의 그래프가 오른쪽 그림의 그래프와 서로 평행하고 x절편이 b일 때, $a+b$의 값을 구하시오. (단, a는 상수)

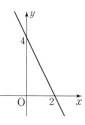

일차함수의 그래프의 일치

12 두 일차함수 $y=(5a-3)x+4$와 $y=bx+2a$의 그래프가 일치할 때, 상수 a, b에 대하여 $b-a$의 값을 구하시오.

13 일차함수 $y=ax+2$의 그래프를 y축의 방향으로 4만큼 평행이동하면 일차함수 $y=6x+b$의 그래프와 일치한다. 이때 상수 a, b의 값을 각각 구하시오.

02 일차함수의 식과 활용

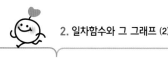

한번 더 **개념** 확인문제

개념북 132쪽~134쪽 | 정답 및 풀이 88쪽

01 다음과 같은 직선을 그래프로 하는 일차함수의 식을 구하시오.

(1) 기울기가 2이고, y절편이 -6인 직선

(2) 기울기가 5이고, 점 $(0, -4)$를 지나는 직선

(3) 일차함수 $y=-5x-1$의 그래프와 평행하고, 점 $(0, 2)$를 지나는 직선

(4) x의 값이 2만큼 증가할 때 y의 값은 4만큼 감소하고, y절편이 -1인 직선

02 다음과 같은 직선을 그래프로 하는 일차함수의 식을 구하시오.

(1) 기울기가 1이고, 점 $(3, -2)$를 지나는 직선

(2) 기울기가 -5이고, 점 $(2, 0)$을 지나는 직선

(3) 일차함수 $y=3x+5$의 그래프와 평행하고, 점 $(-1, -4)$를 지나는 직선

(4) x의 값이 4만큼 증가할 때 y의 값은 3만큼 감소하고, 점 $(-4, 5)$를 지나는 직선

03 다음 두 점을 지나는 직선을 그래프로 하는 일차함수의 식을 구하시오.

(1) $(-2, 4)$, $(1, -5)$

(2) $(3, 4)$, $(1, 8)$

(3) $(-2, 1)$, $(3, 6)$

(4) $(3, -6)$, $(-3, 4)$

04 다음과 같은 직선을 그래프로 하는 일차함수의 식을 구하시오.

(1) x절편이 -2, y절편이 6인 직선

(2) x절편이 3, y절편이 -3인 직선

(3) x절편이 4, y절편이 2인 직선

(4) x절편이 -1, y절편이 -5인 직선

05 다음 그림과 같은 직선을 그래프로 하는 일차함수의 식을 구하시오.

(1) 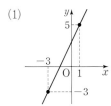　(2)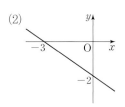

06 1 L의 휘발유로 12 km를 달릴 수 있는 자동차에 30 L의 휘발유가 들어 있다. 이 자동차로 x km를 달린 후에 남아 있는 휘발유의 양을 y L라 할 때, 다음 물음에 답하시오.

(1) x와 y 사이의 관계를 식으로 나타내시오.

(2) 180 km를 달린 후에 남아 있는 휘발유의 양은 몇 L인지 구하시오.

(3) 남아 있는 휘발유의 양이 5 L일 때, 달린 거리는 몇 km인지 구하시오.

일차함수의 식 구하기 – 기울기와 y절편을 알 때

01 x의 값이 -1에서 1까지 증가할 때 y의 값은 4만큼 증가하고, 일차함수 $y=-3x+5$의 그래프와 y축 위에서 만나는 직선을 그래프로 하는 일차함수의 식을 구하시오.

02 오른쪽 그림의 그래프와 평행하고, 점 $(0, -3)$을 지나는 일차함수의 그래프가 x축과 만나는 점의 좌표를 구하시오.

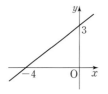

일차함수의 식 구하기 – 기울기와 한 점의 좌표를 알 때

03 점 $(-2, 1)$을 지나고, 일차함수 $y=5x-2$의 그래프와 평행한 직선을 그래프로 하는 일차함수의 식을 구하시오.

04 오른쪽 그림의 그래프와 평행하고, 점 $(-4, 2)$를 지나는 일차함수의 그래프의 x절편을 구하시오.

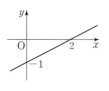

일차함수의 식 구하기 – 서로 다른 두 점의 좌표를 알 때

05 오른쪽 그림과 같은 일차함수의 그래프가 점 $(k, -2)$를 지날 때, k의 값을 구하시오.

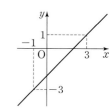

06 두 점 $(2, -3)$, $(4, 3)$을 지나는 직선을 y축의 방향으로 2만큼 평행이동한 직선을 그래프로 하는 일차함수의 식을 구하시오.

일차함수의 식 구하기 – x절편과 y절편을 알 때

07 오른쪽 그림과 같은 일차함수의 그래프가 점 $(k, -4)$를 지날 때, k의 값을 구하시오.

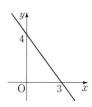

08 일차함수 $y=ax+b$의 그래프는 일차함수 $y=-2x+3$의 그래프와 y축 위에서 만나고, 일차함수 $y=4x+8$의 그래프와 x축 위에서 만난다. 이때 상수 a, b의 값을 각각 구하시오.

일차함수의 활용 (1)

09 길이가 30 cm인 양초에 불을 붙이면 양초의 길이가 5분마다 2 cm씩 일정하게 짧아진다고 한다. 이 양초에 불을 붙인 지 x분 후에 남은 양초의 길이를 y cm라 할 때, x와 y 사이의 관계식은?

① $y=-\dfrac{5}{2}x+30$ ② $y=-2x+30$

③ $y=-\dfrac{2}{5}x+30$ ④ $y=2x-30$

⑤ $y=\dfrac{5}{2}x-30$

10 형석이는 3000 m 오래달리기 경기에 참가하여 분속 180 m의 일정한 속력으로 달린다고 한다. 형석이가 출발한 지 몇 분 후에 결승점까지 840 m 남은 지점을 통과하는지 구하시오.

일차함수의 활용 (2)

11 오른쪽 그래프는 온도가 20 ℃인 지표면으로부터의 깊이가 x km인 지점에서의 온도를 y ℃라 할 때, x와 y 사이의 관계를 나타낸 것이다. 다음 물음에 답하시오.

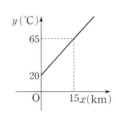

(1) x와 y 사이의 관계를 식으로 나타내시오.

(2) 지표면으로부터의 깊이가 40 km인 지점의 온도를 구하시오.

12 오른쪽 그래프는 용량이 120 mL인 방향제를 개봉하고 x일 후에 남아 있는 방향제의 용량을 y mL라 할 때, x와 y 사이의 관계를 나타낸 것이다. 남아 있는 방향제가 50 mL가 되는 것은 개봉하고 며칠 후인지 구하시오.

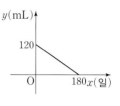

일차함수의 활용 (3)

13 오른쪽 그림과 같은 직사각형 ABCD에서 점 P가 점 B를 출발하여 변 BC를 따라 점 C까지 매초 3 cm씩 움직이고 있다. 점 P가 점 B를 출발한 지 x초 후의 사다리꼴 APCD의 넓이를 y cm²라 할 때, 다음 물음에 답하시오.

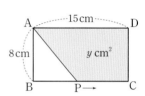

(1) x와 y 사이의 관계를 식으로 나타내시오.

(2) 점 P가 점 B를 출발한 지 3초 후의 사다리꼴 APCD의 넓이를 구하시오.

14 오른쪽 그림과 같은 직각삼각형 ABC에서 점 P가 점 B를 출발하여 매초 5 cm의 속력으로 변 BC를 따라 점 C까지 움직이고 있다. 삼각형 APC의 넓이가 150 cm²가 되는 것은 점 P가 점 B를 출발한 지 몇 초 후인지 구하시오.

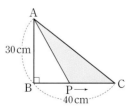

01

일차함수 $y=abx+a$의 그래프가 오른쪽 그림과 같을 때, 상수 a, b의 부호를 각각 정하시오.

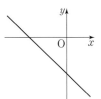

02

일차함수 $y=3x+m$의 그래프를 y축의 방향으로 2만큼 평행이동한 그래프는 두 점 $(n, -2)$, $(1, 4)$를 지나는 일차함수의 그래프와 일치한다. 이때 mn의 값은? (단, m은 상수)

① -2 　　② -1 　　③ 1
④ 2 　　⑤ 3

03

오른쪽 그림의 직선과 평행하고, y절편이 3인 직선을 그래프로 하는 일차함수의 식이 $y=ax+b$일 때, 상수 a, b에 대하여 ab의 값을 구하시오.

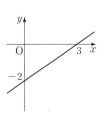

04

기울기가 2이고, 점 $(-1, -3)$을 지나는 일차함수의 그래프가 점 $(a, 8-a)$를 지날 때, a의 값을 구하시오.

05

두 점 $(-1, 3)$, $(2, 9)$를 지나는 일차함수의 그래프가 y축과 만나는 점의 좌표는?

① $(0, -5)$ 　　② $(0, -3)$ 　　③ $(0, 1)$
④ $(0, 3)$ 　　⑤ $(0, 5)$

06

다음 표는 길이가 20 cm인 용수철에 무게가 x g인 추를 매달았을 때의 용수철의 길이 y cm를 나타낸 것이다. 무게가 16 g인 추를 매달았을 때의 용수철의 길이는?

x	0	1	2	3	⋯
y	20	22	24	26	⋯

① 46 cm 　　② 48 cm 　　③ 50 cm
④ 52 cm 　　⑤ 54 cm

07

시정이네 집에서 할머니 댁까지의 거리는 200 km이다. 시정이네 가족이 자동차를 타고 집에서 출발하여 시속 100 km의 일정한 속력으로 할머니 댁을 향하여 달릴 때, 할머니 댁까지 남은 거리가 60 km가 되는 것은 출발한 지 몇 시간 몇 분 후인지 구하시오.

01

다음 중 일차함수 $y=\dfrac{2}{3}x-4$의 그래프에 대한 설명으로 옳지 <u>않은</u> 것은?

① x절편은 6이다.
② 점 $(-3, -6)$을 지난다.
③ x의 값이 증가하면 y의 값도 증가한다.
④ 제1사분면을 지나지 않는다.
⑤ 일차함수 $y=\dfrac{2}{3}x$의 그래프를 y축의 방향으로 -4만큼 평행이동한 것이다.

02

일차함수 $y=ax+b$의 그래프가 제1, 2, 4사분면을 지날 때, 다음 중 상수 a, b의 부호로 알맞은 것은?

① $a<0, b<0$ ② $a<0, b=0$ ③ $a<0, b>0$
④ $a>0, b<0$ ⑤ $a>0, b>0$

03

두 일차함수 $y=-2ax+3$, $y=2x-b$의 그래프가 서로 평행하기 위한 상수 a, b의 조건은?

① $a\neq-1, b=-3$ ② $a\neq-1, b=3$
③ $a=-1, b=-3$ ④ $a=-1, b\neq-3$
⑤ $a=-1, b\neq3$

04

일차함수 $y=ax-1$의 그래프는 일차함수 $y=-3x+1$의 그래프와 서로 평행하고, 점 $(b, 5)$를 지난다. 이때 $a-b$의 값은? (단, a는 상수)

① -3 ② -2 ③ -1
④ 1 ⑤ 2

05

기울기가 -4이고, y절편이 10인 일차함수의 그래프가 점 $(a, -2)$를 지날 때, a의 값을 구하시오.

06

x의 값이 3만큼 증가할 때 y의 값은 2만큼 감소하고, 점 $(-3, 7)$을 지나는 일차함수의 그래프의 y절편을 구하시오.

07

오른쪽 그림과 같은 일차함수의 그래프에서 x절편은?

① $\dfrac{3}{2}$ ② 2
③ $\dfrac{7}{3}$ ④ $\dfrac{5}{2}$
⑤ $\dfrac{8}{3}$

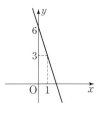

08

x절편이 -3, y절편이 1인 직선이 점 $(6, k)$를 지날 때, k의 값은?

① -3　　　② -1　　　③ 1

④ 3　　　⑤ 5

09

30 L의 물이 들어 있는 물탱크에 5분에 20 L씩 일정한 속력으로 물을 넣으려고 한다. 물을 넣기 시작한 지 몇 분 후에 물탱크에 들어 있는 물의 양이 58 L가 되는지 구하시오.

10

오른쪽 그래프는 처음 온도가 90 ℃인 물을 어떤 냉각기에 넣어 x분 후의 물의 온도를 y ℃라 할 때, x와 y 사이의 관계를 나타낸 것이다. 물을 냉각기에 넣은 지 40분 후의 물의 온도는?

① 22 ℃　　　② 24 ℃　　　③ 26 ℃

④ 28 ℃　　　⑤ 30 ℃

┤ 서술형 문제 ├

11

일차함수 $y=ax+b$의 그래프는 일차함수 $y=-2x+3$의 그래프와 평행하고, 일차함수 $y=-\dfrac{4}{5}x+4$의 그래프와 x축 위에서 만난다. 이때 상수 a, b에 대하여 $a+b$의 값을 구하시오. [6점]

풀이

답

12

초속 2 m의 일정한 속력으로 내려오는 엘리베이터가 지상으로부터 70 m의 높이에 있는 28층에서 출발하여 멈추지 않고 내려오고 있다. 엘리베이터가 출발한 지 x초 후의 지상으로부터 엘리베이터의 높이를 y m라 할 때, 다음 물음에 답하시오. [6점]

⑴ x와 y 사이의 관계를 식으로 나타내시오. [3점]

⑵ 엘리베이터가 출발한 지 10초 후의 지상으로부터 엘리베이터의 높이를 구하시오. [3점]

풀이

답

한번 더 개념 **확인문제**

개념북 📖 144쪽~147쪽 | 정답 및 풀이 📖 91쪽

01 다음 일차방정식을 일차함수 $y=ax+b$ 꼴로 나타내고, 그 그래프의 기울기, y절편을 차례로 구하시오.

(1) $x-y-3=0$

(2) $-x+2y=4$

(3) $3x-8y+12=0$

(4) $2x+3y-5=0$

(5) $6x+3y+2=0$

02 다음 일차방정식의 그래프를 좌표평면 위에 그리시오.

(1) $x+y-3=0$

(2) $-3x+4y+4=0$

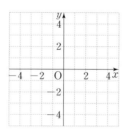

03 다음 일차방정식의 그래프를 좌표평면 위에 그리시오.

(1) $x=-3$

(2) $y=4$

(3) $2x-8=0$

(4) $3y+6=0$

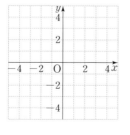

04 다음 조건을 만족시키는 직선의 방정식을 구하시오.

(1) 점 $(3, 6)$을 지나고, x축에 평행한 직선

(2) 점 $(-3, 4)$를 지나고, y축에 평행한 직선

(3) 점 $(1, -2)$를 지나고, x축에 수직인 직선

(4) 점 $(-2, -3)$을 지나고, y축에 수직인 직선

(5) 두 점 $(2, 1)$, $(2, -1)$을 지나는 직선

(6) 두 점 $\left(-\dfrac{1}{2}, 3\right)$, $(-2, 3)$을 지나는 직선

05 오른쪽 그림은 세 일차방정식 $x+y=5$, $2x-y=4$, $x-2y=5$의 그래프이다. 그래프를 이용하여 다음 연립방정식을 푸시오.

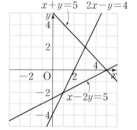

(1) $\begin{cases} x+y=5 \\ 2x-y=4 \end{cases}$

(2) $\begin{cases} 2x-y=4 \\ x-2y=5 \end{cases}$

06 네 일차방정식 $x-y=3$, $x-y=-2$, $2x+y=2$, $4x+2y=4$의 그래프를 오른쪽 좌표평면 위에 그린 후, 그래프를 이용하여 다음 연립방정식의 해를 구하시오.

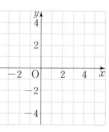

(1) $\begin{cases} x-y=3 \\ x-y=-2 \end{cases}$

(2) $\begin{cases} 2x+y=2 \\ 4x+2y=4 \end{cases}$

일차방정식의 그래프

01 다음 중 일차방정식 $x-3y-3=0$의 그래프는?

①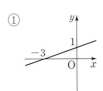

②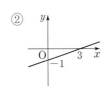

③

④

⑤

02 일차방정식 $2x-y-3=0$의 그래프가 지나지 않는 사분면은?

① 제 1 사분면　　② 제 2 사분면
③ 제 3 사분면　　④ 제 4 사분면
⑤ 제 2, 4 사분면

일차함수와 일차방정식

03 일차방정식 $ax+2y+1=0$의 그래프와 일차함수 $y=3x-b$의 그래프가 일치할 때, 상수 a, b의 값을 각각 구하시오.

04 다음 중 일차방정식 $2x+3y-6=0$의 그래프에 대한 설명으로 옳지 <u>않은</u> 것은?

① 기울기는 $-\dfrac{2}{3}$이다.

② x절편은 3이다.

③ y절편은 2이다.

④ 일차함수 $y=-\dfrac{2}{3}x+2$의 그래프와 같다.

⑤ 제 4 사분면을 지나지 않는다.

일차방정식의 그래프 위의 점

05 다음 중 일차방정식 $2x-y+2=0$의 그래프 위의 점이 <u>아닌</u> 것은?

① $(-3, -4)$　② $(-2, -2)$　③ $(0, 2)$
④ $(2, 4)$　　　⑤ $(3, 8)$

06 일차방정식 $3x+4y-1=0$의 그래프가 점 $(2k, -k)$를 지날 때, k의 값은?

① -1　　　② $-\dfrac{1}{2}$　　　③ $\dfrac{1}{2}$

④ 1　　　　⑤ $\dfrac{3}{2}$

일차방정식에서 미지수 구하기

07 일차방정식 $ax-2y-3=0$의 그래프가 점 $(-2, 1)$을 지날 때, 이 그래프의 기울기를 구하시오.

(단, a는 상수)

08 일차방정식 $ax+by=12$의 그래프가 오른쪽 그림과 같을 때, 상수 a, b에 대하여 ab의 값을 구하시오.

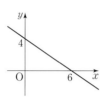

일차방정식 $x=p$, $y=q$의 그래프

09 일차방정식 $3x+y-5=0$의 그래프 위의 점 $(k, -4)$를 지나고, x축에 수직인 직선의 방정식을 구하시오.

10 일차방정식 $ax+by=4$의 그래프가 점 $(5, -3)$을 지나고 y축에 평행한 직선일 때, 상수 a, b에 대하여 $a+b$의 값을 구하시오.

11 다음 중 일차방정식 $4y=-8$의 그래프에 대한 설명으로 옳지 <u>않은</u> 것을 모두 고르면? (정답 2개)

① y축에 평행한 직선이다.
② 직선 $x=-2$와 수직으로 만난다.
③ 직선 $y=3$과 평행하다.
④ 점 $(4, -2)$를 지난다.
⑤ 제1사분면과 제2사분면을 지난다.

좌표축에 평행한 직선에서 미지수 구하기

12 두 점 $(-3, a-1)$, $(2, -2a+5)$를 지나는 직선이 x축에 평행할 때, a의 값은?

① -2 ② -1 ③ 0
④ 1 ⑤ 2

13 두 점 $(2a-3, 7-3a)$, $(5, -2)$를 지나는 직선이 y축에 평행할 때, a의 값은?

① 3 ② 4 ③ 5
④ 6 ⑤ 7

연립방정식의 해와 그래프

14 두 일차방정식 $2x-y=-1$, $-3x+2y=-3$의 그래프의 교점의 좌표가 (a, b)일 때, $a-b$의 값은?

① -5　　　② -2　　　③ 4

④ 7　　　⑤ 10

15 두 일차방정식

$3x+y+10=0$,

$x-2y+8=0$의 그래프가

오른쪽 그림과 같을 때,

$a+b$의 값을 구하시오.

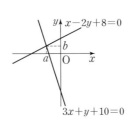

두 직선의 교점의 좌표를 이용하여 미지수 구하기

16 두 일차방정식 $ax-y-4=0$, $2x-y+b=0$의 그래프의 교점의 좌표가 $(-2, 4)$일 때, 상수 a, b에 대하여 $a+b$의 값을 구하시오.

17 연립방정식 $\begin{cases} 2x+y=a \\ x-y=-6 \end{cases}$ 의 해

를 구하기 위해 그린 두 일차방정식의 그래프가 오른쪽 그림과 같을 때, $a+b$의 값을 구하시오. (단, a는 상수)

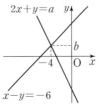

두 직선의 교점을 지나는 직선의 방정식

18 두 직선 $x-2y-4=0$, $3x-y+3=0$의 교점을 지나고, y절편이 1인 직선의 x절편을 구하시오.

19 두 직선 $3x+y+4=0$, $x-2y+6=0$의 교점을 지나고, x축에 평행한 직선이 점 $(5, a)$를 지날 때, a의 값을 구하시오.

연립방정식의 해의 개수와 그래프

20 연립방정식 $\begin{cases} ax-y=5 \\ 5x-2y=3 \end{cases}$ 의 해가 없을 때, 상수 a의 값을 구하시오.

21 연립방정식 $\begin{cases} 2ax-2y=5 \\ 8x+2y=b \end{cases}$ 의 해가 무수히 많을 때, 상수 a, b에 대하여 ab의 값을 구하시오.

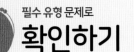

01

일차방정식 $x-2y-6=0$의 그래프를 y축의 방향으로 -5만큼 평행이동한 그래프가 일차함수 $y=\dfrac{a}{4}x+b$의 그래프와 일치할 때, 상수 a, b에 대하여 $a-b$의 값을 구하시오.

02

일차방정식 $ax-by-6=0$의 그래프의 기울기가 $\dfrac{5}{4}$이고, y절편이 $-\dfrac{3}{2}$일 때, 상수 a, b에 대하여 $a+b$의 값은?

① -3 ② -2 ③ 2

④ 5 ⑤ 9

03

다음 네 직선으로 둘러싸인 도형의 넓이를 구하시오.

$$y=-2,\ y=-6,\ x-2=0,\ x=-5$$

04

연립방정식 $\begin{cases} ax+by=4 \\ 4ax-3by=2 \end{cases}$의 해를 구하기 위해 그린 두 일차방정식의 그래프가 오른쪽 그림과 같을 때, 상수 a, b에 대하여 ab의 값을 구하시오.

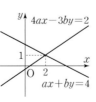

05

두 직선 $3x+y=6$, $x+ay=2$의 교점이 y축 위에 있을 때, 상수 a의 값은?

① -2 ② $-\dfrac{1}{3}$ ③ 0

④ $\dfrac{1}{3}$ ⑤ 2

06

오른쪽 그림과 같이 두 직선 $y=\dfrac{1}{3}x+2$, $y=-ax+6$과 y축으로 둘러싸인 삼각형의 넓이가 6일 때, 상수 a의 값은?

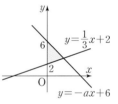

① $\dfrac{1}{2}$ ② 1 ③ $\dfrac{3}{2}$

④ 2 ⑤ $\dfrac{5}{2}$

07

연립방정식 $\begin{cases} ax+2y=-1 \\ 2x+by=2 \end{cases}$의 해가 무수히 많고, 두 일차방정식 $ax-y+b=0$, $2x+ky=3$의 그래프의 교점은 없을 때, 상수 k의 값은? (단, a, b는 상수)

① -3 ② -2 ③ -1

④ 2 ⑤ 3

01

다음 일차함수의 그래프 중 일차방정식 $x-2y-4=0$의 그래프와 일치하는 것은?

① $y=-\dfrac{1}{2}x+4$ ② $y=\dfrac{1}{2}x-4$

③ $y=\dfrac{1}{2}x-2$ ④ $y=\dfrac{1}{2}x+2$

⑤ $y=\dfrac{1}{2}x+4$

02

다음 중 일차방정식 $3x+2y+4=0$의 그래프에 대한 설명으로 옳지 <u>않은</u> 것은?

① x절편은 $-\dfrac{4}{3}$, y절편은 -2이다.

② 제1사분면을 지나지 않는다.

③ 일차함수 $y=-\dfrac{3}{2}x+3$의 그래프와 평행하다.

④ x의 값이 3만큼 증가할 때, y의 값은 2만큼 감소한다.

⑤ 오른쪽 아래로 향하는 직선이다.

03

일차방정식 $5x+2y=-1$의 그래프가 점 $(a, a-4)$를 지날 때, a의 값은?

① -1 ② 0 ③ 1

④ 2 ⑤ 3

04

일차방정식 $ax-(3-5b)y+2=0$의 그래프의 기울기가 2, y절편이 -1일 때, 상수 a, b에 대하여 $a+b$의 값을 구하시오.

05

다음 중 일차방정식 $x=-1$의 그래프인 것은?

① 점 $(3, -1)$을 지나고, x축에 평행한 직선
② 점 $(3, -1)$을 지나고, x축에 수직인 직선
③ 점 $(3, -1)$을 지나고, y축에 평행한 직선
④ 점 $(-1, 1)$을 지나고, x축에 평행한 직선
⑤ 점 $(-1, 0)$을 지나고, x축에 수직인 직선

06

두 점 $(2a-1, -1)$, $(4a-5, 4)$를 지나는 직선이 y축에 평행할 때, 이 두 점을 지나는 직선의 방정식은?

① $x=-2$ ② $x=2$ ③ $x=3$

④ $y=2$ ⑤ $y=3$

07

일차방정식 $x-ay+b=0$의 그래프가 오른쪽 그림과 같을 때, 다음 중 상수 a, b의 부호로 알맞은 것은?

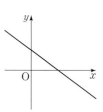

① $a<0, b<0$ ② $a<0, b=0$
③ $a<0, b>0$ ④ $a>0, b<0$
⑤ $a>0, b>0$

08

오른쪽 그림은 연립방정식 $\begin{cases} 2x+y=5 \\ ax-4y=2 \end{cases}$ 의 해를 구하기 위해 두 일차방정식의 그래프를 그린 것이다. 이때 상수 a의 값은?

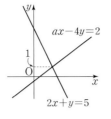

① -2 ② -1 ③ $\dfrac{1}{2}$

④ $\dfrac{3}{2}$ ⑤ 3

09

두 일차방정식 $3x+y=-1$, $2x-y=6$의 그래프의 교점을 지나고 y절편이 -2인 직선의 방정식은?

① $y=-4x-2$ ② $y=-2x-2$

③ $y=-x-2$ ④ $y=2x-2$

⑤ $y=3x-2$

10

학교에서 5 km 떨어진 체육관에 가는데 지유가 출발한 지 10분 뒤에 유찬이가 출발하였다. 지유가 출발한 지 x분 후에 학교에서 떨어진 거리를 y km라

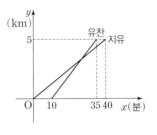

할 때, x와 y 사이의 관계를 나타낸 그래프가 위의 그림과 같다. 다음 중 옳지 <u>않은</u> 것은?

① 지유에 대한 직선의 방정식은 $x-8y=0$이다.

② 유찬이에 대한 직선의 방정식은 $x-5y-10=0$이다.

③ 두 직선의 교점의 좌표는 $(24, 3)$이다.

④ 지유가 출발한 지 20분 후의 유찬이의 학교로부터 떨어진 거리는 2 km이다.

⑤ 학교로부터 $\dfrac{10}{3}$ km 떨어진 지점에서 지유와 유찬이가 만난다.

11

두 일차방정식 $ax-y+6=0$, $x-y+4=0$의 그래프가 오른쪽 그림과 같을 때, 상수 a의 값을 구하시오. [5점]

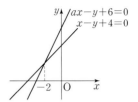

풀이

 답

12

연립방정식 $\begin{cases} ax+3y=1 \\ 6x+by=6 \end{cases}$ 의 해가 무수히 많고, 연립방정식 $\begin{cases} x-5y-1=0 \\ cx+10y-3=0 \end{cases}$ 의 해가 없을 때, 상수 a, b, c에 대하여 $a+b+c$의 값을 구하시오. [6점]

풀이

답

한번 더
교과서에서 쏙 빼온 문제

01

다음과 같은 카드 5장이 있다. 카드에 적힌 수 중에서 유리수를 모두 찾으시오.

| 2.54 | 1.3̇8̇ | 3.521522523… |
| 3.141592… | 4.151151151… |

02

아래와 같이 4개의 분수 중 2개의 분수의 분자 부분이 얼룩져서 보이지 않는다. 다음 중 주어진 분수에 대하여 잘못 말한 사람을 모두 찾고, 그 이유를 설명하시오.

$$\frac{7}{40} \quad \frac{\ }{55} \quad \frac{\ }{105} \quad \frac{33}{240}$$

정희 : 분모의 소인수가 2 또는 5뿐인 분수는 유한소수로 나타낼 수 있으므로 유한소수로 나타낼 수 있는 것은 $\frac{7}{40}$ 뿐이야.

태영 : 아니야, $\frac{33}{240}$도 유한소수로 나타낼 수 있어.

기철 : 분자가 보이지 않는 두 개의 분수는 분모에 2 또는 5 이외의 소인수가 있으므로 유한소수로 나타낼 수 없어.

03

다음 조건을 만족시키는 자연수 n의 개수를 구하시오.

(가) $1 \leq n \leq 100$

(나) 분수 $\frac{n}{22}$은 정수가 아니다.

(다) 분수 $\frac{n}{22}$을 소수로 나타내면 유한소수이다.

04

1부터 25까지의 자연수 n에 대하여 분수 $\frac{1}{n}$을 정수로 나타낼 수 있는 수, 유한소수로 나타낼 수 있는 수, 순환소수로만 나타낼 수 있는 수로 분류하여 다음 표를 완성하시오.

정수로 나타낼 수 있는 수	1
유한소수로 나타낼 수 있는 수	2, 4
순환소수로만 나타낼 수 있는 수	3, 6

05

오른쪽 그림은 어떤 분수를 소수로 나타내기 위하여 나눗셈을 하는 과정인데 일부가 찢어져서 보이지 않는다. 이 분수를 순환소수로 나타내었을 때, 순환마디를 이루는 숫자의 개수를 구하시오.

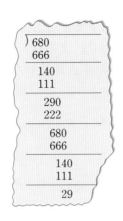

```
) 680
  666
 ─────
   140
   111
 ─────
   290
   222
 ─────
   680
   666
 ─────
    140
    111
 ─────
     29
```

06

기약분수 a를 소수로 나타내는데 유민이는 분자를 잘못 보아 $0.\dot{5}$로 나타내고, 민서는 분모를 잘못 보아 $2.\dot{3}$으로 나타내었다. a를 순환소수로 나타내시오.

07

다음 조건을 만족시키는 자연수 a는 모두 몇 개인지 구하시오.

> a는 8 이하의 자연수이고 순환소수 $1.\dot{a}$를 기약분수로 나타내었을 때 분모가 3이다.

08

다음은 순환소수를 분수로 나타내는 과정을 이용하여 $\dfrac{1}{10}+\left(\dfrac{1}{10}\right)^2+\left(\dfrac{1}{10}\right)^3+\cdots$의 값을 구한 것이다.

> $A=\dfrac{1}{10}+\left(\dfrac{1}{10}\right)^2+\left(\dfrac{1}{10}\right)^3+\cdots$ ...... ㉠
>
> 이라 하면
>
> $10A=1+\dfrac{1}{10}+\left(\dfrac{1}{10}\right)^2+\left(\dfrac{1}{10}\right)^3+\cdots$ ...... ㉡
>
> ㉡에서 ㉠을 변끼리 빼면
>
> $9A=1$ $\quad \therefore A=\dfrac{1}{9}$
>
> 즉, $\dfrac{1}{10}+\left(\dfrac{1}{10}\right)^2+\left(\dfrac{1}{10}\right)^3+\cdots=\dfrac{1}{9}$

위와 같은 방법으로 $\dfrac{1}{4}+\left(\dfrac{1}{4}\right)^2+\left(\dfrac{1}{4}\right)^3+\cdots$의 값을 구하시오.

09

다음 표는 컴퓨터가 처리하는 정보의 양을 나타내는 단위 사이의 관계를 나타낸 것이다.

1 KiB	1 MiB	1 GiB
2^{10} B	2^{10} KiB	2^{10} MiB

1 GiB는 몇 B인지 2의 거듭제곱을 이용하여 간단히 나타내시오.

10

어느 상품의 홍보를 위해 바이럴(Viral) 마케팅을 하려고 한다. 다음 그림과 같이 한 사람이 3명에게 이메일(e-mail)을 보내고 그 3명이 각각 서로 다른 3명에게 이메일을 전달할 때, 7단계에서 이메일을 받은 사람 수는 2단계에서 이메일을 받은 사람 수의 몇 배인지 3의 거듭제곱을 이용하여 간단히 나타내시오.

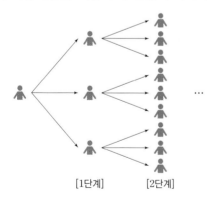

[1단계]　　　[2단계]

11

지구에서 금성까지의 거리는 4.5×10^7 km이다. 빛의 속력인 초속 3×10^5 km로 간다면 지구에서 금성까지는 몇 초가 걸릴지 구하시오.

12

$2^{17} \times 5^{20}$은 n자리의 자연수이고, 각 자리의 숫자의 합은 k이다. 이때 $n+k$의 값을 구하시오.

13

원기둥 모양의 통에 가득 담은 아이스크림을 생산하는 공장에서 다음 표와 같은 세 가지 모양의 통에 담은 제품을 생산하고 있다. A 제품의 가격이 3600원일 때, B와 C 제품의 가격을 각각 구하시오. (단, 아이스크림의 가격은 아이스크림의 부피에 정비례하고, 통의 두께는 생각하지 않는다.)

제품	밑면의 반지름의 길이	높이
A	r	h
B	$2r$	$\dfrac{1}{2}h$
C	$3r$	$\dfrac{1}{4}h$

14

아래 그림과 같은 전개도로 만들어지는 직육면체에서 마주 보는 면에 적혀 있는 두 다항식의 합이 모두 같을 때, 다음 물음에 답하시오.

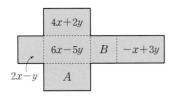

(1) 다항식 A, B를 각각 구하시오.

(2) $A+B$를 계산하시오.

15

$3a-[2b-a+\{3b-(\boxed{}+2b)\}]=6a-2b$일 때, □ 안에 알맞은 다항식을 구하시오.

16

다음 표의 빈칸에 **보기**의 다항식을 써넣어 가로, 세로, 대각선에 있는 세 다항식의 합이 모두 $6x+15$가 되도록 만들어 보시오.

$3x^2+3x+8$		
	$2x+5$	$2x^2+6x+7$

┌ 보기 ┐

ㄱ. $-2x^2-2x+3$ ㄴ. x^2-x+6

ㄷ. $-3x^2+x+2$ ㄹ. $-4x^2+4x+1$

ㅁ. $4x^2+9$ ㅂ. $-x^2+5x+4$

17

오른쪽 그림과 같은 교통안전 표지에서 통행 가능한 차의 높이 x m의 범위를 부등식으로 나타내면 $x \leq 3.5$이다. 다음과 같은 교통안전 표지가 있을 때, 허용되는 x의 값의 범위를 부등식으로 나타내시오.

차 높이 제한
➡ 3.5 m 이하

(1) 차의 중량 x t

차 중량 제한
➡ 5.5 t 이하

(2) 차간 거리 x m

차간 거리 확보
➡ 50 m 이상

(3) 차의 속력 x km/h

최저 속도 제한
➡ 30 km/h 이상

(4) 차의 폭 x m

차 폭 제한
➡ 2.2 m 이하

18

다음은 기영이가 부등식 $4x - a \leq 3x + 5$의 해가 $x \leq 8$임을 알고 자연수 a의 값을 구한 과정을 적은 것이다. 잘못된 부분을 찾아 바르게 고치시오.

> $4x - a \leq 3x + 5$에서
> $-a$와 $3x$를 각각 이항하여 정리하면
> $x \leq a + 5$
> 이 부등식의 해가 $x \leq 8$이므로 $a + 5 \leq 8$이다.
> 이 부등식을 풀면 $a \leq 3$이므로 자연수 a의 값은 1, 2, 3이다.

19

색종이로 밑변의 길이가 5 cm인 삼각형을 만드는데 넓이가 10 cm^2 이하가 되게 하려고 한다. 이 삼각형의 최대 높이를 구하시오.

20

기차를 타기 전 상점에서 물건을 사오려고 하는데 출발 시각까지 1시간의 여유가 있다. 역과 상점을 시속 3 km로 걸어서 왕복하고 20분 동안 물건을 산다고 할 때, 역에서 몇 km 이내에 있는 상점까지 다녀올 수 있는지 구하시오.

21

다음은 지연이네 가족들이 서로에게 남긴 쪽지이다. 쪽지에 들어 있는 각 상황을 일차부등식으로 나타내고, 그 일차부등식을 푸시오.

> 엄마, 용돈 좀 올려주세요.
> 용돈을 일주일에 윤호는 2만 원, 서영이는 2만 2천 원, 경주는 2만 천 원을 받는다고 해요. 제 용돈이 최소한 (　　)원이 되어 저를 포함한 4명 용돈의 평균의 1.2배 이상 되었으면 좋겠어요.
> — 아들

> 아빠, 일찍 들어오세요.
> 우리 가족이 평일에 적어도 하루 30분 이상은 같이 보내기로 했잖아요. 월, 화는 30분씩 같이 보냈는데 수, 목은 서로 얼굴도 제대로 못 봤어요. 그러니 금요일인 오늘은 적어도 (　　)분 이상은 함께 해야 해요.
> — 딸

> 동생아, 우리가 자전거 타기를 함께 시작한 후 너는 지금까지 총 20 km를 달렸구나. 난 지금까지 달린 거리가 총 10 km인데 내일부터 하루에 4 km씩 달릴 거야. 너는 하루에 2 km씩 달리고 있으니 (　　) 일 후에는 내가 달린 총 거리가 네가 달린 총 거리보다 많을 거야.
> — 누나

> 지연아, 사과 주스가 다 떨어져서 한 병 새로 사다 놓았다. 사과 주스는 1900 mL 들어 있고, 너는 매일 180 mL씩 마시고, 지훈이는 매일 200 mL씩 마시니까 최대 (　　)일 동안은 마실 수 있을 거야.
> — 엄마

22

지혜는 생일에 생일 쿠폰을 들고 친구들과 뷔페에 가려고 한다. 1인당 이용 요금은 20000원이고, 다음과 같은 두 종류의 할인 혜택이 있다. 몇 명 이상이 이용할 때, 지혜가 회원 가입을 하여 회원 카드로 할인 혜택을 받는 것이 더 경제적인지 구하시오.

구분	회원 카드	생일 쿠폰
요금	가입비 12000원, 전체 금액의 15 % 할인	한 명당 1000원 할인

23

어느 지역의 버스 요금은 거리에 상관없이 성인 1인당 1500원이다. 또, 택시 요금은 출발 후 2 km까지는 기본요금인 4000원이고 2 km 이후부터는 150 m당 100원이 추가된다고 한다. 성인 세 사람이 함께 택시를 타고 2 km 이상 갈 때, 몇 km 미만까지 가야 버스를 타는 것보다 요금이 적게 드는지 구하시오.
(단, 택시와 버스는 같은 길을 따라 달린다고 한다.)

24

아래 그림에서 A, B는 두 수 x, y에서 시작하여 화살표를 따라 계산하여 6과 7을 얻는 과정을 나타낸 것이다. A에 해당하는 일차방정식이 $x+y=6$일 때, 다음 물음에 답하시오.

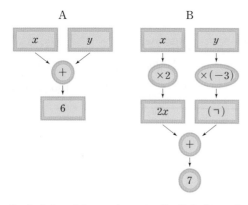

(1) (ㄱ)에 알맞은 식을 구하고, B에 해당하는 일차방정식을 구하시오.

(2) A, B를 모두 만족시키는 x, y의 값을 각각 구하시오.

25

연립방정식 $\begin{cases} 2x+y=-2 \\ x-y=7 \end{cases}$ 을 푸는데 $x-y=7$의 7을 다른 수로 잘못 보고 풀어서 $x=3$을 얻었다. 7을 어떤 수로 잘못 보았는지 구하시오.

26

어느 한 시점에 1유로는 1달러보다 원화로 96원 더 비싸고, 1유로와 1달러의 합은 2836원이었다. 1유로와 1달러는 각각 몇 원인지 구하시오.

27

다음은 중국 당나라 때의 수학책인 손자산경에 실린 문제이다. 꿩과 토끼는 각각 몇 마리인지 구하시오.

꿩과 토끼 여러 마리가 바구니에 함께 있는데, 위를 보니 머리가 35개, 아래를 보니 다리가 94개이다. 꿩과 토끼는 각각 몇 마리인가?

28

다음은 같은 무게의 짐을 몇 자루씩 지고 가는 당나귀와 노새의 대화 내용이다. 연립방정식을 이용하여 당나귀와 노새의 짐은 각각 몇 자루인지 구하시오.

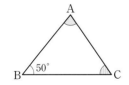

29

삼각형 ABC에서 ∠B=50°이고, ∠A의 크기는 ∠C의 크기의 2배보다 35°만큼 작다. ∠A, ∠C의 크기를 각각 구하시오.

30

유리와 진영이가 함께 120개의 종이학을 접는데, 함께 접으면 4시간이 걸린다. 또, 유리가 2시간 동안 접고 진영이가 5시간 동안 접어도 120개의 종이학을 접을 수 있다. 120개의 종이학을 유리 혼자서 접는다면 몇 시간이 걸리는지 구하시오.

31

다음 그림과 같이 합동인 직사각형 모양의 종이를 3장씩 겹치지 않게 이어 붙여서 길이를 측정하였다. 직사각형 모양의 종이의 긴 변과 짧은 변의 길이를 각각 구하시오.

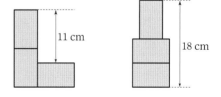

32

단백질 1 g을 섭취하면 4 kcal의 열량을 얻을 수 있다고 한다. 단백질 x g을 섭취하여 얻을 수 있는 열량을 y kcal라 할 때, 다음 물음에 답하시오.

(1) $y=f(x)$라 할 때, $f(x)$를 구하시오.

(2) $f(20)$의 값을 구하시오.

33

고무줄이나 용수철과 같이 힘을 주었을 때 늘어나거나 줄어드는 물체에서 늘어난 길이는 외부에서 가하는 힘에 비례한다. 아래는 용수철 저울에 x g의 추를 매달았을 때, 용수철의 길이 y cm를 측정하여 표로 나타낸 것이다. 다음 물음에 답하시오.

x(g)	0	10	20	30	40	50
y(cm)	10	10.2	10.4	10.6	10.8	11

(1) x와 y 사이의 관계를 식으로 나타내시오.

(2) y가 x에 대한 일차함수인지 아닌지 구하시오.

34

함수 $f(x)=ax+1$에 대하여 $f(2)=5$일 때, $f(-3)$의 값을 구하시오. (단, a는 상수)

35

일차함수 $y=3x$의 그래프를 y축의 방향으로 -5만큼 평행이동한 그래프가 점 $(-1, k)$를 지날 때, k의 값을 구하시오.

36

일차함수 $y=2x-1$의 그래프의 y절편과 일차함수 $y=x+a$의 그래프의 x절편이 서로 같을 때, 상수 a의 값을 구하시오.

37

서로 다른 세 점 $(-1, 4)$, $(2, -5)$, $(k, k+3)$이 한 직선 위에 있기 위한 k의 값을 구하시오.

38

다음 그래프는 두 열차 A, B가 정차하지 않고 일정한 시간 동안 달린 거리를 나타낸 것이다. 그래프를 보고 열차 A와 열차 B 중 어느 열차가 더 빠른지 구하시오.

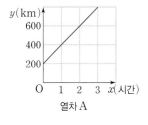
열차 A

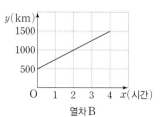
열차 B

39

도로 경사도는 수평 거리에 대한 수직 거리의 비율을 백분율로 나타낸 것이며, 이를 식으로 나타내면

$$(경사도) = \frac{(수직\ 거리)}{(수평\ 거리)} \times 100(\%)$$

이다. 다음 그림과 같이 경사도가 10 %인 도로 위에 두 자동차 A, B가 있다. A의 수직 거리는 5 m이고 A와 B 사이의 수평 거리는 40 m일 때, B의 수직 거리는 몇 m인지 구하시오.

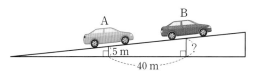

40

이안류는 해류가 바다 쪽으로 빠져나가는 현상으로, 이안류를 만나면 해안 쪽으로 헤엄쳐도 바다 쪽으로 밀려가게 되어 빠져나오기가 힘들다. 서해안과 남해안 해수욕장에서 이안류를 만날 경우  에는 당황하지 말고 해안선과 평행하게 헤엄쳐서 이안류를 벗어난 후, 해안 쪽으로 나와야 한다고 한다. 해안선이 위의 그림과 같이 좌표평면 위의 두 점 $(1, 5)$, $(3, 2)$를 지나는 직선 모양일 때, 다음 물음에 답하시오.

⑴ 좌표평면 위에서 해안선이 나타내는 직선을 그래프로 하는 일차함수의 식을 구하시오.

⑵ 점 $(5, 3)$인 지점에서 이안류를 만났다면 어느 직선을 따라 헤엄쳐서 이안류를 벗어나야 하는지 생각해 보고, 그 직선을 그래프로 하는 일차함수의 식을 구하시오.

41

다음은 주전자의 물을 가열한 시간에 따른 물의 온도를 조사하여 표로 나타낸 것이다. 가열한 시간에 따라 물의 온도가 일정하게 올라간다고 할 때, 물의 온도가 100 ℃가 되려면 몇 분 동안 가열해야 하는지 구하시오.

시간(분)	0	2	4	6	8
온도(℃)	16	30	44	58	72

42

높은 산으로 올라가면 대기압이 낮아지므로 물의 끓는점이 낮아진다. 해발 x m에서의 물의 끓는점을 y ℃라 할 때, 아래 그래프는 해발 고도에 따라 달라지는 물의 끓는점을 나타낸 것이다. 다음 물음에 답하시오.

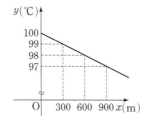 

⑴ x와 y 사이의 관계를 식으로 나타내시오.

⑵ 해발 1500 m인 지점에서의 물의 끓는점을 구하시오.

⑶ 물이 90 ℃에서 끓기 시작했을 때, 그곳의 해발 고도를 구하시오.

43

다음 그림과 같은 직사각형 ABCD에서 점 P가 점 B를 출발하여 $\overline{\text{BC}}$를 따라 점 C까지 1초에 2 cm씩 움직인다. 점 P가 점 B를 출발한 지 x초 후의 사다리꼴 APCD의 넓이를 y cm²라 할 때, 사다리꼴 APCD의 넓이가 60 cm²가 되는 것은 점 P가 점 B를 출발한 지 몇 초 후인지 구하시오.

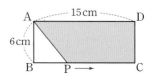

44

일차방정식 $ax+y-a+b=0$의 그래프가 오른쪽 그래프와 평행하고 제3사분면을 지나지 않도록 하는 b의 값의 범위를 구하시오.

(단, a, b는 상수)

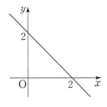

45

일차방정식 $ax-y+b=0$의 그래프를 그리는데 재영이는 x의 계수를 잘못 보아 두 점 $(-3, 7)$, $(6, 4)$를 지나는 직선을 그렸고, 윤서는 상수항을 잘못 보아 두 점 $(-1, -1)$, $(1, 3)$을 지나는 직선을 그렸다. 처음 주어진 일차방정식을 구하시오. (단, a, b는 상수)

46

오른쪽 그림에서 직선 ㉠의 방정식은 $x=m$, 직선 ㉡의 방정식은 $y=n$이다. 이때 m, n의 값을 각각 구하시오.

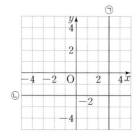

47

두 자연수 p, q에 대하여 두 일차방정식 $x=p$, $y=q$의 그래프와 x축, y축으로 둘러싸인 사각형의 넓이가 8일 때, 순서쌍 (p, q)를 모두 구하시오.

48

연립방정식 $\begin{cases} y=ax+1 \\ y=bx+2 \end{cases}$의 해가 한 쌍일 때, 상수 a, b 사이의 관계를 구하시오.

49

다음 그림과 같이 좌표평면 위에 그린 두 일차함수의 그래프의 일부가 얼룩져서 두 그래프의 교점이 보이지 않게 되었다. 이 두 그래프의 교점의 좌표를 구하시오.

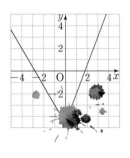

50

다음 조건을 만족시키는 상수 a, b의 값을 각각 구하시오.

(가) 연립방정식 $\begin{cases} 2x-y+5=0 \\ ax+3y-1=0 \end{cases}$의 해는 없다.

(나) 연립방정식 $\begin{cases} 3x-y-2a=0 \\ 3x-y+b=0 \end{cases}$의 해는 무수히 많다.

51

집에서 1500 m 떨어져 있는 도서관까지 가는데 동생은 걸어서 가고, 형은 동생이 출발한 지 10분 후에 같은 길을 자전거를 타고 갔다. 다음 그래프는 동생이 출발한 지 x분 후에 동생과 형이 집에서 떨어진 거리를 y m라 할 때, x와 y 사이의 관계를 그래프로 나타낸 것이다. 형과 동생이 처음으로 만나는 것은 동생이 출발한 지 몇 분 후인지 구하시오.

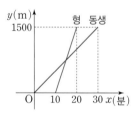

MEMO

1등급의 절대기준

2022 개정
교육과정
반영

고등 수학 내신 1등급 문제서

대성마이맥 이창무 집필
수학 최상위 레벨 대표 강사

타임 어택 1, 3, 7분컷
실전 감각 UP

적중률 높이는 기출
교육 특구 및 전국 500개 학교 분석

1등급 확정
변별력 갖춘 A·B·C STEP

공통수학1, 공통수학2, 대수, 미적분Ⅰ, 확률과 통계, 미적분Ⅱ

중학 수학 개념 **2·1**

내신과 등업을 위한 강력한 한 권!

개념 연산서	**수매씽 개념연산**
	중등 : 1~3학년 1·2학기

개념 기본서	**수매씽 개념**
	중등 : 1~3학년 1·2학기
	고등 (22개정) : 공통수학1, 공통수학2, 대수, 미적분I,
	확률과 통계, 미적분II, 기하

유형 기본서	**수매씽 유형**
	중등 : 1~3학년 1·2학기
	고등 (15개정) : 수학I, 수학II, 확률과 통계, 미적분
	고등 (22개정) : 공통수학1, 공통수학2, 대수, 미적분I,
	확률과 통계, 미적분II

 동아출판

📞 **Telephone** 1644-0600
🏠 **Homepage** www.bookdonga.com
✉ **Address** 서울시 영등포구 은행로 30 (우 07242)

- 정답 및 풀이는 동아출판 홈페이지 내 학습자료실에서 내려받을 수 있습니다.
- 교재에서 발견된 오류는 동아출판 홈페이지 내 정오표에서 확인 가능하며, 잘못 만들어진 책은 구입처에서 교환해 드립니다.
- 학습 상담, 제안 사항, 오류 신고 등 어떠한 이야기라도 들려주세요

내신을 위한 강력한 한 권!

수

매씽

MATHING

개념

중학 수학

2·1

정답및 풀이

동아출판

MATHING 0 개념

 모바일 빠른 정답
QR 코드를 찍으면 정답 및 풀이를
쉽고 빠르게 확인할 수 있습니다.

1 유리수와 순환소수

01 유리수와 소수

─ 7쪽 ~ 8쪽 ─

1 (1) $+\dfrac{12}{4}$ (2) -6, 0, $+\dfrac{12}{4}$

   (3) -6, $-\dfrac{2}{5}$, -2.5

1-1 (1) -1, $-\dfrac{10}{5}$ (2) 5, $+1.3$, $\dfrac{2}{4}$

   (3) $+1.3$, -0.8, $\dfrac{2}{4}$

2 (1) 0.6, 유한소수   (2) $0.333\cdots$, 무한소수

   (3) 1.75, 유한소수   (4) $1.111\cdots$, 무한소수

2-1 (1) $0.666\cdots$, 무한소수   (2) 1.8, 유한소수

   (3) $0.444\cdots$, 무한소수   (4) 0.375, 유한소수

3 (1) 5, 5, 25, 0.25 (2) 2, 5, 15, 0.15

3-1 2, 2, 100, 0.14

4 (1) $\dfrac{3}{10}$, $\dfrac{3}{2\times 5}$, 유한   (2) $\dfrac{9}{14}$, $\dfrac{9}{2\times 7}$, 무한

4-1 (1) ○   (2) ○   (3) ○   (4) ✕

4-1 (1) $\dfrac{5}{2\times 5^2}=\dfrac{1}{2\times 5}$에서 분모의 소인수가 2 또는 5뿐이므로 유한소수로 나타낼 수 있다.

(2) $\dfrac{18}{2^2\times 3\times 5}=\dfrac{3}{2\times 5}$에서 분모의 소인수가 2 또는 5뿐이므로 유한소수로 나타낼 수 있다.

(3) $\dfrac{7}{16}=\dfrac{7}{2^4}$에서 분모의 소인수가 2뿐이므로 유한소수로 나타낼 수 있다.

(4) $\dfrac{6}{84}=\dfrac{1}{14}=\dfrac{1}{2\times 7}$에서 분모의 소인수 중에 2 또는 5 이외의 7이 있으므로 유한소수로 나타낼 수 없다.

개념 완성하기 ─ 9쪽 ─

01 (가) 2^2 (나) 100 (다) 0.16

02 $A=3$, $B=5^2$, $C=75$, $D=0.075$ **03** ③

04 ㄹ, ㅁ   **05** 7 **06** ③   **07** ⑤

08 8개

---

01 $\dfrac{4}{25}=\dfrac{4}{5^2}=\dfrac{4\times 2^2}{5^2\times 2^2}=\dfrac{16}{100}=0.16$

∴ (가) 2^2 (나) 100 (다) 0.16

02 $\dfrac{3}{40}=\dfrac{3}{2^3\times 5}=\dfrac{3\times 5^2}{2^3\times 5\times 5^2}=\dfrac{75}{1000}=0.075$

∴ $A=3$, $B=5^2$, $C=75$, $D=0.075$

03 ③ $\dfrac{7}{8}=\dfrac{7}{2^3}$ ④ $\dfrac{2}{9}=\dfrac{2}{3^2}$ ⑤ $\dfrac{5}{12}=\dfrac{5}{2^2\times 3}$

따라서 유한소수로 나타낼 수 있는 것은 ③이다.

04 ㄱ. $\dfrac{6}{2^3\times 3}=\dfrac{1}{2^2}$

ㄷ. $\dfrac{9}{3\times 5^2}=\dfrac{3}{5^2}$

ㄹ. $\dfrac{15}{2^3\times 3^2\times 5}=\dfrac{1}{2^3\times 3}$

ㅁ. $\dfrac{24}{2^2\times 3^2\times 5}=\dfrac{2}{3\times 5}$

ㅂ. $\dfrac{42}{3\times 5^2\times 7}=\dfrac{2}{5^2}$

따라서 유한소수로 나타낼 수 없는 것은 ㄹ, ㅁ이다.

05 $\dfrac{15}{210}\times a=\dfrac{1}{14}\times a=\dfrac{1}{2\times 7}\times a$가 유한소수가 되려면 a는 7의 배수이어야 한다.

따라서 a의 값이 될 수 있는 한 자리의 자연수는 7이다.

06 $\dfrac{10}{2^2\times 3^2}\times a=\dfrac{5}{2\times 3^2}\times a$가 유한소수가 되려면 a는 3^2, 즉 9의 배수이어야 한다.

따라서 a의 값이 될 수 있는 가장 작은 자연수는 9이다.

07 $\dfrac{6}{20\times x}=\dfrac{3}{10\times x}=\dfrac{3}{2\times 5\times x}$

⑤ $x=9$일 때, $\dfrac{3}{2\times 5\times 9}=\dfrac{1}{2\times 3\times 5}$

분모의 소인수 중에 2 또는 5 이외의 3이 있으므로 유한소수로 나타낼 수 없다.

> **Self 코칭**
>
> $\dfrac{A}{B\times x}$ 꼴의 분수가 유한소수가 되려면 분수 $\dfrac{A}{B}$를 기약분수로 나타낸 후 분모를 소인수분해 했을 때, 분모의 소인수가 2 또는 5뿐이어야 하므로 x의 값은 소인수가 2 또는 5로만 이루어진 수 또는 분자의 약수 또는 이들의 곱으로 이루어진 수이어야 한다.

08 $\dfrac{7}{2\times 5\times a}$이 유한소수가 되려면 a는 소인수가 2 또는 5로만 이루어진 수 또는 7의 약수 또는 이들의 곱으로 이루어진 수이어야 한다.

따라서 a의 값이 될 수 있는 15 이하의 자연수는 1, 2, 4, 5, 7, 8, 10, 14의 8개이다.

1 (1) 2, $0.\dot{2}$ (2) 5, $2.1\dot{5}$ (3) 32, $1.\dot{3}\dot{2}$

    (4) 67, $0.5\dot{6}\dot{7}$ (5) 219, $9.\dot{2}1\dot{9}$

1-1 (1) 7, $0.\dot{7}$ (2) 6, $3.1\dot{6}$ (3) 12, $0.\dot{1}\dot{2}$

     (4) 14, $0.3\dot{1}\dot{4}$ (5) 132, $1.\dot{1}3\dot{2}$

2 (1) $0.\dot{5}$ (2) $0.1\dot{6}$ (3) $0.\dot{9}\dot{0}$ (4) $0.58\dot{3}$

    (5) $0.\dot{0}7\dot{4}$

2-1 (1) $0.\dot{2}$ (2) $0.2\dot{7}$ (3) $0.\dot{6}\dot{3}$ (4) $0.\dot{3}7\dot{0}$

     (5) $0.2\dot{5}\dot{4}$

3 (1) 10, 9, 8, $\dfrac{8}{9}$ (2) 100, 10, 90, 23, $\dfrac{23}{90}$

3-1 (1) 100, 99, $\dfrac{202}{99}$ (2) 100, 10, 90, 90, $\dfrac{22}{15}$

4 (1) ㄱ   (2) ㄷ   (3) ㄹ

4-1 (1) ㄱ   (2) ㄴ   (3) ㄹ

5 (1) 32, $\dfrac{29}{9}$ (2) 1, 999, $\dfrac{448}{333}$

    (3) 112, 900, $\dfrac{101}{900}$ (4) 11, 90, $\dfrac{103}{90}$

5-1 (1) $\dfrac{4}{9}$ (2) $\dfrac{46}{37}$ (3) $\dfrac{517}{900}$ (4) $\dfrac{149}{90}$

6 ㄱ, ㄴ, ㄷ   **6-1** ㅁ

2 (1) $\dfrac{5}{9}=5\div9=0.555\cdots=0.\dot{5}$

    (2) $\dfrac{1}{6}=1\div6=0.1666\cdots=0.1\dot{6}$

    (3) $\dfrac{10}{11}=10\div11=0.909090\cdots=0.\dot{9}\dot{0}$

    (4) $\dfrac{7}{12}=7\div12=0.58333\cdots=0.58\dot{3}$

    (5) $\dfrac{2}{27}=2\div27=0.074074074\cdots=0.\dot{0}7\dot{4}$

2-1 (1) $\dfrac{2}{9}=2\div9=0.222\cdots=0.\dot{2}$

     (2) $\dfrac{5}{18}=5\div18=0.2777\cdots=0.2\dot{7}$

     (3) $\dfrac{7}{11}=7\div11=0.636363\cdots=0.\dot{6}\dot{3}$

     (4) $\dfrac{10}{27}=10\div27=0.370370370\cdots=0.\dot{3}7\dot{0}$

     (5) $\dfrac{14}{55}=14\div55=0.2545454\cdots=0.2\dot{5}\dot{4}$

5-1 (2) $1.\dot{2}4\dot{3}=\dfrac{1243-1}{999}=\dfrac{1242}{999}=\dfrac{46}{37}$

     (3) $0.57\dot{4}=\dfrac{574-57}{900}=\dfrac{517}{900}$

     (4) $1.6\dot{5}=\dfrac{165-16}{90}=\dfrac{149}{90}$

6 ㄹ, ㅁ. 순환소수가 아닌 무한소수이므로 유리수가 아니다.

6-1 ㅁ. 순환소수가 아닌 무한소수이므로 유리수가 아니다.

---

01 ③   **02** ②, ⑤   **03** ④   **04** ⑤

05 (1) 6   (2) 5   **06** ④   **07** 7

08 ②   **09** ③   **10** ④   **11** ②

12 ⑤   **13** ③   **14** ①   **15** $\dfrac{11}{90}$

16 $0.0\dot{6}$ **17** ③   **18** ㄷ

01 ① $3.0222\cdots=3.0\dot{2}$

    ② $1.232323\cdots=1.\dot{2}\dot{3}$

    ④ $0.451451451\cdots=0.\dot{4}5\dot{1}$

    ⑤ $2.012012012\cdots=2.\dot{0}1\dot{2}$

    따라서 옳은 것은 ③이다.

02 ① $7.272727\cdots=7.\dot{2}\dot{7}$

    ③ $0.4535353\cdots=0.4\dot{5}\dot{3}$

    ④ $3.145145145\cdots=3.\dot{1}4\dot{5}$

    따라서 순환소수의 표현으로 옳은 것은 ②, ⑤이다.

03 ① $\dfrac{7}{6}=1.1\dot{6}$ ➡ 순환마디를 이루는 숫자의 개수는 1이다.

    ② $\dfrac{8}{9}=0.\dot{8}$ ➡ 순환마디를 이루는 숫자의 개수는 1이다.

    ③ $\dfrac{3}{11}=0.\dot{2}\dot{7}$ ➡ 순환마디를 이루는 숫자의 개수는 2이다.

    ④ $\dfrac{5}{27}=0.\dot{1}8\dot{5}$ ➡ 순환마디를 이루는 숫자의 개수는 3이다.

    ⑤ $\dfrac{2}{33}=0.\dot{0}\dot{6}$ ➡ 순환마디를 이루는 숫자의 개수는 2이다.

    따라서 순환마디를 이루는 숫자의 개수가 가장 많은 것은 ④ 이다.

04 ① $\dfrac{1}{15}=0.0\dot{6}$ ➡ 순환마디는 6이다.

    ② $\dfrac{1}{6}=0.1\dot{6}$ ➡ 순환마디는 6이다.

    ③ $\dfrac{2}{3}=0.\dot{6}$ ➡ 순환마디는 6이다.

    ④ $\dfrac{5}{12}=0.41\dot{6}$ ➡ 순환마디는 6이다.

    ⑤ $\dfrac{16}{9}=1.\dot{7}$ ➡ 순환마디는 7이다.

    따라서 순환마디가 나머지 넷과 다른 하나는 ⑤이다.

05 (1) $\dfrac{3}{7}=0.\dot{4}2857\dot{1}$이므로 순환마디를 이루는 숫자의 개수는 6이다.

    (2) $100=6\times16+4$이므로 소수점 아래 100번째 자리의 숫자는 순환마디의 네 번째 숫자인 5이다.

06 $\dfrac{2}{13}=0.\dot{1}53846\dot{6}$이므로 순환마디를 이루는 숫자의 개수는 6 이다.

    이때 $50=6\times8+2$이므로 소수점 아래 50번째 자리의 숫자는 순환마디의 두 번째 숫자인 5이다.

07 $\dfrac{15}{2 \times 5^2 \times a} = \dfrac{3}{2 \times 5 \times a}$이 순환소수가 되려면 기약분수로 나타내었을 때, 분모에 2 또는 5 이외의 소인수가 있어야 한다. 따라서 a의 값이 될 수 있는 가장 작은 자연수는 7이다.

08 $\dfrac{14}{40 \times a} = \dfrac{7}{20 \times a} = \dfrac{7}{2^2 \times 5 \times a}$이 순환소수가 되려면 기약분수로 나타내었을 때, 분모에 2 또는 5 이외의 소인수가 있어야 한다.

② $a = 7$일 때, $\dfrac{7}{2^2 \times 5 \times 7} = \dfrac{1}{2^2 \times 5}$

분모의 소인수가 2 또는 5뿐이므로 유한소수가 된다.

09 $x = 0.4\dot{7}$이라 하면 $x = 0.4777 \cdots$ …… ㉠

㉠의 양변에 100, 10을 각각 곱하면

$100x = 47.777 \cdots$ …… ㉡

$10x = 4.777 \cdots$ …… ㉢

㉡－㉢을 하면 $90x = 43$ ∴ $x = \dfrac{43}{90}$

따라서 ㉠에 들어갈 수는 90이다.

10 $x = 0.618618618 \cdots$이므로

$\begin{array}{r} 1000x = 618.618618618 \cdots \\ -) \quad\quad x = \quad\; 0.618618618 \cdots \\ \hline 999x = 618 \end{array}$ ∴ $x = \dfrac{618}{999} = \dfrac{206}{333}$

따라서 가장 편리한 식은 ④ $1000x - x$이다.

11 ② $1.\dot{3} = \dfrac{13-1}{9}$

Self 코칭

0 또는 한 자리의 자연수 a, b, c, d에 대하여

① $0.\dot{a} = \dfrac{a}{9}$

② $0.\dot{a}\dot{b} = \dfrac{ab}{99}$

③ $0.a\dot{b} = \dfrac{ab-a}{90}$

④ $a.b\dot{c}\dot{d} = \dfrac{abcd-ab}{990}$

12 ① $1.\dot{2}\dot{3} = \dfrac{123-1}{99} = \dfrac{122}{99}$

② $2.0\dot{5} = \dfrac{205-20}{90} = \dfrac{185}{90} = \dfrac{37}{18}$

③ $2.1\dot{3} = \dfrac{213-21}{90} = \dfrac{192}{90} = \dfrac{32}{15}$

④ $0.34\dot{5} = \dfrac{345-34}{900} = \dfrac{311}{900}$

⑤ $0.6\dot{1}\dot{8} = \dfrac{618-6}{990} = \dfrac{612}{990} = \dfrac{34}{55}$

따라서 옳은 것은 ⑤이다.

13 $0.\dot{1}\dot{5} = \dfrac{15}{99} = 15 \times \dfrac{1}{99}$이므로 $\square = \dfrac{1}{99} = 0.\dot{0}\dot{1}$

14 $0.\dot{3}0\dot{1} = \dfrac{301}{999} = 301 \times \dfrac{1}{999}$이므로 $a = \dfrac{1}{999} = 0.\dot{0}0\dot{1}$

15 $0.\dot{4} = \dfrac{4}{9}$이므로 $\dfrac{17}{30} = a + \dfrac{4}{9}$

∴ $a = \dfrac{17}{30} - \dfrac{4}{9} = \dfrac{51-40}{90} = \dfrac{11}{90}$

16 $0.\dot{6} = \dfrac{6}{9} = \dfrac{2}{3}$이므로 $\dfrac{8}{11} = a + \dfrac{2}{3}$

∴ $a = \dfrac{8}{11} - \dfrac{2}{3} = \dfrac{24-22}{33} = \dfrac{2}{33} = 0.060606 \cdots = 0.\dot{0}\dot{6}$

17 ③ $\pi = 3.141592 \cdots$와 같이 순환소수가 아닌 무한소수도 있으므로 모든 무한소수가 순환소수인 것은 아니다.

Self 코칭

무한소수 중에서 순환소수는 분수로 나타낼 수 있으므로 유리수이고, 순환소수가 아닌 무한소수는 분수로 나타낼 수 없으므로 유리수가 아니다.

18 ㄷ. 모든 순환소수는 분수로 나타낼 수 있으므로 유리수이다.

실력 확인하기 17쪽~18쪽

01 ⑤	**02** 35.024	**03** ②	**04** 98
05 ②	**06** ③	**07** 90	**08** 9
09 ④	**10** $\dfrac{1}{6}$	**11** ③	**12** ②, ④
13 21	**14** 16	**15** 30	

01 ⑤ $\dfrac{15}{6} = \dfrac{5}{2} = 2.5$이므로 유한소수로 나타낼 수 있다.

02 $\dfrac{3}{125} = \dfrac{3}{5^3} = \dfrac{3 \times 2^3}{5^3 \times 2^3} = \dfrac{24}{1000} = 0.024$

따라서 $a = 3$, $b = 2^3 = 8$, $c = 24$, $d = 0.024$이므로
$a + b + c + d = 3 + 8 + 24 + 0.024 = 35.024$

03 ① $\dfrac{14}{30} = \dfrac{7}{15} = \dfrac{7}{3 \times 5}$ ② $\dfrac{9}{72} = \dfrac{1}{8} = \dfrac{1}{2^3}$

③ $\dfrac{15}{2 \times 3 \times 7} = \dfrac{5}{2 \times 7}$ ④ $\dfrac{5}{120} = \dfrac{1}{24} = \dfrac{1}{2^3 \times 3}$

⑤ $\dfrac{35}{2^2 \times 3 \times 5^2} = \dfrac{7}{2^2 \times 3 \times 5}$

따라서 유한소수로 나타낼 수 있는 것은 ②이다.

04 $\dfrac{a}{56} = \dfrac{a}{2^3 \times 7}$가 유한소수가 되려면 a는 7의 배수이어야 한다.

따라서 a의 값이 될 수 있는 두 자리의 자연수 중 가장 큰 수는 98이다.

05 $\dfrac{33}{110 \times a} = \dfrac{3}{10 \times a} = \dfrac{3}{2 \times 5 \times a}$

② $a = 18$일 때, $\dfrac{3}{2 \times 5 \times 18} = \dfrac{1}{2 \times 5 \times 6} = \dfrac{1}{2^2 \times 3 \times 5}$

분모의 소인수 중에 2 또는 5 이외의 소인수 3이 있으므로 유한소수로 나타낼 수 없다.

06 ② 순환마디를 이루는 숫자의 개수가 2이고 $25 = 2 \times 12 + 1$이므로 소수점 아래 25번째 자리의 숫자는 순환마디의 첫 번째 숫자인 3이다.

③ 순환마디를 이루는 숫자의 개수가 3이고 $25 = 3 \times 8 + 1$이므로 소수점 아래 25번째 자리의 숫자는 순환마디의 첫 번째 숫자인 5이다.

④ 순환마디를 이루는 숫자의 개수가 4이고 $25=4\times6+1$이
  므로 소수점 아래 25번째 자리의 숫자는 순환마디의 첫
  번째 숫자인 1이다.
⑤ 소수점 아래 순환하지 않는 숫자는 1개이고 순환마디를
  이루는 숫자의 개수는 3이다. 즉, 소수점 아래 25번째 자
  리의 숫자는 순환마디가 시작된 후 24번째 자리의 숫자와
  같다. 이때 $24=3\times8$이므로 소수점 아래 25번째 자리의
  숫자는 순환마디의 마지막 숫자인 5이다.
따라서 옳지 않은 것은 ③이다.

07 $\dfrac{3}{11}=0.\dot{2}\dot{7}$이므로 순환마디를 이루는 숫자의 개수는 2이다.

이때 $20=2\times10$이므로 소수점 아래 첫 번째 자리의 숫자부
터 20번째 자리의 숫자까지의 합은 순환마디를 이루는 숫자
들의 합의 10배이다.

$\therefore a_1+a_2+\cdots+a_{20}=(2+7)\times10=90$

08 $\dfrac{a}{180}=\dfrac{a}{2^2\times3^2\times5}$가 순환소수가 되려면 기약분수로 나타내

었을 때, 분모에 2 또는 5 이외의 소인수가 있어야 한다.
즉, a는 3^2의 배수가 아니어야 한다.
따라서 10보다 작은 자연수 중 a의 값이 될 수 없는 수는 9
이다.

09 ① $2.\dot{8}=\dfrac{28-2}{9}=\dfrac{26}{9}$

② $0.7\dot{2}=\dfrac{72-7}{90}=\dfrac{65}{90}=\dfrac{13}{18}$

③ $3.0\dot{7}=\dfrac{307-30}{90}=\dfrac{277}{90}$

④ $0.3\dot{8}\dot{1}=\dfrac{381-3}{990}=\dfrac{378}{990}=\dfrac{21}{55}$

⑤ $1.\dot{5}2\dot{3}=\dfrac{1523-1}{999}=\dfrac{1522}{999}$

따라서 옳은 것은 ④이다.

10 $0.16+0.006+0.0006+0.00006+0.000006+\cdots$

$=0.166666\cdots=0.1\dot{6}=\dfrac{16-1}{90}=\dfrac{15}{90}=\dfrac{1}{6}$

11 $2.\dot{4}=\dfrac{24-2}{9}=\dfrac{22}{9}$이므로 $\dfrac{22}{9}\times a$가 자연수가 되려면 a는 9

의 배수이어야 한다.
따라서 a의 값이 될 수 없는 것은 ③ 24이다.

12 ① 무한소수 중 순환소수는 유리수이다.
③ 모든 유한소수는 유리수이다.
⑤ 모든 유리수는 분수로 나타낼 수 있다.
따라서 옳은 것은 ②, ④이다.

13
> 두 분수의 분모에 있는 2 또는 5 이외의 소인수를 동시에 약분
> 시킬 수 있는 수를 구한다.

$\dfrac{5}{14}\times a=\dfrac{5}{2\times7}\times a$가 유한소수가 되려면 a는 7의 배수이어

야 한다.

$\dfrac{26}{48}\times a=\dfrac{13}{2^3\times3}\times a$가 유한소수가 되려면 a는 3의 배수이

어야 한다.
따라서 a는 3과 7의 공배수, 즉 21의 배수이어야 하므로 a의
값이 될 수 있는 가장 작은 자연수는 21이다.

14
> 유한소수가 되려면 분모의 소인수가 2 또는 5뿐이어야 한다.

$\dfrac{x}{300}=\dfrac{x}{2^2\times3\times5^2}$가 유한소수가 되려면 x는 3의 배수이어

야 한다.

또, $\dfrac{x}{300}$를 기약분수로 나타내면 $\dfrac{11}{y}$이 되므로 x는 11의 배

수이어야 한다.
따라서 x는 3과 11의 공배수, 즉 33의 배수 중 60보다 크고
80보다 작은 자연수이므로 $x=66$

이때 $\dfrac{66}{300}=\dfrac{11}{50}$이므로 $y=50$

$\therefore x-y=66-50=16$

15
> 구하려는 수를 x라 하고 식을 세운 후, 순환소수를 분수로 나
> 타내어 계산한다.

어떤 자연수를 x라 하면
$x\times0.\dot{3}-x\times0.3=1$에서

$\dfrac{1}{3}x-\dfrac{3}{10}x=1,\ \dfrac{1}{30}x=1\qquad\therefore x=30$

따라서 어떤 자연수는 30이다.

서술형 문제 ──────────────── 19쪽~20쪽

1 3	**1-1** 3
2 78, 91	**3** 2개
4 1.7$\dot{6}$	**4-1** 2.6$\dot{3}$
5 $\dfrac{31}{33}$	**6** 99

1 채점 기준 1 순환마디를 이루는 숫자의 개수 구하기 … 2점

$\dfrac{4}{13}=0.307692307692\cdots=0.\dot{3}0769\dot{2}$

이므로 순환마디를 이루는 숫자의 개수는 6이다.

채점 기준 2 a의 값 구하기 … 2점

$55=6\times9+1$이므로 소수점 아래 55번째 자리의 숫자는 순
환마디의 첫 번째 숫자인 3이다. $\therefore a=3$

채점 기준 3 b의 값 구하기 … 2점

$80=6\times13+2$이므로 소수점 아래 80번째 자리의 숫자는 순
환마디의 두 번째 숫자인 0이다. $\therefore b=0$

채점 기준 4 $a+b$의 값 구하기 … 1점

$a+b=3+0=3$

1-1

채점 기준 1 순환마디를 이루는 숫자의 개수 구하기 … 2점

$\dfrac{8}{27}=0.296296296\cdots=0.\dot{2}9\dot{6}$

이므로 순환마디를 이루는 숫자의 개수는 3이다.

채점 기준 2 a의 값 구하기 … 2점

$20=3\times6+2$이므로 소수점 아래 20번째 자리의 숫자는 순환마디의 두 번째 숫자인 9이다.　∴ $a=9$

채점 기준 3 b의 값 구하기 … 2점

$42=3\times14$이므로 소수점 아래 42번째 자리의 숫자는 순환마디의 마지막 숫자인 6이다.　∴ $b=6$

채점 기준 4 $a-b$의 값 구하기 … 1점

$a-b=9-6=3$

2 $\dfrac{6}{130}\times a=\dfrac{3}{65}\times a=\dfrac{3}{5\times13}\times a$가 유한소수가 되려면 a는 13의 배수이어야 한다. …… ❶

따라서 a의 값이 될 수 있는 두 자리의 자연수 중 70보다 큰 수는 78, 91이다. …… ❷

채점 기준	배점
❶ $\dfrac{6}{130}\times a$가 유한소수가 되기 위한 a의 조건 구하기	3점
❷ a의 값이 될 수 있는 두 자리의 자연수 중 70보다 큰 수 구하기	2점

3 $\dfrac{1}{7}=\dfrac{4}{28}$, $\dfrac{3}{4}=\dfrac{21}{28}$이고 $28=2^2\times7$이므로 분모가 28인 분수를 유한소수로 나타낼 수 있으려면 분자는 7의 배수이어야 한다. …… ❶

따라서 $\dfrac{4}{28}$와 $\dfrac{21}{28}$ 사이에 있는 분모가 28이고 분자가 자연수인 분수 중 유한소수로 나타낼 수 있는 분수는 $\dfrac{7}{28}$, $\dfrac{14}{28}$의 2개이다. …… ❷

채점 기준	배점
❶ 유한소수로 나타낼 수 있는 분수의 분자의 조건 구하기	3점
❷ 유한소수로 나타낼 수 있는 분수는 모두 몇 개인지 구하기	3점

4 채점 기준 1 준영이가 구한 순환소수에서 바르게 본 분자 구하기 … 2점

$0.5\dot{8}=\dfrac{58-5}{90}=\dfrac{53}{90}$에서 준영이는 분모를 잘못 보았으므로 바르게 본 분자는 53이다.

채점 기준 2 우진이가 구한 순환소수에서 바르게 본 분모 구하기 … 2점

$1.3\dot{6}=\dfrac{136-13}{90}=\dfrac{123}{90}=\dfrac{41}{30}$에서 우진이는 분자를 잘못 보았으므로 바르게 본 분모는 30이다.

채점 기준 3 처음 기약분수를 순환소수로 나타내기 … 3점

처음 기약분수는 $\dfrac{53}{30}$이므로 이를 순환소수로 나타내면

$\dfrac{53}{30}=1.7666\cdots=1.7\dot{6}$

Self 코칭

기약분수를 소수로 나타낼 때
① 분모를 잘못 보았다. ➡ 분자는 제대로 보았다.
② 분자를 잘못 보았다. ➡ 분모는 제대로 보았다.

4-1 채점 기준 1 진만이가 구한 순환소수에서 바르게 본 분자 구하기 … 2점

$0.3\dot{2}=\dfrac{32-3}{90}=\dfrac{29}{90}$에서 진만이는 분모를 잘못 보았으므로 바르게 본 분자는 29이다.

채점 기준 2 지안이가 구한 순환소수에서 바르게 본 분모 구하기 … 2점

$0.\dot{8}\dot{1}=\dfrac{81}{99}=\dfrac{9}{11}$에서 지안이는 분자를 잘못 보았으므로 바르게 본 분모는 11이다.

채점 기준 3 처음 기약분수를 순환소수로 나타내기 … 3점

처음 기약분수는 $\dfrac{29}{11}$이므로 이를 순환소수로 나타내면

$\dfrac{29}{11}=2.636363\cdots=2.\dot{6}\dot{3}$

5 $\dfrac{13}{33}=0.393939\cdots=0.\dot{3}\dot{9}$이므로 $a=3$, $b=9$ …… ❶

따라서 $0.\dot{b}\dot{a}=0.\dot{9}\dot{3}$이므로

$0.\dot{9}\dot{3}=\dfrac{93}{99}=\dfrac{31}{33}$ …… ❷

채점 기준	배점
❶ a, b의 값 각각 구하기	2점
❷ 순환소수 $0.\dot{b}\dot{a}$를 기약분수로 나타내기	3점

6 $0.4\dot{0}\dot{6}=\dfrac{406-4}{990}=\dfrac{402}{990}=\dfrac{67}{165}=\dfrac{67}{3\times5\times11}$ …… ❶

이 분수에 어떤 자연수를 곱하여 유한소수가 되려면 곱할 수 있는 자연수는 3×11, 즉 33의 배수이어야 한다. …… ❷

따라서 곱할 수 있는 두 자리의 자연수 중 가장 큰 수는 99이다. …… ❸

채점 기준	배점
❶ 순환소수를 기약분수로 나타내고, 분모를 소인수분해 하기	2점
❷ 유한소수가 되도록 곱할 수 있는 자연수의 조건 구하기	2점
❸ 곱할 수 있는 두 자리의 자연수 중 가장 큰 수 구하기	2점

실전! 중단원 마무리 ————21쪽~23쪽

01 ㄱ, ㄴ, ㄹ, ㅂ	**02** ④	**03** 17
04 ③, ④	**05** ④	**06** ⑤	**07** 3개
08 23	**09** ③	**10** ③	**11** ④
12 ④	**13** ②	**14** ②	**15** ③
16 ④	**17** 7	**18** 30	
19 ㄷ, ㄹ, ㄱ, ㄴ	**20** ①	**21** ①, ⑤	

01 ㄷ, ㅁ. 순환소수가 아닌 무한소수이므로 유리수가 아니다.

02 $\dfrac{5}{8}=\dfrac{5}{2^3}=\dfrac{5\times5^3}{2^3\times5^3}=\dfrac{625}{10^3}=0.625$

따라서 □ 안에 들어갈 수로 옳지 않은 것은 ④이다.

03 $\dfrac{12}{80}=\dfrac{3}{20}=\dfrac{3}{2^2\times5}=\dfrac{3\times5}{2^2\times5\times5}=\dfrac{15}{2^2\times5^2}=\dfrac{15}{10^2}$

따라서 $a=15$, $n=2$일 때, $a+n$의 값이 가장 작으므로 구하는 수는

$a+n=15+2=17$

04 ① $\dfrac{4}{2^2 \times 5^4} = \dfrac{1}{5^4}$

② $\dfrac{14}{875} = \dfrac{2}{125} = \dfrac{2}{5^3}$

③ $\dfrac{22}{2^4 \times 3^3 \times 11} = \dfrac{1}{2^3 \times 3^3}$

④ $\dfrac{9}{2^5 \times 3^3 \times 5} = \dfrac{1}{2^5 \times 3 \times 5}$

⑤ $\dfrac{51}{85} = \dfrac{3}{5}$

따라서 유한소수로 나타낼 수 없는 것은 ③, ④이다.

05 ④ 분자의 소인수는 유한소수임을 판별하는 데 아무런 관계가 없다.

06 $\dfrac{3}{52} \times x = \dfrac{3}{2^2 \times 13} \times x$가 유한소수가 되려면 x는 13의 배수이어야 한다.

따라서 x의 값이 될 수 있는 것은 ⑤이다.

07 조건 (개)에서 $\dfrac{A}{220} = \dfrac{A}{2^2 \times 5 \times 11}$를 유한소수로 나타낼 수 있으려면 A는 11의 배수이어야 한다.

조건 (내)에서 A가 7의 배수이므로 A는 7과 11의 공배수, 즉 77의 배수이어야 한다.

조건 (대)에서 A는 300보다 작은 자연수이므로 A는 77, 154, 231의 3개이다.

08 $\dfrac{a}{60} = \dfrac{a}{2^2 \times 3 \times 5}$가 유한소수가 되려면 a는 3의 배수이어야 한다.

또, $\dfrac{a}{60}$를 기약분수로 나타내면 $\dfrac{1}{b}$이 되므로 가장 작은 자연수 a는 3이다.

이때 $\dfrac{3}{60} = \dfrac{1}{20}$이므로 $b = 20$

$\therefore a + b = 3 + 20 = 23$

09 순환소수 14.3146146146…에서 순환마디는 소수점 아래에서 숫자의 배열이 일정하게 되풀이되는 한 부분이므로 146이고, 이것을 이용하여 간단히 나타내면 $14.3\dot{1}4\dot{6}$이므로 옳은 것은 ③이다.

10 ① $\dfrac{2}{3} = 0.\dot{6}$ ➡ 순환마디를 이루는 숫자의 개수는 1이다.

② $\dfrac{5}{6} = 0.8\dot{3}$ ➡ 순환마디를 이루는 숫자의 개수는 1이다.

③ $\dfrac{4}{7} = 0.\dot{5}7142\dot{8}$ ➡ 순환마디를 이루는 숫자의 개수는 6이다.

④ $\dfrac{7}{9} = 0.\dot{7}$ ➡ 순환마디를 이루는 숫자의 개수는 1이다.

⑤ $\dfrac{6}{11} = 0.\dot{5}\dot{4}$ ➡ 순환마디를 이루는 숫자의 개수는 2이다.

따라서 순환마디를 이루는 숫자의 개수가 가장 많은 것은 ③이다.

11 $\dfrac{3}{x}$이 순환소수가 되려면 기약분수로 나타내었을 때 분모에 2 또는 5 이외의 소인수가 있어야 한다.

④ $x = 21$일 때, $\dfrac{3}{21} = \dfrac{1}{7}$이므로 순환소수로 나타낼 수 있다.

12 $\dfrac{54}{2^2 \times 3 \times a} = \dfrac{2 \times 3^3}{2^2 \times 3 \times a} = \dfrac{3^2}{2 \times a}$이 순환소수가 되려면 기약분수로 나타내었을 때 분모에 2 또는 5 이외의 소인수가 있어야 한다.

따라서 15 이하의 자연수 a는 7, 11, 13, 14의 4개이다.

13 $x = 1.4888\cdots$이므로

$\quad\quad 100x = 148.888\cdots$

$\quad -)\ \ 10x = \ \ 14.888\cdots$

$\quad\quad\ \ 90x = 134$

$\therefore x = \dfrac{134}{90} = \dfrac{67}{45}$

따라서 가장 편리한 식은 ② $100x - 10x$이다.

14 $x = 0.2\dot{3}\dot{4}$라 하면 $x = 0.2343434\cdots$ ······ ㉠

㉠의 양변에 1000을 곱하면

$1000x = 234.343434\cdots$ ······ ㉡

㉠의 양변에 10을 곱하면

$10x = 2.343434\cdots$ ······ ㉢

㉡−㉢을 하면 $990x = 232$

$\therefore x = \dfrac{232}{990} = \dfrac{116}{495}$

따라서 ②에 들어갈 수는 10이다.

15 ③ 분수로 나타낼 때 필요한 식은 $1000x - 10x$이다.

④ $2.0\dot{5}\dot{7} = \dfrac{2057 - 20}{990} = \dfrac{2037}{990} = \dfrac{679}{330}$

⑤ 소수점 아래 순환하지 않는 숫자는 1개이고 순환마디를 이루는 숫자의 개수는 2이다. 즉, 소수점 아래 10번째 자리의 숫자는 순환마디가 시작된 후 9번째 자리의 숫자와 같다.

이때 $9 = 2 \times 4 + 1$이므로 소수점 아래 10번째 자리의 숫자는 순환마디의 첫 번째 숫자인 5이다.

따라서 옳지 않은 것은 ③이다.

16 ① $1.\dot{7} = \dfrac{17 - 1}{9} = \dfrac{16}{9}$

③ $0.1\dot{5} = \dfrac{15 - 1}{90} = \dfrac{14}{90} = \dfrac{7}{45}$

④ $1.\dot{5}\dot{3} = \dfrac{153 - 1}{99} = \dfrac{152}{99}$

⑤ $1.2\dot{5} = \dfrac{125 - 12}{90} = \dfrac{113}{90}$

따라서 옳지 않은 것은 ④이다.

17 $0.58333\cdots = 0.58\dot{3} = \dfrac{583 - 58}{900} = \dfrac{525}{900} = \dfrac{7}{12}$이므로

$x = 7$

18 $0.2\dot{6} = \dfrac{26 - 2}{90} = \dfrac{24}{90} = \dfrac{4}{15}$이므로 $a = \dfrac{15}{4}$

$\therefore 8a = 8 \times \dfrac{15}{4} = 30$

19 ㄱ. $1.248\dot{5}=1.248555\cdots$

ㄴ. $1.24\dot{8}\dot{5}=1.248585\cdots$

ㄷ. $1.2485=1.2485$

ㄹ. $1.2\dot{4}8\dot{5}=1.2485485\cdots$

따라서 작은 것부터 차례로 나열하면 ㄷ, ㄹ, ㄱ, ㄴ이다.

20 $0.\dot{6}2\dot{5}=\dfrac{625}{999}=\dfrac{1}{999}\times625$이므로

$a=\dfrac{1}{999}=0.\dot{0}0\dot{1}$

21 ② $2=\dfrac{2}{1}=\dfrac{4}{2}=\cdots$와 같이 분수로 나타낼 수 있다.

③ 유한소수로 나타낼 수 없는 유리수도 있다.

④ 순환소수가 아닌 무한소수는 분수로 나타낼 수 없다.

따라서 옳은 것은 ①, ⑤이다.

교과서에서 **쏙** 빼온 **문제** ────── |24쪽|

1 $\dfrac{2}{3}=0.666\cdots$, $\dfrac{1}{50}=0.02$, $\dfrac{1}{10}=0.1$

2 풀이 참조 **3** B 선수

4 8개

---

1 $\dfrac{2}{3}=2\div3=0.666\cdots$

$\dfrac{1}{50}=1\div50=0.02$

$\dfrac{1}{10}=1\div10=0.1$

2 $\dfrac{32}{99}=0.\dot{3}\dot{2}$이므로 🎼과 같이 나타낸다.

3 A 선수의 타율은 $\dfrac{3}{9}=0.\dot{3}$

이므로 소수점 아래 50번째 자리의 숫자는 3이다.

B 선수의 타율은 $\dfrac{4}{15}=0.2\dot{6}$

이므로 소수점 아래 50번째 자리의 숫자는 6이다.

C 선수의 타율은 $\dfrac{2}{13}=0.\dot{1}5384\dot{6}$이므로 순환마디를 이루는 숫자는 6개이다.

이때 $50=6\times8+2$이므로 소수점 아래 50번째 자리의 숫자는 순환마디의 두 번째 숫자인 5이다.

따라서 소수점 아래 50번째 자리의 숫자가 가장 큰 선수는 B 선수이다.

4 조건 ㈎에서 구하는 분수를 $\dfrac{a}{30}$라 하면

$\dfrac{a}{30}=\dfrac{a}{2\times3\times5}$

조건 ㈏에서 순환소수이려면 a는 3의 배수가 아니어야 한다.

조건 ㈐에서 $\dfrac{2}{5}=\dfrac{12}{30}$, $\dfrac{5}{6}=\dfrac{25}{30}$이므로 $12<a<25$

따라서 조건을 만족시키는 분수는

$\dfrac{13}{30}$, $\dfrac{14}{30}$, $\dfrac{16}{30}$, $\dfrac{17}{30}$, $\dfrac{19}{30}$, $\dfrac{20}{30}$, $\dfrac{22}{30}$, $\dfrac{23}{30}$의 8개이다.

---

1 단항식과 다항식

01 지수법칙

─────── 27쪽～28쪽 ───────

1 (1) 2^8 (2) a^5 (3) x^7 (4) a^9b^2 (5) a^3b^{10}

1-1 (1) 3^8 (2) x^{17} (3) a^6 (4) $x^{11}y^4$ (5) $x^{12}y^9$

2 (1) 2^{12} (2) a^6 (3) x^{17} (4) $x^{12}y^{10}$ (5) $a^{23}b^4$

2-1 (1) 3^{10} (2) x^{24} (3) a^{11} (4) x^{21} (5) x^{24}

3 (1) 3^3 (2) 1 (3) $\dfrac{1}{a^5}$ (4) x^4 (5) y^5

(6) $\dfrac{1}{b}$

3-1 (1) x^6 (2) $\dfrac{1}{y^4}$ (3) 2 (4) $\dfrac{1}{x^3}$ (5) 1

(6) y^3

4 (1) a^4b^4 (2) $\dfrac{a^3}{b^6}$ (3) $8x^6$ (4) x^5y^{15}

(5) $\dfrac{x^{12}}{y^8}$ (6) $-\dfrac{a^{20}}{b^{15}}$

4-1 (1) $27a^3$ (2) $\dfrac{y^6}{64}$ (3) $-x^7$ (4) $x^{16}y^{12}$

(5) $\dfrac{4a^6}{b^{10}}$ (6) $\dfrac{x^3y^6}{z^9}$

---

1 (3) $x\times x^4\times x^2=x^{1+4+2}=x^7$

(4) $a^3\times b^2\times a^6=a^3\times a^6\times b^2=a^{3+6}\times b^2=a^9b^2$

(5) $a^2\times b^4\times a\times b^6=a^2\times a\times b^4\times b^6=a^{2+1}\times b^{4+6}=a^3b^{10}$

1-1 (3) $a^2\times a\times a^3=a^{2+1+3}=a^6$

(4) $x^6\times y^4\times x^5=x^6\times x^5\times y^4=x^{6+5}\times y^4=x^{11}y^4$

(5) $x^5\times y^3\times x^7\times y^6=x^5\times x^7\times y^3\times y^6=x^{5+7}\times y^{3+6}$
$=x^{12}y^9$

2 (3) $(x^3)^5\times x^2=x^{3\times5}\times x^2=x^{15}\times x^2=x^{17}$

(4) $(x^4)^3\times(y^5)^2=x^{4\times3}\times y^{5\times2}=x^{12}y^{10}$

(5) $(a^2)^7\times(b^2)^2\times(a^3)^3=a^{2\times7}\times b^{2\times2}\times a^{3\times3}=a^{14}\times b^4\times a^9$
$=a^{14}\times a^9\times b^4=a^{23}b^4$

2-1 (3) $a^3\times(a^4)^2=a^3\times a^{4\times2}=a^3\times a^8=a^{11}$

(4) $(x^3)^3\times(x^6)^2=x^{3\times3}\times x^{6\times2}=x^9\times x^{12}=x^{21}$

(5) $\{(x^2)^4\}^3=x^{2\times4\times3}=x^{24}$

3 (4) $x^{10}\div x^4\div x^2=x^{10-4}\div x^2=x^6\div x^2=x^{6-2}=x^4$

(5) $(y^2)^4\div y^3=y^8\div y^3=y^{8-3}=y^5$

(6) $(b^5)^3\div(b^4)^4=b^{15}\div b^{16}=\dfrac{1}{b^{16-15}}=\dfrac{1}{b}$

3-1 (3) $2^8\div2^4\div2^3=2^{8-4}\div2^3=2^4\div2^3=2^{4-3}=2$

(4) $x^7\div x^2\div x^8=x^{7-2}\div x^8=x^5\div x^8=\dfrac{1}{x^{8-5}}=\dfrac{1}{x^3}$

(5) $(a^3)^5\div(a^5)^3=a^{15}\div a^{15}=1$

(6) $(y^6)^2\div(y^3)^3=y^{12}\div y^9=y^{12-9}=y^3$

4   (2) $\left(\dfrac{a}{b^2}\right)^3=\dfrac{a^3}{(b^2)^3}=\dfrac{a^3}{b^6}$

      (3) $(2x^2)^3=2^3\times(x^2)^3=8x^6$

      (4) $(xy^3)^5=x^5\times(y^3)^5=x^5y^{15}$

      (5) $\left(\dfrac{x^3}{y^2}\right)^4=\dfrac{(x^3)^4}{(y^2)^4}=\dfrac{x^{12}}{y^8}$

      (6) $\left(-\dfrac{a^4}{b^3}\right)^5=(-1)^5\times\dfrac{(a^4)^5}{(b^3)^5}=-\dfrac{a^{20}}{b^{15}}$

4-1   (4) $(-x^4y^3)^4=(-1)^4\times(x^4)^4\times(y^3)^4=x^{16}y^{12}$

      (5) $\left(\dfrac{2a^3}{b^5}\right)^2=\dfrac{2^2\times(a^3)^2}{(b^5)^2}=\dfrac{4a^6}{b^{10}}$

      (6) $\left(\dfrac{xy^2}{z^3}\right)^3=\dfrac{x^3\times(y^2)^3}{(z^3)^3}=\dfrac{x^3y^6}{z^9}$

개념 완성하기 ——————————————— 29쪽~30쪽

01 ⑤	02 ②, ④	03 ①	04 ⑤
05 ③	06 3	07 ①	08 ③
09 ⑤	10 15	11 3	12 ④
13 ②	14 ③		

01   ⑤ $\left(\dfrac{2x^2}{y}\right)^5=\dfrac{2^5\times(x^2)^5}{y^5}=\dfrac{32x^{10}}{y^5}$

02   ① $a^3\times a\times a^4=a^8$

    ③ $a^6\div a^2\div a=a^4\div a=a^3$

    ⑤ $\left(-\dfrac{3a^3}{b^2}\right)^3=-\dfrac{27a^9}{b^6}$

    따라서 옳은 것은 ②, ④이다.

03   ① $5+\square=12$이므로 $\square=7$

    ② $x^{\square}\div x^6=1$이므로 $\square=6$

    ③ $7+\square-1=9$이므로 $\square=3$

    ④ $10-\square\times2=2$이므로 $\square\times2=8$ $\therefore \square=4$

    ⑤ $\square\times2=4$이므로 $\square=2$

    따라서 $\square$ 안에 알맞은 수가 가장 큰 것은 ①이다.

04   ① $\square+9=13$이므로 $\square=4$

    ② $\square-3=2$이므로 $\square=5$

    ③ $3+\square\times2=9$이므로 $\square=3$

    ④ $\square+2-4=7$이므로 $\square=9$

    ⑤ $\square\times2=4$이므로 $\square=2$

    따라서 $\square$ 안에 알맞은 수가 가장 작은 것은 ⑤이다.

05   $9^4\times9^4\times9^4=9^{4+4+4}=9^{12}=(3^2)^{12}=3^{24}=3^x$이므로

    $x=24$

06   $8^5\div16^3=(2^3)^5\div(2^4)^3=2^{15}\div2^{12}=2^3$

    $\therefore \square=3$

07   $9^3=(3^2)^3=3^6$이므로 $3^x\times3^4=3^6$에서

    $x+4=6$ $\therefore x=2$

---

08   $16=2^4$이므로 $2^{10}\div2^x\div2=2^4$에서

    $10-x-1=4$ $\therefore x=5$

09   $(-3x^a)^4=81x^{4a}=bx^{24}$이므로

    $4a=24$에서 $a=6$이고, $b=81$

    $\therefore a+b=6+81=87$

10   $\left(\dfrac{3x^a}{y}\right)^2=\dfrac{9x^{2a}}{y^2}=\dfrac{bx^8}{y^c}$이므로

    $2a=8$에서 $a=4$이고, $b=9$, $c=2$

    $\therefore a+b+c=4+9+2=15$

11   $3^2+3^2+3^2=3\times3^2=3^3$ $\therefore a=3$

12   $4^2+4^2=2\times4^2=2\times(2^2)^2=2\times2^4=2^5$ $\therefore x=5$

13   $32^3=(2^5)^3=2^{15}=(2^3)^5=a^5$

14   $4^{12}=(2^2)^{12}=2^{24}=(2^4)^6=A^6$

실력 확인하기 ——————————————— 31쪽

01 ④	02 ⑤	03 4	04 27
05 4	06 2 GiB	07 ③	08 7

01   ① $x^2\times x^3\times x=x^6$

    ② $(x^2)^2\times x^2=x^4\times x^2=x^6$

    ③ $x^{12}\div x^4\div x^2=x^8\div x^2=x^6$

    ④ $x^{14}\div(x^2)^5=x^{14}\div x^{10}=x^4$

    ⑤ $x^{10}\div(x^6\div x^2)=x^{10}\div x^4=x^6$

    따라서 계산 결과가 나머지 넷과 다른 하나는 ④이다.

> **Self 코칭**
>
> 괄호가 있는 식은 괄호 안을 먼저 계산한다.

02   $AB=3^x\times3^y=3^{x+y}=3^4=81$

03   $9^n\times27^n=(3^2)^n\times(3^3)^n=3^{2n}\times3^{3n}=3^{5n}=3^{20}$이므로

    $5n=20$ $\therefore n=4$

04   $54^a=(2\times3^3)^a=2^a\times3^{3a}=2^6\times3^b$이므로

    $a=6$, $b=3a=3\times6=18$

    $\left(\dfrac{25}{8}\right)^c=\left(\dfrac{5^2}{2^3}\right)^c=\dfrac{5^{2c}}{2^{3c}}=\dfrac{5^6}{2^9}$이므로

    $2c=6$ $\therefore c=3$

    $\therefore a+b+c=6+18+3=27$

05   $5^3+5^3+5^3+5^3+5^3=5\times5^3=5^4$ $\therefore k=4$

06
> **전략 코칭**
>
> 모든 수를 2의 거듭제곱으로 나타낸 후 지수법칙을 이용하여
> 단위 사이의 관계를 적용한다.

    동영상 8편의 전체 용량은

    $256\times8=2^8\times2^3=2^{11}$(MiB)

이때 2^{10} MiB=1 GiB이므로

$2^{11}(\text{MiB})=2\times2^{10}(\text{MiB})=2\times1(\text{GiB})=2(\text{GiB})$

07

18을 소인수분해 한 후 18^4을 2와 3의 거듭제곱으로 나타낸다.

$18^4=(2\times3^2)^4=2^4\times3^8=(2^2)^2\times(3^2)^4=a^2b^4$

08

$2^m\times5^m=(2\times5)^m=10^m$임을 이용하여 주어진 수를 $a\times10^n$ 꼴로 나타내면 몇 자리의 자연수인지 알 수 있다. 즉,

($a\times10^n$의 자리 수)=(a의 자리 수)+n (단, a, n은 자연수)

$2^8\times5^6=2^2\times2^6\times5^6=2^2\times(2\times5)^6=4\times10^6=4000000$

따라서 $2^8\times5^6$은 7자리의 자연수이므로 $n=7$

02 단항식의 곱셈과 나눗셈

┤33쪽~35쪽├

1 (1) $18x^3$ (2) $-14ab$ (3) $-12x^2y$ (4) a^6b

(5) $6a^3b^5$ (6) $-6x^3y^4$

1-1 (1) $35a^4$ (2) $-8xy^2$ (3) $20ab^2$

(4) $2x^4y^2$ (5) $-12x^3y^7$ (6) $10a^3b^5$

2 (1) $-3x^5$ (2) $-4a^4b$ (3) $4x^5y^6$

(4) $-\dfrac{ab^5}{4}$ (5) $2x^4y^4$

2-1 (1) $-24a^7$ (2) $-28x^5y$ (3) $-40a^9b^5$

(4) $-4a^8b^{11}$ (5) $-3x^6y^3$

3 (1) $3a^2$ (2) $-\dfrac{3x}{y}$ (3) $\dfrac{4y}{x}$ (4) $-\dfrac{6}{a}$

(5) $-3xy^2$

3-1 (1) $-\dfrac{2}{3x}$ (2) $3ab^2$ (3) $4a^2b$ (4) $20xy^2$

(5) $\dfrac{21y^3}{x}$

4 (1) $\dfrac{b^5}{2a}$ (2) $12xy$ (3) $\dfrac{1}{a^2}$ (4) $-\dfrac{2y^2}{3x}$

4-1 (1) $-\dfrac{ab^2}{3}$ (2) $-3x$ (3) $\dfrac{9a^4}{4b^2}$ (4) $\dfrac{2y^2}{x}$

5 $9x^4$, $9x^4$, 9, xy, 12, 2, 3

5-1 $36x^2y^4$, $36x^2y^4$, $12xy^2$, 12, x^2y^4, -15, 4, 4

6 (1) $-12b$ (2) $-2a^3b^3$ (3) $24x^6y^3$ (4) $\dfrac{3x^2}{y}$

(5) $-\dfrac{2y^6}{x^6}$

6-1 (1) $3ab^2$ (2) $-\dfrac{a^3b^2}{2}$ (3) $16x^4y^2$ (4) $-32y^8$

(5) $-\dfrac{x^4y^{10}}{2}$

2 (1) $(-x)^3\times3x^2=(-x^3)\times3x^2=-3x^5$

(2) $(-2a)^2\times(-a^2b)=4a^2\times(-a^2b)=-4a^4b$

(3) $(-xy^2)^3\times(-4x^2)=(-x^3y^6)\times(-4x^2)=4x^5y^6$

(4) $16a^4b^2\times\left(-\dfrac{b}{4a}\right)^3=16a^4b^2\times\left(-\dfrac{b^3}{64a^3}\right)=-\dfrac{ab^5}{4}$

(5) $(3x^2y)^2\times\left(-\dfrac{4}{9}xy^3\right)\times\left(-\dfrac{1}{2xy}\right)$

$=9x^4y^2\times\left(-\dfrac{4}{9}xy^3\right)\times\left(-\dfrac{1}{2xy}\right)=2x^4y^4$

2-1 (1) $(-3a^4)\times(2a)^3=(-3a^4)\times8a^3=-24a^7$

(2) $(2x^2)^2\times(-7xy)=4x^4\times(-7xy)=-28x^5y$

(3) $(-5b^2)\times(2a^3b)^3=(-5b^2)\times8a^9b^3=-40a^9b^5$

(4) $(-a^2b^3)^3\times(2ab)^2=(-a^6b^9)\times4a^2b^2=-4a^8b^{11}$

(5) $8xy^2\times\left(-\dfrac{1}{2}x\right)^3\times3x^2y=8xy^2\times\left(-\dfrac{1}{8}x^3\right)\times3x^2y$

$=-3x^6y^3$

3 (4) $\dfrac{3}{7}ab^2\div\left(-\dfrac{1}{14}a^2b^2\right)=\dfrac{3}{7}ab^2\times\left(-\dfrac{14}{a^2b^2}\right)=-\dfrac{6}{a}$

(5) $15x^2y^3\div5x\div(-y)=15x^2y^3\times\dfrac{1}{5x}\times\left(-\dfrac{1}{y}\right)=-3xy^2$

3-1 (4) $10x^2y^4\div\dfrac{1}{2}xy^2=10x^2y^4\times\dfrac{2}{xy^2}=20xy^2$

(5) $7x^3y^4\div(-x^2y)\div\left(-\dfrac{1}{3}x^2\right)$

$=7x^3y^4\times\left(-\dfrac{1}{x^2y}\right)\times\left(-\dfrac{3}{x^2}\right)=\dfrac{21y^3}{x}$

4 (1) $(-2ab^3)^2\div8a^3b=4a^2b^6\div8a^3b=\dfrac{4a^2b^6}{8a^3b}=\dfrac{b^5}{2a}$

(2) $3x^3y^5\div\left(\dfrac{1}{2}xy^2\right)^2=3x^3y^5\div\dfrac{1}{4}x^2y^4=3x^3y^5\times\dfrac{4}{x^2y^4}=12xy$

(3) $(-4ab^4)^2\div(2ab^2)^4=16a^2b^8\div16a^4b^8=\dfrac{16a^2b^8}{16a^4b^8}=\dfrac{1}{a^2}$

(4) $(-18x^5y^3)\div(3x^2)^3\div y=(-18x^5y^3)\div27x^6\div y$

$=(-18x^5y^3)\times\dfrac{1}{27x^6}\times\dfrac{1}{y}$

$=-\dfrac{2y^2}{3x}$

4-1 (1) $(ab)^3\div(-3a^2b)=a^3b^3\div(-3a^2b)$

$=-\dfrac{a^3b^3}{3a^2b}=-\dfrac{ab^2}{3}$

(2) $(-24x^4y^6)\div(2xy^2)^3=(-24x^4y^6)\div8x^3y^6$

$=\dfrac{-24x^4y^6}{8x^3y^6}=-3x$

(3) $\left(\dfrac{9}{2}a^3b\right)^2\div(-3ab^2)^2=\dfrac{81}{4}a^6b^2\div9a^2b^4$

$=\dfrac{81}{4}a^6b^2\times\dfrac{1}{9a^2b^4}=\dfrac{9a^4}{4b^2}$

(4) $6x^2y^5\div(-xy^2)^2\div\dfrac{3x}{y}=6x^2y^5\div x^2y^4\div\dfrac{3x}{y}$

$=6x^2y^5\times\dfrac{1}{x^2y^4}\times\dfrac{y}{3x}$

$=\dfrac{2y^2}{x}$

6 (1) $6a \times 2b \div (-a) = 6a \times 2b \times \left(-\dfrac{1}{a}\right) = -12b$

(2) $(-4a^2b) \div 2a \times a^2b^2 = (-4a^2b) \times \dfrac{1}{2a} \times a^2b^2 = -2a^3b^3$

(3) $3xy^2 \div \dfrac{1}{2}xy \times (2x^3y)^2 = 3xy^2 \times \dfrac{2}{xy} \times 4x^6y^2 = 24x^6y^3$

(4) $(-3x^2)^2 \times \dfrac{1}{3}xy \div x^3y^2 = 9x^4 \times \dfrac{1}{3}xy \times \dfrac{1}{x^3y^2} = \dfrac{3x^2}{y}$

(5) $\left(\dfrac{y^2}{x^3}\right)^2 \div (xy)^2 \times (-2x^2y^4) = \dfrac{y^4}{x^6} \div x^2y^2 \times (-2x^2y^4)$

$\qquad = \dfrac{y^4}{x^6} \times \dfrac{1}{x^2y^2} \times (-2x^2y^4)$

$\qquad = -\dfrac{2y^6}{x^6}$

6-1 (1) $9a^2b \times b \div 3a = 9a^2b \times b \times \dfrac{1}{3a} = 3ab^2$

(2) $a^4b^2 \times (-ab) \div 2a^2b = a^4b^2 \times (-ab) \times \dfrac{1}{2a^2b} = -\dfrac{a^3b^2}{2}$

(3) $(-4x^2y)^3 \div 32x^5y \times (-2x)^3$

$\qquad = (-64x^6y^3) \times \dfrac{1}{32x^5y} \times (-8x^3) = 16x^4y^2$

(4) $(-xy^2)^2 \div \left(\dfrac{x}{2y}\right)^3 \times (-4xy) = x^2y^4 \div \dfrac{x^3}{8y^3} \times (-4xy)$

$\qquad = x^2y^4 \times \dfrac{8y^3}{x^3} \times (-4xy)$

$\qquad = -32y^8$

(5) $(-3x^2y^2)^3 \times \dfrac{y^3}{9x} \div \dfrac{6x}{y} = (-27x^6y^6) \times \dfrac{y^3}{9x} \times \dfrac{y}{6x}$

$\qquad = -\dfrac{x^4y^{10}}{2}$

개념 완성하기 ─┤ 36쪽 ~ 37쪽 ├─

01 ④	**02** ①	**03** ③	**04** $\dfrac{5}{2}$
05 ⑤	**06** ④	**07** $a=1$, $b=8$, $c=6$	
08 ③	**09** 24	**10** -54	**11** ①
12 ③	**13** $2ab^3$	**14** $2a^3b$	

01 $(a^4b^3)^2 \times 2ab^2 \times \left(\dfrac{3a}{b^4}\right)^2 = a^8b^6 \times 2ab^2 \times \dfrac{9a^2}{b^8} = 18a^{11}$

02 $(-2x^3y^2)^3 \div 4xy^2 \div \dfrac{1}{2}x = (-8x^9y^6) \times \dfrac{1}{4xy^2} \times \dfrac{2}{x}$

$\qquad = -4x^7y^4$

03 $(-xy^3)^2 \times 5x^4y^5 = x^2y^6 \times 5x^4y^5 = 5x^6y^{11}$

따라서 $a=5$, $b=6$, $c=11$이므로

$a+b+c = 5+6+11 = 22$

04 $(-3a^4b^2)^2 \div 18a^3b = \dfrac{9a^8b^4}{18a^3b} = \dfrac{1}{2}a^5b^3$

따라서 $p=\dfrac{1}{2}$, $q=5$, $r=3$이므로

$p+q-r = \dfrac{1}{2}+5-3 = \dfrac{5}{2}$

05 ① $(-3a^2) \times 2ab = -6a^3b$

② $9a^4b \div \dfrac{1}{3}ab = 9a^4b \times \dfrac{3}{ab} = 27a^3$

③ $(-ab) \times (2a^2b)^2 \times (-3b^3)$

$\qquad = (-ab) \times 4a^4b^2 \times (-3b^3) = 12a^5b^6$

④ $\dfrac{x}{2y} \div \dfrac{4y}{x^3} \times x^5y^2 = \dfrac{x}{2y} \times \dfrac{x^3}{4y} \times x^5y^2 = \dfrac{1}{8}x^9$

⑤ $15x^2y \div (-3x^3y) \times \dfrac{1}{2}xy^2$

$\qquad = 15x^2y \times \left(-\dfrac{1}{3x^3y}\right) \times \dfrac{1}{2}xy^2 = -\dfrac{5}{2}y^2$

따라서 옳은 것은 ⑤이다.

06 ③ $\dfrac{1}{2}xy^2 \times 6x^2y \div 3xy^2 = \dfrac{1}{2}xy^2 \times 6x^2y \times \dfrac{1}{3xy^2}$

$\qquad = x^2y$

④ $(-3x)^4 \div \left(-\dfrac{9x}{2y}\right)^2 \times \dfrac{y}{x^2} = 81x^4 \div \dfrac{81x^2}{4y^2} \times \dfrac{y}{x^2}$

$\qquad = 81x^4 \times \dfrac{4y^2}{81x^2} \times \dfrac{y}{x^2}$

$\qquad = 4y^3$

⑤ $(-xy^2)^3 \div \dfrac{4}{3}x^2 \times \left(-\dfrac{1}{2}x^3y\right)^2$

$\qquad = (-x^3y^6) \times \dfrac{3}{4x^2} \times \dfrac{1}{4}x^6y^2 = -\dfrac{3}{16}x^7y^8$

따라서 옳지 않은 것은 ④이다.

07 $(-4x^2y^3)^2 \times ax^5y \div (-8xy)$

$\qquad = 16x^4y^6 \times ax^5y \times \left(-\dfrac{1}{8xy}\right)$

$\qquad = -2ax^8y^6 = -2x^by^c$

따라서 $-2a=-2$에서 $a=1$이고, $b=8$, $c=6$

08 $\dfrac{1}{8}x^2y \div (xy^2)^a \times (-2xy^2)^2 = \dfrac{1}{8}x^2y \div x^ay^{2a} \times 4x^2y^4$

$\qquad = \dfrac{1}{8}x^2y \times \dfrac{1}{x^ay^{2a}} \times 4x^2y^4$

$\qquad = \dfrac{x^4y^5}{2x^ay^{2a}} = \dfrac{x}{2y}$

따라서 $4-a=1$에서 $a=3$

참고 $\dfrac{x^4y^5}{2x^ay^{2a}} = \dfrac{x}{2y}$에서 $2a-5=1$임을 이용하여 a의 값을 구할 수도 있다.

09 $15ab^3 \div 5a^2 \times 2a^3b = 15ab^3 \times \dfrac{1}{5a^2} \times 2a^3b$

$\qquad = 6a^2b^4$

$\qquad = 6 \times 2^2 \times (-1)^4$

$\qquad = 24$

10 $4a^4b^3 \times (-ab) \div \dfrac{2}{3}a^3b^2 = 4a^4b^3 \times (-ab) \times \dfrac{3}{2a^3b^2}$

$\qquad = -6a^2b^2$

$\qquad = -6 \times (-3)^2 \times 1^2$

$\qquad = -54$

11 $\boxed{} = 2a^4b^2 \div 10ab^2 = \dfrac{2a^4b^2}{10ab^2} = \dfrac{a^3}{5}$

12 $\boxed{}=6x^2y\times(-2xy)^2=6x^2y\times4x^2y^2=24x^4y^3$

13 $4a^2b\times(세로의\ 길이)=8a^3b^4$이므로

$(세로의\ 길이)=8a^3b^4\div4a^2b=\dfrac{8a^3b^4}{4a^2b}=2ab^3$

14 $3ab\times2a^2b\times(높이)=12a^6b^3$이므로

$(높이)=12a^6b^3\div3ab\div2a^2b$

$=12a^6b^3\times\dfrac{1}{3ab}\times\dfrac{1}{2a^2b}=2a^3b$

03 다항식의 계산

39쪽~42쪽

1 (1) $5b-4$ (2) $-6x+10$

1-1 (1) $5a-12$ (2) $\dfrac{1}{4}x+1$

2 (1) $8x+5y$ (2) $9a-b+1$ (3) $4x+3y+2$

(4) $-\dfrac{2}{3}a+\dfrac{7}{6}b$ (5) $x+2y$

2-1 (1) $9x-5y$ (2) $3a-11b+4$ (3) $-x-4y+8$

(4) $2x-\dfrac{5}{4}y$ (5) $2a-3b$

3 (1) × (2) ○ (3) × (4) ×

3-1 ㄴ, ㄹ

4 (1) $7a^2+2a+3$ (2) $3x^2+4x-1$

(3) $3b^2+7b-3$ (4) $-y^2+5y+2$

(5) $5x^2-x-2$ (6) $-6x^2+6x+8$

4-1 (1) $4a^2+6a-1$ (2) $-b^2+3b+1$

(3) $4x^2+5x-10$ (4) $-y^2-3y-2$

(5) $-9x^2-10x-1$ (6) $x^2+10x-13$

5 (1) $3ab+6a$ (2) $6a^2+9a$

(3) $-3ab-2b^2+b$ (4) $-12xy-2y^2+4y$

5-1 (1) $-10xy+15x$ (2) $-2x^2+xy$

(3) $-2a^2+4ab-8a$ (4) $2x^2-4xy+6x$

6 (1) $4a-2$ (2) $a-2$

(3) $-2y+4x$ (4) $6-12y+8y^2$

6-1 (1) $\dfrac{1}{2}a+\dfrac{5}{2}$ (2) $2b^2+4ab$

(3) $14x-4y+6$ (4) $8x+4y^2-6$

7 (1) $8a^2-9a$ (2) $9x-7$ (3) $7a$

(4) $11x^2-6x$

7-1 (1) $-a^2-4ab$ (2) $4x+2y$ (3) $2a-7$

(4) $-2x^2+6x$

8 (1) $-x^2-2x-2$ (2) $-y^2+2y-2$

8-1 (1) $-3x^2+2x-1$ (2) $11y+4$

---

2 (2) $(4a+2b-3)-(-5a+3b-4)$

$=4a+2b-3+5a-3b+4=9a-b+1$

(3) $2(-x+5y+1)+(6x-7y)$

$=-2x+10y+2+6x-7y=4x+3y+2$

(4) $\dfrac{a+2b}{3}-\dfrac{2a-b}{2}=\dfrac{2(a+2b)-3(2a-b)}{6}$

$=\dfrac{2a+4b-6a+3b}{6}$

$=\dfrac{-4a+7b}{6}=-\dfrac{2}{3}a+\dfrac{7}{6}b$

(5) $2x+\{5y-(x+3y)\}=2x+(5y-x-3y)$

$=2x+2y-x=x+2y$

2-1 (2) $(5a-3b+1)-(2a+8b-3)$

$=5a-3b+1-2a-8b+3=3a-11b+4$

(3) $(-3x+2y)-2(-x+3y-4)$

$=-3x+2y+2x-6y+8=-x-4y+8$

(4) $\dfrac{3x-2y}{2}+\dfrac{2x-y}{4}=\dfrac{2(3x-2y)+(2x-y)}{4}$

$=\dfrac{6x-4y+2x-y}{4}$

$=\dfrac{8x-5y}{4}=2x-\dfrac{5}{4}y$

(5) $4a-[2b+\{3a-(a-b)\}]=4a-\{2b+(3a-a+b)\}$

$=4a-(2a+3b)$

$=4a-2a-3b$

$=2a-3b$

3 (4) $x(x-1)-x^2-2=x^2-x-x^2-2=-x-2$

이므로 이차식이 아니다.

3-1 ㄷ. x^2이 분모에 있으므로 다항식이 아니다.

ㅁ. $x^2+3x-x^2=3x$이므로 이차식이 아니다.

ㅂ. $(y^2+2)-(y^2-3)=y^2+2-y^2+3=5$이므로 이차식이

아니다.

따라서 이차식은 ㄴ, ㄹ이다.

4 (3) $(4b^2+5b-2)-(b^2-2b+1)$

$=4b^2+5b-2-b^2+2b-1$

$=3b^2+7b-3$

(4) $(-2y^2+7y-3)-(-y^2+2y-5)$

$=-2y^2+7y-3+y^2-2y+5$

$=-y^2+5y+2$

(5) $2(x^2+x-4)+3(x^2-x+2)$

$=2x^2+2x-8+3x^2-3x+6$

$=5x^2-x-2$

(6) $4(-x^2-x+1)-2(x^2-5x-2)$

$=-4x^2-4x+4-2x^2+10x+4$

$=-6x^2+6x+8$

4-1 (3) $(6x^2+4x-3)-(2x^2-x+7)$

$=6x^2+4x-3-2x^2+x-7$

$=4x^2+5x-10$

(4) $(-3y^2+y-3)-(-2y^2+4y-1)$

$=-3y^2+y-3+2y^2-4y+1$

$=-y^2-3y-2$

(5) $-2(2x^2+3x+1)+(-5x^2-4x+1)$
  $=-4x^2-6x-2-5x^2-4x+1$
  $=-9x^2-10x-1$
(6) $3(x^2+2x-1)-2(x^2-2x+5)$
  $=3x^2+6x-3-2x^2+4x-10$
  $=x^2+10x-13$

5 (3) $-b(3a+2b-1)=-b\times3a-b\times2b-b\times(-1)$
  $=-3ab-2b^2+b$
 (4) $(6x+y-2)\times(-2y)$
  $=6x\times(-2y)+y\times(-2y)-2\times(-2y)$
  $=-12xy-2y^2+4y$

5-1 (3) $2a(-a+2b-4)=2a\times(-a)+2a\times2b+2a\times(-4)$
  $=-2a^2+4ab-8a$
 (4) $(5x-10y+15)\times\dfrac{2}{5}x$
  $=5x\times\dfrac{2}{5}x-10y\times\dfrac{2}{5}x+15\times\dfrac{2}{5}x$
  $=2x^2-4xy+6x$

6 (1) $(8a^2-4a)\div2a=\dfrac{8a^2-4a}{2a}=\dfrac{8a^2}{2a}-\dfrac{4a}{2a}=4a-2$
 (2) $(-3a^2b+6ab)\div(-3ab)=\dfrac{-3a^2b+6ab}{-3ab}$
  $=\dfrac{-3a^2b}{-3ab}+\dfrac{6ab}{-3ab}=a-2$
 (3) $(-xy^2+2x^2y)\div\dfrac{1}{2}xy=(-xy^2+2x^2y)\times\dfrac{2}{xy}$
  $=-xy^2\times\dfrac{2}{xy}+2x^2y\times\dfrac{2}{xy}$
  $=-2y+4x$
 (4) $(9y-18y^2+12y^3)\div\dfrac{3}{2}y$
  $=(9y-18y^2+12y^3)\times\dfrac{2}{3y}$
  $=9y\times\dfrac{2}{3y}-18y^2\times\dfrac{2}{3y}+12y^3\times\dfrac{2}{3y}$
  $=6-12y+8y^2$

6-1 (1) $(2a^2+10a)\div4a=\dfrac{2a^2+10a}{4a}$
  $=\dfrac{2a^2}{4a}+\dfrac{10a}{4a}=\dfrac{1}{2}a+\dfrac{5}{2}$
 (2) $(-6ab^2-12a^2b)\div(-3a)=\dfrac{-6ab^2-12a^2b}{-3a}$
  $=\dfrac{-6ab^2}{-3a}+\dfrac{-12a^2b}{-3a}$
  $=2b^2+4ab$
 (3) $(7x^2-2xy+3x)\div\dfrac{1}{2}x$
  $=(7x^2-2xy+3x)\times\dfrac{2}{x}$
  $=7x^2\times\dfrac{2}{x}-2xy\times\dfrac{2}{x}+3x\times\dfrac{2}{x}$
  $=14x-4y+6$

(4) $(20x^2+10xy^2-15x)\div\dfrac{5}{2}x$
  $=(20x^2+10xy^2-15x)\times\dfrac{2}{5x}$
  $=20x^2\times\dfrac{2}{5x}+10xy^2\times\dfrac{2}{5x}-15x\times\dfrac{2}{5x}=8x+4y^2-6$

Self 코칭
다항식과 단항식의 나눗셈에서 나누는 식의 계수가 분수일 때는 역수를 이용하여 나눗셈을 곱셈으로 바꾸는 방법이 더 편리하다.

7 (1) $2a(a+3)+3a(2a-5)=2a^2+6a+6a^2-15a=8a^2-9a$
 (2) $\dfrac{12x^2-9x}{3x}-\dfrac{8x-10x^2}{2x}=4x-3-4+5x=9x-7$
 (3) $(a^3b+2a^2b)\div ab+(2a^3-10a^2)\div(-2a)$
  $=\dfrac{a^3b+2a^2b}{ab}+\dfrac{2a^3-10a^2}{-2a}=a^2+2a-a^2+5a=7a$
 (4) $4x(3x-1)-(5x^2y+10xy)\div5y$
  $=12x^2-4x-\dfrac{5x^2y+10xy}{5y}$
  $=12x^2-4x-x^2-2x=11x^2-6x$

7-1 (1) $a(5a-2b)-2a(3a+b)=5a^2-2ab-6a^2-2ab$
  $=-a^2-4ab$
 (2) $\dfrac{4x^2-6xy}{2x}+\dfrac{4xy+10y^2}{2y}=2x-3y+2x+5y=4x+2y$
 (3) $(-2a^2+3a)\div\left(-\dfrac{1}{3}a\right)-(28a^2-14a)\div7a$
  $=(-2a^2+3a)\times\left(-\dfrac{3}{a}\right)-\dfrac{28a^2-14a}{7a}$
  $=6a-9-4a+2=2a-7$
 (4) $\dfrac{2x^3y+4x^2y}{2xy}-x(3x-4)=x^2+2x-3x^2+4x$
  $=-2x^2+6x$

8 (1) $x-y+2=0$에서 $y=x+2$이므로
  $-xy-2=-x(x+2)-2=-x^2-2x-2$
 (2) $x-y+2=0$에서 $x=y-2$이므로
  $-xy-2=-(y-2)y-2=-y^2+2y-2$

8-1 (1) $xy-1=x(-3x+2)-1=-3x^2+2x-1$
 (2) $4x+3y=4(2y+1)+3y=8y+4+3y=11y+4$

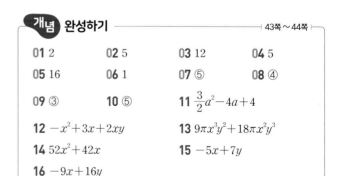

개념 완성하기 ────── 43쪽~44쪽

01 2   02 5   03 12   04 5
05 16   06 1   07 ⑤   08 ④
09 ③   10 ⑤   11 $\dfrac{3}{2}a^2-4a+4$
12 $-x^2+3x+2xy$ 13 $9\pi x^3y^2+18\pi x^2y^3$
14 $52x^2+42x$ 15 $-5x+7y$
16 $-9x+16y$

01 $\left(\dfrac{1}{2}x+\dfrac{2}{3}y\right)+\left(\dfrac{3}{4}x-\dfrac{5}{6}y\right)=\left(\dfrac{1}{2}+\dfrac{3}{4}\right)x+\left(\dfrac{2}{3}-\dfrac{5}{6}\right)y$

$\qquad\qquad\qquad\qquad\qquad\qquad =\dfrac{5}{4}x-\dfrac{1}{6}y$

따라서 $a=\dfrac{5}{4}$, $b=-\dfrac{1}{6}$이므로

$2a+3b=2\times\dfrac{5}{4}+3\times\left(-\dfrac{1}{6}\right)=\dfrac{5}{2}-\dfrac{1}{2}=2$

02 $\dfrac{5x-3y}{2}-\dfrac{2x+5y}{3}=\dfrac{3(5x-3y)-2(2x+5y)}{6}$

$\qquad\qquad\qquad\qquad =\dfrac{15x-9y-4x-10y}{6}$

$\qquad\qquad\qquad\qquad =\dfrac{11x-19y}{6}=\dfrac{11}{6}x-\dfrac{19}{6}y$

따라서 $a=\dfrac{11}{6}$, $b=-\dfrac{19}{6}$이므로

$a-b=\dfrac{11}{6}-\left(-\dfrac{19}{6}\right)=\dfrac{30}{6}=5$

03 $5x+2y-\{3(x+2y)-(5x-y)\}$

$=5x+2y-(3x+6y-5x+y)$

$=5x+2y-(-2x+7y)$

$=5x+2y+2x-7y=7x-5y$

따라서 $a=7$, $b=-5$이므로

$a-b=7-(-5)=12$

04 $8x-3y+2[-y-\{3x-2(x+1)\}]$

$=8x-3y+2\{-y-(3x-2x-2)\}$

$=8x-3y+2\{-y-(x-2)\}$

$=8x-3y+2(-y-x+2)$

$=8x-3y-2y-2x+4=6x-5y+4$

따라서 $a=6$, $b=-5$, $c=4$이므로

$a+b+c=6+(-5)+4=5$

05 $2(3x^2+5x-4)-(x^2-x+6)=6x^2+10x-8-x^2+x-6$

$\qquad\qquad\qquad\qquad\qquad\qquad =5x^2+11x-14$

따라서 x^2의 계수는 5, x의 계수는 11이므로 그 합은

$5+11=16$

06 $\dfrac{2x^2-5x+3}{2}+\dfrac{3x^2-x+2}{4}$

$=\dfrac{2(2x^2-5x+3)+(3x^2-x+2)}{4}$

$=\dfrac{4x^2-10x+6+3x^2-x+2}{4}$

$=\dfrac{7x^2-11x+8}{4}=\dfrac{7}{4}x^2-\dfrac{11}{4}x+2$

따라서 $a=\dfrac{7}{4}$, $b=-\dfrac{11}{4}$, $c=2$이므로

$a+b+c=\dfrac{7}{4}+\left(-\dfrac{11}{4}\right)+2=1$

07 $\boxed{}=2(5x-2y+1)-(4x+y-3)$

$\qquad\quad =10x-4y+2-4x-y+3=6x-5y+5$

08 어떤 식을 A라 하면

$A-(4x^2+3x-2)=-2x^2+x-3$

$\therefore A=(-2x^2+x-3)+(4x^2+3x-2)=2x^2+4x-5$

따라서 어떤 식은 $2x^2+4x-5$이다.

09 ① $-5a(a-2)=-5a^2+10a$

② $x(6x-2y+3)=6x^2-2xy+3x$

④ $(3y^2+6xy-9y)\div3y=\dfrac{3y^2+6xy-9y}{3y}=y+2x-3$

⑤ $(-2x^2y+3xy-4x)\div\left(-\dfrac{x}{3}\right)$

$\qquad =(-2x^2y+3xy-4x)\times\left(-\dfrac{3}{x}\right)$

$\qquad =6xy-9y+12$

따라서 옳은 것은 ③이다.

10 ④ $(2a^2+3ab)\div\dfrac{a}{6}=(2a^2+3ab)\times\dfrac{6}{a}=12a+18b$

⑤ $(15b^3-12b^2+9b)\div\left(-\dfrac{1}{3}b\right)$

$\qquad =(15b^3-12b^2+9b)\times\left(-\dfrac{3}{b}\right)$

$\qquad =-45b^2+36b-27$

따라서 옳지 않은 것은 ⑤이다.

11 $\dfrac{3}{4}a\left(2a-\dfrac{8}{3}\right)+(-a^2+2a)\div\dfrac{a}{2}$

$=\dfrac{3}{2}a^2-2a+(-a^2+2a)\times\dfrac{2}{a}$

$=\dfrac{3}{2}a^2-2a-2a+4=\dfrac{3}{2}a^2-4a+4$

12 $x(2x+3)-(6x^2y-4xy^2)\div2y=2x^2+3x-\dfrac{6x^2y-4xy^2}{2y}$

$\qquad\qquad\qquad\qquad\qquad\qquad =2x^2+3x-3x^2+2xy$

$\qquad\qquad\qquad\qquad\qquad\qquad =-x^2+3x+2xy$

13 (원기둥의 부피)$=\pi\times(3xy)^2\times(x+2y)$

$\qquad\qquad\qquad\quad =\pi\times9x^2y^2\times(x+2y)$

$\qquad\qquad\qquad\quad =9\pi x^3y^2+18\pi x^2y^3$

> **Self 코칭**
>
> (기둥의 부피)$=$(밑넓이)$\times$(높이)

14 (직육면체의 겉넓이)

$=2\{4x(2x+3)+(2x+3)\times3x+3x\times4x\}$

$=2(8x^2+12x+6x^2+9x+12x^2)$

$=2(26x^2+21x)=52x^2+42x$

> **Self 코칭**
>
> 밑면의 가로의 길이가 a, 세로의 길이가 b, 높이가 c인 직육면체의 겉넓이는 $2(ab+bc+ca)$이다.

15 $-2(A-B)+A=-2A+2B+A$

$\qquad\qquad\qquad =-A+2B$

$\qquad\qquad\qquad =-(3x+y)+2(-x+4y)$

$\qquad\qquad\qquad =-3x-y-2x+8y$

$\qquad\qquad\qquad =-5x+7y$

16 $4A-3B-2(A+B)=4A-3B-2A-2B$

$\qquad\qquad\qquad\qquad =2A-5B$

$\qquad\qquad\qquad\qquad =2(-2x+3y)-5(x-2y)$

$\qquad\qquad\qquad\qquad =-4x+6y-5x+10y$

$\qquad\qquad\qquad\qquad =-9x+16y$

01 ③ **02** $4x^8y^{16}$ **03** $\dfrac{1}{3}x^2y^2$ **04** $4x^4y$

05 ① **06** ③, ④ **07** $2x^2+x+\dfrac{3}{2}$

08 ③ **09** ③ **10** ② **11** $-x+5y$

12 ③ **13** $3x^2y^3$ **14** $\dfrac{9}{2}a^3b^2$

15 $8x^2-6x-8$

---

01 ㄴ. $-21x^5y^4\div 7x^3y=\dfrac{-21x^5y^4}{7x^3y}=-3x^2y^3$

ㄷ. $(2xy^2)^2\times\dfrac{3}{4}x^3y\times\dfrac{1}{6}x=4x^2y^4\times\dfrac{3}{4}x^3y\times\dfrac{x}{6}=\dfrac{1}{2}x^6y^5$

ㄹ. $3a^2b\div\dfrac{1}{2}ab^2\div 2ab=3a^2b\times\dfrac{2}{ab^2}\times\dfrac{1}{2ab}=\dfrac{3}{b^2}$

따라서 옳은 것은 ㄱ, ㄹ이다.

02 $2xy\times(5x^ay)^2\div 10xy^b=2xy\times 25x^{2a}y^2\times\dfrac{1}{10xy^b}$

$=5x^{2a}\times\dfrac{y^3}{y^b}=cx^4$

따라서 $2a=4$에서 $a=2$이고, $b=3$, $c=5$

$\therefore (2x^2y^3)^5\div\dfrac{8x^2}{y}=32x^{10}y^{15}\times\dfrac{y}{8x^2}=4x^8y^{16}$

03 $A=(-2x^2y)^2\div 20x^3y^2=\dfrac{4x^4y^2}{20x^3y^2}=\dfrac{1}{5}x$

$B=25x^2y^4\div 15xy^2=\dfrac{25x^2y^4}{15xy^2}=\dfrac{5}{3}xy^2$

$\therefore A\times B=\dfrac{1}{5}x\times\dfrac{5}{3}xy^2=\dfrac{1}{3}x^2y^2$

04 삼각형의 높이를 h라 하면

$3xy^3\times 4x^3y^2=\dfrac{1}{2}\times 6y^4\times h$이므로

$12x^4y^5=3y^4\times h$

$\therefore h=12x^4y^5\div 3y^4=\dfrac{12x^4y^5}{3y^4}=4x^4y$

따라서 삼각형의 높이는 $4x^4y$이다.

05 $4x-\left\{\dfrac{3}{2}x-5y+2\left(\dfrac{1}{4}x-3y+\dfrac{5}{2}\right)\right\}$

$=4x-\left(\dfrac{3}{2}x-5y+\dfrac{1}{2}x-6y+5\right)$

$=4x-(2x-11y+5)$

$=4x-2x+11y-5$

$=2x+11y-5$

따라서 $a=2$, $b=11$, $c=-5$이므로

$a-b-c=2-11-(-5)=-4$

06 ③ x^2이 분모에 있으므로 다항식이 아니다.

④ $(x^2+4x)-(x^2-x)=x^2+4x-x^2+x=5x$이므로 이차식이 아니다.

07 $\boxed{}=\dfrac{5x^2+4x+2}{3}-\dfrac{-2x^2+2x-5}{6}$

$=\dfrac{2(5x^2+4x+2)-(-2x^2+2x-5)}{6}$

$=\dfrac{10x^2+8x+4+2x^2-2x+5}{6}$

$=\dfrac{12x^2+6x+9}{6}=2x^2+x+\dfrac{3}{2}$

08 $-\dfrac{2}{3}x(6x+3y-9)=-4x^2-2xy+6x$

$\therefore a=-4$

$(3x^3-2x^2)\div\left(-\dfrac{x}{5}\right)=(3x^3-2x^2)\times\left(-\dfrac{5}{x}\right)$

$=-15x^2+10x$

$\therefore b=10$

$\therefore a+b=-4+10=6$

09 $(4x^2-6x)\div\dfrac{1}{2}x+\boxed{}=x^2+x-6$에서

$(4x^2-6x)\times\dfrac{2}{x}+\boxed{}=x^2+x-6$

$8x-12+\boxed{}=x^2+x-6$

$\therefore \boxed{}=(x^2+x-6)-(8x-12)$

$=x^2+x-6-8x+12=x^2-7x+6$

10 휴게실의 가로의 길이는

$(4x+3y)-(2x+y)=4x+3y-2x-y=2x+2y$

이고, 세로의 길이는 $5x-2x=3x$

$\therefore$ (상담실의 넓이)

$=$ (큰 직사각형의 넓이) $-$ (휴게실의 넓이)

$=5x(4x+3y)-3x(2x+2y)$

$=20x^2+15xy-6x^2-6xy=14x^2+9xy$

11 $6A-B-2(2A+4B)$

$=6A-B-4A-8B$

$=2A-9B$

$=2\times\dfrac{5x+2y}{2}-9\times\dfrac{2x-y}{3}$

$=5x+2y-6x+3y=-x+5y$

12 $2x-5y=0$에서 $2x=5y$이므로 $x=\dfrac{5}{2}y$

$\therefore \dfrac{10x+2y}{4x-y}=\dfrac{10\times\dfrac{5}{2}y+2y}{4\times\dfrac{5}{2}y-y}=\dfrac{25y+2y}{10y-y}=\dfrac{27y}{9y}=3$

다른풀이

$y=\dfrac{2}{5}x$로 변형하여 식에 대입해도 그 결과는 같다.

13 **전략 코칭**

$A\div\Box\times B=C$일 때, $\dfrac{AB}{\Box}=C$, 즉 $\Box=\dfrac{AB}{C}$임을 이용하여 구한다.

$xy^2\div\Box\times 3x^2y^7=xy^6$에서

$\dfrac{3x^3y^9}{\Box}=xy^6$ $\therefore \Box=\dfrac{3x^3y^9}{xy^6}=3x^2y^3$

14

> P를 어떤 식으로 나누어야 할 것을 잘못하여 곱했더니 Q가 되었을 때, $P \times ($어떤 식$)=Q$이므로 $($어떤 식$)=Q \div P$임을 이용한다.

$(-3a^2b)^2 \times A = 18a^5b^2$이므로

$A = 18a^5b^2 \div (-3a^2b)^2 = 18a^5b^2 \div 9a^4b^2 = \dfrac{18a^5b^2}{9a^4b^2} = 2a$

따라서 바르게 계산한 식은

$(-3a^2b)^2 \div 2a = \dfrac{9a^4b^2}{2a} = \dfrac{9}{2}a^3b^2$

15

> 어떤 식을 A라 하고, 잘못 계산한 조건에 따라 식을 세워 A를 구한 후, 바르게 계산한 식을 구한다.

어떤 식을 A라 하면

$A + (-x^2 + 5x + 3) = 6x^2 + 4x - 2$이므로

$A = (6x^2 + 4x - 2) - (-x^2 + 5x + 3) = 7x^2 - x - 5$

따라서 바르게 계산한 식은

$(7x^2 - x - 5) - (-x^2 + 5x + 3) = 8x^2 - 6x - 8$

서술형 문제

───── 47쪽 ~ 48쪽 ─────

1 $\dfrac{1}{8}a^4b^5$ **1-1** $\dfrac{8}{3}a$

2 $a=4,\ b=3,\ c=2$ **3** $6a^2b^3$

4 $-6x^2+11x-2$ **4-1** $-10x^2-3x-5$

5 2 **6** $4x^2+11x$

1 채점 기준 **1** 어떤 식을 구하는 식 세우기 … 1점

어떤 식을 A라 하면

$A \div \dfrac{1}{4}ab^2 = 2a^2b$

채점 기준 **2** 어떤 식 구하기 … 2점

$A = 2a^2b \times \dfrac{1}{4}ab^2 = \dfrac{1}{2}a^3b^3$

채점 기준 **3** 바르게 계산한 식 구하기 … 2점

$\dfrac{1}{2}a^3b^3 \times \dfrac{1}{4}ab^2 = \dfrac{1}{8}a^4b^5$

1-1 채점 기준 **1** 어떤 식을 구하는 식 세우기 … 1점

어떤 식을 A라 하면

$A \times \left(-\dfrac{3}{2}ab\right) = 6a^3b^2$

채점 기준 **2** 어떤 식 구하기 … 2점

$A = 6a^3b^2 \div \left(-\dfrac{3}{2}ab\right) = 6a^3b^2 \times \left(-\dfrac{2}{3ab}\right) = -4a^2b$

채점 기준 **3** 바르게 계산한 식 구하기 … 2점

$-4a^2b \div \left(-\dfrac{3}{2}ab\right) = -4a^2b \times \left(-\dfrac{2}{3ab}\right) = \dfrac{8}{3}a$

2 $72 = 2^3 \times 3^2$, $150 = 2 \times 3 \times 5^2$이므로 ······ ❶

$72 \times 150 = (2^3 \times 3^2) \times (2 \times 3 \times 5^2)$

$= 2^4 \times 3^3 \times 5^2$

$\therefore a=4,\ b=3,\ c=2$ ······ ❷

채점 기준	배점
❶ 두 수 72, 150을 각각 소인수분해 하기	2점
❷ a, b, c의 값 각각 구하기	3점

3 (직사각형의 넓이) $= 4a^2b^2 \times 6ab^3 = 24a^3b^5$ ······ ❶

이때 직사각형의 넓이와 삼각형의 넓이가 서로 같으므로

(삼각형의 넓이) $= \dfrac{1}{2} \times ($밑변의 길이$) \times 8ab^2 = 24a^3b^5$에서 ······ ❷

(밑변의 길이) $\times 4ab^2 = 24a^3b^5$

$\therefore$ (밑변의 길이) $= 24a^3b^5 \div 4ab^2 = \dfrac{24a^3b^5}{4ab^2}$

$= 6a^2b^3$ ······ ❸

채점 기준	배점
❶ 직사각형의 넓이 구하기	2점
❷ 삼각형의 넓이를 이용하여 식 세우기	2점
❸ 삼각형의 밑변의 길이 구하기	2점

4 채점 기준 **1** 다항식 A 구하기 … 2점

$(-4x^2 + 2x - 1) + A = 2x^2 + x$이므로

$A = (2x^2 + x) - (-4x^2 + 2x - 1)$

$= 2x^2 + x + 4x^2 - 2x + 1$

$= 6x^2 - x + 1$

채점 기준 **2** 다항식 B 구하기 … 2점

$(5x^2 - 3x + 2) - B = x^2 + x + 1$이므로

$B = (5x^2 - 3x + 2) - (x^2 + x + 1)$

$= 5x^2 - 3x + 2 - x^2 - x - 1$

$= 4x^2 - 4x + 1$

채점 기준 **3** $A - 3B$ 계산하기 … 3점

$A - 3B = (6x^2 - x + 1) - 3(4x^2 - 4x + 1)$

$= 6x^2 - x + 1 - 12x^2 + 12x - 3$

$= -6x^2 + 11x - 2$

4-1 채점 기준 **1** 다항식 A 구하기 … 2점

$(-6x^2 + 8x + 2) - A = x^2 + 7x + 3$이므로

$A = (-6x^2 + 8x + 2) - (x^2 + 7x + 3)$

$= -6x^2 + 8x + 2 - x^2 - 7x - 3$

$= -7x^2 + x - 1$

채점 기준 **2** 다항식 B 구하기 … 2점

$(3x^2 - 4x + 1) + B = -x^2 + x + 4$이므로

$B = (-x^2 + x + 4) - (3x^2 - 4x + 1)$

$= -x^2 + x + 4 - 3x^2 + 4x - 1$

$= -4x^2 + 5x + 3$

채점 기준 **3** $2A - B$ 계산하기 … 3점

$2A - B = 2(-7x^2 + x - 1) - (-4x^2 + 5x + 3)$

$= -14x^2 + 2x - 2 + 4x^2 - 5x - 3$

$= -10x^2 - 3x - 5$

5
$$x(3x-2y)-\frac{x^3y-3x^2y^2}{xy}=3x^2-2xy-(x^2-3xy)$$
$$=3x^2-2xy-x^2+3xy$$
$$=2x^2+xy \qquad \cdots\cdots \text{❶}$$
$$=2\times(-2)^2+(-2)\times3$$
$$=8-6=2 \qquad \cdots\cdots \text{❷}$$

채점 기준	배점
❶ 주어진 식 간단히 하기	3점
❷ 식의 값 구하기	2점

6 (색칠한 부분의 넓이)
$$=6x(2x+4)-\left\{\frac{1}{2}\times(6x-4x)\times(2x+4)+\frac{1}{2}\times4x\times3\right.$$
$$\left.+\frac{1}{2}\times6x\times(2x+4-3)\right\}$$
$$\qquad\qquad\qquad\qquad\qquad\qquad\qquad \cdots\cdots \text{❶}$$
$$=12x^2+24x-(2x^2+4x+6x+6x^2+3x)$$
$$=12x^2+24x-(8x^2+13x)$$
$$=4x^2+11x \qquad \cdots\cdots \text{❷}$$

채점 기준	배점
❶ 색칠한 부분의 넓이에 대한 식 세우기	3점
❷ 색칠한 부분의 넓이 구하기	3점

실전! 중단원 마무리 |49쪽~51쪽|

01 ②	02 ②	03 ①	04 29
05 ③	06 ③	07 ⑤	08 14
09 ㄹ	10 28	11 $-\frac{6}{5}x^5y^2$	12 ④
13 $4ab^2$	14 ③	15 $4a^2b^2$	16 ②
17 ㄱ, ㄷ, ㄹ	18 ②	19 $3a-5b$	20 ④
21 ⑤	22 ②	23 ③	

01 ① $x^6\times x^4=x^{10}$
③ $x^{10}\div x^{10}=1$
④ $x^{18}\div x^2\div x^3=x^{16}\div x^3=x^{13}$
⑤ $(2x^4y^6)^3=8x^{12}y^{18}$
따라서 옳은 것은 ②이다.

02 $3^5\times(3^3)^\square=3^5\times3^{3\times\square}=3^{14}$이므로
$5+3\times\square=14$, $3\times\square=9$ $\quad\therefore \square=3$

03 ① $4+\square+2=12$이므로 $\square=6$
② $\square\times3+2=8$이므로 $\square\times3=6$ $\quad\therefore \square=2$
③ $2\times4-\square=6$이므로 $\square=2$
④ $13-\square+4=15$이므로 $\square=2$
⑤ $9-\square\times4=1$이므로 $\square\times4=8$ $\quad\therefore \square=2$
따라서 □ 안에 들어갈 수가 나머지 넷과 다른 하나는 ①이다.

04 $25^4\div125^2=(5^2)^4\div(5^3)^2=5^8\div5^6=5^2=5^a$ $\quad\therefore a=2$
$2^b=8^3\times8^3\times8^3=8^{3+3+3}=8^9=(2^3)^9=2^{27}$ $\quad\therefore b=27$
$\therefore a+b=2+27=29$

05 $27^{x+3}=(3^3)^{x+3}=3^{3x+9}$, $81^6=(3^4)^6=3^{24}$이므로
$3^{3x+9}=3^{24}$에서
$3x+9=24$ $\quad\therefore x=5$

06 $(x^3y^a)^4\div y^2=x^{12}y^{4a}\div y^2=x^{12}y^{4a-2}=x^by^{10}$이므로
$4a-2=10$에서 $a=3$이고, $b=12$

07 $27^4=(3^3)^4=3^{12}=(3^4)^3=A^3$

08 $24^4\times5^{12}=(2^3\times3)^4\times5^{12}=2^{12}\times3^4\times5^{12}$
$=3^4\times(2\times5)^{12}=81\times10^{12}=81000000000000$
따라서 $24^4\times5^{12}$은 14자리의 자연수이므로 $n=14$

09 ㄱ. $3x^2\times2xy^2=6x^3y^2$
ㄴ. $(-3xy)^3\div9xy^2=\frac{-27x^3y^3}{9xy^2}=-3x^2y$
ㄷ. $4x^3y^2\div\frac{xy}{2}=4x^3y^2\times\frac{2}{xy}=8x^2y$
ㄹ. $\left(-\frac{y}{x^2}\right)^4\times\left(\frac{3x}{y^2}\right)^2=\frac{y^4}{x^8}\times\frac{9x^2}{y^4}=\frac{9}{x^6}$
따라서 옳은 것은 ㄹ이다.

10 $(-6x^4y^2)^2\div\left(\frac{3x}{y}\right)^3=36x^8y^4\div\frac{27x^3}{y^3}$
$$=36x^8y^4\times\frac{y^3}{27x^3}$$
$$=\frac{4}{3}x^5y^7$$
따라서 $a=\frac{4}{3}$, $b=7$이므로 $3ab=3\times\frac{4}{3}\times7=28$

11 $A=(2x)^2\times(-3xy^3)=4x^2\times(-3xy^3)=-12x^3y^3$
$B=5x^5y^3\div\frac{x^7y^2}{2}=5x^5y^3\times\frac{2}{x^7y^2}=\frac{10y}{x^2}$
$\therefore A\div B=(-12x^3y^3)\div\frac{10y}{x^2}$
$$=(-12x^3y^3)\times\frac{x^2}{10y}$$
$$=-\frac{6}{5}x^5y^2$$

12 $3y\times(-2x^4y)^3\div12x^2y^3=3y\times(-8x^{12}y^3)\times\frac{1}{12x^2y^3}$
$$=-2x^{10}y$$

13 $\square=2a^3b\div6a^3b\times12ab^2$
$$=2a^3b\times\frac{1}{6a^3b}\times12ab^2=4ab^2$$

14 (부피)$=\pi\times\left(\frac{2}{3}a^2b\right)^2\times\frac{1}{2}ab^2$
$$=\pi\times\frac{4}{9}a^4b^2\times\frac{1}{2}ab^2=\frac{2}{9}\pi a^5b^4$$

15 사각뿔의 높이를 h라 하면

$$\frac{1}{3} \times (3a \times 2ab) \times h = 8a^4b^3, \ 2a^2b \times h = 8a^4b^3$$

$$\therefore h = 8a^4b^3 \div 2a^2b = \frac{8a^4b^3}{2a^2b} = 4a^2b^2$$

따라서 사각뿔의 높이는 $4a^2b^2$이다.

> **Self 코칭**
>
> (사각뿔의 부피) $= \frac{1}{3} \times ($밑넓이$) \times ($높이$)$

16 $2(x-3y) - \{3x + 5y - (x - 2y)\}$

$$= 2x - 6y - (3x + 5y - x + 2y)$$
$$= 2x - 6y - (2x + 7y)$$
$$= 2x - 6y - 2x - 7y = -13y$$

17 ㄴ. $x^3 - x^2$은 x에 대한 이차식이 아니다.

ㄷ. $x(2x-1) = 2x^2 - x$이므로 x에 대한 이차식이다.

ㄹ. $4x^3 + 2x^2 - 4x^3 = 2x^2$이므로 x에 대한 이차식이다.

ㅁ. $xy(-y+2) = -xy^2 + 2xy$이므로 x에 대한 이차식이 아니다.

ㅂ. $\dfrac{x+2}{x^2} = \dfrac{1}{x} + \dfrac{2}{x^2}$이므로 다항식이 아니다.

따라서 x에 대한 이차식인 것은 ㄱ, ㄷ, ㄹ이다.

18 $A + (x^2 + 3xy - y^2) = 2x^2 - xy + 5y^2$이므로

$$A = (2x^2 - xy + 5y^2) - (x^2 + 3xy - y^2) = x^2 - 4xy + 6y^2$$
$$B = (x^2 - 4xy + 6y^2) - (x^2 + 3xy - y^2) = -7xy + 7y^2$$
$$\therefore A + B = (x^2 - 4xy + 6y^2) + (-7xy + 7y^2)$$
$$= x^2 - 11xy + 13y^2$$

19 마주 보는 면에 적혀 있는 두 다항식의 합은

$$(4a + 3b) + (2a - b) = 6a + 2b$$
$$(3a + 7b) + A = 6a + 2b$$이므로
$$A = (6a + 2b) - (3a + 7b) = 3a - 5b$$

20 ② $3(x^2 + 2x) + 2(-x^2 + 5x + 2)$

$$= 3x^2 + 6x - 2x^2 + 10x + 4 = x^2 + 16x + 4$$

④ $(12x^2 - 8x) \div (-4x) = \dfrac{12x^2 - 8x}{-4x} = -3x + 2$

⑤ $(2x + 4) \times (-x) + (10x^2 - 6x) \div 2x$

$$= -2x^2 - 4x + \frac{10x^2 - 6x}{2x}$$
$$= -2x^2 - 4x + 5x - 3 = -2x^2 + x - 3$$

따라서 옳지 않은 것은 ④이다.

21 $(20x^3y - 16x^2y^2) \div 4xy - x(x - 2y)$

$$= \frac{20x^3y - 16x^2y^2}{4xy} - x^2 + 2xy$$
$$= 5x^2 - 4xy - x^2 + 2xy = 4x^2 - 2xy$$

따라서 $a = 4$, $b = -2$이므로

$$a - b = 4 - (-2) = 6$$

22 $A + 2B = (4x - y + 2) + 2(-x + 6y - 4)$

$$= 4x - y + 2 - 2x + 12y - 8 = 2x + 11y - 6$$

23 $x - 4y = 2$에서 $x = 4y + 2$이므로

$$(2x + y) - 3(x + 5y) = 2x + y - 3x - 15y$$
$$= -x - 14y$$
$$= -(4y + 2) - 14y$$
$$= -4y - 2 - 14y$$
$$= -18y - 2$$

> 교과서에서 **뽁** 빼온 **문제** ─────── 52쪽
>
> **1** 9×10^{14} km
>
> **2** $A = -2x$, $B = -6x^2y^2$, $C = 4xy$, $D = 2x^2y^3$, $E = -x^2y^3$
>
> **3** $P = 3x^2 - x - 1$, $Q = x^2 - 2x + 3$
>
> **4** 풀이 참조

1 (거리) $=$ (속력) $\times$ (시간)이므로

$$(3 \times 10^5) \times (3 \times 10^7) \times 100 = 3 \times 3 \times 10^5 \times 10^7 \times 10^2$$
$$= 9 \times 10^{14} (\text{km})$$

따라서 지구로부터 100광년 떨어진 행성과 지구 사이의 거리는 9×10^{14} km이다.

2 $A = 8x^2y \div (-4xy) = \dfrac{8x^2y}{-4xy} = -2x$

$B = A \times 3xy^2 = (-2x) \times 3xy^2 = -6x^2y^2$

$C \times 2x = 8x^2y$에서

$C = 8x^2y \div 2x = \dfrac{8x^2y}{2x} = 4xy$

$D = C \times \dfrac{1}{2}xy^2 = 4xy \times \dfrac{1}{2}xy^2 = 2x^2y^3$

$E = D \div (-2) = 2x^2y^3 \div (-2) = -x^2y^3$

3 $P + (3x^2 + x - 1) = 6x^2 - 2$이므로

$$P = (6x^2 - 2) - (3x^2 + x - 1)$$
$$= 6x^2 - 2 - 3x^2 - x + 1$$
$$= 3x^2 - x - 1$$

$(4x^2 - 6x) + Q = 5x^2 - 8x + 3$이므로

$$Q = (5x^2 - 8x + 3) - (4x^2 - 6x)$$
$$= 5x^2 - 8x + 3 - 4x^2 + 6x$$
$$= x^2 - 2x + 3$$

4 [예원]

$(9a^2b^3 - 6a^3b^2) \div (-3ab)$

$$= 9a^2b^3 \times \left(-\frac{1}{3ab}\right) - 6a^3b^2 \times \left(-\frac{1}{3ab}\right)$$
$$= -3ab^2 + 2a^2b$$

[도현]

$(9a^2b^3 - 6a^3b^2) \div (-3ab)$

$$= \frac{9a^2b^3 - 6a^3b^2}{-3ab}$$
$$= -3ab^2 + 2a^2b$$

1 일차부등식

01 부등식의 해와 성질

┤55쪽~56쪽├

1 (1) ○ (2) × (3) × (4) ○

1-1 (1) > (2) < (3) ≥ (4) ≤

2 표는 풀이 참조, -1, 0, 1

2-1 (1) 1, 2, 3 (2) 3, 4 (3) 4

3 (1) > (2) > (3) > (4) <

3-1 (1) ≤ (2) ≤ (3) ≥ (4) ≤

4 >, >, >

4-1 ≥, ≥, ≥

2

x의 값	좌변의 값	부등호	우변의 값	참/거짓
-1	1	<	5	참
0	3	<	5	참
1	5	=	5	참
2	7	>	5	거짓

따라서 주어진 부등식의 해는 -1, 0, 1이다.

2-1 (1) $x=1$일 때, $1+5\leq8$ ➡ 참
   $x=2$일 때, $2+5\leq8$ ➡ 참
   $x=3$일 때, $3+5\leq8$ ➡ 참
   $x=4$일 때, $4+5\leq8$ ➡ 거짓
   따라서 부등식 $x+5\leq8$의 해는 1, 2, 3이다.

(2) $x=1$일 때, $3\times1-1\geq8$ ➡ 거짓
   $x=2$일 때, $3\times2-1\geq8$ ➡ 거짓
   $x=3$일 때, $3\times3-1\geq8$ ➡ 참
   $x=4$일 때, $3\times4-1\geq8$ ➡ 참
   따라서 부등식 $3x-1\geq8$의 해는 3, 4이다.

(3) $x=1$일 때, $-2\times1+5<-1$ ➡ 거짓
   $x=2$일 때, $-2\times2+5<-1$ ➡ 거짓
   $x=3$일 때, $-2\times3+5<-1$ ➡ 거짓
   $x=4$일 때, $-2\times4+5<-1$ ➡ 참
   따라서 부등식 $-2x+5<-1$의 해는 4이다.

3 (4) $a>b$의 양변을 -2로 나누면 부등호의 방향이 바뀐다.
   $\therefore -\dfrac{a}{2}<-\dfrac{b}{2}$

3-1 (3) $x\leq y$의 양변에 -2를 곱하면 부등호의 방향이 바뀐다.
   $\therefore -2x\geq-2y$

4 $a<b$의 양변에 -2를 곱하면 $-2a>-2b$
   양변에 1을 더하면 $-2a+1>-2b+1$

4-1 $x\geq y$의 양변에 $\dfrac{2}{3}$를 곱하면 $\dfrac{2}{3}x\geq\dfrac{2}{3}y$
   양변에서 6을 빼면 $\dfrac{2}{3}x-6\geq\dfrac{2}{3}y-6$

---

01 (1) $5x\leq20$ (2) $2(x+3)>12$ (3) $a\geq110$

02 (1) $4x+2<15$ (2) $3(x-1)\geq8$ (3) $600a\leq4000$

03 ⑤ **04** ④ **05** ①, ⑤ **06** ④

07 (1) $1<2x-1\leq5$ (2) $0\leq3-x<2$

08 (1) $-1<3a+2<8$ (2) $1<5-2a<7$

---

03 ① $2\times(-1)>4$ (거짓)
   ② $-1+3<2$ (거짓)
   ③ $3\times(-1)+2>0$ (거짓)
   ④ $-(-1)+2<3$ (거짓)
   ⑤ $-2\times(-1)+3\geq4$ (참)
   따라서 $x=-1$이 해가 되는 것은 ⑤이다.

04 ① $2\times3-3>2$ (참)
   ② $-3\times2-2\leq-4$ (참)
   ③ $2\times(-1)<-1+3$ (참)
   ④ $-2\times(-2)<-2+5$ (거짓)
   ⑤ $3\times5+1\leq4\times5-1$ (참)
   따라서 해가 아닌 것은 ④이다.

05 ② $a-7\geq b-7$
   ③ $-5a\leq-5b$
   ④ $6-a\leq6-b$
   따라서 옳은 것은 ①, ⑤이다.

06 부등호의 방향을 각각 구하면
   ①, ②, ③, ⑤ < ④ >
   따라서 부등호의 방향이 다른 하나는 ④이다.

> **Self 코칭**
> 부등식의 양변에 같은 음수를 곱하거나 양변을 같은 음수로 나누면 부등호의 방향은 바뀐다.

07 (1) $1<x\leq3$의 각 변에 2를 곱하면 $2<2x\leq6$
   각 변에서 1을 빼면 $1<2x-1\leq5$

(2) $1<x\leq3$의 각 변에 -1을 곱하면 $-3\leq-x<-1$
   각 변에 3을 더하면 $0\leq3-x<2$

> **Self 코칭**
> $p<x\leq q$ (p, q는 상수)일 때, $ax+b$의 값의 범위는 다음과 같은 순서로 구한다. (단, $a>0$)
> ❶ 각 변에 a를 곱한다. ➡ $ap<ax\leq aq$
> ❷ 각 변에 b를 더한다. ➡ $ap+b<ax+b\leq aq+b$

08 (1) $-1<a<2$의 각 변에 3을 곱하면 $-3<3a<6$
   각 변에 2를 더하면 $-1<3a+2<8$

(2) $-1<a<2$의 각 변에 -2를 곱하면 $-4<-2a<2$
   각 변에 5를 더하면 $1<5-2a<7$

02 일차부등식의 뜻과 풀이

$$\vdash 59쪽 \sim 61쪽 \dashv$$

1 (1) ×   (2) ○   (3) ×   (4) ○

1-1 (1) ○   (2) ×   (3) ○   (4) ○

2 (1) $x<7$ (2) $x\geq1$

2-1 (1) $x\leq1$ (2) $x<2$

3 (1)   (수직선: $-3\ -2\ -1$)   (2) (수직선: $2\ 3\ 4$)
     (3) (수직선: $-2\ -1\ 0$)   (4) (수직선: $3\ 4\ 5$)

3-1 (1) (수직선: $1\ 2\ 3$)   (2) (수직선: $-3\ -2\ -1$)
      (3) (수직선: $4\ 5\ 6$)   (4) (수직선: $-1\ 0\ 1$)

4 (1) $x>2$, (수직선: 2)
    (2) $x\geq3$, (수직선: 3)
    (3) $x>5$, (수직선: 5)
    (4) $x\leq-1$, (수직선: -1)

4-1 (1) $x>-2$, (수직선: -2)
     (2) $x\leq2$, (수직선: 2)
     (3) $x>-5$, (수직선: -5)
     (4) $x\leq-3$, (수직선: -3)

5 (1) $x<1$ (2) $x\geq-5$ (3) $x>-1$

5-1 (1) $x\geq2$ (2) $x\leq5$ (3) $x<4$

6 (1) $x\geq12$ (2) $x>9$ (3) $x>-1$

6-1 (1) $x\geq-7$ (2) $x<8$ (3) $x\geq-1$

7 (1) $x\leq2$ (2) $x<-9$ (3) $x\leq-12$

7-1 (1) $x<-6$ (2) $x<5$ (3) $x\leq1$

---

1 (1) $x+1<x+2$에서 $-1<0$이므로 일차부등식이 아니다.
    (2) $2x-3\leq x+4$에서 $x-7\leq0$이므로 일차부등식이다.
    (4) $x^2+1\geq x^2+x+3$에서 $-x-2\geq0$이므로 일차부등식이다.

1-1 (3) $x^2-1\leq x^2+2x-5$에서 $-2x+4\leq0$이므로 일차부등식이다.
     (4) $x(x+1)\geq x^2$에서 $x^2+x\geq x^2$, $x\geq0$이므로 일차부등식이다.

2 (1) $x-2<5$에서
      $x<5+2$ $\therefore x<7$

2 (2) $2x+3\geq5$에서
      $2x\geq5-3$, $2x\geq2$ $\therefore x\geq1$

2-1 (1) $4x-6\leq-2$에서
      $4x\leq-2+6$, $4x\leq4$ $\therefore x\leq1$
     (2) $5x-3<7$에서
      $5x<7+3$, $5x<10$ $\therefore x<2$

4 (1) $2x+1>x+3$에서
      $2x-x>3-1$ $\therefore x>2$
      이 부등식의 해를 수직선 위에 나타내면 오른쪽 그림과 같다. (수직선: 2)
    (2) $x+5\leq3x-1$에서 $x-3x\leq-1-5$
      $-2x\leq-6$ $\therefore x\geq3$
      이 부등식의 해를 수직선 위에 나타내면 오른쪽 그림과 같다. (수직선: 3)
    (3) $x+1<2x-4$에서 $x-2x<-4-1$
      $-x<-5$ $\therefore x>5$
      이 부등식의 해를 수직선 위에 나타내면 오른쪽 그림과 같다. (수직선: 5)
    (4) $x+3\geq3x+5$에서 $x-3x\geq5-3$
      $-2x\geq2$ $\therefore x\leq-1$
      이 부등식의 해를 수직선 위에 나타내면 오른쪽 그림과 같다. (수직선: -1)

4-1 (1) $3x-1>2x-3$에서
      $3x-2x>-3+1$ $\therefore x>-2$
      이 부등식의 해를 수직선 위에 나타내면 오른쪽 그림과 같다. (수직선: -2)
     (2) $4x-2\leq8-x$에서 $4x+x\leq8+2$
      $5x\leq10$ $\therefore x\leq2$
      이 부등식의 해를 수직선 위에 나타내면 오른쪽 그림과 같다. (수직선: 2)
     (3) $2x-1<3x+4$에서 $2x-3x<4+1$
      $-x<5$ $\therefore x>-5$
      이 부등식의 해를 수직선 위에 나타내면 오른쪽 그림과 같다. (수직선: -5)
     (4) $2x-4\geq5x+5$에서 $2x-5x\geq5+4$
      $-3x\geq9$ $\therefore x\leq-3$
      이 부등식의 해를 수직선 위에 나타내면 오른쪽 그림과 같다. (수직선: -3)

5 (1) $3(x+2)+5<14$에서 $3x+6+5<14$
      $3x<3$ $\therefore x<1$
    (2) $5x-11\geq3(x-7)$에서 $5x-11\geq3x-21$
      $2x\geq-10$ $\therefore x\geq-5$
    (3) $2(x+2)-3<5x+4$에서 $2x+4-3<5x+4$
      $-3x<3$ $\therefore x>-1$

5-1 (1) $2(x-3)\geq-2$에서 $2x-6\geq-2$
      $2x\geq4$ $\therefore x\geq2$

(2) $3(2x-1) \leq 4x+7$에서 $6x-3 \leq 4x+7$
$2x \leq 10$ ∴ $x \leq 5$

(3) $3(x+1)-6 < x+5$에서 $3x+3-6 < x+5$
$2x < 8$ ∴ $x < 4$

6 (1) $0.6x-3.5 \geq 0.2x+1.3$의 양변에 10을 곱하면
$6x-35 \geq 2x+13$, $4x \geq 48$ ∴ $x \geq 12$

(2) $1.4x-2 > 0.8x+3.4$의 양변에 10을 곱하면
$14x-20 > 8x+34$, $6x > 54$ ∴ $x > 9$

(3) $0.2x+0.62 > -0.4x+0.02$의 양변에 100을 곱하면
$20x+62 > -40x+2$, $60x > -60$ ∴ $x > -1$

6-1 (1) $0.3x-0.5 \leq 0.4x+0.2$의 양변에 10을 곱하면
$3x-5 \leq 4x+2$, $-x \leq 7$ ∴ $x \geq -7$

(2) $0.5x-2 < 0.3x-0.4$의 양변에 10을 곱하면
$5x-20 < 3x-4$, $2x < 16$ ∴ $x < 8$

(3) $-0.3x+0.12 \leq 0.02x+0.44$의 양변에 100을 곱하면
$-30x+12 \leq 2x+44$, $-32x \leq 32$ ∴ $x \geq -1$

7 (1) $\dfrac{x}{4}-\dfrac{3}{2} \leq -\dfrac{x}{2}$의 양변에 4를 곱하면
$x-6 \leq -2x$, $3x \leq 6$ ∴ $x \leq 2$

(2) $\dfrac{x}{3}-\dfrac{x-5}{2} > 4$의 양변에 6을 곱하면
$2x-3(x-5) > 24$, $-x > 9$ ∴ $x < -9$

(3) $\dfrac{1}{4}x+3 \leq -\dfrac{1}{3}x-4$의 양변에 12를 곱하면
$3x+36 \leq -4x-48$, $7x \leq -84$
∴ $x \leq -12$

7-1 (1) $\dfrac{2}{3}x > \dfrac{3}{4}x+\dfrac{1}{2}$의 양변에 12를 곱하면
$8x > 9x+6$, $-x > 6$ ∴ $x < -6$

(2) $\dfrac{3}{5}x-2 < \dfrac{x-3}{2}$의 양변에 10을 곱하면
$6x-20 < 5(x-3)$, $6x-20 < 5x-15$ ∴ $x < 5$

(3) $\dfrac{x-2}{2} \leq \dfrac{4-x}{6}-1$의 양변에 6을 곱하면
$3(x-2) \leq 4-x-6$, $4x \leq 4$ ∴ $x \leq 1$

개념 완성하기 ────── 62쪽 ~ 63쪽

01 ④	02 ④	03 ②	04 ⑤
05 ④	06 ④	07 9	08 2
09 ③	10 ①	11 1	12 5
13 8	14 13		

01 ① $x > 5$ ② $x < 3$ ③ $x > 2$ ④ $x < 2$ ⑤ $x < -2$
따라서 해가 $x < 2$인 것은 ④이다.

02 ①, ②, ③, ⑤ $x > 3$ ④ $x < 3$
따라서 해가 나머지 넷과 다른 하나는 ④이다.

---

03 $x+7 \leq -5-2x$에서 $3x \leq -12$ ∴ $x \leq -4$
따라서 해를 수직선 위에 바르게 나타낸 것은 ②이다.

04 주어진 수직선이 나타내는 부등식은 $x > 2$
① $3x+2 < -4$에서 $3x < -6$ ∴ $x < -2$
② $2x-3 > 5$에서 $2x > 8$ ∴ $x > 4$
③ $-x+6 > 3x-2$에서 $-4x > -8$ ∴ $x < 2$
④ $13-4x < x-12$에서 $-5x < -25$ ∴ $x > 5$
⑤ $5x+2 > 14-x$에서 $6x > 12$ ∴ $x > 2$
따라서 해가 $x > 2$인 것은 ⑤이다.

05 $0.7x+2 < \dfrac{1}{2}x+3$에서 $\dfrac{7}{10}x+2 < \dfrac{1}{2}x+3$
이 식의 양변에 10을 곱하면
$7x+20 < 5x+30$, $2x < 10$ ∴ $x < 5$

06 $0.3x+\dfrac{6}{5} < -\dfrac{1}{2}x-0.4$에서 $\dfrac{3}{10}x+\dfrac{6}{5} < -\dfrac{1}{2}x-\dfrac{2}{5}$
이 식의 양변에 10을 곱하면
$3x+12 < -5x-4$, $8x < -16$ ∴ $x < -2$

07 $\dfrac{1}{2}\left(x+\dfrac{2}{5}\right)+0.3 \geq 5$에서 $\dfrac{1}{2}\left(x+\dfrac{2}{5}\right)+\dfrac{3}{10} \geq 5$
이 식의 양변에 10을 곱하면
$5\left(x+\dfrac{2}{5}\right)+3 \geq 50$, $5x+2+3 \geq 50$
$5x \geq 45$ ∴ $x \geq 9$
따라서 x의 값 중 가장 작은 자연수는 9이다.

08 $\dfrac{1}{4}x+0.2\left(x+\dfrac{1}{2}\right) \geq \dfrac{x}{2}$에서 $\dfrac{1}{4}x+\dfrac{1}{5}\left(x+\dfrac{1}{2}\right) \geq \dfrac{x}{2}$
이 식의 양변에 20을 곱하면
$5x+4\left(x+\dfrac{1}{2}\right) \geq 10x$, $5x+4x+2 \geq 10x$
$-x \geq -2$ ∴ $x \leq 2$
따라서 x의 값 중 자연수는 1, 2의 2개이다.

09 $2-ax < 3$에서 $-ax < 1$
$a < 0$에서 $-a > 0$이므로 $x < -\dfrac{1}{a}$

10 $a > 0$에서 $-a < 0$이므로 $x < -5$

11 $x-5a > -4x+10$에서 $5x > 5a+10$ ∴ $x > a+2$
이 부등식의 해가 $x > 3$이므로
$a+2 = 3$ ∴ $a = 1$

12 $2x-5 < 3a$에서 $2x < 3a+5$ ∴ $x < \dfrac{3a+5}{2}$
이 부등식의 해가 $x < 10$이므로
$\dfrac{3a+5}{2} = 10$, $3a+5 = 20$, $3a = 15$ ∴ $a = 5$

13 $x-4 \geq 2(x-3)$에서 $x-4 \geq 2x-6$
$-x \geq -2$ ∴ $x \leq 2$
$3x+2 \leq a$에서 $3x \leq a-2$ ∴ $x \leq \dfrac{a-2}{3}$
두 일차부등식의 해가 서로 같으므로
$\dfrac{a-2}{3} = 2$, $a-2 = 6$ ∴ $a = 8$

14 $2x-2\leq x+3$에서 $x\leq 5$

$2(x-1)+a\geq 3(x+2)$에서 $2x-2+a\geq 3x+6$

$-x\geq 8-a$ $\quad\therefore x\leq a-8$

두 일차부등식의 해가 서로 같으므로

$a-8=5$ $\quad\therefore a=13$

실력 확인하기 ─────────── 64쪽 ~ 65쪽

01 $2x+12>30$　　　**02** ②　　　**03** 3

04 (1) $<$　　(2) $\leq$　　　**05** $-3<x\leq 1$

06 ⑤　　**07** ⑤　　**08** ③　　**09** ⑤

10 -5　　**11** ⑤　　**12** 4　　**13** ③

14 $x\geq 3$　　　**15** $-1\leq a<1$

01 오리의 다리 수는 2, 고양이의 다리 수는 4이므로

$2\times x+4\times 3>30$ $\quad\therefore 2x+12>30$

02 ① $5-3<0$ (거짓)

② $5\times(3-3)\geq -2$ (참)

③ $-2\times 3+5>1$ (거짓)

④ $3\times 3-1\leq 5$ (거짓)

⑤ $\dfrac{3}{2}+1>3$ (거짓)

따라서 참인 것은 ②이다.

03 $x=1$일 때, $6\times 1-2\leq 2\times 1+10$ ➡ 참

$x=2$일 때, $6\times 2-2\leq 2\times 2+10$ ➡ 참

$x=3$일 때, $6\times 3-2\leq 2\times 3+10$ ➡ 참

$x=4$일 때, $6\times 4-2\leq 2\times 4+10$ ➡ 거짓

⋮

따라서 구하는 해는 1, 2, 3의 3개이다.

04 (1) $5-2a>5-2b$에서 $-2a>-2b$ $\quad\therefore a<b$

(2) $\dfrac{a}{3}+1\leq \dfrac{b}{3}+1$에서 $\dfrac{a}{3}\leq \dfrac{b}{3}$ $\quad\therefore a\leq b$

05 $-1<2x+5\leq 7$의 각 변에서 5를 빼면 $-6<2x\leq 2$

각 변을 2로 나누면 $-3<x\leq 1$

Self 코칭

$2x+5$와 같은 다항식의 형태로 조건이 주어진 경우에는 상수항, x의 계수의 순서로 식을 변형한다. 즉, 상수항을 먼저 없앤 후, x의 계수를 1로 만든다.

06 ③ $x+\dfrac{1}{2}\leq \dfrac{1}{2}-x$에서 $2x\leq 0$

④ $-x(x+5)\geq 1-x^2$에서 $-x^2-5x\geq 1-x^2$, $-5x-1\geq 0$

⑤ $x^2+6x-1<\dfrac{1}{2}(4-2x)$에서

$x^2+6x-1<2-x$, $x^2+7x-3<0$

따라서 일차부등식이 아닌 것은 ⑤이다.

07 주어진 수직선이 나타내는 부등식은 $x\geq 5$

① $x-2\geq 2x+4$에서 $-x\geq 6$ $\quad\therefore x\leq -6$

② $4x-1\geq 3x+5$에서 $x\geq 6$

③ $2x-6\leq 6x+4$에서 $-4x\leq 10$ $\quad\therefore x\geq -\dfrac{5}{2}$

④ $x+3\leq 2x+8$에서 $-x\leq 5$ $\quad\therefore x\geq -5$

⑤ $2x+6\leq 5x-9$에서 $-3x\leq -15$ $\quad\therefore x\geq 5$

따라서 해가 $x\geq 5$인 것은 ⑤이다.

08 $4(2x-8)<-(x+5)$에서

$8x-32<-x-5$, $9x<27$ $\quad\therefore x<3$

09 $3(0.2x-0.1)>0.4x$의 양변에 10을 곱하면

$30(0.2x-0.1)>4x$, $6x-3>4x$

$2x>3$ $\quad\therefore x>\dfrac{3}{2}$

따라서 x의 값이 될 수 있는 것은 ⑤이다.

10 $1-\dfrac{2x+1}{3}\geq \dfrac{3-x}{2}$의 양변에 6을 곱하면

$6-2(2x+1)\geq 3(3-x)$, $6-4x-2\geq 9-3x$

$-x\geq 5$ $\quad\therefore x\leq -5$

따라서 x의 값 중 가장 큰 정수는 -5이다.

11 $2(x+a)-3\leq 4x+a$에서 $2x+2a-3\leq 4x+a$

$-2x\leq -a+3$ $\quad\therefore x\geq \dfrac{a-3}{2}$

이 부등식의 해가 $x\geq 4$이므로

$\dfrac{a-3}{2}=4$, $a-3=8$ $\quad\therefore a=11$

12 $0.3x+1.5>0.6(x-1)$의 양변에 10을 곱하면

$3x+15>6(x-1)$, $3x+15>6x-6$

$-3x>-21$ $\quad\therefore x<7$

$x+2>3(x-a)$에서 $x+2>3x-3a$

$-2x>-3a-2$ $\quad\therefore x<\dfrac{3a+2}{2}$

두 일차부등식의 해가 서로 같으므로

$\dfrac{3a+2}{2}=7$, $3a+2=14$, $3a=12$ $\quad\therefore a=4$

13 **전략 코칭**

부등호의 방향이 바뀌는 경우는 부등식의 양변에 같은 음수를 곱하거나 양변을 같은 음수로 나눌 때이다.

$-3a+4<-3b+4$에서 $-3a<-3b$ $\quad\therefore a>b$

① $a+1>b+1$　　　② $-2a<-2b$

④ $2a-3>2b-3$　　　⑤ $2-\dfrac{a}{3}<2-\dfrac{b}{3}$

따라서 옳은 것은 ③이다.

14 **전략 코칭**

주어진 부등식을 $ax\leq b$ 꼴로 정리하였을 때

(1) $a>0$이면 $x\leq \dfrac{b}{a}$　　　(2) $a<0$이면 $x\geq \dfrac{b}{a}$

$ax+2a\leq 5a$에서 $ax\leq 3a$

이때 $a<0$이므로 $x\geq 3$

15

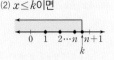

전략 코칭

부등식의 자연수인 해가 n개일 때, 부등식의 해가
(1) $x<k$이면
(2) $x≤k$이면

$$∴ n<k≤n+1$$ $$∴ n≤k<n+1$$

$4x-a≤2x+5$에서

$2x≤5+a$ $∴ x≤\dfrac{5+a}{2}$

이 부등식을 만족시키는 자연수 x가 2개이

려면 $2≤\dfrac{5+a}{2}<3$이어야 한다.

각 변에 2를 곱하면 $4≤5+a<6$

각 변에서 5를 빼면 $-1≤a<1$

---

03 일차부등식의 활용

|67쪽~68쪽|

1 (1) 표는 풀이 참조, $500x+300(20-x)≤8000$

  (2) 10자루

1-1 (1) 표는 풀이 참조, $900x+300(16-x)<9000$

  (2) 6장

2 7개월 후   **2-1** 5개월 후

3 (1) 표는 풀이 참조, $\dfrac{x}{2}+\dfrac{x}{3}≤2$ (2) $\dfrac{12}{5}$ km

3-1 (1) 표는 풀이 참조, $\dfrac{x}{3}+\dfrac{x}{5}≤4$ (2) $\dfrac{15}{2}$ km

4 $\dfrac{5}{3}$ km   **4-1** 4 km

1 (1)

	볼펜	연필
개수(자루)	x	$20-x$
금액(원)	$500x$	$300(20-x)$

➡ $500x+300(20-x)≤8000$

(2) $500x+300(20-x)≤8000$에서

$500x+6000-300x≤8000$

$200x≤2000$ $∴ x≤10$

따라서 볼펜은 최대 10자루까지 살 수 있다.

1-1 (1)

	엽서	우표
장수(장)	x	$16-x$
금액(원)	$900x$	$300(16-x)$

➡ $900x+300(16-x)<9000$

(2) $900x+300(16-x)<9000$에서

$900x+4800-300x<9000$, $600x<4200$ $∴ x<7$

따라서 엽서는 최대 6장까지 살 수 있다.

2 x개월 후부터 승주의 예금액이 민아의 예금액보다 많아진다고 하면

	민아의 예금액(원)	승주의 예금액(원)
현재	25000	12000
x개월 후	$25000+3000x$	$12000+5000x$

$25000+3000x<12000+5000x$에서

$-2000x<-13000$ $∴ x>6.5$

따라서 승주의 예금액이 민아의 예금액보다 많아지는 것은 7개월 후부터이다.

2-1 x개월 후부터 새롬이의 예금액이 아롬이의 예금액보다 많아진다고 하면

	새롬이의 예금액(원)	아롬이의 예금액(원)
현재	35000	53000
x개월 후	$35000+7000x$	$53000+3000x$

$35000+7000x>53000+3000x$에서

$4000x>18000$ $∴ x>4.5$

따라서 새롬이의 예금액이 아롬이의 예금액보다 많아지는 것은 5개월 후부터이다.

3 (1)

	올라갈 때	내려올 때
거리(km)	x	x
속력(km/h)	2	3
시간(시간)	$\dfrac{x}{2}$	$\dfrac{x}{3}$

➡ $\dfrac{x}{2}+\dfrac{x}{3}≤2$

(2) $\dfrac{x}{2}+\dfrac{x}{3}≤2$에서

$3x+2x≤12$, $5x≤12$ $∴ x≤\dfrac{12}{5}$

따라서 최대 $\dfrac{12}{5}$ km 지점까지 올라갔다 올 수 있다.

3-1 (1)

	갈 때	올 때
거리(km)	x	x
속력(km/h)	3	5
시간(시간)	$\dfrac{x}{3}$	$\dfrac{x}{5}$

➡ $\dfrac{x}{3}+\dfrac{x}{5}≤4$

(2) $\dfrac{x}{3}+\dfrac{x}{5}≤4$에서

$5x+3x≤60$, $8x≤60$ $∴ x≤\dfrac{15}{2}$

따라서 최대 $\dfrac{15}{2}$ km 떨어진 곳까지 갔다 올 수 있다.

4 x km 떨어진 상점까지 갔다 온다고 하면

$\dfrac{x}{4}+\dfrac{1}{6}+\dfrac{x}{4}≤1$에서

$3x+2+3x≤12$, $6x≤10$ $∴ x≤\dfrac{5}{3}$

따라서 최대 $\dfrac{5}{3}$ km 떨어진 상점까지 갔다 올 수 있다.

4-1 x km 지점까지 올라갔다 온다고 하면

$$\frac{x}{3}+\frac{x}{4}+\frac{2}{3}\leq3$$에서

$4x+3x+8\leq36,\ 7x\leq28 \qquad \therefore x\leq4$

따라서 최대 4 km 지점까지 올라갔다 올 수 있다.

개념 완성하기 ────────── 69쪽

01 9   **02** 19, 20, 21   **03** 18개   **04** 200개
05 $x\geq8$ **06** $x\geq5$ **07** 5송이   **08** 4개

01 어떤 정수를 x라 하면
$4x-8\leq2(x+5),\ 4x-8\leq2x+10$
$2x\leq18 \qquad \therefore x\leq9$
따라서 가장 큰 정수는 9이다.

02 연속하는 세 자연수를 $x-1,\ x,\ x+1$이라 하면
$(x-1)+x+(x+1)>57,\ 3x>57 \qquad \therefore x>19$
따라서 x의 값 중 가장 작은 자연수는 20이므로 구하는 세 자연수는 19, 20, 21이다.

03 한 번에 운반할 수 있는 상자를 x개라 하면
$50+25x\leq500,\ 25x\leq450 \qquad \therefore x\leq18$
따라서 한 번에 운반할 수 있는 상자는 최대 18개이다.

04 더 쌓을 수 있는 종이컵을 x개라 하면
$20+0.2x\leq60,\ 0.2x\leq40,\ 2x\leq400 \qquad \therefore x\leq200$
따라서 종이컵은 최대 200개 더 쌓을 수 있다.

05 $\frac{1}{2}\times(4+x)\times6\geq36,\ 3(4+x)\geq36,\ 12+3x\geq36$
$3x\geq24 \qquad \therefore x\geq8$

> **Self 코칭**
>
> (사다리꼴의 넓이)
> $=\frac{1}{2}\times\{($윗변의 길이$)+($아랫변의 길이$)\}\times($높이$)$

06 $\frac{1}{2}\times8\times x\geq20,\ 4x\geq20 \qquad \therefore x\geq5$

07 장미를 x송이 산다고 하면
$1500x>1000x+2200$
$500x>2200 \qquad \therefore x>\frac{22}{5}(=4.4)$
따라서 장미를 5송이 이상 살 경우 도매 시장에서 사는 것이 유리하다.

08 음료수를 x개 산다고 하면
$1800x>1250x+2000$
$550x>2000 \qquad \therefore x>\frac{40}{11}(=3.63\cdots)$
따라서 음료수를 4개 이상 살 경우 대형 마트에서 사는 것이 유리하다.

실력 확인하기 ────────── 70쪽

01 ①   **02** 15개월 후   **03** 51곡   **04** 8 m
05 300 m   **06** 19명   **07** 110분

01 어떤 홀수를 x라 하면
$4x-9<2x,\ 2x<9 \qquad \therefore x<\frac{9}{2}$
따라서 가능한 홀수는 1, 3이다.

02 x개월 후부터 성범이의 예금액이 호준이의 예금액보다 적어진다고 하면
$72000+4000x<30000+7000x$
$3000x>42000 \qquad \therefore x>14$
따라서 성범이의 예금액이 호준이의 예금액보다 적어지는 것은 15개월 후부터이다.

03 한 달 동안 x곡 내려받는다고 하면
$5000+300x>20000$
$300x>15000 \qquad \therefore x>50$
따라서 51곡 이상이면 VIP 회원이 일반 회원보다 유리하다.

04 화단의 가로의 길이를 x m라 하면 세로의 길이는 $(x-4)$ m이므로
$2\{x+(x-4)\}\geq24,\ 2x-4\geq12$
$2x\geq16 \qquad \therefore x\geq8$
따라서 화단의 가로의 길이는 8 m 이상이어야 한다.

05 터미널에서 상점까지의 거리를 x m라 하면
$$\frac{x}{60}+10+\frac{x}{60}\leq20,\ \frac{x}{30}\leq10$$
$\therefore x\leq300$
따라서 300 m 이내의 상점을 이용할 수 있다.

06
> **전략 코칭**
>
> 정가가 a원인 물건을 $b\,\%$ 할인한 가격 ➡ $a\left(1-\dfrac{b}{100}\right)$원

x명이 입장한다고 하면
$10000x>10000\times\left(1-\dfrac{10}{100}\right)\times20$
$10000x>180000 \qquad \therefore x>18$
따라서 19명 이상부터 20명의 단체 입장권을 사는 것이 유리하다.

07
> **전략 코칭**
>
> (30분 주차 요금)+(30분 이후 추가 요금)으로 계산한다.

주차를 x분 동안 한다고 하면
$2000+100(x-30)\leq10000$
$100x-1000\leq10000,\ 100x\leq11000$
$\therefore x\leq110$
따라서 최대 110분 동안 주차할 수 있다.

71쪽 ~ 72쪽

1 4 **1-1** 2

2 (1) $-13 < A \leq 5$ (2) -7

3 $\dfrac{5}{2}$ **4** 25명

4-1 31명 **5** 12, 13, 14

6 12 km

---

1 채점기준1 일차부등식 풀기 … 3점

$6x-5 < 3x+8$에서 $3x < 13$ ∴ $x < \dfrac{13}{3}$

채점기준2 조건을 만족시키는 x의 개수 구하기 … 2점

부등식을 만족시키는 자연수 x는 1, 2, 3, 4의 4개이다.

1-1 채점기준1 일차부등식 풀기 … 2점

$3x-4 > -2x+5$에서 $5x > 9$ ∴ $x > \dfrac{9}{5}$

채점기준2 조건을 만족시키는 x의 개수 구하기 … 3점

이때 가능한 x의 값은 $-3, -2, -1, 0, 1, 2, 3$이므로

$x > \dfrac{9}{5}$를 만족시키는 정수 x는 2, 3의 2개이다.

2 (1) $-1 \leq x < 5$의 각 변에 -3을 곱하면 $-15 < -3x \leq 3$

각 변에 2를 더하면 $-13 < -3x+2 \leq 5$

∴ $-13 < A \leq 5$ …… ❶

(2) 정수 A의 값 중 가장 큰 수는 5, 가장 작은 수는 -12이
다. …… ❷

따라서 구하는 합은 $5+(-12)=-7$ …… ❸

채점 기준	배점
❶ A의 값의 범위 구하기	3점
❷ 정수 A의 값 중 가장 큰 수와 가장 작은 수 각각 구하기	2점
❸ 가장 큰 수와 가장 작은 수의 합 구하기	1점

3 $\dfrac{3x-1}{2} \geq a$에서 $3x-1 \geq 2a$

$3x \geq 2a+1$ ∴ $x \geq \dfrac{2a+1}{3}$ …… ❶

$\dfrac{2a+1}{3}=2$이므로

$2a+1=6$, $2a=5$ ∴ $a=\dfrac{5}{2}$ …… ❷

채점 기준	배점
❶ 일차부등식 풀기	3점
❷ 상수 a의 값 구하기	3점

4 채점기준1 일차부등식 세우기 … 3점

x명이 입장한다고 하면

$3000x > 3000 \times \left(1-\dfrac{20}{100}\right) \times 30$

채점기준2 일차부등식 풀기 … 2점

$3000x > 72000$ ∴ $x > 24$

채점기준3 몇 명 이상부터 단체 입장권을 사는 것이 유리한지 구하기
… 2점

25명 이상부터 30명의 단체 입장권을 사는 것이 유리하다.

4-1 채점기준1 일차부등식 세우기 … 3점

x명이 입장한다고 하면

$20000x > 20000 \times \left(1-\dfrac{25}{100}\right) \times 40$

채점기준2 일차부등식 풀기 … 2점

$20000x > 600000$ ∴ $x > 30$

채점기준3 몇 명 이상부터 단체 입장권을 사는 것이 유리한지 구하기
… 2점

31명 이상부터 40명의 단체 입장권을 사는 것이 유리하다.

5 연속하는 세 자연수를 $x-1, x, x+1$이라 하면

$(x-1)+x+(x+1) < 42$ …… ❶

$3x < 42$ ∴ $x < 14$ …… ❷

따라서 x의 값 중 가장 큰 자연수는 13이므로 구하는 세 자
연수는 12, 13, 14이다. …… ❸

채점 기준	배점
❶ 일차부등식 세우기	3점
❷ 일차부등식 풀기	2점
❸ 합이 42보다 작은 연속하는 세 자연수 중 가장 큰 세 자연수 구하기	2점

6 자전거를 타고 간 거리를 x km라 하면 걸어간 거리는
$(15-x)$ km이므로

$\dfrac{x}{12} + \dfrac{15-x}{3} \leq 2$ …… ❶

$x+4(15-x) \leq 24$, $x+60-4x \leq 24$

$-3x \leq -36$ ∴ $x \geq 12$ …… ❷

따라서 자전거를 타고 간 거리는 최소 12 km이다. …… ❸

채점 기준	배점
❶ 일차부등식 세우기	3점
❷ 일차부등식 풀기	2점
❸ 자전거를 타고 간 거리는 최소 몇 km인지 구하기	2점

실전! 중단원 마무리

73쪽 ~ 75쪽

01 ②, ⑤ **02** ③ **03** 4 **04** ③

05 ⑤ **06** $-3 \leq 2x+3 < 5$

07 ㄱ, ㄷ, ㄹ, ㅁ **08** ③ **09** ②

10 $x \leq 11$ **11** 4 **12** ④ **13** ①

14 ⑤ **15** ② **16** ⑤ **17** 6개

18 ① **19** 26명 **20** $\dfrac{45}{8}$ km

21 209개월 후

---

01 ② $x-2 \geq 4x$

⑤ $2(10+x) \geq 30$

따라서 옳지 않은 것은 ②, ⑤이다.

02 ① $2-3 \times (-2) < 1$ (거짓)

② $4 \times (-2)-3 \geq -1$ (거짓)

③ $2 \times (-2-1) \leq -3$ (참)

④ $5-(-2) < 7$ (거짓)

⑤ $-\dfrac{-2}{3} \geq 4$ (거짓)

따라서 $x=-2$를 해로 갖는 것은 ③이다.

03 $x=-2$일 때, $1-2 \times (-2) \geq -2$ (참)

$x=-1$일 때, $1-2 \times (-1) \geq -2$ (참)

$x=0$일 때, $1-2 \times 0 \geq -2$ (참)

$x=1$일 때, $1-2 \times 1 \geq -2$ (참)

$x=2$일 때, $1-2 \times 2 \geq -2$ (거짓)

따라서 주어진 부등식을 참이 되게 하는 x의 값은 -2, -1, 0, 1의 4개이다.

04 ① $a-3 > b-3$

② $3-a < 3-b$

④ $-\dfrac{2}{3}a+1 < -\dfrac{2}{3}b+1$

⑤ $-0.7a+3 < -0.7b+3$

따라서 옳은 것은 ③이다.

05 ①, ②, ③, ④ $<$

⑤ $-3a+5 < -3b+5$의 양변에서 5를 빼면 $-3a < -3b$

양변을 -3으로 나누면 $a > b$

따라서 부등호의 방향이 다른 하나는 ⑤이다.

06 $-3 \leq x < 1$의 각 변에 2를 곱하면 $-6 \leq 2x < 2$

각 변에 3을 더하면 $-3 \leq 2x+3 < 5$

07 모든 항을 좌변으로 이항하여 정리하면

ㄱ. $-2x+5 < 0$ ㄴ. $-4 \geq 0$

ㄷ. $-x-5 \leq 0$ ㄹ. $x+12 \geq 0$

ㅁ. $\dfrac{1}{6}x+2 > 0$ ㅂ. $-2x+3=0$

따라서 일차부등식인 것은 ㄱ, ㄷ, ㄹ, ㅁ이다.

08 ① $2x+1 < x+2$에서 $x < 1$

② $3x+6 > 5x+4$에서 $-2x > -2$ ∴ $x < 1$

③ $3x+1 < 2x+3$에서 $x < 2$

④ $7x-16 < 2x-11$에서 $5x < 5$ ∴ $x < 1$

⑤ $10 > x+9$에서 $-x > -1$ ∴ $x < 1$

따라서 해가 나머지 넷과 다른 하나는 ③이다.

09 $x+2 \geq 3x-2$에서 $-2x \geq -4$ ∴ $x \leq 2$

따라서 해를 수직선 위에 바르게 나타낸 것은 ②이다.

10 $0.4x-1 \leq 0.3(x+1)-0.2$의 양변에 10을 곱하면

$4x-10 \leq 3(x+1)-2$, $4x-10 \leq 3x+3-2$ ∴ $x \leq 11$

11 $0.2(3x+5) < \dfrac{1}{5}(x-1)+3$에서 $\dfrac{1}{5}(3x+5) < \dfrac{1}{5}(x-1)+3$

이 식의 양변에 10을 곱하면

$2(3x+5) < 2(x-1)+30$, $6x+10 < 2x-2+30$

$4x < 18$ ∴ $x < \dfrac{9}{2}$

따라서 부등식을 만족시키는 자연수 x는 1, 2, 3, 4의 4개이다.

12 $3x-5=1$에서 $3x=6$ ∴ $x=2$

따라서 $a=2$이므로 $2x+4 \leq (2-4)x+5$에서

$4x \leq 1$ ∴ $x \leq \dfrac{1}{4}$

13 $ax-6 < 0$에서 $ax < 6$

이 부등식의 해가 $x > -2$이므로 $a < 0$

따라서 $x > \dfrac{6}{a}$이므로

$\dfrac{6}{a} = -2$ ∴ $a = -3$

14 $3x-1 < 8$에서 $3x < 9$ ∴ $x < 3$

$x+1 > 3(x-a)$에서 $x+1 > 3x-3a$

$-2x > -3a-1$ ∴ $x < \dfrac{3a+1}{2}$

두 일차부등식의 해가 서로 같으므로

$\dfrac{3a+1}{2} = 3$, $3a+1=6$, $3a=5$ ∴ $a = \dfrac{5}{3}$

15 $(a+1)x+1 > 2x+a$에서 $(a-1)x > a-1$

$a < 1$이므로 $a-1 < 0$

따라서 $x < \dfrac{a-1}{a-1}$이므로 $x < 1$

16 $4x+a \geq 5x-2$에서 $-x \geq -a-2$ ∴ $x \leq a+2$

부등식을 만족시키는 자연수 x가 3개이므로

$3 \leq a+2 < 4$ ∴ $1 \leq a < 2$

17 사과를 x개 산다고 하면 오렌지는 $(10-x)$개 살 수 있으므로

$2000x + 1500(10-x) \leq 18000$

$500x + 15000 \leq 18000$, $500x \leq 3000$

∴ $x \leq 6$

따라서 사과는 최대 6개까지 살 수 있다.

18 사다리꼴의 높이를 x cm라 하면

$\dfrac{1}{2} \times (6+10) \times x \leq 48$, $8x \leq 48$ ∴ $x \leq 6$

따라서 사다리꼴의 높이는 6 cm 이하이다.

19 x명이 입장한다고 하면

$20000x > 20000 \times \left(1-\dfrac{15}{100}\right) \times 30$

$20000x > 510000$ ∴ $x > \dfrac{51}{2}\,(=25.5)$

따라서 26명 이상부터 30명의 단체 입장권을 사는 것이 유리하다.

Self 코칭

a의 15 % 할인 ➡ $a \times \left(1-\dfrac{15}{100}\right)$

20 x km 지점까지 올라갔다 온다고 하면

$\dfrac{x}{3} + \dfrac{x}{5} \leq 3$, $5x+3x \leq 45$, $8x \leq 45$ ∴ $x \leq \dfrac{45}{8}$

따라서 최대 $\dfrac{45}{8}$ km 지점까지 올라갔다 올 수 있다.

21 x개월 동안 묻히는 쓰레기의 양은 $120x$톤이므로

$5000+120x>30000,\ 120x>25000$

$\therefore x>\dfrac{625}{3}(=208.333\cdots)$

따라서 209개월 후에는 묻을 수 있는 최대량인 30000톤을 넘게 된다.

교과서에서 쏙 빼온 **문제** ┤76쪽├

1 덴마크　　　　　　**2** 풀이 참조

3 (1) $17600-600x$　　(2) 26일

4 11개

1

현우

따라서 현우가 도착하게 되는 나라는 덴마크이다.

2 희윤이는 양변의 모든 항에 같은 수를 곱해야 하는데 상수항에 12를 곱하지 않았고, 소진이는 이항하면서 항의 부호를 바꾸지 않았다.

따라서 풀이 과정을 바르게 고치면 다음과 같다.

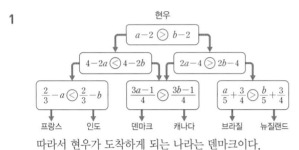

희윤	소진
$1-\dfrac{x}{3}\geq\dfrac{x}{4}$에서	$1-\dfrac{x}{3}\geq\dfrac{x}{4}$에서
$12-4x\geq3x$	$12-4x\geq3x$
$-7x\geq-12$	$-7x\geq-12$
$\therefore x\leq\dfrac{12}{7}$	$\therefore x\leq\dfrac{12}{7}$

3 (1) 현재 남은 컵의 개수는 $20000-2400=17600$이므로 내일부터 x일 동안 나누어 줄 때, 남는 컵의 개수는

$17600-600x$

(2) 나누어 주고 남는 컵이 2000개 이하가 되어야 하므로

$17600-600x\leq2000,\ -600x\leq-15600$　$\therefore x\geq26$

따라서 최소 26일 이상 컵을 나누어 주어야 한다.

4 아이스크림을 x개 살 때, A 마트에서는 $(x-1)$개, B 마트에서는 x개의 가격의 90 %를 내면 되므로 구매 가격은

A 마트 : $1000(x-1)$원

B 마트 : $1000\times\left(1-\dfrac{10}{100}\right)\times x=900x$(원)

B 마트에서 사는 것이 유리하려면

$1000(x-1)>900x,\ 1000x-1000>900x$

$100x>1000$　$\therefore x>10$

따라서 아이스크림을 11개 이상 살 때, B 마트에서 사는 것이 유리하다.

---

2 | 연립일차방정식

01 연립방정식과 그 해

┤78쪽 ~ 79쪽├

1 (1) ×　　(2) ○　　(3) ○

1-1 (1) ○　　(2) ×　　(3) ×

2 (1) ×　　(2) ○　　(3) ×　　(4) ○

2-1 (1) ○　　(2) ×　　(3) ×　　(4) ○

3 (1) 표는 풀이 참조, $(1,8),(2,6),(3,4),(4,2)$

　　(2) 표는 풀이 참조, $(1,4),(2,2)$

3-1 (1) 표는 풀이 참조, $(1,9),(2,6),(3,3)$

　　(2) 표는 풀이 참조, $(1,7),(2,5),(3,3),(4,1)$

4 표는 풀이 참조, $x=2,\ y=2$

4-1 표는 풀이 참조, $x=4,\ y=2$

1 (1) $2x-1=2x$에서 $-1=0$이므로 일차방정식이 아니다.

1-1 (2) x의 차수가 2이므로 일차방정식이 아니다.

(3) $2(x+1)=2x+2$에서 $2x+2-2x-2=0$, $0=0$이므로 일차방정식이 아니다.

2 (1) 등식이 아니므로 일차방정식이 아니다.

(3) 미지수가 1개인 일차방정식이다.

2-1 (2) x가 분모에 있으므로 일차방정식이 아니다.

(3) x의 차수가 2이므로 일차방정식이 아니다.

(4) $2(x+y)=-2x+y$에서 $2x+2y+2x-y=0$, $4x+y=0$이므로 미지수가 2개인 일차방정식이다.

3 (1)

x	1	2	3	4	5	$\cdots$
y	8	6	4	2	0	$\cdots$

(2)

x	1	2	3	$\cdots$
y	4	2	0	$\cdots$

3-1 (1)

x	1	2	3	4	$\cdots$
y	9	6	3	0	$\cdots$

(2)

x	1	2	3	4	5	$\cdots$
y	7	5	3	1	-1	$\cdots$

4 ㉠

x	1	2	3
y	3	2	1

㉡

x	5	2
y	1	2

4-1 ㉠

x	1	2	3	4	5
y	5	4	3	2	1

㉡

x	1	2	3	4
y	8	6	4	2

개념 완성하기
―――――80쪽

01 ②, ⑤	**02** ④	**03** -2	**04** 7
05 ④	**06** ㄷ, ㄹ	**07** -4	**08** 6

01 $x=-1$, $y=2$를 각 방정식에 대입하면
① $-1-2\neq1$ ② $2\times(-1)+2=0$
③ $-3\times(-1)+2\neq6$ ④ $5\times(-1)\neq2\times2-1$
⑤ $3\times(-1)-4\times2+11=0$
따라서 순서쌍 $(-1, 2)$를 해로 갖는 것은 ②, ⑤이다.

02 주어진 순서쌍의 x, y의 값을 $3x-2y=5$에 각각 대입하면
① $3\times(-5)-2\times(-10)=5$
② $3\times(-1)-2\times(-4)=5$
③ $3\times0-2\times\left(-\dfrac{5}{2}\right)=5$
④ $3\times3-2\times(-1)\neq5$
⑤ $3\times4-2\times\dfrac{7}{2}=5$
따라서 일차방정식 $3x-2y=5$의 해가 아닌 것은 ④이다.

03 $x=1$, $y=3$을 $4x+ay=-2$에 대입하면
$4+3a=-2$ $\therefore a=-2$

04 $x=3$, $y=a$를 $3x-2y=-5$에 대입하면
$9-2a=-5$ $\therefore a=7$

05 $x=1$, $y=-2$를 주어진 연립방정식에 각각 대입하면
① $\begin{cases}1+(-2)=-1\ (참)\\2\times1+(-2)\neq1\ (거짓)\end{cases}$
② $\begin{cases}1-(-2)\neq-3\ (거짓)\\1+2\times(-2)=-3\ (참)\end{cases}$
③ $\begin{cases}3\times1+4\times(-2)=-5\ (참)\\-1+4\times(-2)\neq10\ (거짓)\end{cases}$
④ $\begin{cases}1+4\times(-2)=-7\ (참)\\5\times1-2\times(-2)=9\ (참)\end{cases}$
⑤ $\begin{cases}2\times1+3\times(-2)=-4\ (참)\\3\times1+2\times(-2)\neq0\ (거짓)\end{cases}$
따라서 순서쌍 $(1, -2)$를 해로 갖는 것은 ④이다.

06 $x=-2$, $y=1$을 주어진 연립방정식에 각각 대입하면
ㄱ. $\begin{cases}-2+1\neq3\ (거짓)\\-2-1=-3\ (참)\end{cases}$
ㄴ. $\begin{cases}-2-3\times1=-5\ (참)\\-2-2\times1\neq4\ (거짓)\end{cases}$
ㄷ. $\begin{cases}2\times(-2)+1=-3\ (참)\\3\times(-2)+2\times1=-4\ (참)\end{cases}$
ㄹ. $\begin{cases}2\times(-2)-1=-5\ (참)\\-2-4\times1=-6\ (참)\end{cases}$
따라서 $x=-2$, $y=1$을 해로 갖는 것은 ㄷ, ㄹ이다.

07 $x=2$, $y=-1$을 $2x+ay=7$에 대입하면
$4-a=7$ $\therefore a=-3$

$x=2$, $y=-1$을 $bx-y=-1$에 대입하면
$2b+1=-1$, $2b=-2$ $\therefore b=-1$
$\therefore a+b=-3+(-1)=-4$

08 $x=-3$, $y=b$를 $3x-2y=-1$에 대입하면
$-9-2b=-1$, $-2b=8$ $\therefore b=-4$
$x=-3$, $y=-4$를 $ax-3y=6$에 대입하면
$-3a+12=6$, $-3a=-6$ $\therefore a=2$
$\therefore a-b=2-(-4)=6$

02 연립방정식의 풀이
―――――83쪽～86쪽

1	$2x$, 5, 2, 2, 4	
1-1	(1) $x=-3$, $y=3$	(2) $x=4$, $y=7$
2	(1) $x=1$, $y=-3$	(2) $x=1$, $y=-1$
	(3) $x=1$, $y=2$	
2-1	(1) $x=1$, $y=-2$	(2) $x=-3$, $y=-4$
	(3) $x=1$, $y=1$	
3	$+$, 5, 2, 2, 4, 3	
3-1	(1) $x=-2$, $y=1$	(2) $x=2$, $y=1$
4	(1) $x=1$, $y=3$	(2) $x=2$, $y=-1$
	(3) $x=2$, $y=3$	
4-1	(1) $x=2$, $y=6$	(2) $x=1$, $y=2$ (3) $x=1$, $y=2$
5	(1) $x=-6$, $y=3$	(2) $x=-2$, $y=2$
	(3) $x=4$, $y=6$	(4) $x=5$, $y=3$
5-1	(1) $x=2$, $y=-3$	(2) $x=1$, $y=-2$
	(3) $x=2$, $y=2$	(4) $x=-3$, $y=2$
6	(1) $x=2$, $y=-1$	(2) $x=4$, $y=-2$
6-1	(1) $x=3$, $y=1$	(2) $x=-4$, $y=3$
7	(1) 해가 무수히 많다.	(2) 해가 없다.
7-1	(1) 해가 무수히 많다.	(2) 해가 없다.

1-1 (1) $\begin{cases}x=-y & \cdots\cdots ㉠\\x+4y=9 & \cdots\cdots ㉡\end{cases}$
㉠을 ㉡에 대입하면 $-y+4y=9$, $3y=9$ $\therefore y=3$
$y=3$을 ㉠에 대입하면 $x=-3$

(2) $\begin{cases}y=x+3 & \cdots\cdots ㉠\\3x-y=5 & \cdots\cdots ㉡\end{cases}$
㉠을 ㉡에 대입하면
$3x-(x+3)=5$, $2x=8$ $\therefore x=4$
$x=4$를 ㉠에 대입하면 $y=4+3=7$

2 (1) $\begin{cases}x=-2y-5 & \cdots\cdots ㉠\\x=y+4 & \cdots\cdots ㉡\end{cases}$
㉠을 ㉡에 대입하면
$-2y-5=y+4$, $-3y=9$ $\therefore y=-3$
$y=-3$을 ㉡에 대입하면 $x=-3+4=1$

(2) $\begin{cases} 2x-y=3 & \cdots\cdots \ \unicode{x1D4F8} \\ 3x+2y=1 & \cdots\cdots \ \unicode{x1D4F9} \end{cases}$

$\unicode{x1D4F8}$에서 y를 x에 대한 식으로 나타내면

$y=2x-3$ $\cdots\cdots \ \unicode{x1D4FA}$

$\unicode{x1D4FA}$을 $\unicode{x1D4F9}$에 대입하면

$3x+2(2x-3)=1$, $7x=7$ $\quad \therefore \ x=1$

$x=1$을 $\unicode{x1D4FA}$에 대입하면 $y=2-3=-1$

(3) $\begin{cases} x+y=3 & \cdots\cdots \ \unicode{x1D4F8} \\ 2x+3y=8 & \cdots\cdots \ \unicode{x1D4F9} \end{cases}$

$\unicode{x1D4F8}$에서 y를 x에 대한 식으로 나타내면

$y=-x+3$ $\cdots\cdots \ \unicode{x1D4FA}$

$\unicode{x1D4FA}$을 $\unicode{x1D4F9}$에 대입하면

$2x+3(-x+3)=8$, $-x=-1$ $\quad \therefore \ x=1$

$x=1$을 $\unicode{x1D4FA}$에 대입하면 $y=-1+3=2$

2-1 (1) $\begin{cases} 3y=2x-8 & \cdots\cdots \ \unicode{x1D4F8} \\ y=-3x+1 & \cdots\cdots \ \unicode{x1D4F9} \end{cases}$

$\unicode{x1D4F9}$을 $\unicode{x1D4F8}$에 대입하면

$3(-3x+1)=2x-8$, $-11x=-11$ $\quad \therefore \ x=1$

$x=1$을 $\unicode{x1D4F9}$에 대입하면 $y=-3+1=-2$

(2) $\begin{cases} x-2y=5 & \cdots\cdots \ \unicode{x1D4F8} \\ 2x+y=-10 & \cdots\cdots \ \unicode{x1D4F9} \end{cases}$

$\unicode{x1D4F8}$에서 x를 y에 대한 식으로 나타내면

$x=2y+5$ $\cdots\cdots \ \unicode{x1D4FA}$

$\unicode{x1D4FA}$을 $\unicode{x1D4F9}$에 대입하면

$2(2y+5)+y=-10$, $5y=-20$ $\quad \therefore \ y=-4$

$y=-4$를 $\unicode{x1D4FA}$에 대입하면 $x=-8+5=-3$

(3) $\begin{cases} 2x+y=3 & \cdots\cdots \ \unicode{x1D4F8} \\ 3x+2y=5 & \cdots\cdots \ \unicode{x1D4F9} \end{cases}$

$\unicode{x1D4F8}$에서 y를 x에 대한 식으로 나타내면

$y=-2x+3$ $\cdots\cdots \ \unicode{x1D4FA}$

$\unicode{x1D4FA}$을 $\unicode{x1D4F9}$에 대입하면

$3x+2(-2x+3)=5$, $-x=-1$ $\quad \therefore \ x=1$

$x=1$을 $\unicode{x1D4FA}$에 대입하면 $y=-2+3=1$

3-1 (1) $\begin{cases} x-5y=-7 & \cdots\cdots \ \unicode{x1D4F8} \\ -x+3y=5 & \cdots\cdots \ \unicode{x1D4F9} \end{cases}$

$\unicode{x1D4F8}+\unicode{x1D4F9}$을 하면 $-2y=-2$ $\quad \therefore \ y=1$

$y=1$을 $\unicode{x1D4F8}$에 대입하면 $x-5=-7$ $\quad \therefore \ x=-2$

(2) $\begin{cases} 3x-2y=4 & \cdots\cdots \ \unicode{x1D4F8} \\ 3x-y=5 & \cdots\cdots \ \unicode{x1D4F9} \end{cases}$

$\unicode{x1D4F8}-\unicode{x1D4F9}$을 하면 $-y=-1$ $\quad \therefore \ y=1$

$y=1$을 $\unicode{x1D4F9}$에 대입하면 $3x-1=5$, $3x=6$ $\quad \therefore \ x=2$

4 (1) $\begin{cases} x+y=4 & \cdots\cdots \ \unicode{x1D4F8} \\ 3x+2y=9 & \cdots\cdots \ \unicode{x1D4F9} \end{cases}$

$\unicode{x1D4F8}\times3-\unicode{x1D4F9}$을 하면 $y=3$

$y=3$을 $\unicode{x1D4F8}$에 대입하면 $x+3=4$ $\quad \therefore \ x=1$

(2) $\begin{cases} 5x+3y=7 & \cdots\cdots \ \unicode{x1D4F8} \\ 2x+y=3 & \cdots\cdots \ \unicode{x1D4F9} \end{cases}$

$\unicode{x1D4F8}-\unicode{x1D4F9}\times3$을 하면 $-x=-2$ $\quad \therefore \ x=2$

$x=2$를 $\unicode{x1D4F9}$에 대입하면 $4+y=3$ $\quad \therefore \ y=-1$

(3) $\begin{cases} 4x-3y=-1 & \cdots\cdots \ \unicode{x1D4F8} \\ 3x-5y=-9 & \cdots\cdots \ \unicode{x1D4F9} \end{cases}$

$\unicode{x1D4F8}\times3-\unicode{x1D4F9}\times4$를 하면 $11y=33$ $\quad \therefore \ y=3$

$y=3$을 $\unicode{x1D4F8}$에 대입하면 $4x-9=-1$, $4x=8$ $\quad \therefore \ x=2$

4-1 (1) $\begin{cases} 2x+y=10 & \cdots\cdots \ \unicode{x1D4F8} \\ 3x-2y=-6 & \cdots\cdots \ \unicode{x1D4F9} \end{cases}$

$\unicode{x1D4F8}\times2+\unicode{x1D4F9}$을 하면 $7x=14$ $\quad \therefore \ x=2$

$x=2$를 $\unicode{x1D4F8}$에 대입하면 $4+y=10$ $\quad \therefore \ y=6$

(2) $\begin{cases} 5x-4y=-3 & \cdots\cdots \ \unicode{x1D4F8} \\ 3x+2y=7 & \cdots\cdots \ \unicode{x1D4F9} \end{cases}$

$\unicode{x1D4F8}+\unicode{x1D4F9}\times2$를 하면 $11x=11$ $\quad \therefore \ x=1$

$x=1$을 $\unicode{x1D4F9}$에 대입하면 $3+2y=7$, $2y=4$ $\quad \therefore \ y=2$

(3) $\begin{cases} 4x+5y=14 & \cdots\cdots \ \unicode{x1D4F8} \\ 5x+2y=9 & \cdots\cdots \ \unicode{x1D4F9} \end{cases}$

$\unicode{x1D4F8}\times5-\unicode{x1D4F9}\times4$를 하면 $17y=34$ $\quad \therefore \ y=2$

$y=2$를 $\unicode{x1D4F8}$에 대입하면 $4x+10=14$, $4x=4$ $\quad \therefore \ x=1$

5 (1) $\begin{cases} 2(x+y)+3y=3 \\ 5x-4(x-y)=6 \end{cases}$ 에서 $\begin{cases} 2x+5y=3 & \cdots\cdots \ \unicode{x1D4F8} \\ x+4y=6 & \cdots\cdots \ \unicode{x1D4F9} \end{cases}$

$\unicode{x1D4F8}-\unicode{x1D4F9}\times2$를 하면 $-3y=-9$ $\quad \therefore \ y=3$

$y=3$을 $\unicode{x1D4F9}$에 대입하면 $x+12=6$ $\quad \therefore \ x=-6$

(2) $\begin{cases} 0.2x+0.3y=0.2 & \cdots\cdots \ \unicode{x1D4F8} \\ 0.02x+0.1y=0.16 & \cdots\cdots \ \unicode{x1D4F9} \end{cases}$

$\unicode{x1D4F8}\times10$, $\unicode{x1D4F9}\times100$을 하면

$\begin{cases} 2x+3y=2 & \cdots\cdots \ \unicode{x1D4FA} \\ 2x+10y=16 & \cdots\cdots \ \unicode{x1D4FB} \end{cases}$

$\unicode{x1D4FA}-\unicode{x1D4FB}$을 하면 $-7y=-14$ $\quad \therefore \ y=2$

$y=2$를 $\unicode{x1D4FA}$에 대입하면 $2x+6=2$, $2x=-4$ $\quad \therefore \ x=-2$

(3) $\begin{cases} \dfrac{x}{12}+\dfrac{y}{9}=1 & \cdots\cdots \ \unicode{x1D4F8} \\ \dfrac{7}{4}x-\dfrac{1}{2}y=4 & \cdots\cdots \ \unicode{x1D4F9} \end{cases}$

$\unicode{x1D4F8}\times36$, $\unicode{x1D4F9}\times4$를 하면

$\begin{cases} 3x+4y=36 & \cdots\cdots \ \unicode{x1D4FA} \\ 7x-2y=16 & \cdots\cdots \ \unicode{x1D4FB} \end{cases}$

$\unicode{x1D4FA}+\unicode{x1D4FB}\times2$를 하면 $17x=68$ $\quad \therefore \ x=4$

$x=4$를 $\unicode{x1D4FA}$에 대입하면 $12+4y=36$, $4y=24$ $\quad \therefore \ y=6$

(4) $\begin{cases} x-6(x-y)=-7 & \cdots\cdots \ \unicode{x1D4F8} \\ \dfrac{x}{6}-\dfrac{y}{4}=\dfrac{1}{12} & \cdots\cdots \ \unicode{x1D4F9} \end{cases}$

$\unicode{x1D4F8}$에서 괄호를 풀고, $\unicode{x1D4F9}\times12$를 하면

$\begin{cases} -5x+6y=-7 & \cdots\cdots \ \unicode{x1D4FA} \\ 2x-3y=1 & \cdots\cdots \ \unicode{x1D4FB} \end{cases}$

$\unicode{x1D4FA}+\unicode{x1D4FB}\times2$를 하면 $-x=-5$ $\quad \therefore \ x=5$

$x=5$를 $\unicode{x1D4FB}$에 대입하면 $10-3y=1$, $-3y=-9$ $\quad \therefore \ y=3$

5-1 (1) $\begin{cases} 5(x-2y)+7y=19 \\ 2x+3(x-4y)=46 \end{cases}$에서 $\begin{cases} 5x-3y=19 & \cdots\cdots\ ㉠ \\ 5x-12y=46 & \cdots\cdots\ ㉡ \end{cases}$

㉠－㉡을 하면 $9y=-27$ $\quad \therefore y=-3$

$y=-3$을 ㉠에 대입하면 $5x+9=19,\ 5x=10$ $\quad \therefore x=2$

(2) $\begin{cases} 0.1x+0.09y=-0.08 & \cdots\cdots\ ㉠ \\ 0.1x+0.2y=-0.3 & \cdots\cdots\ ㉡ \end{cases}$

㉠$\times100$, ㉡$\times10$을 하면

$\begin{cases} 10x+9y=-8 & \cdots\cdots\ ㉢ \\ x+2y=-3 & \cdots\cdots\ ㉣ \end{cases}$

㉢－㉣$\times10$을 하면 $-11y=22$ $\quad \therefore y=-2$

$y=-2$를 ㉣에 대입하면 $x-4=-3$ $\quad \therefore x=1$

(3) $\begin{cases} \dfrac{x}{3}+\dfrac{y}{4}=\dfrac{7}{6} & \cdots\cdots\ ㉠ \\ \dfrac{x}{2}-\dfrac{y}{3}=\dfrac{1}{3} & \cdots\cdots\ ㉡ \end{cases}$

㉠$\times12$, ㉡$\times6$을 하면

$\begin{cases} 4x+3y=14 & \cdots\cdots\ ㉢ \\ 3x-2y=2 & \cdots\cdots\ ㉣ \end{cases}$

㉢$\times2$＋㉣$\times3$을 하면 $17x=34$ $\quad \therefore x=2$

$x=2$를 ㉢에 대입하면 $8+3y=14,\ 3y=6$ $\quad \therefore y=2$

(4) $\begin{cases} 3x-4(2x+y)=7 & \cdots\cdots\ ㉠ \\ 0.3x+0.4y=-0.1 & \cdots\cdots\ ㉡ \end{cases}$

㉠에서 괄호를 풀고, ㉡$\times10$을 하면

$\begin{cases} -5x-4y=7 & \cdots\cdots\ ㉢ \\ 3x+4y=-1 & \cdots\cdots\ ㉣ \end{cases}$

㉢＋㉣을 하면 $-2x=6$ $\quad \therefore x=-3$

$x=-3$을 ㉣에 대입하면 $-9+4y=-1,\ 4y=8$ $\quad \therefore y=2$

6 (1) $2x+3y=x+y=1$에서

$\begin{cases} 2x+3y=1 & \cdots\cdots\ ㉠ \\ x+y=1 & \cdots\cdots\ ㉡ \end{cases}$

㉠－㉡$\times2$를 하면 $y=-1$

$y=-1$을 ㉡에 대입하면 $x-1=1$ $\quad \therefore x=2$

(2) $3x+y=2x-y=x+6$에서

$\begin{cases} 3x+y=2x-y \\ 2x-y=x+6 \end{cases}$ 즉 $\begin{cases} x+2y=0 & \cdots\cdots\ ㉠ \\ x-y=6 & \cdots\cdots\ ㉡ \end{cases}$

㉠－㉡을 하면 $3y=-6$ $\quad \therefore y=-2$

$y=-2$를 ㉠에 대입하면 $x+2=6$ $\quad \therefore x=4$

Self 코칭

$A=B=C$ 꼴의 방정식에서 C가 상수이면

$\begin{cases} A=C \\ B=C \end{cases}$ 를 푸는 것이 가장 간단하다.

6-1 (1) $2x-y=x+2y=5$에서

$\begin{cases} 2x-y=5 & \cdots\cdots\ ㉠ \\ x+2y=5 & \cdots\cdots\ ㉡ \end{cases}$

㉠$\times2$＋㉡을 하면 $5x=15$ $\quad \therefore x=3$

$x=3$을 ㉠에 대입하면 $6-y=5$ $\quad \therefore y=1$

(2) $x-2y+1=3x+y=2x-y+2$에서

$\begin{cases} x-2y+1=3x+y \\ 3x+y=2x-y+2 \end{cases}$ 즉 $\begin{cases} -2x-3y=-1 & \cdots\cdots\ ㉠ \\ x+2y=2 & \cdots\cdots\ ㉡ \end{cases}$

㉠＋㉡$\times2$를 하면 $y=3$

$y=3$을 ㉡에 대입하면 $x+6=2$ $\quad \therefore x=-4$

7 (1) $\begin{cases} 2x+y=3 & \cdots\cdots\ ㉠ \\ 4x+2y=6 & \cdots\cdots\ ㉡ \end{cases}$

㉠$\times2$를 하면 $\begin{cases} 4x+2y=6 \\ 4x+2y=6 \end{cases}$

즉, 두 일차방정식이 일치하므로 해가 무수히 많다.

(2) $\begin{cases} 6x-3y=9 & \cdots\cdots\ ㉠ \\ 2x-y=2 & \cdots\cdots\ ㉡ \end{cases}$

㉡$\times3$을 하면 $\begin{cases} 6x-3y=9 \\ 6x-3y=6 \end{cases}$

즉, 두 일차방정식의 x, y의 계수는 각각 같고, 상수항은 다르므로 해가 없다.

다른풀이

(1) $\dfrac{2}{4}=\dfrac{1}{2}=\dfrac{3}{6}$이므로 해가 무수히 많다.

(2) $\dfrac{6}{2}=\dfrac{-3}{-1}\neq\dfrac{9}{2}$이므로 해가 없다.

7-1 (1) $\begin{cases} 9x-6y=12 & \cdots\cdots\ ㉠ \\ 3x-2y=4 & \cdots\cdots\ ㉡ \end{cases}$

㉡$\times3$을 하면 $\begin{cases} 9x-6y=12 \\ 9x-6y=12 \end{cases}$

즉, 두 일차방정식이 일치하므로 해가 무수히 많다.

(2) $\begin{cases} x-y=2 & \cdots\cdots\ ㉠ \\ 4x-4y=9 & \cdots\cdots\ ㉡ \end{cases}$

㉠$\times4$를 하면 $\begin{cases} 4x-4y=8 \\ 4x-4y=9 \end{cases}$

즉, 두 일차방정식의 x, y의 계수는 각각 같고, 상수항은 다르므로 해가 없다.

다른풀이

(1) $\dfrac{9}{3}=\dfrac{-6}{-2}=\dfrac{12}{4}$이므로 해가 무수히 많다.

(2) $\dfrac{1}{4}=\dfrac{-1}{-4}\neq\dfrac{2}{9}$이므로 해가 없다.

개념 완성하기 ━━━━ 87쪽～88쪽

01 4	02 7	03 ③	04 4
05 0	06 $x=3$, $y=2$	07 $x=4$, $y=5$	
08 $-\dfrac{7}{3}$	09 -3	10 -21	11 $-\dfrac{1}{2}$
12 ④	13 $x=5$, $y=1$	14 4	
15 $a=-2$, $b=10$		16 -4	

01 $\begin{cases} 3x-2y=5 & \cdots\cdots\ ㉠ \\ y=2x-1 & \cdots\cdots\ ㉡ \end{cases}$

㉡을 ㉠에 대입하면

$3x-2(2x-1)=5,\ -x+2=5$ $\quad \therefore x=-3$

$x=-3$을 ㉡에 대입하면 $y=-6-1=-7$

따라서 $a=-3$, $b=-7$이므로 $a-b=-3-(-7)=4$

02 ㉠을 ㉡에 대입하면 $x+2(3x-1)=5$

$7x-2=5$, 즉 $7x=7$이므로 $k=7$

04 $\begin{cases} x+2y=6 & \cdots\cdots ㉠ \\ x-3y=-4 & \cdots\cdots ㉡ \end{cases}$

㉠$-$㉡을 하면 $5y=10$ $\quad \therefore y=2$

$y=2$를 ㉠에 대입하면 $x+4=6$ $\quad \therefore x=2$

따라서 $a=2$, $b=2$이므로 $a+b=2+2=4$

05 $\begin{cases} x+2(x-2y)=7 \\ 4y+3(x-y)=2 \end{cases}$ 에서 $\begin{cases} 3x-4y=7 & \cdots\cdots ㉠ \\ 3x+y=2 & \cdots\cdots ㉡ \end{cases}$

㉠$-$㉡을 하면 $-5y=5$ $\quad \therefore y=-1$

$y=-1$을 ㉡에 대입하면 $3x-1=2$, $3x=3$ $\quad \therefore x=1$

따라서 $a=1$, $b=-1$이므로 $a+b=1+(-1)=0$

06 $\begin{cases} 2(x+3)=11-(y-x) \\ x=3(y-1) \end{cases}$ 에서 $\begin{cases} x+y=5 & \cdots\cdots ㉠ \\ x=3y-3 & \cdots\cdots ㉡ \end{cases}$

㉡을 ㉠에 대입하면 $(3y-3)+y=5$, $4y=8$ $\quad \therefore y=2$

$y=2$를 ㉡에 대입하면 $x=6-3=3$

07 $\begin{cases} 0.3x+0.4y=3.2 & \cdots\cdots ㉠ \\ \dfrac{3}{4}x-\dfrac{2}{5}y=1 & \cdots\cdots ㉡ \end{cases}$

㉠$\times 10$, ㉡$\times 20$을 하면

$\begin{cases} 3x+4y=32 & \cdots\cdots ㉢ \\ 15x-8y=20 & \cdots\cdots ㉣ \end{cases}$

㉢$\times 2+$㉣을 하면 $21x=84$ $\quad \therefore x=4$

$x=4$를 ㉢에 대입하면 $12+4y=32$, $4y=20$ $\quad \therefore y=5$

08 $\begin{cases} x-\dfrac{2}{3}y=\dfrac{5}{2} & \cdots\cdots ㉠ \\ 0.6x+0.3y=0.1 & \cdots\cdots ㉡ \end{cases}$

㉠$\times 6$, ㉡$\times 10$을 하면

$\begin{cases} 6x-4y=15 & \cdots\cdots ㉢ \\ 6x+3y=1 & \cdots\cdots ㉣ \end{cases}$

㉢$-$㉣을 하면 $-7y=14$ $\quad \therefore y=-2$

$y=-2$를 ㉣에 대입하면 $6x-6=1$, $6x=7$ $\quad \therefore x=\dfrac{7}{6}$

따라서 $p=\dfrac{7}{6}$, $q=-2$이므로 $pq=\dfrac{7}{6}\times(-2)=-\dfrac{7}{3}$

09 $x=3$, $y=2$를 주어진 연립방정식에 대입하면

$\begin{cases} 3a+2b=3 & \cdots\cdots ㉠ \\ 3a-2b=9 & \cdots\cdots ㉡ \end{cases}$

㉠$+$㉡을 하면 $6a=12$ $\quad \therefore a=2$

$a=2$를 ㉠에 대입하면 $6+2b=3$, $2b=-3$ $\quad \therefore b=-\dfrac{3}{2}$

$\therefore ab=2\times\left(-\dfrac{3}{2}\right)=-3$

10 $x=2$, $y=4$를 주어진 연립방정식에 대입한 후 정리하면

$\begin{cases} 2m-n=-12 & \cdots\cdots ㉠ \\ m-n=-1 & \cdots\cdots ㉡ \end{cases}$

㉠$-$㉡을 하면 $m=-11$

$m=-11$을 ㉡에 대입하면 $-11-n=-1$ $\quad \therefore n=-10$

$\therefore m+n=-11+(-10)=-21$

11 주어진 연립방정식의 해는 세 일차방정식을 모두 만족시키므로

연립방정식 $\begin{cases} 2x-3y=-1 & \cdots\cdots ㉠ \\ x+5y=-7 & \cdots\cdots ㉡ \end{cases}$의 해와 같다.

㉠$-$㉡$\times 2$를 하면 $-13y=13$ $\quad \therefore y=-1$

$y=-1$을 ㉡에 대입하면 $x-5=-7$ $\quad \therefore x=-2$

$x=-2$, $y=-1$을 $ax-4y=5$에 대입하면

$-2a+4=5$, $-2a=1$ $\quad \therefore a=-\dfrac{1}{2}$

12 x의 값이 y의 값의 2배이므로 $x=2y$

$\begin{cases} x-y=2 & \cdots\cdots ㉠ \\ x=2y & \cdots\cdots ㉡ \end{cases}$

㉡을 ㉠에 대입하면 $2y-y=2$ $\quad \therefore y=2$

$y=2$를 ㉡에 대입하면 $x=4$

$x=4$, $y=2$를 $2x-y=1-k$에 대입하면

$8-2=1-k$ $\quad \therefore k=-5$

> **Self 코칭**
>
> x의 값이 y의 값의 a배이다. $\rightarrow x=ay$

13 $5x-4y-10=3(x-2)+2y=2x+y$에서

$\begin{cases} 5x-4y-10=2x+y \\ 3(x-2)+2y=2x+y \end{cases}$, 즉 $\begin{cases} 3x-5y=10 & \cdots\cdots ㉠ \\ x+y=6 & \cdots\cdots ㉡ \end{cases}$

㉠$-$㉡$\times 3$을 하면 $-8y=-8$ $\quad \therefore y=1$

$y=1$을 ㉡에 대입하면 $x+1=6$ $\quad \therefore x=5$

14 $\dfrac{3x+y}{5}=\dfrac{x+1}{2}=\dfrac{3x-y}{4}$에서

$\begin{cases} \dfrac{3x+y}{5}=\dfrac{x+1}{2} \\ \dfrac{x+1}{2}=\dfrac{3x-y}{4} \end{cases}$, 즉 $\begin{cases} x+2y=5 & \cdots\cdots ㉠ \\ x-y=2 & \cdots\cdots ㉡ \end{cases}$

㉠$-$㉡을 하면 $3y=3$ $\quad \therefore y=1$

$y=1$을 ㉡에 대입하면 $x-1=2$ $\quad \therefore x=3$

따라서 $a=3$, $b=1$이므로 $a+b=3+1=4$

15 $\begin{cases} x+ay=5 & \cdots\cdots ㉠ \\ 2x-4y=b & \cdots\cdots ㉡ \end{cases}$

㉠$\times 2$를 하면 $\begin{cases} 2x+2ay=10 \\ 2x-4y=b \end{cases}$

이 연립방정식의 해가 무수히 많으므로

$2a=-4$, $10=b$ $\quad \therefore a=-2$, $b=10$

> **다른풀이**
>
> 연립방정식의 해가 무수히 많으므로
>
> $\dfrac{1}{2}=\dfrac{a}{-4}=\dfrac{5}{b}$ $\quad \therefore a=-2$, $b=10$

16 $\begin{cases} 2x-3y=2 & \cdots\cdots ㉠ \\ ax+6y=-6 & \cdots\cdots ㉡ \end{cases}$

㉠$\times(-2)$를 하면 $\begin{cases} -4x+6y=-4 \\ ax+6y=-6 \end{cases}$

이 연립방정식의 해가 없으므로 $a=-4$

다른풀이

연립방정식의 해가 없으므로

$\dfrac{2}{a}=\dfrac{-3}{6}\neq\dfrac{2}{-6}$ $\therefore a=-4$

실력 확인하기 89쪽 ~ 90쪽

01 ④	02 ②	03 2개	04 3
05 ③	06 $x=3, y=2$	07 0	08 18
09 ③	10 ③	11 3	12 0
13 2			

01 ④ $10x+8y=98$

02 주어진 식을 정리하면 $x+(6-a)y-9=0$
이 식이 미지수가 2개인 일차방정식이려면 $6-a\neq0$, 즉 $a\neq6$이어야 한다.

03 $2x+3y=18$을 만족시키는 x, y의 값은 다음과 같다.

x	$\dfrac{15}{2}$	6	$\dfrac{9}{2}$	3	$\dfrac{3}{2}$	0	⋯
y	1	2	3	4	5	6	⋯

따라서 x, y가 자연수일 때, 순서쌍 (x, y)는 $(6, 2)$, $(3, 4)$의 2개이다.

04 $\begin{cases}2(x-y)=x+4\\3x+ay=2\end{cases}$, 즉 $\begin{cases}x-2y=4\\3x+ay=2\end{cases}$의 해가 $(2, b)$이므로
$x=2$, $y=b$를 $x-2y=4$에 대입하면
$2-2b=4$ $\therefore b=-1$
$x=2$, $y=-1$을 $3x+ay=2$에 대입하면
$6-a=2$ $\therefore a=4$
$\therefore a+b=4+(-1)=3$

06 $\begin{cases}0.6x+0.5y=2.8\\\dfrac{1}{3}x+\dfrac{1}{2}y=2\end{cases}$에서 $\begin{cases}6x+5y=28 & \cdots\cdots ㉠\\2x+3y=12 & \cdots\cdots ㉡\end{cases}$
㉠$-$㉡$\times3$을 하면 $-4y=-8$ $\therefore y=2$
$y=2$를 ㉡에 대입하면 $2x+6=12$, $2x=6$ $\therefore x=3$

07 $x=3$, $y=-1$을 주어진 연립방정식에 대입하면
$\begin{cases}3a-b=4 & \cdots\cdots ㉠\\3b+a=8 & \cdots\cdots ㉡\end{cases}$
㉠$\times3+$㉡을 하면 $10a=20$ $\therefore a=2$
$a=2$를 ㉠에 대입하면 $6-b=4$ $\therefore b=2$
$\therefore a-b=2-2=0$

08 주어진 두 연립방정식의 해가 서로 같으므로 그 해는 연립방정식 $\begin{cases}x+y=1\\x-y=3\end{cases}$의 해와 같다.
이 연립방정식을 풀면 $x=2$, $y=-1$
$x=2$, $y=-1$을 $3x+y=a$에 대입하면
$6-1=a$ $\therefore a=5$

$x=2$, $y=-1$, $a=5$를 $ax-3y=b$에 대입하면
$b=10+3=13$
$\therefore a+b=5+13=18$

Self 코칭

두 연립방정식의 해가 서로 같다.
➜ 네 일차방정식이 공통인 해를 갖는다.
➜ 미지수가 없는 두 일차방정식을 연립하여 푼다.

09 $\dfrac{x-2y}{3}=\dfrac{ax-4y}{7}=k$에서
$\begin{cases}\dfrac{x-2y}{3}=k\\\dfrac{ax-4y}{7}=k\end{cases}$, 즉 $\begin{cases}x-2y=3k & \cdots\cdots ㉠\\ax-4y=7k & \cdots\cdots ㉡\end{cases}$
$x=1$, $y=-4$를 ㉠에 대입하면
$1+8=3k$ $\therefore k=3$
$x=1$, $y=-4$, $k=3$을 ㉡에 대입하면
$a+16=21$ $\therefore a=5$
$\therefore a+k=5+3=8$

10 ③ $\begin{cases}-x+2y=-2 & \cdots\cdots ㉠\\4x-8y=4 & \cdots\cdots ㉡\end{cases}$
㉠$\times(-4)$를 하면 $\begin{cases}4x-8y=8\\4x-8y=4\end{cases}$
두 일차방정식의 x, y의 계수는 각각 같고, 상수항은 다르므로 해가 없다.

11 **전략 코칭**

비례식이 주어진 경우
➜ $a:b=c:d$이면 $ad=bc$임을 이용한다.

$\begin{cases}2(x+3y)=3x+7\\4x:5y=2:1\end{cases}$에서 $\begin{cases}-x+6y=7 & \cdots\cdots ㉠\\2x-5y=0 & \cdots\cdots ㉡\end{cases}$
㉠$\times2+$㉡을 하면 $7y=14$ $\therefore y=2$
$y=2$를 ㉠에 대입하면 $-x+12=7$ $\therefore x=5$
$\therefore x-y=5-2=3$

12 **전략 코칭**

연립방정식의 해가 무수히 많다.
➜ 두 일차방정식에서 x의 계수, y의 계수, 상수항 중 어느 하나가 같아지도록 변형하면 두 일차방정식이 일치한다.

$\begin{cases}2x+y=a & \cdots\cdots ㉠\\bx+2y=x-10 & \cdots\cdots ㉡\end{cases}$
㉠$\times2$를 하고, ㉡을 정리하면 $\begin{cases}4x+2y=2a\\(b-1)x+2y=-10\end{cases}$
이 연립방정식의 해가 무수히 많으므로
$4=b-1$, $2a=-10$ $\therefore a=-5$, $b=5$
$\therefore a+b=-5+5=0$

다른풀이

$\begin{cases}2x+y=a\\bx+2y=x-10\end{cases}$에서 $\begin{cases}2x+y=a\\(b-1)x+2y=-10\end{cases}$

이 연립방정식의 해가 무수히 많으므로

$$\frac{2}{b-1}=\frac{1}{2}=\frac{a}{-10} \qquad \therefore a=-5,\ b=5$$

$$\therefore a+b=-5+5=0$$

13 전략 코칭

먼저 $x=2$를 제대로 본 방정식에 대입하여 y의 값을 구한다.

$5x-3y=7$에 $x=2$를 대입하면

$10-3y=7,\ -3y=-3 \qquad \therefore y=1$

$4x+3y=10$의 3을 a로 잘못 보았다고 하면

$x=2,\ y=1$은 $4x+ay=10$의 해이므로

$8+a=10 \qquad \therefore a=2$

---

03 연립방정식의 활용

92쪽~93쪽

1 (1) $\begin{cases} x+y=8 \\ 500x+1500y=7000 \end{cases}$ (2) 5개

1-1 (1) $\begin{cases} x+y=7 \\ 3000x+2000y=18000 \end{cases}$ (2) 4명

2 (1) $\begin{cases} x+y=28 \\ 3y-x=20 \end{cases}$ (2) 16

2-1 (1) $\begin{cases} x-y=5 \\ 2y-x=15 \end{cases}$ (2) 20

3 (1) 표는 풀이 참조, $\begin{cases} x+y=9 \\ \dfrac{x}{2}+\dfrac{y}{5}=3 \end{cases}$ (2) 4 km

3-1 (1) 표는 풀이 참조, $\begin{cases} x+y=52 \\ \dfrac{x}{60}+\dfrac{y}{3}=\dfrac{3}{2} \end{cases}$ (2) 50 km

4 (1) $\begin{cases} x=y+5 \\ 100x=200y \end{cases}$ (2) 10분 후

4-1 (1) $\begin{cases} x=y+12 \\ 50x=200y \end{cases}$ (2) 800 m

---

1 (2) 연립방정식을 풀면 $x=5,\ y=3$
따라서 구입한 막대사탕은 5개이다.

1-1 (2) 연립방정식을 풀면 $x=4,\ y=3$
따라서 입장한 성인은 4명이다.

2 (2) 연립방정식을 풀면 $x=16,\ y=12$
따라서 큰 수는 16이다.

2-1 (2) 연립방정식을 풀면 $x=25,\ y=20$
따라서 작은 수는 20이다.

3 (1)

	올라갈 때	내려올 때
거리(km)	x	y
속력(km/h)	2	5
시간(시간)	$\dfrac{x}{2}$	$\dfrac{y}{5}$

$\rightarrow \begin{cases} x+y=9 \\ \dfrac{x}{2}+\dfrac{y}{5}=3 \end{cases}$

---

(2) 연립방정식을 풀면 $x=4,\ y=5$
따라서 올라간 거리는 4 km이다.

3-1 (1)

	버스를 탈 때	걸어갈 때
거리(km)	x	y
속력(km/h)	60	3
시간(시간)	$\dfrac{x}{60}$	$\dfrac{y}{3}$

$\rightarrow \begin{cases} x+y=52 \\ \dfrac{x}{60}+\dfrac{y}{3}=\dfrac{3}{2} \end{cases}$

(2) 연립방정식을 풀면 $x=50,\ y=2$
따라서 버스를 타고 간 거리는 50 km이다.

4 (2) 연립방정식을 풀면 $x=10,\ y=5$
따라서 두 사람이 만나는 것은 A가 출발한 지 10분 후이다.

4-1 (2) 연립방정식을 풀면 $x=16,\ y=4$
따라서 집에서 학교 정문까지의 거리는
$50 \times 16 = 200 \times 4 = 800\,(\text{m})$

개념 완성하기

94쪽~95쪽

01 37   **02** ④   **03** 양 : 10마리, 오리 : 5마리

04 개 : 4마리, 닭 : 6마리   **05** 42세   **06** ②

07 10 cm   **08** ⑤   **09** 10일   **10** 12일

11 10회   **12** ③

---

01 처음 수의 십의 자리의 숫자를 x, 일의 자리의 숫자를 y라 하면

$\begin{cases} x+y=10 \\ 10y+x=2(10x+y)-1 \end{cases}$ 즉 $\begin{cases} x+y=10 \\ -19x+8y=-1 \end{cases}$

$\therefore x=3,\ y=7$

따라서 처음 자연수는 37이다.

02 처음 수의 십의 자리의 숫자를 x, 일의 자리의 숫자를 y라 하면

$\begin{cases} x+y=12 \\ 10y+x=(10x+y)-36 \end{cases}$ 즉 $\begin{cases} x+y=12 \\ -x+y=-4 \end{cases}$

$\therefore x=8,\ y=4$

따라서 처음 자연수는 84이다.

03 양이 x마리, 오리가 y마리 있다고 하면

$\begin{cases} x+y=15 \\ 4x+2y=50 \end{cases} \qquad \therefore x=10,\ y=5$

따라서 양은 10마리, 오리는 5마리이다.

04 개가 x마리, 닭이 y마리 있다고 하면

$\begin{cases} x+y=10 \\ 4x+2y=28 \end{cases}$ $\quad \therefore x=4, \ y=6$

따라서 개는 4마리, 닭은 6마리이다.

05 현재 어머니의 나이를 x세, 아들의 나이를 y세라 하면

$\begin{cases} x-y=26 \\ x-3=3(y-3) \end{cases}$, 즉 $\begin{cases} x-y=26 \\ x-3y=-6 \end{cases}$ $\quad \therefore x=42, \ y=16$

따라서 현재 어머니의 나이는 42세이다.

06 현재 아버지의 나이를 x세, 딸의 나이를 y세라 하면

$\begin{cases} x+y=55 \\ x+16=2(y+16) \end{cases}$, 즉 $\begin{cases} x+y=55 \\ x-2y=16 \end{cases}$ $\quad \therefore x=42, \ y=13$

따라서 현재 딸의 나이는 13세이다.

07 가로의 길이를 x cm, 세로의 길이를 y cm라 하면

$\begin{cases} x=y+4 \\ 2(x+y)=32 \end{cases}$, 즉 $\begin{cases} x=y+4 \\ x+y=16 \end{cases}$ $\quad \therefore x=10, \ y=6$

따라서 가로의 길이는 10 cm이다.

08 윗변의 길이를 x cm, 아랫변의 길이를 y cm라 하면

$\begin{cases} y=x+2 \\ \frac{1}{2} \times (x+y) \times 6=42 \end{cases}$, 즉 $\begin{cases} y=x+2 \\ x+y=14 \end{cases}$ $\quad \therefore x=6, \ y=8$

따라서 윗변의 길이는 6 cm이다.

09 전체 일의 양을 1이라 하고, 도경이와 현지가 하루에 할 수 있는 일의 양을 각각 $x, \ y$라 하면

$\begin{cases} 6x+6y=1 \\ 8x+3y=1 \end{cases}$ $\quad \therefore x=\frac{1}{10}, \ y=\frac{1}{15}$

따라서 도경이가 하루에 할 수 있는 일의 양은 전체의 $\frac{1}{10}$이므로 혼자서 끝내려면 10일이 걸린다.

10 전체 일의 양을 1이라 하고, 희윤이와 병주가 하루에 할 수 있는 일의 양을 각각 $x, \ y$라 하면

$\begin{cases} 4x+4y=1 \\ 2x+8y=1 \end{cases}$ $\quad \therefore x=\frac{1}{6}, \ y=\frac{1}{12}$

따라서 병주가 하루에 할 수 있는 일의 양은 전체의 $\frac{1}{12}$이므로 혼자서 끝내려면 12일이 걸린다.

11 다율이가 이긴 횟수를 x회, 진 횟수를 y회라 하면 신이가 이긴 횟수는 y회, 진 횟수는 x회이므로

$\begin{cases} 2x-y=13 \\ -x+2y=4 \end{cases}$ $\quad \therefore x=10, \ y=7$

따라서 다율이가 이긴 횟수는 10회이다.

12 병욱이가 이긴 횟수를 x회, 진 횟수를 y회라 하면 서연이가 이긴 횟수는 y회, 진 횟수는 x회이므로

$\begin{cases} 3x-2y=18 \\ -2x+3y=3 \end{cases}$ $\quad \therefore x=12, \ y=9$

따라서 가위바위보를 한 횟수는 $12+9=21$(회)

실력 확인하기 ——————————|96쪽|

01 3000원 **02** 4인용 의자 : 8개, 5인용 의자 : 7개

03 ① **04** 200 cm² **05** ②

06 나래 : 분속 40 m, 도연 : 분속 20 m **07** 368명

01 샤프 한 자루의 가격을 x원, 볼펜 한 자루의 가격을 y원이라 하면

$\begin{cases} 2x+3y=12000 \\ 3x+2y=13000 \end{cases}$ $\quad \therefore x=3000, \ y=2000$

따라서 샤프 한 자루의 가격은 3000원이다.

02 4인용 의자를 x개, 5인용 의자를 y개라 하면

$\begin{cases} x+y=15 \\ 4x+5y=67 \end{cases}$ $\quad \therefore x=8, \ y=7$

따라서 4인용 의자는 8개, 5인용 의자는 7개가 있다.

03 100원짜리 동전을 x개, 500원짜리 동전을 y개라 하면

$\begin{cases} x+y=20 \\ 100x+500y=7600 \end{cases}$ $\quad \therefore x=6, \ y=14$

따라서 100원짜리 동전은 6개가 들어 있다.

04 가로의 길이를 x cm, 세로의 길이를 y cm라 하면

$\begin{cases} x=2y \\ 2(x+y)=60 \end{cases}$, 즉 $\begin{cases} x=2y \\ x+y=30 \end{cases}$ $\quad \therefore x=20, \ y=10$

따라서 가로의 길이가 20 cm, 세로의 길이가 10 cm이므로 직사각형의 넓이는 $20 \times 10=200 (\text{cm}^2)$

05 예진이가 깃발을 먼저 든 횟수를 x회, 나중에 든 횟수를 y회라 하면 철희가 깃발을 먼저 든 횟수는 y회, 나중에 든 횟수는 x회이므로

$\begin{cases} 5x-2y=50 \\ -2x+5y=22 \end{cases}$ $\quad \therefore x=14, \ y=10$

따라서 예진이가 깃발을 먼저 든 횟수는 14회이다.

06 나래의 속력을 분속 x m, 도연이의 속력을 분속 y m라 하면

$\begin{cases} 60x-60y=1200 \\ 20x+20y=1200 \end{cases}$, 즉 $\begin{cases} x-y=20 \\ x+y=60 \end{cases}$ $\quad \therefore x=40, \ y=20$

따라서 나래의 속력은 분속 40 m, 도연이의 속력은 분속 20 m이다.

> **Self 코칭**
>
> A, B 두 사람이 호수의 같은 지점에서 동시에 출발할 때
> ① 같은 방향으로 돌다 처음으로 만나면
> ➡ (A, B가 이동한 거리의 차)=(호수의 둘레의 길이)
> ② 반대 방향으로 돌다 처음으로 만나면
> ➡ (A, B가 이동한 거리의 합)=(호수의 둘레의 길이)

07 **전략 코칭**

x가 a % 증가 ➡ 증가한 후의 양은 $\left(1+\dfrac{a}{100}\right)x$

x가 b % 감소 ➡ 감소한 후의 양은 $\left(1-\dfrac{b}{100}\right)x$

작년의 남학생을 x명, 여학생을 y명이라 하면

$$\begin{cases} x+y=840 \\ -\dfrac{8}{100}x+\dfrac{5}{100}y=-10 \end{cases}, \ 즉 \begin{cases} x+y=840 \\ -8x+5y=-1000 \end{cases}$$

$\therefore x=400, \ y=440$

따라서 작년의 남학생은 400명이므로 올해의 남학생은

$$\left(1-\dfrac{8}{100}\right)\times 400=368(명)$$

서술형 문제

97쪽 ~ 98쪽

1 3	**1-1** 3
2 -16	**3** 3
4 25분 후	**4-1** 800 m
5 12 cm	**6** 9일

---

1 채점기준1 미지수가 없는 연립방정식을 만들어 풀기 ⋯ 3점

$$\begin{cases} 2x+y=3 & \cdots\cdots ㉠ \\ y-3x=-7 & \cdots\cdots ㉡ \end{cases}$$

㉠−㉡을 하면 $5x=10$ $\therefore x=2$

$x=2$를 ㉠에 대입하면 $4+y=3$ $\therefore y=-1$

채점기준2 a, b의 값 각각 구하기 ⋯ 2점

$x=2, \ y=-1$을 $x+3y=a$에 대입하면 $a=2-3=-1$

$x=2, \ y=-1$을 $x=2y-b$에 대입하면 $2=-2-b$

$\therefore b=-4$

채점기준3 $a-b$의 값 구하기 ⋯ 1점

$a-b=-1-(-4)=3$

1-1 채점기준1 미지수가 없는 연립방정식을 만들어 풀기 ⋯ 3점

$$\begin{cases} 3x-2y=8 & \cdots\cdots ㉠ \\ 5x+4y=6 & \cdots\cdots ㉡ \end{cases}$$

㉠×2+㉡을 하면 $11x=22$ $\therefore x=2$

$x=2$를 ㉠에 대입하면

$6-2y=8, \ -2y=2$ $\therefore y=-1$

채점기준2 a, b에 대한 연립방정식 세우기 ⋯ 1점

$x=2, \ y=-1$을 $\begin{cases} 2ax-by=9 \\ ax+3by=1 \end{cases}$에 대입하면

$$\begin{cases} 4a+b=9 & \cdots\cdots ㉢ \\ 2a-3b=1 & \cdots\cdots ㉣ \end{cases}$$

채점기준3 $a+b$의 값 구하기 ⋯ 2점

㉢−㉣×2를 하면 $7b=7$ $\therefore b=1$

$b=1$을 ㉢에 대입하면 $4a+1=9, \ 4a=8$ $\therefore a=2$

$\therefore a+b=2+1=3$

2 y의 값이 x의 값보다 1만큼 크므로 $y=x+1$

$$\begin{cases} 3x-7y=1 \\ y=x+1 \end{cases}$$ 을 풀면 $x=-2, \ y=-1$ ⋯⋯ ❶

$x=-2, \ y=-1$을 $7x-3y=a+5$에 대입하면

$-14+3=a+5$ $\therefore a=-16$ ⋯⋯ ❷

채점 기준	배점
❶ 미지수가 없는 일차방정식으로 연립방정식을 만들어 풀기	3점
❷ a의 값 구하기	2점

3 $x=3, \ y=1$은 $\begin{cases} bx+ay=1 \\ ax+by=-5 \end{cases}$ 의 해이므로

$$\begin{cases} 3b+a=1 & \cdots\cdots ㉠ \\ 3a+b=-5 & \cdots\cdots ㉡ \end{cases}$$ ⋯⋯ ❶

㉠×3−㉡을 하면 $8b=8$ $\therefore b=1$

$b=1$을 ㉠에 대입하면 $3+a=1$ $\therefore a=-2$ ⋯⋯ ❷

$\therefore b-a=1-(-2)=3$ ⋯⋯ ❸

채점 기준	배점
❶ a, b에 대한 연립방정식 세우기	3점
❷ a, b의 값 각각 구하기	2점
❸ $b-a$의 값 구하기	1점

4 채점기준1 연립방정식 세우기 ⋯ 3점

아영이의 이동 시간을 x분, 동생의 이동 시간을 y분이라 하면 두 사람의 이동 거리는 같으므로

$$\begin{cases} x=y+20 & \cdots\cdots ㉠ \\ 60x=300y & \cdots\cdots ㉡ \end{cases}$$

채점기준2 연립방정식 풀기 ⋯ 2점

㉠을 ㉡에 대입하면 $60(y+20)=300y$

$60y+1200=300y, \ -240y=-1200$ $\therefore y=5$

$y=5$를 ㉠에 대입하면 $x=5+20=25$

채점기준3 아영이가 몇 분 후에 동생과 만나는지 구하기 ⋯ 1점

아영이가 집을 출발한 지 25분 후에 동생과 만난다.

4-1 채점기준1 연립방정식 세우기 ⋯ 3점

경수의 이동 시간을 x분, 우빈이의 이동 시간을 y분이라 하면 두 사람의 이동 거리는 같으므로

$$\begin{cases} x=y+6 & \cdots\cdots ㉠ \\ 50x=80y & \cdots\cdots ㉡ \end{cases}$$

채점기준2 연립방정식 풀기 ⋯ 2점

㉠을 ㉡에 대입하면 $50(y+6)=80y$

$50y+300=80y, \ -30y=-300$ $\therefore y=10$

$y=10$을 ㉠에 대입하면 $x=10+6=16$

채점기준3 학교에서 두 사람이 만난 곳까지의 거리 구하기 ⋯ 1점

학교에서 두 사람이 만난 곳까지의 거리는

$50\times 16=80\times 10=800(m)$

5 정삼각형의 한 변의 길이를 x cm, 정사각형의 한 변의 길이를 y cm라 하면

$$\begin{cases} 3x=4y & \cdots\cdots ㉠ \\ x=2y-6 & \cdots\cdots ㉡ \end{cases}$$ ⋯⋯ ❶

㉡을 ㉠에 대입하면 $3(2y-6)=4y$

$6y-18=4y, \ 2y=18$ $\therefore y=9$

$y=9$를 ㉡에 대입하면 $x=18-6=12$ ⋯⋯ ❷

따라서 정삼각형의 한 변의 길이는 12 cm이다.   ⋯⋯ ❸

채점 기준	배점
❶ 연립방정식 세우기	3점
❷ 연립방정식 풀기	2점
❸ 정삼각형의 한 변의 길이 구하기	1점

6 전체 일의 양을 1이라 하고, 현우와 세호가 하루에 할 수 있는 일의 양을 각각 x, y라 하면

$$\begin{cases} 3x+8y=1 & \cdots\cdots \ \bigcirc \\ 6x+4y=1 & \cdots\cdots \ \bigcirc \end{cases} \quad \cdots\cdots \ ❶$$

$\bigcirc\times2-\bigcirc$을 하면 $12y=1$ $\quad\therefore y=\dfrac{1}{12}$

$y=\dfrac{1}{12}$을 $\bigcirc$에 대입하면 $3x+\dfrac{2}{3}=1$ $\quad\therefore x=\dfrac{1}{9}$ $\quad\cdots\cdots \ ❷$

따라서 현우가 하루에 할 수 있는 일의 양은 $\dfrac{1}{9}$이므로 혼자서 완성하려면 9일이 걸린다. $\quad\cdots\cdots \ ❸$

채점 기준	배점
❶ 연립방정식 세우기	3점
❷ 연립방정식 풀기	3점
❸ 현우가 혼자서 완성하려면 며칠이 걸리는지 구하기	1점

실전! 중단원 마무리 ————————— 99쪽 ~ 101쪽

01 ⑤	**02** (2, 7), (4, 4), (6, 1)	**03** 1
04 ⑤	**05** $x=1$, $y=5$ **06** 3	**07** ①
08 ②	**09** ④	**10** -2 **11** ④
12 ⑤	**13** 6	**14** ④ **15** ⑤
16 16	**17** 74	**18** 1인용 : 5대, 2인용 : 4대
19 15세	**20** ④	**21** 12 km
22 호두 : 2개, 검은콩 : 7개		

02 $3x+2y=20$을 만족시키는 x, y의 값은 다음과 같다.

x	1	2	3	4	5	6	7	$\cdots$
y	$\dfrac{17}{2}$	7	$\dfrac{11}{2}$	4	$\dfrac{5}{2}$	1	$-\dfrac{1}{2}$	$\cdots$

따라서 순서쌍 (x, y)는 $(2, 7)$, $(4, 4)$, $(6, 1)$이다.

03 $x=a$, $y=-1$을 $x-2y=5$에 대입하면

$a+2=5$ $\quad\therefore a=3$

$x=9$, $y=b$를 $x-2y=5$에 대입하면

$9-2b=5$, $-2b=-4$ $\quad\therefore b=2$

$\therefore a-b=3-2=1$

04 ⑤ $\begin{cases} 5\times2-2\times(-1)=12 \ (\text{참}) \\ 2\times2+3\times(-1)=1 \ (\text{참}) \end{cases}$

따라서 해가 $x=2$, $y=-1$인 것은 ⑤이다.

05 $2x+y=7$의 해는

x	1	2	3
y	5	3	1

$x+2y=11$의 해는

x	9	7	5	3	1
y	1	2	3	4	5

따라서 주어진 연립방정식의 해는 $x=1$, $y=5$이다.

06 $x=2$, $y=5$를 $2x-ay=-1$에 대입하면

$4-5a=-1$, $-5a=-5$ $\quad\therefore a=1$

$x=2$, $y=5$를 $bx+y=9$에 대입하면

$2b+5=9$, $2b=4$ $\quad\therefore b=2$

$\therefore a+b=1+2=3$

08 $\begin{cases} 3(x-y)+2=x \\ 4x+3(2y-x)=14 \end{cases}$ 에서 $\begin{cases} 2x-3y=-2 & \cdots\cdots \ \bigcirc \\ x+6y=14 & \cdots\cdots \ \bigcirc \end{cases}$

$\bigcirc-\bigcirc\times2$를 하면 $-15y=-30$ $\quad\therefore y=2$

$y=2$를 $\bigcirc$에 대입하면 $x+12=14$ $\quad\therefore x=2$

따라서 $a=2$, $b=2$이므로 $a+b=2+2=4$

09 $\begin{cases} 0.3x+0.4y=1.7 \\ \dfrac{2}{3}x+\dfrac{1}{2}y=3 \end{cases}$ 에서 $\begin{cases} 3x+4y=17 & \cdots\cdots \ \bigcirc \\ 4x+3y=18 & \cdots\cdots \ \bigcirc \end{cases}$

$\bigcirc\times4-\bigcirc\times3$을 하면 $7y=14$ $\quad\therefore y=2$

$y=2$를 $\bigcirc$에 대입하면 $3x+8=17$, $3x=9$ $\quad\therefore x=3$

따라서 $a=3$, $b=2$이므로 $a+b=3+2=5$

10 $\begin{cases} y=x+2 & \cdots\cdots \ \bigcirc \\ 2x-y=-1 & \cdots\cdots \ \bigcirc \end{cases}$

$\bigcirc$을 $\bigcirc$에 대입하면 $2x-(x+2)=-1$ $\quad\therefore x=1$

$x=1$을 $\bigcirc$에 대입하면 $y=1+2=3$

$x=1$, $y=3$을 $ax+3y=7$에 대입하면

$a+9=7$ $\quad\therefore a=-2$

11 주어진 두 연립방정식의 해가 서로 같으므로 그 해는 연립방정식 $\begin{cases} x-y=5 \\ 2x+y=7 \end{cases}$ 의 해와 같다.

이 연립방정식을 풀면 $x=4$, $y=-1$

$x=4$, $y=-1$을 $x-2y=2a$에 대입하면

$4+2=2a$, $2a=6$ $\quad\therefore a=3$

$x=4$, $y=-1$을 $bx+2y=6$에 대입하면

$4b-2=6$, $4b=8$ $\quad\therefore b=2$

$\therefore a-b=3-2=1$

12 $x-\dfrac{y}{2}=\dfrac{2x+3}{5}=\dfrac{x+y}{3}$ 에서

$\begin{cases} x-\dfrac{y}{2}=\dfrac{2x+3}{5} \\ x-\dfrac{y}{2}=\dfrac{x+y}{3} \end{cases}$, 즉 $\begin{cases} 6x-5y=6 & \cdots\cdots \ \bigcirc \\ 4x-5y=0 & \cdots\cdots \ \bigcirc \end{cases}$

$\bigcirc-\bigcirc$을 하면 $2x=6$ $\quad\therefore x=3$

$x=3$을 $\bigcirc$에 대입하면

$12-5y=0$, $-5y=-12$ $\quad\therefore y=\dfrac{12}{5}$

13 $3x+4y+10=2x-3y+k=4x+3$에서

$\begin{cases} 3x+4y+10=4x+3 \\ 2x-3y+k=4x+3 \end{cases}$, 즉 $\begin{cases} x-4y=7 & \cdots\cdots \ \bigcirc \\ 2x+3y=k-3 & \cdots\cdots \ \bigcirc \end{cases}$

$y=-1$을 $\bigcirc$에 대입하면 $x+4=7$ $\quad\therefore x=3$

$x=3$, $y=-1$을 $\bigcirc$에 대입하면

$6-3=k-3$ $\quad\therefore k=6$

14 ④ $\begin{cases} 2x-4y=-6 \\ x-2y=-3 \end{cases}$ 에서 $\begin{cases} 2x-4y=-6 \\ 2x-4y=-6 \end{cases}$

두 일차방정식이 일치하므로 해가 무수히 많다.

다른풀이

④ $\dfrac{2}{1}=\dfrac{-4}{-2}=\dfrac{-6}{-3}$ 이므로 해가 무수히 많다.

15 $\begin{cases} 3x-2y=-12 \\ -\dfrac{x}{2}+\dfrac{y}{3}=k \end{cases}$ 에서 $\begin{cases} 3x-2y=-12 \\ 3x-2y=-6k \end{cases}$

이 연립방정식의 해가 없으므로 $-12\neq -6k$ $\quad\therefore k\neq 2$

다른풀이

$\begin{cases} 3x-2y=-12 \\ -\dfrac{x}{2}+\dfrac{y}{3}=k \end{cases}$ 에서 $\begin{cases} 3x-2y=-12 \\ 3x-2y=-6k \end{cases}$

이 연립방정식의 해가 없으므로

$\dfrac{3}{3}=\dfrac{-2}{-2}\neq\dfrac{-12}{-6k}$ $\quad\therefore k\neq 2$

16 두 자연수 중 큰 수를 x, 작은 수를 y라 하면

$\begin{cases} x+y=27 \\ x-y=5 \end{cases}$ $\quad\therefore x=16,\ y=11$

따라서 큰 수는 16이다.

17 십의 자리의 숫자를 x, 일의 자리의 숫자를 y라 하면

$\begin{cases} x=y+3 \\ 10x+y=6(x+y)+8 \end{cases}$, 즉 $\begin{cases} x=y+3 \\ 4x-5y=8 \end{cases}$ $\therefore x=7,\ y=4$

따라서 두 자리의 자연수는 74이다.

18 1인용 자전거를 x대, 2인용 자전거를 y대라 하면

$\begin{cases} x+y=9 \\ x+2y=13 \end{cases}$ $\quad\therefore x=5,\ y=4$

따라서 1인용 자전거는 5대, 2인용 자전거는 4대를 빌려야 한다.

19 현재 아버지의 나이를 x세, 아들의 나이를 y세라 하면

$\begin{cases} x+y=55 \\ x+10=2(y+10) \end{cases}$, 즉 $\begin{cases} x+y=55 \\ x-2y=10 \end{cases}$ $\therefore x=40,\ y=15$

따라서 현재 아들의 나이는 15세이다.

20 채연이가 이긴 횟수를 x회, 진 횟수를 y회라 하면 승민이가 이긴 횟수는 y회, 진 횟수는 x회이므로

$\begin{cases} 2x-y=30 \\ -x+2y=12 \end{cases}$ $\quad\therefore x=24,\ y=18$

따라서 채연이가 이긴 횟수는 24회이다.

21 A 코스의 거리를 x km, B 코스의 거리를 y km라 하면

$\begin{cases} x+y=18 \\ \dfrac{x}{3}+\dfrac{y}{4}=5 \end{cases}$ $\quad\therefore x=6,\ y=12$

따라서 B 코스의 거리는 12 km이다.

22 하루 동안 호두 x개, 검은콩 y개를 먹는다고 하면

$\begin{cases} 2x+4y=32 \\ 6x+2y=26 \end{cases}$ $\quad\therefore x=2,\ y=7$

따라서 호두 2개, 검은콩 7개를 먹어야 한다.

교과서에서 쏙 빼온 **문제** ─────────── 102쪽

1 (가), (다)   **2** $x=20,\ y=4$

3 4개   **4** 남학생 : 20명, 여학생 : 24명

1 $x=2$, $y=5$를 (가), (나), (다)의 일차방정식에 각각 대입하면

(가) $2+5=7$ (참)

(나) $2\times 2+5\neq 10$ (거짓)

(다) $3\times 2+2\times 5=16$ (참)

따라서 뽑은 두 장의 카드는 (가), (다)이다.

2 40경기에서 x승 y무 16패이므로

$x+y+16=40$, 즉 $x+y=24$ ……㉠

승률은 0.55이므로

$(x+0.5\times y)\div 40=0.55$, 즉 $2x+y=44$ ……㉡

㉠, ㉡을 연립하여 풀면 $x=20,\ y=4$

3 한 개에 500원인 연필의 구매 금액이 1500원이므로 구입한 연필은 3개이다.

딱풀 2개의 구매 금액이 2000원이므로 딱풀 1개의 가격은 1000원이다.

구입한 볼펜을 x개, 지우개를 y개라 하면

총 수량이 11개이므로

$3+x+2+y=11$, 즉 $x+y=6$ ……㉠

총 금액이 7300원이므로

$1500+800x+2000+300y=7300$

즉, $8x+3y=38$ ……㉡

㉠, ㉡을 연립하여 풀면 $x=4,\ y=2$

따라서 구입한 볼펜은 4개이다.

4 봉사 활동에 지원한 남학생을 x명, 여학생을 y명이라 하면

봉사 활동에 지원한 학생은 44명이므로

$x+y=44$ ……㉠

남학생의 10 %, 여학생의 $\dfrac{1}{8}$이 불참하여 모두 39명이 참여하였으므로

$\left(1-\dfrac{10}{100}\right)x+\left(1-\dfrac{1}{8}\right)y=39$

즉, $36x+35y=1560$ ……㉡

㉠, ㉡을 연립하여 풀면 $x=20,\ y=24$

따라서 봉사 활동에 지원한 남학생은 20명, 여학생은 24명이다.

다른풀이

남학생의 10 %, 여학생의 $\dfrac{1}{8}$이 불참하여 모두 $44-39=5$(명)이 불참하였으므로

$\dfrac{10}{100}x+\dfrac{1}{8}y=5$, 즉 $4x+5y=200$

연립방정식 $\begin{cases} x+y=44 \\ 4x+5y=200 \end{cases}$ 을 풀면

$x=20,\ y=24$

1 일차함수와 그 그래프 (1)

01 함수와 함숫값

─────────── 105쪽~107쪽 ───────────

1 (1) 200, 300, 400　　(2) $y=100x$

1-1 (1) 6, 9, 12　　(2) $y=3x$

2 (1) 60, 30, 20, 15　　(2) $y=\dfrac{60}{x}$

2-1 (1) 24, 12, 8, 6　　(2) $y=\dfrac{24}{x}$

3 (1) 풀이 참조　　(2) 하나씩 정해지지 않는다.
　　(3) 함수가 아니다.

3-1 (1) 풀이 참조　　(2) 하나씩 정해진다.　　(3) 함수이다.

4 (1) ◯　　(2) ◯　　(3) ✕　　(4) ◯

4-1 (1) ◯　　(2) ◯　　(3) ✕　　(4) ◯

5 (1) $f(x)=4x$　　(2) 28

5-1 (1) $f(x)=\dfrac{20}{x}$　　(2) 2

6 (1) 8　　(2) -4　　(3) 2　　(4) -12

6-1 (1) 1　　(2) $-\dfrac{3}{2}$　　(3) $\dfrac{1}{2}$　　(4) -3

7 (1) 1　　(2) 0　　(3) 2

7-1 (1) 1　　(2) 3　　(3) 6

3 (1)

x	1	2	3	4	…
y	없다.	1	1, 2	1, 2, 3	…

3-1 (1)

x	1	2	3	4	…
y	500	1000	1500	2000	…

4 (3) $x=1$일 때, y의 값이 없으므로 x의 값 하나에 y의 값이 하나씩 정해지지 않는다.
　　따라서 y는 x의 함수가 아니다.

4-1 (3) $x=1$일 때, $y=-1$, 1이므로 x의 값 하나에 y의 값이 하나씩 정해지지 않는다.
　　따라서 y는 x의 함수가 아니다.

5 (2) $f(7)=4\times7=28$

5-1 (2) $f(10)=\dfrac{20}{10}=2$

6 (1) $f(2)=4\times2=8$
　　(2) $f(-1)=4\times(-1)=-4$
　　(3) $f\left(\dfrac{1}{2}\right)=4\times\dfrac{1}{2}=2$
　　(4) $f(-3)=4\times(-3)=-12$

6-1 (1) $f(3)=\dfrac{3}{3}=1$

(2) $f(-2)=\dfrac{3}{-2}=-\dfrac{3}{2}$

(3) $f(6)=\dfrac{3}{6}=\dfrac{1}{2}$

(4) $f(-1)=\dfrac{3}{-1}=-3$

7 (1) $f(6)=$ (6을 5로 나눈 나머지) $=1$
　　(2) $f(10)=$ (10을 5로 나눈 나머지) $=0$
　　(3) $f(27)=$ (27을 5로 나눈 나머지) $=2$

7-1 (1) $f(2)=$ (2보다 작은 홀수의 개수) $=1$
　　(2) $f(7)=$ (7보다 작은 홀수의 개수) $=3$
　　(3) $f(12)=$ (12보다 작은 홀수의 개수) $=6$

개념 완성하기
─────────── 108쪽 ───────────

01 ②, ③　　　**02** ㄷ, ㄹ, ㅁ　　　**03** -5　　　**04** 2

05 (1) 3　　(2) -9　　　　**06** (1) -6　　(2) -2

01 ② $x=5$일 때, $y=5$, 10, 15, …이므로 y는 x의 함수가 아니다.
　③ x의 값 하나에 y의 값이 하나씩 정해지지 않으므로 y는 x의 함수가 아니다.
　따라서 y가 x의 함수가 아닌 것은 ②, ③이다.

02 ㄱ. $x=3$일 때, $y=1$, 2, 4, …이므로 y는 x의 함수가 아니다.
　ㄴ. $x=6$일 때, $y=2$, 3, 5이므로 y는 x의 함수가 아니다.
　따라서 y가 x의 함수인 것은 ㄷ, ㄹ, ㅁ이다.

03 $f(-1)=-5\times(-1)=5$
　$f(2)=-5\times2=-10$
　$\therefore f(-1)+f(2)=5+(-10)=-5$

04 $f(-6)=\dfrac{12}{-6}=-2$
　$f(3)=\dfrac{12}{3}=4$
　$\therefore f(-6)+f(3)=-2+4=2$

05 (1) $f(2)=2a=6$　　$\therefore a=3$
　(2) $f(x)=3x$이므로
　　$f(-3)=3\times(-3)=-9$

06 (1) $f(-2)=\dfrac{a}{-2}=3$　　$\therefore a=-6$
　(2) $f(x)=-\dfrac{6}{x}$이므로
　　$f(3)=-\dfrac{6}{3}=-2$

┤111쪽 ~ 117쪽├

1 (1) ○ (2) × (3) ○ (4) × (5) ○

1-1 (1) $y=x+15$, 일차함수이다.

(2) $y=\dfrac{6}{x}$, 일차함수가 아니다.

(3) $y=\pi x^2$, 일차함수가 아니다.

(4) $y=2000-300x$, 일차함수이다.

2 (1) 3 (2) -8 (3) 2

2-1 (1) 1 (2) 0 (3) -8

3 $-3, -1, 1, 3, 5$,

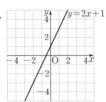

3-1 (1)
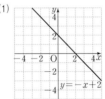
(2)

4

4-1
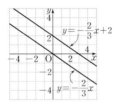

5 (1) 4 (2) -2 (3) $-\dfrac{1}{3}$ (4) $\dfrac{1}{2}$

5-1 (1) $-\dfrac{5}{2}$ (2) 3 (3) -1 (4) $\dfrac{7}{4}$

6 (1) $y=\dfrac{1}{2}x+3$ (2) $y=-2x-4$

(3) $y=5x-\dfrac{1}{2}$ (4) $y=-3x+\dfrac{1}{3}$

6-1 (1) $y=3x-1$ (2) $y=-x+5$

(3) $y=-\dfrac{7}{5}x-3$ (4) $y=5x+7$

7 (1) ○ (2) ×

7-1 (1) -1 (2) 10

8 (1) $(-4, 0)$ (2) -4 (3) $(0, -3)$ (4) -3

8-1 (1) x절편 : -4, y절편 : 8

(2) x절편 : -10, y절편 : -2

(3) x절편 : 2, y절편 : 6

9 (1) x절편 : 4, y절편 : -2 (2)
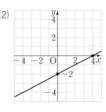

9-1 (1)
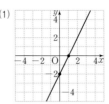
(2)

10 (1) 1 (2) $-\dfrac{2}{3}$

10-1 (1) 3 (2) -4 (3) $\dfrac{1}{5}$

11 (1) $\dfrac{2}{3}$ (2) 6 (3) 4

11-1 (1) $-\dfrac{1}{2}$ (2) 2 (3) -1

12 (위에서부터) 2, 3 / 2 **12-1** 1

13 (1) 기울기 : 4, y절편 : -2 (2)
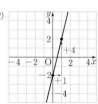

13-1 (1)
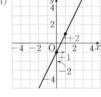
(2)
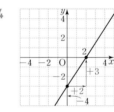

14
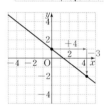
14-1

---

1 (2) x가 분모에 있으므로 일차함수가 아니다.

(4) y가 x에 대한 이차식이므로 일차함수가 아니다.

(5) $y=2(4-x)+x=-x+8$이므로 일차함수이다.

2 (1) $f(2)=4\times2-5=8-5=3$

(2) $f\left(-\dfrac{3}{4}\right)=4\times\left(-\dfrac{3}{4}\right)-5=-3-5=-8$

(3) $f(0)=4\times0-5=-5$

$f(3)=4\times3-5=12-5=7$

$\therefore f(0)+f(3)=-5+7=2$

2-1 (1) $f(-2)=-2\times(-2)-3=4-3=1$

(2) $f\left(-\dfrac{3}{2}\right)=-2\times\left(-\dfrac{3}{2}\right)-3=3-3=0$

(3) $f(0)=-2\times0-3=-3$

$f(-4)=-2\times(-4)-3=8-3=5$

$\therefore f(0)-f(-4)=-3-5=-8$

7 (1) $y=3x-1$에 $x=1$, $y=2$를 대입하면 $2=3\times1-1$

즉, 등식이 성립하므로 점 $(1, 2)$는 $y=3x-1$의 그래프 위의 점이다.

(2) $y=3x-1$에 $x=-1$, $y=-3$을 대입하면
$-3\neq3\times(-1)-1$
즉, 등식이 성립하지 않으므로 점 $(-1, -3)$은 $y=3x-1$
의 그래프 위의 점이 아니다.

7-1 (1) $y=-x+4$의 그래프가 점 $(a, 5)$를 지나므로
$5=-a+4$ ∴ $a=-1$

(2) $y=\dfrac{2}{3}x+8$의 그래프가 점 $(3, a)$를 지나므로
$a=\dfrac{2}{3}\times3+8=10$

8-1 (1) $y=0$일 때, $0=2x+8$, $x=-4$이므로 x절편은 -4
$x=0$일 때, $y=8$이므로 y절편은 8

(2) $y=0$일 때, $0=-\dfrac{1}{5}x-2$, $x=-10$이므로 x절편은 -10
$x=0$일 때, $y=-2$이므로 y절편은 -2

(3) $y=0$일 때, $0=-3x+6$, $x=2$이므로 x절편은 2
$x=0$일 때, $y=6$이므로 y절편은 6

9-1 (1) $y=2x-2$의 그래프의 x절편은 1, y절편은 -2이다.

(2) $y=-\dfrac{1}{3}x+1$의 그래프의 x절편은 3, y절편은 1이다.

10 (1) x의 값이 0에서 2까지 2만큼 증가할 때, y의 값은 1에서
3까지 2만큼 증가하므로
$(기울기)=\dfrac{(y의\ 값의\ 증가량)}{(x의\ 값의\ 증가량)}=\dfrac{2}{2}=1$

(2) x의 값이 0에서 3까지 3만큼 증가할 때, y의 값은 2에서
0까지 2만큼 감소하므로
$(기울기)=\dfrac{(y의\ 값의\ 증가량)}{(x의\ 값의\ 증가량)}=\dfrac{-2}{3}=-\dfrac{2}{3}$

11 (2) $6-0=6$

(3) $(기울기)=\dfrac{(y의\ 값의\ 증가량)}{6}=\dfrac{2}{3}$
∴ $(y의\ 값의\ 증가량)=4$

11-1 (2) $0-(-2)=2$

(3) $(기울기)=\dfrac{(y의\ 값의\ 증가량)}{2}=-\dfrac{1}{2}$
∴ $(y의\ 값의\ 증가량)=-1$

12-1 $(기울기)=\dfrac{3-(-1)}{2-(-2)}=1$

개념 완성하기   118쪽~120쪽

01 ②	**02** ③	**03** ⑤	**04** ⑤
05 ④	**06** ③	**07** ④	**08** ②
09 -1	**10** 2	**11** -8	
12 x절편 : -4, y절편 : 2	**13** ①	**14** ⑤
15 ③	**16** -4	**17** ④	**18** $-\dfrac{1}{2}$
19 ②	**20** ④	**21** ①	**22** ②

---

01 ③ $y=-x(x-3)=-x^2+3x$이므로 일차함수가 아니다.
④ $y=x-(4+x)=x-4-x=-4$이므로 일차함수가 아
니다.
따라서 y가 x에 대한 일차함수인 것은 ②이다.

02 ③ $y=\dfrac{1}{x}+7$에서 x가 분모에 있으므로 일차함수가 아니다.
④ $10x+\dfrac{y}{3}=1$에서 $\dfrac{y}{3}=-10x+1$ ∴ $y=-30x+3$
즉, 일차함수이다.
⑤ $y=x^2-(5x+x^2)=x^2-5x-x^2=-5x$이므로 일차함수
이다.
따라서 y가 x에 대한 일차함수가 아닌 것은 ③이다.

03 $f(1)=a+1=3$ ∴ $a=2$
따라서 $f(x)=2x+1$이므로 $f(2)=2\times2+1=5$

04 $f(-1)=-2+a=2$ ∴ $a=4$
따라서 $f(x)=2x+4$이므로
$f(4)=2\times4+4=12$, $f(0)=2\times0+4=4$
∴ $f(4)-f(0)=12-4=8$

05 $y=-2x+a$의 그래프가 점 $(1, 2)$를 지나므로
$2=-2+a$ ∴ $a=4$
$y=-2x+4$의 그래프가 점 $(b, 6)$을 지나므로
$6=-2b+4$, $2b=-2$ ∴ $b=-1$
∴ $a-b=4-(-1)=5$

06 $y=ax-2$의 그래프가 점 $(2, 2)$를 지나므로
$2=2a-2$, $2a=4$ ∴ $a=2$
$y=2x-2$의 그래프가 점 $(b, -4)$를 지나므로
$-4=2b-2$, $2b=-2$ ∴ $b=-1$
∴ $a+b=2+(-1)=1$

07 $y=3x+8$의 그래프를 y축의 방향으로 -4만큼 평행이동하면
$y=3x+8-4$ ∴ $y=3x+4$

08 $y=4x-3$의 그래프를 y축의 방향으로 6만큼 평행이동하면
$y=4x-3+6$ ∴ $y=4x+3$
따라서 $a=4$, $b=3$이므로 $a+b=4+3=7$

09 $y=-3x$의 그래프를 y축의 방향으로 5만큼 평행이동하면
$y=-3x+5$
이 그래프가 점 $(2, k)$를 지나므로 $k=-3\times2+5=-1$

10 $y=ax$의 그래프를 y축의 방향으로 -2만큼 평행이동하면
$y=ax-2$
이 그래프가 점 $(-1, -4)$를 지나므로
$-4=-a-2$ ∴ $a=2$

11 $y=0$일 때, $0=-3x-6$, $x=-2$이므로 x절편은 -2
$x=0$일 때, $y=-6$이므로 y절편은 -6
따라서 $a=-2$, $b=-6$이므로 $a+b=-2+(-6)=-8$

12 $y=\dfrac{1}{2}x$의 그래프를 y축의 방향으로 2만큼 평행이동하면

$y=\dfrac{1}{2}x+2$

$y=0$일 때, $0=\dfrac{1}{2}x+2$, $x=-4$이므로 x절편은 -4

$x=0$일 때, $y=2$이므로 y절편은 2

13 $y=\dfrac{1}{3}x+k$의 그래프의 y절편이 2이므로 $k=2$

$\therefore y=\dfrac{1}{3}x+2$

$y=0$일 때, $0=\dfrac{1}{3}x+2$, $x=-6$이므로 x절편은 -6

14 $y=2x-k$에 $x=-3$, $y=0$을 대입하면

$0=2\times(-3)-k$ $\therefore k=-6$

따라서 $y=2x+6$의 그래프의 y절편은 6이다.

15 $(기울기)=\dfrac{(y의\ 값의\ 증가량)}{(x의\ 값의\ 증가량)}=\dfrac{-2}{5}=-\dfrac{2}{5}$

> **Self 코칭**
> 2만큼 감소한다는 것은 -2만큼 증가한다는 것이다.

16 $(기울기)=\dfrac{k-5}{3}=-3$

$k-5=-9$ $\therefore k=-4$

17 $(기울기)=\dfrac{(y의\ 값의\ 증가량)}{(x의\ 값의\ 증가량)}=\dfrac{8}{3-(-1)}=2$ $\therefore a=2$

18 $(기울기)=\dfrac{(y의\ 값의\ 증가량)}{(x의\ 값의\ 증가량)}=\dfrac{-3}{6}=-\dfrac{1}{2}$ $\therefore a=-\dfrac{1}{2}$

19 $(기울기)=\dfrac{-3-a}{2-1}=-2$이므로

$-3-a=-2$ $\therefore a=-1$

20 일차함수의 그래프가 두 점 $(-2,0)$, $(0,6)$을 지나므로

$(기울기)=\dfrac{6-0}{0-(-2)}=3$

> **다른풀이**
> $(기울기)=-\dfrac{(y절편)}{(x절편)}=-\dfrac{6}{-2}=3$

> **Self 코칭**
> x절편과 y절편이 주어진 일차
> 함수의 그래프에서
> $(기울기)=-\dfrac{(y절편)}{(x절편)}$

21 $y=\dfrac{3}{2}x+3$에서 $y=0$일 때, $0=\dfrac{3}{2}x+3$ $\therefore x=-2$

$x=0$일 때, $y=3$

따라서 일차함수 $y=\dfrac{3}{2}x+3$의 그래프의 x절편은 -2, y절편은 3이므로 그 그래프는 ①과 같다.

22 $y=-\dfrac{1}{3}x-2$에서 $y=0$일 때, $0=-\dfrac{1}{3}x-2$ $\therefore x=-6$

$x=0$일 때, $y=-2$

따라서 일차함수 $y=-\dfrac{1}{3}x-2$의 그래프의 x절편은 -6, y절편은 -2이므로 그 그래프는 ②와 같다.

실력 확인하기 ─────── 121쪽

| **01** ③, ⑤ | **02** ④ | **03** 4 | **04** ⑤ |
| **05** 2 | **06** -9 | **07** 12 | **08** -2 |

01 ① $f(7)=(7을\ 7로\ 나눈\ 나머지)=0$

② $f(25)=(25를\ 7로\ 나눈\ 나머지)=4$

③ $f(14)=(14를\ 7로\ 나눈\ 나머지)=0$

$f(21)=(21을\ 7로\ 나눈\ 나머지)=0$

$\therefore f(14)=f(21)$

④ $f(20)=(20을\ 7로\ 나눈\ 나머지)=6$

$f(30)=(30을\ 7로\ 나눈\ 나머지)=2$

$\therefore f(20)\neq f(30)$

⑤ $f(2)=(2를\ 7로\ 나눈\ 나머지)=2$

$f(10)=(10을\ 7로\ 나눈\ 나머지)=3$

$f(17)=(17을\ 7로\ 나눈\ 나머지)=3$

$\therefore f(2)+f(10)+f(17)=2+3+3=8$

따라서 옳은 것은 ③, ⑤이다.

02 ① $y=\dfrac{1}{2}\times(3+x)\times8$ $\therefore y=4x+12$

② $y=50x$

③ $y=5x+15$

④ $xy=30$이므로 $y=\dfrac{30}{x}$

⑤ $y=5x$

따라서 y가 x에 대한 일차함수가 아닌 것은 ④이다.

03 $f(-1)=-2\times(-1)+3=5$ $\therefore a=5$

$f(b)=-2b+3=5$에서

$-2b=2$ $\therefore b=-1$

$\therefore a+b=5+(-1)=4$

04 $y=3x-1$의 그래프를 y축의 방향으로 a만큼 평행이동하면

$y=3x-1+a$

즉, $b=3$, $2=-1+a$에서 $a=3$

$\therefore a+b=3+3=6$

05 $y=4x-8$에서 $y=0$일 때, $0=4x-8$ $\therefore x=2$

따라서 $y=4x-8$의 그래프의 x절편이 2이고, $y=4x-8$의 그래프의 x절편과 $y=-\dfrac{2}{3}x+a$의 그래프의 y절편이 서로 같으므로 $y=-\dfrac{2}{3}x+a$의 그래프의 y절편은 2이다.

$\therefore a=2$

06 x절편이 4, y절편이 3이므로 $a=4$, $b=3$
그래프가 두 점 $(4, 0)$, $(0, 3)$을 지나므로
(기울기)$=\dfrac{3-0}{0-4}=-\dfrac{3}{4}$ $\therefore c=-\dfrac{3}{4}$
$\therefore abc=4\times3\times\left(-\dfrac{3}{4}\right)=-9$

07 $y=-\dfrac{2}{3}x+4$에서 $y=0$일 때, $0=-\dfrac{2}{3}x+4$ $\therefore x=6$
$x=0$일 때, $y=4$
즉, 일차함수 $y=-\dfrac{2}{3}x+4$의 그래프의
x절편은 6, y절편은 4이므로 그 그래프는
오른쪽 그림과 같다.

따라서 구하는 도형의 넓이는
$\dfrac{1}{2}\times6\times4=12$

08 **전략 코칭**

> 세 점이 한 직선 위에 있으면 세 점 중 어느 두 점을 택해도
> 그 두 점을 지나는 직선의 기울기는 항상 같다.

두 점 $(-1, 1)$, $(2, 7)$을 지나는 직선의 기울기와 두 점
$(2, 7)$, $(m, m+1)$을 지나는 직선의 기울기가 같으므로
$\dfrac{7-1}{2-(-1)}=\dfrac{m+1-7}{m-2}$, $2=\dfrac{m-6}{m-2}$
$2(m-2)=m-6$, $2m-4=m-6$ $\therefore m=-2$

서술형 문제 ────────────── 122쪽

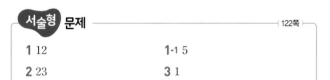

1 12	**1-1** 5
2 23	**3** 1

1 채점 기준 1 평행이동한 그래프가 나타내는 식 구하기 ⋯ 2점
$y=2x-5$의 그래프를 y축의 방향으로 k만큼 평행이동하면
$y=2x-5+k$
채점 기준 2 k의 값 구하기 ⋯ 3점
$y=2x-5+k$의 그래프가 점 $(-2, 3)$을 지나므로
$3=2\times(-2)-5+k$ $\therefore k=12$

1-1 채점 기준 1 평행이동한 그래프가 나타내는 식 구하기 ⋯ 2점
$y=-4x+b$의 그래프를 y축의 방향으로 -3만큼 평행이동
하면
$y=-4x+b-3$
채점 기준 2 b의 값 구하기 ⋯ 3점
$y=-4x+b-3$의 그래프가 점 $(2, -6)$을 지나므로
$-6=-4\times2+b-3$ $\therefore b=5$

---

2 $f(2)=2a-3=5$에서
$2a=8$ $\therefore a=4$ ⋯⋯⋯ **❶**
따라서 $f(x)=4x-3$이므로
$f(3)=4\times3-3=9$
$f(-1)=4\times(-1)-3=-7$
$\therefore f(3)-2f(-1)=9-2\times(-7)=23$ ⋯⋯⋯ **❷**

채점 기준	배점
❶ a의 값 구하기	2점
❷ $f(3)-2f(-1)$의 값 구하기	4점

3 $y=f(x)$의 그래프가 두 점 $(0, -2)$, $(2, 2)$를 지나므로
$m=\dfrac{2-(-2)}{2-0}=2$ ⋯⋯⋯ **❶**
$y=g(x)$의 그래프가 두 점 $(2, 2)$, $(4, 0)$을 지나므로
$n=\dfrac{0-2}{4-2}=-1$ ⋯⋯⋯ **❷**
$\therefore m+n=2+(-1)=1$ ⋯⋯⋯ **❸**

채점 기준	배점
❶ m의 값 구하기	3점
❷ n의 값 구하기	3점
❸ $m+n$의 값 구하기	1점

실전! 중단원 마무리 ──── 123쪽～124쪽

01 ③	02 ①	03 ②	04 $a\neq3$
05 ③	06 3	07 ④	08 ③
09 3	10 ③	11 ②	12 ②
13 ⑤	14 ④		

01 ③ $x=2$일 때, $y=1, 2, 3$이므로 y는 x의 함수가 아니다.

02 $18=2\times3^2$, $12=2^2\times3$, $21=3\times7$이므로
$f(12)=(12$와 18의 최대공약수$)=2\times3=6$
$f(21)=(21$과 18의 최대공약수$)=3$
$\therefore f(12)+f(21)=6+3=9$

03 ㄴ. $x^2-y=x^2+x-2$에서 $y=-x+2$이므로 일차함수이다.
ㄹ. $x+y=x-y+1$에서 $2y=1$, 즉 $y=\dfrac{1}{2}$이므로 일차함수
가 아니다.
따라서 y가 x에 대한 일차함수인 것은 ㄴ이다.

04 $y=6x+3-2ax=(6-2a)x+3$에서 x의 계수가 0이 아니
어야 하므로
$6-2a\neq0$ $\therefore a\neq3$

05 $f(2)=2a+5=1$ ∴ $a=-2$
따라서 $f(x)=-2x+5$이므로
$f(1)=-2+5=3$ ∴ $b=3$
∴ $a+b=-2+3=1$

06 $y=-2x+9$의 그래프가 점 $(2k, -k)$를 지나므로
$-k=-2\times 2k+9$, $3k=9$ ∴ $k=3$

07 $y=3x+6$의 그래프를 y축의 방향으로 a만큼 평행이동하면
$y=3x+6+a$
이 그래프가 점 $(-2, -4)$를 지나므로
$-4=3\times(-2)+6+a$ ∴ $a=-4$
즉, $y=3x+2$의 그래프가 점 $(1, b)$를 지나므로
$b=3+2=5$
∴ $a+b=-4+5=1$

08 ① $y=-2x-1$에서 $y=0$일 때, $0=-2x-1$, $x=-\dfrac{1}{2}$
이므로 x절편은 $-\dfrac{1}{2}$

② $y=-x-\dfrac{1}{2}$에서 $y=0$일 때, $0=-x-\dfrac{1}{2}$, $x=-\dfrac{1}{2}$
이므로 x절편은 $-\dfrac{1}{2}$

③ $y=-\dfrac{1}{2}x-2$에서 $y=0$일 때, $0=-\dfrac{1}{2}x-2$, $x=-4$
이므로 x절편은 -4

④ $y=2x+1$에서 $y=0$일 때, $0=2x+1$, $x=-\dfrac{1}{2}$이므로
x절편은 $-\dfrac{1}{2}$

⑤ $y=4x+2$에서 $y=0$일 때, $0=4x+2$, $x=-\dfrac{1}{2}$이므로
x절편은 $-\dfrac{1}{2}$

따라서 x절편이 나머지 넷과 다른 하나는 ③이다.

09 $y=ax+3$의 그래프가 점 $(-4, -1)$을 지나므로
$-1=-4a+3$ ∴ $a=1$
또, $y=x+3$의 그래프와 $y=-5x+b$의 그래프가 y축 위에서 만나므로 두 그래프의 y절편이 같다. ∴ $b=3$
∴ $ab=1\times3=3$

10 (기울기)$=\dfrac{(y\text{의 값의 증가량})}{(x\text{의 값의 증가량})}=\dfrac{8-2}{6-(-3)}=\dfrac{2}{3}$
즉, $\dfrac{a}{3}=\dfrac{2}{3}$이므로 $a=2$

11 (기울기)$=\dfrac{k-6}{4-(-3)}=-2$이므로
$\dfrac{k-6}{7}=-2$, $k-6=-14$ ∴ $k=-8$

12 $y=-\dfrac{5}{4}x+2$의 그래프의 y절편은 2이므로 $a=2$
$y=4x-8$의 그래프의 기울기는 4이므로 $b=4$
즉, $y=2x+4$에서 $y=0$일 때, $0=2x+4$, $x=-2$이므로
x절편은 -2이다.

13 $y=\dfrac{1}{2}x-4$에서 $y=0$일 때, $0=\dfrac{1}{2}x-4$ ∴ $x=8$
$x=0$일 때, $y=-4$
따라서 일차함수 $y=\dfrac{1}{2}x-4$의 그래프의 x절편은 8, y절편은 -4이므로 그 그래프는 ⑤와 같다.

14 ④ $y=-x-5$의 그래프의 x절편은 -5, y절편은 -5이므로 그 그래프는 오른쪽 그림과 같다.
따라서 그래프는 제1사분면을 지나지 않는다.

교과서에서 쏙 빼온 **문제** ────125쪽

1 (1) $f(x)=\dfrac{5}{8}x$ (2) 40

2 (1) 4, 7, 10, 13   (2) $y=3x+1$, 일차함수이다.

3 -2 **4** 풀이 참조

1 (1) 두 톱니바퀴 A, B가 맞물린 톱니 수는 같으므로
$30x=48y$, 즉 $y=\dfrac{5}{8}x$ ∴ $f(x)=\dfrac{5}{8}x$

(2) $f(64)=\dfrac{5}{8}\times64=40$

Self 코칭
두 톱니바퀴 A와 B의 (톱니 수)$\times$(회전수)가 같음을 이용하여 x와 y 사이의 관계를 식으로 나타내 본다.

2 (2) $y=4+3(x-1)=3x+1$이므로 y는 x에 대한 일차함수이다.

3 x의 값이 3만큼 증가할 때, y의 값은 2만큼 감소하므로
$y=ax+3$의 그래프의 기울기는 $-\dfrac{2}{3}$이다.
∴ $a=-\dfrac{2}{3}$
즉, $y=-\dfrac{2}{3}x+3$의 그래프가 점 $(b, 1)$을 지나므로
$1=-\dfrac{2}{3}b+3$, $\dfrac{2}{3}b=2$ ∴ $b=3$
∴ $ab=-\dfrac{2}{3}\times3=-2$

4 직선 AB의 기울기는 $\dfrac{3}{8}$이고 직선 BC의 기울기는 $\dfrac{2}{5}$이므로 두 직선의 기울기가 다르다.
따라서 세 점 A, B, C는 한 직선 위에 있지 않으므로 직사각형은 이등분되지 않는다.

2 일차함수와 그 그래프 (2)

01 일차함수의 그래프의 성질

─ 127쪽 ～ 128쪽 ─

1 (1) ㄴ, ㄹ (2) ㄱ, ㄷ
1-1 (1) ㄱ, ㄷ (2) ㄴ, ㄹ
2 (1) ✕ (2) ◯ (3) ◯ (4) ✕
2-1 (1) ✕ (2) ✕ (3) ◯
3 (1) ㄱ과 ㄹ (2) ㄷ과 ㅂ
3-1 (1) ㄱ과 ㄹ (2) ㄴ과 ㅁ
4 (1) 3 (2) 2 **4-1** (1) $-\dfrac{3}{2}$ (2) $-\dfrac{1}{3}$
5 (1) $a=1$, $b=-3$ (2) $a=3$, $b=5$
5-1 (1) $a=-\dfrac{1}{3}$, $b=2$ (2) $a=-2$, $b=-12$

2 (1) 기울기는 -6이다.
   (2) $y=-6x+5$에 $x=-2$, $y=17$을 대입하면
   $$17=-6\times(-2)+5$$
   따라서 $y=-6x+5$의 그래프는 점 $(-2, 17)$을 지난다.
   (4) y축과 양의 부분에서 만난다.

2-1 (1) $y=\dfrac{4}{3}x-2$에서 $y=0$일 때, $0=\dfrac{4}{3}x-2$, $x=\dfrac{3}{2}$이므로
   x절편은 $\dfrac{3}{2}$
   (2) 제1, 3, 4사분면을 지난다.

4 (2) 두 그래프가 서로 평행하면 기울기가 같으므로
   $$-4=-2a \qquad \therefore a=2$$

4-1 (2) 두 그래프가 서로 평행하면 기울기가 같으므로
   $$\dfrac{a}{2}=-\dfrac{1}{6} \qquad \therefore a=-\dfrac{1}{3}$$

5 (2) 두 그래프가 일치하면 기울기가 같고 y절편도 같으므로
   $$2a=6, \ 5=b \qquad \therefore a=3, b=5$$

5-1 (2) 두 그래프가 일치하면 기울기가 같고 y절편도 같으므로
   $$-2=a, \ \dfrac{b}{3}=-4 \qquad \therefore a=-2, b=-12$$

개념 완성하기

─ 129쪽 ～ 130쪽 ─

01 ③ **02** ④ **03** ④ **04** ③
05 $a<0$, $b<0$ **06** ③ **07** ②
08 $a=-3$, $b\neq4$ **09** ㄴ, ㄷ **10** ④
11 ③ **12** ①

01 ② $y=-2x+2$에서 $y=0$일 때, $0=-2x+2$, $x=1$이므로
   x절편은 1

③ $y=-2x+2$의 그래프는 오른쪽 그림과 같으므로 제3사분면을 지나지 않는다.

따라서 옳지 않은 것은 ③이다.

02 ① 오른쪽 위로 향하는 직선이다.
   ② $y=\dfrac{1}{3}x-1$에서 $y=0$일 때, $0=\dfrac{1}{3}x-1$, $x=3$이므로
   x절편은 3
   ③ $y=\dfrac{1}{3}x-1$의 그래프는 오른쪽 그림과 같으므로 제1, 3, 4사분면을 지난다.

   ⑤ 일차함수 $y=\dfrac{1}{3}x$의 그래프를 y축의 방향으로 -1만큼 평행이동한 직선이다.
   따라서 옳은 것은 ④이다.

03 (기울기)$=a>0$, (y절편)$=-b>0$이므로
   $y=ax-b$의 그래프는 오른쪽 그림과 같다.
   따라서 그래프는 제4사분면을 지나지 않는다.

04 (기울기)$=a<0$, (y절편)$=ab>0$이므로
   $y=ax+ab$의 그래프는 오른쪽 그림과 같다.
   따라서 그래프는 제3사분면을 지나지 않는다.

05 그래프가 오른쪽 위로 향하는 직선이므로
   (기울기)$=-a>0 \qquad \therefore a<0$
   y축과 음의 부분에서 만나므로
   (y절편)$=b<0$

06 그래프가 오른쪽 아래로 향하는 직선이므로
   (기울기)$=-a<0 \qquad \therefore a>0$
   y축과 양의 부분에서 만나므로
   (y절편)$=-b>0 \qquad \therefore b<0$

07 $2a+1=a \qquad \therefore a=-1$

08 두 그래프가 만나지 않으려면 서로 평행해야 하므로
   $a=-3$, $b\neq4$

> **Self 코칭**
> 두 일차함수의 그래프가 만나지 않는다.
> → 두 일차함수의 그래프가 서로 평행하다.

09 주어진 그래프가 두 점 $(-4, 0)$, $(0, 3)$을 지나므로
   (기울기)$=\dfrac{3-0}{0-(-4)}=\dfrac{3}{4}$, ($y$절편)$=3$
   따라서 주어진 그래프와 평행한 것은 ㄴ, ㄷ이다.

10 주어진 그래프가 두 점 $(5, 0)$, $(0, 2)$를 지나므로
   (기울기)$=\dfrac{2-0}{0-5}=-\dfrac{2}{5}$

이 그래프와 $y=ax+1$의 그래프가 서로 평행하므로

$a=-\dfrac{2}{5}$

11 $2a=-2$ $\therefore a=-1$

$7=2b-a$에서 $7=2b+1$ $\therefore b=3$

$\therefore a+b=-1+3=2$

12 $y=ax+1$의 그래프를 y축의 방향으로 -4만큼 평행이동하면

$y=ax+1-4$ $\therefore y=ax-3$

이 그래프가 $y=-4x+b$의 그래프와 일치하므로

$a=-4,\ b=-3$

$\therefore a+b=-4+(-3)=-7$

02 일차함수의 식과 활용

―132쪽~134쪽―

1 (1) $y=-2x+5$ (2) $y=\dfrac{1}{2}x+1$

(3) $y=3x-2$ (4) $y=4x-3$

1-1 (1) $y=3x-4$ (2) $y=-5x+3$

(3) $y=-2x-6$ (4) $y=-\dfrac{1}{2}x+2$

2 (1) $y=-x-1$ (2) $y=-3x+7$

(3) $y=-\dfrac{1}{3}x+2$

2-1 (1) $y=3x+8$ (2) $y=-\dfrac{1}{2}x+2$ (3) $y=2x-4$

3 (1) $y=x+1$ (2) $y=\dfrac{1}{3}x+\dfrac{5}{3}$ (3) $y=-2x+8$

3-1 (1) $y=\dfrac{3}{2}x+1$ (2) $y=-\dfrac{5}{4}x-\dfrac{3}{4}$

4 (1) $y=-5x+5$ (2) $y=4x+8$ (3) $y=\dfrac{3}{2}x-6$

4-1 (1) $y=-2x+4$ (2) $y=\dfrac{1}{3}x+2$

5 (1) $y=\dfrac{1}{5}x+12$ (2) 28 cm (3) 60 g

5-1 (1) $y=5x+10$ (2) 45 ℃ (3) 15분

6 (1) $y=420-120x$ (2) 180 km (3) 3시간 후

6-1 (1) $y=800-6x$ (2) 560 mL (3) 70분 후

1 (4) (기울기)$=\dfrac{8}{2}=4$이고, y절편이 -3이므로

$y=4x-3$

1-1 (4) (기울기)$=\dfrac{-2}{4}=-\dfrac{1}{2}$이고, y절편이 2이므로

$y=-\dfrac{1}{2}x+2$

2 (1) $y=-x+b$로 놓으면 이 그래프가 점 $(2,-3)$을 지나므로

$-3=-2+b$ $\therefore b=-1$ $\therefore y=-x-1$

(2) 기울기가 -3이므로 $y=-3x+b$로 놓으면 이 그래프가

점 $(1,4)$를 지난다. 즉,

$4=-3+b$ $\therefore b=7$ $\therefore y=-3x+7$

(3) (기울기)$=\dfrac{-1}{3}=-\dfrac{1}{3}$이므로 $y=-\dfrac{1}{3}x+b$로 놓으면

이 그래프가 점 $(-3,3)$을 지난다. 즉,

$3=-\dfrac{1}{3}\times(-3)+b$ $\therefore b=2$ $\therefore y=-\dfrac{1}{3}x+2$

2-1 (1) $y=3x+b$로 놓으면 이 그래프가 점 $(-1,5)$를 지나므로

$5=-3+b$ $\therefore b=8$ $\therefore y=3x+8$

(2) 기울기가 $-\dfrac{1}{2}$이므로 $y=-\dfrac{1}{2}x+b$로 놓으면 이 그래프

가 점 $(-2,3)$을 지난다. 즉,

$3=-\dfrac{1}{2}\times(-2)+b$ $\therefore b=2$ $\therefore y=-\dfrac{1}{2}x+2$

(3) (기울기)$=\dfrac{4}{2}=2$이므로 $y=2x+b$로 놓으면 이 그래프

가 점 $(1,-2)$를 지난다. 즉,

$-2=2+b$ $\therefore b=-4$ $\therefore y=2x-4$

3 (1) (기울기)$=\dfrac{4-2}{3-1}=1$

$y=x+b$로 놓으면 이 그래프가 점 $(1,2)$를 지나므로

$2=1+b$ $\therefore b=1$ $\therefore y=x+1$

(2) (기울기)$=\dfrac{2-1}{1-(-2)}=\dfrac{1}{3}$

$y=\dfrac{1}{3}x+b$로 놓으면 이 그래프가 점 $(1,2)$를 지나므로

$2=\dfrac{1}{3}+b$ $\therefore b=\dfrac{5}{3}$ $\therefore y=\dfrac{1}{3}x+\dfrac{5}{3}$

(3) (기울기)$=\dfrac{-2-4}{5-2}=-2$

$y=-2x+b$로 놓으면 이 그래프가 점 $(2,4)$를 지나므로

$4=-2\times2+b$ $\therefore b=8$ $\therefore y=-2x+8$

3-1 (1) 두 점 $(-2,-2)$, $(2,4)$를 지나므로

(기울기)$=\dfrac{4-(-2)}{2-(-2)}=\dfrac{3}{2}$

$y=\dfrac{3}{2}x+b$로 놓으면 이 그래프가 점 $(2,4)$를 지나므로

$4=\dfrac{3}{2}\times2+b$ $\therefore b=1$ $\therefore y=\dfrac{3}{2}x+1$

(2) 두 점 $(-3,3)$, $(1,-2)$를 지나므로

(기울기)$=\dfrac{-2-3}{1-(-3)}=-\dfrac{5}{4}$

$y=-\dfrac{5}{4}x+b$로 놓으면 이 그래프가 점 $(-3,3)$을 지나

므로

$3=-\dfrac{5}{4}\times(-3)+b$ $\therefore b=-\dfrac{3}{4}$ $\therefore y=-\dfrac{5}{4}x-\dfrac{3}{4}$

4 (1) 두 점 $(1,0)$, $(0,5)$를 지나므로

(기울기)$=\dfrac{5-0}{0-1}=-5$, (y절편)$=5$

$\therefore y=-5x+5$

(2) 두 점 $(-2, 0)$, $(0, 8)$을 지나므로

$$(기울기)=\frac{8-0}{0-(-2)}=4, (y절편)=8$$

$$\therefore y=4x+8$$

(3) 두 점 $(4, 0)$, $(0, -6)$을 지나므로

$$(기울기)=\frac{-6-0}{0-4}=\frac{3}{2}, (y절편)=-6$$

$$\therefore y=\frac{3}{2}x-6$$

4-1 (1) 두 점 $(2, 0)$, $(0, 4)$를 지나므로

$$(기울기)=\frac{4-0}{0-2}=-2, (y절편)=4$$

$$\therefore y=-2x+4$$

[다른풀이]

$$(기울기)=\frac{(y의\ 값의\ 증가량)}{(x의\ 값의\ 증가량)}=\frac{-4}{2}=-2$$

이때 y절편이 4이므로 $y=-2x+4$

(2) 두 점 $(-6, 0)$, $(0, 2)$를 지나므로

$$(기울기)=\frac{2-0}{0-(-6)}=\frac{1}{3}, (y절편)=2$$

$$\therefore y=\frac{1}{3}x+2$$

[다른풀이]

$$(기울기)=\frac{(y의\ 값의\ 증가량)}{(x의\ 값의\ 증가량)}=\frac{2}{6}=\frac{1}{3}$$

이때 y절편이 2이므로 $y=\frac{1}{3}x+2$

5 (1) $1\,g$의 추를 매달 때마다 용수철의 길이가 $\frac{1}{5}\,cm$씩 늘어나므로 $y=\frac{1}{5}x+12$

(2) $y=\frac{1}{5}x+12$에 $x=80$을 대입하면

$$y=\frac{1}{5}\times 80+12=28$$

따라서 $80\,g$의 추를 매달았을 때의 용수철의 길이는 $28\,cm$이다.

(3) $y=\frac{1}{5}x+12$에 $y=24$를 대입하면

$$24=\frac{1}{5}x+12, \frac{1}{5}x=12 \quad \therefore x=60$$

따라서 용수철의 길이가 $24\,cm$일 때 매달은 추의 무게는 $60\,g$이다.

5-1 (1) 물의 온도가 1분마다 $5\,℃$씩 올라가므로 $y=5x+10$

(2) $y=5x+10$에 $x=7$을 대입하면

$$y=5\times 7+10=45$$

따라서 7분 후의 물의 온도는 $45\,℃$이다.

(3) $y=5x+10$에 $y=85$를 대입하면

$$85=5x+10, 5x=75 \quad \therefore x=15$$

따라서 가열한 지 15분 후에 물의 온도가 $85\,℃$가 된다.

6 (1) 기차가 1시간 동안 $120\,km$를 달리므로

$$y=420-120x$$

(2) $y=420-120x$에 $x=2$를 대입하면

$$y=420-120\times 2=180$$

따라서 A 역을 출발한 지 2시간 후에 B 역까지 남은 거리는 $180\,km$이다.

(3) $y=420-120x$에 $y=60$을 대입하면

$$60=420-120x, 120x=360 \quad \therefore x=3$$

따라서 B 역까지 남은 거리가 $60\,km$가 되는 것은 출발한 지 3시간 후이다.

6-1 (1) 수액을 1분에 $6\,mL$씩 맞으므로 $y=800-6x$

(2) $y=800-6x$에 $x=40$을 대입하면

$$y=800-6\times 40=560$$

따라서 수액을 맞기 시작한 지 40분 후에 남아 있는 수액의 양은 $560\,mL$이다.

(3) $y=800-6x$에 $y=380$을 대입하면

$$380=800-6x, 6x=420 \quad \therefore x=70$$

따라서 수액을 맞기 시작한 지 70분 후에 남아 있는 수액의 양이 $380\,mL$가 된다.

개념 완성하기 ——135쪽~136쪽

01 ②　　**02** $y=2x+5$　　**03** $y=-2x+3$

04 $y=\frac{1}{3}x-2$　　**05** 6　　**06** 0

07 3　　**08** $y=\frac{1}{2}x-2$

09 (1) $y=50-\frac{1}{20}x$　　(2) 35 L　　**10** 30분 후

11 (1) $y=2000x+4000$　　(2) 14000원　　**12** 5시간 후

13 (1) $y=15x$　　(2) 75 cm^2

14 (1) $y=40-5x$　　(2) 3초 후

01 $(기울기)=\frac{(y의\ 값의\ 증가량)}{(x의\ 값의\ 증가량)}=\frac{-3}{2}=-\frac{3}{2}$

또, $y=x+3$의 그래프와 y축 위에서 만나면 y절편이 같으므로 y절편은 3이다.

$$\therefore y=-\frac{3}{2}x+3$$

02 두 점 $(-2, 0)$, $(0, 4)$를 지나는 직선과 평행하므로

$$(기울기)=\frac{4-0}{0-(-2)}=2$$

이때 y절편이 5이므로 $y=2x+5$

03 기울기가 -2이므로 $y=-2x+b$로 놓으면 이 그래프가 점 $(-1, 5)$를 지난다. 즉,

$$5=2+b \quad \therefore b=3 \quad \therefore y=-2x+3$$

04 $y=\frac{1}{3}x+b$로 놓으면 이 그래프가 점 $(6, 0)$을 지나므로

$$0=\frac{1}{3}\times 6+b \quad \therefore b=-2 \quad \therefore y=\frac{1}{3}x-2$$

05 (기울기)$=\dfrac{-2-2}{-3-1}=1$

$y=x+b$로 놓으면 이 그래프가 점 $(1, 2)$를 지나므로

$2=1+b$ $\quad\therefore b=1$ $\quad\therefore y=x+1$

따라서 $y=x+1$의 그래프가 점 $(5, k)$를 지나므로

$k=5+1=6$

06 두 점 $(-1, 4)$, $(2, -2)$를 지나므로

(기울기)$=\dfrac{-2-4}{2-(-1)}=-2$ $\quad\therefore a=-2$

즉, $y=-2x+b$의 그래프가 점 $(2, -2)$를 지나므로

$-2=-2\times2+b$ $\quad\therefore b=2$

$\therefore a+b=-2+2=0$

07 두 점 $(3, 0)$, $(0, -3)$을 지나므로

(기울기)$=\dfrac{-3-0}{0-3}=1$, (y절편)$=-3$

$\therefore y=x-3$

따라서 $y=x-3$의 그래프가 점 $(6, k)$를 지나므로

$k=6-3=3$

08 $y=2x-8$의 그래프와 x축 위에서 만나므로 두 그래프의 x절편이 같다.

$y=2x-8$에서 $y=0$일 때, $0=2x-8$ $\quad\therefore x=4$

따라서 x절편이 4, y절편이 -2이므로 두 점 $(4, 0)$, $(0, -2)$를 지난다. 즉,

(기울기)$=\dfrac{-2-0}{0-4}=\dfrac{1}{2}$

$\therefore y=\dfrac{1}{2}x-2$

09 (1) 1 km를 달릴 때 $\dfrac{1}{20}$ L의 휘발유가 필요하므로

$y=50-\dfrac{1}{20}x$

(2) $y=50-\dfrac{1}{20}x$에 $x=300$을 대입하면

$y=50-\dfrac{1}{20}\times300=35$

따라서 300 km를 달린 후에 남아 있는 휘발유의 양은 35 L이다.

10 1분에 3 L씩 물을 넣으므로 물을 넣기 시작한 지 x분 후에 욕조에 들어 있는 물의 양을 y L라 하면 $y=3x+20$

$y=3x+20$에 $y=110$을 대입하면

$110=3x+20$, $3x=90$ $\quad\therefore x=30$

따라서 물을 넣기 시작한 지 30분 후에 욕조에 물이 가득 찬다.

11 (1) 주어진 그래프가 두 점 $(0, 4000)$, $(2, 8000)$을 지나므로

(기울기)$=\dfrac{8000-4000}{2-0}=2000$, ($y$절편)$=4000$

$\therefore y=2000x+4000$

(2) $y=2000x+4000$에 $x=5$를 대입하면

$y=2000\times5+4000=14000$

따라서 무게가 5 kg인 물건의 배송 가격은 14000원이다.

12 주어진 그래프가 두 점 $(8, 0)$, $(0, 40)$을 지나므로

(기울기)$=\dfrac{40-0}{0-8}=-5$, (y절편)$=40$

$\therefore y=-5x+40$

$y=-5x+40$에 $y=15$를 대입하면

$15=-5x+40$, $5x=25$ $\quad\therefore x=5$

따라서 불을 붙인 지 5시간 후에 남은 양초의 길이가 15 cm가 된다.

13 (1) 점 P가 점 B를 출발한 지 x초 후에 $\overline{\mathrm{BP}}=3x$ cm이므로

$y=\dfrac{1}{2}\times3x\times10=15x$

(2) $y=15x$에 $x=5$를 대입하면

$y=15\times5=75$

따라서 점 P가 점 B를 출발한 지 5초 후의 삼각형 ABP의 넓이는 75 cm²이다.

14 (1) 점 P가 점 B를 출발한 지 x초 후에 $\overline{\mathrm{BP}}=2x$ cm이므로 $\overline{\mathrm{PC}}=(8-2x)$ cm

$\therefore y=\dfrac{1}{2}\times\{8+(8-2x)\}\times5=40-5x$

(2) $y=40-5x$에 $y=25$를 대입하면

$25=40-5x$, $5x=15$ $\quad\therefore x=3$

따라서 사다리꼴 APCD의 넓이가 25 cm²가 되는 것은 점 P가 점 B를 출발한 지 3초 후이다.

실력 확인하기 ────────────|137쪽~138쪽

01 ④	**02** ①	**03** ②	**04** $(0, -4)$
05 3	**06** ④	**07** $y=-\dfrac{3}{4}x+3$	
08 ③	**09** ②	**10** ⑤	**11** ④
12 $y=-\dfrac{5}{3}x+\dfrac{8}{3}$		**13** 30 ℃	

01 ② $y=-\dfrac{1}{2}x+1$에서 $y=0$일 때, $0=-\dfrac{1}{2}x+1$, $x=2$이므로 x절편은 2

③ $y=-\dfrac{1}{2}x+1$에 $x=-2$, $y=2$를 대입하면

$2=-\dfrac{1}{2}\times(-2)+1$

즉, $y=-\dfrac{1}{2}x+1$의 그래프는 점 $(-2, 2)$를 지난다.

④ $y=-\dfrac{1}{2}x+1$의 그래프는 오른쪽 그림과 같으므로 제1, 2, 4사분면을 지난다.

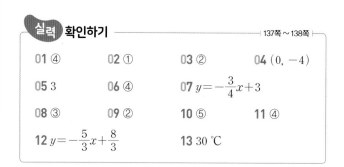

⑤ $\left|-\dfrac{1}{2}\right|>\left|-\dfrac{1}{3}\right|$이므로 $y=-\dfrac{1}{3}x+1$의 그래프보다 y축에 더 가깝다.

따라서 옳지 않은 것은 ④이다.

02 $y=ax+3$과 $y=-6x+2$의 그래프가 만나지 않으므로 두 그래프는 서로 평행하다.

$\therefore a=-6$

즉, $y=-6x+3$의 그래프가 점 $(1, b)$를 지나므로

$b=-6+3=-3$

$\therefore a+b=-6+(-3)=-9$

03 기울기는 $\dfrac{3}{5}$이고 y절편이 -1이므로 $y=\dfrac{3}{5}x-1$

이 그래프가 점 $(p, -2)$를 지나므로

$-2=\dfrac{3}{5}p-1$, $\dfrac{3}{5}p=-1$ $\therefore p=-\dfrac{5}{3}$

04 기울기가 -3이므로 $y=-3x+b$로 놓으면 이 그래프가 점 $(2, -10)$을 지난다. 즉,

$-10=-3\times2+b$ $\therefore b=-4$ $\therefore y=-3x-4$

따라서 $y=-3x-4$의 그래프의 y절편은 -4이므로 구하는 점의 좌표는 $(0, -4)$이다.

05 두 점 $(0, 3)$, $(2, 1)$을 지나므로

$(기울기)=\dfrac{1-3}{2-0}=-1$, $(y절편)=3$

$\therefore y=-x+3$

$y=-x+3$에서 $y=0$일 때, $0=-x+3$ $\therefore x=3$

따라서 $y=-x+3$의 그래프의 x절편은 3이다.

06 $(기울기)=\dfrac{-3-6}{4-(-2)}=-\dfrac{3}{2}$

$y=-\dfrac{3}{2}x+b$로 놓으면 이 그래프가 점 $(-2, 6)$을 지나므로

$6=-\dfrac{3}{2}\times(-2)+b$ $\therefore b=3$ $\therefore y=-\dfrac{3}{2}x+3$

이 그래프가 점 $(k, -k)$를 지나므로

$-k=-\dfrac{3}{2}k+3$, $\dfrac{1}{2}k=3$ $\therefore k=6$

07 $y=x-4$에서 $y=0$일 때, $0=x-4$ $\therefore x=4$

$y=-\dfrac{1}{4}x+3$에서 $x=0$일 때, $y=3$

따라서 구하는 일차함수의 식은 그 그래프의 x절편이 4, y절편이 3이므로 두 점 $(4, 0)$, $(0, 3)$을 지난다. 즉,

$(기울기)=\dfrac{3-0}{0-4}=-\dfrac{3}{4}$

$\therefore y=-\dfrac{3}{4}x+3$

08 향초의 길이가 1분에 $\dfrac{1}{3}$ cm씩 짧아지므로 불을 붙인 지 x분 후에 남은 향초의 길이를 y cm라 하면

$y=30-\dfrac{1}{3}x$

$y=30-\dfrac{1}{3}x$에 $x=24$를 대입하면

$y=30-\dfrac{1}{3}\times24=22$

따라서 불을 붙인 지 24분 후에 남은 향초의 길이는 22 cm 이다.

09 기온이 x °C일 때의 소리의 속력을 초속 y m라 하면

$y=331+0.6x$

$y=331+0.6x$에 $y=343$을 대입하면

$343=331+0.6x$, $0.6x=12$ $\therefore x=20$

따라서 소리의 속력이 초속 343 m일 때의 기온은 20 °C이다.

10 1분에 5 L씩 물이 빠지므로 물을 빼기 시작한 지 x분 후에 수영장에 남아 있는 물의 양을 y L라 하면 $y=150-5x$

수영장의 물이 모두 빠지는 것은 $y=0$일 때이므로

$y=150-5x$에 $y=0$을 대입하면

$0=150-5x$, $5x=150$ $\therefore x=30$

따라서 물을 빼기 시작한 지 30분 후에 수영장의 물이 모두 빠진다.

11 **전략 코칭**

그래프의 모양으로 기울기와 y절편의 부호를 결정한다.

주어진 그래프가 오른쪽 위로 향하므로 $-a>0$ $\therefore a<0$

y축과 음의 부분에서 만나므로 $-b<0$ $\therefore b>0$

즉, $y=bx-a$의 그래프는

$(기울기)=b>0$, $(y절편)=-a>0$

이므로 오른쪽 그림과 같다.

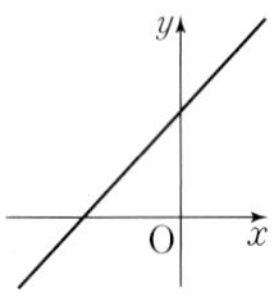

따라서 $y=bx-a$의 그래프는 제4사분면을 지나지 않는다.

12 **전략 코칭**

기울기가 같음을 이용하여 k의 값을 먼저 구한다.

$y=-\dfrac{5}{3}x+4$의 그래프와 평행하므로 두 그래프의 기울기는 같다. 즉,

$\dfrac{3k-(3-k)}{-2-1}=-\dfrac{5}{3}$에서 $4k-3=5$, $4k=8$ $\therefore k=2$

따라서 구하는 일차함수의 식을 $y=-\dfrac{5}{3}x+b$로 놓으면 이 그래프가 점 $(1, 1)$을 지나므로

$1=-\dfrac{5}{3}+b$ $\therefore b=\dfrac{8}{3}$

$\therefore y=-\dfrac{5}{3}x+\dfrac{8}{3}$

13 **전략 코칭**

그래프에서 주어진 두 점의 좌표를 이용하여 일차함수의 식을 구한다.

주어진 그래프가 두 점 $(0, 32)$, $(100, 212)$를 지나므로

$(기울기)=\dfrac{212-32}{100-0}=\dfrac{9}{5}$, $(y절편)=32$

$\therefore y=\dfrac{9}{5}x+32$

$y=\dfrac{9}{5}x+32$에 $y=86$을 대입하면

$86=\dfrac{9}{5}x+32$, $\dfrac{9}{5}x=54$ $\therefore x=30$

따라서 화씨온도가 86 °F일 때, 섭씨온도는 30 °C이다.

서술형 **문제** ——————————————— 139쪽

1 $y=-\dfrac{1}{2}x+4$	**1-1** $y=-\dfrac{5}{3}x-3$
2 2	**3** 13초 후

1 채점 기준 1   구하는 일차함수의 그래프의 기울기 구하기 … 3점

$$(기울기)=\frac{0-3}{2-(-4)}=-\frac{1}{2}$$

채점 기준 2   일차함수의 식 구하기 … 3점

$y=-\dfrac{1}{2}x+b$로 놓으면 이 그래프가 점 $(2, 3)$을 지나므로

$3=-\dfrac{1}{2}\times2+b$ $\therefore b=4$

따라서 일차함수의 식은 $y=-\dfrac{1}{2}x+4$

1-1 채점 기준 1   구하는 일차함수의 그래프의 기울기 구하기 … 3점

두 점 $(-3, 0)$, $(0, -5)$를 지나는 직선과 평행하므로

$$(기울기)=\frac{-5-0}{0-(-3)}=-\frac{5}{3}$$

채점 기준 2   일차함수의 식 구하기 … 3점

$y=-\dfrac{5}{3}x+b$로 놓으면 이 그래프가 점 $(-3, 2)$를 지나므로

$2=-\dfrac{5}{3}\times(-3)+b$ $\therefore b=-3$

따라서 일차함수의 식은 $y=-\dfrac{5}{3}x-3$

2 $y=ax+b$의 그래프가 두 점 $(4, 0)$, $(0, 2)$를 지나므로

$(기울기)=\dfrac{2-0}{0-4}=-\dfrac{1}{2}$, $(y절편)=2$

$\therefore a=-\dfrac{1}{2}$, $b=2$ …… ❶

$y=bx+8a$, 즉 $y=2x-4$에서   …… ❷

$y=0$일 때, $0=2x-4$, $2x=4$ $\therefore x=2$

따라서 구하는 x절편은 2이다.   …… ❸

채점 기준	배점
❶ a, b의 값 각각 구하기	2점
❷ $y=bx+8a$의 식 구하기	1점
❸ $y=bx+8a$의 그래프의 x절편 구하기	2점

3 점 P가 점 B를 출발한 지 x초 후에 $\overline{BP}=4x$ cm이므로

$\overline{PC}=(60-4x)$ cm   …… ❶

사다리꼴 APCD의 넓이는

$y=\dfrac{1}{2}\times\{60+(60-4x)\}\times40$

$\therefore y=2400-80x$ …… ❷

$y=2400-80x$에 $y=1360$을 대입하면

$1360=2400-80x$, $80x=1040$ $\therefore x=13$

따라서 사다리꼴 APCD의 넓이가 1360 cm²가 되는 것은
점 P가 점 B를 출발한 지 13초 후이다.   …… ❸

채점 기준	배점
❶ $\overline{PC}$의 길이를 x에 대한 식으로 나타내기	2점
❷ x와 y 사이의 관계를 식으로 나타내기	2점
❸ 사다리꼴 APCD의 넓이가 1360 cm²가 되는 것은 점 P가 점 B를 출발한 지 몇 초 후인지 구하기	2점

실전! **중단원 마무리** ——————————— 140쪽 ~ 141쪽

01 ②, ③	**02** ②	**03** ③	**04** 2
05 ③	**06** 0	**07** ①	**08** ①
09 $\dfrac{7}{5}$	**10** ②	**11** ④	**12** 2시간 후

01 기울기가 음수인 것을 찾으면 ②, ③이다.

02 $y=3x$의 그래프를 y축의 방향으로 -6만큼 평행이동하면
$y=3x-6$

② $y=3x-6$의 그래프는 오른쪽 그림과 같으
므로 제1, 3, 4사분면을 지난다.

03 $(기울기)=ab<0$, $(y절편)=-a>0$이
므로 $y=abx-a$의 그래프는 오른쪽 그
림과 같다.
따라서 그래프는 제3사분면을 지나지 않
는다.

04 $y=ax+6$의 그래프의 기울기 a가 양
수이고 y절편이 6이므로 x절편을 m
$(m<0)$이라 하면 그래프는 오른쪽
그림과 같다.

$(둘러싸인 도형의 넓이)=\dfrac{1}{2}\times|m|\times6=9$

$\therefore |m|=3$

이때 $m<0$이므로 $m=-3$

따라서 $y=ax+6$의 그래프가 점 $(-3, 0)$을 지나므로

$0=-3a+6$, $3a=6$ $\therefore a=2$

05 $y=2x-3$의 그래프와 만나지 않으려면 두 그래프가 서로
평행해야 한다.
따라서 일차함수 $y=2x-3$의 그래프와 만나지 않는 것은
기울기가 같고 y절편은 다른 ③ $y=2x+1$이다.

06 두 점 $(-1, -4)$, $(3, 2)$를 지나는 직선과 평행하므로

$(기울기)=\dfrac{2-(-4)}{3-(-1)}=\dfrac{3}{2}$ $\therefore a=\dfrac{3}{2}$

따라서 $y=\dfrac{3}{2}x+3$의 그래프가 점 $(-2, b)$를 지나므로

$b=\dfrac{3}{2}\times(-2)+3=0$

$\therefore ab=\dfrac{3}{2}\times0=0$

07 $y=-5x+3$의 그래프의 기울기는 -5, $y=\dfrac{1}{3}x-2$의 그래
프의 y절편은 -2이므로 구하는 일차함수의 식은
$y=-5x-2$

08 $y = \frac{1}{2}x + b$로 놓으면 이 그래프가 점 $(4, 3)$을 지나므로

$3 = \frac{1}{2} \times 4 + b$ $\therefore b = 1$

따라서 일차함수 $y = \frac{1}{2}x + 1$의 그래프는 ①과 같다.

09 $(기울기) = \frac{-1-3}{3-(-2)} = -\frac{4}{5}$

$y = -\frac{4}{5}x + b$로 놓으면 이 그래프가 점 $(3, -1)$을 지나므로

$-1 = -\frac{4}{5} \times 3 + b$ $\therefore b = \frac{7}{5}$

따라서 일차함수 $y = -\frac{4}{5}x + \frac{7}{5}$의 그래프의 y절편은 $\frac{7}{5}$이다.

10 ㄱ. 두 점 $(3, 0)$, $(0, 2)$를 지나므로

$(기울기) = \frac{2-0}{0-3} = -\frac{2}{3}$, $(y절편) = 2$

$\therefore y = -\frac{2}{3}x + 2$

ㄴ. $(기울기) = \frac{4-1}{5-3} = \frac{3}{2}$

$y = \frac{3}{2}x + b$로 놓으면 이 그래프가 점 $(3, 1)$을 지나므로

$1 = \frac{3}{2} \times 3 + b$ $\therefore b = -\frac{7}{2}$

$\therefore y = \frac{3}{2}x - \frac{7}{2}$

ㄷ. 두 점 $(2, 0)$, $(5, 2)$를 지나므로

$(기울기) = \frac{2-0}{5-2} = \frac{2}{3}$

$y = \frac{2}{3}x + b$로 놓으면 이 그래프가 점 $(2, 0)$을 지나므로

$0 = \frac{2}{3} \times 2 + b$ $\therefore b = -\frac{4}{3}$

$\therefore y = \frac{2}{3}x - \frac{4}{3}$

ㄹ. $(기울기) = \frac{-2}{3} = -\frac{2}{3}$

$y = -\frac{2}{3}x + b$로 놓으면 이 그래프가 원점을 지나므로

$b = 0$ $\therefore y = -\frac{2}{3}x$

따라서 서로 평행한 직선은 ㄱ과 ㄹ이다.

11 처음 물의 온도가 $5\ ^\circ\mathrm{C}$이고, 물의 온도가 1분마다 $4\ ^\circ\mathrm{C}$씩 올라가므로 $y = 5 + 4x$

$y = 5 + 4x$에 $x = 12$를 대입하면

$y = 5 + 4 \times 12 = 53$

따라서 가열한 지 12분 후의 물의 온도는 $53\ ^\circ\mathrm{C}$이다.

12 버스가 1시간 동안 $80\ \mathrm{km}$를 달리므로 출발한 지 x시간 후에 할머니 댁까지 남은 거리를 $y\ \mathrm{km}$라 하면 $y = 200 - 80x$

$y = 200 - 80x$에 $y = 40$을 대입하면

$40 = 200 - 80x$, $80x = 160$ $\therefore x = 2$

따라서 할머니 댁까지 남은 거리가 $40\ \mathrm{km}$가 되는 것은 출발한 지 2시간 후이다.

교과서에서 쏙 뽑은 **문제** | 142쪽

1 (1) 직선 b (2) 직선 h, 직선 k (3) 직선 c (4) 직선 j

2 $73\ ^\circ\mathrm{C}$

3 (1) $y = -\frac{1}{100}x + 20$ (2) $1000\ \mathrm{m}$

4 398개

---

1 (1) 정오각형에서 오른쪽 위로 향하는 직선은 직선 b, 직선 d이다.

이 중에서 기울기가 더 큰 직선은 직선 b이다.

(2) 정육각형에서 오른쪽 아래로 향하는 직선은 직선 h, 직선 k이다.

이때 두 직선은 서로 평행하므로 기울기가 같다.

(3) 정오각형에서 y축과 가장 위쪽에서 만나는 직선은 직선 c이다.

(4) 정육각형에서 x축과 가장 왼쪽에서 만나는 직선은 직선 j이다.

2 가열한 지 x분 후의 에탄올의 온도를 $y\ ^\circ\mathrm{C}$라 하면

$y = 6x + 25$

$y = 6x + 25$에 $x = 8$을 대입하면 $y = 48 + 25 = 73$

따라서 가열한 지 8분 후의 에탄올의 온도는 $73\ ^\circ\mathrm{C}$이다.

3 (1) 그래프가 두 점 $(300, 17)$, $(1500, 5)$를 지나므로

$(기울기) = \frac{5-17}{1500-300} = -\frac{1}{100}$

$y = -\frac{1}{100}x + b$로 놓으면 이 그래프가 점 $(300, 17)$을 지나므로

$17 = -\frac{1}{100} \times 300 + b$ $\therefore b = 20$

$\therefore y = -\frac{1}{100}x + 20$

(2) $y = -\frac{1}{100}x + 20$에 $y = 10$을 대입하면

$10 = -\frac{1}{100}x + 20$, $\frac{1}{100}x = 10$ $\therefore x = 1000$

따라서 기온이 $10\ ^\circ\mathrm{C}$인 곳은 지상으로부터 $1000\ \mathrm{m}$ 높이이다.

4 각 단계의 작은 정사각형의 개수는

[1단계] 2

[2단계] $2 + 4 = 2 + 4 \times 1$

[3단계] $2 + 4 + 4 = 2 + 4 \times 2$

매 단계에서 작은 정사각형이 4개씩 증가하므로 x단계에서 작은 정사각형의 개수를 y라 하면

$y = 2 + 4 \times (x - 1)$, 즉 $y = 4x - 2$

$y = 4x - 2$에 $x = 100$을 대입하면

$y = 4 \times 100 - 2 = 398$

따라서 100단계에 해당하는 도형은 398개의 작은 정사각형으로 이루어져 있다.

개념북

IV. 일차함수와 그래프   **49**

3 일차함수와 일차방정식의 관계

01 일차함수와 일차방정식의 관계

144쪽~147쪽

1 (1) ㄹ   (2) ㄴ   (3) ㄷ   (4) ㄱ

1-1 (1) $y=\dfrac{1}{3}x-\dfrac{1}{3}$ (2) $y=-\dfrac{1}{2}x+\dfrac{1}{6}$

      (3) $y=2x-\dfrac{5}{2}$ (4) $y=-\dfrac{3}{4}x+\dfrac{1}{2}$

2 (1) $y=2x+4$, 그래프는 풀이 참조

    (2) $y=-2x-3$, 그래프는 풀이 참조

2-1 풀이 참조

3 풀이 참조   **3-1** $m=3$, $n=-1$

4 (1) $y=5$ (2) $x=1$ (3) $x=-1$ (4) $x=3$

4-1 (1) $x=5$ (2) $x=-4$ (3) $y=-6$ (4) $y=4$

5 $x=0$, $y=2$ **5-1** $x=-3$, $y=1$

6 (1) $(2, -1)$ (2) $x=2$, $y=-1$

6-1 (1) 풀이 참조   (2) $x=-3$, $y=-1$

7 (1) 풀이 참조   (2) 해가 없다.

7-1 (1) 풀이 참조   (2) 해가 무수히 많다.

8 (1) ㄴ, ㄹ   (2) ㄷ   (3) ㄱ

8-1 (1) ㄷ   (2) ㄱ, ㄹ   (3) ㄴ

---

2 (1) $2x-y+4=0$에서
     $y=2x+4$
   (2) $6x+3y+9=0$에서
     $3y=-6x-9$ $\therefore y=-2x-3$

2-1 (1) $3x-y-2=0$에서
      $y=3x-2$
    (2) $4x+3y-12=0$에서
      $3y=-4x+12$ $\therefore y=-\dfrac{4}{3}x+4$

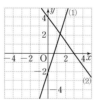

3 (3) $3x+6=0$에서
     $3x=-6$ $\therefore x=-2$
   (4) $2y-6=0$에서
     $2y=6$ $\therefore y=3$

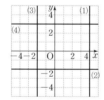

3-1 직선 ㉠은 $x=3$의 그래프이므로 $m=3$
     직선 ㉡은 $y=-1$의 그래프이므로 $n=-1$

5 두 그래프의 교점의 좌표는 $(0, 2)$이므로
   연립방정식의 해는 $x=0$, $y=2$

5-1 두 그래프의 교점의 좌표는 $(-3, 1)$이므로
     연립방정식의 해는 $x=-3$, $y=1$

6-1 (1) $x-y=-2$에서 $y=x+2$
     $2x-y=-5$에서 $y=2x+5$
     따라서 그래프는 오른쪽 그림
     과 같다.
    (2) 두 그래프의 교점의 좌표는
     $(-3, -1)$이므로 연립방정
     식의 해는 $x=-3$, $y=-1$

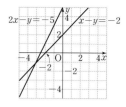

7 (1) $x+2y=4$에서 $y=-\dfrac{1}{2}x+2$

    $x+2y=2$에서 $y=-\dfrac{1}{2}x+1$

    따라서 그래프는 오른쪽 그림과
    같다.
   (2) 두 그래프가 서로 평행하므로 주
     어진 연립방정식의 해가 없다.

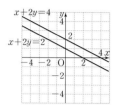

7-1 (1) $2x-y=2$에서 $y=2x-2$
     $4x-2y=4$에서 $y=2x-2$
     따라서 그래프는 오른쪽 그림과
     같다.
    (2) 두 그래프가 일치하므로 주어진
     연립방정식의 해가 무수히 많다.

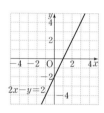

8 ㄱ. $\begin{cases} y=x-2 \\ y=x-2 \end{cases}$ ㄴ. $\begin{cases} y=-3x-1 \\ y=3x+1 \end{cases}$

   ㄷ. $\begin{cases} y=-\dfrac{1}{3}x-1 \\ y=-\dfrac{1}{3}x-\dfrac{2}{3} \end{cases}$ ㄹ. $\begin{cases} y=\dfrac{1}{2}x-1 \\ y=2x+2 \end{cases}$

(1) 교점이 한 개인 것은 두 그래프의 기울기가 다른 ㄴ, ㄹ이다.

(2) 교점이 없는 것은 두 그래프의 기울기는 같고, y절편은 다른 ㄷ이다.

(3) 교점이 무수히 많은 것은 두 그래프의 기울기와 y절편이 각각 같은 ㄱ이다.

다른 풀이

ㄱ. $\dfrac{1}{2}=\dfrac{-1}{-2}=\dfrac{2}{4}$이므로 교점이 무수히 많다.

ㄴ. $\dfrac{3}{-3} \neq \dfrac{1}{1}$이므로 교점이 한 개이다.

ㄷ. $\dfrac{1}{3}=\dfrac{3}{9} \neq \dfrac{-3}{-6}$이므로 교점이 없다.

ㄹ. $\dfrac{1}{4} \neq \dfrac{-2}{-2}$이므로 교점이 한 개이다.

8-1 ㄱ. $\begin{cases} y=-\dfrac{1}{2}x+\dfrac{5}{2} \\ y=-\dfrac{1}{2}x-\dfrac{5}{2} \end{cases}$ ㄴ. $\begin{cases} y=\dfrac{1}{3}x+\dfrac{1}{3} \\ y=\dfrac{1}{3}x+\dfrac{1}{3} \end{cases}$

    ㄷ. $\begin{cases} y=x+4 \\ y=2x+2 \end{cases}$ ㄹ. $\begin{cases} y=3x+3 \\ y=3x-3 \end{cases}$

(1) 연립방정식의 해가 하나인 것은 두 그래프의 기울기가 다른 ㄷ이다.

(2) 연립방정식의 해가 없는 것은 두 그래프의 기울기는 같고, y절편은 다른 ㄱ, ㄹ이다.

(3) 연립방정식의 해가 무수히 많은 것은 두 그래프의 기울기
와 y절편이 각각 같은 ㄴ이다.

[다른 풀이]

ㄱ. $\dfrac{1}{2}=\dfrac{2}{4}\neq\dfrac{-5}{10}$이므로 해가 없다.

ㄴ. $\dfrac{1}{-2}=\dfrac{-3}{6}=\dfrac{1}{-2}$이므로 해가 무수히 많다.

ㄷ. $\dfrac{1}{4}\neq\dfrac{-1}{-2}$이므로 해가 하나이다.

ㄹ. $\begin{cases} -x+\dfrac{1}{3}y-1=0 \\ 3x-y-3=0 \end{cases}$에서 $\begin{cases} -3x+y-3=0 \\ 3x-y-3=0 \end{cases}$

즉, $\dfrac{-3}{3}=\dfrac{1}{-1}\neq\dfrac{-3}{-3}$이므로 해가 없다.

개념 완성하기 ──────── 148쪽 ~ 150쪽

01 ①	02 ③	03 ②	04 ③
05 2	06 1	07 -2	08 3
09 5	10 -1	11 2	12 ①
13 $(1, -3)$	14 ①	15 -6	16 ⑤
17 ③	18 $y=-\dfrac{3}{2}x+4$		

19 (1) $a\neq2$ (2) $a=2$, $b\neq3$ (3) $a=2$, $b=3$

20 (1) $a=2$, $b\neq2$ (2) $a=2$, $b=2$

---

01 $3x-y+6=0$에서 $y=3x+6$
따라서 x절편이 -2, y절편이 6인 직선이므로 ①과 같다.

02 $2x+3y+12=0$에서 $3y=-2x-12$ ∴ $y=-\dfrac{2}{3}x-4$
따라서 x절편이 -6, y절편이 -4인 직선이므로 ③과 같다.

03 $3x-5y+6=0$에서 $5y=3x+6$ ∴ $y=\dfrac{3}{5}x+\dfrac{6}{5}$
$y=\dfrac{3}{5}x+\dfrac{6}{5}$에서 $y=0$일 때, $0=\dfrac{3}{5}x+\dfrac{6}{5}$, $x=-2$이므로
x절편은 -2
따라서 $a=\dfrac{3}{5}$, $b=-2$이므로 $a+b=\dfrac{3}{5}+(-2)=-\dfrac{7}{5}$

04 $2x-3y-a=0$에서 $3y=2x-a$ ∴ $y=\dfrac{2}{3}x-\dfrac{a}{3}$
따라서 $\dfrac{2}{3}=b$, $-\dfrac{a}{3}=-2$이므로 $a=6$, $b=\dfrac{2}{3}$
∴ $a-b=6-\dfrac{2}{3}=\dfrac{16}{3}$

05 $2x+y-5=0$에 $x=a$, $y=a-1$을 대입하면
$2a+(a-1)-5=0$, $3a=6$ ∴ $a=2$

06 $x-2y+6=0$의 그래프가 점 $(-4, a)$를 지나므로
$-4-2a+6=0$, $-2a=-2$ ∴ $a=1$

07 $4x+ay+8=0$의 그래프가 점 $(-3, -2)$를 지나므로
$4\times(-3)-2a+8=0$, $-2a=4$ ∴ $a=-2$

08 $ax+by=4$의 그래프가 점 $(2, 0)$을 지나므로
$2a=4$ ∴ $a=2$
$2x+by=4$의 그래프가 점 $(0, 4)$를 지나므로
$4b=4$ ∴ $b=1$
∴ $a+b=2+1=3$

09 두 점 $A\left(2, \dfrac{1}{2}\right)$, $B(2, -3)$을 지나는 직선의 방정식은
$x=2$
두 점 $B(2, -3)$, $C\left(-\dfrac{2}{3}, -3\right)$을 지나는 직선의 방정식은
$y=-3$
따라서 $p=2$, $q=-3$이므로
$p-q=2-(-3)=5$

10 $ax+by=-2$에서 $y=-\dfrac{a}{b}x-\dfrac{2}{b}$
주어진 직선의 방정식이 $y=2$이므로
$-\dfrac{a}{b}=0$, $-\dfrac{2}{b}=2$ ∴ $a=0$, $b=-1$
∴ $a+b=0+(-1)=-1$

11 x축에 평행한 직선 위의 두 점은 y좌표가 같으므로
$k-2=4k-8$, $3k=6$ ∴ $k=2$

12 y축에 평행한 직선 위의 두 점은 x좌표가 같으므로
$a=-2a-6$, $3a=-6$ ∴ $a=-2$

13 연립방정식 $\begin{cases} 3x-y-6=0 \\ x+2y+5=0 \end{cases}$을 풀면 $x=1$, $y=-3$
따라서 두 그래프의 교점의 좌표는 $(1, -3)$이다.

14 연립방정식 $\begin{cases} 2x-3y=-1 \\ -x+y=1 \end{cases}$을 풀면 $x=-2$, $y=-1$
따라서 $a=-2$, $b=-1$이므로
$a+b=-2+(-1)=-3$

15 두 그래프의 교점의 좌표가 $(2, 1)$이므로
$x+y=a$에 $x=2$, $y=1$을 대입하면
$2+1=a$ ∴ $a=3$
$bx+y=-3$에 $x=2$, $y=1$을 대입하면
$2b+1=-3$, $2b=-4$ ∴ $b=-2$
∴ $ab=3\times(-2)=-6$

16 $x-2y-11=0$에 $x=5$, $y=b$를 대입하면
$5-2b-11=0$, $-2b=6$ ∴ $b=-3$
$ax+3y-1=0$에 $x=5$, $y=-3$을 대입하면
$5a+3\times(-3)-1=0$, $5a=10$ ∴ $a=2$
∴ $a-b=2-(-3)=5$

17 연립방정식 $\begin{cases} x-y+2=0 \\ 4x+3y-6=0 \end{cases}$을 풀면 $x=0$, $y=2$이므로
두 직선의 교점의 좌표는 $(0, 2)$이다.
∴ (y절편)$=2$
또, 직선 $3x+y+1=0$, 즉 $y=-3x-1$과 평행하므로
(기울기)$=-3$

따라서 기울기가 -3이고, y절편이 2인 직선의 방정식은
$y=-3x+2$

18 연립방정식 $\begin{cases} 2x-3y-1=0 \\ 3x-y-5=0 \end{cases}$ 을 풀면 $x=2$, $y=1$이므로

두 직선의 교점의 좌표는 $(2, 1)$이다.

즉, 두 점 $(2, 1)$, $(0, 4)$를 지나므로

$(\text{기울기})=\dfrac{4-1}{0-2}=-\dfrac{3}{2}$

$\therefore y=-\dfrac{3}{2}x+4$

19 $\begin{cases} ax-y=3 \\ 2x-y=b \end{cases}$ 에서 $\begin{cases} y=ax-3 \\ y=2x-b \end{cases}$

(1) 두 그래프가 한 점에서 만나야 하므로 $a\ne2$

(2) 두 그래프가 서로 평행해야 하므로 $a=2$, $b\ne3$

(3) 두 그래프가 일치해야 하므로 $a=2$, $b=3$

[다른풀이]

(1) 해가 하나이려면 $\dfrac{a}{2}\ne\dfrac{-1}{-1}$ $\therefore a\ne2$

(2) 해가 없으려면 $\dfrac{a}{2}=\dfrac{-1}{-1}\ne\dfrac{3}{b}$ $\therefore a=2$, $b\ne3$

(3) 해가 무수히 많으려면 $\dfrac{a}{2}=\dfrac{-1}{-1}=\dfrac{3}{b}$ $\therefore a=2$, $b=3$

20 $\begin{cases} 2x-y=b \\ 4x-ay=4 \end{cases}$ 에서 $\begin{cases} y=2x-b \\ y=\dfrac{4}{a}x-\dfrac{4}{a} \end{cases}$

(1) 두 그래프가 서로 평행해야 하므로

$2=\dfrac{4}{a}$, $-b\ne-\dfrac{4}{a}$ $\therefore a=2$, $b\ne2$

(2) 두 그래프가 일치해야 하므로

$2=\dfrac{4}{a}$, $-b=-\dfrac{4}{a}$ $\therefore a=2$, $b=2$

[다른풀이]

(1) 해가 없으려면 $\dfrac{2}{4}=\dfrac{-1}{-a}\ne\dfrac{b}{4}$ $\therefore a=2$, $b\ne2$

(2) 해가 무수히 많으려면 $\dfrac{2}{4}=\dfrac{-1}{-a}=\dfrac{b}{4}$ $\therefore a=2$, $b=2$

실력 확인하기 ── 151쪽 ~ 152쪽

01 ③ **02** ⑤ **03** ③ **04** ④

05 ⑤ **06** ② **07** ① **08** ⑤

09 $-\dfrac{4}{3}$ **10** 12 **11** 3

12 $a=-8$, $b=4$

01 $ax+2y-4=0$에서 $2y=-ax+4$ $\therefore y=-\dfrac{a}{2}x+2$

이 그래프의 기울기가 -2이므로

$-\dfrac{a}{2}=-2$ $\therefore a=4$ $\therefore y=-2x+2$

③ $y=-2x+2$에 $x=1$, $y=2$를 대입하면 $2\ne-2+2$

02 $3x+y+a=0$, 즉 $y=-3x-a$의 그래프를 y축의 방향으로 -4만큼 평행이동하면 $y=-3x-a-4$

이 그래프가 점 $(-6, a)$를 지나므로

$a=-3\times(-6)-a-4$, $2a=14$ $\therefore a=7$

03 점 (a, b)가 제4사분면 위의 점이므로 $a>0$, $b<0$

$ax+5y+b=0$에서 $5y=-ax-b$ $\therefore y=-\dfrac{a}{5}x-\dfrac{b}{5}$

이 그래프에서

$(\text{기울기})=-\dfrac{a}{5}<0$, $(y\text{절편})=-\dfrac{b}{5}>0$

이므로 그 그래프는 오른쪽 그림과 같다.

따라서 그래프는 제3사분면을 지나지 않는다.

04 $x-4y-8=0$의 그래프와 y축 위에서 만나므로

$x=0$일 때, $-4y-8=0$ $\therefore y=-2$

따라서 점 $(0, -2)$를 지나고, x축에 평행한 직선의 방정식은 $y=-2$

05 $ax-by+2=0$의 그래프가 x축에 수직이므로

$x=p$ (p는 상수) 꼴이다.

즉, $ax-by+2=0$에서 $b=0$이므로 $ax+2=0$

$\therefore x=-\dfrac{2}{a}$

이 그래프가 제1사분면과 제4사분면만을 지나므로

$-\dfrac{2}{a}>0$ $\therefore a<0$

06 $2x+6=0$에서 $x=-3$, $y+4=0$에서 $y=-4$

따라서 네 직선 $y=2$, $x=1$, $x=-3$, $y=-4$로 둘러싸인 도형은 오른쪽 그림과 같으므로 구하는 넓이는

$4\times6=24$

07 두 그래프의 교점의 좌표가 $(3, 1)$이므로

$ax+3y+3=0$에 $x=3$, $y=1$을 대입하면

$3a+3+3=0$, $3a=-6$ $\therefore a=-2$

$x+by-6=0$에 $x=3$, $y=1$을 대입하면

$3+b-6=0$ $\therefore b=3$

$\therefore a-b=-2-3=-5$

08 ① $\begin{cases} 2x-2y=1 \\ 4x-2y=-2 \end{cases}$ 에서 $\begin{cases} y=x-\dfrac{1}{2} \\ y=2x+1 \end{cases}$

② $\begin{cases} x+2y=-5 \\ 2x+y=-5 \end{cases}$ 에서 $\begin{cases} y=-\dfrac{1}{2}x-\dfrac{5}{2} \\ y=-2x-5 \end{cases}$

③ $\begin{cases} x+y=0 \\ x-y=0 \end{cases}$ 에서 $\begin{cases} y=-x \\ y=x \end{cases}$

④ $\begin{cases} -3x+y=-1 \\ 6x-2y=2 \end{cases}$ 에서 $\begin{cases} y=3x-1 \\ y=3x-1 \end{cases}$

⑤ $\begin{cases} -x+3y=-4 \\ 2x-6y=4 \end{cases}$ 에서 $\begin{cases} y=\dfrac{1}{3}x-\dfrac{4}{3} \\ y=\dfrac{1}{3}x-\dfrac{2}{3} \end{cases}$

연립방정식의 해가 없으려면 두 그래프가 서로 평행해야 하므로 기울기가 같고, y절편이 다른 ⑤이다.

[다른풀이]

① $\dfrac{2}{4} \neq \dfrac{-2}{-2}$ 　　　　② $\dfrac{1}{2} \neq \dfrac{2}{1}$

③ $\dfrac{1}{1} \neq \dfrac{1}{-1}$ 　　　　④ $\dfrac{-3}{-6} = \dfrac{1}{-2} = \dfrac{-1}{2}$

⑤ $\dfrac{-1}{2} = \dfrac{3}{-6} \neq \dfrac{-4}{4}$

따라서 해가 없는 것은 ⑤이다.

09 $\begin{cases} 2x-3y=-27 \\ ax+2y=18 \end{cases}$ 에서 $\begin{cases} y=\dfrac{2}{3}x+9 \\ y=-\dfrac{a}{2}x+9 \end{cases}$

연립방정식의 해가 무수히 많으려면 두 그래프가 일치해야 하므로

$\dfrac{2}{3} = -\dfrac{a}{2}$ 　　∴ $a=-\dfrac{4}{3}$

[다른풀이]

해가 무수히 많으려면

$\dfrac{2}{a} = \dfrac{-3}{2} = \dfrac{-27}{18}$ 　　∴ $a=-\dfrac{4}{3}$

10 [전략] [코칭]

두 그래프의 교점의 좌표와 x절편을 각각 구한다.

연립방정식 $\begin{cases} x-y+2=0 \\ 2x+y-8=0 \end{cases}$ 을 풀면 $x=2$, $y=4$이므로

두 그래프의 교점의 좌표는 $(2, 4)$이다.
$x-y+2=0$의 그래프의 x절편은 -2
이고, $2x+y-8=0$의 그래프의 x절
편은 4이므로 구하는 도형의 넓이는

$\dfrac{1}{2} \times 6 \times 4 = 12$

11 [전략] [코칭]

세 직선이 한 점에서 만나려면 두 직선의 교점을 나머지 한 직선이 지나야 한다.

연립방정식 $\begin{cases} 2x+y=8 \\ x-y=1 \end{cases}$ 을 풀면 $x=3$, $y=2$

따라서 직선 $(a-2)x+y=5$가 점 $(3, 2)$를 지나므로
$3(a-2)+2=5$, $3a-4=5$, $3a=9$ 　　∴ $a=3$

12 [전략] [코칭]

조건 (개)에서 두 일차방정식의 그래프가 서로 평행해야 하므로 기울기는 같고 y절편은 달라야 하며, 조건 (내)에서 두 일차방정식의 그래프가 일치해야 하므로 기울기와 y절편이 각각 같아야 한다.

(개) $\begin{cases} ax-2y=5 \\ 4x+y=-3 \end{cases}$ 에서 $\begin{cases} y=\dfrac{a}{2}x-\dfrac{5}{2} \\ y=-4x-3 \end{cases}$

연립방정식의 해가 없으려면 두 그래프가 서로 평행해야 하므로

$\dfrac{a}{2}=-4$ 　　∴ $a=-8$

(내) $\begin{cases} 3x-y+a=0 \\ 6x-2y-4b=0 \end{cases}$ 에서 $\begin{cases} y=3x+a \\ y=3x-2b \end{cases}$

연립방정식의 해가 무수히 많으려면 두 그래프가 일치해야 하므로

$a=-2b$에서 $-8=-2b$ 　　∴ $b=4$

[다른풀이]

조건 (개)에서 해가 없으려면

$\dfrac{a}{4} = \dfrac{-2}{1} \neq \dfrac{5}{-3}$ 　　∴ $a=-8$

조건 (내)에서 해가 무수히 많으려면

$\dfrac{3}{6} = \dfrac{-1}{-2} = \dfrac{a}{-4b}$ 　　∴ $b=4$

[서술형] 문제 　　　　　　　　　　├ 153쪽 ~ 154쪽 ┤

1 5	1-1 9
2 3	3 $a=-1, b=-1, c=4$
4 1	4-1 2
5 3	
6 (1) $a=-2, b=6$ 　 (2) 제3사분면	

1 [채점 기준 1] 기울기 구하기 … 2점
두 점 $(-2, 5)$, $(1, -7)$을 지나는 직선과 평행하므로

(기울기)$= \dfrac{-7-5}{1-(-2)} = -4$

[채점 기준 2] 직선의 방정식 구하기 … 3점
$y=-4x+k$로 놓으면 이 직선이 점 $(3, -4)$를 지나므로
$-4=-4 \times 3+k$ 　　∴ $k=8$
따라서 직선의 방정식은 $y=-4x+8$, 즉 $4x+y-8=0$이다.

[채점 기준 3] $a+b$의 값 구하기 … 1점
$a=4$, $b=1$이므로 $a+b=4+1=5$

1-1 [채점 기준 1] 기울기 구하기 … 2점
$2x-y+4=0$, 즉 $y=2x+4$의 그래프와 평행하므로
(기울기)$=2$

[채점 기준 2] 직선의 방정식 구하기 … 3점
$y=2x+k$로 놓으면 $3x+2y+1=0$의 그래프의 x절편이

$-\dfrac{1}{3}$이므로 $y=2x+k$의 그래프의 x절편도 $-\dfrac{1}{3}$이다.

$y=2x+k$에 $x=-\dfrac{1}{3}$, $y=0$을 대입하면

$0=2 \times \left(-\dfrac{1}{3}\right)+k$ 　　∴ $k=\dfrac{2}{3}$

따라서 직선의 방정식은 $y=2x+\dfrac{2}{3}$, 즉 $6x-3y+2=0$이다.

$a=6$, $b=-3$이므로 $a-b=6-(-3)=9$

2 $3x+2y=6$에서 $2y=-3x+6$ $\therefore y=-\dfrac{3}{2}x+3$

$y=-\dfrac{3}{2}x+3$의 그래프의 x절편은 2,

y절편은 3이므로 그 그래프는 오른쪽 그림과 같다.   ⋯⋯ ❶

따라서 구하는 도형의 넓이는

$\dfrac{1}{2}\times2\times3=3$ ⋯⋯ ❷

채점 기준	배점
❶ 일차방정식의 그래프 그리기	3점
❷ 도형의 넓이 구하기	2점

3 $2x+ay-5=0$에 $x=1$, $y=-3$을 대입하면

$2-3a-5=0$ $\therefore a=-1$ ⋯⋯ ❶

$2x-y-5=0$에 $x=2$, $y=b$를 대입하면

$2\times2-b-5=0$ $\therefore b=-1$ ⋯⋯ ❷

$2x-y-5=0$에 $x=c$, $y=3$을 대입하면

$2c-3-5=0$ $\therefore c=4$ ⋯⋯ ❸

채점 기준	배점
❶ a의 값 구하기	2점
❷ b의 값 구하기	2점
❸ c의 값 구하기	2점

4

$y=ax+b$의 그래프의 x절편이 -2, y절편이 2이므로

$(기울기)=\dfrac{2-0}{0-(-2)}=1$, $(y$절편$)=2$ $\therefore a=1$, $b=2$

$\therefore y=x+2$

$y=x+2$에 $x=1$을 대입하면 $y=1+2=3$이므로 두 그래프의 교점의 좌표는 $(1, 3)$이다.

$x+my-4=0$에 $x=1$, $y=3$을 대입하면

$1+3m-4=0$, $3m=3$ $\therefore m=1$

4-1

$2x+y+5=0$에서 $y=-2x-5$

두 그래프의 교점의 x좌표가 -3이므로

$y=-2x-5$에 $x=-3$을 대입하면 $y=-2\times(-3)-5=1$

따라서 두 그래프의 교점의 좌표는 $(-3, 1)$이다.

$ax-y+b=0$, 즉 $y=ax+b$의 그래프의 y절편이 3이므로

$b=3$

$y=ax+3$에 $x=-3$, $y=1$을 대입하면

$1=-3a+3$, $3a=2$ $\therefore a=\dfrac{2}{3}$

$ab=\dfrac{2}{3}\times3=2$

---

5   연립방정식 $\begin{cases} x+y-1=0 \\ x-2y-4=0 \end{cases}$ 을 풀면 $x=2$, $y=-1$이므로

두 직선의 교점의 좌표는 $(2, -1)$이다.   ⋯⋯ ❶

$x+y-1=0$, 즉 $y=-x+1$의 그래프의 y절편은 1이고,

$x-2y-4=0$, 즉 $y=\dfrac{1}{2}x-2$의 그래프의 y절편은 -2이다.
      ⋯⋯ ❷

따라서 구하는 도형의 넓이는

$\dfrac{1}{2}\times3\times2=3$ ⋯⋯ ❸

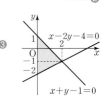

채점 기준	배점
❶ 두 직선의 교점의 좌표 구하기	2점
❷ 두 직선의 y절편 각각 구하기	2점
❸ 도형의 넓이 구하기	2점

6   (1) $\begin{cases} ax+2y=b \\ x-y=-3 \end{cases}$ 에서 $\begin{cases} y=-\dfrac{a}{2}x+\dfrac{b}{2} \\ y=x+3 \end{cases}$

연립방정식의 해가 무수히 많으려면 두 직선이 일치해야 하므로

$-\dfrac{a}{2}=1$, $\dfrac{b}{2}=3$ $\therefore a=-2$, $b=6$ ⋯⋯ ❶

(2) 일차함수 $y=ax+b$, 즉 $y=-2x+6$의 그래프는 오른쪽 그림과 같으므로 제3사분면을 지나지 않는다.   ⋯⋯ ❷

채점 기준	배점
❶ a, b의 값 각각 구하기	4점
❷ 일차함수 $y=ax+b$의 그래프가 지나지 않는 사분면 구하기	2점

실전! 중단원 마무리   ├155쪽 ~ 157쪽┤

01 ④	**02** ②	**03** ②, ④	**04** -1
05 ③	**06** ④	**07** ③	**08** ③
09 ③	**10** ④	**11** ①	**12** ③
13 ③	**14** 3	**15** 18	**16** ⑤
17 ④	**18** ④	**19** ②	

01 $4x-2y-b=0$에서 $2y=4x-b$ $\therefore y=2x-\dfrac{b}{2}$

따라서 $a=2$이고, $-3=-\dfrac{b}{2}$에서 $b=6$

$\therefore a+b=2+6=8$

02 $2x+3y-9=0$에서 $3y=-2x+9$ $\therefore y=-\dfrac{2}{3}x+3$

따라서 기울기는 $-\dfrac{2}{3}$, y절편은 3이므로 $a=-\dfrac{2}{3}$, $b=3$

$\therefore a+b=-\dfrac{2}{3}+3=\dfrac{7}{3}$

03 $3x-y+4=0$에서 $y=3x+4$이므로 그 그래프는 오른쪽 그림과 같다.
① 일차함수 $y=3x-4$의 그래프와 평행하다.
③ y절편은 4이다.
⑤ 제1, 2, 3사분면을 지난다.
따라서 옳은 것은 ②, ④이다.

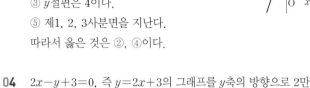

04 $2x-y+3=0$, 즉 $y=2x+3$의 그래프를 y축의 방향으로 2만큼 평행이동하면 $y=2x+5$
이 그래프가 점 $(m, 3)$을 지나므로
$3=2m+5$, $2m=-2$ $\therefore m=-1$

05 $3x-2y+4=0$에서 $2y=3x+4$, 즉 $y=\dfrac{3}{2}x+2$의 그래프와 평행하므로 (기울기)$=\dfrac{3}{2}$
$y=\dfrac{3}{2}x+b$로 놓으면 이 그래프가 점 $(1, 2)$를 지나므로
$2=\dfrac{3}{2}+b$ $\therefore b=\dfrac{1}{2}$
따라서 구하는 직선의 방정식은 $y=\dfrac{3}{2}x+\dfrac{1}{2}$, 즉 $3x-2y+1=0$이다.

06 x축에 수직인 직선의 방정식은 $x=p$ (p는 상수) 꼴이다.
① $y=-x+8$ ② $y=\dfrac{1}{2}x$ ③ $y=3$
④ $x=-5$ ⑤ $y=x$

07 x축에 평행한 직선 위의 두 점은 y좌표가 같으므로
$a-4=3a+2$, $2a=-6$ $\therefore a=-3$

08 점 $(4, -3)$을 지나고, y축에 평행한 직선의 방정식은 $x=4$
즉, $ax+by=4$에서 $b=0$이므로 $ax=4$ $\therefore x=\dfrac{4}{a}$
따라서 $\dfrac{4}{a}=4$이므로 $a=1$
$\therefore a+b=1+0=1$

09 $ax+by+2=0$에서 $by=-ax-2$
$\therefore y=-\dfrac{a}{b}x-\dfrac{2}{b}$
주어진 그래프에서
(기울기)$=-\dfrac{a}{b}>0$, (y절편)$=-\dfrac{2}{b}<0$이므로
$a<0$, $b>0$

10 두 그래프의 교점의 좌표가 $(a, 1)$이므로
$2x+y=7$에 $x=a$, $y=1$을 대입하면
$2a+1=7$, $2a=6$ $\therefore a=3$
$bx-y=5$에 $x=3$, $y=1$을 대입하면
$3b-1=5$, $3b=6$ $\therefore b=2$
$\therefore ab=3\times2=6$

11 연립방정식 $\begin{cases}2x-3y+6=0\\2x+2y-9=0\end{cases}$을 풀면 $x=\dfrac{3}{2}$, $y=3$이므로
두 그래프의 교점의 좌표는 $\left(\dfrac{3}{2}, 3\right)$이다.
따라서 $y=ax+6$에 $x=\dfrac{3}{2}$, $y=3$을 대입하면
$3=\dfrac{3}{2}a+6$, $\dfrac{3}{2}a=-3$ $\therefore a=-2$

12 연립방정식 $\begin{cases}2x-y=3\\3x+y=2\end{cases}$를 풀면 $x=1$, $y=-1$
따라서 점 $(1, -1)$을 지나고, x축에 평행한 직선의 방정식은 $y=-1$

13 연립방정식 $\begin{cases}2x-3y=-4\\5x+y=7\end{cases}$을 풀면 $x=1$, $y=2$이므로
두 그래프의 교점의 좌표는 $(1, 2)$이다.
직선 $y=-3x+2$와 평행한 직선의 기울기는 -3이므로
$y=-3x+b$로 놓으면 이 직선은 점 $(1, 2)$를 지난다. 즉,
$2=-3+b$ $\therefore b=5$
따라서 직선 $y=-3x+5$의 x절편은 $\dfrac{5}{3}$이다.

14 연립방정식 $\begin{cases}x+2y=-3\\2x-y=-1\end{cases}$을 풀면 $x=-1$, $y=-1$
따라서 직선 $ax+y=-4$가 점 $(-1, -1)$을 지나므로
$-a-1=-4$ $\therefore a=3$

15 두 직선 $y=x$, $x=4$의 교점의 좌표는 $(4, 4)$
두 직선 $y=x$, $y=-2$의 교점의 좌표는 $(-2, -2)$
따라서 세 직선의 교점의 좌표를 나타내면 오른쪽 그림과 같으므로 구하는 도형의 넓이는
$\dfrac{1}{2}\times6\times6=18$

16 $3x-y-6=0$, 즉 $y=3x-6$의 그래프와 한 점에서 만나려면 기울기가 3이 아니어야 한다.
각 그래프의 기울기를 구하면
①, ②, ③, ④ 3 ⑤ $\dfrac{1}{3}$
따라서 일차방정식 $3x-y-6=0$의 그래프와 한 점에서 만나는 것은 ⑤이다.

17 $\begin{cases}6x+ay-1=0\\y=3x-2\end{cases}$에서 $\begin{cases}y=-\dfrac{6}{a}x+\dfrac{1}{a}\\y=3x-2\end{cases}$
두 그래프가 만나지 않으려면 서로 평행해야 하므로
$-\dfrac{6}{a}=3$, $\dfrac{1}{a}\ne-2$ $\therefore a=-2$

[다른 풀이]
$\begin{cases}6x+ay-1=0\\y=3x-2\end{cases}$에서 $\begin{cases}6x+ay-1=0\\3x-y-2=0\end{cases}$
두 그래프가 만나지 않으려면 서로 평행해야 하므로
$\dfrac{6}{3}=\dfrac{a}{-1}\ne\dfrac{-1}{-2}$ $\therefore a=-2$

18 $\begin{cases} 3x-y=b \\ ax-2y=-2 \end{cases}$ 에서 $\begin{cases} y=3x-b \\ y=\dfrac{a}{2}x+1 \end{cases}$

연립방정식의 해가 무수히 많으려면 두 그래프가 일치해야 하므로

$3=\dfrac{a}{2}$, $-b=1$　∴ $a=6$, $b=-1$

∴ $a+b=6+(-1)=5$

[다른풀이]

연립방정식의 해가 무수히 많으려면

$\dfrac{3}{a}=\dfrac{-1}{-2}=\dfrac{b}{-2}$　∴ $a=6$, $b=-1$

∴ $a+b=6+(-1)=5$

19 ㄱ. $\begin{cases} 2x-4y=6 \\ 2x-4y=3 \end{cases}$ 이면 $\begin{cases} y=\dfrac{1}{2}x-\dfrac{3}{2} \\ y=\dfrac{1}{2}x-\dfrac{3}{4} \end{cases}$

　　즉, 두 직선은 서로 평행하므로 연립방정식의 해가 없다.

ㄴ. $\begin{cases} 2x-8y=6 \\ x-4y=3 \end{cases}$ 이면 $\begin{cases} y=\dfrac{1}{4}x-\dfrac{3}{4} \\ y=\dfrac{1}{4}x-\dfrac{3}{4} \end{cases}$

　　즉, 두 직선은 일치하므로 연립방정식의 해가 무수히 많다.

ㄷ. $\begin{cases} 2x-ay=6 \\ bx-4y=3 \end{cases}$ 에서 $\begin{cases} y=\dfrac{2}{a}x-\dfrac{6}{a} \\ y=\dfrac{b}{4}x-\dfrac{3}{4} \end{cases}$

　　두 직선이 서로 평행할 때 연립방정식의 해가 없으므로

　　$\dfrac{2}{a}=\dfrac{b}{4}$, $-\dfrac{6}{a}\neq-\dfrac{3}{4}$　∴ $ab=8$, $a\neq8$

　　즉, $ab=8$이지만 $a=8$, $b=1$이면 두 직선은 일치하므로 연립방정식의 해가 무수히 많다.

　따라서 옳은 것은 ㄴ이다.

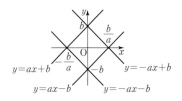

교과서에서 쏙 빼온 **문제** ├────158쪽┤

1 ㄹ　　　　　　　　　　　　**2** 1

3 -3, 1, 2

4 (1) A 통신사 : $y=1.8x+12000$,

　　B 통신사 : $y=1.4x+15000$

　　/ (위에서부터) 15000, 12000

　(2) 7500초

---

1 주어진 그래프에서 (기울기)>0, (y절편)>0이므로

$ab>0$, $b>0$　∴ $a>0$, $b>0$

ㄱ. $ax+y+b=0$에서 $y=-ax-b$

ㄴ. $ax+y-b=0$에서 $y=-ax+b$

ㄷ. $ax-y+b=0$에서 $y=ax+b$

ㄹ. $ax-y-b=0$에서 $y=ax-b$

따라서 보기의 네 직선은 다음 그림과 같으므로 제2사분면을 지나지 않는 직선의 방정식은 ㄹ이다.

2 평행사변형의 높이가 $3-1=2$이고, 넓이가 8이므로 밑변의 길이는 $8\div2=4$

즉, $y=ax-1$과 $y=ax-5$의 그래프의 x절편의 차가 4이다.

$y=ax-1$에서 $y=0$일 때, $0=ax-1$, $x=\dfrac{1}{a}$이므로

이 그래프의 x절편은 $\dfrac{1}{a}$이다.

$y=ax-5$에서 $y=0$일 때, $0=ax-5$, $x=\dfrac{5}{a}$이므로

이 그래프의 x절편은 $\dfrac{5}{a}$이다.

따라서 $\dfrac{5}{a}-\dfrac{1}{a}=4$이므로 $\dfrac{4}{a}=4$　∴ $a=1$

3 세 직선에 의해 삼각형이 만들어지지 않으려면 세 직선이 한 점에서 만나거나 세 직선 중 어느 두 직선이 평행해야 한다.

(i) 세 직선이 한 점에서 만나는 경우

　연립방정식 $\begin{cases} 2x-y+2=0 \\ 3x+y+3=0 \end{cases}$ 을 풀면 $x=-1$, $y=0$이므로

　두 직선의 교점의 좌표는 $(-1, 0)$이다.

　직선 $y=ax+1$도 점 $(-1, 0)$을 지나므로

　$0=-a+1$　∴ $a=1$

(ii) 세 직선 중 어느 두 직선이 평행한 경우

　직선 $y=ax+1$이 직선 $2x-y+2=0$, 즉 $y=2x+2$와 평행할 때, $a=2$

　직선 $y=ax+1$이 직선 $3x+y+3=0$, 즉 $y=-3x-3$과 평행할 때, $a=-3$

(i), (ii)에서 a의 값은 -3, 1, 2이다.

Self 코칭

세 직선이 한 점에서 만나는 경우와 세 직선 중 어느 두 직선이 평행한 경우로 나누어 생각해 본다.

4 (1) A 통신사 : $y=1.8x+12000$

　　B 통신사 : $y=1.4x+15000$

　　$y=1.8x+12000$의 그래프의 y절편은 12000, $y=1.4x+15000$의 그래프의 y절편은 15000이므로 두 일차함수의 그래프는 오른쪽 그림과 같다.

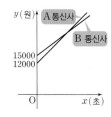

　(2) 연립방정식 $\begin{cases} y=1.8x+12000 \\ y=1.4x+15000 \end{cases}$ 을 풀면

　　$x=7500$, $y=25500$

　　따라서 7500초 통화했을 때, 두 통신사의 총 사용 요금이 같아진다.

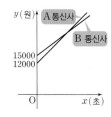

워크북 정답 및 풀이

1 유리수와 순환소수

01 유리수와 소수

한번 더 개념 확인문제 2쪽

01 (1) 0.1666⋯, 무한소수 (2) 0.75, 유한소수
(3) 1.2, 유한소수 (4) 0.625, 유한소수
(5) 2.222⋯, 무한소수 (6) 0.58333⋯, 무한소수
(7) 1.3125, 유한소수 (8) 0.6818181⋯, 무한소수

02 (1) 5, 5, 25, 2.5 (2) 2, 2, 6, 0.6
(3) 5, 5, 125, 0.125 (4) 5, 5, 45, 0.45
(5) 2, 2, 54, 0.54 (6) 5, 5, 55, 0.055

03 (1) 유 (2) 유 (3) 무 (4) 유 (5) 무
(6) 무 (7) 무 (8) 무 (9) 무 (10) 유

04 (1) 3 (2) 3 (3) 7 (4) 33 (5) 49
(6) 63 (7) 9 (8) 7 (9) 33 (10) 9

03 (1) $\frac{3}{2^2\times5}$ → 유한소수

(2) $\frac{21}{3\times5^2}=\frac{7}{5^2}$ → 유한소수

(3) $\frac{6}{2\times3^2\times5}=\frac{1}{3\times5}$ → 무한소수

(4) $\frac{18}{3^2\times5^2}=\frac{2}{5^2}$ → 유한소수

(5) $\frac{27}{5^3\times7}$ → 무한소수

(6) $\frac{35}{2^2\times3\times7}=\frac{5}{2^2\times3}$ → 무한소수

(7) $\frac{6}{28}=\frac{3}{14}=\frac{3}{2\times7}$ → 무한소수

(8) $\frac{15}{33}=\frac{5}{11}$ → 무한소수

(9) $\frac{10}{75}=\frac{2}{15}=\frac{2}{3\times5}$ → 무한소수

(10) $\frac{39}{240}=\frac{13}{80}=\frac{13}{2^4\times5}$ → 유한소수

주의 분수가 유한소수인지 무한소수인지 판별할 때는 반드시 기약분수로 나타낸 후 분모의 소인수를 조사한다.

04 (7) $90=2\times3^2\times5$이므로 □ 안에 알맞은 가장 작은 자연수는 $3^2=9$이다.

(8) $140=2^2\times5\times7$이므로 □ 안에 알맞은 가장 작은 자연수는 7이다.

(9) $165=3\times5\times11$이므로 □ 안에 알맞은 가장 작은 자연수는 $3\times11=33$이다.

(10) $360=2^3\times3^2\times5$이므로 □ 안에 알맞은 가장 작은 자연수는 $3^2=9$이다.

한번 더! 개념 완성하기 3쪽

01 $a=5$, $b=35$, $c=0.35$ **02** ④ **03** ②, ④
04 ㅁ, ㅂ **05** 14 **06** 9 **07** ⑤
08 ③

01 $\frac{7}{20}=\frac{7}{2^2\times5}=\frac{7\times5}{2^2\times5\times5}=\frac{35}{100}=0.35$

$\therefore a=5,\ b=35,\ c=0.35$

02 $\frac{2}{25}=\frac{2}{5^2}=\frac{2\times2^2}{5^2\times2^2}=\frac{8}{100}=0.08$이므로

① 2 ② 2^2 ③ 100 ④ 8 ⑤ 0.08

따라서 □ 안에 들어갈 수로 옳은 것은 ④이다.

03 ① $\frac{3}{15}=\frac{1}{5}$

② $\frac{21}{18}=\frac{7}{6}=\frac{7}{2\times3}$

③ $\frac{7}{28}=\frac{1}{4}=\frac{1}{2^2}$

④ $\frac{5}{36}=\frac{5}{2^2\times3^2}$

⑤ $\frac{9}{75}=\frac{3}{25}=\frac{3}{5^2}$

따라서 유한소수로 나타낼 수 없는 것은 ②, ④이다.

04 ㄴ. $\frac{7}{12}=\frac{7}{2^2\times3}$ ㄷ. $\frac{12}{18}=\frac{2}{3}$

ㄹ. $\frac{28}{5\times7^2}=\frac{4}{5\times7}$ ㅁ. $\frac{44}{2\times5^2\times11}=\frac{2}{5^2}$

ㅂ. $\frac{35}{2^2\times5^3\times7}=\frac{1}{2^2\times5^2}$

따라서 유한소수로 나타낼 수 있는 것은 ㅁ, ㅂ이다.

05 $\frac{10}{5^2\times7}\times a=\frac{2}{5\times7}\times a$가 유한소수가 되려면 a는 7의 배수이어야 한다.

따라서 a의 값이 될 수 있는 두 자리의 자연수 중 가장 작은 수는 14이다.

06 $\frac{21}{270}\times a=\frac{7}{90}\times a=\frac{7}{2\times3^2\times5}\times a$가 유한소수가 되려면 a는 3^2, 즉 9의 배수이어야 한다.

따라서 a의 값이 될 수 있는 가장 작은 자연수는 9이다.

07 ⑤ $a=18$일 때, $\frac{21}{2\times5^2\times18}=\frac{7}{2^2\times3\times5^2}$이므로 유한소수로 나타낼 수 없다.

08 $\frac{1}{2\times a}$이 유한소수가 되려면 a는 1이거나 소인수가 2 또는 5로만 이루어진 수이어야 한다.

따라서 a의 값이 될 수 있는 한 자리의 자연수는 1, 2, 4, 5, 8의 5개이다.

02 유리수와 순환소수

한번 더 개념 확인문제 ————————————————— 4쪽

01 (1) 4, $0.\dot{4}$　　(2) 5, $0.2\dot{5}$　　(3) 3, $1.2\dot{3}$

　　(4) 63, $0.\dot{6}\dot{3}$　　(5) 74, $3.2\dot{7}\dot{4}$　　(6) 561, $4.\dot{5}6\dot{1}$

　　(7) 532, $0.4\dot{5}3\dot{2}$　　(8) 7541, $2.\dot{7}54\dot{1}$

02 (1) $0.\dot{1}$　　(2) $0.8\dot{3}$　　(3) $0.3\dot{8}$

　　(4) $1.\dot{7}\dot{2}$　　(5) $0.\dot{1}4\dot{8}$　　(6) $0.2\dot{1}\dot{8}$

03 (1) (가) 100　　(나) 99　　(다) $\dfrac{26}{33}$

　　(2) (가) 1000　　(나) 999　　(다) $\dfrac{2213}{999}$

　　(3) (가) 1000　　(나) 990　　(다) $\dfrac{61}{495}$

04 (1) ㄱ　　(2) ㄴ　　(3) ㄷ　　(4) ㅁ　　(5) ㅂ　　(6) ㄹ

05 (1) 6, $\dfrac{2}{3}$　　(2) 1, 99, $\dfrac{104}{99}$　　(3) 420, 900, $\dfrac{1261}{300}$

---

02 (1) $\dfrac{1}{9}=1\div 9=0.111\cdots=0.\dot{1}$

(2) $\dfrac{5}{6}=5\div 6=0.8333\cdots=0.8\dot{3}$

(3) $\dfrac{7}{18}=7\div 18=0.3888\cdots=0.3\dot{8}$

(4) $\dfrac{19}{11}=19\div 11=1.727272\cdots=1.\dot{7}\dot{2}$

(5) $\dfrac{4}{27}=4\div 27=0.148148148\cdots=0.\dot{1}4\dot{8}$

(6) $\dfrac{12}{55}=12\div 55=0.2181818\cdots=0.2\dot{1}\dot{8}$

한번 더! 개념 완성하기 ————————————————— 5쪽~7쪽

01 ②　　　　**02** ①, ④　　　**03** ④　　　**04** 1

05 ⑤　　　　**06** 2　　　　　**07** 5

08 (1) 8　(2) 5　**09** ①　　　　**10** 3, 6, 9

11 $72.222\cdots$, 10, 90, 65, 13　**12** ③　　　**13** ⑤

14 ①, ⑤　　**15** ②　　　**16** ④　　　**17** ③

18 321　　　**19** 11　　　**20** ①　　　**21** $5.\dot{1}$

22 ①, ④　　**23** ④

---

01 ① $1.4333\cdots=1.4\dot{3}$

③ $3.213213213\cdots=3.\dot{2}1\dot{3}$

④ $0.052052052\cdots=0.\dot{0}5\dot{2}$

⑤ $0.56222\cdots=0.56\dot{2}$

따라서 옳은 것은 ②이다.

---

02 ① $1.818181\cdots=1.\dot{8}\dot{1}$

④ $1.243243243\cdots=1.\dot{2}4\dot{3}$

따라서 옳지 않은 것은 ①, ④이다.

03 ④ $4.545454\cdots$ ➡ 54

04 $\dfrac{3}{22}=0.1\dot{3}\dot{6}$이므로 순환마디는 36이다.　　∴ $x=2$

$\dfrac{8}{27}=0.\dot{2}9\dot{6}$이므로 순환마디는 296이다.　　∴ $y=3$

∴ $y-x=3-2=1$

05 ① $\dfrac{7}{30}=0.2\dot{3}$ ➡ 순환마디는 3이다.

② $\dfrac{1}{3}=0.\dot{3}$ ➡ 순환마디는 3이다.

③ $\dfrac{8}{15}=0.5\dot{3}$ ➡ 순환마디는 3이다.

④ $\dfrac{7}{12}=0.58\dot{3}$ ➡ 순환마디는 3이다.

⑤ $\dfrac{13}{9}=1.\dot{4}$ ➡ 순환마디는 4이다.

따라서 순환마디가 나머지 넷과 다른 하나는 ⑤이다.

06 $0.2\dot{5}\dot{4}$의 순환마디를 이루는 숫자의 개수는 3이다.

이때 $28=3\times 9+1$이므로 소수점 아래 28번째 자리의 숫자는 순환마디의 첫 번째 숫자인 2이다.

07 $\dfrac{38}{11}=3.\dot{4}\dot{5}$이므로 순환마디를 이루는 숫자의 개수는 2이다.

이때 $50=2\times 25$이므로 소수점 아래 50번째 자리의 숫자는 순환마디의 마지막 숫자인 5이다.

08 $2.\dot{1}5384\dot{6}$의 순환마디를 이루는 숫자의 개수는 6이다.

(1) $100=6\times 16+4$이므로 소수점 아래 100번째 자리의 숫자는 순환마디의 네 번째 숫자인 8이다.

(2) $200=6\times 33+2$이므로 소수점 아래 200번째 자리의 숫자는 순환마디의 두 번째 숫자인 5이다.

09 ① $a=9$일 때, $\dfrac{6}{25\times 9}=\dfrac{2}{3\times 5^2}$이므로 순환소수가 된다.

10 $\dfrac{35}{2^2\times 5^2\times a}=\dfrac{7}{2^2\times 5\times a}$이므로 순환소수가 되려면 기약분수로 나타내었을 때, 분모에 2 또는 5 이외의 소인수가 있어야 한다.

따라서 a의 값이 될 수 있는 10 이하의 자연수는 3, 6, 9이다.

12 $x=0.1\dot{4}\dot{5}$라 하면 $x=0.1454545\cdots$

$1000x=145.454545\cdots$ ⋯⋯ ㉠

$10x=1.454545\cdots$ ⋯⋯ ㉡

㉠−㉡을 하면 $990x=144$　　∴ $x=\dfrac{8}{55}$

따라서 ⓐ에 들어갈 수는 990이다.

13 $x=1.02444\cdots$이므로

$\quad\quad 1000x=1024.444\cdots$
$\quad\underline{-\,)\ 100x=\ 102.444\cdots}$
$\quad\quad\ 900x=\ 922 \quad\quad \therefore x=\dfrac{922}{900}=\dfrac{461}{450}$

따라서 가장 편리한 식은 ⑤ $1000x-100x$이다.

14 ② $1.\dot{8}=\dfrac{18-1}{9}$

③ $0.\dot{4}5\dot{3}=\dfrac{453}{999}$

④ $2.0\dot{1}\dot{7}=\dfrac{2017-20}{990}$

따라서 옳은 것은 ①, ⑤이다.

15 $0.27555\cdots=0.27\dot{5}=\dfrac{275-27}{900}=\dfrac{248}{900}=\dfrac{62}{225}$

16 ① $2.\dot{6}=\dfrac{26-2}{9}=\dfrac{24}{9}=\dfrac{8}{3}$

② $0.\dot{5}\dot{1}=\dfrac{51}{99}=\dfrac{17}{33}$

③ $2.7\dot{4}=\dfrac{274-27}{90}=\dfrac{247}{90}$

④ $1.5\dot{3}\dot{1}=\dfrac{1531-15}{990}=\dfrac{1516}{990}=\dfrac{758}{495}$

⑤ $4.\dot{7}2\dot{3}=\dfrac{4723-4}{999}=\dfrac{4719}{999}=\dfrac{1573}{333}$

따라서 옳지 않은 것은 ④이다.

17 $0.\dot{2}1\dot{7}=\dfrac{217}{999}=217\times\dfrac{1}{999}$이므로

$\square=\dfrac{1}{999}=0.\dot{0}0\dot{1}$

18 $0.3\dot{2}\dot{4}=\dfrac{324-3}{990}=\dfrac{321}{990}=321\times\dfrac{1}{990}=321\times0.0\dot{0}\dot{1}$

$\therefore a=321$

19 $0.2\dot{7}=\dfrac{27-2}{90}=\dfrac{25}{90}=\dfrac{5}{18}$, $0.\dot{3}=\dfrac{3}{9}=\dfrac{1}{3}$이므로

$\dfrac{5}{18}\times\dfrac{b}{a}=\dfrac{1}{3}$

$\therefore \dfrac{b}{a}=\dfrac{1}{3}\times\dfrac{18}{5}=\dfrac{6}{5}$

따라서 $a=5$, $b=6$이므로 $a+b=5+6=11$

20 $0.\dot{6}+1.\dot{4}=\dfrac{6}{9}+\dfrac{14-1}{9}=\dfrac{6}{9}+\dfrac{13}{9}=\dfrac{19}{9}=2.111\cdots=2.\dot{1}$

21 $0.\dot{2}=\dfrac{2}{9}$이므로 $\dfrac{16}{3}=a+\dfrac{2}{9}$

$\therefore a=\dfrac{16}{3}-\dfrac{2}{9}=\dfrac{48-2}{9}=\dfrac{46}{9}=5.111\cdots=5.\dot{1}$

22 ① 모든 순환소수는 무한소수이다.

④ $0=\dfrac{0}{1}=\dfrac{0}{2}=\dfrac{0}{3}=\cdots$과 같이 분수로 나타낼 수 있으므로 유리수이다.

따라서 옳지 않은 것은 ①, ④이다.

23 ㄱ. 무한소수 중 순환소수는 유리수이다.

ㄷ. 정수가 아닌 유리수는 유한소수 또는 순환소수로 나타낼 수 있다.

따라서 옳은 것은 ㄴ, ㄹ이다.

─8쪽→

01 2개 **02** ③ **03** ④ **04** 11
05 1 **06** ② **07** 0.1$\dot{3}$ **08** ③, ④

01 무한소수는 ㄷ. 0.333$\cdots$, ㅁ. 9.878787$\cdots$의 2개이다.

02 $\dfrac{3}{80}=\dfrac{3}{2^4\times5}=\dfrac{3\times5^3}{2^4\times5\times5^3}=\dfrac{375}{10000}=0.0375$

따라서 □ 안에 들어갈 수로 옳은 것은 ③이다.

03 $\dfrac{15}{2^3\times3^2\times7}\times A=\dfrac{5}{2^3\times3\times7}\times A$가 유한소수가 되려면 A는 3×7, 즉 21의 배수이어야 한다.

따라서 A의 값이 될 수 있는 가장 작은 자연수는 21이다.

04 $\dfrac{a}{24}=\dfrac{a}{2^3\times3}$가 유한소수가 되려면 a는 3의 배수이어야 한다.

또, $\dfrac{a}{24}$를 기약분수로 나타내면 $\dfrac{1}{b}$이 되므로 가장 작은 자연수 $a=3$

이때 $\dfrac{3}{24}=\dfrac{1}{8}$이므로 $b=8$

$\therefore a+b=3+8=11$

05 $\dfrac{5}{37}=0.\dot{1}3\dot{5}$이므로 순환마디를 이루는 숫자의 개수는 3이다.

이때 $100=3\times33+1$이므로 소수점 아래 100번째 자리의 숫자는 순환마디의 첫 번째 숫자인 1이다.

06 $0.1\dot{2}\dot{6}$의 순환마디는 26이다.

$\quad 1000x=126.262626\cdots$ $\quad\quad\cdots\cdots$ ㉠
$\quad\ \ 10x=1.262626\cdots$ $\quad\quad\cdots\cdots$ ㉡

㉠$-$㉡을 하면

$\quad 990x=125 \quad\quad \therefore x=\dfrac{125}{990}=\dfrac{25}{198}$

따라서 ㈎에 들어갈 식은 $1000x$이므로 옳지 않은 것은 ②이다.

07 $0.\dot{2}=\dfrac{2}{9}$이므로 $2\times a=\dfrac{2}{9} \quad\quad \therefore a=\dfrac{1}{9}$

$0.1\dot{5}=\dfrac{15-1}{90}=\dfrac{14}{90}=\dfrac{7}{45}$이므로 $7\times b=\dfrac{7}{45} \quad\quad \therefore b=\dfrac{1}{45}$

$\therefore a+b=\dfrac{1}{9}+\dfrac{1}{45}=\dfrac{6}{45}=\dfrac{2}{15}=0.1333\cdots=0.1\dot{3}$

08 ③ 모든 순환소수는 유리수이다.

④ 유리수는 정수 또는 유한소수 또는 순환소수로 나타낼 수 있다.

따라서 옳지 않은 것은 ③, ④이다.

실전! 중단원 마무리 ────── 9쪽~10쪽

01 ④	02 ④	03 ⑤	04 ③
05 ③	06 1	07 2개	08 ④
09 ⑤	10 $\dfrac{54}{7}$	11 3	12 ①, ⑤

서술형 문제

13 84   14 20

01 ④ $\dfrac{11}{16} = \dfrac{11}{2^4}$이므로 유한소수이다.

02 ① $\dfrac{4}{15} = \dfrac{4}{3 \times 5}$ ② $\dfrac{6}{56} = \dfrac{3}{28} = \dfrac{3}{2^2 \times 7}$

③ $\dfrac{10}{2^3 \times 7} = \dfrac{5}{2^2 \times 7}$ ④ $\dfrac{18}{2 \times 3^2 \times 5} = \dfrac{1}{5}$

⑤ $\dfrac{45}{3^2 \times 5^2 \times 7} = \dfrac{1}{5 \times 7}$

따라서 유한소수로 나타낼 수 있는 것은 ④이다.

03 $\dfrac{27}{48 \times x} = \dfrac{9}{16 \times x} = \dfrac{9}{2^4 \times x}$

⑤ $x=54$일 때, $\dfrac{9}{2^4 \times 54} = \dfrac{1}{2^5 \times 3}$이므로 유한소수로 나타낼 수 없다.

04 ① $0.505050\cdots$ ➡ 50

② $0.1939393\cdots$ ➡ 93

④ $5.365365365\cdots$ ➡ 365

⑤ $6.14222\cdots$ ➡ 2

따라서 바르게 연결된 것은 ③이다.

05 $\dfrac{5}{12} = 0.41666\cdots$이므로 순환마디는 6이다.

06 $\dfrac{7}{22} = 0.3\dot{1}\dot{8}$이므로 소수점 아래 순환하지 않는 숫자는 1개이고 순환마디를 이루는 숫자의 개수는 2이다.

즉, 소수점 아래 20번째 자리의 숫자는 순환마디가 시작된 후 19번째 자리의 숫자와 같다.

이때 $19 = 2 \times 9 + 1$이므로 소수점 아래 20번째 자리의 숫자는 순환마디의 첫 번째 숫자인 1이다.

07 $\dfrac{9}{2^5 \times 3 \times x} = \dfrac{3}{2^5 \times x}$이 순환소수가 되려면 기약분수로 나타내었을 때, 분모에 2 또는 5 이외의 소인수가 있어야 한다.

따라서 x의 값이 될 수 있는 한 자리 자연수는 7, 9의 2개이다.

08 ④ 순환소수 $x = 1.3\dot{8}\dot{2}$를 분수로 나타낼 때 가장 편리한 식은 $1000x - x$이다.

09 ① $0.\dot{1}\dot{4} = \dfrac{14}{99}$

② $0.2\dot{8} = \dfrac{28-2}{90} = \dfrac{26}{90} = \dfrac{13}{45}$

③ $1.\dot{3}\dot{2} = \dfrac{132-1}{99} = \dfrac{131}{99}$

④ $0.\dot{3}6\dot{3} = \dfrac{363}{999} = \dfrac{121}{333}$

⑤ $1.02\dot{7} = \dfrac{1027-102}{900} = \dfrac{925}{900} = \dfrac{37}{36}$

따라서 옳은 것은 ⑤이다.

10 $0.\dot{5} = \dfrac{5}{9}$이므로 $a = \dfrac{9}{5}$

$0.2\dot{3} = \dfrac{23-2}{90} = \dfrac{21}{90} = \dfrac{7}{30}$이므로 $b = \dfrac{30}{7}$

$\therefore ab = \dfrac{9}{5} \times \dfrac{30}{7} = \dfrac{54}{7}$

11 $3.\dot{6} = \dfrac{36-3}{9} = \dfrac{33}{9} = \dfrac{11}{3}$

따라서 가장 작은 자연수 a는 3이다.

12 ② 무한소수 중에는 순환소수가 아닌 무한소수도 있다.

③ $\dfrac{1}{3} = 0.333\cdots$과 같이 기약분수 중에는 유한소수로 나타낼 수 없는 것도 있다.

④ 분모가 6인 분수는 분모의 소인수가 2와 3이므로 유한소수로 나타낼 수 없는 것도 있다.

따라서 옳은 것은 ①, ⑤이다.

13 $\dfrac{n}{24} = \dfrac{n}{2^3 \times 3}$이 유한소수가 되려면 n은 3의 배수이어야 한다.

...... ❶

$\dfrac{n}{35} = \dfrac{n}{5 \times 7}$이 유한소수가 되려면 n은 7의 배수이어야 한다.

...... ❷

따라서 n은 3과 7의 공배수, 즉 21의 배수이므로 n의 값이 될 수 있는 두 자리의 자연수 중 가장 큰 수는 84이다.

...... ❸

채점 기준	배점
❶ n이 3의 배수임을 알기	2점
❷ n이 7의 배수임을 알기	2점
❸ n의 값이 될 수 있는 두 자리의 자연수 중 가장 큰 수 구하기	3점

14 어떤 자연수를 x라 하면

$x \times 0.\dot{2} - x \times 0.2 = 0.\dot{4}$에서

...... ❶

$\dfrac{2}{9}x - \dfrac{1}{5}x = \dfrac{4}{9}$

양변에 45를 곱하면

$10x - 9x = 20$ $\therefore x = 20$

따라서 어떤 자연수는 20이다.

...... ❷

채점 기준	배점
❶ 어떤 자연수를 구하는 식 세우기	4점
❷ 어떤 자연수 구하기	3점

1 단항식과 다항식

01 지수법칙

한번 더 개념 확인문제 ──────11쪽~12쪽

01 (1) 5^{17} (2) 3^{12} (3) a^{14} (4) x^{11}

02 (1) 3^{11} (2) 7^{15} (3) a^{16} (4) x^{13}

03 (1) a^8b^6 (2) $x^{11}y^{14}$ (3) $a^{13}b^{10}$ (4) x^9y^{16}

04 (1) 3^{28} (2) a^{15} (3) b^{12} (4) x^{32}

05 (1) a^{14} (2) x^{19} (3) x^{48} (4) y^{26}

06 (1) 4 (2) 10 (3) 3 (4) 3 (5) 5 (6) 2

07 (1) 2^6 (2) $\dfrac{1}{3^3}$ (3) a^6 (4) 1 (5) $\dfrac{1}{x^5}$ (6) 1

08 (1) a^4 (2) x^5 (3) 1 (4) $\dfrac{1}{y^3}$

09 (1) a^4 (2) $\dfrac{1}{x^3}$ (3) a^8 (4) $\dfrac{1}{x^4}$

10 (1) a^2b^2 (2) $64x^3$ (3) $81x^{20}$ (4) a^8b^{12}
(5) $-x^{10}y^5$ (6) $64a^{18}b^{12}$ (7) $a^7b^{14}c^{35}$
(8) $-x^6y^9z^3$

11 (1) a^{30} (2) x^{16} (3) a^9b^{18} (4) $x^{24}y^{36}$

12 (1) $\dfrac{b^2}{a^2}$ (2) $\dfrac{y^3}{27}$ (3) $\dfrac{16}{x^8}$ (4) $\dfrac{a^8}{b^{12}}$
(5) $-\dfrac{x^{15}}{y^{10}}$ (6) $\dfrac{8a^3}{27b^3}$ (7) $\dfrac{x^{12}y^6}{z^{18}}$ (8) $-\dfrac{x^5}{y^{10}z^{20}}$

13 (1) 5 (2) 6 (3) 3, 16 (4) 3, 10

02 (1) $3^2\times3^3\times3^6=3^{2+3+6}=3^{11}$
(2) $7^3\times7^9\times7^3=7^{3+9+3}=7^{15}$
(3) $a^7\times a^4\times a^5=a^{7+4+5}=a^{16}$
(4) $x^4\times x^8\times x=x^{4+8+1}=x^{13}$

03 (1) $a^3\times b^2\times a^5\times b^4=a^3\times a^5\times b^2\times b^4=a^{3+5}\times b^{2+4}$
$=a^8b^6$
(2) $x^5\times y^5\times x^6\times y^9=x^5\times x^6\times y^5\times y^9=x^{5+6}\times y^{5+9}$
$=x^{11}y^{14}$
(3) $a^{10}\times b^2\times a^3\times b^8=a^{10}\times a^3\times b^2\times b^8=a^{10+3}\times b^{2+8}$
$=a^{13}b^{10}$
(4) $x^2\times y^{11}\times x^7\times y^5=x^2\times x^7\times y^{11}\times y^5=x^{2+7}\times y^{11+5}$
$=x^9y^{16}$

05 (1) $(a^4)^3\times a^2=a^{4\times3}\times a^2=a^{12}\times a^2=a^{14}$
(2) $x^7\times(x^6)^2=x^7\times x^{6\times2}=x^7\times x^{12}=x^{19}$
(3) $(x^5)^6\times(x^9)^2=x^{5\times6}\times x^{9\times2}=x^{30}\times x^{18}=x^{48}$
(4) $(y^2)^3\times(y^4)^5=y^{2\times3}\times y^{4\times5}=y^6\times y^{20}=y^{26}$

06 (1) $7+\square=11$이므로 $\square=4$
(2) $\square+5=15$이므로 $\square=10$
(3) $5\times\square=15$이므로 $\square=3$

(4) $\square\times4+3=15$에서 $\square\times4=12$ ∴ $\square=3$
(5) $7\times3+\square=26$에서 $21+\square=26$ ∴ $\square=5$
(6) $\square\times4+3\times3=17$에서 $\square\times4=8$ ∴ $\square=2$

08 (1) $a^9\div a^2\div a^3=a^{9-2}\div a^3=a^7\div a^3=a^{7-3}=a^4$
(2) $x^{12}\div x^2\div x^5=x^{12-2}\div x^5=x^{10}\div x^5=x^{10-5}=x^5$
(3) $x^6\div x^5\div x=x^{6-5}\div x=x\div x=1$
(4) $y^8\div y^6\div y^5=y^{8-6}\div y^5=y^2\div y^5=\dfrac{1}{y^{5-2}}=\dfrac{1}{y^3}$

09 (1) $a^3\times a^7\div a^6=a^{10}\div a^6=a^{10-6}=a^4$
(2) $x^2\times x^3\div x^8=x^5\div x^8=\dfrac{1}{x^{8-5}}=\dfrac{1}{x^3}$
(3) $(a^3)^3\div a^2\times a=a^9\div a^2\times a=a^7\times a=a^8$
(4) $x^8\div x^4\div(x^4)^2=x^4\div(x^4)^2=x^4\div x^8=\dfrac{1}{x^{8-4}}=\dfrac{1}{x^4}$

10 (2) $(4x)^3=4^3\times x^3=64x^3$
(3) $(-3x^5)^4=(-3)^4\times(x^5)^4=81x^{20}$
(4) $(a^2b^3)^4=(a^2)^4\times(b^3)^4=a^8b^{12}$
(5) $(-x^2y)^5=(-1)^5\times(x^2)^5\times y^5=-x^{10}y^5$
(6) $(2a^3b^2)^6=2^6\times(a^3)^6\times(b^2)^6=64a^{18}b^{12}$
(7) $(ab^2c^5)^7=a^7\times(b^2)^7\times(c^5)^7=a^7b^{14}c^{35}$
(8) $(-x^2y^3z)^3=(-1)^3\times(x^2)^3\times(y^3)^3\times z^3$
$=-x^6y^9z^3$

11 (1) $\{(a^3)^2\}^5=a^{3\times2\times5}=a^{30}$
(2) $\{(x^2)^4\}^2=x^{2\times4\times2}=x^{16}$
(3) $\{(ab^2)^3\}^3=a^{3\times3}\times b^{2\times3\times3}=a^9b^{18}$
(4) $\{(x^2y^3)^4\}^3=x^{2\times4\times3}\times y^{3\times4\times3}=x^{24}y^{36}$

12 (2) $\left(\dfrac{y}{3}\right)^3=\dfrac{y^3}{3^3}=\dfrac{y^3}{27}$
(3) $\left(-\dfrac{2}{x^2}\right)^4=(-1)^4\times\dfrac{2^4}{(x^2)^4}=\dfrac{16}{x^8}$
(4) $\left(\dfrac{a^2}{b^3}\right)^4=\dfrac{(a^2)^4}{(b^3)^4}=\dfrac{a^8}{b^{12}}$
(5) $\left(-\dfrac{x^3}{y^2}\right)^5=(-1)^5\times\dfrac{(x^3)^5}{(y^2)^5}=-\dfrac{x^{15}}{y^{10}}$
(6) $\left(\dfrac{2a}{3b}\right)^3=\dfrac{2^3\times a^3}{3^3\times b^3}=\dfrac{8a^3}{27b^3}$
(7) $\left(\dfrac{x^2y}{z^3}\right)^6=\dfrac{(x^2)^6\times y^6}{(z^3)^6}=\dfrac{x^{12}y^6}{z^{18}}$
(8) $\left(-\dfrac{x}{y^2z^4}\right)^5=(-1)^5\times\dfrac{x^5}{(y^2)^5\times(z^4)^5}$
$=-\dfrac{x^5}{y^{10}z^{20}}$

13 (1) $7-\square=2$이므로 $\square=5$
(2) $(x^2)^3\div x^\square=x^6\div x^\square=1$이므로 $\square=6$
(3) $(x^\square)^4=x^{12}$에서 $\square\times4=12$이므로 $\square=3$
$(y^4)^4=y^\square$에서 $4\times4=\square$이므로 $\square=16$
(4) $(b^\square)^5=b^{15}$에서 $\square\times5=15$이므로 $\square=3$
$(a^2)^5=a^\square$에서 $2\times5=\square$이므로 $\square=10$

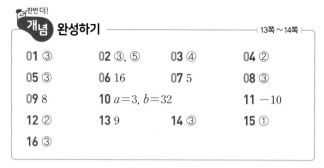

01 ③	**02** ③, ⑤	**03** ④	**04** ②
05 ③	**06** 16	**07** 5	**08** ③
09 8	**10** $a=3$, $b=32$		**11** -10
12 ②	**13** 9	**14** ③	**15** ①
16 ③			

01 ① $x^5 \times x^4 \times x = x^{10}$

② $(x^6)^2 = x^{12}$

④ $y^{10} \div y^4 \div y^6 = y^6 \div y^6 = 1$

⑤ $\left(-\dfrac{a^5}{b^2}\right)^2 = \dfrac{a^{10}}{b^4}$

따라서 옳은 것은 ③이다.

02 ① $a+a+a = 3a$

② $5^7 \times 5^5 = 5^{12}$

④ $x^7 \div x^5 \div x^2 = x^2 \div x^2 = 1$

따라서 옳은 것은 ③, ⑤이다.

03 ① $5 + \square = 9$이므로 $\square = 4$

② $8 - \square = 4$이므로 $\square = 4$

③ $\square \times 2 + 3 = 11$이므로 $\square = 4$

④ $\square \times 3 - 4 = 5$이므로 $\square = 3$

⑤ $\square \times 4 = 16$이므로 $\square = 4$

따라서 나머지 넷과 다른 하나는 ④이다.

04 ① $2 \times \square - 3 = 5$이므로 $\square = 4$

② $\square \times 3 = 6$이므로 $\square = 2$

③ $6 + \square \times 2 = 16$이므로 $\square = 5$

④ $\square \times 2 = 6$이므로 $\square = 3$

⑤ $\square + 4 = 7$이므로 $\square = 3$

따라서 $\square$ 안에 알맞은 수가 가장 작은 것은 ②이다.

05 $4^3 \times 4^3 \times 4^3 \times 4^3 = 4^{3+3+3+3} = 4^{12} = (2^2)^{12} = 2^{24} = 2^a$이므로

$a = 24$

06 $3^6 \times 9^5 = 3^6 \times (3^2)^5 = 3^6 \times 3^{10} = 3^{16} = 3^x$이므로

$x = 16$

07 $32 \times 4^6 \div 8^4 = 2^5 \times (2^2)^6 \div (2^3)^4$
$= 2^5 \times 2^{12} \div 2^{12}$
$= 2^{17} \div 2^{12} = 2^5$

$\therefore \square = 5$

08 $64 = 2^6$이므로 $2^2 \times 2^x = 2^6$에서

$2 + x = 6$ $\therefore x = 4$

09 $\dfrac{1}{4} = \dfrac{1}{2^2}$이므로 $2^3 \div 2^a = \dfrac{1}{2^2}$에서

$a - 3 = 2$ $\therefore a = 5$

또, $81 = 3^4$이므로 $3^6 \times 3^b \div 3^5 = 3^4$에서

$6 + b - 5 = 4$ $\therefore b = 3$

$\therefore a + b = 5 + 3 = 8$

10 $(2x^a y^4)^5 = 32x^{5a}y^{20} = bx^{15}y^{20}$이므로

$5a = 15$에서 $a = 3$이고, $b = 32$

11 $\left(-\dfrac{2x^a}{y}\right)^b = \dfrac{(-2)^b x^{ab}}{y^b} = \dfrac{cx^8}{y^4}$이므로 $b = 4$

$ab = 8$에서 $4a = 8$ $\therefore a = 2$

$(-2)^b = c$에서 $c = (-2)^4 = 16$

$\therefore a + b - c = 2 + 4 - 16 = -10$

12 $2^5 + 2^5 + 2^5 + 2^5 = 4 \times 2^5 = 2^2 \times 2^5 = 2^7$

13 $9^4 + 9^4 + 9^4 = 3 \times 9^4 = 3 \times (3^2)^4 = 3 \times 3^8 = 3^9$ $\therefore x = 9$

14 $9^4 = (3^2)^4 = 3^8 = (3^4)^2 = a^2$

15 $\left(\dfrac{1}{16}\right)^4 = \left(\dfrac{1}{2^4}\right)^4 = \dfrac{1}{2^{16}} = \left(\dfrac{1}{2^8}\right)^2 = \left(\dfrac{1}{A}\right)^2 = \dfrac{1}{A^2}$

16 $3^{x+1} = 3^x \times 3 = A \times 3 = 3A$

$\therefore 3^x + 3^{x+1} = A + 3A = 4A$

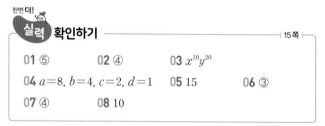

01 ⑤	**02** ④	**03** $x^{10}y^{20}$
04 $a=8$, $b=4$, $c=2$, $d=1$	**05** 15	**06** ③
07 ④	**08** 10	

01 ① $a^3 \times (a^4)^2 = a^3 \times a^8 = a^{11}$

② $a^5 \times a^2 \times a^3 = a^{10}$

③ $a^{18} \div a^5 \div a^4 = a^{13} \div a^4 = a^9$

④ $(a^3)^4 \times a^4 \div a^8 = a^{12} \times a^4 \div a^8 = a^{16} \div a^8 = a^8$

⑤ $a^{12} \times (a^9 \div a^6) = a^{12} \times a^3 = a^{15}$

따라서 a의 지수가 가장 큰 것은 ⑤이다.

02 $a \div b = 8^x \div 8^y = 8^{x-y} = 8^2 = 64$

03 $(x^6)^3 \times (x^2)^m = x^{18} \times x^{2m} = x^{26}$이므로

$18 + 2m = 26$에서 $2m = 8$ $\therefore m = 4$

$(y^n)^3 \div y^2 = y^{3n} \div y^2 = y^{13}$이므로

$3n - 2 = 13$에서 $3n = 15$ $\therefore n = 5$

$\therefore (x^2 y^m)^n = (x^2 y^4)^5 = x^{10} y^{20}$

04 $1 \times 2 \times 3 \times 4 \times 5 \times 6 \times 7 \times 8 \times 9 \times 10$
$= 2 \times 3 \times 2^2 \times 5 \times (2 \times 3) \times 7 \times 2^3 \times 3^2 \times (2 \times 5)$
$= 2^8 \times 3^4 \times 5^2 \times 7$

$\therefore a = 8$, $b = 4$, $c = 2$, $d = 1$

05 $(2x^2 y^a)^b = 2^b x^{2b} y^{ab} = 16 x^c y^{12}$이므로

$2^b = 16$에서 $b = 4$

또, $2b = c$, $ab = 12$에서 $a = 3$, $c = 8$

$\therefore a + b + c = 3 + 4 + 8 = 15$

06 $3^6+3^6+3^6=3\times3^6=3^7$ $\therefore a=7$

$9\times9\times9=9^3=(3^2)^3=3^6$ $\therefore b=6$

$\therefore a-b=7-6=1$

07 $72^x=(2^3\times3^2)^x=2^{3x}\times3^{2x}=(2^x)^3\times(3^x)^2=A^3B^2$

08 $2^7\times3^2\times5^9=2^7\times3^2\times5^2\times5^7=3^2\times5^2\times(2^7\times5^7)$

        $=3^2\times5^2\times(2\times5)^7=15^2\times10^7=225\times10^7$

        $=2250000000$

따라서 $2^7\times3^2\times5^9$은 10자리의 자연수이므로 $n=10$

02 단항식의 곱셈과 나눗셈

01 (1) $12a^2b$ (2) $-30x^4$ (3) $-16a^4b^3$ (4) $18x^4y^3$

   (5) $2a^5b^5$ (6) $-24x^4y$ (7) $5a^9b^{14}$ (8) $6x^4y$

02 (1) $-6x^6y^5$ (2) $4x^5y^2$ (3) $-2x^2y$ (4) $-\dfrac{1}{2ab^5}$

03 (1) $2b$ (2) $\dfrac{4x}{y}$ (3) $\dfrac{a}{2b^2}$ (4) $-5x^3y^5$

04 (1) $-8a^3b$ (2) $4x^4y^6$ (3) $2a^6b$ (4) $\dfrac{2x^4}{y}$

05 (1) $\dfrac{4}{a}$ (2) $\dfrac{48y^2}{x}$ (3) $\dfrac{2}{b^2}$ (4) $-\dfrac{3}{2}a^2b^{22}$

02 (1) $2xy\times(x^2y)^2\times(-3xy^2)=2xy\times x^4y^2\times(-3xy^2)$

            $=-6x^6y^5$

(2) $(-2x^2y)^3\times3xy\times\left(-\dfrac{1}{6x^2y^2}\right)$

$=(-8x^6y^3)\times3xy\times\left(-\dfrac{1}{6x^2y^2}\right)=4x^5y^2$

(3) $12x^4y^2\times\left(-\dfrac{2}{3}x^2y^3\right)\times\left(\dfrac{1}{2x^2y^2}\right)^2$

$=12x^4y^2\times\left(-\dfrac{2}{3}x^2y^3\right)\times\dfrac{1}{4x^4y^4}=-2x^2y$

(4) $\left(\dfrac{b}{2a}\right)^3\times\left(-\dfrac{a^2}{b^3}\right)^2\times\left(-\dfrac{4}{a^2b^2}\right)$

$=\dfrac{b^3}{8a^3}\times\dfrac{a^4}{b^6}\times\left(-\dfrac{4}{a^2b^2}\right)=-\dfrac{1}{2ab^5}$

04 (1) $(-4a^5b^2)\div\dfrac{a^2b}{2}=(-4a^5b^2)\times\dfrac{2}{a^2b}=-8a^3b$

(2) $10x^6y^8\div\dfrac{5}{2}x^2y^2=10x^6y^8\times\dfrac{2}{5x^2y^2}=4x^4y^6$

(3) $8a^4b^3\div\left(-\dfrac{2b}{a}\right)^2=8a^4b^3\div\dfrac{4b^2}{a^2}=8a^4b^3\times\dfrac{a^2}{4b^2}=2a^6b$

(4) $x^7y^3\div(3xy^2)^2\div\dfrac{x}{18}=x^7y^3\div9x^2y^4\div\dfrac{x}{18}$

          $=x^7y^3\times\dfrac{1}{9x^2y^4}\times\dfrac{18}{x}=\dfrac{2x^4}{y}$

05 (1) $10a^2\times(-2a)\div(-5a^4)$

$=10a^2\times(-2a)\times\left(-\dfrac{1}{5a^4}\right)=\dfrac{4}{a}$

(2) $12x^2y^4\div9x^5y^2\times(6x)^2$

$=12x^2y^4\times\dfrac{1}{9x^5y^2}\times36x^2=\dfrac{48y^2}{x}$

(3) $9a^3b^2\div18a^5b^6\times(-2ab)^2$

$=9a^3b^2\times\dfrac{1}{18a^5b^6}\times4a^2b^2=\dfrac{2}{b^2}$

(4) $(-3a^2b^4)^2\times\left(-\dfrac{b^2}{a}\right)^3\div\dfrac{6}{ab^8}$

$=9a^4b^8\times\left(-\dfrac{b^6}{a^3}\right)\times\dfrac{ab^8}{6}=-\dfrac{3}{2}a^2b^{22}$

01 $-4x^9y^8$ **02** $-\dfrac{54y^2}{x^2}$ **03** 7 **04** -27

05 ②   **06** ③   **07** ③   **08** 8

09 ③   **10** 32 **11** 45 **12** $-\dfrac{1}{3}x^2y^6$

13 $3a^2b^4$ **14** ③   **15** $3a^2b^2$ **16** $6\pi a^5b^5$

01 $\left(-\dfrac{1}{3}x^2y\right)^3\times18xy^4\times6x^2y=\left(-\dfrac{1}{27}x^6y^3\right)\times18xy^4\times6x^2y$

             $=-4x^9y^8$

02 $A=15x^2y^3\div(-5xy)=\dfrac{15x^2y^3}{-5xy}=-3xy^2$

$B=\dfrac{2}{9}x^5y^4\div(-2xy^2)^2=\dfrac{2}{9}x^5y^4\div4x^2y^4$

         $=\dfrac{2}{9}x^5y^4\times\dfrac{1}{4x^2y^4}=\dfrac{1}{18}x^3$

$\therefore A\div B=(-3xy^2)\div\dfrac{1}{18}x^3$

     $=(-3xy^2)\times\dfrac{18}{x^3}=-\dfrac{54y^2}{x^2}$

03 $(3x^3y^2)^2\times\left(-\dfrac{2}{3}x^2y\right)=9x^6y^4\times\left(-\dfrac{2}{3}x^2y\right)=-6x^8y^5$

따라서 $a=-6$, $b=8$, $c=5$이므로

$a+b+c=-6+8+5=7$

04 $(3x^3y^4)^2\div(-9xy^2)\div\dfrac{2}{3}x^2=9x^6y^8\times\left(-\dfrac{1}{9xy^2}\right)\times\dfrac{3}{2x^2}$

              $=-\dfrac{3}{2}x^3y^6$

따라서 $a=-\dfrac{3}{2}$, $b=3$, $c=6$이므로

$abc=-\dfrac{3}{2}\times3\times6=-27$

05 $16a^5b^8\times(-2ab^3)^2\div\dfrac{8}{5}a^4b^{10}=16a^5b^8\times4a^2b^6\times\dfrac{5}{8a^4b^{10}}$

               $=40a^3b^4$

06 ① $3x^3 \times (-2x^2)^2 = 3x^3 \times 4x^4 = 12x^7$

② $(-8x^3)^2 \div 4x^4 = \dfrac{64x^6}{4x^4} = 16x^2$

③ $(-x^2y^4)^2 \times 3xy \div x^2y = x^4y^8 \times 3xy \times \dfrac{1}{x^2y} = 3x^3y^8$

④ $14x^5y^2 \div 7x^6y \times (2x^2y)^3 = 14x^5y^2 \times \dfrac{1}{7x^6y} \times 8x^6y^3$
$\qquad = 16x^5y^4$

⑤ $\dfrac{3}{4}x^2y \div \dfrac{3}{8}xy^2 \times \left(-\dfrac{1}{2}x^3\right) = \dfrac{3}{4}x^2y \times \dfrac{8}{3xy^2} \times \left(-\dfrac{1}{2}x^3\right)$
$\qquad = -\dfrac{x^4}{y}$

따라서 옳은 것은 ③이다.

07 $8x^9y^7 \div Axy^3 \times x^By = 8x^9y^7 \times \dfrac{1}{Axy^3} \times x^By$
$\qquad = \dfrac{8}{A}x^{8+B}y^5 = 4x^{10}y^C$

$\dfrac{8}{A} = 4$에서 $A = 2$, $8 + B = 10$에서 $B = 2$, $C = 5$

$\therefore A + B - C = 2 + 2 - 5 = -1$

08 $5xy^2 \times (6x^2y^a)^2 \div 20x^by^2 = 5xy^2 \times 36x^4y^{2a} \times \dfrac{1}{20x^by^2}$
$\qquad = 9x^{5-b}y^{2a} = cx^3y^2$

$2a = 2$에서 $a = 1$, $5 - b = 3$에서 $b = 2$, $c = 9$
$\therefore a - b + c = 1 - 2 + 9 = 8$

09 $9x^ay^8 \div \left\{\dfrac{3}{4}x^2y^b \times (-2x^2y)^2\right\} = 9x^ay^8 \div \left(\dfrac{3}{4}x^2y^b \times 4x^4y^2\right)$
$\qquad = 9x^ay^8 \div 3x^6y^{b+2}$
$\qquad = 3x^{a-6}y^{6-b} = cx^2y^3$

$a - 6 = 2$에서 $a = 8$, $6 - b = 3$에서 $b = 3$, $c = 3$
$\therefore a + b + c = 8 + 3 + 3 = 14$

10 $6x^3y^4 \div 3x^4y^2 \times (-2xy)^2 = 6x^3y^4 \times \dfrac{1}{3x^4y^2} \times 4x^2y^2$
$\qquad = 8xy^4 = 8 \times 4 \times (-1)^4 = 32$

11 $(-15x^2y) \times 2y^3 \div (-3xy^2) = (-15x^2y) \times 2y^3 \times \left(-\dfrac{1}{3xy^2}\right)$
$\qquad = 10xy^2 = 10 \times \dfrac{1}{2} \times 3^2 = 45$

12 $\boxed{} = (-xy^2)^3 \div 3x = (-x^3y^6) \times \dfrac{1}{3x} = -\dfrac{1}{3}x^2y^6$

13 $A \times 4a^4b^3 \div 2ab = 6a^5b^6$이므로
$A = 6a^5b^6 \times 2ab \div 4a^4b^3$
$\quad = 6a^5b^6 \times 2ab \times \dfrac{1}{4a^4b^3} = 3a^2b^4$

14 ㄱ. $\boxed{} = 20x^5y \div 10x^3 = \dfrac{20x^5y}{10x^3} = 2x^2y$

ㄴ. $\boxed{} = (-3x^3y) \div \left(-\dfrac{3x^2}{2y^2}\right) = (-3x^3y) \times \left(-\dfrac{2y^2}{3x^2}\right)$
$\qquad = 2xy^3$

ㄷ. $\boxed{} = \left(-\dfrac{2x^5}{y}\right) \times (-x^2y)^2 = \left(-\dfrac{2x^5}{y}\right) \times x^4y^2$
$\qquad = -2x^9y$

ㄹ. $\boxed{} = (-2x^2y^3)^2 \div 2x^2y^5 = \dfrac{4x^4y^6}{2x^2y^5} = 2x^2y$

따라서 $\boxed{}$ 안에 들어갈 식이 같은 것은 ㄱ과 ㄹ이다.

15 삼각형의 높이를 h라 하면
$\dfrac{1}{2} \times 4ab^2 \times h = 2ab^2 \times h = 6a^3b^4$

$\therefore h = 6a^3b^4 \div 2ab^2 = \dfrac{6a^3b^4}{2ab^2} = 3a^2b^2$

따라서 삼각형의 높이는 $3a^2b^2$이다.

16 (부피) $= \dfrac{1}{3} \times \pi \times (3a^2b)^2 \times 2ab^3$
$\qquad = \dfrac{1}{3}\pi \times 9a^4b^2 \times 2ab^3 = 6\pi a^5b^5$

> **Self 코칭**
>
> 밑면의 반지름의 길이가 r, 높이가 h인 원뿔의 부피는
> $\dfrac{1}{3} \times (밑넓이) \times (높이) = \dfrac{1}{3}\pi r^2 h$

03 다항식의 계산

한번 더 개념 확인문제 ─────────── |19쪽~20쪽|

01 (1) $7x + 3y$ (2) $-3x - 5y$ (3) $2a - 5b$
$\quad$ (4) $2a - 10b$ (5) $-11x + 5y$ (6) $9x - 12y$

02 (1) $11a - 6b$ (2) $16x - 17y$ (3) $2x - 15y$
$\quad$ (4) $\dfrac{5}{12}a + \dfrac{13}{12}b$

03 (1) $3x - 4y - 4$ (2) $8x - 8y - 13$
$\quad$ (3) $-6x - 16y + 29$ (4) $16x - 9y + 22$

04 (1) $9x + 6y$ (2) $-4x - 2y - 2$ (3) $4x - 15y$

05 (1) × (2) × (3) ○ (4) ○ (5) × (6) ○

06 (1) $3x^2 - 6$ (2) $3x^2 - 7x + 13$
$\quad$ (3) $-2a^2 - 4a + 10$ (4) $-8a^2 + a + 4$

07 (1) $11a^2 + 9a - 4$ (2) $-6x^2 - 7x + 26$
$\quad$ (3) $-a^2 + 2a + 21$ (4) $-14x^2 + 20x - 2$

08 (1) $-2a^2 + 10a$ (2) $3x^2 + 2xy$
$\quad$ (3) $15x^2 - 10xy + 25x$ (4) $-4ab - 6b^2 + 14b$
$\quad$ (5) $6x^2 - 12xy + 2x$ (6) $9a^2 - 12ab - 6a$

09 (1) $-2a + 3$ (2) $6b + 12$ (3) $2x - 3y$
$\quad$ (4) $2x^2 - 3x + 5$ (5) $-10xy^2 + 8y$
$\quad$ (6) $-10a^2b + 15a$

10 (1) $5a^2+10a$ (2) $-x^2-x$ (3) $11a^2-4a$

    (4) $4x^2-13xy$ (5) $8x^2-2xy+4y^2$

    (6) $6a^2-19a+6$

11 (1) $-6a+6$ (2) $-2x^2-1$ (3) $-11x+10$

    (4) $6a-10$

12 (1) $-x-2$ (2) $3y^2+y$ (3) $x-3$ (4) $x-10$

    (5) $-2y^2+5y-3$

---

02 (1) $3(a+2b)+4(2a-3b)=3a+6b+8a-12b$
$$=11a-6b$$

(2) $7(2x-y)-2(-x+5y)=14x-7y+2x-10y$
$$=16x-17y$$

(3) $\dfrac{2}{5}(-10x-15y)+\dfrac{3}{4}(8x-12y)=-4x-6y+6x-9y$
$$=2x-15y$$

(4) $\dfrac{2a+b}{3}-\dfrac{a-3b}{4}=\dfrac{4(2a+b)-3(a-3b)}{12}$
$$=\dfrac{8a+4b-3a+9b}{12}$$
$$=\dfrac{5a+13b}{12}$$
$$=\dfrac{5}{12}a+\dfrac{13}{12}b$$

03 (2) $(6x-3y-9)-(-2x+5y+4)$
$$=6x-3y-9+2x-5y-4=8x-8y-13$$

(3) $3(2x-4y+3)-4(3x+y-5)$
$$=6x-12y+9-12x-4y+20=-6x-16y+29$$

(4) $-2(-5x+3y-2)+3(2x-y+6)$
$$=10x-6y+4+6x-3y+18=16x-9y+22$$

04 (1) $7x+2y-\{4x-2(3x+2y)\}$
$$=7x+2y-(4x-6x-4y)$$
$$=7x+2y-(-2x-4y)$$
$$=7x+2y+2x+4y=9x+6y$$

(2) $x-3y+[-3x-5-\{2x-(y+3)\}]$
$$=x-3y+\{-3x-5-(2x-y-3)\}$$
$$=x-3y+(-3x-5-2x+y+3)$$
$$=x-3y+(-5x+y-2)$$
$$=x-3y-5x+y-2=-4x-2y-2$$

(3) $-y-2[4y-\{5x+2y-(3x+5y)\}]$
$$=-y-2\{4y-(5x+2y-3x-5y)\}$$
$$=-y-2\{4y-(2x-3y)\}$$
$$=-y-2(4y-2x+3y)$$
$$=-y-2(-2x+7y)$$
$$=-y+4x-14y=4x-15y$$

05 (2) x^2이 분모에 있으므로 다항식이 아니다.

(5) $a^2-a(a-1)+4=a^2-a^2+a+4=a+4$이므로 이차식이
아니다.

---

06 (2) $(4x^2-2x+6)-(x^2+5x-7)$
$$=4x^2-2x+6-x^2-5x+7$$
$$=3x^2-7x+13$$

(4) $(-6a^2-3a+8)-(2a^2-4a+4)$
$$=-6a^2-3a+8-2a^2+4a-4$$
$$=-8a^2+a+4$$

07 (1) $2(4a^2-3a+1)+3(a^2+5a-2)$
$$=8a^2-6a+2+3a^2+15a-6$$
$$=11a^2+9a-4$$

(2) $3(2x^2-5x+2)-4(3x^2-2x-5)$
$$=6x^2-15x+6-12x^2+8x+20$$
$$=-6x^2-7x+26$$

(3) $-5(a^2-2a-3)+2(2a^2-4a+3)$
$$=-5a^2+10a+15+4a^2-8a+6$$
$$=-a^2+2a+21$$

(4) $4(-3x^2+2x-1)-2(x^2-6x-1)$
$$=-12x^2+8x-4-2x^2+12x+2$$
$$=-14x^2+20x-2$$

08 (3) $5x(3x-2y+5)=5x\times3x+5x\times(-2y)+5x\times5$
$$=15x^2-10xy+25x$$

(4) $-2b(2a+3b-7)$
$$=(-2b)\times2a+(-2b)\times3b+(-2b)\times(-7)$$
$$=-4ab-6b^2+14b$$

(5) $\dfrac{2}{3}x(9x-18y+3)$
$$=\dfrac{2}{3}x\times9x+\dfrac{2}{3}x\times(-18y)+\dfrac{2}{3}x\times3$$
$$=6x^2-12xy+2x$$

(6) $(-12a+16b+8)\times\left(-\dfrac{3}{4}a\right)$
$$=-12a\times\left(-\dfrac{3}{4}a\right)+16b\times\left(-\dfrac{3}{4}a\right)+8\times\left(-\dfrac{3}{4}a\right)$$
$$=9a^2-12ab-6a$$

09 (1) $(6a^2-9a)\div(-3a)=\dfrac{6a^2-9a}{-3a}=-2a+3$

(2) $(8ab+16a)\div\dfrac{4}{3}a=(8ab+16a)\times\dfrac{3}{4a}=6b+12$

(3) $(-10x^2y+15xy^2)\div(-5xy)$
$$=\dfrac{-10x^2y+15xy^2}{-5xy}=2x-3y$$

(4) $(14x^4-21x^3+35x^2)\div7x^2$
$$=\dfrac{14x^4-21x^3+35x^2}{7x^2}=2x^2-3x+5$$

(5) $(-15x^2y^2+12xy)\div\dfrac{3}{2}x$
$$=(-15x^2y^2+12xy)\times\dfrac{2}{3x}=-10xy^2+8y$$

(6) $(4a^3b-6a^2)\div\left(-\dfrac{2}{5}a\right)$
$$=(4a^3b-6a^2)\times\left(-\dfrac{5}{2a}\right)=-10a^2b+15a$$

10 (1) $a(3a-2)+2a(a+6)=3a^2-2a+2a^2+12a$
$\qquad\qquad\qquad\qquad\qquad =5a^2+10a$

(2) $3x(-x+1)+x(2x-4)=-3x^2+3x+2x^2-4x$
$\qquad\qquad\qquad\qquad\qquad =-x^2-x$

(3) $2a(4a+1)-3a(-a+2)=8a^2+2a+3a^2-6a$
$\qquad\qquad\qquad\qquad\qquad =11a^2-4a$

(4) $-2x(3x-y)+5x(2x-3y)=-6x^2+2xy+10x^2-15xy$
$\qquad\qquad\qquad\qquad\qquad\qquad =4x^2-13xy$

(5) $4x(2x+y)-2y(3x-2y)=8x^2+4xy-6xy+4y^2$
$\qquad\qquad\qquad\qquad\qquad =8x^2-2xy+4y^2$

(6) $a(3a-4)+3(a^2-5a+2)=3a^2-4a+3a^2-15a+6$
$\qquad\qquad\qquad\qquad\qquad =6a^2-19a+6$

11 (1) $\dfrac{6a^2-8a}{-2a}+\dfrac{-12a^2+8a}{4a}=(-3a+4)+(-3a+2)$
$\qquad\qquad\qquad\qquad\qquad\qquad =-6a+6$

(2) $(10x^3-15x)\div 5x-(28x^4-14x^2)\div 7x^2$
$\qquad =\dfrac{10x^3-15x}{5x}-\dfrac{28x^4-14x^2}{7x^2}$
$\qquad =(2x^2-3)-(4x^2-2)=-2x^2-1$

(3) $(9x^2-18x)\div(-3x)-(4x^2-2x)\div\dfrac{1}{2}x$
$\qquad =\dfrac{9x^2-18x}{-3x}-(4x^2-2x)\times\dfrac{2}{x}$
$\qquad =(-3x+6)-(8x-4)=-11x+10$

(4) $(-4a^2+8a)\div(-2a)+(6a^2-9a)\div\dfrac{3}{2}a$
$\qquad =\dfrac{-4a^2+8a}{-2a}+(6a^2-9a)\times\dfrac{2}{3a}$
$\qquad =(2a-4)+(4a-6)=6a-10$

12 (1) $3x-2y=3x-2(2x+1)=3x-4x-2=-x-2$

(2) $xy+2y=(3y-1)y+2y=3y^2-y+2y=3y^2+y$

(4) $y=-x-5$이므로
$\qquad 3x+2y=3x+2(-x-5)=3x-2x-10=x-10$

(5) $x=-2y+5$이므로
$\qquad xy-3=(-2y+5)y-3=-2y^2+5y-3$

한번 더! 개념 완성하기
$\qquad\qquad\qquad$ 21쪽~22쪽

01 $\dfrac{1}{2}$　　　　**02** -10

03 $A=-2x+2y$, $B=-3x+5y$, $C=11x-10y$

04 -12　　**05** 11　　　**06** -2

07 $-7x^2+25x-15$　　**08** $-3x-2y+2$

09 ㄱ, ㄴ　　**10** -9　　　**11** $-4a^2+5a-4$

12 $-6x^2+24x$　　**13** $3a+2b-5$

14 $4ab-2a^2$　　**15** $-10x+y$　　　　**16** ②

01 $\dfrac{x+2y}{3}-\dfrac{5x-3y}{4}=\dfrac{4(x+2y)-3(5x-3y)}{12}$
$\qquad\qquad\qquad\qquad =\dfrac{4x+8y-15x+9y}{12}$
$\qquad\qquad\qquad\qquad =\dfrac{-11x+17y}{12}$
$\qquad\qquad\qquad\qquad =-\dfrac{11}{12}x+\dfrac{17}{12}y$

따라서 $a=-\dfrac{11}{12}$, $b=\dfrac{17}{12}$이므로

$a+b=-\dfrac{11}{12}+\dfrac{17}{12}=\dfrac{1}{2}$

02 $\left(\dfrac{2}{3}x-\dfrac{3}{4}y\right)-\left(\dfrac{1}{2}x+\dfrac{5}{8}y\right)=\dfrac{2}{3}x-\dfrac{1}{2}x-\dfrac{3}{4}y-\dfrac{5}{8}y$
$\qquad\qquad\qquad\qquad =\left(\dfrac{2}{3}-\dfrac{1}{2}\right)x-\left(\dfrac{3}{4}+\dfrac{5}{8}\right)y$
$\qquad\qquad\qquad\qquad =\dfrac{1}{6}x-\dfrac{11}{8}y$

따라서 $a=\dfrac{1}{6}$, $b=-\dfrac{11}{8}$이므로

$6a+8b=6\times\dfrac{1}{6}+8\times\left(-\dfrac{11}{8}\right)=1+(-11)=-10$

03 $A=-2(x-y)=-2x+2y$
$\quad B=-x+3y-2x+2y=-3x+5y$
$\quad C=5x-2(-3x+5y)=5x+6x-10y=11x-10y$

04 $-x-[2y-\{5x-2(3y-2)+4\}]$
$\quad =-x-\{2y-(5x-6y+4+4)\}$
$\quad =-x-\{2y-(5x-6y+8)\}$
$\quad =-x-(2y-5x+6y-8)$
$\quad =-x-(-5x+8y-8)$
$\quad =-x+5x-8y+8$
$\quad =4x-8y+8$
따라서 $a=4$, $b=-8$, $c=8$이므로
$a+b-c=4+(-8)-8=-12$

05 $2(5x^2-5x+3)-(5x^2-7x-3)$
$\quad =10x^2-10x+6-5x^2+7x+3$
$\quad =5x^2-3x+9$
따라서 $a=5$, $b=-3$, $c=9$이므로
$a+b+c=5+(-3)+9=11$

06 $\dfrac{2}{3}(6x^2-12x+15)-\dfrac{3}{4}(8x^2-4x+12)$
$\quad =4x^2-8x+10-6x^2+3x-9$
$\quad =-2x^2-5x+1$
따라서 $a=-2$, $b=1$이므로
$ab=-2\times1=-2$

07 $\boxed{}=(-x^2+10x-3)-3(2x^2-5x+4)$
$\qquad\quad =-x^2+10x-3-6x^2+15x-12$
$\qquad\quad =-7x^2+25x-15$

08 어떤 다항식을 A라 하면

$(x+3y-2)+A=-2x+y$이므로

$A=(-2x+y)-(x+3y-2)$

$\quad=-2x+y-x-3y+2$

$\quad=-3x-2y+2$

따라서 어떤 다항식은 $-3x-2y+2$이다.

09 ㄷ. $(4x^2-8x)\div(-x)=\dfrac{4x^2-8x}{-x}$

$\qquad\qquad\qquad\qquad =-4x+8$

ㄹ. $(3a^2b+6ab)\div\left(-\dfrac{1}{3}ab\right)=(3a^2b+6ab)\times\left(-\dfrac{3}{ab}\right)$

$\qquad\qquad\qquad\qquad\qquad\qquad =-9a-18$

따라서 옳은 것은 ㄱ, ㄴ이다.

10 $(4x^2y-16xy^2)\div\dfrac{4}{3}xy=(4x^2y-16xy^2)\times\dfrac{3}{4xy}$

$\qquad\qquad\qquad\qquad\qquad =3x-12y$

따라서 $a=3$, $b=-12$이므로

$a+b=3+(-12)=-9$

11 $-6a\left(\dfrac{2}{3}a-\dfrac{1}{2}\right)+(7a^2-14a)\div\dfrac{7}{2}a$

$=-4a^2+3a+(7a^2-14a)\times\dfrac{2}{7a}$

$=-4a^2+3a+2a-4$

$=-4a^2+5a-4$

12 $\left(\dfrac{7}{4}x^2-\dfrac{5}{12}x^3\right)\div\dfrac{1}{16}x+\dfrac{1}{2}x\left(\dfrac{4}{3}x-8\right)$

$=\left(\dfrac{7}{4}x^2-\dfrac{5}{12}x^3\right)\times\dfrac{16}{x}+\dfrac{2}{3}x^2-4x$

$=28x-\dfrac{20}{3}x^2+\dfrac{2}{3}x^2-4x$

$=-6x^2+24x$

13 화단의 세로의 길이를 A라 하면

$2\{(6a+5b+1)+A\}=18a+14b-8$

$(6a+5b+1)+A=9a+7b-4$

$\therefore A=(9a+7b-4)-(6a+5b+1)$

$\quad\ =9a+7b-4-6a-5b-1$

$\quad\ =3a+2b-5$

따라서 화단의 세로의 길이는 $3a+2b-5$이다.

14 직육면체의 높이를 h라 하면

$3ab\times 2b\times h=24a^2b^3-12a^3b^2$

$6ab^2\times h=24a^2b^3-12a^3b^2$

$\therefore h=\dfrac{24a^2b^3-12a^3b^2}{6ab^2}=4ab-2a^2$

따라서 직육면체의 높이는 $4ab-2a^2$이다.

15 $3(A-B)+2B=3A-3B+2B=3A-B$

$\qquad\qquad\qquad =3(-2x+y)-(4x+2y)$

$\qquad\qquad\qquad =-6x+3y-4x-2y$

$\qquad\qquad\qquad =-10x+y$

16 $A-3B-3(A+B)=A-3B-3A-3B=-2A-6B$

$\qquad\qquad\qquad\qquad =-2\times\dfrac{x+y}{2}-6\times\dfrac{-x+2y-4}{3}$

$\qquad\qquad\qquad\qquad =-x-y+2x-4y+8$

$\qquad\qquad\qquad\qquad =x-5y+8$

한번 더! 실력 확인하기 ─────23쪽

01 ⑤	**02** ②	**03** $-\dfrac{2y^2}{x}$	**04** $\dfrac{1}{4}xy^4$
05 ③	**06** ①	**07** $4\pi a^2+4\pi ab$	
08 $11x^2+9x+2$			

01 ① $5ab\times(-2a)^2=5ab\times 4a^2=20a^3b$

② $9x^4y^8\div 3x^2y^3=\dfrac{9x^4y^8}{3x^2y^3}=3x^2y^5$

③ $(-2ab^2)^2\div 8a^2b=\dfrac{4a^2b^4}{8a^2b}=\dfrac{1}{2}b^3$

④ $8x^3y^5\div\dfrac{2x^2}{3y^3}=8x^3y^5\times\dfrac{3y^3}{2x^2}=12xy^8$

⑤ $(-3x^3y^2)^2\div\left(-\dfrac{1}{2}xy\right)=9x^6y^4\times\left(-\dfrac{2}{xy}\right)$

$\qquad\qquad\qquad\qquad\qquad =-18x^5y^3$

따라서 옳지 않은 것은 ⑤이다.

02 (직육면체의 부피)$=8x^2y\times 2xy^3\times\dfrac{3}{4}xy=12x^4y^5$

따라서 $a=12$, $b=4$, $c=5$이므로

$\dfrac{ac}{b}=\dfrac{12\times 5}{4}=15$

03 $18x^6y^3\div(-4x^3y)\times(\square)=(3xy^2)^2$에서

$\dfrac{18x^6y^3}{-4x^3y}\times(\square)=9x^2y^4$이므로

$-\dfrac{9}{2}x^3y^2\times(\square)=9x^2y^4$

$\therefore\square=9x^2y^4\div\left(-\dfrac{9}{2}x^3y^2\right)$

$\qquad\ =9x^2y^4\times\left(-\dfrac{2}{9x^3y^2}\right)=-\dfrac{2y^2}{x}$

04 (직사각형 A의 넓이)$=\dfrac{3}{2}x^2y\times(xy^2)^2$

$\qquad\qquad\qquad\qquad =\dfrac{3}{2}x^2y\times x^2y^4=\dfrac{3}{2}x^4y^5$

두 직사각형의 넓이가 서로 같으므로

(직사각형 B의 가로의 길이)$\times 6x^3y=\dfrac{3}{2}x^4y^5$

$\therefore$ (직사각형 B의 가로의 길이)

$=\dfrac{3}{2}x^4y^5\div 6x^3y=\dfrac{3}{2}x^4y^5\times\dfrac{1}{6x^3y}=\dfrac{1}{4}xy^4$

05 ④ $6x^2-4x-6x^2+2=-4x+2$이므로 이차식이 아니다.

⑤ $4x^2-10x-2(2x^2+5)=-10x-10$이므로 이차식이 아니다.

따라서 이차식인 것은 ③이다.

06 ① $2(-4x+3y)-(-6x+y)=-8x+6y+6x-y$
$$=-2x+5y$$
이므로 x의 계수는 -2이다.

② $3(x^2-5x)+2(-x^2+8x-2)$
$$=3x^2-15x-2x^2+16x-4$$
$$=x^2+x-4$$
이므로 x의 계수는 1이다.

③ $\dfrac{2x^2+5x}{3}-\dfrac{x-7}{2}=\dfrac{2(2x^2+5x)-3(x-7)}{6}$
$$=\dfrac{4x^2+7x+21}{6}$$
$$=\dfrac{2}{3}x^2+\dfrac{7}{6}x+\dfrac{7}{2}$$
이므로 x의 계수는 $\dfrac{7}{6}$이다.

④ $4x\left(-x+\dfrac{3}{2}\right)-x(2x-3)=-4x^2+6x-2x^2+3x$
$$=-6x^2+9x$$
이므로 x의 계수는 9이다.

⑤ $(14x^2-21x)\div7x-x(2x-1)$
$$=2x-3-2x^2+x$$
$$=-2x^2+3x-3$$
이므로 x의 계수는 3이다.
따라서 x의 계수가 가장 작은 것은 ①이다.

07 원뿔의 밑넓이를 S라 하면
$$\dfrac{1}{3}\times S\times3ab=4\pi a^3b+4\pi a^2b^2$$
$$ab\times S=4\pi a^3b+4\pi a^2b^2$$
$$\therefore S=\dfrac{4\pi a^3b+4\pi a^2b^2}{ab}$$
$$=4\pi a^2+4\pi ab$$
따라서 원뿔의 밑넓이는 $4\pi a^2+4\pi ab$이다.

08 조건 ㈎에서
$A\div\dfrac{2}{5}x=10x+20$이므로
$$A=(10x+20)\times\dfrac{2}{5}x=4x^2+8x$$
조건 ㈏에서
$B-A=B-(4x^2+8x)=3x^2-7x+2$이므로
$$B=(3x^2-7x+2)+(4x^2+8x)=7x^2+x+2$$
$$\therefore A+B=(4x^2+8x)+(7x^2+x+2)$$
$$=11x^2+9x+2$$

실전! 중단원 마무리 ─────24쪽～25쪽

01 ⑤	**02** ③	**03** -10	**04** 0
05 ⑤	**06** ④	**07** $-4ab$	**08** $-\dfrac{1}{3}xy^4$
09 7	**10** ⑤	**11** 1	
12 $3xy+5x^2y^3$			

서술형 문제

13 (1) $a=25$, $n=5$　(2) 7자리　　**14** $9x-4y$

01 $(x^2)^3\div(-x)^2\times x^3=x^6\div x^2\times x^3=x^4\times x^3=x^7=x^a$
$\therefore a=7$

02 $(2^6)^2\times(2^3)^n\div2^4=2^{12}\times2^{3n}\div2^4=2^{20}$이므로
$12+3n-4=20$, $3n=12$　　$\therefore n=4$

03 $\left(\dfrac{3x^a}{y^4}\right)^3=\dfrac{27x^{3a}}{y^{12}}=\dfrac{cx^{15}}{y^b}$이므로
$3a=15$에서 $a=5$이고, $b=12$, $c=27$
$\therefore a+b-c=5+12-27=-10$

04 $2^4+2^4+2^4+2^4=4\times2^4=2^2\times2^4=2^6$　　$\therefore a=6$
$3^5+3^5+3^5=3\times3^5=3^6$　　$\therefore b=6$
$\therefore a-b=6-6=0$

05 $\left(\dfrac{3b^3}{a}\right)^4\times\left(-\dfrac{a^2}{9b^3}\right)^2\times ab^2=\dfrac{81b^{12}}{a^4}\times\dfrac{a^4}{81b^6}\times ab^2=ab^8$

06 ③ $10a^3\times(-a^2)^2\div5a^4=10a^3\times a^4\times\dfrac{1}{5a^4}=2a^3$

④ $4x^2y\div\dfrac{1}{3}xy^2\div\left(-\dfrac{x}{2y}\right)=4x^2y\times\dfrac{3}{xy^2}\times\left(-\dfrac{2y}{x}\right)=-24$

⑤ $3ab^2\div\left(-\dfrac{1}{2}ab^3\right)^2\times(-a^2b^3)^2=3ab^2\div\dfrac{a^2b^6}{4}\times a^4b^6$
$$=3ab^2\times\dfrac{4}{a^2b^6}\times a^4b^6$$
$$=12a^3b^2$$

따라서 옳지 않은 것은 ④이다.

07 $8ab^2\div(\boxed{})\times(-2a^2b^3)=4a^2b^4$에서
$8ab^2\times\dfrac{1}{\boxed{}}\times(-2a^2b^3)=4a^2b^4$이므로
$\boxed{}=8ab^2\times(-2a^2b^3)\times\dfrac{1}{4a^2b^4}=-4ab$

08 어떤 식을 A라 하면 $A\times6x^2y^2=-12x^5y^8$이므로
$$A=(-12x^5y^8)\div6x^2y^2=(-12x^5y^8)\times\dfrac{1}{6x^2y^2}=-2x^3y^6$$
따라서 바르게 계산한 식은
$$(-2x^3y^6)\div6x^2y^2=(-2x^3y^6)\times\dfrac{1}{6x^2y^2}=-\dfrac{1}{3}xy^4$$

09 $2(3x^2-x+2)+(-5x^2+7x-2)$
$$=6x^2-2x+4-5x^2+7x-2=x^2+5x+2$$
따라서 x의 계수는 5이고 상수항은 2이므로 구하는 합은
$5+2=7$

10 ① $5a(4+3b)=20a+15ab$

② $(3x+9y-2)\times\left(-\dfrac{2}{3}x\right)=-2x^2-6xy+\dfrac{4}{3}x$

③ $(x^2-3x)\div\dfrac{1}{2}x=(x^2-3x)\times\dfrac{2}{x}=2x-6$

④ $\dfrac{6x^2y^4+10x^2y^2}{-2xy^2}=-3xy^2-5x$

⑤ $(12a^2b^3-8ab^2)\div(-4ab)=(12a^2b^3-8ab^2)\times\left(-\dfrac{1}{4ab}\right)$

$$=-3ab^2+2b$$

따라서 옳은 것은 ⑤이다.

11 $(9a^3b^4-18a^3b^5)\div(-3ab)^2-\dfrac{1}{5}b(5ab+10ab^2)$

$$=\dfrac{9a^3b^4-18a^3b^5}{9a^2b^2}-(ab^2+2ab^3)$$

$$=ab^2-2ab^3-ab^2-2ab^3=-4ab^3$$

$a=-2$, $b=\dfrac{1}{2}$ 을 $-4ab^3$에 대입하면

$$-4\times(-2)\times\left(\dfrac{1}{2}\right)^3=1$$

12 원기둥의 높이를 h라 하면

$\pi\times(2xy^2)^2\times h=12\pi x^3y^5+20\pi x^4y^7$

$4\pi x^2y^4\times h=12\pi x^3y^5+20\pi x^4y^7$

∴ $h=(12\pi x^3y^5+20\pi x^4y^7)\div4\pi x^2y^4$

$$=\dfrac{12\pi x^3y^5+20\pi x^4y^7}{4\pi x^2y^4}=3xy+5x^2y^3$$

따라서 원기둥의 높이는 $3xy+5x^2y^3$이다.

13 (1) $2^5\times5^7=5^2\times(2^5\times5^5)$

$$=5^2\times(2\times5)^5$$

$$=25\times10^5 \quad\cdots\cdots\ ❶$$

∴ $a=25$, $n=5$ $\quad\cdots\cdots\ ❷$

(2) $2^5\times5^7=25\times10^5=2500000$이므로

$2^5\times5^7$은 7자리의 자연수이다. $\quad\cdots\cdots\ ❸$

채점 기준	배점
❶ $2^5\times5^7$을 $a\times10^n$ 꼴로 나타내기	3점
❷ a, n의 값 각각 구하기	1점
❸ $2^5\times5^7$이 몇 자리의 자연수인지 구하기	2점

14 대각선에 있는 세 다항식의 합은

$(2x+7y)+(x+4y)+y=3x+12y \quad\cdots\cdots\ ❶$

즉, $(4x+3y)+(x+4y)+B=3x+12y$이므로

$B=3x+12y-(4x+3y)-(x+4y)=-2x+5y \quad\cdots\cdots\ ❷$

또, $B+A+y=3x+12y$에서

$(-2x+5y)+A+y=3x+12y$이므로

$A=3x+12y-(-2x+5y)-y=5x+6y \quad\cdots\cdots\ ❸$

∴ $A-2B=5x+6y-2(-2x+5y)$

$$=9x-4y \quad\cdots\cdots\ ❹$$

채점 기준	배점
❶ 대각선에 있는 세 다항식의 합 구하기	1점
❷ 다항식 B 구하기	2점
❸ 다항식 A 구하기	2점
❹ $A-2B$ 계산하기	2점

1 | 일차부등식

01 부등식의 해와 성질

한번 더 **개념 확인문제** ──── 26쪽

01 (1) ○ (2) × (3) × (4) ○ (5) ○

02 (1) < (2) > (3) ≤ (4) ≤ (5) ≥

03 (1) 0, 1, 2 (2) −2, −1, 0, 1 (3) 0, 1, 2

04 (1) < (2) < (3) < (4) > (5) <

(6) >

05 (1) ≥ (2) ≥ (3) ≤ (4) ≤ (5) ≥

(6) ≥

03 (1) $x=-2$일 때, $3\times(-2)+1>-2$ ➡ 거짓

$x=-1$일 때, $3\times(-1)+1>-2$ ➡ 거짓

$x=0$일 때, $3\times0+1>-2$ ➡ 참

$x=1$일 때, $3\times1+1>-2$ ➡ 참

$x=2$일 때, $3\times2+1>-2$ ➡ 참

따라서 부등식 $3x+1>-2$의 해는 0, 1, 2이다.

(2) $x=-2$일 때, $2\times(-2)-3\leq-2-2$ ➡ 참

$x=-1$일 때, $2\times(-1)-3\leq-1-2$ ➡ 참

$x=0$일 때, $2\times0-3\leq0-2$ ➡ 참

$x=1$일 때, $2\times1-3\leq1-2$ ➡ 참

$x=2$일 때, $2\times2-3\leq2-2$ ➡ 거짓

따라서 부등식 $2x-3\leq x-2$의 해는 -2, -1, 0, 1이다.

(3) $x=-2$일 때, $3\geq1-5\times(-2)$ ➡ 거짓

$x=-1$일 때, $3\geq1-5\times(-1)$ ➡ 거짓

$x=0$일 때, $3\geq1-5\times0$ ➡ 참

$x=1$일 때, $3\geq1-5\times1$ ➡ 참

$x=2$일 때, $3\geq1-5\times2$ ➡ 참

따라서 부등식 $3\geq1-5x$의 해는 0, 1, 2이다.

04 (4) $a<b$의 양변에 -6을 곱하면 부등호의 방향이 바뀐다.

∴ $-6a>-6b$

(5) $a<b$의 양변에 8을 곱하면

$8a<8b$

양변에서 3을 빼면 $8a-3<8b-3$

(6) $a<b$의 양변을 -2로 나누면

$$-\dfrac{a}{2}>-\dfrac{b}{2}$$

양변에 5를 더하면 $5-\dfrac{a}{2}>5-\dfrac{b}{2}$

05 (3) $a\geq b$의 양변에 -2를 곱하면 부등호의 방향이 바뀐다.

∴ $-2a\leq-2b$

(4) $a\geq b$의 양변에 -5를 곱하면

$-5a\leq-5b$

양변에 1을 더하면 $1-5a\leq1-5b$

(5) $a \geq b$의 양변에 7을 곱하면

$7a \geq 7b$

양변에서 $\frac{1}{2}$을 빼면 $7a - \frac{1}{2} \geq 7b - \frac{1}{2}$

(6) $a \geq b$의 양변을 4로 나누면

$\frac{a}{4} \geq \frac{b}{4}$

양변에서 3을 빼면 $\frac{a}{4} - 3 \geq \frac{b}{4} - 3$

27쪽

개념 완성하기

01 (1) $4x - 5 < 7$　　(2) $x - 1 > 2$

　　(3) $7000x + 4500 \geq 30000$

02 ㄷ　　　　**03** ②　　　　**04** ④, ⑤　　　　**05** ㄴ, ㄹ

06 ③, ⑤

07 (1) $-8 < 3x - 5 \leq 1$　　(2) $-7 \leq -2x + 1 < -3$

08 $\frac{1}{2} < x < 3$

02 ㄱ. $3x + 2 > 7$　　　　ㄴ. $4x \leq 20000$

따라서 문장을 부등식으로 나타낸 것으로 옳은 것은 ㄷ이다.

03 ① $1 + 2 > 3$ (거짓)

② $3 \times 0 - 1 \leq 4$ (참)

③ $2 \times (-2) \leq 3 \times (-2)$ (거짓)

④ $2 \times 2 < 2 + 1$ (거짓)

⑤ $3 \times 1 < 1 + 2$ (거짓)

따라서 [ ] 안의 수가 부등식의 해인 것은 ②이다.

04 ① $x = 1$일 때, $-2 \times 1 + 3 \geq -4$ (참)

② $x = 2$일 때, $-2 \times 2 + 3 \geq -4$ (참)

③ $x = 3$일 때, $-2 \times 3 + 3 \geq -4$ (참)

④ $x = 4$일 때, $-2 \times 4 + 3 \geq -4$ (거짓)

⑤ $x = 5$일 때, $-2 \times 5 + 3 \geq -4$ (거짓)

따라서 해가 될 수 없는 것은 ④, ⑤이다.

05 $a > b$이면

ㄱ. $a + 5 > b + 5$　　　　ㄷ. $-2a < -2b$

따라서 옳은 것은 ㄴ, ㄹ이다.

06 ① $a \leq b$의 양변에서 1을 빼면 $a - 1 \leq b - 1$

② $a \leq b$의 양변에 -1을 곱하면 $-a \geq -b$

③ $a \leq b$의 양변에 2를 더하면 $a + 2 \leq b + 2$

④ $a \leq b$의 양변을 5로 나누면 $\frac{a}{5} \leq \frac{b}{5}$

양변에 1을 더하면 $\frac{a}{5} + 1 \leq \frac{b}{5} + 1$

⑤ $a \leq b$의 양변에 -3을 곱하면 $-3a \geq -3b$

양변에 5를 더하면 $5 - 3a \geq 5 - 3b$

따라서 옳은 것은 ③, ⑤이다.

---

07 (1) $-1 < x \leq 2$의 각 변에 3을 곱하면 $-3 < 3x \leq 6$

각 변에서 5를 빼면 $-8 < 3x - 5 \leq 1$

(2) $2 < x \leq 4$의 각 변에 -2를 곱하면 $-8 \leq -2x < -4$

각 변에 1을 더하면 $-7 \leq -2x + 1 < -3$

08 $-3 < -2x + 3 < 2$의 각 변에서 3을 빼면

$-6 < -2x < -1$

각 변을 -2로 나누면 $\frac{1}{2} < x < 3$

02 일차부등식의 뜻과 풀이

개념 확인문제

28쪽 ~ 29쪽

01 (1) ○　　(2) ×　　(3) ×　　(4) ○　　(5) ○

02 (1) $x > 2$　　(2) $x \geq -4$　　(3) $x < 1$　　(4) $x \leq -5$

03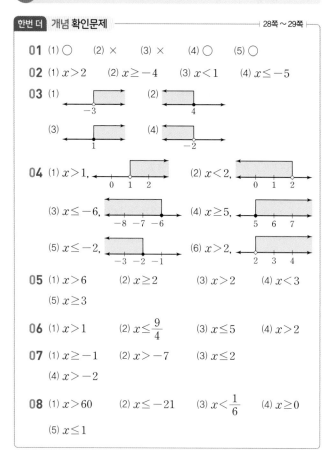

04 (1) $x > 1$,　　(2) $x < 2$,

(3) $x \leq -6$,　　(4) $x \geq 5$,

(5) $x \leq -2$,　　(6) $x > 2$,

05 (1) $x > 6$　　(2) $x \geq 2$　　(3) $x > 2$　　(4) $x < 3$

(5) $x \geq 3$

06 (1) $x > 1$　　(2) $x \leq \frac{9}{4}$　　(3) $x \leq 5$　　(4) $x > 2$

07 (1) $x \geq -1$　　(2) $x > -7$　　(3) $x \leq 2$

(4) $x > -2$

08 (1) $x > 60$　　(2) $x \leq -21$　　(3) $x < \frac{1}{6}$　　(4) $x \geq 0$

(5) $x \leq 1$

01 (1) $4 - 2x \leq 5 - 3x$에서 $x - 1 \leq 0$이므로 일차부등식이다.

(2) $3 - x > 5 - x$에서 $-2 > 0$이므로 일차부등식이 아니다.

(3) $x(x - 1) \geq 3x + 2$에서 $x^2 - x \geq 3x + 2$, $x^2 - 4x - 2 \geq 0$

이므로 일차부등식이 아니다.

(4) $\frac{x}{2} + 3 < \frac{x}{3} - 1$에서 $\frac{x}{6} + 4 < 0$이므로 일차부등식이다.

(5) $x^2 + x > x^2 - x$에서 $2x > 0$이므로 일차부등식이다.

04 (1) $x - 4 > -3$에서 $x > 1$

이 부등식의 해를 수직선 위에 나타내면 오른쪽 그림과 같다.

(2) $x + 1 < 3$에서 $x < 2$

이 부등식의 해를 수직선 위에 나타내면 오른쪽 그림과 같다.

(3) $-2x \geq 12$에서 $x \leq -6$

이 부등식의 해를 수직선 위에 나타내
면 오른쪽 그림과 같다.

(4) $x+5 \leq 2x$에서 $x-2x \leq -5$

$-x \leq -5$ ∴ $x \geq 5$

이 부등식의 해를 수직선 위에 나타내
면 오른쪽 그림과 같다.

(5) $3x+2 \leq x-2$에서 $3x-x \leq -2-2$

$2x \leq -4$ ∴ $x \leq -2$

이 부등식의 해를 수직선 위에 나타내
면 오른쪽 그림과 같다.

(6) $2x-1 < 3x-3$에서 $2x-3x < -3+1$

$-x < -2$ ∴ $x > 2$

이 부등식의 해를 수직선 위에 나타내
면 오른쪽 그림과 같다.

05 (1) $3(x-2) > 6+x$에서 $3x-6 > 6+x$

$2x > 12$ ∴ $x > 6$

(2) $3x+2(1-x) \geq 4$에서 $3x+2-2x \geq 4$

∴ $x \geq 2$

(3) $5-(x+1) < x$에서 $5-x-1 < x$

$-2x < -4$ ∴ $x > 2$

(4) $3(-x+4)+1 > 2x-2$에서 $-3x+12+1 > 2x-2$

$-5x > -15$ ∴ $x < 3$

(5) $-2(x-3) \leq 4+2(x-5)$에서 $-2x+6 \leq 4+2x-10$

$-4x \leq -12$ ∴ $x \geq 3$

06 (1) $0.5x+0.2 > 0.7$의 양변에 10을 곱하면

$5x+2 > 7$, $5x > 5$ ∴ $x > 1$

(2) $0.4+0.3x \leq 1.3-0.1x$의 양변에 10을 곱하면

$4+3x \leq 13-x$, $4x \leq 9$ ∴ $x \leq \dfrac{9}{4}$

(3) $1.2x+0.7 \leq 0.5x+4.2$의 양변에 10을 곱하면

$12x+7 \leq 5x+42$, $7x \leq 35$ ∴ $x \leq 5$

(4) $0.3x+0.01 > 0.2x+0.21$의 양변에 100을 곱하면

$30x+1 > 20x+21$, $10x > 20$ ∴ $x > 2$

07 (1) $\dfrac{1}{2}x+\dfrac{2}{3} \geq \dfrac{1}{3}x+\dfrac{1}{2}$의 양변에 6을 곱하면

$3x+4 \geq 2x+3$ ∴ $x \geq -1$

(2) $\dfrac{x-1}{4} < \dfrac{x+1}{3}$의 양변에 12를 곱하면

$3(x-1) < 4(x+1)$, $3x-3 < 4x+4$

$-x < 7$ ∴ $x > -7$

(3) $\dfrac{1}{2}x-\dfrac{4}{3} \leq -\dfrac{1}{6}x$의 양변에 6을 곱하면

$3x-8 \leq -x$, $4x \leq 8$ ∴ $x \leq 2$

(4) $\dfrac{x-5}{2} > \dfrac{x}{4}-3$의 양변에 4를 곱하면

$2(x-5) > x-12$, $2x-10 > x-12$ ∴ $x > -2$

08 (1) $\dfrac{1}{5}x-1 > 0.1x+5$의 양변에 10을 곱하면

$2x-10 > x+50$ ∴ $x > 60$

(2) $0.6x+\dfrac{4}{5} \leq \dfrac{1}{2}x-1.3$의 양변에 10을 곱하면

$6x+8 \leq 5x-13$ ∴ $x \leq -21$

(3) $0.01(2x+3) > \dfrac{1}{5}x$의 양변에 100을 곱하면

$2x+3 > 20x$, $-18x > -3$ ∴ $x < \dfrac{1}{6}$

(4) $0.2x-\dfrac{2}{5}(x-1) \leq 0.4$의 양변에 10을 곱하면

$2x-4(x-1) \leq 4$, $2x-4x+4 \leq 4$

$-2x \leq 0$ ∴ $x \geq 0$

(5) $\dfrac{x+7}{4}-0.3(x+1) \geq \dfrac{7}{5}$의 양변에 20을 곱하면

$5(x+7)-6(x+1) \geq 28$, $5x+35-6x-6 \geq 28$

$-x \geq -1$ ∴ $x \leq 1$

개념 **완성하기** 30쪽~31쪽

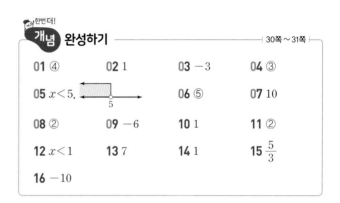

01 ④   **02** 1   **03** -3 **04** ③

05 $x<5$,   **06** ⑤   **07** 10

08 ②   **09** -6 **10** 1   **11** ②

12 $x<1$ **13** 7   **14** 1   **15** $\dfrac{5}{3}$

16 -10

01 ①, ②, ③, ⑤ $x \leq -2$ ④ $x \geq -2$

따라서 해가 나머지 넷과 다른 하나는 ④이다.

02 $-3x > -6$, 즉 $x < 2$이므로 x의 값 중 가장 큰 정수는 1이
다.

03 $3x \geq -9$, 즉 $x \geq -3$이므로 x의 값 중 가장 작은 정수는 -3
이다.

04 $2x-1 \leq 4x+5$에서 $-2x \leq 6$ ∴ $x \geq -3$

따라서 해를 수직선 위에 바르게 나타낸 것은 ③이다.

05 $3x+9 > 7x-11$에서 $-4x > -20$ ∴ $x < 5$

이 부등식의 해를 수직선 위에 나타내면
오른쪽 그림과 같다.

06 ① $x-2 \geq 2-x$에서

$2x \geq 4$ ∴ $x \geq 2$ →

② $3-3x < -6$에서

$-3x < -9$ ∴ $x > 3$ →

③ $5x+8 \geq 38$에서

$5x \geq 30$ ∴ $x \geq 6$ →

④ $3x+4<2x+2$에서

$x<-2$ →

⑤ $4x-2>5x-6$에서

$-x>-4$ ∴ $x<4$ →

따라서 해를 수직선 위에 바르게 나타낸 것은 ⑤이다.

07 $-\dfrac{1}{3}x+1\le\dfrac{1}{2}x-4$의 양변에 6을 곱하면

$-2x+6\le3x-24,\ -5x\le-30$ ∴ $x\ge6$ ∴ $a=6$

$x-1.6<0.5x+0.4$의 양변에 10을 곱하면

$10x-16<5x+4,\ 5x<20$ ∴ $x<4$ ∴ $b=4$

∴ $a+b=6+4=10$

08 $0.3x-1>\dfrac{2}{5}x+2$에서 $\dfrac{3}{10}x-1>\dfrac{2}{5}x+2$

이 식의 양변에 10을 곱하면

$3x-10>4x+20,\ -x>30$ ∴ $x<-30$

09 $\dfrac{4}{5}x+2<0.3\left(x-\dfrac{5}{3}\right)$에서 $\dfrac{4}{5}x+2<\dfrac{3}{10}\left(x-\dfrac{5}{3}\right)$

이 식의 양변에 10을 곱하면

$8x+20<3\left(x-\dfrac{5}{3}\right),\ 8x+20<3x-5,\ 5x<-25$

∴ $x<-5$

따라서 x의 값 중 가장 큰 정수는 -6이다.

10 $0.5\left(x-\dfrac{1}{2}\right)>\dfrac{x-7}{5}+\dfrac{5}{4}$에서 $\dfrac{1}{2}\left(x-\dfrac{1}{2}\right)>\dfrac{x-7}{5}+\dfrac{5}{4}$

이 식의 양변에 20을 곱하면

$10\left(x-\dfrac{1}{2}\right)>4(x-7)+25,\ 10x-5>4x-28+25$

$6x>2$ ∴ $x>\dfrac{1}{3}$

따라서 x의 값 중 가장 작은 정수는 1이다.

11 $ax\le9-2ax$에서 $3ax\le9$

$a<0$에서 $3a<0$이므로 $x\ge\dfrac{3}{a}$

12 $(a-2)x+2>a$에서 $(a-2)x>a-2$

$a<2$에서 $a-2<0$

따라서 $x<\dfrac{a-2}{a-2}$이므로 $x<1$

13 $2x+3\le a$에서 $2x\le a-3$ ∴ $x\le\dfrac{a-3}{2}$

이 부등식의 해가 $x\le2$이므로

$\dfrac{a-3}{2}=2,\ a-3=4$ ∴ $a=7$

14 $3x+a\ge13$에서 $3x\ge13-a$ ∴ $x\ge\dfrac{13-a}{3}$

수직선 위에 나타낸 부등식의 해가 $x\ge4$이므로

$\dfrac{13-a}{3}=4,\ 13-a=12$ ∴ $a=1$

15 $3x-1<8$에서 $3x<9$ ∴ $x<3$

$x+1>3(x-a)$에서 $x+1>3x-3a$

$-2x>-3a-1$ ∴ $x<\dfrac{3a+1}{2}$

두 일차부등식의 해가 서로 같으므로 $\dfrac{3a+1}{2}=3$

$3a+1=6,\ 3a=5$ ∴ $a=\dfrac{5}{3}$

16 $5x+a>2(x-2)$에서 $5x+a>2x-4$

$3x>-a-4$ ∴ $x>\dfrac{-a-4}{3}$

$2(x+1)-6>3(2-x)$에서

$2x-4>6-3x,\ 5x>10$ ∴ $x>2$

두 일차부등식의 해가 서로 같으므로 $\dfrac{-a-4}{3}=2$

$-a-4=6$ ∴ $a=-10$

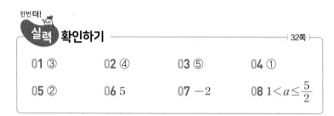

			32쪽
01 ③	**02** ④	**03** ⑤	**04** ①
05 ②	**06** 5	**07** -2	**08** $1<a\le\dfrac{5}{2}$

01 ① $5-2\times(-2)<0$ (거짓)

② $3\times(-2-3)\ge-2$ (거짓)

③ $-3\times(-2)+5>-1$ (참)

④ $4\times(-2)-1>5$ (거짓)

⑤ $\dfrac{-2}{3}+1\ge3$ (거짓)

따라서 $x=-2$일 때 참인 부등식은 ③이다.

02 ④ $a<b$의 양변에 $\dfrac{3}{2}$을 곱하면 $\dfrac{3}{2}a<\dfrac{3}{2}b$

양변에서 1을 빼면 $\dfrac{3}{2}a-1<\dfrac{3}{2}b-1$

따라서 옳지 않은 것은 ④이다.

03 $-7<-2x-1\le1$의 각 변에 1을 더하면

$-6<-2x\le2$

각 변을 -2로 나누면 $-1\le x<3$

따라서 x의 값이 될 수 없는 것은 ⑤ 3이다.

04 주어진 수직선이 나타내는 부등식은 $x\le4$

① $6x-4x\le8$에서 $2x\le8$ ∴ $x\le4$

② $-x+2\le x+6$에서 $-2x\le4$ ∴ $x\ge-2$

③ $-4+3x\ge2$에서 $3x\ge6$ ∴ $x\ge2$

④ $4x-1\ge2x+7$에서 $2x\ge8$ ∴ $x\ge4$

⑤ $-3x+1\le-x+5$에서 $-2x\le4$ ∴ $x\ge-2$

따라서 해가 $x\le4$인 것은 ①이다.

05 $\dfrac{x-3}{2}-\dfrac{4-5x}{3}\ge0$의 양변에 6을 곱하면

$3(x-3)-2(4-5x)\ge0,\ 3x-9-8+10x\ge0$

$13x\ge17$ ∴ $x\ge\dfrac{17}{13}$

따라서 부등식을 만족시키는 x의 값 중 가장 작은 정수는 2이다.

06 $3(x+a)-4>2x+a$에서
$3x+3a-4>2x+a$ ∴ $x>4-2a$
이 부등식의 해가 $x>-6$이므로
$4-2a=-6$, $-2a=-10$ ∴ $a=5$

07 $0.25x-0.5>0.4x-0.2$의 양변에 100을 곱하면
$25x-50>40x-20$, $-15x>30$ ∴ $x<-2$
$x+a<-x-6$에서
$2x<-a-6$ ∴ $x<\dfrac{-a-6}{2}$
두 일차부등식의 해가 서로 같으므로
$\dfrac{-a-6}{2}=-2$, $-a-6=-4$ ∴ $a=-2$

08 $x+3>\dfrac{5x-1}{2}-a$의 양변에 2를 곱하면
$2x+6>5x-1-2a$, $-3x>-7-2a$
∴ $x<\dfrac{7+2a}{3}$
이 부등식을 만족시키는 자연수 x가
3개이므로 $3<\dfrac{7+2a}{3}\leq4$
$9<7+2a\leq12$, $2<2a\leq5$
∴ $1<a\leq\dfrac{5}{2}$

![수직선 0 1 2 3 4, $\frac{7+2a}{3}$]

03 일차부등식의 활용

한번 더 개념 확인문제 ──────33쪽

01 (1) 풀이 참조   (2) $500x+300(12-x)\leq5000$
(3) $x\leq7$ (4) 7개

02 (1) 풀이 참조   (2) $3000+300x<2000+500x$
(3) $x>5$ (4) 6일 후

03 (1) 풀이 참조   (2) $\dfrac{x}{5}+\dfrac{x}{3}\leq4$ (3) $x\leq\dfrac{15}{2}$
(4) $\dfrac{15}{2}$ km

04 (1) 풀이 참조   (2) $\dfrac{x}{3}+\dfrac{4-x}{6}\leq1$ (3) $x\leq2$
(4) 2 km

01 (1)

	초콜릿	막대사탕
개수(개)	x	$12-x$
금액(원)	$500x$	$300(12-x)$

(3) $500x+300(12-x)\leq5000$에서
$500x+3600-300x\leq5000$
$200x\leq1400$ ∴ $x\leq7$

02 (1)

	연우	현지
현재 저금액(원)	3000	2000
x일 후 저금액(원)	$3000+300x$	$2000+500x$

(3) $3000+300x<2000+500x$에서
$-200x<-1000$ ∴ $x>5$

03 (1)

	올라갈 때	내려올 때
거리(km)	x	x
속력(km/h)	5	3
시간(시간)	$\dfrac{x}{5}$	$\dfrac{x}{3}$

(3) $\dfrac{x}{5}+\dfrac{x}{3}\leq4$의 양변에 15를 곱하면
$3x+5x\leq60$, $8x\leq60$ ∴ $x\leq\dfrac{15}{2}$

04 (1)

	걸어갈 때	뛰어갈 때
거리(km)	x	$4-x$
속력(km/h)	3	6
시간(시간)	$\dfrac{x}{3}$	$\dfrac{4-x}{6}$

(3) $\dfrac{x}{3}+\dfrac{4-x}{6}\leq1$의 양변에 6을 곱하면
$2x+4-x\leq6$ ∴ $x\leq2$

개념 완성하기 ──────34쪽

01 9	**02** 26	**03** 9개	**04** 10개
05 8 cm	**06** 5 cm	**07** 7자루	**08** 25명

01 어떤 홀수를 x라 하면
$3(x+5)>36$, $3x+15>36$
$3x>21$ ∴ $x>7$
따라서 가장 작은 홀수는 9이다.

02 연속하는 두 짝수를 x, $x+2$라 하면
$4x-18\geq2(x+2)$, $4x-18\geq2x+4$
$2x\geq22$ ∴ $x\geq11$
따라서 가장 작은 두 짝수는 12, 14이므로 그 합은
$12+14=26$

03 한 번에 운반할 수 있는 상자를 x개라 하면
$90x+60\times2\leq1000$, $90x\leq880$
∴ $x\leq\dfrac{88}{9}(=9.777\cdots)$
따라서 한 번에 운반할 수 있는 상자는 최대 9개이다.

04 수진이가 하이 클리어를 x개 성공했다고 하면
$3\times7+2x\geq40$, $21+2x\geq40$, $2x\geq19$
∴ $x\geq9.5$
따라서 하이 클리어를 10개 이상 성공했다.

05 삼각형의 높이를 x cm라 하면

$\dfrac{1}{2} \times 6 \times x \geq 24$, $3x \geq 24$ $\quad \therefore x \geq 8$

따라서 높이는 8 cm 이상이어야 한다.

06 사다리꼴의 윗변의 길이를 x cm라 하면

$\dfrac{1}{2} \times (x+10) \times 6 \geq 45$, $3x+30 \geq 45$, $3x \geq 15$ $\quad \therefore x \geq 5$

따라서 윗변의 길이는 5 cm 이상이어야 한다.

07 펜을 x자루 산다고 하면

$2000x > 1700x + 2000$

$300x > 2000$ $\quad \therefore x > \dfrac{20}{3} (=6.666\cdots)$

따라서 펜을 7자루 이상 살 경우 할인 매장에서 사는 것이 유리하다.

08 단체 인원을 x명이라 하면

$27000x > 27000 \times \left(1 - \dfrac{20}{100}\right) \times 30$

$27000x > 648000$ $\quad \therefore x > 24$

따라서 25명 이상부터 30명의 단체 할인권을 사는 것이 유리하다.

실력 확인하기 ─────── 35쪽

01 20, 21, 22	**02** ③	**03** 70 m	**04** 23명
05 12 km	**06** 3개		

01 연속하는 세 자연수를 $x-1$, x, $x+1$이라 하면

$(x-1) + x + (x+1) < 66$, $3x < 66$ $\quad \therefore x < 22$

따라서 x의 값 중 가장 큰 자연수는 21이므로 구하는 세 자연수는 20, 21, 22이다.

02 x개월 후부터 현우의 예금액이 세용이의 예금액보다 많아진다고 하면

$30000 + 2000x < 20000 + 3000x$

$-1000x < -10000$ $\quad \therefore x > 10$

따라서 현우의 예금액이 세용이의 예금액보다 많아지는 것은 11개월 후부터이다.

03 수영장의 밑면의 세로의 길이를 x m라 하면

$2(50+x) \leq 240$, $50+x \leq 120$ $\quad \therefore x \leq 70$

따라서 수영장의 밑면의 세로의 길이는 최대 70 m가 될 수 있다.

04 입장 인원을 x명이라 하면

$4000x > 4000 \times \left(1 - \dfrac{25}{100}\right) \times 30$

$4000x > 90000$ $\quad \therefore x > \dfrac{45}{2} (=22.5)$

따라서 23명 이상이면 30명의 단체 할인권을 사는 것이 유리하다.

05 x km 지점까지 올라갔다 온다고 하면

$\dfrac{x}{3} + \dfrac{x}{4} + 1 \leq 8$, $4x + 3x + 12 \leq 96$

$7x \leq 84$ $\quad \therefore x \leq 12$

따라서 최대 12 km 지점까지 올라갔다 올 수 있다.

06 약속 장소에서 편의점까지의 거리를 x m라 하면

$\dfrac{x}{50} + 4 + \dfrac{x}{50} \leq 20$, $x + 200 + x \leq 1000$

$2x \leq 800$ $\quad \therefore x \leq 400$

따라서 400 m 이내의 편의점을 이용해야 하므로 A, B, C 3개의 편의점을 이용할 수 있다.

실전! 중단원 마무리 ─────── 36쪽 ~ 37쪽

01 ③	**02** ③	**03** ④	**04** ⑤
05 ③	**06** −1	**07** ④	**08** ②
09 6송이	**10** ④	**11** 7 cm	

서술형 문제 ──────

12 (1) $-5 < A < 7$	(2) 2	**13** 10 km

01 부등식인 것은 ㄱ, ㅁ, ㅂ의 3개이다.

02 $-a+3 < -b+3$에서 $-a < -b$ $\quad \therefore a > b$

① $a > b$

② $3a+2 > 3b+2$

④ $a-3 > b-3$

⑤ $0.3a > 0.3b$

따라서 옳은 것은 ③이다.

03 ① $2x < 2$에서 $x < 1$

② $3x+1 > 4x$에서 $-x > -1$ $\quad \therefore x < 1$

③ $3x-2 < 2x-1$에서 $x < 1$

④ $5x-2 < 3x+2$에서 $2x < 4$ $\quad \therefore x < 2$

⑤ $6-2x > 2x+2$에서 $-4x > -4$ $\quad \therefore x < 1$

따라서 해가 나머지 넷과 다른 하나는 ④이다.

04 주어진 수직선이 나타내는 부등식은 $x \geq 3$

① $2x+5 < x+4$에서 $x < -1$

② $2x-1 \leq x+1$에서 $x \leq 2$

③ $x \geq 8 - 3x$에서 $4x \geq 8$ $\quad \therefore x \geq 2$

④ $-x+3 < 2x-6$에서 $-3x < -9$ $\quad \therefore x > 3$

⑤ $x \geq 9 - 2x$에서 $3x \geq 9$ $\quad \therefore x \geq 3$

따라서 해가 $x \geq 3$인 것은 ⑤이다.

05 $\dfrac{x-3}{4} < \dfrac{1-x}{2} + 1$의 양변에 4를 곱하면

$x-3 < 2(1-x) + 4$, $x-3 < 2 - 2x + 4$

$3x < 9$ $\quad \therefore x < 3$

06 $x-4a>6-x$에서
$2x>4a+6$ $\therefore x>2a+3$
이 부등식의 해가 $x>1$이므로
$2a+3=1,\ 2a=-2$ $\therefore a=-1$

07 $x+1\leq3(x-5)$에서 $x+1\leq3x-15$
$-2x\leq-16$ $\therefore x\geq8$
$3x+2\geq x+a$에서 $2x\geq a-2$ $\therefore x\geq\dfrac{a-2}{2}$
두 일차부등식의 해가 서로 같으므로
$\dfrac{a-2}{2}=8,\ a-2=16$ $\therefore a=18$

08 네 번째 국어 시험에서 x점을 받는다고 하면
$\dfrac{95+91+85+x}{4}\geq91,\ x+271\geq364$ $\therefore x\geq93$
따라서 93점 이상을 받아야 한다.

09 장미를 x송이 넣는다고 하면
$3000+800x+2000\leq10000$
$800x\leq5000$ $\therefore x\leq\dfrac{25}{4}(=6.25)$
따라서 장미는 최대 6송이까지 넣을 수 있다.

10 한 번에 운반할 수 있는 상자를 x개라 하면
$80+30x\leq600,\ 30x\leq520$ $\therefore x\leq\dfrac{52}{3}(=17.333\cdots)$
따라서 한 번에 운반할 수 있는 상자는 최대 17개이다.

11 사다리꼴의 높이를 x cm라 하면
$\dfrac{1}{2}\times(8+12)\times x\geq70,\ 10x\geq70$ $\therefore x\geq7$
따라서 사다리꼴의 높이는 최소 7 cm이다.

12 (1) $-3<x<3$의 각 변에 -2를 곱하면 $-6<-2x<6$
각 변에 1을 더하면 $-5<-2x+1<7$
$\therefore -5<A<7$ ……❶
(2) 정수 A의 값 중 가장 큰 수는 6, 가장 작은 수는 -4이므로 ……❷
그 합은 $6+(-4)=2$ ……❸

채점 기준	배점
❶ A의 값의 범위 구하기	3점
❷ 정수 A의 값 중 가장 큰 수와 가장 작은 수 각각 구하기	2점
❸ 가장 큰 수와 가장 작은 수의 합 구하기	1점

13 올라간 거리를 x km라 하면 내려온 거리는 $(x+2)$ km이므로
$\dfrac{x}{4}+\dfrac{x+2}{6}\leq2$ ……❶
$3x+2(x+2)\leq24,\ 3x+2x+4\leq24$
$5x\leq20$ $\therefore x\leq4$ ……❷
이때 총 걸은 거리는 $(2x+2)$ km이므로 $2x+2\leq10$
따라서 총 걸은 거리는 10 km 이하이어야 한다. ……❸

채점 기준	배점
❶ 일차부등식 세우기	3점
❷ 일차부등식 풀기	2점
❸ 총 걸은 거리는 몇 km 이하이어야 하는지 구하기	2점

2 | 연립일차방정식

01 연립방정식과 그 해

한번 더 개념 확인문제 ─────38쪽

01 (1) ○ (2) ○ (3) × (4) ○

02 (1) × (2) ○ (3) ○ (4) ×

03 (1) 표는 풀이 참조, $(1,9),\ (2,7),\ (3,5),\ (4,3),\ (5,1)$
(2) 표는 풀이 참조, $(6,1),\ (4,2),\ (2,3)$

04 표는 풀이 참조, $x=2,\ y=3$

05 표는 풀이 참조, $x=1,\ y=2$

01 (3) x의 차수가 2이므로 일차방정식이 아니다.
(4) $x(y-1)=xy+3y$에서 $xy-x-xy-3y=0,\ x+3y=0$
이므로 미지수가 2개인 일차방정식이다.

02 (1) $x=2,\ y=-1$을 $x-2y=5$에 대입하면
$2-2\times(-1)\neq5$
(2) $x=-1,\ y=9$를 $3x+y=6$에 대입하면
$3\times(-1)+9=6$
(3) $x=1,\ y=2$를 $3x-y=1$에 대입하면
$3-2=1$
(4) $x=1,\ y=-3$을 $5x+y=8$에 대입하면
$5-3\neq8$

03 (1)
x	1	2	3	4	5	6	$\cdots$
y	9	7	5	3	1	-1	$\cdots$

(2)
x	6	4	2	0	$\cdots$
y	1	2	3	4	$\cdots$

04 ㉠
x	1	2	3	4
y	4	3	2	1

㉡
x	1	2	3
y	5	3	1

05 ㉠
x	1	2	3	4	$\cdots$
y	2	5	8	11	$\cdots$

㉡
x	1	2	3	4	$\cdots$
y	2	3	4	5	$\cdots$

한번더! 개념 완성하기 ─────39쪽

01 ⑤ **02** ①, ⑤ **03** ⑤ **04** ③
05 ③ **06** ㄷ, ㄹ **07** 8 **08** ①

01 $x=3$, $y=2$를 각 방정식에 대입하면

① $3-3\times 2\neq 9$ ② $2\times 3-2\neq 1$

③ $2\times 3+3\times 2\neq 10$ ④ $4\times 3-2\neq 7$

⑤ $3\times 3-2\times 2=5$

따라서 $x=3$, $y=2$를 해로 갖는 것은 ⑤이다.

02 주어진 순서쌍의 x, y의 값을 $2x+y=7$에 각각 대입하면

① $2\times(-3)+13=7$

② $2\times(-2)+10\neq 7$

③ $2\times(-1)+8\neq 7$

④ $2\times 1+6\neq 7$

⑤ $2\times 2+3=7$

따라서 일차방정식 $2x+y=7$의 해인 것은 ①, ⑤이다.

03 $x=3$, $y=-2$를 $4x+ky=2$에 대입하면

$12-2k=2$, $-2k=-10$ $\quad\therefore k=5$

04 $x=a+1$, $y=a$를 $2x-3y=2$에 대입하면

$2(a+1)-3a=2$, $-a+2=2$ $\quad\therefore a=0$

05 $x=-2$, $y=5$를 주어진 연립방정식에 각각 대입하면

① $\begin{cases} -2+2\times 5\neq 1 \ (거짓) \\ -2\times(-2)+5=9 \ (참) \end{cases}$

② $\begin{cases} -2-5=-7 \ (참) \\ 2\times(-2)+3\times 5\neq 4 \ (거짓) \end{cases}$

③ $\begin{cases} 4\times(-2)+5=-3 \ (참) \\ 3\times(-2)-2\times 5=-16 \ (참) \end{cases}$

④ $\begin{cases} -2+4\times 5=18 \ (참) \\ 6\times(-2)+2\times 5\neq 1 \ (거짓) \end{cases}$

⑤ $\begin{cases} -2+5=3 \ (참) \\ 5\times(-2)-5\neq -10 \ (거짓) \end{cases}$

따라서 $x=-2$, $y=5$를 해로 갖는 것은 ③이다.

06 $x=1$, $y=2$를 주어진 연립방정식에 각각 대입하면

ㄱ. $\begin{cases} 1-2=-1 \ (참) \\ 3\times 1+2\neq 6 \ (거짓) \end{cases}$

ㄴ. $\begin{cases} 1+2=3 \ (참) \\ 2\times 1-2\neq 1 \ (거짓) \end{cases}$

ㄷ. $\begin{cases} 1+2\times 2=5 \ (참) \\ 2\times 1-3\times 2=-4 \ (참) \end{cases}$

ㄹ. $\begin{cases} 2\times 1+2=4 \ (참) \\ 5\times 1-2\times 2=1 \ (참) \end{cases}$

따라서 순서쌍 $(1, 2)$를 해로 갖는 것은 ㄷ, ㄹ이다.

07 $x=4$, $y=1$을 $ax+y=5$에 대입하면

$4a+1=5$, $4a=4$ $\quad\therefore a=1$

$x=4$, $y=1$을 $x+3y=b$에 대입하면 $b=4+3=7$

$\therefore a+b=1+7=8$

08 $x=3$을 $3y=-x+6$에 대입하면

$3y=-3+6$, $3y=3$ $\quad\therefore y=1$

$x=3$, $y=1$을 $3x+ay=1$에 대입하면

$9+a=1$ $\quad\therefore a=-8$

01 (1) $x=5$, $y=1$ (2) $x=2$, $y=1$

(3) $x=-2$, $y=3$ (4) $x=2$, $y=-1$

(5) $x=-1$, $y=-3$ (6) $x=-2$, $y=3$

(7) $x=-2$, $y=3$

02 (1) $x=6$, $y=-1$ (2) $x=3$, $y=2$

(3) $x=-1$, $y=2$ (4) $x=1$, $y=1$

(5) $x=-1$, $y=1$ (6) $x=6$, $y=12$

(7) $x=1$, $y=-1$

03 (1) $x=-3$, $y=2$ (2) $x=2$, $y=-1$

(3) $x=8$, $y=6$ (4) $x=16$, $y=3$

(5) $x=4$, $y=-6$ (6) $x=\dfrac{1}{2}$, $y=1$

(7) $x=2$, $y=1$

04 (1) $x=4$, $y=1$ (2) $x=2$, $y=3$

(3) $x=3$, $y=-1$

05 (1) 해가 무수히 많다. (2) 해가 없다.

(3) 해가 무수히 많다.

01 (1) $\begin{cases} 3x+y=16 & \cdots\cdots\ \text{㉠} \\ x=3y+2 & \cdots\cdots\ \text{㉡} \end{cases}$

㉡을 ㉠에 대입하면

$3(3y+2)+y=16$, $10y=10$ $\quad\therefore y=1$

$y=1$을 ㉡에 대입하면 $x=3+2=5$

(2) $\begin{cases} y=2x-3 & \cdots\cdots\ \text{㉠} \\ 3x+2y=8 & \cdots\cdots\ \text{㉡} \end{cases}$

㉠을 ㉡에 대입하면

$3x+2(2x-3)=8$, $7x=14$ $\quad\therefore x=2$

$x=2$를 ㉠에 대입하면 $y=4-3=1$

(3) $\begin{cases} x=2y-8 & \cdots\cdots\ \text{㉠} \\ 3x+4y=6 & \cdots\cdots\ \text{㉡} \end{cases}$

㉠을 ㉡에 대입하면

$3(2y-8)+4y=6$, $10y=30$ $\quad\therefore y=3$

$y=3$을 ㉠에 대입하면 $x=6-8=-2$

(4) $\begin{cases} y=2x-5 & \cdots\cdots\ \text{㉠} \\ 3x+4y-2=0 & \cdots\cdots\ \text{㉡} \end{cases}$

㉠을 ㉡에 대입하면

$3x+4(2x-5)-2=0$, $11x=22$ $\quad\therefore x=2$

$x=2$를 ㉠에 대입하면 $y=4-5=-1$

(5) $\begin{cases} y=5x+2 & \cdots\cdots\ \text{㉠} \\ y=-4x-7 & \cdots\cdots\ \text{㉡} \end{cases}$

㉠을 ㉡에 대입하면

$5x+2=-4x-7$, $9x=-9$ $\quad\therefore x=-1$

$x=-1$을 ㉠에 대입하면 $y=-5+2=-3$

(6) $\begin{cases} 2x+y=-1 & \cdots\cdots ㉠ \\ 5x+4y=2 & \cdots\cdots ㉡ \end{cases}$

㉠에서 y를 x에 대한 식으로 나타내면

$y=-2x-1 \quad \cdots\cdots ㉢$

㉢을 ㉡에 대입하면

$5x+4(-2x-1)=2$

$-3x=6 \quad \therefore x=-2$

$x=-2$를 ㉢에 대입하면 $y=4-1=3$

(7) $\begin{cases} x+2y=4 & \cdots\cdots ㉠ \\ 2x-3y=-13 & \cdots\cdots ㉡ \end{cases}$

㉠에서 x를 y에 대한 식으로 나타내면

$x=-2y+4 \quad \cdots\cdots ㉢$

㉢을 ㉡에 대입하면

$2(-2y+4)-3y=-13$

$-7y=-21 \quad \therefore y=3$

$y=3$을 ㉢에 대입하면 $x=-6+4=-2$

02 (1) $\begin{cases} x+y=5 & \cdots\cdots ㉠ \\ x-y=7 & \cdots\cdots ㉡ \end{cases}$

㉠+㉡을 하면

$2x=12 \quad \therefore x=6$

$x=6$을 ㉠에 대입하면

$6+y=5 \quad \therefore y=-1$

(2) $\begin{cases} x+2y=7 & \cdots\cdots ㉠ \\ x+y=5 & \cdots\cdots ㉡ \end{cases}$

㉠−㉡을 하면 $y=2$

$y=2$를 ㉡에 대입하면

$x+2=5 \quad \therefore x=3$

(3) $\begin{cases} 2x+3y=4 & \cdots\cdots ㉠ \\ 4x-3y=-10 & \cdots\cdots ㉡ \end{cases}$

㉠+㉡을 하면

$6x=-6 \quad \therefore x=-1$

$x=-1$을 ㉠에 대입하면

$-2+3y=4, 3y=6 \quad \therefore y=2$

(4) $\begin{cases} 2x-y=1 & \cdots\cdots ㉠ \\ x+2y=3 & \cdots\cdots ㉡ \end{cases}$

㉠×2+㉡을 하면

$5x=5 \quad \therefore x=1$

$x=1$을 ㉠에 대입하면

$2-y=1 \quad \therefore y=1$

(5) $\begin{cases} 3x+5y=2 & \cdots\cdots ㉠ \\ -2x+3y=5 & \cdots\cdots ㉡ \end{cases}$

㉠×2+㉡×3을 하면

$19y=19 \quad \therefore y=1$

$y=1$을 ㉠에 대입하면

$3x+5=2, 3x=-3 \quad \therefore x=-1$

(6) $\begin{cases} 5x-2y=6 & \cdots\cdots ㉠ \\ 4x-3y=-12 & \cdots\cdots ㉡ \end{cases}$

㉠×3−㉡×2를 하면

$7x=42 \quad \therefore x=6$

$x=6$을 ㉠에 대입하면

$30-2y=6, -2y=-24 \quad \therefore y=12$

(7) $\begin{cases} 5x-3y=8 & \cdots\cdots ㉠ \\ 3x+2y=1 & \cdots\cdots ㉡ \end{cases}$

㉠×2+㉡×3을 하면

$19x=19 \quad \therefore x=1$

$x=1$을 ㉠에 대입하면

$5-3y=8, -3y=3 \quad \therefore y=-1$

03 (1) $\begin{cases} -3x+2y=13 & \cdots\cdots ㉠ \\ 3x+4y=-1 & \cdots\cdots ㉡ \end{cases}$

㉠+㉡을 하면

$6y=12 \quad \therefore y=2$

$y=2$를 ㉡에 대입하면

$3x+8=-1, 3x=-9 \quad \therefore x=-3$

(2) $\begin{cases} x-y=3 & \cdots\cdots ㉠ \\ 3x-y=7 & \cdots\cdots ㉡ \end{cases}$

㉠−㉡을 하면

$-2x=-4 \quad \therefore x=2$

$x=2$를 ㉠에 대입하면

$2-y=3 \quad \therefore y=-1$

(3) $\begin{cases} \dfrac{x}{2}-\dfrac{y}{3}=2 & \cdots\cdots ㉠ \\ \dfrac{x}{4}+\dfrac{y}{6}=3 & \cdots\cdots ㉡ \end{cases}$

㉠×6, ㉡×12를 하면 $\begin{cases} 3x-2y=12 & \cdots\cdots ㉢ \\ 3x+2y=36 & \cdots\cdots ㉣ \end{cases}$

㉢+㉣을 하면

$6x=48 \quad \therefore x=8$

$x=8$을 ㉢에 대입하면

$24-2y=12, -2y=-12 \quad \therefore y=6$

(4) $\begin{cases} 0.1x-0.2y=1 & \cdots\cdots ㉠ \\ 0.03x+0.04y=0.6 & \cdots\cdots ㉡ \end{cases}$

㉠×10, ㉡×100을 하면 $\begin{cases} x-2y=10 & \cdots\cdots ㉢ \\ 3x+4y=60 & \cdots\cdots ㉣ \end{cases}$

㉢×2+㉣을 하면

$5x=80 \quad \therefore x=16$

$x=16$을 ㉢에 대입하면

$16-2y=10, -2y=-6 \quad \therefore y=3$

(5) $\begin{cases} 0.2x-0.3y=2.6 & \cdots\cdots ㉠ \\ 0.03x+0.1y=-0.48 & \cdots\cdots ㉡ \end{cases}$

㉠×10, ㉡×100을 하면 $\begin{cases} 2x-3y=26 & \cdots\cdots ㉢ \\ 3x+10y=-48 & \cdots\cdots ㉣ \end{cases}$

㉢×3−㉣×2를 하면

$-29y=174 \quad \therefore y=-6$

$y=-6$을 ㉢에 대입하면

$2x+18=26, 2x=8 \quad \therefore x=4$

(6) $\begin{cases} \dfrac{1}{2}x+\dfrac{3}{4}y=1 & \cdots\cdots \ \bigcirc \\ \dfrac{2}{3}x-\dfrac{1}{6}y=\dfrac{1}{6} & \cdots\cdots \ \bigcirc \end{cases}$

$\bigcirc\times4$, $\bigcirc\times6$을 하면 $\begin{cases} 2x+3y=4 & \cdots\cdots \ \textcircled{c} \\ 4x-y=1 & \cdots\cdots \ \textcircled{e} \end{cases}$

$\textcircled{c}+\textcircled{e}\times3$을 하면

$14x=7$ $\quad\therefore x=\dfrac{1}{2}$

$x=\dfrac{1}{2}$을 $\textcircled{e}$에 대입하면

$2-y=1$ $\quad\therefore y=1$

(7) $\begin{cases} 0.2x+0.5y=0.9 & \cdots\cdots \ \bigcirc \\ \dfrac{x}{8}+\dfrac{y}{2}=\dfrac{3}{4} & \cdots\cdots \ \bigcirc \end{cases}$

$\bigcirc\times10$, $\bigcirc\times8$을 하면 $\begin{cases} 2x+5y=9 & \cdots\cdots \ \textcircled{c} \\ x+4y=6 & \cdots\cdots \ \textcircled{e} \end{cases}$

$\textcircled{c}-\textcircled{e}\times2$를 하면

$-3y=-3$ $\quad\therefore y=1$

$y=1$을 $\textcircled{e}$에 대입하면

$x+4=6$ $\quad\therefore x=2$

04 (1) $3x-y=2x+3y=11$에서

$\begin{cases} 3x-y=11 & \cdots\cdots \ \bigcirc \\ 2x+3y=11 & \cdots\cdots \ \bigcirc \end{cases}$

$\bigcirc\times3+\bigcirc$을 하면

$11x=44$ $\quad\therefore x=4$

$x=4$를 $\bigcirc$에 대입하면

$12-y=11$ $\quad\therefore y=1$

(2) $2x-y=x-1=-x+y$에서

$\begin{cases} 2x-y=x-1 \\ x-1=-x+y \end{cases}$, 즉 $\begin{cases} x-y=-1 & \cdots\cdots \ \bigcirc \\ 2x-y=1 & \cdots\cdots \ \bigcirc \end{cases}$

$\bigcirc-\bigcirc$을 하면

$-x=-2$ $\quad\therefore x=2$

$x=2$를 $\bigcirc$에 대입하면

$2-y=-1$ $\quad\therefore y=3$

(3) $x-\dfrac{y}{2}=\dfrac{8x-3}{6}=\dfrac{5x+y}{4}$에서

$\begin{cases} x-\dfrac{y}{2}=\dfrac{8x-3}{6} \\ \dfrac{8x-3}{6}=\dfrac{5x+y}{4} \end{cases}$, 즉 $\begin{cases} 2x+3y=3 & \cdots\cdots \ \bigcirc \\ x-3y=6 & \cdots\cdots \ \bigcirc \end{cases}$

$\bigcirc+\bigcirc$을 하면

$3x=9$ $\quad\therefore x=3$

$x=3$을 $\bigcirc$에 대입하면

$3-3y=6$, $-3y=3$ $\quad\therefore y=-1$

05 (1) $\begin{cases} x-y=1 & \cdots\cdots \ \bigcirc \\ 2x-2y=2 & \cdots\cdots \ \bigcirc \end{cases}$

$\bigcirc\times2$를 하면 $\begin{cases} 2x-2y=2 \\ 2x-2y=2 \end{cases}$

즉, 두 일차방정식이 일치하므로 해가 무수히 많다.

(2) $\begin{cases} x+2y=-1 & \cdots\cdots \ \bigcirc \\ 2x+4y=2 & \cdots\cdots \ \bigcirc \end{cases}$

$\bigcirc\times2$를 하면 $\begin{cases} 2x+4y=-2 \\ 2x+4y=2 \end{cases}$

즉, 두 일차방정식의 x, y의 계수는 각각 같고, 상수항은 다르므로 해가 없다.

(3) $\begin{cases} \dfrac{x}{2}-y=\dfrac{3}{4} & \cdots\cdots \ \bigcirc \\ 2x-4y=3 & \cdots\cdots \ \bigcirc \end{cases}$

$\bigcirc\times4$를 하면 $\begin{cases} 2x-4y=3 \\ 2x-4y=3 \end{cases}$

즉, 두 일차방정식이 일치하므로 해가 무수히 많다.

다른 풀이

(1) $\dfrac{1}{2}=\dfrac{-1}{-2}=\dfrac{1}{2}$이므로 해가 무수히 많다.

(2) $\dfrac{1}{2}=\dfrac{2}{4}\ne\dfrac{-1}{2}$이므로 해가 없다.

(3) $\begin{cases} \dfrac{x}{2}-y=\dfrac{3}{4} \\ 2x-4y=3 \end{cases}$에서 $\begin{cases} 2x-4y=3 \\ 2x-4y=3 \end{cases}$

$\dfrac{2}{2}=\dfrac{-4}{-4}=\dfrac{3}{3}$이므로 해가 무수히 많다.

한번더! 개념 완성하기

01 -2	**02** ②	**03** ③	**04** ㄴ, ㄷ
05 $x=-1$, $y=-3$		**06** 0	**07** ③
08 -1	**09** 2	**10** 4	**11** 4
12 -2	**13** -1	**14** $x=-3$, $y=\dfrac{1}{2}$	
15 -1	**16** ③		

01 $\bigcirc$에서 x를 y에 대한 식으로 나타내면 $x=3y+3$

$x=3y+3$을 $\bigcirc$에 대입하면 $3(3y+3)-2y=7$

$7y=-2$ $\quad\therefore k=-2$

02 $y=-2x+5$를 $3x+2y=4$에 대입하면

$3x+2(-2x+5)=4$, $-x+10=4$ $\quad\therefore x=6$

$x=6$을 $y=-2x+5$에 대입하면 $y=-12+5=-7$

따라서 $a=6$, $b=-7$이므로

$a+b=6+(-7)=-1$

04 x를 없애기 위해 필요한 식은 ㄴ. $\bigcirc\times5-\bigcirc\times4$

y를 없애기 위해 필요한 식은 ㄷ. $\bigcirc\times2+\bigcirc\times5$

따라서 가감법을 이용하여 풀 때 필요한 식은 ㄴ, ㄷ이다.

05 $\begin{cases} 4(x+y)-3y=-7 \\ 3x-2(x+y)=5 \end{cases}$에서 $\begin{cases} 4x+y=-7 & \cdots\cdots \ \bigcirc \\ x-2y=5 & \cdots\cdots \ \bigcirc \end{cases}$

$\bigcirc\times2+\bigcirc$을 하면 $9x=-9$ $\quad\therefore x=-1$

$x=-1$을 $\bigcirc$에 대입하면 $-4+y=-7$ $\quad\therefore y=-3$

78 정답 및 풀이

06 $\begin{cases} 2(x-y)+3y=1 \\ x-2y=3 \end{cases}$ 에서 $\begin{cases} 2x+y=1 & \cdots\cdots \text{㉠} \\ x-2y=3 & \cdots\cdots \text{㉡} \end{cases}$

㉠×2+㉡을 하면 $5x=5$ $\therefore x=1$

$x=1$을 ㉠에 대입하면 $2+y=1$ $\therefore y=-1$

따라서 $a=1$, $b=-1$이므로

$a+b=1+(-1)=0$

07 $\begin{cases} 1.5x-0.2y=3.5 & \cdots\cdots \text{㉠} \\ \dfrac{1}{2}x+\dfrac{1}{6}y=\dfrac{7}{3} & \cdots\cdots \text{㉡} \end{cases}$

㉠×10, ㉡×6을 하면 $\begin{cases} 15x-2y=35 & \cdots\cdots \text{㉢} \\ 3x+y=14 & \cdots\cdots \text{㉣} \end{cases}$

㉢+㉣×2를 하면 $21x=63$ $\therefore x=3$

$x=3$을 ㉣에 대입하면 $9+y=14$ $\therefore y=5$

08 $\begin{cases} \dfrac{1}{2}x-0.6y=1.3 & \cdots\cdots \text{㉠} \\ 0.3x+\dfrac{1}{5}y=0.5 & \cdots\cdots \text{㉡} \end{cases}$

㉠×10, ㉡×10을 하면 $\begin{cases} 5x-6y=13 & \cdots\cdots \text{㉢} \\ 3x+2y=5 & \cdots\cdots \text{㉣} \end{cases}$

㉢+㉣×3을 하면 $14x=28$ $\therefore x=2$

$x=2$를 ㉣에 대입하면 $6+2y=5$, $2y=-1$ $\therefore y=-\dfrac{1}{2}$

따라서 $p=2$, $q=-\dfrac{1}{2}$이므로

$pq=2\times\left(-\dfrac{1}{2}\right)=-1$

09 $x=2$, $y=4$를 주어진 연립방정식에 대입하면

$\begin{cases} 2a+4b=6 & \cdots\cdots \text{㉠} \\ 4a-12b=-8 & \cdots\cdots \text{㉡} \end{cases}$

㉠×2-㉡을 하면 $20b=20$ $\therefore b=1$

$b=1$을 ㉠에 대입하면 $2a+4=6$, $2a=2$ $\therefore a=1$

$\therefore a+b=1+1=2$

10 $x=-4$, $y=1$을 주어진 연립방정식에 대입하면

$\begin{cases} -4a-b=-13 & \cdots\cdots \text{㉠} \\ a-4b=-1 & \cdots\cdots \text{㉡} \end{cases}$

㉠+㉡×4를 하면 $-17b=-17$ $\therefore b=1$

$b=1$을 ㉡에 대입하면 $a-4=-1$ $\therefore a=3$

$\therefore a+b=3+1=4$

11 주어진 연립방정식의 해는 세 일차방정식을 모두 만족시키

므로 연립방정식 $\begin{cases} 5x-y=7 & \cdots\cdots \text{㉠} \\ 3x+y=9 & \cdots\cdots \text{㉡} \end{cases}$ 의 해와 같다.

㉠+㉡을 하면 $8x=16$ $\therefore x=2$

$x=2$를 ㉡에 대입하면 $6+y=9$ $\therefore y=3$

$x=2$, $y=3$을 $ax-3y=-1$에 대입하면

$2a-9=-1$, $2a=8$ $\therefore a=4$

12 x의 값이 y의 값보다 2만큼 크므로 $x=y+2$

$\begin{cases} 2x+4y=7 & \cdots\cdots \text{㉠} \\ x=y+2 & \cdots\cdots \text{㉡} \end{cases}$

㉡을 ㉠에 대입하면

$2(y+2)+4y=7$, $2y+4+4y=7$

$6y=3$ $\therefore y=\dfrac{1}{2}$

$y=\dfrac{1}{2}$을 ㉡에 대입하면

$x=\dfrac{1}{2}+2=\dfrac{5}{2}$

$x=\dfrac{5}{2}$, $y=\dfrac{1}{2}$을 $3x-y+a=5$에 대입하면

$\dfrac{15}{2}-\dfrac{1}{2}+a=5$ $\therefore a=-2$

13 $2x+y=x=4x-5y+4$에서

$\begin{cases} 2x+y=x \\ x=4x-5y+4 \end{cases}$, 즉 $\begin{cases} x+y=0 & \cdots\cdots \text{㉠} \\ 3x-5y=-4 & \cdots\cdots \text{㉡} \end{cases}$

㉠×3-㉡을 하면 $8y=4$ $\therefore y=\dfrac{1}{2}$

$y=\dfrac{1}{2}$을 ㉠에 대입하면 $x+\dfrac{1}{2}=0$ $\therefore x=-\dfrac{1}{2}$

따라서 $a=-\dfrac{1}{2}$, $b=\dfrac{1}{2}$이므로

$a-b=-\dfrac{1}{2}-\dfrac{1}{2}=-1$

14 $\dfrac{2y-7}{3}=\dfrac{3x-4y+7}{2}=\dfrac{3x+2y-2}{5}$ 에서

$\begin{cases} \dfrac{2y-7}{3}=\dfrac{3x-4y+7}{2} \\ \dfrac{2y-7}{3}=\dfrac{3x+2y-2}{5} \end{cases}$, 즉 $\begin{cases} 9x-16y=-35 & \cdots\cdots \text{㉠} \\ 9x-4y=-29 & \cdots\cdots \text{㉡} \end{cases}$

㉠-㉡을 하면 $-12y=-6$ $\therefore y=\dfrac{1}{2}$

$y=\dfrac{1}{2}$을 ㉡에 대입하면

$9x-2=-29$, $9x=-27$ $\therefore x=-3$

15 $\begin{cases} 2x+3y=3a & \cdots\cdots \text{㉠} \\ 6bx+9y=-18 & \cdots\cdots \text{㉡} \end{cases}$

㉠×3을 하면 $\begin{cases} 6x+9y=9a \\ 6bx+9y=-18 \end{cases}$

이 연립방정식의 해가 무수히 많으므로

$6=6b$, $9a=-18$ $\therefore a=-2$, $b=1$

$\therefore a+b=-2+1=-1$

[다른풀이]

해가 무수히 많으므로

$\dfrac{2}{6b}=\dfrac{3}{9}=\dfrac{3a}{-18}$ $\therefore a=-2$, $b=1$

$\therefore a+b=-2+1=-1$

16 $\begin{cases} x-\dfrac{1}{2}y=2a & \cdots\cdots \text{㉠} \\ 2(x-y)=2-y & \cdots\cdots \text{㉡} \end{cases}$

㉠×2를 하면 $\begin{cases} 2x-y=4a \\ 2x-y=2 \end{cases}$

이 연립방정식의 해가 없으므로 $4a \neq 2$ $\therefore a \neq \dfrac{1}{2}$

[다른풀이]

$\begin{cases} x - \dfrac{1}{2}y = 2a \\ 2(x-y) = 2-y \end{cases}$ 에서 $\begin{cases} 2x - y = 4a \\ 2x - y = 2 \end{cases}$

이 연립방정식의 해가 없으므로

$\dfrac{2}{2} = \dfrac{-1}{-1} \neq \dfrac{4a}{2}$ $\therefore a \neq \dfrac{1}{2}$

한번 더! 실력 확인하기 ──── 44쪽

01 14 **02** ① **03** 0 **04** ②
05 8 **06** ③ **07** $a = -12$, $b = 4$

---

01 $x = 4$, $y = -1$을 $2x + y = a$에 대입하면
$8 - 1 = a$ $\therefore a = 7$
$x = 0$, $y = b$를 $2x + y = 7$에 대입하면 $b = 7$
$\therefore a + b = 7 + 7 = 14$

02 $\begin{cases} 0.1x + 0.4y = 0.7 \\ \dfrac{x}{5} - \dfrac{y}{15} = -\dfrac{1}{3} \end{cases}$ 에서 $\begin{cases} x + 4y = 7 & \cdots\cdots ㉠ \\ 3x - y = -5 & \cdots\cdots ㉡ \end{cases}$

㉠$\times 3 -$㉡을 하면 $13y = 26$ $\therefore y = 2$
$y = 2$를 ㉠에 대입하면 $x + 8 = 7$ $\therefore x = -1$
따라서 $a = -1$, $b = 2$이므로 $a - b = -1 - 2 = -3$

03 $x = 2$, $y = -1$을 주어진 연립방정식에 대입하면
$\begin{cases} 2a + b = -1 & \cdots\cdots ㉠ \\ 2b - a = 3 & \cdots\cdots ㉡ \end{cases}$
㉠$+$㉡$\times 2$를 하면 $5b = 5$ $\therefore b = 1$
$b = 1$을 ㉠에 대입하면 $2a + 1 = -1$, $2a = -2$ $\therefore a = -1$
$\therefore a + b = -1 + 1 = 0$

04 $x : y = 2 : 1$이므로 $x = 2y$
$x = 2y$를 주어진 연립방정식에 대입하면
$\begin{cases} y = 2a & \cdots\cdots ㉠ \\ 8y = 30 + a & \cdots\cdots ㉡ \end{cases}$
㉠을 ㉡에 대입하면 $16a = 30 + a$, $15a = 30$ $\therefore a = 2$

05 주어진 두 연립방정식의 해가 서로 같으므로 그 해는 연립방
정식 $\begin{cases} 3x - 4y = -5 \\ 2x + 3y = 8 \end{cases}$ 의 해와 같다.

이 연립방정식을 풀면 $x = 1$, $y = 2$
$x = 1$, $y = 2$를 $\begin{cases} ax - by = 13 \\ 3ax + 5by = -41 \end{cases}$ 에 대입하면
$\begin{cases} a - 2b = 13 \\ 3a + 10b = -41 \end{cases}$ $\therefore a = 3$, $b = -5$
$\therefore a - b = 3 - (-5) = 8$

06 $\begin{cases} -2x + y = 4 \\ -x + 3y + 3 = 4 \end{cases}$ 에서 $\begin{cases} -2x + y = 4 & \cdots\cdots ㉠ \\ -x + 3y = 1 & \cdots\cdots ㉡ \end{cases}$

㉠$-$㉡$\times 2$를 하면 $-5y = 2$ $\therefore y = -\dfrac{2}{5}$

$y = -\dfrac{2}{5}$를 ㉡에 대입하면 $-x - \dfrac{6}{5} = 1$ $\therefore x = -\dfrac{11}{5}$

$x = -\dfrac{11}{5}$, $y = -\dfrac{2}{5}$를 $5x - 10y - k = 0$에 대입하면

$-11 + 4 - k = 0$ $\therefore k = -7$

07 $\begin{cases} -4x + 3y = b & \cdots\cdots ㉠ \\ ax + 9y = 12 & \cdots\cdots ㉡ \end{cases}$

㉠$\times 3$을 하면 $\begin{cases} -12x + 9y = 3b \\ ax + 9y = 12 \end{cases}$

이 연립방정식의 해가 무수히 많으므로
$a = -12$, $3b = 12$에서 $b = 4$

[다른풀이]
연립방정식의 해가 무수히 많으므로

$\dfrac{-4}{a} = \dfrac{3}{9} = \dfrac{b}{12}$ $\therefore a = -12$, $b = 4$

03 연립방정식의 활용

한번 더 개념 확인문제 ──── 45쪽

01 (1) $\begin{cases} x + y = 20 \\ 500x + 800y = 11500 \end{cases}$ (2) $x = 15$, $y = 5$ / 5개

02 (1) $\begin{cases} x + y = 12 \\ 3000x + 4500y = 42000 \end{cases}$ (2) $x = 8$, $y = 4$ / 4개

03 (1) $\begin{cases} x - y = 14 \\ x = 5y + 2 \end{cases}$ (2) $x = 17$, $y = 3$ / 17

04 (1) 표는 풀이 참조, $\begin{cases} x + y = 7 \\ \dfrac{x}{3} + \dfrac{y}{4} = 2 \end{cases}$ (2) $x = 3$, $y = 4$ / 3 km

05 (1) 표는 풀이 참조, $\begin{cases} x + y = 11 \\ \dfrac{x}{3} + \dfrac{y}{5} = 3 \end{cases}$ (2) $x = 6$, $y = 5$ / 6 km

04 (1)

	올라갈 때	내려올 때
거리(km)	x	y
속력(km/h)	3	4
시간(시간)	$\dfrac{x}{3}$	$\dfrac{y}{4}$

$\rightarrow \begin{cases} x + y = 7 \\ \dfrac{x}{3} + \dfrac{y}{4} = 2 \end{cases}$

05 (1)

	올라갈 때	내려올 때
거리(km)	x	y
속력(km/h)	3	5
시간(시간)	$\dfrac{x}{3}$	$\dfrac{y}{5}$

$\rightarrow \begin{cases} x + y = 11 \\ \dfrac{x}{3} + \dfrac{y}{5} = 3 \end{cases}$

개념 완성하기 ——————— 46쪽~47쪽 ——

01 36	**02** 48	**03** 오리 : 28마리, 소 : 5마리
04 ①	**05** ⑤	**06** 어머니 : 47세, 아들 : 22세
07 ④	**08** ④	**09** 6일 **10** 15일
11 ③	**12** 14회	

01 처음 수의 십의 자리의 숫자를 x, 일의 자리의 숫자를 y라 하면
$$\begin{cases} x+y=9 \\ 10y+x=(10x+y)+27 \end{cases} \text{즉} \begin{cases} x+y=9 \\ x-y=-3 \end{cases}$$
$$\therefore x=3, y=6$$
따라서 처음 수는 36이다.

02 처음 수의 십의 자리의 숫자를 x, 일의 자리의 숫자를 y라 하면
$$\begin{cases} y=2x \\ 10y+x=2(10x+y)-12 \end{cases} \text{즉} \begin{cases} y=2x \\ -19x+8y=-12 \end{cases}$$
$$\therefore x=4, y=8$$
따라서 처음 수는 48이다.

03 오리가 x마리, 소가 y마리 있다고 하면
$$\begin{cases} x=y+23 \\ 2x+4y=76 \end{cases} \quad \therefore x=28, y=5$$
따라서 오리는 28마리, 소는 5마리이다.

04 타조가 x마리, 토끼가 y마리 있다고 하면
$$\begin{cases} x+y=25 \\ 2x+4y=64 \end{cases} \quad \therefore x=18, y=7$$
따라서 토끼는 7마리이다.

05 형의 나이를 x세, 동생의 나이를 y세라 하면
$$\begin{cases} x+y=40 \\ x=y+8 \end{cases} \quad \therefore x=24, y=16$$
따라서 형의 나이는 24세이다.

06 현재 어머니의 나이를 x세, 아들의 나이를 y세라 하면
$$\begin{cases} x-y=25 \\ x+3=2(y+3) \end{cases} \text{즉} \begin{cases} x-y=25 \\ x-2y=3 \end{cases}$$
$$\therefore x=47, y=22$$
따라서 현재 어머니의 나이는 47세, 아들의 나이는 22세이다.

07 직사각형의 가로의 길이를 x cm, 세로의 길이를 y cm라 하면
$$\begin{cases} y=x+5 \\ 2(x+y)=50 \end{cases} \text{즉} \begin{cases} y=x+5 \\ x+y=25 \end{cases}$$
$$\therefore x=10, y=15$$
따라서 직사각형의 넓이는 $10 \times 15=150(\text{cm}^2)$

08 사다리꼴의 윗변의 길이를 x cm, 아랫변의 길이를 y cm라 하면
$$\begin{cases} y=x+4 \\ \frac{1}{2} \times (x+y) \times 8=80 \end{cases} \text{즉} \begin{cases} y=x+4 \\ x+y=20 \end{cases}$$
$$\therefore x=8, y=12$$
따라서 사다리꼴의 아랫변의 길이는 12 cm이다.

09 전체 일의 양을 1이라 하고, 유진이와 현수가 하루에 할 수 있는 일의 양을 각각 x, y라 하면
$$\begin{cases} 4x+4y=1 \\ 3x+6y=1 \end{cases} \quad \therefore x=\frac{1}{6}, y=\frac{1}{12}$$
따라서 유진이가 하루에 할 수 있는 일의 양은 전체의 $\frac{1}{6}$이므로 혼자서 끝내려면 6일이 걸린다.

10 전체 일의 양을 1이라 하고, 예지와 찬혁이가 하루에 할 수 있는 일의 양을 각각 x, y라 하면
$$\begin{cases} 6x+6y=1 \\ 2x+12y=1 \end{cases} \quad \therefore x=\frac{1}{10}, y=\frac{1}{15}$$
따라서 찬혁이가 하루에 할 수 있는 일의 양은 전체의 $\frac{1}{15}$이므로 혼자서 끝내려면 15일이 걸린다.

11 A가 이긴 횟수를 x회, 진 횟수를 y회라 하면 B가 이긴 횟수는 y회, 진 횟수는 x회이므로
$$\begin{cases} 3x+y=17 \\ x+3y=11 \end{cases} \quad \therefore x=5, y=2$$
따라서 A가 이긴 횟수는 5회이다.

12 성주가 이긴 횟수를 x회, 진 횟수를 y회라 하면
$$\begin{cases} x+y=30 \\ 2x-y=12 \end{cases} \quad \therefore x=14, y=16$$
따라서 성주가 이긴 횟수는 14회이다.

실력 확인하기 ——————— 48쪽 ——

01 7명	**02** 구미호 : 9마리, 붕조 : 7마리
03 45 cm²	**04** 8일 **05** 4초 후 **06** 360명

01 박물관에 입장한 어른을 x명, 학생을 y명이라 하면
$$\begin{cases} x+y=15 \\ 800x+400y=7600 \end{cases} \quad \therefore x=4, y=11$$
따라서 입장한 학생은 어른보다 $11-4=7$(명) 더 많다.

02 구미호가 x마리, 붕조가 y마리 있다고 하면
$$\begin{cases} x+9y=72 \\ 9x+y=88 \end{cases} \quad \therefore x=9, y=7$$
따라서 구미호는 9마리, 붕조는 7마리이다.

03 처음 직사각형의 가로의 길이를 x cm, 세로의 길이를 y cm라 하면
$$\begin{cases} 2(x+y)=28 \\ 2\{2x+(y+5)\}=56 \end{cases} \text{즉} \begin{cases} x+y=14 \\ 2x+y=23 \end{cases}$$
$$\therefore x=9, y=5$$
따라서 처음 직사각형의 넓이는 $9 \times 5=45(\text{cm}^2)$

04 전체 일의 양을 1이라 하고, 형과 동생이 일한 날을 각각 x일, y일이라 하면

$$\begin{cases} x+y=14 \\ \dfrac{1}{12}x+\dfrac{1}{16}y=1 \end{cases}, \ \text{즉} \ \begin{cases} x+y=14 \\ 4x+3y=48 \end{cases} \qquad \therefore x=6, \ y=8$$

따라서 동생이 일한 날은 8일이다.

05 진아가 달린 거리를 x m, 주영이가 달린 거리를 y m라 하면

$$\begin{cases} x=y+12 \\ \dfrac{x}{8}=\dfrac{y}{5} \end{cases}, \ \text{즉} \ \begin{cases} x=y+12 \\ 5x=8y \end{cases} \qquad \therefore x=32, \ y=20$$

따라서 두 사람은 출발한 지 $\dfrac{32}{8}=4$(초) 후에 처음 만난다.

06 작년의 남학생을 x명, 여학생을 y명이라 하면

$$\begin{cases} x+y=850 \\ -\dfrac{10}{100}x+\dfrac{20}{100}y=50 \end{cases}, \ \text{즉} \ \begin{cases} x+y=850 \\ -x+2y=500 \end{cases}$$

$\therefore x=400, \ y=450$

따라서 작년의 남학생은 400명이므로 올해의 남학생은

$$\left(1-\dfrac{10}{100}\right)\times 400=360 \text{(명)}$$

한번더! 실전! 중단원 마무리 ──── |49쪽~50쪽|

01 ①, ⑤	**02** ③	**03** 0	**04** ②
05 ⑤	**06** ③	**07** -2	**08** ④
09 29	**10** ③	**11** ⑤	

서술형 문제 ─────

12 12   **13** 3시간

02 $x=a, \ y=2a$를 $5x-2y=3$에 대입하면

$5a-4a=3$ $\therefore a=3$

03 $x=1, \ y=2$를 $x+by=3$에 대입하면

$1+2b=3, \ 2b=2$ $\therefore b=1$

$x=1, \ y=2$를 $3x-2y=a$에 대입하면

$a=3-4=-1$

$\therefore a+b=-1+1=0$

05 $\begin{cases} x-\dfrac{1}{2}y=4 \\ 3x-y=6 \end{cases}$ 에서 $\begin{cases} 2x-y=8 \quad \cdots\cdots \text{㉠} \\ 3x-y=6 \quad \cdots\cdots \text{㉡} \end{cases}$

㉠$-$㉡을 하면 $-x=2$ $\therefore x=-2$

$x=-2$를 ㉠에 대입하면 $-4-y=8$ $\therefore y=-12$

따라서 $a=-2, \ b=-12$이므로

$a-b=-2-(-12)=10$

06 $x=-2, \ y=4$를 주어진 연립방정식에 대입하면

$\begin{cases} -2a+4b=0 \\ -2b-4a=-20 \end{cases}$ 에서 $\begin{cases} a=2b \quad \cdots\cdots \text{㉠} \\ 2a+b=10 \quad \cdots\cdots \text{㉡} \end{cases}$

㉠을 ㉡에 대입하면 $4b+b=10, \ 5b=10$ $\therefore b=2$

$b=2$를 ㉠에 대입하면 $a=4$

$\therefore a^2-b^2=4^2-2^2=16-4=12$

07 $x:y=1:3$이므로 $y=3x$

$\begin{cases} 2x-3y=-7 \\ y=3x \end{cases}$ 를 풀면 $x=1, \ y=3$

$x=1, \ y=3$을 $5x+ay=-1$에 대입하면

$5+3a=-1, \ 3a=-6$ $\therefore a=-2$

08 ④ $\begin{cases} 3x-y=1 \\ 3y-9x=-3 \end{cases}$ 에서 $\begin{cases} 3x-y=1 \\ 3x-y=1 \end{cases}$

두 일차방정식이 일치하므로 해가 무수히 많다.

다른 풀이

④ $\dfrac{3}{-9}=\dfrac{-1}{3}=\dfrac{1}{-3}$이므로 해가 무수히 많다.

09 처음 수의 십의 자리의 숫자를 x, 일의 자리의 숫자를 y라 하면

$\begin{cases} 2x=y-5 \\ 10y+x=10x+y+63 \end{cases}$, 즉 $\begin{cases} 2x-y=-5 \\ x-y=-7 \end{cases}$ $\therefore x=2, \ y=9$

따라서 처음 수는 29이다.

10 민호가 맞힌 문제를 x개, 틀린 문제를 y개라 하면

$\begin{cases} x+y=10 \\ 100x-50y=400 \end{cases}$ $\therefore x=6, \ y=4$

따라서 민호가 맞힌 문제는 6개이다.

11 민지네 반 남학생을 x명, 여학생을 y명이라 하면

$\begin{cases} x+y=30 \\ \dfrac{1}{3}x+\dfrac{1}{4}y=30\times\dfrac{30}{100} \end{cases}$, 즉 $\begin{cases} x+y=30 \\ 4x+3y=108 \end{cases}$

$\therefore x=18, \ y=12$

따라서 민지네 반 남학생은 18명이다.

12 $\begin{cases} 3x+y=3 \\ x-2y=8 \end{cases}$ 을 풀면 $x=2, \ y=-3$ ······ ❶

$x=2, \ y=-3$을 $2x+ay=-11$에 대입하면

$4-3a=-11, \ -3a=-15$ $\therefore a=5$

$x=2, \ y=-3$을 $bx+4y=2$에 대입하면

$2b-12=2, \ 2b=14$ $\therefore b=7$ ······ ❷

$\therefore a+b=5+7=12$ ······ ❸

채점 기준	배점
❶ 미지수가 없는 일차방정식으로 연립방정식을 만들어 풀기	3점
❷ $a, \ b$의 값 각각 구하기	2점
❸ $a+b$의 값 구하기	1점

13 준희가 걸은 거리를 x km, 서희가 걸은 거리를 y km라 하면

$\begin{cases} x+y=21 \\ \dfrac{x}{4}=\dfrac{y}{3} \end{cases}$ ······ ❶

연립방정식을 풀면 $x=12, \ y=9$ ······ ❷

따라서 두 사람이 각 지점을 출발하여 만날 때까지 걸린 시간은

$$\dfrac{12}{4}=\dfrac{9}{3}=3(\text{시간})$$ ······ ❸

채점 기준	배점
❶ 연립방정식 세우기	2점
❷ 연립방정식 풀기	2점
❸ 두 사람이 만날 때까지 걸린 시간 구하기	2점

1 일차함수와 그 그래프 (1)

01 함수와 함숫값

한번 더 개념 확인문제 ┤51쪽├

01 (1) 5, 10, 15, 20, 25　(2) 함수이다.　(3) $y=5x$

02 (1) 30, 15, 10, $\dfrac{15}{2}$, 6　(2) 함수이다.　(3) $y=\dfrac{30}{x}$

03 (1) ○　(2) ×　(3) ×　(4) ○

04 (1) $f(x)=\dfrac{45}{x}$　(2) 9　(3) 3

05 (1) 2　(2) -8　(3) 6　(4) -4

06 (1) -6　(2) 2　(3) -3　(4) 1

03 (2) $x=6$일 때, $y=2$, 3으로 x의 값 하나에 y의 값이 하나씩 정해지지 않으므로 y는 x의 함수가 아니다.

(3) $x=2$일 때, $y=3$, 5, 7, $\ldots$로 x의 값 하나에 y의 값이 하나씩 정해지지 않으므로 y는 x의 함수가 아니다.

04 (2) $f(5)=\dfrac{45}{5}=9$

(3) $f(15)=\dfrac{45}{15}=3$

05 (1) $f(1)=2\times 1=2$

(2) $f(-4)=2\times(-4)=-8$

(3) $f(3)=2\times 3=6$

(4) $f(-2)=2\times(-2)=-4$

06 (1) $f(-1)=\dfrac{6}{-1}=-6$

(2) $f(3)=\dfrac{6}{3}=2$

(3) $f(-2)=\dfrac{6}{-2}=-3$

(4) $f(6)=\dfrac{6}{6}=1$

개념 완성하기

┤52쪽├

01 ⑤　**02** ⑤　**03** 8　**04** 9

05 -2　**06** ②　**07** 3

01 ㄱ. $x=5$일 때, $y=2$, 4이므로 y는 x의 함수가 아니다.

02 ① $f(-6)=\dfrac{36}{-6}=-6$　② $f(-4)=\dfrac{36}{-4}=-9$

③ $f(-3)=\dfrac{36}{-3}=-12$　④ $f(2)=\dfrac{36}{2}=18$

⑤ $f(9)=\dfrac{36}{9}=4$

따라서 옳은 것은 ⑤이다.

---

03 $f(-1)=8\times(-1)=-8$, $f(2)=8\times 2=16$

$\therefore f(-1)+f(2)=-8+16=8$

04 소수는 2, 3, 5, 7, 11, 13, $\ldots$이므로

$f(7)=(7\ 이하의\ 소수의\ 개수)=4$

$f(12)=(12\ 이하의\ 소수의\ 개수)=5$

$\therefore f(7)+f(12)=4+5=9$

05 $f(-2)=-\dfrac{10}{-2}=5$이므로 $a=5$

$\therefore f(a)=f(5)=-\dfrac{10}{5}=-2$

06 $f(-1)=-2a=4$　$\therefore a=-2$

07 $f(2)=-\dfrac{a}{2}=-6$　$\therefore a=12$

따라서 $f(x)=-\dfrac{12}{x}$이므로 $f(-4)=-\dfrac{12}{-4}=3$

02 일차함수와 그 그래프

한번 더 개념 확인문제 ┤53쪽├

01 (1) ○　(2) ○　(3) ×　(4) ×

02 (1) 5　(2) -1

03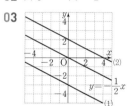

04 (1) $y=4x-2$　(2) $y=-3x+5$

(3) $y=2x+\dfrac{1}{3}$　(4) $y=-\dfrac{3}{5}x-\dfrac{1}{4}$

05 (1) x절편 : 3, y절편 : -9　(2) x절편 : $\dfrac{1}{8}$, y절편 : $\dfrac{1}{2}$

(3) x절편 : -6, y절편 : -3　(4) x절편 : 3, y절편 : 2

06 (1) (2)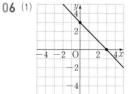

07 (1) 8　(2) -10

08 (1) (2)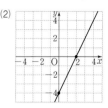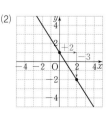

01 (4) $y=-x(5x+2)=-5x^2-2x$이므로 일차함수가 아니다.

02 (1) $f(-1)=-3\times(-1)+2=3+2=5$

(2) $f(1)=-3\times1+2=-3+2=-1$

05 (1) $y=3x-9$에서

$y=0$일 때, $0=3x-9$, $x=3$이므로 x절편은 3

$x=0$일 때, $y=-9$이므로 y절편은 -9

(2) $y=-4x+\dfrac{1}{2}$에서

$y=0$일 때, $0=-4x+\dfrac{1}{2}$, $x=\dfrac{1}{8}$이므로 x절편은 $\dfrac{1}{8}$

$x=0$일 때, $y=\dfrac{1}{2}$이므로 y절편은 $\dfrac{1}{2}$

(3) $y=-\dfrac{1}{2}x-3$에서

$y=0$일 때, $0=-\dfrac{1}{2}x-3$, $x=-6$이므로 x절편은 -6

$x=0$일 때, $y=-3$이므로 y절편은 -3

(4) $y=-\dfrac{2}{3}x+2$에서

$y=0$일 때, $0=-\dfrac{2}{3}x+2$, $x=3$이므로 x절편은 3

$x=0$일 때, $y=2$이므로 y절편은 2

07 (1) $\dfrac{(y\text{의 값의 증가량})}{3-(-1)}=2$ $\therefore (y\text{의 값의 증가량})=8$

(2) $\dfrac{(y\text{의 값의 증가량})}{3-(-1)}=-\dfrac{5}{2}$ $\therefore (y\text{의 값의 증가량})=-10$

개념 완성하기 ── 54쪽~56쪽

01 ①, ④	**02** ②	**03** ⑤	**04** 0
05 ⑤	**06** 7	**07** ②, ⑤	**08** 9
09 -5	**10** 4	**11** ⑤	**12** ②
13 ④	**14** ⑤	**15** ④	**16** ⑤
17 -11	**18** $-\dfrac{2}{5}$	**19** ③	**20** 1
21 $\dfrac{3}{2}$	**22** ③	**23** ③	

01 ④ $\dfrac{1}{x}+y=2$에서 $y=-\dfrac{1}{x}+2$이므로 일차함수가 아니다.

⑤ $\dfrac{y}{3}=x+1$에서 $y=3x+3$이므로 일차함수이다.

따라서 y가 x에 대한 일차함수가 아닌 것은 ①, ④이다.

02 $y=(a+1)x+3x=(a+4)x$에서 x의 계수가 0이 아니어야

하므로 $a+4\neq0$ $\therefore a\neq-4$

03 $f(-2)=-6+a=1$ $\therefore a=7$

따라서 $f(x)=3x+7$이므로 $f(0)=3\times0+7=7$

04 $f(2)=2a+2=6$ $\therefore a=2$

따라서 $f(x)=2x+2$이므로

$f(b)=2b+2=-2$ $\therefore b=-2$

$\therefore a+b=2+(-2)=0$

05 $y=-2x-1$에 각각의 점의 좌표를 대입하면

① $-5\neq4-1$ ② $-4\neq2-1$ ③ $-3\neq0-1$

④ $0\neq-2-1$ ⑤ $-5=-4-1$

06 $y=ax+4$의 그래프가 점 $(-4,2)$를 지나므로

$2=-4a+4$, $4a=2$ $\therefore a=\dfrac{1}{2}$

$y=\dfrac{1}{2}x+4$의 그래프가 점 $(b,7)$을 지나므로

$7=\dfrac{1}{2}b+4$, $\dfrac{1}{2}b=3$ $\therefore b=6$

$\therefore 2a+b=2\times\dfrac{1}{2}+6=7$

07 일차함수 $y=\dfrac{3}{2}x$의 그래프를 y축의 방향으로 p만큼 평행이

동하면 $y=\dfrac{3}{2}x+p$

08 $y=2x+5$의 그래프를 y축의 방향으로 b만큼 평행이동하면

$y=2x+5+b$

즉, $2=a$, $5+b=-2$에서 $a=2$, $b=-7$

$\therefore a-b=2-(-7)=9$

09 $y=3x$의 그래프를 y축의 방향으로 -2만큼 평행이동하면

$y=3x-2$

이 그래프가 점 $(-1,k)$를 지나므로 $k=-3-2=-5$

10 $y=-2x$의 그래프를 y축의 방향으로 a만큼 평행이동하면

$y=-2x+a$이고, 이 그래프가 점 $(3,-2)$를 지나므로

$-2=-6+a$ $\therefore a=4$

11 $y=0$일 때, $0=\dfrac{2}{3}x-2$, $x=3$이므로 $m=3$

$x=0$일 때, $y=-2$이므로 $n=-2$

$\therefore m-n=3-(-2)=5$

12 $y=2x$의 그래프를 y축의 방향으로 2만큼 평행이동하면

$y=2x+2$

$y=0$일 때, $0=2x+2$, $x=-1$이므로 $a=-1$

$x=0$일 때, $y=2$이므로 $b=2$ $\therefore a+b=-1+2=1$

13 $y=x-3$에서 $y=0$일 때, $0=x-3$, $x=3$이므로 x절편은 3

① $y=-2x-6$에서 $y=0$일 때,

$0=-2x-6$, $x=-3$이므로 x절편은 -3

② $y=\dfrac{1}{2}x-2$에서 $y=0$일 때,

$0=\dfrac{1}{2}x-2$, $x=4$이므로 x절편은 4

③ $y=\dfrac{1}{4}x+\dfrac{3}{4}$에서 $y=0$일 때,

$0=\dfrac{1}{4}x+\dfrac{3}{4}$, $x=-3$이므로 x절편은 -3

④ $y=-\dfrac{1}{3}x+1$에서 $y=0$일 때,

$0=-\dfrac{1}{3}x+1$, $x=3$이므로 x절편은 3

⑤ $y=3x-6$에서 $y=0$일 때,

$0=3x-6$, $x=2$이므로 x절편은 2

14 $y=ax-3$에 $x=\frac{1}{2}$, $y=0$을 대입하면

$0=\frac{1}{2}a-3$ $\therefore a=6$

15 $y=\frac{2}{5}x+k$의 그래프의 y절편이 -4이므로 $k=-4$

$\therefore y=\frac{2}{5}x-4$

$y=0$일 때, $0=\frac{2}{5}x-4$, $x=10$이므로 x절편은 10

16 (기울기)$=\dfrac{(y의\ 값의\ 증가량)}{(x의\ 값의\ 증가량)}=\dfrac{-6}{4}=-\dfrac{3}{2}$

17 (기울기)$=\dfrac{k-21}{8}=-4$

$k-21=-32$ $\therefore k=-11$

18 (기울기)$=\dfrac{(y의\ 값의\ 증가량)}{(x의\ 값의\ 증가량)}=\dfrac{-6}{10-(-5)}=-\dfrac{2}{5}$

$\therefore a=-\dfrac{2}{5}$

19 (기울기)$=\dfrac{(y의\ 값의\ 증가량)}{(x의\ 값의\ 증가량)}=\dfrac{-11-(-2)}{3}=-3$

$\therefore a=-3$

20 (기울기)$=\dfrac{0-(-3)}{-a+6-2a}=1$이므로

$-3a+6=3$, $3a=3$ $\therefore a=1$

21 일차함수의 그래프가 두 점 $(0, 3)$, $(-2, 0)$을 지나므로

(기울기)$=\dfrac{0-3}{-2-0}=\dfrac{3}{2}$

22 $y=-\frac{1}{2}x+3$에서 $y=0$일 때, $0=-\frac{1}{2}x+3$ $\therefore x=6$

$x=0$일 때, $y=3$

따라서 일차함수 $y=-\frac{1}{2}x+3$의 그래프의 x절편은 6, y절편은 3이므로 그 그래프는 ③과 같다.

23 $y=-\frac{3}{4}x+6$에서 $y=0$일 때, $0=-\frac{3}{4}x+6$ $\therefore x=8$

$x=0$일 때, $y=6$

즉, $y=-\frac{3}{4}x+6$의 그래프의 x절편은 8, y절편은 6이므로 그 그래프는 오른쪽 그림과 같다.

따라서 그래프가 지나지 않는 사분면은 제3사분면이다.

한번데!

실력 확인하기 ─────── 57쪽

| 01 -1 | 02 ④ | 03 ⑤ | 04 ③ |
| 05 -4 | 06 $-\dfrac{4}{3}$ | 07 -1 | 08 4 |

---

01 $f(2a)=\dfrac{a}{2a}=\dfrac{1}{2}$이므로 $\dfrac{1}{2}=\dfrac{a}{10}$, $2a=10$ $\therefore a=5$

따라서 $f(x)=\dfrac{5}{x}$이므로 $f(-5)=\dfrac{5}{-5}=-1$

02 $f(-1)=-1$이므로 $a+b=-1$ ‥‥‥ ㉠

$f(2)=-4$이므로 $-2a+b=-4$ ‥‥‥ ㉡

㉠, ㉡을 연립하여 풀면 $a=1$, $b=-2$

따라서 $f(x)=-x-2$이므로

$f(-5)=5-2=3$

03 $y=-2x+8$의 그래프를 y축의 방향으로 a만큼 평행이동하면

$y=-2x+8+a$

즉, $-2=b$, $8+a=-1$에서 $a=-9$, $b=-2$

$\therefore b-a=-2-(-9)=7$

04 $y=\frac{1}{2}x+3$에서 $y=0$일 때, $0=\frac{1}{2}x+3$ $\therefore x=-6$

즉, $y=\frac{1}{2}x+3$의 그래프의 x절편은 -6이므로 $y=ax-3$의 그래프의 x절편도 -6이다.

따라서 $y=ax-3$에 $x=-6$, $y=0$을 대입하면

$0=-6a-3$ $\therefore a=-\dfrac{1}{2}$

05 기울기는 $-\frac{2}{3}$, x절편은 -3, y절편은 -2이므로

$a=-\dfrac{2}{3}$, $b=-3$, $c=-2$

$\therefore abc=-\dfrac{2}{3}\times(-3)\times(-2)=-4$

06 $y=f(x)$의 그래프가 두 점 $(-1, 0)$, $(0, 2)$를 지나므로 이 그래프의 기울기는 $\dfrac{2-0}{0-(-1)}=2$

$y=g(x)$의 그래프가 두 점 $(0, 2)$, $(3, 0)$을 지나므로 이 그래프의 기울기는 $\dfrac{0-2}{3-0}=-\dfrac{2}{3}$

따라서 두 그래프의 기울기의 곱은 $2\times\left(-\dfrac{2}{3}\right)=-\dfrac{4}{3}$

07 두 점 $(-2, -2)$, $(m+1, 2m+1)$을 지나는 직선의 기울기와 두 점 $(-2, -2)$, $(2, 0)$을 지나는 직선의 기울기가 같으므로

$\dfrac{2m+1-(-2)}{m+1-(-2)}=\dfrac{0-(-2)}{2-(-2)}$, $\dfrac{2m+3}{m+3}=\dfrac{1}{2}$

$2(2m+3)=m+3$, $4m+6=m+3$ $\therefore m=-1$

Self 코칭

한 직선 위의 세 점 중 어느 두 점을 잡아도 그 두 점을 지나는 직선의 기울기는 항상 같다.

08 일차함수 $y=2x+4$의 그래프의 x절편은 -2, y절편은 4이므로 그 그래프는 오른쪽 그림과 같다.

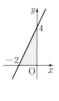

따라서 구하는 도형의 넓이는

$\dfrac{1}{2}\times2\times4=4$

실전! 중단원 마무리 ———— 58쪽~59쪽

01 ⑤	02 ③, ⑤	03 ⑤	04 ④
05 ①	06 ⑤	07 3	08 ④
09 ④	10 $-\dfrac{2}{5}$	11 ⑤	

서술형 문제 ————————————————

12 (1) $a=4$, $b=7$ (2) 11   13 8

---

01 $y=\left(1-\dfrac{40}{100}\right)x$, 즉 $y=\dfrac{3}{5}x$이므로

$$f(x)=\dfrac{3}{5}x$$

$$\therefore f(8000)=\dfrac{3}{5}\times 8000=4800$$

02 ① $xy=4$에서 $y=\dfrac{4}{x}$

④ $2x^2+y=5$에서 $y=-2x^2+5$

⑤ $y=2x^2-x(2x-3)=3x$

따라서 y가 x에 대한 일차함수인 것은 ③, ⑤이다.

03 ① $y=2(x+5)$이므로 $y=2x+10$

② $y=4x$

③ $y=x+7$

④ $y=5000-200x$

⑤ $y=\dfrac{15}{x}$

따라서 일차함수가 아닌 것은 ⑤이다.

04 $f(1)=-2+a=3$ $\therefore a=5$

따라서 $f(x)=-2x+5$이므로

$$f(-5)=-2\times(-5)+5=15$$

05 $y=5x-1$의 그래프가 점 $(2, b)$를 지나므로

$b=5\times 2-1=9$

따라서 $y=ax+3$의 그래프가 점 $(2, 9)$를 지나므로

$9=2a+3$ $\therefore a=3$

$\therefore a+b=3+9=12$

06 $y=-3x+5$의 그래프를 y축의 방향으로 -3만큼 평행이동

하면

$y=-3x+5-3$ $\therefore y=-3x+2$

$y=-3x+2$에 각각의 점의 좌표를 대입하면

① $-4\ne -3\times(-2)+2$

② $8\ne -3\times(-1)+2$

③ $-3\ne -3\times 0+2$

④ $1\ne -3\times 1+2$

⑤ $-4=-3\times 2+2$

07 $y=-\dfrac{3}{5}x+b$에 $x=5$, $y=0$을 대입하면

$0=-\dfrac{3}{5}\times 5+b$ $\therefore b=3$

따라서 $y=-\dfrac{3}{5}x+3$의 그래프의 y절편은 3이다.

08 두 그래프가 x축에서 만나려면 x절편이 같아야 한다.

$y=-\dfrac{1}{4}x+1$에서 $y=0$일 때, $0=-\dfrac{1}{4}x+1$, $x=4$이므로

이 그래프의 x절편은 4이고, 각 일차함수의 그래프의 x절편

을 구하면

① $y=-2x+4$에서 $y=0$일 때, $0=-2x+4$, $x=2$이므로

x절편은 2이다.

② $y=-x+\dfrac{1}{4}$에서 $y=0$일 때, $0=-x+\dfrac{1}{4}$, $x=\dfrac{1}{4}$이므로

x절편은 $\dfrac{1}{4}$이다.

③ $y=x+4$에서 $y=0$일 때, $0=x+4$, $x=-4$이므로 x절

편은 -4이다.

④ $y=2x-8$에서 $y=0$일 때, $0=2x-8$, $x=4$이므로 x절

편은 4이다.

⑤ $y=4x-4$에서 $y=0$일 때, $0=4x-4$, $x=1$이므로 x절

편은 1이다.

따라서 x절편이 같은 것은 ④이다.

09 $\dfrac{f(8)-f(3)}{8-3}=\dfrac{(y의\ 값의\ 증가량)}{(x의\ 값의\ 증가량)}$이므로

일차함수 $y=f(x)$의 그래프의 기울기이다.

$$\therefore \dfrac{f(8)-f(3)}{8-3}=\dfrac{5}{2}$$

10 $(기울기)=\dfrac{1-3}{4-(-1)}=-\dfrac{2}{5}$

11 ⑤ $y=4x+4$의 그래프의 x절편은 -1,

y절편은 4이므로 그 그래프는 오른쪽

그림과 같다.

따라서 그래프는 제4사분면을 지나지

않는다.

12 (1) $f(-1)=-5$에서

$-a-1=-5$ $\therefore a=4$ ···· ❶

따라서 $f(x)=4x-1$이므로

$f(2)=4\times 2-1=7$ $\therefore b=7$ ···· ❷

(2) $a=4$, $b=7$이므로 $g(x)=7x+4$ ···· ❸

$\therefore g(1)=7\times 1+4=11$ ···· ❹

채점 기준	배점
❶ a의 값 구하기	2점
❷ b의 값 구하기	2점
❸ $g(x)$의 식 구하기	1점
❹ $g(1)$의 값 구하기	1점

13 그래프가 두 점 $(-2, -1)$, $(3, 3)$을 지나므로

$(기울기)=\dfrac{3-(-1)}{3-(-2)}=\dfrac{4}{5}$ ···· ❶

따라서 $\dfrac{(y의\ 값의\ 증가량)}{7-(-3)}=\dfrac{4}{5}$이므로

$(y의\ 값의\ 증가량)=8$ ···· ❷

채점 기준	배점
❶ 기울기 구하기	3점
❷ y의 값의 증가량 구하기	3점

2 일차함수와 그 그래프 (2)

01 일차함수의 그래프의 성질

한번 더 개념 확인문제 ────────── 60쪽

01 (1) ㄱ, ㄷ, ㅂ (2) ㄴ, ㄹ, ㅁ (3) ㄱ, ㄷ, ㅂ
　　(4) ㄴ, ㄹ, ㅁ (5) ㄴ, ㄷ (6) ㄱ, ㄹ, ㅂ

02 (1) ○ (2) × (3) × (4) ○ (5) ×

03 (1) ㄱ과 ㅁ (2) ㄴ과 ㅂ

04 (1) -3 (2) $\dfrac{4}{3}$ (3) 3

05 (1) $a=5$, $b=4$ (2) $a=-\dfrac{5}{2}$, $b=-7$
　　(3) $a=6$, $b=-1$

---

02 (2) $y=-\dfrac{3}{5}x-7$에 $x=-5$, $y=-10$을 대입하면

$$-10 \neq -\dfrac{3}{5}\times(-5)-7$$

따라서 $y=-\dfrac{3}{5}x-7$의 그래프는 점 $(-5,\ -10)$을 지나지 않는다.

(3) 오른쪽 아래로 향하는 직선이다.

(5) 제2, 3, 4사분면을 지난다.

04 (3) 두 그래프가 서로 평행하면 기울기가 같으므로
$$3a=9 \qquad \therefore\ a=3$$

05 (2) 두 그래프가 일치하면 기울기가 같고 y절편도 같으므로
$$a=-\dfrac{5}{2},\ 7=-b \qquad \therefore\ a=-\dfrac{5}{2},\ b=-7$$

(3) 두 그래프가 일치하면 기울기가 같고 y절편도 같으므로
$$\dfrac{a}{3}=2,\ -1=b \qquad \therefore\ a=6,\ b=-1$$

한번더! 개념 **완성하기** ──────── 61쪽 ~ 62쪽

01 ①, ④　　**02** ④　　**03** ②　　**04** 제3사분면

05 $a>0$, $b<0$　**06** ③　　**07** ㄴ　　**08** ④

09 ③　　**10** $-\dfrac{3}{4}$　　**11** 5　　**12** 5

13 $a=6$, $b=6$

---

01 ⑤ $y=-\dfrac{1}{3}(2-x)=\dfrac{1}{3}x-\dfrac{2}{3}$

따라서 x의 값이 증가할 때, y의 값은 감소하는 직선은 기울기가 음수인 ①, ④이다.

02 ④ 기울기가 -4이므로 x의 값이 증가할 때, y의 값이 감소한다.

03 $a>b$, $ab<0$이므로 $a>0$, $b<0$
일차함수 $y=ax+b$의 그래프에서
(기울기)$=a>0$, (y절편)$=b<0$이므로
그 그래프는 오른쪽 그림과 같다.
따라서 그래프는 제2사분면을 지나지 않는다.

04 그래프가 오른쪽 위로 향하는 직선이므로 (기울기)$=a>0$
y축과 음의 부분에서 만나므로 (y절편)$=b<0$
일차함수 $y=bx+a$의 그래프에서
(기울기)$=b<0$, (y절편)$=a>0$이므로
그 그래프는 오른쪽 그림과 같다.
따라서 그래프는 제3사분면을 지나지 않는다.

05 그래프가 오른쪽 위로 향하는 직선이므로
(기울기)$=a>0$
y축과 양의 부분에서 만나므로
(y절편)$=-b>0$ 　$\therefore\ b<0$

06 그래프가 오른쪽 아래로 향하는 직선이므로
(기울기)$=a<0$
y축과 음의 부분에서 만나므로
(y절편)$=ab<0$ 　$\therefore\ b>0$

07 두 그래프가 만나지 않으려면 서로 평행해야 하므로
$y=-\dfrac{1}{3}x+4$의 그래프와 기울기는 같고 y절편은 다른 ㄴ이다.

08 $a+1=3-a$에서 $2a=2$ 　$\therefore\ a=1$

09 주어진 그래프가 두 점 $(-2,\ 0)$, $(2,\ 2)$를 지나므로
(기울기)$=\dfrac{2-0}{2-(-2)}=\dfrac{1}{2}$, ($y$절편)$>0$
따라서 주어진 그래프와 서로 평행한 것은 ③이다.

10 주어진 그래프가 두 점 $(-4,\ 0)$, $(0,\ -3)$을 지나므로
(기울기)$=\dfrac{-3-0}{0-(-4)}=-\dfrac{3}{4}$
이 그래프와 $y=ax-2$의 그래프가 서로 평행하므로
$$a=-\dfrac{3}{4}$$

11 주어진 그래프가 두 점 $(2,\ 0)$, $(0,\ 4)$를 지나므로
(기울기)$=\dfrac{4-0}{0-2}=-2$
이 그래프와 $y=-ax+6$의 그래프가 서로 평행하므로
$-a=-2$ 　$\therefore\ a=2$
따라서 $y=-2x+6$의 그래프의 x절편은 3이므로 $b=3$
$$\therefore\ a+b=2+3=5$$

12 $2a=4$ 　$\therefore\ a=2$
$5a-3=b$에서 $10-3=b$ 　$\therefore\ b=7$
$$\therefore\ b-a=7-2=5$$

13 $y=ax+2$의 그래프를 y축의 방향으로 4만큼 평행이동하면
$y=ax+2+4$ 　$\therefore\ y=ax+6$
이 그래프가 $y=6x+b$의 그래프와 일치하므로 $a=6$, $b=6$

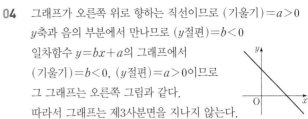

──63쪽

01 (1) $y=2x-6$　(2) $y=5x-4$　(3) $y=-5x+2$

　　(4) $y=-2x-1$

02 (1) $y=x-5$　(2) $y=-5x+10$　(3) $y=3x-1$

　　(4) $y=-\dfrac{3}{4}x+2$

03 (1) $y=-3x-2$　(2) $y=-2x+10$　(3) $y=x+3$

　　(4) $y=-\dfrac{5}{3}x-1$

04 (1) $y=3x+6$　(2) $y=x-3$

　　(3) $y=-\dfrac{1}{2}x+2$　(4) $y=-5x-5$

05 (1) $y=2x+3$　(2) $y=-\dfrac{2}{3}x-2$

06 (1) $y=30-\dfrac{1}{12}x$　(2) 15 L　(3) 300 km

---

01 (3) 기울기가 -5이고, y절편이 2이므로

　　$y=-5x+2$

　(4) (기울기)$=\dfrac{-4}{2}=-2$이고, y절편이 -1이므로

　　$y=-2x-1$

02 (1) $y=x+b$로 놓으면 이 그래프가 점 $(3, -2)$를 지나므로

　　$-2=3+b$　∴ $b=-5$

　　∴ $y=x-5$

　(2) $y=-5x+b$로 놓으면 이 그래프가 점 $(2, 0)$을 지나므로

　　$0=-10+b$　∴ $b=10$

　　∴ $y=-5x+10$

　(3) 기울기가 3이므로 $y=3x+b$로 놓으면 이 그래프가 점

　　$(-1, -4)$를 지난다. 즉,

　　$-4=-3+b$　∴ $b=-1$

　　∴ $y=3x-1$

　(4) (기울기)$=\dfrac{-3}{4}=-\dfrac{3}{4}$이므로 $y=-\dfrac{3}{4}x+b$로 놓으면 이

　　그래프가 점 $(-4, 5)$를 지난다. 즉,

　　$5=-\dfrac{3}{4}\times(-4)+b$　∴ $b=2$

　　∴ $y=-\dfrac{3}{4}x+2$

03 (1) (기울기)$=\dfrac{-5-4}{1-(-2)}=-3$

　　$y=-3x+b$로 놓으면 이 그래프가 점 $(-2, 4)$를 지나므로

　　$4=-3\times(-2)+b$　∴ $b=-2$

　　∴ $y=-3x-2$

　(2) (기울기)$=\dfrac{8-4}{1-3}=-2$

　　$y=-2x+b$로 놓으면 이 그래프가 점 $(3, 4)$를 지나므로

　　$4=-2\times3+b$　∴ $b=10$

　　∴ $y=-2x+10$

　(3) (기울기)$=\dfrac{6-1}{3-(-2)}=1$

　　$y=x+b$로 놓으면 이 그래프가 점 $(-2, 1)$을 지나므로

　　$1=-2+b$　∴ $b=3$　∴ $y=x+3$

　(4) (기울기)$=\dfrac{4-(-6)}{-3-3}=-\dfrac{5}{3}$

　　$y=-\dfrac{5}{3}x+b$로 놓으면 이 그래프가 점 $(3, -6)$을 지나므로

　　$-6=-\dfrac{5}{3}\times3+b$　∴ $b=-1$

　　∴ $y=-\dfrac{5}{3}x-1$

04 (1) 두 점 $(-2, 0)$, $(0, 6)$을 지나므로

　　(기울기)$=\dfrac{6-0}{0-(-2)}=3$, (y절편)$=6$

　　∴ $y=3x+6$

　(2) 두 점 $(3, 0)$, $(0, -3)$을 지나므로

　　(기울기)$=\dfrac{-3-0}{0-3}=1$, (y절편)$=-3$

　　∴ $y=x-3$

　(3) 두 점 $(4, 0)$, $(0, 2)$를 지나므로

　　(기울기)$=\dfrac{2-0}{0-4}=-\dfrac{1}{2}$, ($y$절편)$=2$

　　∴ $y=-\dfrac{1}{2}x+2$

　(4) 두 점 $(-1, 0)$, $(0, -5)$를 지나므로

　　(기울기)$=\dfrac{-5-0}{0-(-1)}=-5$, (y절편)$=-5$

　　∴ $y=-5x-5$

05 (1) 두 점 $(-3, -3)$, $(1, 5)$를 지나므로

　　(기울기)$=\dfrac{5-(-3)}{1-(-3)}=2$

　　$y=2x+b$로 놓으면 이 그래프가 점 $(1, 5)$를 지나므로

　　$5=2+b$　∴ $b=3$

　　∴ $y=2x+3$

　(2) 두 점 $(-3, 0)$, $(0, -2)$를 지나므로

　　(기울기)$=\dfrac{-2-0}{0-(-3)}=-\dfrac{2}{3}$, ($y$절편)$=-2$

　　∴ $y=-\dfrac{2}{3}x-2$

06 (1) 1 km를 달릴 때 $\dfrac{1}{12}$ L의 휘발유가 필요하므로 $y=30-\dfrac{1}{12}x$

　(2) $y=30-\dfrac{1}{12}x$에 $x=180$을 대입하면

　　$y=30-\dfrac{1}{12}\times180=15$

　　따라서 180 km를 달린 후에 남아 있는 휘발유의 양은 15 L

　　이다.

　(3) $y=30-\dfrac{1}{12}x$에 $y=5$를 대입하면

　　$5=30-\dfrac{1}{12}x$, $\dfrac{1}{12}x=25$　∴ $x=300$

　　따라서 남아 있는 휘발유의 양이 5 L일 때, 달린 거리는

　　300 km이다.

개념 완성하기
64쪽~65쪽

01 $y=2x+5$ **02** $(4, 0)$ **03** $y=5x+11$ **04** -8

05 0 **06** $y=3x-7$ **07** 6

08 $a=\dfrac{3}{2}$, $b=3$ **09** ③ **10** 12분 후

11 (1) $y=3x+20$ (2) $140\,℃$ **12** 105일 후

13 (1) $y=120-12x$ (2) $84\,cm^2$ **14** 6초 후

---

01 $(기울기)=\dfrac{(y의\ 값의\ 증가량)}{(x의\ 값의\ 증가량)}=\dfrac{4}{1-(-1)}=2$

$y=-3x+5$의 그래프와 y축 위에서 만나면 y절편이 같으므로 y절편은 5이다.

$\therefore y=2x+5$

02 두 점 $(-4, 0)$, $(0, 3)$을 지나는 직선과 평행하므로

$(기울기)=\dfrac{3-0}{0-(-4)}=\dfrac{3}{4}$

이때 y절편이 -3이므로 $y=\dfrac{3}{4}x-3$

$y=\dfrac{3}{4}x-3$에서 $y=0$일 때, $0=\dfrac{3}{4}x-3$ $\therefore x=4$

따라서 $y=\dfrac{3}{4}x-3$의 그래프가 x축과 만나는 점의 좌표는 $(4, 0)$이다.

03 기울기가 5이므로 $y=5x+b$로 놓으면 이 그래프가 점 $(-2, 1)$을 지난다. 즉,

$1=-10+b$ $\therefore b=11$ $\therefore y=5x+11$

04 두 점 $(0, -1)$, $(2, 0)$을 지나는 직선과 평행하므로

$(기울기)=\dfrac{0-(-1)}{2-0}=\dfrac{1}{2}$

$y=\dfrac{1}{2}x+b$로 놓으면 이 그래프가 점 $(-4, 2)$를 지나므로

$2=\dfrac{1}{2}\times(-4)+b$ $\therefore b=4$ $\therefore y=\dfrac{1}{2}x+4$

$y=\dfrac{1}{2}x+4$에서 $y=0$일 때, $0=\dfrac{1}{2}x+4$ $\therefore x=-8$

따라서 $y=\dfrac{1}{2}x+4$의 그래프의 x절편은 -8이다.

05 주어진 그래프가 두 점 $(-1, -3)$, $(3, 1)$을 지나므로

$(기울기)=\dfrac{1-(-3)}{3-(-1)}=1$

$y=x+b$로 놓으면 이 그래프가 점 $(3, 1)$을 지나므로

$1=3+b$ $\therefore b=-2$ $\therefore y=x-2$

따라서 $y=x-2$의 그래프가 점 $(k, -2)$를 지나므로

$-2=k-2$ $\therefore k=0$

06 $(기울기)=\dfrac{3-(-3)}{4-2}=3$

$y=3x+b$로 놓으면 이 그래프가 점 $(2, -3)$을 지나므로

$-3=3\times2+b$ $\therefore b=-9$ $\therefore y=3x-9$

따라서 $y=3x-9$의 그래프를 y축의 방향으로 2만큼 평행이동하면 $y=3x-9+2$, 즉 $y=3x-7$

07 주어진 그래프가 두 점 $(3, 0)$, $(0, 4)$를 지나므로

$(기울기)=\dfrac{4-0}{0-3}=-\dfrac{4}{3}$, $(y절편)=4$

$\therefore y=-\dfrac{4}{3}x+4$

따라서 $y=-\dfrac{4}{3}x+4$의 그래프가 점 $(k, -4)$를 지나므로

$-4=-\dfrac{4}{3}k+4$, $\dfrac{4}{3}k=8$ $\therefore k=6$

08 $y=-2x+3$에서 $x=0$일 때, $y=3$이므로 y절편은 3

$y=4x+8$에서 $y=0$일 때, $0=4x+8$, $x=-2$이므로 x절편은 -2

따라서 $y=ax+b$의 그래프의 x절편은 -2, y절편은 3이므로

$(기울기)=\dfrac{3-0}{0-(-2)}=\dfrac{3}{2}$ $\therefore y=\dfrac{3}{2}x+3$

$\therefore a=\dfrac{3}{2}$, $b=3$

09 1분마다 $\dfrac{2}{5}\,cm$씩 짧아지므로

$y=30-\dfrac{2}{5}x$, 즉 $y=-\dfrac{2}{5}x+30$

10 형석이가 출발한 지 x분 후에 결승점까지 남은 거리를 $y\,m$라 하면 $y=3000-180x$

$y=3000-180x$에 $y=840$을 대입하면

$840=3000-180x$, $180x=2160$ $\therefore x=12$

따라서 출발한 지 12분 후에 결승점까지 840 m 남은 지점을 통과한다.

11 (1) 주어진 그래프가 두 점 $(0, 20)$, $(15, 65)$를 지나므로

$(기울기)=\dfrac{65-20}{15-0}=3$, $(y절편)=20$

$\therefore y=3x+20$

(2) $y=3x+20$에 $x=40$을 대입하면

$y=3\times40+20=140$

따라서 지표면으로부터의 깊이가 40 km인 지점의 온도는 $140\,℃$이다.

12 주어진 그래프가 두 점 $(180, 0)$, $(0, 120)$을 지나므로

$(기울기)=\dfrac{120-0}{0-180}=-\dfrac{2}{3}$, $(y절편)=120$

$\therefore y=-\dfrac{2}{3}x+120$

$y=-\dfrac{2}{3}x+120$에 $y=50$을 대입하면

$50=-\dfrac{2}{3}x+120$, $\dfrac{2}{3}x=70$ $\therefore x=105$

따라서 남아 있는 방향제가 50 mL가 되는 것은 개봉하고 105일 후이다.

13 (1) 점 P가 점 B를 출발한 지 x초 후에 $\overline{BP}=3x$ cm이므로

$\overline{PC}=(15-3x)$ cm

$\therefore y=\dfrac{1}{2}\times\{15+(15-3x)\}\times8=120-12x$

(2) $y=120-12x$에 $x=3$을 대입하면

$\qquad y=120-12\times 3=84$

따라서 점 P가 점 B를 출발한 지 3초 후의 사다리꼴

APCD의 넓이는 $84\ \text{cm}^2$이다.

14 점 P가 점 B를 출발한 지 x초 후의 △APC의 넓이를 $y\ \text{cm}^2$라 하면

$\overline{\text{BP}}=5x\ \text{cm}$이므로 $\overline{\text{PC}}=(40-5x)\ \text{cm}$

$\therefore y=\dfrac{1}{2}\times(40-5x)\times 30=600-75x$

$y=600-75x$에 $y=150$을 대입하면

$150=600-75x$, $75x=450$ $\therefore x=6$

따라서 △APC의 넓이가 $150\ \text{cm}^2$가 되는 것은 점 P가 점 B를 출발한 지 6초 후이다.

실력 확인하기 ────────| 66쪽 |

01 $a<0$, $b>0$ **02** ③ **03** 2 **04** 3
05 ⑤ **06** ④ **07** 1시간 24분 후

01 주어진 그래프가 오른쪽 아래로 향하는 직선이므로

(기울기)$=ab<0$

y축과 음의 부분에서 만나므로 (y절편)$=a<0$

$\therefore a<0$, $b>0$

02 $y=3x+m$의 그래프를 y축의 방향으로 2만큼 평행이동하면

$y=3x+m+2$

이 그래프가 두 점 $(n,\ -2)$, $(1,\ 4)$를 지나는 일차함수의 그래프와 일치하므로

(기울기)$=3=\dfrac{4-(-2)}{1-n}$에서

$1-n=2$ $\therefore n=-1$

또, $y=3x+m+2$의 그래프가 점 $(1,\ 4)$를 지나므로

$4=3+m+2$ $\therefore m=-1$

$\therefore mn=-1\times(-1)=1$

03 두 점 $(0,\ -2)$, $(3,\ 0)$을 지나는 직선과 평행하므로

(기울기)$=\dfrac{0-(-2)}{3-0}=\dfrac{2}{3}$

이때 y절편이 3이므로 $y=\dfrac{2}{3}x+3$

따라서 $a=\dfrac{2}{3}$, $b=3$이므로

$ab=\dfrac{2}{3}\times 3=2$

04 $y=2x+b$로 놓으면 이 그래프가 점 $(-1,\ -3)$을 지나므로

$-3=-2+b$ $\therefore b=-1$

$\therefore y=2x-1$

이 그래프가 점 $(a,\ 8-a)$를 지나므로

$8-a=2a-1$, $3a=9$ $\therefore a=3$

05 (기울기)$=\dfrac{9-3}{2-(-1)}=2$

$y=2x+b$로 놓으면 이 그래프가 점 $(-1,\ 3)$을 지나므로

$3=-2+b$ $\therefore b=5$ $\therefore y=2x+5$

따라서 $y=2x+5$의 그래프의 y절편은 5이므로 y축과 만나는 점의 좌표는 $(0,\ 5)$이다.

06 추의 무게가 $1\ \text{g}$ 늘어날 때마다 용수철의 길이는 $2\ \text{cm}$씩 늘어나므로 $y=2x+20$

$y=2x+20$에 $x=16$을 대입하면 $y=2\times 16+20=52$

따라서 무게가 $16\ \text{g}$인 추를 매달았을 때의 용수철의 길이는 $52\ \text{cm}$이다.

07 출발한 지 x시간 후에 할머니 댁까지 남은 거리를 $y\ \text{km}$라 하면 $y=200-100x$

$y=200-100x$에 $y=60$을 대입하면

$60=200-100x$, $100x=140$ $\therefore x=\dfrac{7}{5}$

따라서 할머니 댁까지 남은 거리가 $60\ \text{km}$가 되는 것은 출발한 지 $\dfrac{7}{5}$시간, 즉 1시간 24분 후이다.

실전! 중단원 마무리 ────────| 67쪽 ~ 68쪽 |

01 ④ **02** ③ **03** ④ **04** ③
05 3 **06** 5 **07** ② **08** ④
09 7분 후 **10** ⑤

서술형 문제 ─────────────────

11 8 **12** (1) $y=70-2x$ (2) $50\ \text{m}$

01 ④ $y=\dfrac{2}{3}x-4$의 그래프는 오른쪽 그림과 같으므로 제2사분면을 지나지 않는다.

02 $y=ax+b$의 그래프가 제1, 2, 4사분면을 지나므로 그래프는 오른쪽 그림과 같다.

그래프가 오른쪽 아래로 향하는 직선이므로 $a<0$, y축과 양의 부분에서 만나므로 $b>0$

03 두 그래프가 서로 평행하려면 기울기가 같고, y절편이 달라야 하므로 $-2a=2$, $3\neq -b$ $\therefore a=-1$, $b\neq -3$

04 $y=ax-1$의 그래프와 $y=-3x+1$의 그래프가 서로 평행하므로 $a=-3$

즉, $y=-3x-1$의 그래프가 점 $(b,\ 5)$를 지나므로

$5=-3b-1$, $3b=-6$ $\therefore b=-2$

$\therefore a-b=-3-(-2)=-1$

05 기울기가 -4이고 y절편이 10이므로 $y=-4x+10$

이 그래프가 점 $(a,\ -2)$를 지나므로

$-2=-4a+10$, $4a=12$ $\therefore a=3$

06 $(기울기)=\dfrac{-2}{3}=-\dfrac{2}{3}$

$y=-\dfrac{2}{3}x+b$로 놓으면 이 그래프가 점 $(-3, 7)$을 지나므로

$7=-\dfrac{2}{3}\times(-3)+b$ ∴ $b=5$ ∴ $y=-\dfrac{2}{3}x+5$

따라서 $y=-\dfrac{2}{3}x+5$의 그래프의 y절편은 5이다.

07 주어진 그래프가 두 점 $(1, 3)$, $(0, 6)$을 지나므로

$(기울기)=\dfrac{6-3}{0-1}=-3$, $(y절편)=6$ ∴ $y=-3x+6$

$y=-3x+6$에서 $y=0$일 때, $0=-3x+6$ ∴ $x=2$

따라서 x절편은 2이다.

08 두 점 $(-3, 0)$, $(0, 1)$을 지나므로

$(기울기)=\dfrac{1-0}{0-(-3)}=\dfrac{1}{3}$ ∴ $y=\dfrac{1}{3}x+1$

이 그래프가 점 $(6, k)$를 지나므로 $k=\dfrac{1}{3}\times6+1=3$

09 1분에 4 L씩 물을 넣으므로 물을 넣기 시작한 지 x분 후에 물탱크에 들어 있는 물의 양을 y L라 하면 $y=30+4x$

$y=30+4x$에 $y=58$을 대입하면

$58=30+4x$, $4x=28$ ∴ $x=7$

따라서 물탱크에 들어 있는 물의 양이 58 L가 되는 것은 물을 넣기 시작한 지 7분 후이다.

10 주어진 그래프가 두 점 $(60, 0)$, $(0, 90)$을 지나므로

$(기울기)=\dfrac{90-0}{0-60}=-\dfrac{3}{2}$, $(y절편)=90$

∴ $y=-\dfrac{3}{2}x+90$

$y=-\dfrac{3}{2}x+90$에 $x=40$을 대입하면 $y=-\dfrac{3}{2}\times40+90=30$

따라서 물을 냉각기에 넣은 지 40분 후의 물의 온도는 30 ℃이다.

11 $y=ax+b$의 그래프는 $y=-2x+3$의 그래프와 평행하므로

$a=-2$ ……❶

$y=-\dfrac{4}{5}x+4$에서 $y=0$일 때, $0=-\dfrac{4}{5}x+4$, $x=5$이므로

x절편은 5

즉, $y=-2x+b$의 그래프의 x절편도 5이므로

$y=-2x+b$에 $x=5$, $y=0$을 대입하면

$0=-2\times5+b$ ∴ $b=10$ ……❷

∴ $a+b=-2+10=8$ ……❸

채점 기준	배점
❶ a의 값 구하기	2점
❷ b의 값 구하기	3점
❸ $a+b$의 값 구하기	1점

12 (1) 1초에 2 m씩 내려오므로 $y=70-2x$ ……❶

(2) $y=70-2x$에 $x=10$을 대입하면 $y=70-2\times10=50$

따라서 엘리베이터가 출발한 지 10초 후의 지상으로부터 엘리베이터의 높이는 50 m이다. ……❷

채점 기준	배점
❶ x와 y 사이의 관계를 식으로 나타내기	3점
❷ 출발한 지 10초 후의 지상으로부터 엘리베이터의 높이 구하기	3점

01 일차함수와 일차방정식의 관계

한번 더 개념 확인문제 ────────── 69쪽

01 (1) $y=x-3$ / 1, -3

(2) $y=\dfrac{1}{2}x+2$ / $\dfrac{1}{2}$, 2

(3) $y=\dfrac{3}{8}x+\dfrac{3}{2}$ / $\dfrac{3}{8}$, $\dfrac{3}{2}$

(4) $y=-\dfrac{2}{3}x+\dfrac{5}{3}$ / $-\dfrac{2}{3}$, $\dfrac{5}{3}$

(5) $y=-2x-\dfrac{2}{3}$ / -2, $-\dfrac{2}{3}$

02 풀이 참조   **03** 풀이 참조

04 (1) $y=6$ (2) $x=-3$ (3) $x=1$ (4) $y=-3$

(5) $x=2$ (6) $y=3$

05 (1) $x=3$, $y=2$ (2) $x=1$, $y=-2$

06 그래프는 풀이 참조

(1) 해가 없다.   (2) 해가 무수히 많다.

02 (1) $x+y-3=0$에서

$y=-x+3$

(2) $-3x+4y+4=0$에서

$4y=3x-4$

∴ $y=\dfrac{3}{4}x-1$

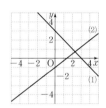

03 (3) $2x-8=0$에서

$2x=8$ ∴ $x=4$

(4) $3y+6=0$에서

$3y=-6$ ∴ $y=-2$

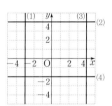

05 (1) $x+y=5$, $2x-y=4$의 그래프의 교점의 좌표는 $(3, 2)$이므로 연립방정식의 해는 $x=3$, $y=2$

(2) $2x-y=4$, $x-2y=5$의 그래프의 교점의 좌표는 $(1, -2)$이므로 연립방정식의 해는 $x=1$, $y=-2$

06 $x-y=3$에서 $y=x-3$,

$x-y=-2$에서 $y=x+2$,

$2x+y=2$에서 $y=-2x+2$,

$4x+2y=4$에서 $y=-2x+2$이므로

그래프는 오른쪽 그림과 같다.

(1) $x-y=3$, $x-y=-2$의 그래프가 서로 평행하므로 연립방정식의 해가 없다.

(2) $2x+y=2$, $4x+2y=4$의 그래프가 일치하므로 연립방정식의 해가 무수히 많다.

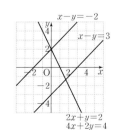

01 ②	**02** ②	**03** $a=-6$, $b=\dfrac{1}{2}$
04 ⑤	**05** ④	**06** ③ **07** $-\dfrac{5}{4}$
08 6	**09** $x=3$	**10** $\dfrac{4}{5}$ **11** ①, ⑤
12 ⑤	**13** ②	**14** ③ **15** -2
16 4	**17** -4	**18** $-\dfrac{1}{2}$ **19** 2
20 $\dfrac{5}{2}$	**21** 20	

01 $x-3y-3=0$에서 $3y=x-3$ $\quad\therefore y=\dfrac{1}{3}x-1$

따라서 x절편이 3, y절편이 -1인 직선이므로 ②와 같다.

02 $2x-y-3=0$에서 $y=2x-3$

따라서 그래프는 오른쪽 그림과 같으므로 제2사분면을 지나지 않는다.

03 $ax+2y+1=0$에서 $2y=-ax-1$ $\quad\therefore y=-\dfrac{a}{2}x-\dfrac{1}{2}$

따라서 $-\dfrac{a}{2}=3$, $-\dfrac{1}{2}=-b$이므로

$a=-6$, $b=\dfrac{1}{2}$

04 $2x+3y-6=0$에서 $3y=-2x+6$

즉, $y=-\dfrac{2}{3}x+2$이므로 그래프는 오른쪽 그림과 같다.

⑤ 제3사분면을 지나지 않는다.

05 ④ $2x-y+2=0$에 $x=2$, $y=4$를 대입하면
$2\times2-4+2\neq0$

06 $3x+4y-1=0$에 $x=2k$, $y=-k$를 대입하면
$6k-4k-1=0$, $2k=1$ $\quad\therefore k=\dfrac{1}{2}$

07 $ax-2y-3=0$의 그래프가 점 $(-2, 1)$을 지나므로
$-2a-2-3=0$, $-2a=5$ $\quad\therefore a=-\dfrac{5}{2}$

즉, $-\dfrac{5}{2}x-2y-3=0$에서 $2y=-\dfrac{5}{2}x-3$

$\quad\therefore y=-\dfrac{5}{4}x-\dfrac{3}{2}$

따라서 그래프의 기울기는 $-\dfrac{5}{4}$이다.

08 $ax+by=12$의 그래프가 점 $(6, 0)$을 지나므로
$6a=12$ $\quad\therefore a=2$

$2x+by=12$의 그래프가 점 $(0, 4)$를 지나므로
$4b=12$ $\quad\therefore b=3$

$\quad\therefore ab=2\times3=6$

09 $3x+y-5=0$에 $x=k$, $y=-4$를 대입하면
$3k-4-5=0$, $3k=9$ $\quad\therefore k=3$

따라서 점 $(3, -4)$를 지나고, x축에 수직인 직선의 방정식은 $x=3$

10 점 $(5, -3)$을 지나고, y축에 평행한 직선의 방정식은 $x=5$

따라서 $ax+by=4$에서 $b=0$

$ax=4$에서 $x=\dfrac{4}{a}$이므로 $\dfrac{4}{a}=5$ $\quad\therefore a=\dfrac{4}{5}$

$\quad\therefore a+b=\dfrac{4}{5}+0=\dfrac{4}{5}$

11 $4y=-8$에서 $y=-2$

① y축에 수직인 직선이다.

⑤ 오른쪽 그림과 같이 제3사분면과 제4사분면을 지난다.

12 x축에 평행한 직선 위의 두 점은 y좌표가 같으므로
$a-1=-2a+5$, $3a=6$ $\quad\therefore a=2$

13 y축에 평행한 직선 위의 두 점은 x좌표가 같으므로
$2a-3=5$, $2a=8$ $\quad\therefore a=4$

14 연립방정식 $\begin{cases} 2x-y=-1 \\ -3x+2y=-3 \end{cases}$ 을 풀면 $x=-5$, $y=-9$

따라서 $a=-5$, $b=-9$이므로
$a-b=-5-(-9)=4$

15 연립방정식 $\begin{cases} 3x+y+10=0 \\ x-2y+8=0 \end{cases}$ 을 풀면 $x=-4$, $y=2$

즉, 두 그래프의 교점의 좌표가 $(-4, 2)$이므로
$a=-4$, $b=2$

$\quad\therefore a+b=-4+2=-2$

16 $ax-y-4=0$에 $x=-2$, $y=4$를 대입하면
$-2a-4-4=0$, $-2a=8$ $\quad\therefore a=-4$

$2x-y+b=0$에 $x=-2$, $y=4$를 대입하면
$2\times(-2)-4+b=0$ $\quad\therefore b=8$

$\quad\therefore a+b=-4+8=4$

17 $x-y=-6$에 $x=-4$, $y=b$를 대입하면
$-4-b=-6$ $\quad\therefore b=2$

$2x+y=a$에 $x=-4$, $y=2$를 대입하면
$2\times(-4)+2=a$ $\quad\therefore a=-6$

$\quad\therefore a+b=-6+2=-4$

18 연립방정식 $\begin{cases} x-2y-4=0 \\ 3x-y+3=0 \end{cases}$ 을 풀면 $x=-2$, $y=-3$이므로
두 직선의 교점의 좌표는 $(-2, -3)$이다.

즉, 두 점 $(-2, -3)$, $(0, 1)$을 지나므로

$(기울기)=\dfrac{1-(-3)}{0-(-2)}=2$

따라서 직선 $y=2x+1$에서 $y=0$일 때, $0=2x+1$,

$x=-\dfrac{1}{2}$이므로 x절편은 $-\dfrac{1}{2}$이다.

19 연립방정식 $\begin{cases} 3x+y+4=0 \\ x-2y+6=0 \end{cases}$ 을 풀면 $x=-2$, $y=2$이므로

두 직선의 교점의 좌표는 $(-2, 2)$이다.

따라서 점 $(-2, 2)$를 지나고 x축에 평행한 직선의 방정식은 $y=2$이고, 이 직선이 점 $(5, a)$를 지나므로 $a=2$

20 $\begin{cases} ax-y=5 \\ 5x-2y=3 \end{cases}$ 에서 $\begin{cases} y=ax-5 \\ y=\dfrac{5}{2}x-\dfrac{3}{2} \end{cases}$

두 그래프가 서로 평행해야 하므로

$a=\dfrac{5}{2}$

다른풀이

해가 없으려면

$\dfrac{a}{5}=\dfrac{-1}{-2}\neq\dfrac{5}{3}$　　$\therefore a=\dfrac{5}{2}$

21 $\begin{cases} 2ax-2y=5 \\ 8x+2y=b \end{cases}$ 에서 $\begin{cases} y=ax-\dfrac{5}{2} \\ y=-4x+\dfrac{b}{2} \end{cases}$

두 그래프가 일치해야 하므로

$a=-4$, $-\dfrac{5}{2}=\dfrac{b}{2}$　　$\therefore a=-4$, $b=-5$

$\therefore ab=-4\times(-5)=20$

다른풀이

해가 무수히 많으려면

$\dfrac{2a}{8}=\dfrac{-2}{2}=\dfrac{5}{b}$　　$\therefore a=-4$, $b=-5$

$\therefore ab=-4\times(-5)=20$

한번 더!
실력 확인하기 ————————————73쪽

| 01 10 | 02 ⑤ | 03 28 | 04 2 |
| 05 ④ | 06 ② | 07 ④ | |

01 $x-2y-6=0$에서 $2y=x-6$, 즉 $y=\dfrac{1}{2}x-3$의 그래프를

y축의 방향으로 -5만큼 평행이동하면 $y=\dfrac{1}{2}x-8$

따라서 $\dfrac{a}{4}=\dfrac{1}{2}$에서 $a=2$이고, $b=-8$

$\therefore a-b=2-(-8)=10$

02 $ax-by-6=0$에서 $by=ax-6$　　$\therefore y=\dfrac{a}{b}x-\dfrac{6}{b}$

y절편이 $-\dfrac{3}{2}$이므로 $-\dfrac{6}{b}=-\dfrac{3}{2}$　　$\therefore b=4$

기울기가 $\dfrac{5}{4}$이므로 $\dfrac{a}{b}=\dfrac{5}{4}$에서 $\dfrac{a}{4}=\dfrac{5}{4}$　　$\therefore a=5$

$\therefore a+b=5+4=9$

03 네 직선 $y=-2$, $y=-6$, $x=2$,

$x=-5$로 둘러싸인 도형은 오른쪽 그림과 같으므로 구하는 넓이는

$7\times4=28$

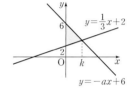

04 두 그래프의 교점의 좌표가 $(2, 1)$이므로 연립방정식의 해는

$x=2$, $y=1$

두 일차방정식에 $x=2$, $y=1$을 각각 대입하면

$2a+b=4$, $8a-3b=2$

두 식을 연립하여 풀면 $a=1$, $b=2$

$\therefore ab=1\times2=2$

05 두 직선의 교점의 좌표를 $(0, m)$이라 하고

$3x+y=6$에 $x=0$, $y=m$을 대입하면

$0+m=6$　　$\therefore m=6$

$x+ay=2$에 $x=0$, $y=6$을 대입하면

$0+6a=2$, $6a=2$　　$\therefore a=\dfrac{1}{3}$

06 두 직선의 교점의 x좌표를 k라

하면 삼각형의 넓이가 6이므로

$\dfrac{1}{2}\times4\times k=6$　　$\therefore k=3$

$y=\dfrac{1}{3}x+2$에 $x=3$을 대입하면

$y=\dfrac{1}{3}\times3+2=3$

따라서 직선 $y=-ax+6$이 점 $(3, 3)$을 지나므로

$3=-3a+6$, $3a=3$　　$\therefore a=1$

07 $\begin{cases} ax+2y=-1 \\ 2x+by=2 \end{cases}$ 에서 $\begin{cases} y=-\dfrac{a}{2}x-\dfrac{1}{2} \\ y=-\dfrac{2}{b}x+\dfrac{2}{b} \end{cases}$

연립방정식의 해가 무수히 많으려면 두 그래프가 일치해야 하므로

$-\dfrac{a}{2}=-\dfrac{2}{b}$, $-\dfrac{1}{2}=\dfrac{2}{b}$　　$\therefore a=-1$, $b=-4$

$\begin{cases} ax-y+b=0 \\ 2x+ky=3 \end{cases}$ 에서 $\begin{cases} y=-x-4 \\ y=-\dfrac{2}{k}x+\dfrac{3}{k} \end{cases}$

두 그래프의 교점이 없으려면 두 그래프가 서로 평행해야 하므로

$-1=-\dfrac{2}{k}$, $-4\neq\dfrac{3}{k}$　　$\therefore k=2$

다른풀이

$\begin{cases} ax+2y=-1 \\ 2x+by=2 \end{cases}$ 의 해가 무수히 많으려면

$\dfrac{a}{2}=\dfrac{2}{b}=\dfrac{-1}{2}$　　$\therefore a=-1$, $b=-4$

$\begin{cases} ax-y+b=0 \\ 2x+ky=3 \end{cases}$ 에서 $\begin{cases} -x-y-4=0 \\ 2x+ky-3=0 \end{cases}$

두 그래프의 교점이 없으려면

$\dfrac{-1}{2}=\dfrac{-1}{k}\neq\dfrac{-4}{-3}$　　$\therefore k=2$

01 ③	02 ④	03 ③	04 -3
05 ⑤	06 ③	07 ①	08 ⑤
09 ②	10 ③		

서술형 문제

11 2 12 17

01 $x-2y-4=0$에서 $2y=x-4$

$\therefore y=\dfrac{1}{2}x-2$

02 $3x+2y+4=0$에서 $2y=-3x-4$ $\therefore y=-\dfrac{3}{2}x-2$

④ 그래프의 기울기가 $-\dfrac{3}{2}$이므로 x의 값이 3만큼 증가할

때, y의 값은 $\dfrac{9}{2}$만큼 감소한다.

03 $5x+2y=-1$에 $x=a$, $y=a-4$를 대입하면

$5a+2(a-4)=-1$, $7a=7$ $\therefore a=1$

04 $ax-(3-5b)y+2=0$에서 $(3-5b)y=ax+2$

$\therefore y=\dfrac{a}{3-5b}x+\dfrac{2}{3-5b}$

y절편이 -1이므로

$\dfrac{2}{3-5b}=-1$, $3-5b=-2$, $-5b=-5$ $\therefore b=1$

기울기가 2이므로

$\dfrac{a}{3-5b}=2$에서 $\dfrac{a}{3-5}=2$ $\therefore a=-4$

$\therefore a+b=-4+1=-3$

05 ① $y=-1$ ② $x=3$ ③ $x=3$ ④ $y=1$ ⑤ $x=-1$

06 y축에 평행한 직선 위의 두 점은 x좌표가 같으므로

$2a-1=4a-5$, $2a=4$ $\therefore a=2$

따라서 두 점 $(3, -1)$, $(3, 4)$를 지나는 직선의 방정식은

$x=3$

07 $x-ay+b=0$에서 $ay=x+b$ $\therefore y=\dfrac{1}{a}x+\dfrac{b}{a}$

주어진 그래프에서 (기울기)$=\dfrac{1}{a}<0$, (y절편)$=\dfrac{b}{a}>0$

$\therefore a<0$, $b<0$

08 두 그래프의 교점의 y좌표가 1이므로

$2x+y=5$에 $y=1$을 대입하면

$2x+1=5$, $2x=4$ $\therefore x=2$

즉, 두 그래프의 교점의 좌표가 $(2, 1)$이므로

$ax-4y=2$에 $x=2$, $y=1$을 대입하면

$2a-4=2$, $2a=6$ $\therefore a=3$

09 연립방정식 $\begin{cases} 3x+y=-1 \\ 2x-y=6 \end{cases}$을 풀면 $x=1$, $y=-4$이므로

두 그래프의 교점의 좌표는 $(1, -4)$이다.

즉, 두 점 $(1, -4)$, $(0, -2)$를 지나므로

(기울기)$=\dfrac{-2-(-4)}{0-1}=-2$

따라서 구하는 직선의 방정식은 $y=-2x-2$

10 ① 두 점 $(0, 0)$, $(40, 5)$를 지나므로

$y=\dfrac{1}{8}x$ $\therefore x-8y=0$

② 두 점 $(10, 0)$, $(35, 5)$를 지나므로

$y=\dfrac{1}{5}x-2$ $\therefore x-5y-10=0$

③ 연립방정식 $\begin{cases} x-8y=0 \\ x-5y-10=0 \end{cases}$을 풀면 $x=\dfrac{80}{3}$, $y=\dfrac{10}{3}$

따라서 두 직선의 교점의 좌표는 $\left(\dfrac{80}{3}, \dfrac{10}{3}\right)$이다.

④ $x-5y-10=0$에 $x=20$을 대입하면

$20-5y-10=0$, $-5y=-10$ $\therefore y=2$

⑤ 교점의 y좌표가 $\dfrac{10}{3}$이므로 학교로부터 $\dfrac{10}{3}$ km 떨어진

지점에서 지유와 유찬이가 만난다.

따라서 옳지 않은 것은 ③이다.

11 두 그래프의 교점의 x좌표가 -2이므로

$x-y+4=0$에 $x=-2$를 대입하면

$-2-y+4=0$ $\therefore y=2$

따라서 두 그래프의 교점의 좌표는 $(-2, 2)$이다. ‥‥‥ ❶

$ax-y+6=0$에 $x=-2$, $y=2$를 대입하면

$-2a-2+6=0$, $-2a=-4$

$\therefore a=2$ ‥‥‥ ❷

채점 기준	배점
❶ 두 그래프의 교점의 좌표 구하기	3점
❷ a의 값 구하기	2점

12 $\begin{cases} ax+3y=1 \\ 6x+by=6 \end{cases}$에서 $\begin{cases} y=-\dfrac{a}{3}x+\dfrac{1}{3} \\ y=-\dfrac{6}{b}x+\dfrac{6}{b} \end{cases}$

연립방정식의 해가 무수히 많으려면 두 그래프가 일치해야

하므로

$-\dfrac{a}{3}=-\dfrac{6}{b}$, $\dfrac{1}{3}=\dfrac{6}{b}$ $\therefore a=1$, $b=18$ ‥‥‥ ❶

$\begin{cases} x-5y-1=0 \\ cx+10y-3=0 \end{cases}$에서 $\begin{cases} y=\dfrac{1}{5}x-\dfrac{1}{5} \\ y=-\dfrac{c}{10}x+\dfrac{3}{10} \end{cases}$

연립방정식의 해가 없으려면 두 그래프가 서로 평행해야 하

므로

$\dfrac{1}{5}=-\dfrac{c}{10}$ $\therefore c=-2$ ‥‥‥ ❷

$\therefore a+b+c=1+18+(-2)=17$ ‥‥‥ ❸

채점 기준	배점
❶ 해가 무수히 많을 조건을 이용하여 a, b의 값 각각 구하기	3점
❷ 해가 없을 조건을 이용하여 c의 값 구하기	2점
❸ $a+b+c$의 값 구하기	1점

01 2.54, 1.3̇8̇, 4.151151151···

02 정희, 기철, 이유는 풀이 참조   **03** 5

04 풀이 참조   **05** 3   **06** 0.7̇

07 2개   **08** $\dfrac{1}{3}$ **09** 2^{30} B

10 3^5 배   **11** 150초   **12** 28

13 B 제품 : 7200원, C 제품 : 8100원

14 (1) $A=x-4y$, $B=3x-y$ (2) $4x-5y$

15 $2a+b$ **16** 풀이 참조

17 (1) $x\leq5.5$ (2) $x\geq50$ (3) $x\geq30$ (4) $x\leq2.2$

18 풀이 참조   **19** 4 cm   **20** 1 km

21 풀이 참조   **22** 7명   **23** 2.75 km

24 (1) (ㄱ) : $-3y$, B : $2x-3y=7$ (2) $x=5$, $y=1$

25 11   **26** 1유로 : 1466원, 1달러 : 1370원

27 꿩 : 23마리, 토끼 : 12마리

28 당나귀의 짐 : 5자루, 노새의 짐 : 7자루

29 ∠A=75°, ∠C=55°   **30** 12시간

31 긴 변 : 8 cm, 짧은 변 : 5 cm

32 (1) $f(x)=4x$ (2) 80

33 (1) $y=\dfrac{1}{50}x+10$ (2) 일차함수이다.

34 -5 **35** -8 **36** 1

37 $-\dfrac{1}{2}$ **38** 열차 B   **39** 9 m

40 (1) $y=-\dfrac{3}{2}x+\dfrac{13}{2}$ (2) $y=-\dfrac{3}{2}x+\dfrac{21}{2}$

41 12분

42 (1) $y=-\dfrac{1}{300}x+100$ (2) 95 °C   (3) 3000 m

43 5초 후   **44** $b\leq1$ **45** $2x-y+6=0$

46 $m=3$, $n=-2$

47 $(1, 8)$, $(2, 4)$, $(4, 2)$, $(8, 1)$

48 $a\neq b$ **49** $\left(-\dfrac{1}{25}, -\dfrac{23}{5}\right)$

50 $a=-6$, $b=12$ **51** 15분 후

---

01 3.521522523···, 3.141592···는 순환소수가 아닌 무한소수 이므로 유리수가 아니다.
따라서 유리수인 것은 2.54, 1.3̇8̇, 4.151151151···이다.

02 $\dfrac{7}{40}=\dfrac{7}{2^3\times5}$이므로 $\dfrac{7}{40}$은 유한소수로 나타낼 수 있다.
$\dfrac{33}{240}=\dfrac{11}{80}=\dfrac{11}{2^4\times5}$이므로 $\dfrac{33}{240}$은 유한소수로 나타낼 수 있다.
분자가 보이지 않는 두 개의 분수를 기약분수로 나타낸 후 그 분모를 소인수분해 했을 때, 분모의 소인수가 2 또는 5뿐 인 분수가 될 수도 있으므로 유한소수로 나타낼 수 있는지

없는지 알 수 없다.
따라서 주어진 분수에 대하여 잘못 말한 사람은 정희, 기철 이다.

03 조건 (내)에서 분수 $\dfrac{n}{22}$은 정수가 아니므로 n은 22의 배수가 아 니어야 한다.
조건 (대)에서 분수 $\dfrac{n}{22}=\dfrac{n}{2\times11}$이 유한소수이려면 n은 11 의 배수이어야 한다.
조건 (개)에서 n은 $1\leq n\leq100$이므로 100 이하의 자연수 중 에서 22의 배수가 아니면서 11의 배수인 것은 11, 33, 55, 77, 99이다.
따라서 구하는 자연수 n의 개수는 5이다.

> **Self 코칭**
>
> 조건 (대)를 만족시키려면 $\dfrac{n}{22}$을 기약분수로 나타낸 후 그 분모를 소인수분해 했을 때, 분모의 소인수가 2 또는 5뿐이어야 한다.

04 (i) $n=1$일 때, $\dfrac{1}{1}=1$ → 정수

(ii) $n=2^a$ (a는 자연수) 꼴일 때,
$\dfrac{1}{2}$, $\dfrac{1}{4}$, $\dfrac{1}{8}$, $\dfrac{1}{16}$ → 유한소수

(iii) $n=5^b$ (b는 자연수) 꼴일 때,
$\dfrac{1}{5}$, $\dfrac{1}{25}$ → 유한소수

(iv) $n=2^a\times5^b$ (a, b는 자연수) 꼴일 때,
$\dfrac{1}{10}$, $\dfrac{1}{20}$ → 유한소수

(v) 그 외의 수는 순환소수로만 나타낼 수 있다.
따라서 표를 완성하면 다음과 같다.

정수로 나타낼 수 있는 수	1
유한소수로 나타낼 수 있는 수	2, 4, 5, 8, 10, 16, 20, 25
순환소수로만 나타낼 수 있는 수	3, 6, 7, 9, 11, 12, 13, 14, 15, 17, 18, 19, 21, 22, 23, 24

05 나눗셈의 과정에서 소수점 아래 각 자리에서의 나머지가 14, 29, 68의 순서대로 나타나고 14가 다시 나타나는 때부터 몫 이 반복되므로 순환마디가 생긴다.
따라서 순환마디를 이루는 숫자의 개수는 3이다.

06 $0.5̇=\dfrac{5}{9}$에서 유민이는 분자를 잘못 보았으므로 바르게 본 분모는 9이다.
$2.3̇=\dfrac{23-2}{9}=\dfrac{21}{9}=\dfrac{7}{3}$에서 민서는 분모를 잘못 보았으므 로 바르게 본 분자는 7이다.
따라서 처음 기약분수는 $\dfrac{7}{9}$이므로 이를 순환소수로 나타내면
$\dfrac{7}{9}=0.777\cdots=0.7̇$

07 $1.\dot{a}$를 분수로 나타내면

$$\frac{10+a-1}{9}=\frac{9+a}{9}$$

$\dfrac{9+a}{9}$ 를 기약분수로 나타내었을 때 분모가 3이 되려면

$9+a$는 3의 배수이면서 9의 배수는 아니어야 한다.

이를 만족시키는 8 이하의 자연수 a는 3, 6의 2개이다.

08 $A=\dfrac{1}{4}+\left(\dfrac{1}{4}\right)^2+\left(\dfrac{1}{4}\right)^3+\cdots$ ...... ㉠

이라 하면

$4A=1+\dfrac{1}{4}+\left(\dfrac{1}{4}\right)^2+\left(\dfrac{1}{4}\right)^3+\cdots$ ...... ㉡

㉡에서 ㉠을 변끼리 빼면

$3A=1$ ∴ $A=\dfrac{1}{3}$

즉, $\dfrac{1}{4}+\left(\dfrac{1}{4}\right)^2+\left(\dfrac{1}{4}\right)^3+\cdots=\dfrac{1}{3}$

> **Self 코칭**
> 주어진 식을 A로 놓고 양변에 4를 곱해 본다.

09 $1\,(\text{GiB})=2^{10}\,(\text{MiB})$

$\quad\quad\quad\quad=2^{10}\times2^{10}\,(\text{KiB})$

$\quad\quad\quad\quad=2^{10}\times2^{10}\times2^{10}\,(\text{B})$

$\quad\quad\quad\quad=2^{30}\,(\text{B})$

10 [1단계]에서 이메일을 받은 사람 수는 3

[2단계]에서 이메일을 받은 사람 수는 3^2

$\quad\quad\vdots$

[7단계]에서 이메일을 받은 사람 수는 3^7

따라서 7단계에서 이메일을 받은 사람 수는 2단계에서 이메일을 받은 사람 수의

$3^7\div3^2=3^5$(배)

11 $(4.5\times10^7)\div(3\times10^5)=\dfrac{4.5\times10^7}{3\times10^5}$

$\quad\quad\quad\quad\quad\quad\quad\quad\quad\quad=1.5\times10^2=150(초)$

따라서 지구에서 금성까지 150초가 걸린다.

12 $2^{17}\times5^{20}=2^{17}\times5^{17}\times5^3=5^3\times(2\times5)^{17}=125\times10^{17}$

이므로 20자리의 자연수이고, 각 자리의 숫자의 합은

$1+2+5=8$

따라서 $n=20$, $k=8$이므로

$n+k=20+8=28$

13 (A 제품의 부피)$=\pi\times r^2\times h=\pi r^2h$

(B 제품의 부피)$=\pi\times(2r)^2\times\dfrac{1}{2}h=2\pi r^2h$

(C 제품의 부피)$=\pi\times(3r)^2\times\dfrac{1}{4}h=\dfrac{9}{4}\pi r^2h$

A 제품의 가격이 3600원이므로

(B 제품의 가격)$=3600\times2=7200$(원)

(C 제품의 가격)$=3600\times\dfrac{9}{4}=8100$(원)

14 (1) 마주 보는 면에 적혀 있는 두 다항식의 합은

$(6x-5y)+(-x+3y)=5x-2y$

$(4x+2y)+A=5x-2y$이므로

$A=(5x-2y)-(4x+2y)$

$\quad=5x-2y-4x-2y$

$\quad=x-4y$

$(2x-y)+B=5x-2y$이므로

$B=(5x-2y)-(2x-y)$

$\quad=5x-2y-2x+y$

$\quad=3x-y$

(2) $A+B=(x-4y)+(3x-y)=4x-5y$

> **Self 코칭**
> 마주 보는 면 중에서 다항식이 둘 다 적혀 있는 것을 찾아 두 다항식의 합을 계산한다.

15 $3a-[2b-a+\{3b-(\square+2b)\}]=6a-2b$에서

$3a-\{2b-a+(3b-\square-2b)\}=6a-2b$

$3a-(2b-a+b-\square)=6a-2b$

$3a-(3b-a-\square)=6a-2b$

$3a-3b+a+\square=6a-2b$

$4a-3b+\square=6a-2b$

∴ $\square=(6a-2b)-(4a-3b)$

$\quad\quad=6a-2b-4a+3b$

$\quad\quad=2a+b$

16

$3x^2+3x+8$	A	B
C	$2x+5$	$2x^2+6x+7$
D	E	F

두 번째 가로줄에서

$C+(2x+5)+(2x^2+6x+7)=6x+15$

∴ $C=(6x+15)-(2x+5)-(2x^2+6x+7)$

$\quad\quad=6x+15-2x-5-2x^2-6x-7$

$\quad\quad=-2x^2-2x+3$ ➡ ㄱ

첫 번째 세로줄에서

$(3x^2+3x+8)+(-2x^2-2x+3)+D=6x+15$

∴ $D=(6x+15)-(3x^2+3x+8)-(-2x^2-2x+3)$

$\quad\quad=6x+15-3x^2-3x-8+2x^2+2x-3$

$\quad\quad=-x^2+5x+4$ ➡ ㅂ

오른쪽 아래로 향하는 대각선에서

$(3x^2+3x+8)+(2x+5)+F=6x+15$

∴ $F=(6x+15)-(3x^2+3x+8)-(2x+5)$

$\quad\quad=6x+15-3x^2-3x-8-2x-5$

$\quad\quad=-3x^2+x+2$ ➡ ㄷ

세 번째 세로줄에서

$B+(2x^2+6x+7)+(-3x^2+x+2)=6x+15$

∴ $B=(6x+15)-(2x^2+6x+7)-(-3x^2+x+2)$

$\quad\quad=6x+15-2x^2-6x-7+3x^2-x-2$

$\quad\quad=x^2-x+6$ ➡ ㄴ

첫 번째 가로줄에서

$(3x^2+3x+8)+A+(x^2-x+6)=6x+15$

$\therefore A=(6x+15)-(3x^2+3x+8)-(x^2-x+6)$

$\qquad =6x+15-3x^2-3x-8-x^2+x-6$

$\qquad =-4x^2+4x+1 \rightarrow$ ㄹ

두 번째 세로줄에서

$(-4x^2+4x+1)+(2x+5)+E=6x+15$

$\therefore E=(6x+15)-(-4x^2+4x+1)-(2x+5)$

$\qquad =6x+15+4x^2-4x-1-2x-5$

$\qquad =4x^2+9 \rightarrow$ ㅁ

$3x^2+3x+8$	$-4x^2+4x+1$	x^2-x+6
$-2x^2-2x+3$	$2x+5$	$2x^2+6x+7$
$-x^2+5x+4$	$4x^2+9$	$-3x^2+x+2$

Self 코칭

합이 $6x+15$인 세 다항식 중에서 두 식이 주어진 줄의 빈칸에 알맞은 식부터 구해 본다.

17 (1) x t이 5.5 t 이하이므로 $x \leq 5.5$

(2) x m가 50 m 이상이므로 $x \geq 50$

(3) x km/h가 30 km/h 이상이므로 $x \geq 30$

(4) x m가 2.2 m 이하이므로 $x \leq 2.2$

18 $4x-a \leq 3x+5$에서

$-a$와 $3x$를 각각 이항하여 정리하면

$x \leq a+5$

이 부등식의 해가 $x \leq 8$이므로

$a+5=8$ $\therefore a=3$

19 높이를 x cm라 하면

$\dfrac{1}{2} \times 5 \times x \leq 10$ $\therefore x \leq 4$

따라서 삼각형의 최대 높이는 4 cm이다.

20 역에서 상점까지의 거리를 x km라 하면

$\dfrac{x}{3}+\dfrac{20}{60}+\dfrac{x}{3} \leq 1$

$2x \leq 2$ $\therefore x \leq 1$

따라서 역에서 1 km 이내에 있는 상점까지 다녀올 수 있다.

21 [아들]

아들이 원하는 일주일 용돈을 x원이라 하면

$\dfrac{20000+22000+21000+x}{4} \times 1.2 \leq x$

$\therefore x \geq 27000$

따라서 아들이 원하는 일주일 용돈은 최소한 27000원이다.

[딸]

오늘 가족과 함께 보내는 시간을 x분이라 하면

$\dfrac{30+30+x}{5} \geq 30$ $\therefore x \geq 90$

따라서 오늘은 90분 이상 함께 보내야 한다.

[누나]

내일부터 x일 동안 자전거 타기를 한다고 하면 누나가 달린 총 거리는 $(10+4x)$ km, 동생이 달린 총 거리는 $(20+2x)$ km이므로

$10+4x > 20+2x$ $\therefore x > 5$

따라서 6일 후에는 누나가 달린 총 거리가 더 많아진다.

[엄마]

사과 주스를 x일 동안 마신다고 하면

$(180+200)x \leq 1900$ $\therefore x \leq 5$

따라서 최대 5일 동안 마실 수 있다.

22 뷔페를 이용하는 인원이 x명이라 하면

회원 카드로 할인받을 경우 지불해야 할 금액은

$(12000+20000x \times 0.85)$원

생일 쿠폰으로 할인받을 경우 지불해야 할 금액은 $19000x$원

회원 카드로 할인 혜택을 받는 것이 더 경제적이려면

$12000+20000x \times 0.85 < 19000x$

$\therefore x > 6$

따라서 7명 이상일 때 회원 카드로 할인 혜택을 받는 것이 더 경제적이다.

23 x km까지 간다고 하면 택시 요금은 처음 2 km까지의 기본 요금 4000원에 2 km 이후는 150 m당 100원, 즉 1 km당

$\dfrac{100}{150} \times 1000$(원)이 추가되므로

$4000+\left(\dfrac{100}{150} \times 1000\right) \times (x-2) = 4000+\dfrac{2000}{3}(x-2)$(원)

3명의 버스 요금은 $1500 \times 3 = 4500$(원)이므로

$4000+\dfrac{2000}{3}(x-2) < 4500$

$x-2 < \dfrac{3}{4}$ $\therefore x < \dfrac{11}{4} = 2.75$

따라서 택시를 타고 2.75 km 미만까지 가는 경우에 버스를 타는 것보다 요금이 적게 든다.

Self 코칭

택시를 탔을 때 2 km 이후부터 부가되는 150 m당 100원의 추가 요금은 1 km당 몇 원과 같은지 식을 세워 본다.

24 (1) ㈀에 알맞은 식은 $y \times (-3) = -3y$

따라서 B에 해당하는 일차방정식은

$2x-3y=7$

(2) 연립방정식 $\begin{cases} x+y=6 \\ 2x-3y=7 \end{cases}$을 풀면

$x=5, y=1$

25 $x=3$을 $2x+y=-2$에 대입하면

$6+y=-2$ $\therefore y=-8$

$x-y=7$의 7을 k로 잘못 보았다고 하면

$x=3, y=-8$은 $x-y=k$의 해이므로

$3+8=k$ $\therefore k=11$

따라서 7을 11로 잘못 보았다.

26 1유로를 x원, 1달러를 y원이라 하면

$\begin{cases} x=y+96 \\ x+y=2836 \end{cases}$ ∴ $x=1466, y=1370$

따라서 1유로는 1466원, 1달러는 1370원이다.

27 꿩을 x마리, 토끼를 y마리라 하면

$\begin{cases} x+y=35 \\ 2x+4y=94 \end{cases}$ ∴ $x=23, y=12$

따라서 꿩은 23마리, 토끼는 12마리이다.

> **Self 코칭**
> 꿩과 토끼의 머리는 각각 1개이고, 꿩의 다리는 2개, 토끼의 다리는 4개임을 이용한다.

28 당나귀의 짐을 x자루, 노새의 짐을 y자루라 하면

$\begin{cases} y+1=2(x-1) \\ x+1=y-1 \end{cases}$ ∴ $x=5, y=7$

따라서 당나귀의 짐은 5자루, 노새의 짐은 7자루이다.

29 $\angle A=x°$, $\angle C=y°$라 하면

$\angle A+50°+\angle C=180°$이므로

$x+50+y=180$, 즉 $x+y=130$ ...... ㉠

$\angle A=2\angle C-35°$이므로

$x=2y-35$, 즉 $x-2y=-35$ ...... ㉡

㉠, ㉡을 연립하여 풀면

$x=75, y=55$

∴ $\angle A=75°$, $\angle C=55°$

> **Self 코칭**
> 삼각형의 세 내각의 크기의 합이 180°임을 이용한다.

30 유리가 1시간 동안 접을 수 있는 종이학을 x개, 진영이가 1시간 동안 접을 수 있는 종이학을 y개라 하면

$\begin{cases} 4x+4y=120 \\ 2x+5y=120 \end{cases}$ ∴ $x=10, y=20$

따라서 유리는 1시간 동안 종이학 10개를 접을 수 있으므로 혼자서 120개의 종이학을 접는다면 12시간이 걸린다.

31 직사각형 모양의 종이의 긴 변의 길이를 x cm, 짧은 변의 길이를 y cm라 하면

$\begin{cases} 2x-y=11 \\ x+2y=18 \end{cases}$ ∴ $x=8, y=5$

따라서 긴 변의 길이는 8 cm, 짧은 변의 길이는 5 cm이다.

32 (2) $f(20)=4\times20=80$

33 (1) 10 g의 추를 매달 때마다 용수철의 길이가 0.2 cm씩 늘어나므로 1 g의 추를 매달 때마다 용수철의 길이가

$0.02=\dfrac{1}{50}$ (cm)씩 늘어난다.

처음 용수철의 길이가 10 cm이었으므로

$y=\dfrac{1}{50}x+10$

34 $f(2)=5$이므로 $2a+1=5$ ∴ $a=2$

즉, $f(x)=2x+1$이므로

$f(-3)=2\times(-3)+1=-5$

35 일차함수 $y=3x$의 그래프를 y축의 방향으로 -5만큼 평행이동한 그래프가 나타내는 일차함수의 식은

$y=3x-5$

이 그래프가 점 $(-1, k)$를 지나므로

$k=-3-5=-8$

36 $y=2x-1$에 $x=0$을 대입하면 $y=-1$

즉, 이 그래프의 y절편은 -1이다.

따라서 $y=x+a$의 그래프의 x절편이 -1이므로

$y=x+a$에 $x=-1, y=0$을 대입하면

$0=-1+a$ ∴ $a=1$

> **Self 코칭**
> 일차함수 $y=2x-1$의 그래프의 y절편을 먼저 구해 본다.

37 $\dfrac{-5-4}{2-(-1)}=\dfrac{(k+3)-4}{k-(-1)}$이므로

$-3=\dfrac{k-1}{k+1}$, $-3(k+1)=k-1$, $-4k=2$

∴ $k=-\dfrac{1}{2}$

> **Self 코칭**
> 세 점이 한 직선 위에 있으면 세 점 중 어느 두 점을 택해도 그 두 점을 지나는 직선의 기울기는 항상 같다.

38 $(속력)=\dfrac{(거리)}{(시간)}$이므로 그래프에서 기울기가 나타내는 것은 속력이다.

열차 A는 1시간 동안 200 km를 가므로 시속 200 km이고, 열차 B는 2시간 동안 500 km를 가므로 시속 250 km이다.

따라서 열차 B가 열차 A보다 더 빠르다.

39

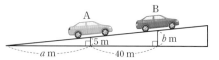

위의 그림의 경사도가 10 %이므로

$\dfrac{5}{a}=\dfrac{10}{100}$에서 $a=50$

또, $\dfrac{b}{a+40}=\dfrac{10}{100}$에서

$\dfrac{b}{50+40}=\dfrac{10}{100}$ ∴ $b=9$

따라서 B의 수직 거리는 9 m이다.

40 (1) 두 점 $(1, 5)$, $(3, 2)$를 지나는 직선의 기울기는

$\dfrac{2-5}{3-1}=-\dfrac{3}{2}$

$y=-\dfrac{3}{2}x+b$로 놓으면 이 그래프가 점 $(1, 5)$를 지나므로

$5=-\dfrac{3}{2}+b$ ∴ $b=\dfrac{13}{2}$

따라서 구하는 일차함수의 식은

$y=-\dfrac{3}{2}x+\dfrac{13}{2}$

(2) 해안선과 평행하고 점 $(5,3)$을 지나는 직선을 따라 헤엄쳐야 한다.

즉, $y=-\dfrac{3}{2}x+\dfrac{13}{2}$의 그래프와 평행하므로 구하는 직선을 그래프로 하는 일차함수의 식을 $y=-\dfrac{3}{2}x+b$로 놓으면 이 그래프가 점 $(5,3)$을 지나므로

$3=-\dfrac{3}{2}\times5+b$ ∴ $b=\dfrac{21}{2}$

따라서 구하는 일차함수의 식은

$y=-\dfrac{3}{2}x+\dfrac{21}{2}$

Self 코칭

(2) 해안선과 평행하게 헤엄쳐야 하므로 (1)에서 구한 직선과 기울기가 같고, 이안류를 만난 지점을 나타내는 점을 지나는 직선을 구해야 한다.

41 물을 가열한 시간을 x분, 이때의 물의 온도를 y ℃라 하고 주어진 표를 이용하여 그래프로 나타내면 오른쪽과 같은 직선이 된다.

그래프가 두 점 $(0,16)$, $(2,30)$을 지나므로

$(기울기)=\dfrac{30-16}{2-0}=7$

그래프가 나타내는 일차함수의 식을 $y=7x+b$라 하면 이 그래프가 점 $(0,16)$을 지나므로 $b=16$

∴ $y=7x+16$

$y=7x+16$에 $y=100$을 대입하면

$100=7x+16$, $7x=84$ ∴ $x=12$

따라서 물의 온도가 100 ℃가 되려면 12분 동안 가열해야 한다.

42 (1) 그래프는 두 점 $(0,100)$, $(300,99)$를 지나므로

$(기울기)=\dfrac{99-100}{300-0}=-\dfrac{1}{300}$

그래프가 나타내는 일차함수의 식을 $y=-\dfrac{1}{300}x+b$라 하면 이 그래프가 점 $(0,100)$을 지나므로 $b=100$

∴ $y=-\dfrac{1}{300}x+100$

(2) $x=1500$일 때, $y=-\dfrac{1}{300}\times1500+100=95$

따라서 해발 1500 m인 지점에서의 물의 끓는점은 95 ℃이다.

(3) $y=90$일 때, $90=-\dfrac{1}{300}x+100$

∴ $x=3000$

따라서 물이 90 ℃에서 끓기 시작했을 때, 그곳의 해발 고도는 3000 m이다.

43 점 P가 점 B를 출발한 지 x초 후에 $\overline{BP}=2x$ cm이므로 $\overline{PC}=(15-2x)$ cm이다.

x와 y 사이의 관계를 식으로 나타내면

$y=\dfrac{1}{2}\times\{15+(15-2x)\}\times6$ ∴ $y=90-6x$

$y=90-6x$에 $y=60$을 대입하면

$60=90-6x$, $6x=30$ ∴ $x=5$

따라서 사다리꼴 APCD의 넓이가 60 cm²가 되는 것은 점 P가 점 B를 출발한 지 5초 후이다.

Self 코칭

(사다리꼴의 넓이)

$=\dfrac{1}{2}\times\{($윗변의 길이$)+($아랫변의 길이$)\}\times($높이$)$

임을 이용하여 식을 세워 본다.

44 $ax+y-a+b=0$에서 $y=-ax+a-b$

주어진 그래프의 기울기가 -1이므로

$-a=-1$ ∴ $a=1$

따라서 일차함수 $y=-x+1-b$의 그래프가 제3사분면을 지나지 않으려면 $(y$절편$)\geq0$이어야 하므로

$1-b\geq0$ ∴ $b\leq1$

45 일차방정식 $ax-y+b=0$에서 $y=ax+b$이므로 그래프의 기울기는 a, y절편은 b이다.

두 점 $(-3,7)$, $(6,4)$를 지나는 직선의 기울기는

$\dfrac{4-7}{6-(-3)}=-\dfrac{1}{3}$

재영이가 그린 직선의 방정식을 $y=-\dfrac{1}{3}x+k$로 놓으면 이 직선이 점 $(-3,7)$을 지나므로

$7=-\dfrac{1}{3}\times(-3)+k$ ∴ $k=6$

∴ $y=-\dfrac{1}{3}x+6$

재영이는 상수항을 바르게 보았으므로 $b=6$

두 점 $(-1,-1)$, $(1,3)$을 지나는 직선의 기울기는

$\dfrac{3-(-1)}{1-(-1)}=2$

윤서는 x의 계수를 바르게 보았으므로 $a=2$

따라서 처음 주어진 일차방정식은 $y=2x+6$, 즉 $2x-y+6=0$이다.

46 직선 ㉠은 y축에 평행한 직선이므로 $x=3$ ∴ $m=3$

직선 ㉡은 x축에 평행한 직선이므로 $y=-2$ ∴ $n=-2$

47 오른쪽 그림에서 색칠한 부분의 넓이가 8이므로 $pq=8$

이때 p, q가 자연수이므로

$p=1$, $q=8$ 또는 $p=2$, $q=4$ 또는 $p=4$, $q=2$ 또는 $p=8$, $q=1$

따라서 구하는 순서쌍 (p,q)는

$(1,8)$, $(2,4)$, $(4,2)$, $(8,1)$이다.

48 주어진 연립방정식의 해가 한 쌍이므로 연립방정식에서 두 일차방정식을 각각 그래프로 나타내었을 때 두 직선이 한 점에서 만나야 한다.

따라서 두 직선의 기울기가 다르므로 $a \neq b$이다.

Self 코칭

두 그래프가 한 점에서 만날 조건을 생각해 본다.

49 두 점 $(-4, 2)$, $(-1, -3)$을 지나는 그래프의 기울기는

$$\frac{-3-2}{-1-(-4)} = -\frac{5}{3}$$

일차함수의 식을 $y = -\frac{5}{3}x + m$으로 놓으면 이 그래프가

점 $(-4, 2)$를 지나므로 $2 = -\frac{5}{3} \times (-4) + m$

$$\therefore m = -\frac{14}{3}$$

$$\therefore y = -\frac{5}{3}x - \frac{14}{3}$$

두 점 $(1, -2)$, $(3, 3)$을 지나는 그래프의 기울기는

$$\frac{3-(-2)}{3-1} = \frac{5}{2}$$

일차함수의 식을 $y = \frac{5}{2}x + n$으로 놓으면 이 그래프가

점 $(1, -2)$를 지나므로 $-2 = \frac{5}{2} + n$

$$\therefore n = -\frac{9}{2}$$

$$\therefore y = \frac{5}{2}x - \frac{9}{2}$$

연립방정식 $\begin{cases} y = -\frac{5}{3}x - \frac{14}{3} \\ y = \frac{5}{2}x - \frac{9}{2} \end{cases}$ 를 풀면

$$x = -\frac{1}{25}, \ y = -\frac{23}{5}$$

따라서 두 그래프의 교점의 좌표는 $\left(-\frac{1}{25}, -\frac{23}{5}\right)$이다.

50 조건 ㈎에서 연립방정식의 해가 없으려면 두 일차방정식의 그래프가 평행해야 하므로 기울기가 같고, y절편은 달라야 한다.

$2x - y + 5 = 0$에서 $y = 2x + 5$

$ax + 3y - 1 = 0$에서 $y = -\frac{a}{3}x + \frac{1}{3}$

즉, $2 = -\frac{a}{3}$이므로 $a = -6$

조건 ㈏에서 연립방정식의 해가 무수히 많으려면 두 일차방정식의 그래프가 일치해야 하므로 기울기가 같고, y절편도 같아야 한다.

$3x - y - 2a = 0$에서 $y = 3x - 2a$

$3x - y + b = 0$에서 $y = 3x + b$

즉, $-2a = b$에서 $a = -6$이므로

$b = -2 \times (-6) = 12$

Self 코칭

연립방정식 $\begin{cases} ax + by + c = 0 \\ a'x + b'y + c' = 0 \end{cases}$, 즉 $\begin{cases} y = -\frac{a}{b}x - \frac{c}{b} \\ y = -\frac{a'}{b'}x - \frac{c'}{b'} \end{cases}$ 에 대하여

① 해가 없다. ➡ 두 일차방정식의 그래프가 평행하다.

➡ $-\frac{a}{b} = -\frac{a'}{b'}$, $-\frac{c}{b} \neq -\frac{c'}{b'}$

② 해가 무수히 많다. ➡ 두 일차방정식의 그래프가 일치한다.

➡ $-\frac{a}{b} = -\frac{a'}{b'}$, $-\frac{c}{b} = -\frac{c'}{b'}$

51 동생의 그래프는 원점과 점 $(30, 1500)$을 지나므로 동생의 그래프가 나타내는 일차함수의 식은 $y = 50x$

형의 그래프는 두 점 $(10, 0)$, $(20, 1500)$을 지나므로

$$(\text{기울기}) = \frac{1500 - 0}{20 - 10} = 150$$

형의 그래프가 나타내는 일차함수의 식을 $y = 150x + b$라 하면 이 그래프가 점 $(10, 0)$을 지나므로

$0 = 1500 + b$ $\therefore b = -1500$

$$\therefore y = 150x - 1500$$

연립방정식 $\begin{cases} y = 50x \\ y = 150x - 1500 \end{cases}$ 을 풀면

$x = 15, \ y = 750$

따라서 동생이 출발한 지 15분 후에 형과 동생이 처음으로 만난다.